U0343005

电子信息前沿技术丛书

IMAGE PROCESSING SYSTEM

图像处理系统

苏光大　著

清华大学出版社
北京

内容简介

本书主要以图像处理系统方面的一些科技成果为基础，论述了图像处理系统的系统结构及其设计方法、图像处理系统创新性的理论和方法，并介绍了一些具有影响力的图像处理系统应用实例。本书中的实例主要取材于笔者主持或参与的一些科研项目。这些研究历经 40 余年，时间跨度较大，既包括多彩的传统技术，又有当前热门的新技术。

通过本书，读者既可以了解 1：1 采样定理的发展过程，又可以从一个侧面看到人脸识别在中国的杰出应用，还可以了解基于邻域存储体的二维流计算的发展历程，看到人工智能软件和硬件结合的前景。

本书可作为高校图像处理相关专业的教学用书，也可作为图像处理技术领域科技人员的参考用书。

图书在版编目(CIP)数据

图像处理系统/苏光大著. —北京：清华大学出版社，2020.5
(电子信息前沿技术丛书)
ISBN 978-7-302-55124-9

Ⅰ. ①图…　Ⅱ. ①苏…　Ⅲ. ①图象处理　Ⅳ. ①TP391.413

中国版本图书馆 CIP 数据核字(2020)第 049482 号

责任编辑：文　怡
封面设计：王昭红
责任校对：李建庄
责任印制：杨　艳

出版发行：清华大学出版社
网　　址：http://www.tup.com.cn，http://www.wqbook.com
地　　址：北京清华大学学研大厦 A 座　　**邮　　编**：100084
社 总 机：010-62770175　　**邮　　购**：010-62786544
投稿与读者服务：010-62776969，c-service@tup.tsinghua.edu.cn
质量反馈：010-62772015，zhiliang@tup.tsinghua.edu.cn
课件下载：http://www.tup.com.cn，010-83470236
印 刷 者：北京富博印刷有限公司
装 订 者：北京市密云县京文制本装订厂
经　　销：全国新华书店
开　　本：185mm×260mm　　**印　　张**：23.25　　**字　　数**：567 千字
版　　次：2020 年 6 月第 1 版　　**印　　次**：2020 年 6 月第 1 次印刷
印　　数：1～2500
定　　价：79.00 元

产品编号：083459-01

前言

FOREWORD

当前，图像处理技术的发展令世人瞩目。这种发展既有赖于图像处理算法的发展，又有赖于图像处理硬件的发展，当然，这两个领域是有联系的。未来的图像处理，特别是在高度并行的图像处理方面的进展，将更加依赖算法与硬件的紧密联系，这种紧密联系不仅是软硬件的实现，还在于算法、存储、处理之间的紧密结合，这种结合有助于解决实际应用中的难题，也将使图像处理的水平达到一个新的高度。

汉王公司的汉字识别获得了国家科技进步一等奖，清华大学、北京大学研制成功的指纹识别分别获得了国家科技进步二等奖，清华大学研制成功的 TJ-82 图像计算机获得了国家科技进步二等奖，中科院计算所研制成功的人脸识别获得了国家科技进步二等奖，这些系统无疑是我国图像处理系统的杰出代表。

研制出一个出色的图像处理系统并非易事。我们都熟悉千层饼的故事，“千层”固然是一种夸张的说法，但在研制图像处理系统的过程中，我们却有制作千层饼的体会。

笔者研究图像处理系统经历了硬件、软件以及系统的漫长过程，有过柳暗花明，也经历过黔驴技穷，科研成果也曾多次获奖。这些系统具有鲜明的先进性，但也存在错误和不足，我们在后续的研究中大都进行了改进。传统的采样定理存在采样频率的不确定性问题以及应用时出现的采样频率错误的问题，而 1∶1 图像采样可以纠正上述问题，也由此带来了性能的大幅度提升。早期采用分时控制的存储体管理方式，安排计算机在场消隐期间访问帧存，其结果是计算机访问帧存的效率仅有 8%；而采用存储体多周期嵌套的优先级访问技术，则将效率提高到 100%。中值滤波采用 TJ-82 图像计算机处理，处理一幅 512×512 像素的灰度图像耗时 30s，而采用 NIPC-3 邻域图像计算机，耗时仅 0.11ms。人脸识别、低分辨率人脸图像的重建与识别的进步等，可以说是科技发展的一个缩影。

笔者曾撰写了《微机图像处理系统》和《图像并行处理技术》两本著作（清华大学出版社于 2000 年、2002 年出版），其主要是笔者前一阶段的工作总结，随着科研工作的深入，也取得了一些新的研究成果。为了进行系统的总结，笔者在前两本著作的基础上，撰写了这本综合性较强的《图像处理系统》。

本书主要以图像处理系统方面的一些科技成果为基础，论述了图像处理系统的系统结构及其设计方法、图像处理系统创新性的理论和方法，并介绍了一些具有影响力的图像处理系统应用实例。本书中的实例主要取材于笔者主持或参与的一些科研项目。这些研究历经

40余年，时间跨度较大，既包括多彩的传统技术，又有当前热门的新技术。

在本书中，读者既可以了解采样定理的发展过程，也可以从一个侧面看到人脸识别在中国的杰出应用，还可以了解基于邻域存储体的二维计算的发展历程，看到人工智能软件和硬件结合的前景。

感谢吴佑寿院士对笔者的悉心指导和提携，感谢吴麒教授、朱雪龙教授、林行刚教授、吴国威教授对笔者的真诚帮助，感谢与笔者一起从事科研工作的师生和其他工作人员，同时也感谢与我们合作的单位。

本书的内容涉及面较宽，鉴于笔者的水平有限，不妥之处望读者批评指正。

苏光大

2020年5月于清华园

目录

CONTENTS

第1章　绪论 ………………………………… 1

1.1　图像处理科学的体系结构 …… 1

1.2　图像处理的特点 ……………… 2

1.3　图像处理算法及其数据结构…… 5

1.3.1　数据处理层算法及其数据结构 …………… 6

1.3.2　信息提取层算法及其数据结构 …………… 8

1.3.3　知识应用层算法及其数据结构 …………… 9

1.4　图像处理系统的系统结构 …… 11

1.4.1　图像处理系统的发展历程 ……………… 11

1.4.2　以图像帧存为中心的系统结构 ………… 15

1.4.3　以计算机内存为中心的系统结构 ……… 17

1.4.4　以网络为中心的系统结构 ……………… 19

1.5　图像处理系统的性能指标 …… 20

1.6　图像处理技术的应用 ………… 21

1.6.1　图像处理技术在医学中的应用 ………… 22

1.6.2　图像处理技术在军事上的应用 ………… 22

1.6.3　图像处理技术在工业中的应用 ………… 23

1.6.4　图像处理技术在公共安全中的应用 ……… 23

1.6.5　图像处理技术在办公自动化中的应用 …… 24

1.6.6　图像处理技术在体育方面的应用 ……… 24

1.6.7　图像处理技术在娱乐中的应用 ………… 25

习题1 ……………………………… 25

第2章　图像处理硬件系统的设计方法………………………… 26

2.1　图像处理系统的设计流程 …… 26

2.2　图像处理系统的设计准则 …… 37

2.2.1　设计适应于机器 …… 37

2.2.2　设计适应于算法 …… 38

2.2.3　设计适应于系统 …… 40

2.3　可编程逻辑器件 ……………… 43

习题2 ……………………………… 47

第3章　视频图像数字化……………… 48

3.1　图像的基本描述 ……………… 48

3.2　扫描时序的产生 ……………… 50

3.2.1　扫描时序规范 ……… 50

3.2.2　数值波形法 ………… 53

3.2.3　扫描时序的设计 …… 55

3.3　视频图像的数字化 …………… 61

3.3.1　视频图像的采样 …… 61

3.3.2　数字图像的有效比特位 ……………… 71

3.3.3 模拟视频图像的预处理 …………………… 73
习题 3 ……………………………… 78

第 4 章 图像帧存储体……………………… 79

4.1 图像帧存储体的结构 ………… 79
4.2 图像帧存储体的管理 ………… 84
4.2.1 存储体分时访问方式 ……………… 84
4.2.2 存储体多周期嵌套的优先级访问方式 …… 85
4.3 图像帧存储体的时序 ………… 91
习题 4 ……………………………… 106

第 5 章 图像显示 …………………… 107

5.1 图像显示的基本形式 ……… 107
5.2 图像滚动显示、漫游显示和放大显示 …………………… 116
5.3 图像灰度窗口显示 ………… 120
5.4 动态图像显示 ……………… 124
习题 5 ……………………………… 128

第 6 章 微机接口 …………………… 129

6.1 微机接口技术基础 ………… 129
6.2 微机总线 …………………… 133
6.3 ISA 总线下的微机图像接口 ……………………… 137
6.4 PCI 总线下的微机图像接口 ……………………… 153
习题 6 ……………………………… 167

第 7 章 图像并行处理技术基础 …… 168

7.1 图像并行处理技术的基本概念 ……………………… 168
7.2 处理器的并行结构 ………… 172
7.3 并行算法 …………………… 174
7.4 图像并行处理的性能指标 … 175
习题 7 ……………………………… 177

第 8 章 流水线型图像并行处理 …… 178

8.1 流水线型图像处理的基本技术 ……………………… 178
8.2 IMAGEBOX-150 图像处理系统 ……………………… 182
8.3 VICOM-VME 图像处理工作站、VICOM-VMV 机器视觉计算机 ……………………… 185
8.4 TJ-82 图像计算机…………… 189
习题 8 ……………………………… 191

第 9 章 基于 DSP 的图像并行处理 … 192

9.1 基于 DSP 的图像处理基本技术 ……………………… 192
9.2 多 DSP 的图像并行处理 …… 195
9.3 基于 TMS320C80 的图像并行处理 ……………………… 198
9.4 基于 IMS A110 的图像并行处理 ……………………… 203
习题 9 ……………………………… 207

第 10 章 基于邻域存储体的二维计算………………………… 208

10.1 基于邻域存储体的二维计算的基本原理与系统结构 …… 209
10.2 邻域存储体 ……………… 212
10.2.1 邻域存储体的邻域数据类别 ………… 212
10.2.2 邻域存储体并行存取二维邻域数据 …… 213
10.2.3 邻域存储体并行存取一维邻域数据 …… 223
10.2.4 邻域存储体的实现 ……………… 231
10.3 基于邻域存储体的二维流数据形成方法 ……………………… 232
10.4 基于邻域存储体的二维流并行处理的方法 ……………… 234

10.5　基于邻域存储体的二维计算的实践 …………………… 237
10.5.1　NIPC-1 邻域图像并行处理机 ……… 237
10.5.2　NIPC-2 邻域图像并行处理机 ……… 239
10.5.3　NIPC-3 邻域图像并行处理机 ……… 241
10.5.4　NIPC-4 邻域图像并行处理机 ……… 244
习题 10 …………………………… 249

第 11 章　图像系统软件 ……………… 250

11.1　计算机的软件环境 ………… 250
11.2　图像处理系统的软件结构 …………………………… 252
11.2.1　图像软件系统的分层结构 ………………… 252
11.2.2　图像软件系统的基础架构 ………………… 254
11.3　图像软件系统的设备驱动程序 …………………………… 261
11.4　基于 MMX/SSE 技术的图像并行处理 …………………… 265
11.4.1　MMX 技术 ……… 265
11.4.2　SSE 技术核心 …… 269
11.4.3　基于 MMX/SSE 技术的图像并行处理 …… 273
11.5　图像不规则区域的描述 …… 275
11.5.1　图像不规则区域的边界形成方法 …… 275
11.5.2　图像不规则区域的内部判别方法 …… 277
11.5.3　不规则区域的图像存储 ………………… 279
11.5.4　图像不规则区域描述的应用 ……………… 279
习题 11 …………………………… 280

第 12 章　计算机人像组合技术 ……… 281

12.1　人像组合技术的发展历程 ……………………………… 281
12.2　人像部件库建库软件 ……… 284
12.2.1　人像部件数据库 … 284
12.2.2　人脸图像几何归一化 ……………… 286
12.2.3　人脸部件的提取 … 288
12.2.4　人脸部件的分类 … 291
12.3　人像组合软件 ……………… 293
12.3.1　组合状态下的操作 ……………… 293
12.3.2　修改状态下的操作 ……………… 295
12.4　结合脑电记忆人脸的图像重建 ……………………………… 297
习题 12 …………………………… 301

第 13 章　超低分辨率人脸图像的重建 …………………… 302

13.1　低分辨率人脸图像重建的基本方法 ……………………… 303
13.2　低分辨率人脸图像重建的性能指标 ……………………… 306
13.3　超低分辨率人脸图像的尺寸归一化方法 ………………… 308
13.4　基于低频分量的超分辨率人脸图像的重建方法 ……………… 311
13.5　超分辨率人脸图像重建的多级多类训练集的生成方法 …… 313
13.6　超分辨率人脸图像重建的多级多类训练集的应用方法 …… 314
13.7　超低分辨率人脸图像重建的意象人脸图像的形成方法 … 315
13.8　超低分辨率人脸图像的重建系统 ……………………………… 318
13.9　超低分辨率人脸图像重建的应用 ……………………………… 320

13.10 人脸超分辨技术的发展 … 325
习题 13 …… 326

第 14 章 人脸识别技术 …… 327

14.1 生物特征识别概述 …… 327
14.2 人脸识别概述 …… 332
14.3 人脸识别算法 …… 334
14.3.1 部件 PCA 人脸识别 …… 335
14.3.2 深度学习人脸识别 …… 340
14.4 人脸识别系统 …… 345
14.4.1 人脸识别系统的基本结构 …… 345
14.4.2 辨识型人脸识别系统 …… 347
14.4.3 确认型人脸识别系统 …… 350
14.4.4 关注名单型人脸识别系统 …… 352
14.4.5 综合型人脸识别系统 …… 354
14.4.6 人脸识别的程序接口 …… 355
14.5 人脸识别技术的展望 …… 357
习题 14 …… 358

结束语 …… 359

参考文献 …… 361

第1章

绪　　论

1.1　图像处理科学的体系结构

在计算机信息处理中，图像信息处理占有十分重要的地位。各种各样的成像技术，如摄像机、数码相机、扫描仪，以及红外、X 射线、超声、伽马成像，它们的图像包含着大量的信息，对这些信息进行各种加工处理，形成了各行各业不同类别的实际应用。

图像处理系统主要涉及算法和硬件两方面的科学技术，图 1.1.1 给出了图像处理系统的体系结构示意图。

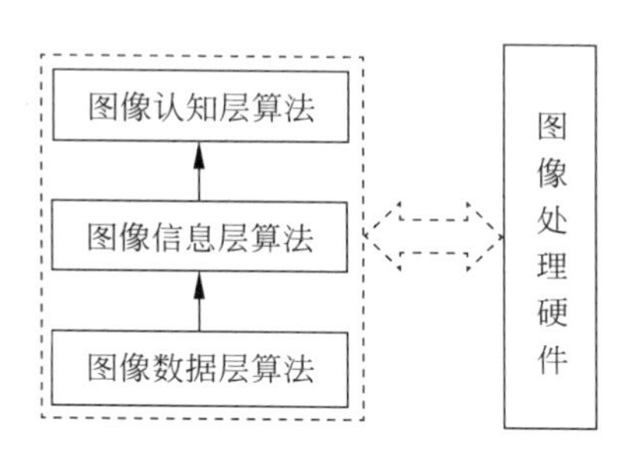

图 1.1.1　图像处理系统的体系结构示意图

图 1.1.1 所示的二维结构梳理了不同层次算法的关系以及算法与硬件的关系。算法不是系统，只是纯粹的软件；纯硬件也不是系统。没有算法的硬件只能是裸机。可以说，系统包含算法和执行算法的硬件。从研究的角度来讲，算法和系统有所不同。

图像处理系统的拓扑结构示意图如图 1.1.2 所示。

图 1.1.2　图像处理系统的拓扑结构示意图

广义来讲，图像处理系统大致包含图像输入、图像处理和处理结果输出三部分。

(1) 图像输入，涉及各种各样的图像输入设备以及相同设备的不同格式，也涉及网络通信等方面。

(2) 图像处理,包括图像数据层、信息层、认知层的各种处理。

(3) 处理结果输出,包括图像处理结果的显示、打印、传输等方面。既可能是处理后的图像,也可能是认知的结果,形式是多方面的。

1.2 图像处理的特点

图像处理具有6个重要的特点,即图像处理的一致性、分层性、邻域性、行顺序性、并行性、实时性。

1. 一致性

图像处理的一致性是指对图像区域内的每一点进行的处理是采用相同算法的处理,以图像求反为例,处于确定区域里的每一个像素都要进行求反运算。这里讲"确定区域"而不统称整幅图像,原因在于偶尔也会出现在整幅图像的不同区域实施不同算法的情况。

2. 分层性

在图像处理中,常常不是一种算法就能够解决整个问题,而要依次使用多种不同的算法,而且上一步的处理结果会直接影响下一步的处理。根据算法所涉及数据的性质,可以把这些不同的算法划分成不同的处理层次。一般把这些处理层次由低到高依次分为3个层次:数据处理层、信息提取层及知识应用层。对一幅图像进行处理,首先是进行原始图像数据的处理,从待处理的数据来讲,这时的数据量大。经过数据处理层处理以后,下一个处理层则是信息提取层,即提取所需要的信息,如提取物体边界等。知识应用层则应用知识对信息进行加工处理,如基于知识的图像检索、文字识别、指纹识别、人脸识别等。对一幅图像先后进行3个层次的处理,其表征该幅图像的数据量,将随着处理层次的提升而降低。即处理层次越高,表征该幅图像的数据量就越少。以人脸识别的全过程为例,在预处理阶段,进行一些底层处理,处理的是点位图,处理结果也是点位图,数据量较大。在信息处理层,诸如提取人脸特征,处理的是点位图,处理的结果则是得到人脸特征,数据量较少。而在知识应用层次上的识别,面对的只是人脸的特征,识别后输出的数据量更少。这种现象常常称作"处理锥"。

值得指出的是,图像处理的分层性和多级图像处理的概念不同,在同一个处理层次里会有多种算法,这些算法依次可以组成多级图像处理,甚至在一个具有硬件处理功能的图像处理系统里,也会出现多级不同算法的图像处理,如对图像进行边缘增强,然后再对其结果进行中值滤波等,这些处理均属于数据处理层的多级图像处理。

3. 邻域性

在图像数据处理层,以图像处理算法所涉及像素区域的差别,根据算法的共性,大体上可以把图像数据处理划分为点处理、邻域处理、几何变换处理。点处理是对单一像素进行处理,可以是对一帧图像内的点处理,也可以是对两帧图像对应像素点的点-点处理,这些处理不需要加入该像素的相邻像素即可完成。

一种邻域处理是在对单一像素进行处理时,需要该像素的相邻像素参加运算才能够完成,这一类邻域处理的算法如Roberts(2×2邻域)、Sobel(3×3邻域)等。

另一种邻域处理是以一个数据块为单位进行运算,例如按8×8数据块进行的JPEG图像压缩，相邻两次处理采用不同的 8×8 数据块。

几何变换处理一般是指图像的放大、缩小、旋转、平移等处理，这类处理往往是被处理的像素在处理后的地址发生了变化，放大和缩小处理还在像素数量上发生了变化。

所谓图像处理的邻域性，一般是指图像处理的许多算法属于邻域处理，即许多算法需要邻域数据。如 3×3 卷积运算，每一个点的运算都需要 3×3 邻域数据，在以单行为特征的视频数据流作为输入信号的情况下如何形成 3×3 邻域数据，这本身就是一个难题。广义来讲，同时进行多像素的点处理属于区域性图像处理，也可以认为是一种邻域像素的并行处理。显然，图像数据的邻域处理，正是图像并行处理面临的一个严重问题，同时邻域图像处理的速度也是表征图像处理系统能力的一个重要指标。

值得注意的是，上面介绍的三类处理（点处理、邻域处理、几何变换处理）只是在图像数据处理层中按照算法所涉及像素区域的差别以及像素地址的变化来分类的，数据处理层的计算量较大，是硬件图像处理研究的重点。

4. 行顺序性

在图像处理中，就相邻两次处理所涉及的像素地址来分类，有随机点处理和行顺序点处理。对于随机点处理的理解，我们可以光标为例，光标的移动是随机的。在链码结构的边界跟踪中，因为边界点的走向是由原始图像决定的，而且各种边界也不同，其边界走向“随机”，八方向链码的搜索也就具有随机性了。行顺序性是由电视扫描方式引起的，电视扫描是按照从上到下、从左到右的规律进行的，图像数字化也按这一规律进行，第 1 行第 1 点、第 2 点……下一行的第 1 点、第 2 点……直至一帧图像数字化完成。视频数据流具有行顺序性，图像的多种数据格式也具有行顺序性，这种行顺序性正是流水线处理的出发点。

5. 并行性

一般来说，在数据处理层的各种算法具有高度的并行性。这是二维的并行处理，而对数据按顺序串行执行一系列指令的冯·诺依曼结构是完全不适合的。针对二维数据的并行处理，可以采用不同的并行结构，既可以对邻域的像素作并行处理，也可以在更大的区域作并行的点处理。这些并行处理或采用流水线结构，或采用并行阵列连接，其特点是与像素的局部地址无关。并行处理在数据处理层的处理中可以大展身手，其效果（在算法类别及其处理速度上）是显著的，甚至是激动人心的，各种并行处理的结构和各种硬件处理系统也可在这些指标上一比高低。形成数据处理层处理并行性高的原因是数据的规律性以及图像处理的一致性，具体来说是算法的邻域性和数据的顺序性。算法的邻域性首先是指许多图像处理的算法要求邻域处理，其次是指在点处理中也因为二维图像的特点而可以形成一个由相邻像素组成的区域。数据的顺序性是指图像数据按照一种扫描规律流动，这种规律可以是隔行扫描，也可以是逐行扫描。显然，在数据具有确定的规律性的情况下，就可以有的放矢地形成相应的并行处理结构。在“处理锥”的最底层是对像素本身进行处理，并行性高，而在其他层次的处理，并行性则较低。但是，这并不是说高层的处理不需要并行处理。这里要特别注意一个容易引起混淆的问题，即“处理锥”并不是图像处理的速度、复杂度、运算量的表征，而只是原始图像在各层处理中数据量的变化。在人脸识别的全过程中，如果是在 1000 万人中进行，这时识别的数据量很大，因而在识别的整个过程中所占用的时间比底层的预处理时间要多得多。在指纹识别中，用一台计算机进行比对，达到每秒上百枚指纹的查询速度，而用硬件并行处理，目前可达到每秒上万枚指纹的比对速度，可见在知识应用层里的并行处理也是意义重大的。

6. 实时性

实时性是图像界常说的一个话题，实时采集、实时显示、实时存储、实时处理、实时传输，这些功能都体现了实时性。实时性的一个含义是指某些过程和图像信源在时间上具有一致性，这个图像信源常指视频图像。对于视频图像，我们常说其中的一些信息"稍纵即逝"，从中也可体会到实时性的某些含义。这种实时性的含义在时间上是确切的，可称为时域实时性。实时采集也称为实时冻结，是指按照输入图像的速率进行图像数字化。与实时采集不同的是慢速图像采集，如在512帧的时间里采集一幅图像，慢速图像采集只能用在静态图像的获取上。实时显示是指图像按一定规则（如某一电视制式）的扫描速率进行显示。实时存储，其重要性不仅仅在于实时地把一帧或连续多帧的视频图像存入图像帧存，更重要的是把更多帧的连续视频图像实时存入硬盘。在处理时间上，实时性也是即时处理和事后处理的一个主要划分标准。事后处理不具备实时性，只有即时处理在处理速度上才具有实时性。在图像处理中，常用硬件处理来提高图像处理的速度，硬件处理的水平有高有低，其衡量的主要指标是算法及其速度。实时处理一般是指在电视帧频的速率下完成一幅图像的处理，具体来说，对PAL制的图像，若在40ms的时间里完成了一幅图像的某种处理，则该系统具有这种算法的实时处理功能。这里要注意一个问题，即单一算法的实时性并不等于多种算法的实时性。有时，一个系统可以实时实现一些算法，而在低于实时的时间里实现另一些算法。如美国IMAG公司的"IPWS台式实时图像工作站"（20世纪80年代中期），可以进行实时的图像加减运算，但涉及邻域的操作如Roberts算子，运行时间需要0.6s；3×3卷积，则需要1.35s，显然涉及邻域的处理速度远没有达到实时的水平。超实时处理一般是指在高于电视帧频的速率下完成一幅图像的处理，如在4ms的时间里完成两幅图像的相加运算。当然，对于所有的硬件处理，描述其所达到的水平还是用"算法类别及其处理速度"更为准确。实时传输主要是指视频图像的网络传输，在实现上一般采用图像压缩技术和高速网络通信技术。

综上所述，实时性的主要含义是视频实时。值得指出的是，在实时处理的说法上存在一些混乱的提法，有的系统达不到40ms处理完一幅图像的速度，同时也不具有下面所述的任务实时，却称为实时处理系统，显然是不确切的。

实时性的另一个含义指的是任务实时。这个含义在任务上是确切的，可称为任务实时性。这种任务实时显然是针对实际任务来说的，而且常常是针对生产流水线的在线作业。例如，玻璃瓶在线缺陷检测系统就是一种任务实时系统，在生产流水线中的下一个玻璃瓶到来之前能够完成对当前玻璃瓶的检测，这就达到了任务实时。对于不同的任务，任务实时所需要的处理时间也不尽相同。

任务实时是图像并行处理系统主要追求的指标，而时域实时常常是任务实时的条件，也是一个图像并行处理系统的速度指标。

上面讲的图像处理的6个重要特性是设计图像处理系统的基本出发点，对于设计图像并行处理系统尤为重要。应该说，图像数据和图像处理突出的特点既加大了图像并行处理的难度，也为并行处理提供了广阔的舞台。

1.3 图像处理算法及其数据结构

从计算机技术的数据结构这一概念来看，基本的数据结构包括记录结构、数组结构和集合结构。在图像处理中，许多成熟的算法都具有显式或隐式所包含的数据形式，这种数据形式，可能是独立的单个数据，也可能是相邻的多个数据；独立的单个数据经过数据组织，也可以形成相邻的多个数据。所以，图像处理算法所包含的数据形式，一定能够以相邻的多个数据的形式来表示。算法的这种相邻的多个数据形式，就是数据的一个集合，称为图像邻域数据，简称为邻域数据。邻域数据包括水平方向的一维图像邻域数据、垂直方向的一维图像邻域数据和二维图像邻域数据。图像邻域数据的特点在于图像像素之间的相邻性。

显然，不了解施加于数据之上的算法就无法决定如何构造数据，即只有准确地了解算法，才能合理地组织算法所需要的数据；反之，算法的结构和选择却在很大程度上依赖于作为基础的数据结构，即数据结构将影响算法的实施。实现图像处理算法和图像处理系统之间的统一不仅要了解具体的应用要求、了解需要解决的具体问题，还有赖于对图像数据的认识。同时，要实现算法与系统实现的统一，也要对图像处理算法的数据结构有一个清楚的认识。

图像处理有静态与动态的、黑白与彩色的、二维与三维的、频域与时域的等，图像处理的算法也很多，而且各不相同。就图像数据而言，其数据具有数据量大、规律性强、邻域性强、相关性强、视频图像数据传输速率高等特点。这些特点，不仅强烈地表现在视频图像的数据中，也或多或少地表现在遥感、超声、CT 等图像数据中。对图像数据进行处理，必然会遇到存储容量大、运算量大、实时应用困难等一系列问题，例如，对于 512×512×8bit 的黑白图像，其一幅图像的存储容量为 256KB，实时数据传输速率为 14.625MB/s（针对采样频率为 14.625MHz 的图像处理系统）。同理，对于 512×512×24bit 的真彩色图像，一幅图像的存储容量为 768KB，实时数据传输速率为 43.875MB/s（针对采样频率为 14.625MHz 的图像处理系统）。如果针对当前出现的高清晰度电视的活动图像，那么在数据量、数据传输速率、运算量方面都会有大幅度的提高。视频图像数据量大的特点在实际应用中表现得尤为突出，常常成为图像处理的难点。

图像数据具有的规律性是由图像的形成规律决定的，这种规律主要是指电视的扫描规律，具体来讲，在水平方向是按从左到右扫描规律进行，而在垂直方向是按从上到下且隔行扫描规律进行的，奇数场扫描行的顺序为 1,3,5,7,9,…，偶数场扫描行的顺序为 2,4,6,8,10,…，奇数场图像和偶数场图像合为一帧完整的图像。这种视频图像在水平方向上是连续的，在垂直方向是离散的。视频图像数字化所形成的数据流具有行方向数据流的突出特点，这也是许多图像硬件处理系统在处理图像时所使用的数据流形式。这种规律性，也常常影响着软件编程人员，致使在编程时，也采用从左到右、从上到下的数据组织形式。

数据相关性强体现在帧内和帧间的相关性上，这种相关性是由图像内容本身和视频图像扫描方式决定的，这既是许多图像压缩算法的基础，也是动目标检测、相关跟踪算法的基础。

1.3.1 数据处理层算法及其数据结构

数据处理层算法的共同特点是处理前和处理后依然是图像，即属于点位图到点位图的处理。除了图像的放大或缩小算法以外，数据处理层中的点处理和邻域处理在图像区域上没有发生变化，帧内的数据处理层算法是这样，帧间的数据处理层算法也是这样。在数据处理层中，主要实施点处理和邻域处理算法，这两类算法对数据的要求是不同的。数据处理层的点处理算法所要求的数据可以是一幅图像的单点，也可以是多幅图像(或一幅彩色图像中的R、G、B基色通道)相同地址的单点；而数据处理层的邻域处理算法所要求的数据可以是一幅图像单点的一个邻域，也可以是多幅图像(或一幅彩色图像中的R、G、B基色通道)相同地址的单点的一个邻域。

1.3.1.1 点处理算法及其数据结构

点处理算法主要有两类：帧内点处理算法和帧间点处理算法。帧内点处理算法包括一帧灰度图像的点处理和一帧彩色图像的多分量点处理，如R、G、B分量或Y、U、V分量的点处理。同理，帧间点处理算法也包括多帧灰度图像的点处理和多帧彩色图像的多分量点处理。

下面给出一些点处理算法。

1. 灰度图像的求反

灰度图像的求反主要用于照片的两种输入方式，即正片和负片，常用的表达式为

$$g(x,y)=255-f(x,y) \tag{1.3.1}$$

式中，$f(x,y)$为原始图像；$g(x,y)$为求反后的输出图像；$f(x,y)$、$g(x,y)$均为8bit灰度图像。

2. 图像单阈值分割

图像单阈值分割常用来进行图像二值化处理，其表达式为

$$g(x,y)=\begin{cases}0, & f(x,y)\leqslant T_0\\ 255, & f(x,y)>T_0\end{cases} \tag{1.3.2}$$

式中，T_0为阈值；$f(x,y)$为原始图像；$g(x,y)$为二值化后的输出图像。

3. 两帧图像的相减运算

两帧图像的相减运算可以用于医学图像的减影、监控中的动目标检测，其表达式为

$$g(x,y)=|f_1(x,y)-f_2(x,y)| \tag{1.3.3}$$

式中，$f_1(x,y)$为一帧图像或是当前帧的图像；$f_2(x,y)$为另一帧图像或是当前帧的后续一帧图像；$g(x,y)$为相减后的输出图像。

1.3.1.2 邻域处理算法及其数据结构

按照被处理的图像数据是否被重复使用，图像处理中的邻域处理算法可分为两类，一类算法是重复使用图像数据的，大多数邻域图像处理算法属于这一类算法。当然，这里的重复并非指完全的重复，而是局部重复，例如Roberts算子，所要求的是2×2的数据结构，假定当前处理某一点使用了该点相邻的4点数据，则下一点的处理一定会重复使用当前使用过的4个数据中的2个数据。另一类算法是不重复使用图像数据的，只有比较少的邻域图像处理算法属于这一类算法，如8×8的JPEG算法。当然，以数据块进行的并行点处理也可

以归入不重复使用图像数据的邻域处理的形式。点处理有帧间处理的情况，而邻域图像处理则很少有帧间处理(除了块的点处理以外)，因此，邻域图像处理基本上属于帧内处理。下面给出一些邻域处理算法。

1. Roberts 算子

Roberts 算子用于边缘增强，绝对值输出的 Roberts 算子数学表达式为

$$G(x,y)=|f(x,y)-f(x+1,y+1)|+|f(x+1,y)-f(x,y+1)| \tag{1.3.4}$$

式中，$f(x,y)$为原始图像；$G(x,y)$为图像 $f(x,y)$在(x,y)点的梯度。

在图像处理中，常常要对式(1.3.4)的 $G(x,y)$进行二值化处理。

Roberts 算子的数据结构如图 1.3.1 所示，显然这是一个 2×2 的数据结构。

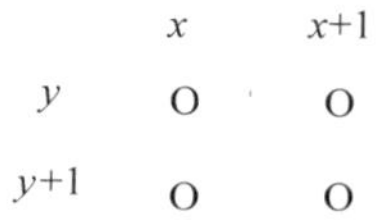

	x	$x+1$
y	O	O
$y+1$	O	O

图 1.3.1　2×2 数据结构

2. 3×3 卷积

3×3 卷积的表达式为

$$g(x,y)=\sum_{i=-1}^{1}\sum_{j=-1}^{1}H(j,i)\times f(x+j,y+i) \tag{1.3.5}$$

式中，$H(j,i)$为卷积模板，也称为卷积核，其数据结构如图 1.3.2 所示。3×3 卷积的图像数据结构如图 1.3.3 所示，这是一个 3×3 的数据结构。

$H(-1,-1)$	$H(0,-1)$	$H(1,-1)$
$H(-1,0)$	$H(0,0)$	$H(1,0)$
$H(-1,1)$	$H(0,1)$	$H(1,1)$

图 1.3.2　3×3 卷积模板

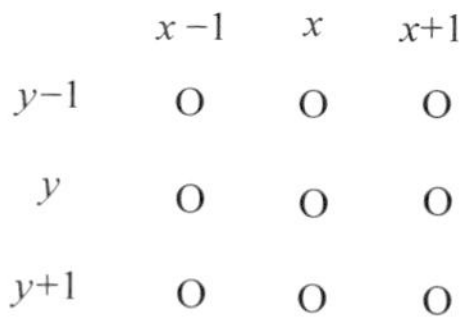

	$x-1$	x	$x+1$
$y-1$	O	O	O
y	O	O	O
$y+1$	O	O	O

图 1.3.3　3×3 数据结构

3. Sobel 算子

Sobel 算子用于边缘增强，该算子是测量沿两个垂直方向的灰度差，然后再把这些测量值组合起来形成边缘强度。如像素处理所得到的响应分别为 $G_x(x,y)$、$G_y(x,y)$，则

$$G_x(x,y)=\sum_{i=-1}^{1}\sum_{j=-1}^{1}H_x(j,i)\times f(x+j,y+i) \tag{1.3.6}$$

$$G_y(x,y)=\sum_{i=-1}^{1}\sum_{j=-1}^{1}H_y(j,i)\times f(x+j,y+i) \tag{1.3.7}$$

和图 1.3.2 中的 3×3 卷积模板的表示方法类似，式中 x 方向的卷积模板和 y 方向的卷积模板分别如图 1.3.4 和图 1.3.5 所示。

平方根输出的 Sobel 算子数学表达式为

$$R=[G_x^2(x,y)]^{\frac{1}{2}}+[G_y^2(x,y)]^{\frac{1}{2}} \tag{1.3.8}$$

-1	0	1
-2	0	2
-1	0	1

图 1.3.4　x 方向的卷积模板

-1	-2	-1
0	0	0
1	2	1

图 1.3.5　y 方向的卷积模板

绝对值输出的 Sobel 算子数学表达式为

$$R=|G_x(x,y)|+|G_y(x,y)| \tag{1.3.9}$$

Sobel 算子的数据结构也是 3×3 的数据结构。

4. 3×3 十字中值滤波

3×3 十字中值滤波有多种形式，最常使用的 3×3 十字中值滤波是对 5 个相邻像素进行排序，以确定中心点的数值。其数据组织如图 1.3.6 所示。十字中值滤波的数学表达式如下：

$$G'(x,y)=\text{med}[g(x,y-1),g(x-1,y),g(x,y),g(x+1,y),g(x,y+1)] \tag{1.3.10}$$

在 3×3 邻域四方向中值滤波的数据结构如图 1.3.7 所示，数学表达式为式(1.3.11)。

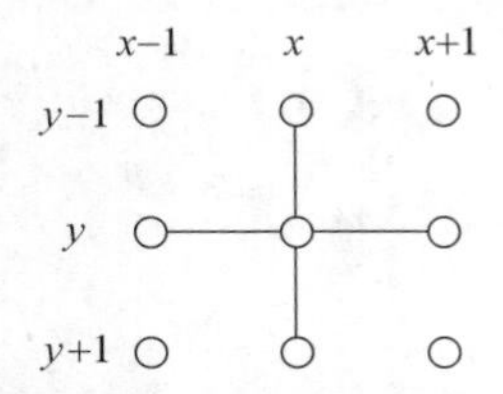

图 1.3.6　3×3 十字中值滤波数据结构

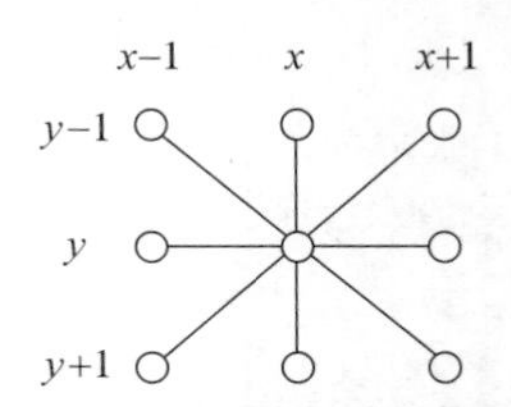

图 1.3.7　3×3 四方向中值滤波的数据结构

$$G'(x,y)=\text{med}[G_1(x,y),G_2(x,y),G_3(x,y),G_4(x,y)] \tag{1.3.11}$$

式中，

$$G_1(x,y)=\text{med}[g(x-1,y),g(x,y),g(x+1,y)]$$
$$G_2(x,y)=\text{med}[g(x-1,y-1),g(x,y),g(x+1,y+1)]$$
$$G_3(x,y)=\text{med}[g(x,y-1),g(x,y),g(x,y+1)]$$
$$G_4(x,y)=\text{med}[g(x+1,y-1),g(x,y),g(x-1,y+1)]$$

不论是重复使用图像数据的邻域处理算法还是不重复使用图像数据的邻域处理算法，其算法要求的整个邻域数据，均称为并行的邻域处理算法的数据结构，如 Roberts 算子的 2×2 数据结构、Sobel 算子的 3×3 数据结构，JPEG 静图像压缩的 8×8 数据结构等。常用的邻域处理算法的并行数据结构如图 1.3.8 所示。

1.3.2　信息提取层算法及其数据结构

信息提取层算法的共同特点是处理的对象是图像，处理后的结果则是一些表征信息的数据，这种信息可以是某类结构，如构成物体的边缘、形状或纹理，也可以是图像的统计特性。信息提取层算法属于点位图到信息数据的处理，其处理获得的数据量小于被处理的点

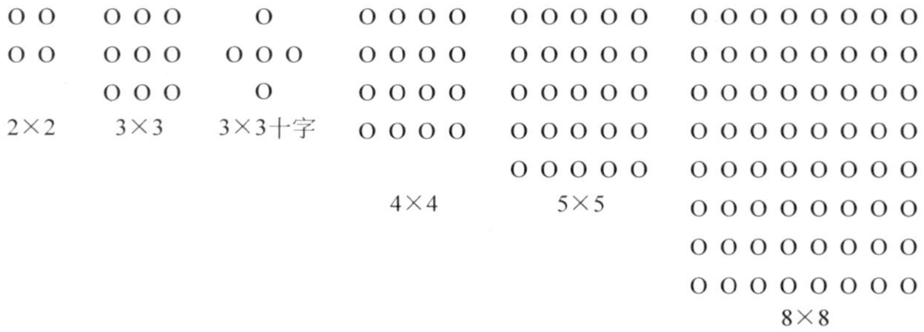

```
O O    O O O      O      O O O O   O O O O O   O O O O O O O O
O O    O O O    O O O    O O O O   O O O O O   O O O O O O O O
       O O O      O      O O O O   O O O O O   O O O O O O O O
2×2     3×3    3×3十字   O O O O   O O O O O   O O O O O O O O
                                   O O O O O   O O O O O O O O
                           4×4        5×5      O O O O O O O O
                                               O O O O O O O O
                                               O O O O O O O O
                                                     8×8
```

图 1.3.8　常用的邻域处理算法的并行数据结构

位图的数据量。下面给出一些信息提取层的算法。

1. 直方图统计

直方图统计算法提供的是被统计区域的灰度分布情况，其数学表达式为

$$p(G_k)=\frac{nk}{m}\quad (k=0,1,\cdots,L-1) \tag{1.3.12}$$

式中，G_k 为图像 $f(x,y)$的第 k 个灰度值；nk 为 $f(x,y)$中灰度值为 G_k 的图像像素的个数；m 为图像 $f(x,y)$的像素的总数量；L 为 $f(x,y)$图像分解力的灰度级的级数，如 8bit 的图像分解力，L 的值为 256。

直方图统计对图像像素进行统计计算，得到 L 个表示图像灰度分布的具体数据。

2. x 轴、y 轴投影直方图

x 轴投影直方图统计的是一幅 $W\times H$ 的图像在 x 轴上的灰度积分，其数学表达式为

$$P_x(y)=\sum_{y=0}^{H}f(x,y)\quad (x=0,1,\cdots,W-1) \tag{1.3.13}$$

y 轴投影直方图统计的是统计一幅 $W\times H$ 的图像在 y 轴上的灰度积分，其数学表达式为

$$P_y(x)=\sum_{x=0}^{W}f(x,y)\quad (y=0,1,\cdots,H-1) \tag{1.3.14}$$

以上所述的信息提取层算法既具有点位图的单点数据特点，也具有点位图的邻域数据特点，这样，也就具有点处理算法的数据结构和邻域处理算法的数据结构。由于信息提取层处理的结果是一些信息数据，因此在用硬件进行信息提取层处理的系统里，常常把这些信息数据存储在单独设置的 SRAM 存储器中，再转存储在计算机内。

1.3.3　知识应用层算法及其数据结构

知识应用层算法的共同特点是处理的对象是一些信息数据，利用知识进行处理，处理后的结果则是对图像的描述、理解、解释以及识别。这是数据对数据的处理，在处理中不依靠图像原始的点位图，而是依靠从原始图像中获得的某些信息。人脸识别是典型的知识应用层算法，我们将在后续章节中加以论述。

图 1.3.9 给出了用奇偶性检测的方法来确定区域内部的示意图。在本书的第 11 章，则给出了用奇偶性检测的方法确定区域内部的进一步描述。

如图 1.3.9 所示，在一个单连通域的外轮廓图中，I 行水平线与外轮廓图相交，分别有 4 个边界点 A、B、C、D，按 x 坐标排序，奇数点是边界的起点，偶数点为边界的终点，两两一对。在 I 行的 A、B 之间和 C、D 之间，是区域的内部。同理，第 N 行的 E、F 之间和 G、H 之间也是区域的内部。

描述一个单连通域的外轮廓，可以用外轮廓点的坐标值，还可以用链码值来描述。用链码有很多好处，不仅降低了码位的长度，还便于多种计算。我们采用链码值的定义如图 1.3.10 所示。

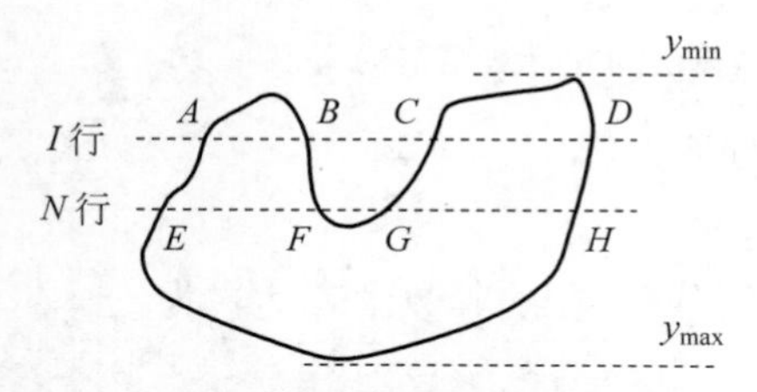

图 1.3.9 用奇偶性检测确定区域内部

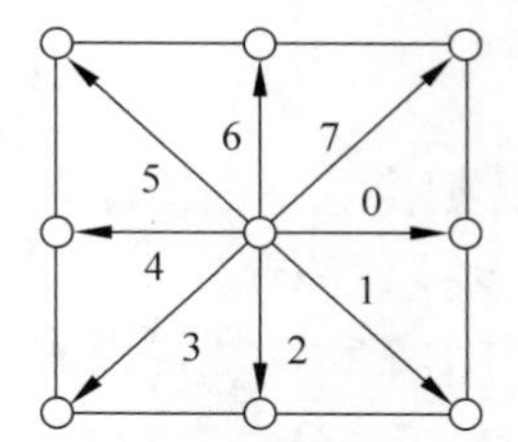

图 1.3.10 链码值定义

1. 周长

采用图 1.3.10 所示的链码值定义来计算图 1.3.9 所示区域轮廓线的长度。则闭合区间的周长 L 为

$$L=\sum_{n=1}^{N} l_k \tag{1.3.15}$$

式中，N 为边界点的点数。

$$l_k=\begin{cases}1, & M_k \text{ 为偶数}\\ \sqrt{2}, & M_k \text{ 为奇数}\end{cases} \tag{1.3.16}$$

式中，M_k 为第 k 点的链码值。

2. 面积

可用不同方法来计算闭合区间的面积。一种方法是利用图像分割的方法把该区间置为某一灰度值，再统计这一灰度值像素个数，这种方法要求区间内的灰度具有一致性；另一种方法是利用链码来计算闭合区间的面积，其做法是采用类似计算图 1.3.9 所示的区域内部的方法，从 $y_{\min}$ 到 $y_{\max}$ 计算每一行属于该区间面积，然后再求和，计算公式如下：

$$S=\sum_{I=y_{\min}}^{y_{\max}} S_I \tag{1.3.17}$$

在 I 行里的边界点按 x 坐标从小到大排序，共有 N 个边界点，则

$$S_I=\sum_{n=1}^{\frac{N}{2}}(x_{2n}-x_{2n-1}) \tag{1.3.18}$$

下面介绍另一种利用链码计算面积的简便方法。

用链码序列表示闭合区间且采用图 1.3.10 所示的链码值定义，表 1.3.1 给出了在这些条件下的面积因子 d_{nx}、d_{ny} 和链码值 M 的对应值。

表 1.3.1 面积因子 d_{nx}、d_{ny} 和链码值 M 的对应值

M	0	1	2	3	4	5	6	7
d_{nx}	1	1	0	−1	−1	−1	0	1
d_{ny}	0	−1	−1	−1	0	1	1	1

闭合区间的像素面积为 S，则

$$S=\left|\sum_{n=1}^{N}d_{nx}(y_{n-1}-d_{ny}/2)\right| \tag{1.3.19}$$

式中，d_{nx}、d_{ny} 为面积因子；y_{n-1} 为第 $n-1$ 个边界点的 y 坐标。

3. 重心

一个任意形状的封闭区域的重心，我们可以认为是一个均匀刚体的质心。其质心的坐标为(x_0,y_0)，则

$$x_0=\frac{M_y}{S} \tag{1.3.20}$$

$$y_0=\frac{M_x}{S} \tag{1.3.21}$$

式中，M_y 为该均匀刚体对 y 轴的力矩；M_x 为该均匀刚体对 x 轴的力矩。计算力矩的方法是采用类似计算图 1.3.9 所示的区域内部的方法，按照行来切片，从 $y_{\min}$ 到 $y_{\max}$，计算每一行中属于该区域的对 x 轴的力矩，然后再求和，计算公式如下：

$$M_x=\sum_{i=y_{\min}}^{y_{\max}}M_i \tag{1.3.22}$$

在 I 行里的边界点按 x 坐标从小到大排序，该行共有 N 个边界点，则

$$M_i=I\times\left[\sum_{n=1}^{\frac{k}{2}}(x_{2n}-x_{2n-1})\right] \tag{1.3.23}$$

面积的计算仍按式(1.3.17)、式(1.3.18)计算，这样可以求出 y_0 的数值。

计算 M_y 力矩的方法和计算 M_x 力矩的方法类似，这时按照列来切片，从 $x_{\min}$ 到 $x_{\max}$，计算每一行中属于该区域的对 y 轴的力矩，然后再求和，计算公式如下：

$$M_y=\sum_{j=x_{\min}}^{x_{\max}}M_j \tag{1.3.24}$$

在 J 列里的边界点按 y 坐标从小到大排序，该列共有 N 个边界点，则

$$M_j=J\times\sum_{n=1}^{\frac{k}{2}}(y_{2n}-y_{2n-1}) \tag{1.3.25}$$

面积的计算仍按式(1.3.17)、式(1.3.18)计算，这样可以求出 x_0 的数值。

1.4 图像处理系统的系统结构

1.4.1 图像处理系统的发展历程

图像处理和计算机图像处理可以看作同义语，可见图像处理和计算机之间的密切关系。

图像处理是计算机应用领域里一个非常活跃的部分，它的发展依赖于计算机的应用和发展。最早发表有关计算机处理图像信息文献的时间要追溯到20世纪50年代，而作为商业化的图像处理系统，其出现的时间在20世纪60年代末。图像处理系统的发展十分迅速，其最主要原因在于计算机的超高速发展，从1981年美国IBM公司开创PC时代以来，计算机的性能大幅度提高，而价格却大幅度下降，其变化的速度使人有日新月异之感。计算机的这种超级发展速度，无疑推动了图像处理系统的发展。另外，半导体器件的迅猛发展也促进了图像处理系统的发展。其中最具有代表性的莫过于可编程逻辑阵列芯片和半导体存储器。早期用4Kb的存储芯片来设计图像帧存，而现在可以用1Gb的存储芯片来设计图像帧存；早期一个机架式的图像处理系统，现在可以被一个芯片所替代，系统稳定，价格低廉，这对图像处理系统的发展无疑起到了很大的促进作用。同时，更多的人从事图像处理的研究工作，理论研究的发展又推动了图像处理系统的发展。

业界长期努力的结果为我们展示了一条日益进步的图像处理系统发展的道路。在图像处理的最初阶段，要解决的问题是图像的数字化，由于器件水平的原因，只能采用慢速采集的办法。当A/D芯片的速度足以实时进行图像数字化时，计算机总线的数据传输速率却满足不了视频速率的传输要求，也就是说不能把活动图像实时送到计算机，解决的方法是设置图像帧存，这样可以把活动的图像实时或非实时地存入图像帧存，随后再进行包括硬件和软件在内的各种各样的处理，由此形成了面向图像帧存的图像处理系统结构并在相当长的时间内成为图像处理系统结构的主流形式。随着计算机总线的发展，活动图像可以实时地存入计算机，由此面向计算机内存的图像处理系统结构便应运而生，成为图像处理系统新的主流结构。在结构上的这种变化，无疑向我们说明，计算机的性能是影响图像处理发展的一个重要因素。随着图像压缩技术的发展，采用JPEG、MPEG等压缩技术，由此形成了实时的图像传输系统。随着硬件水平的提高以及大规模逻辑阵列器件的广泛应用，图像处理速度也越来越快，由此形成了实时的图像处理系统。图像处理系统的这种明晰发展过程，无疑展示了速度（数据传输速率、数据处理速度）的重要性。

图像处理系统按其综合特点来划分，大致可以分为5个发展阶段。

第一阶段大体上是从20世纪60年代末期到80年代中期，当时的代表作是美国I^2S公司推出的MODEL-70、MODEL-75图像计算机，英国JOYCE LOABL公司推出的MAGISCAN图像分析系统，以及美国VICOM系统公司推出的VICOM-VEM图像处理工作站、VICOM-VEV机器视觉计算机。MODEL-70、MODEL-75图像计算机主要用于遥感图像处理，MAGISCAN图像分析系统主要用于医学图像处理和金相分析，VICOM-VEM图像处理工作站、VICOM-VEV机器视觉计算机主要用于工业自动化。这些系统都采用了机箱式结构，其中美国VICOM-VEM图像处理工作站的处理速度更优，英国的MAGISCAN图像分析系统在图像分析上很有特色。这些系统均在系统内置CPU，主要使用的是MOTORALA公司的MC6800、MC68000 CPU芯片。这些系统由于采用机箱式结构，所以系统的体积比较大，功能也比较强，当然系统的价格也很贵。在中国，图像处理系统的科研工作起步较晚，当时属于这种类型的图像处理系统主要有清华大学的TS-79小型通用数字图像处理系统（1981年鉴定）、TJ-82图像计算机（功能与MODEL-75类似，1985年鉴定）和TS-84多功能微机图像图形处理系统（1985年鉴定）。这一阶段的特点是整个图像处理系统采用了机箱式结构和双屏的操作方式，主流计算机采用小型机（开始向微机过渡），系统结构为面向图像帧存的结构。这个阶段的图像处理系统尚不太普及，经常是多人轮流使用一台图像处理系统。

第二阶段大体上是从20世纪80年代中期到90年代初期，主要的特点是小型化，外形不再是机箱式而是插卡式。这种插卡式的图像板级产品称为图像卡，把图像卡插入计算机内即可构成图像处理系统。在20世纪80年代初，美国Imaging Technology公司推出了PCVISION图像卡、PCVISION Plus图像卡以及VG-32真彩色图像卡，美国DT公司推出了DT2851图像卡、DT2858图像加速卡、DT2871真彩色图像卡。加拿大的MATROX也推出了一系列的图像卡，其中也有高清晰度的图像卡。在中国，20世纪80年代末到90年代初，中科院自动化所研究成功CA系列图像卡，清华大学研究成功TH系列图像卡。这时的图像卡市场非常活跃，有趣的是，图像卡和机箱式的图像处理系统的关系，类似于微机和小型机的关系，图像卡比机箱式的图像处理系统更为流行，这一趋势一直持续下来。由于图像卡体积小、没有独立于微机的机箱、没有外加电源以及价格较低，因此深受用户的欢迎。这类图像卡大都采用PC系列微机以构成图像处理系统。插入计算机的图像卡，卡的几何尺寸有限(PC微机图像卡的几何尺寸将不超过335mm×105mm)，要实现图像处理的全部功能，设计上显然要求卡上器件少，而且要在印制电路板上布线成功。针对这些特点，一般图像卡都是采用大规模集成电路甚至是制作专用集成电路，在印制电路板上多采用多层板技术，而且在电路设计上更加考究。原来的机箱式图像处理系统，基本上采用了微机的DMA接口方式，而在图像卡里，主要采用存储体映射和I/O映射方式，以此来简化接口电路。早期的图像处理系统一般采用DRAM或采用SRAM芯片来构成图像帧存，而当时的图像卡多采用视频RAM(VRAM)芯片，充分利用了VRAM的高速串入/串出功能，从而大大简化了帧存的外围电路。另外，芯片的集成度越来越高，除了大大提高存储芯片的容量外，也出现了在一个芯片内集成三路A/D和集成具有查找表(LUT)功能的三路D/A的芯片，有的公司还设计了专用电路，如美国Imaging Technology公司制造了特殊的CROSS PORT SWITCH门阵列电路，以此来解决多路数据的切换问题。美国DT公司的DT2871真彩色图像卡采用了RGB到HSI、HSI到RGB彩色空间变换的专用芯片，很有特色。DT2851图像卡和DT2858图像加速卡联合应用，形成一个具有一定硬件处理功能的图像处理系统，其处理速度是：对512×512点阵的图像，直方图统计需要0.25s，3×3卷积需要1.35s。VG-32真彩色图像卡采用美国德州仪器(TI)公司的TMS34010芯片为主控芯片，在一个图像卡内同时具有图形图像功能，电路十分简洁。这一阶段的特点是图像处理系统采用插卡式结构，主流机为PC系列微机，计算机总线采用ISA(Industrial Standard Architecture)总线，仍采用双屏的操作方式和面向图像帧存的系统结构。

第三阶段大体上是从20世纪90年代初期到90年代后期，这一阶段图像处理系统的突出特征是单屏方式。视霸卡曾流行一时，随之以微机PCI总线(Peripheral Component Interconnect Bus)为支持的单屏方式和以图像压缩传输为特点的图像通信方式成为主流方式。当然，这些系统也是以图像卡的形式出现，但是融入了许多新的东西。第二阶段的图像处理系统，外在的形式主要采用双屏方式，即计算机终端显示文本信息，图像监视器则显示图像。另外，图像处理硬件系统和微机之间的数据传输主要是在ISA总线上进行。而在这一阶段，图像处理系统的外在形式主要采用了单屏方式，即一个计算机终端既可以作为常规的终端来显示文本信息，还可以用来显示图形图像信息。这种单屏方式不但可以节省双屏方式中的图像监视器，同时也改变了那种以图像帧存为中心的结构方式。在这一阶段，图像处理硬件系统和微机之间的数据传输不再是通过ISA总线进行，而是通过高性能的PCI总线进行。这种PCI总线加单屏方式的图像处理系统无疑是一种新型的图像处理系统，这种图像处理系统不仅改变了原来的硬件系统结构，也改变了软件的系统结构，Windows管理显示、管理打印、管理等Windows平台上的图像处理软件包也易于实现了，比较起来，无论是在界面上、功能上，还是在软件开发的时间上，以Widows为平台，研制者得心应手、使用者拿来即用，处处方便。这种单屏方式充分利用了使用广泛的计算机显示卡和终端，更由于采用了PCI总线而使系统的性能得到加强，其本质上是一种面向计算机内存的操作形式。另一种单屏方式只是巧妙地借用了计算机终端，像以前市场上广为流行的视霸卡那样，其操作仍然是面向图像帧存，而不是面向计算机内存。在PCI总线尚未流行起来时，有的图像卡（如清华大学的TH925图像卡）采用ISA总线把视频图像送到计算机显存，再配上单屏图像处理软件包，以此来构成单屏图像处理系统，作为过渡形式，仍有其可取之处。在这一阶段，最流行的还是图像压缩。JPEG、MPEG-Ⅰ、MPEG-Ⅱ已成为标准，市场上也已出现了相应的芯片。

在这一阶段流行的图像卡，以采用PCI总线的单屏方式为主流，卡上使用的芯片不少采用了EPLD、FPGA或一些专用芯片。大量的图像卡不设图像帧存、不设显示电路，甚至有的卡只有一个芯片，所以整个图像卡非常小巧，其系统软件则采用面向计算机显存的操作方式。这一阶段的图像卡，就其色彩来说，流行最多的是灰度（包括伪彩色）图像卡，而在真彩色图像卡方面，一些是采用了RGB基色方式，更多的还是采用YUV方式。上述的单屏图像处理系统主要是靠微机来进行图像处理，处理速度较慢，美国Intel公司推出了MMX（多媒体指令系统），虽然加快了图像处理的速度，但在超高速图像处理方面还是力不从心。这样，在高速图像处理方面，一些系统仍沿用原来的双屏方式，另一些系统则采取软硬结合。在软硬结合的系统中，一些算法用硬件来加速，另一些算法靠软件完成，其显示方式仍采用单屏方式。至于机箱式图像处理系统，则更少见了。

总体上说，这一阶段图像处理系统的特点是：计算机总线采用PCI总线，并采用单屏操作方式，系统结构为面向计算机内存的结构，并在Windows平台上编制图像处理软件包。由于单屏图像处理系统操作方便、价格低廉，因此使图像处理技术更加普及。在图像处理实验室，一人一机不再是奢侈的配置，图像处理系统也得到了极大的普及，这时的图像处理系统可称为图像小系统。

第四阶段是从20世纪90年代后期至今，这一阶段图像处理系统突出的特点是网络化。随着网络数据库的发展，系统走出了一人一机的圈子，服务器/客户机、Internet、浏览器、网络数据库等，图像处理系统似乎变大了，资源也增多了。计算机编程语言、操作系统出现了多样化，多CPU的服务器开始走进普通的实验室，分布式计算系统被用来构造指纹识别系统、人脸识别系统。基于指纹识别、人脸识别的考勤系统，基于人脸识别、车牌识别和事件识别的智能监控系统，都在网络的连接下形成一套大型系统，图像处理系统越来越大型化，这时的图像处理系统可称为超级图像处理系统，这一阶段的图像处理系统具有以网络为中心的系统结构。这一阶段还有一个特点，即并行处理得到了更突出的应用，这不仅仅体现在多DSP、多CPU、多计算机、MMX/SSE指令集并行处理上，还体现在多路视频图像的采集和处理上。可以预见，在网络环境下的大型的数字图像监控群也将有较大的发展。

当前,我们正在步入第五阶段,这一阶段的主要特点是高分辨率、高速处理和智能化处理。

一般的图像硬件系统,包括图像数字化、图像存储、图像显示和计算机接口几部分,有的系统还配有硬件处理。要设计一个图像硬件系统,首先应有一个具体的技术指标,然后根据这些指标画出硬件系统的逻辑框图,而这些逻辑框图主要是以数据通道的数据流向来绘制的。

1.4.2　以图像帧存为中心的系统结构

图 1.4.1 给出了一种最基本的面向图像帧存的图像硬件系统结构的框图。

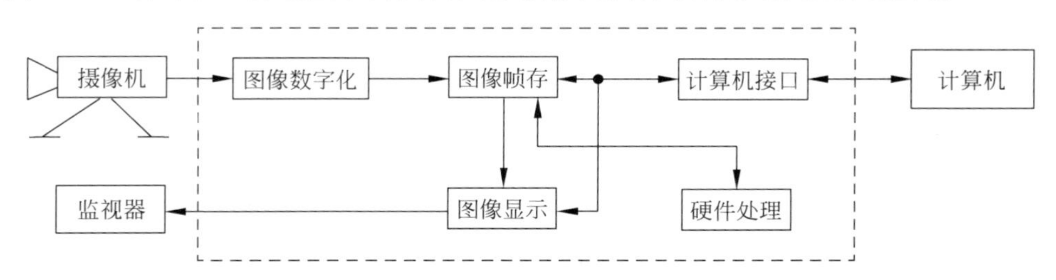

图 1.4.1　以图像帧存为中心的图像硬件系统结构

图 1.4.1 中,视频源可以是摄像机,也可以是录像机、取指器(一种获取活体指纹图像的设备)。系统不同,其指标也会有所不同,在色彩上有彩色的,也有灰度的,图像数字化器也有彩色的或灰度的,每个像素在灰度图像时大多数为 8bit,彩色图像种类较多,按 RGB 基色数字化的有 8bit、8bit、8bit 的,也有 5bit、6bit、5bit 的;按 YUV 彩色空间数字化的有 4∶1∶1 的,也有 4∶2∶2 的。帧存的容量变化范围比较大,基本的容量是一幅数字化图像的几何分辨率所要求的存储空间,帧存有单帧的,也有多帧的;有单通道的,也有多通道的。图像显示分彩色的、伪彩色的以及灰度的,在伪彩色和彩色的图像显示中,往往带有查找表,以进行彩色指定和进行图文注释以及进行各种灰度变换处理。微机接口是图像处理系统连接微机的连接电路,微机接口可以采用 ISA 总线,但新型的图像处理系统,其接口主要采用 PCI 总线。硬件处理的种类很多,如直方图统计、卷积、分割、边界跟踪等。应该指出,并不是每一个图像处理系统都具有硬件处理功能。但是,作为面向图像帧存的图像处理系统,除了硬件处理的功能外,其他的环节都是必要的。

以图像帧存为中心的图像处理系统结构的特点是:

(1) 双屏操作方式。这是指图像显示用监视器、图像处理的菜单等软件操作用计算机终端的操作方式,用这种方式构成的图像处理系统设备量较大。

(2) 对微机总线的要求较低。

(3) 设有帧存并形成以帧存为中心的系统结构。

(4) 系统结构复杂。

显然,采用这种结构形式,具有系统灵活、整体性强的优点,同时也给予系统设计者很大的发挥空间。设计者可以通盘考虑从采集、存储到处理的全过程,由此形成各种各样的图像处理系统。20 世纪 80 年代,这种结构的图像处理系统在应用上达到了鼎盛的阶段。以图像帧存为中心的图像处理系统结构所配备的计算机有大型机、小型机,后来逐渐转向微机并以 PC 为主流机种。

图 1.4.2 给出了美国 Imaging Technology 公司的 PCVISION 图像卡逻辑框图,这是 20 世纪 80 年代流行的一种图像卡,是早期的图像卡之一,它以高的性能价格比向人们展示

了板级产品的优越性。图中，A/D 为 6bit，帧存的容量为 512×512×8bit，由 DRAM 芯片构成，其中 2bit 用来实现图形叠加。LUT 是彩色查找表，容量为 4×256×8bit，可实现线性变换、求反、取阈值或其他灰度变换；LUT 还可进行彩色指定。这个系统的结构是面向帧存的结构，全部电路安装在两块电路板上，插入 PC 槽内，使得整个系统比较简洁。

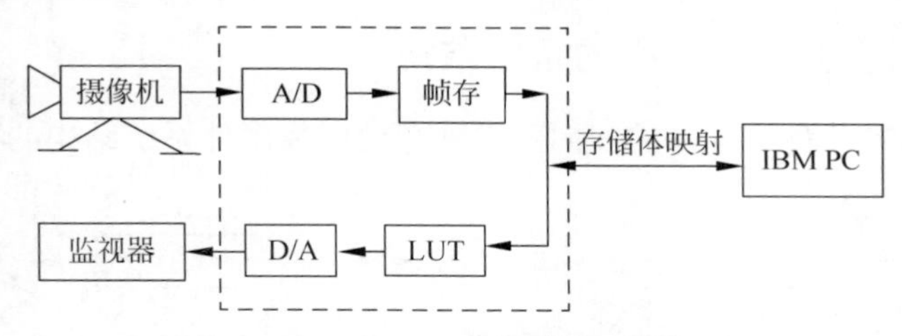

图 1.4.2 PCVISION 图像卡逻辑框图

图 1.4.3 给出了我们在 1991 年研制成功的 TH-915 图像卡的框图。

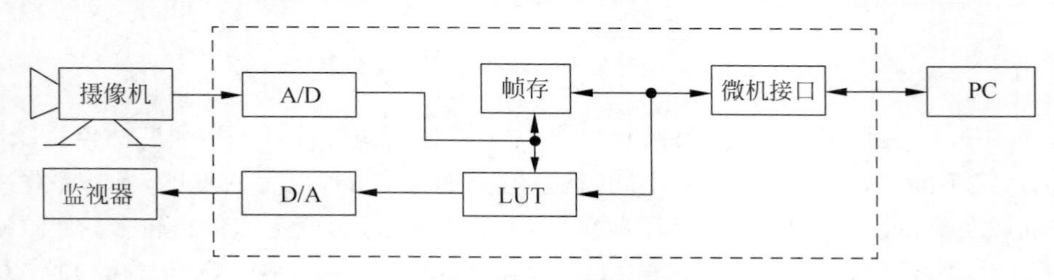

图 1.4.3 TH-915 图像卡框图

TH-915 图像卡与美国 PCVISION 图像卡相比，结构基本相同，不同之处在于 A/D 为 8bit，图像帧存采用 VRAM 芯片，节省了帧存的外围电路，帧存隐含的 2bit 作为图形叠加位，全部电路安装在一块电路板上，插入 PC 槽内。

美国 DT 公司 DT2871 图像卡的框图如图 1.4.4 所示。

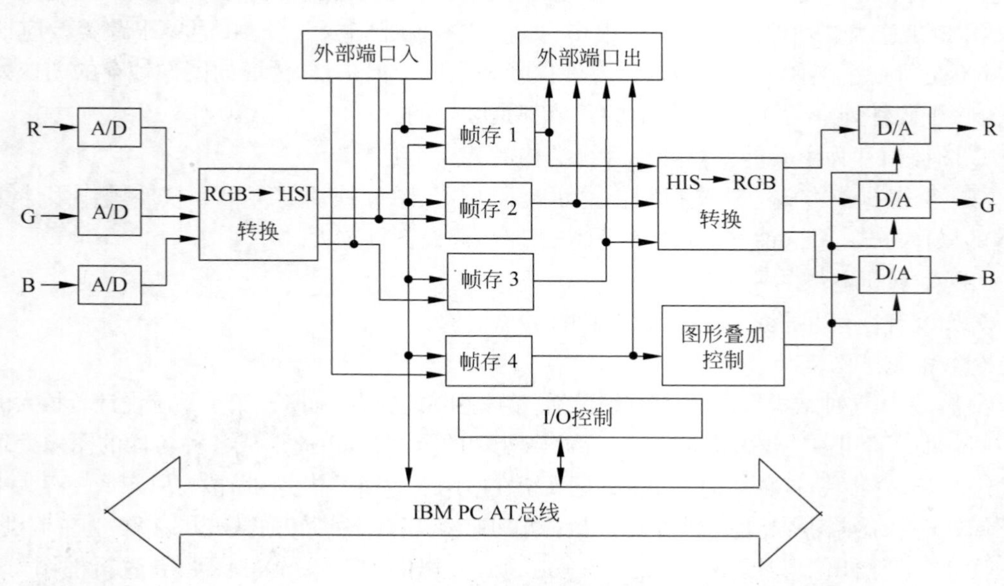

图 1.4.4 DT2871 图像卡的框图

DT2871 是一个真彩色图像卡，也采用面向帧存的系统结构，三基色模拟信号 R、G、B 分别由三路 8bit 的 A/D 转换后送到 RGB 到 HSI 的转换器。该转换器还具有一个选择功能，即可以输出原来的 RGB 数据。帧存 1 存储 R 的数据或亮度数据，帧存 2 存储 G 的数据或饱和度数据，帧存 3 存储 B 的数据或色度数据，帧存 4 是一个图形体，以实现图形叠加功能。帧存的 HSI 信号经过 HSI 到 RGB 的转换再经过 D/A 转换形成 R、G、B 模拟信号，由彩色监视器显示。该卡还需附加一块解码器，把全彩色电视信号转换为 RGB 基色信号。DT2871 真彩色图像卡具有外部输入、输出端口，也可以与该公司的 DT2858 帧处理卡或者和 DT7020 阵列处理板一起构成一个高速的图像处理系统。

1.4.3 以计算机内存为中心的系统结构

20 世纪 90 年代初，美国 Intel 等公司联合推出了高性能的 PCI 总线，这种总线的最大数据传输速率高于视频图像实时数据传输速率，早期在计算机总线上进行图像传输的瓶颈已不复存在。这一主要特点使得新型的 PCI 总线刚一问世就立刻受到图像界的普遍欢迎，图像处理系统的生产厂家纷纷摈弃原来基于 ISA 总线的产品而转向 PCI 总线，于是出现了以计算机内存为中心的图像处理系统结构。图 1.4.5 给出了一般的以计算机内存为中心的图像处理系统的结构。

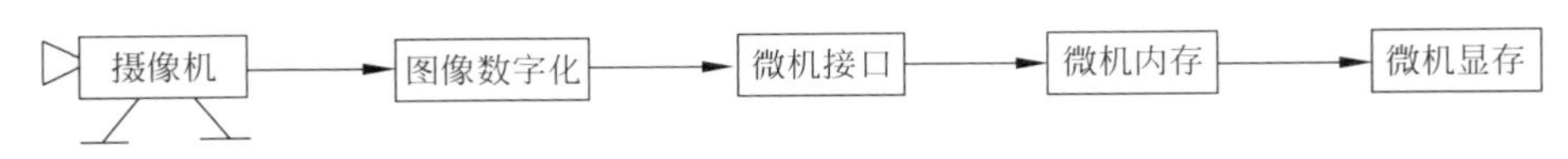

图 1.4.5 以计算机内存为中心的图像处理系统的结构

从图 1.4.5 中可以看出，这个结构是非常简洁的，由于采用高性能的 PCI 总线，在构造图像处理系统时就可以借用计算机的显卡和显示器，于是，图像处理系统可以不设置 D/A 电路，也不必配备昂贵的监视器，甚至不需要设置图像帧存，使得整个系统的硬件代价极低。在 20 世纪 90 年代，Intel 公司先后推出了 MMX/SSE 技术，这样就形成了一种 PCI+MMX/SSE 的高性能价格比的图像处理系统结构，这种结构在相当长的时间内成为图像处理系统的主流结构。以计算机内存为中心的图像处理系统的结构特点是：

(1) 单屏操作方式。这是指图像的显示和图像处理的菜单等软件操作共同使用计算机终端的操作方式，用这种方式构成的图像处理系统设备量小。

(2) 视频图像的采集和显示具有实时性，常采用 PCI 总线。

(3) 依靠内存并形成以内存为中心的结构。

(4) 内存的存储容量易于扩充，适合于序列图像的采集和处理。

(5) 系统结构简单。

当然，面向计算机内存的图像处理系统的结构也有多种形式，为了追求更高的图像处理速度，可以再增加一些硬件处理功能。一种带硬件处理功能的以计算机内存为中心的图像处理系统结构如图 1.4.6 所示。

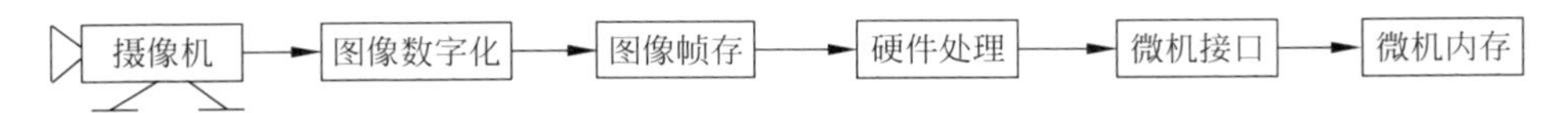

图 1.4.6 带硬件处理功能的以计算机内存为中心的图像处理系统结构

图 1.4.6 中，硬件处理的功能常常包括卷积、分割、图像加减、灰度变换等。这种硬件结构可以达到高于单纯使用 MMX/SSE 技术的处理速度，因此会在一些对处理速度有更高要求的场合里使用。以计算机内存为中心的图像处理系统的结构形式需要正确地应用计算机的内存和显存，这在软件编程上似乎有一定的难度。但是，由于 Windows 操作系统具有对内存和显存的管理功能，这些问题也就易于解决了。

图 1.4.7 给出了笔者单位在 1992 年研制成功的 TH-925 图像卡的框图。

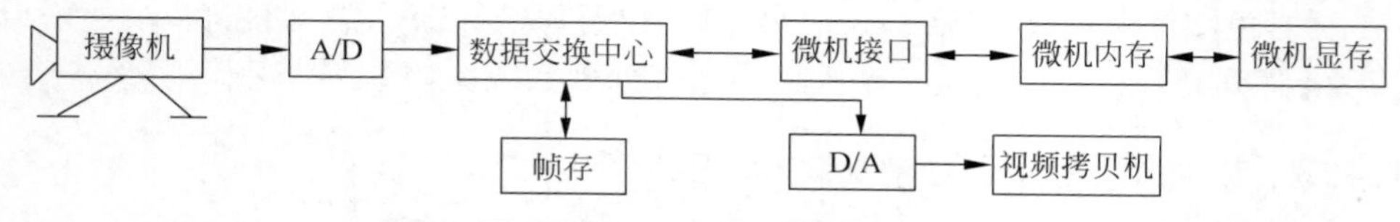

图 1.4.7 TH-925 图像卡框图

TH-925 图像卡是面向计算机内存的一种图像卡，8bit 的 A/D，512×512 的图像帧存。TH-925 图像卡也设置了 D/A 电路，其目的并不是显示 A/D 的图像，而是把计算机内存的图像变为视频图像，以便用视频拷贝机复制图像。微机接口采用的是 ISA 总线，该卡的设计思想是高速冻结一幅数字图像，一旦冻结完成后就立即把图像数据送到计算机显存进行显示。为了尽可能快地提高图像传输速度，存储芯片采用 VRAM 芯片且卡上数据通信都使用 VRAM 的 SAM 端口，即 A/D、D/A 使用 SAM 端口，计算机和图像帧存的数据交换也使用 SAM 端口。尽管 SAM 端口可以达到很高的数据传输速率，但由于微机接口采用了 ISA 总线来传输图像数据，整个传输速度受到 ISA 总线的限制，以至于摄像机的图像不能实时地显示在计算机的终端上。在当时高性能的 PCI 总线还没有被广泛用于图像处理系统的情况下，TH-925 图像卡采用的用 IASA 总线来实现面向计算机内存的系统结构，确有新意。不仅如此，还建立了面向计算机内存计算的软件平台，在当时的条件下，确实让人耳目一新。TH-925 图像卡最突出的特点，就是实现了 1∶1 的图像采样，本书第 3 章里将给予论述。

图 1.4.8 给出了笔者单位在 2004 年研制成功的 TH-2004 图像卡的框图。

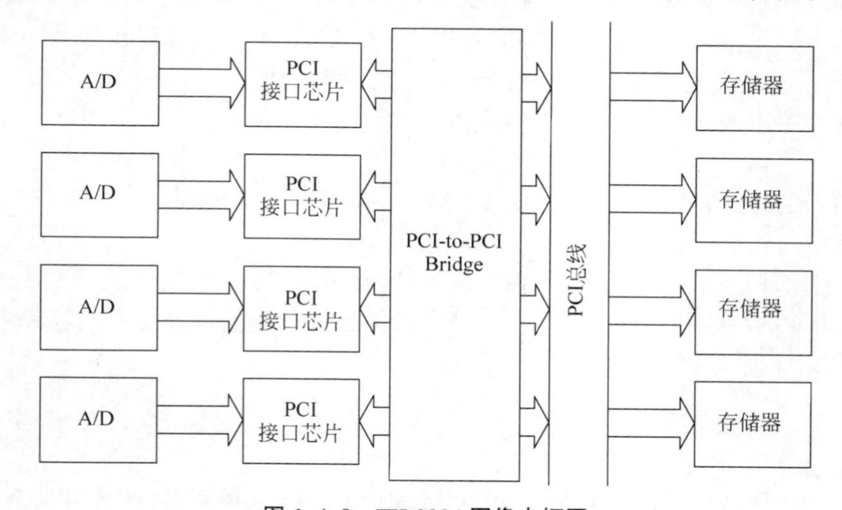

图 1.4.8 TH-2004 图像卡框图

TH-2004 是四路视频并行采集卡，也可以扩展为更多路视频并行采集卡，同时也是 1∶1 的图像采样卡。

2008 年，100 余套 TH-2004 图像采集卡成功应用于 2008 年北京奥运会。

上面列举了一般图像卡的硬件结构，高速图像处理卡的结构将在后续章节里进行专门介绍。

1.4.4　以网络为中心的系统结构

近年来，基于 Internet 的图像处理系统应运而生，于是形成了以网络为中心的图像处理系统结构。图 1.4.9 给出了 Client/Server 方式的系统结构示意图。

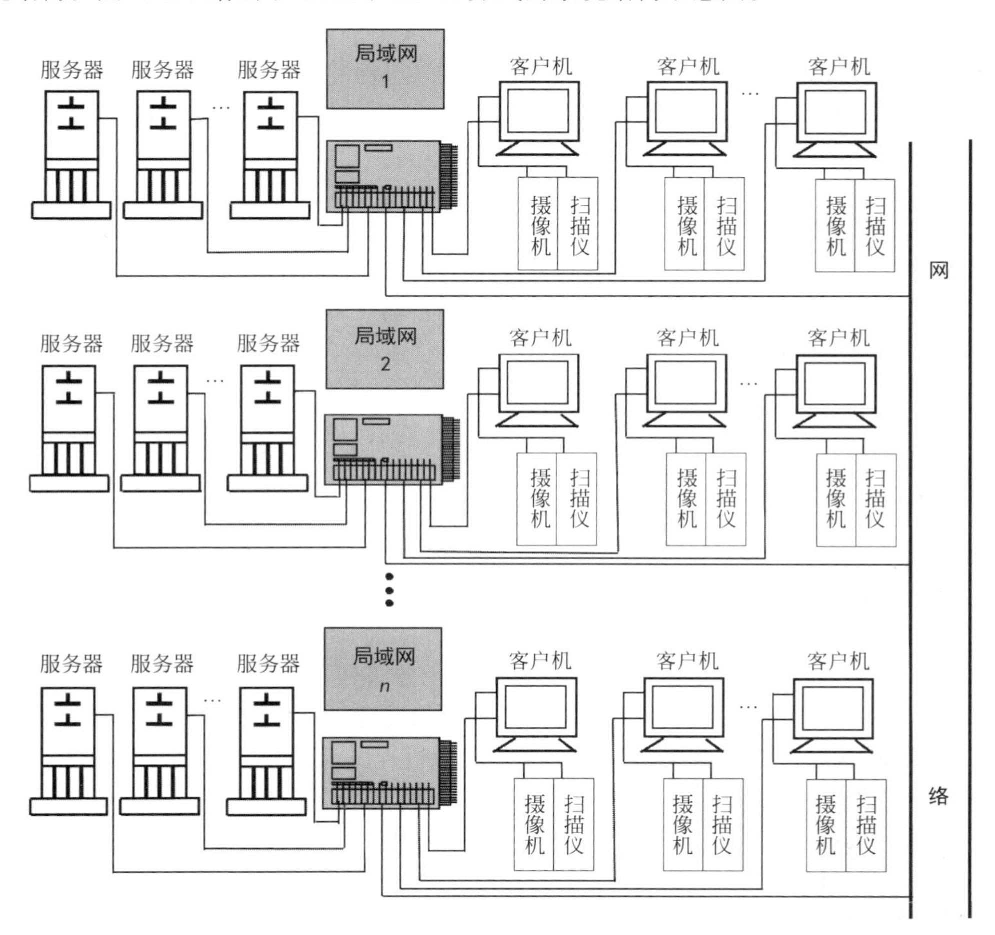

图 1.4.9　以网络为中心的图像处理系统（Client/Server 方式）结构示意图

一些大型的系统往往采用这种系统结构，如清华大学电子工程系 2000 年研制成功的人脸识别系统就采用了这种系统结构。这种系统的特点是采用了网络数据库，可以实现远程的查询与处理。在这种系统结构下，一些系统采用 Client/Server 方式；另一些系统则采用了客户浏览器/Web 服务器方式。而基于 Web 的全新的网络管理模式被誉为是将改变用户网络管理方式的革命性网络管理解决方案。它针对 Client/Server 结构的缺陷，加强了服务器的处理能力和网络传输能力，把数据和应用都安装到服务器上，而客户端只安装简单的

OS和必要的浏览器。因此，采用了客户浏览器/Web服务器方式的图像处理系统，将具有更大的优越性。

1.5 图像处理系统的性能指标

图像处理系统的种类很多，很难对其进行严格的分类。按实用性的程度来分，可以分为通用图像处理系统和专用图像处理系统，像B超机、热像仪、伽马照相机等，属于专用图像处理系统，而一般的图像卡，则属于通用图像处理系统。专用图像处理系统一般指最终用户使用的系统，对用户来讲，这种系统的软硬件都是合用的；而通用系统一般都需要进行二次开发，才能实现具体的应用。图像处理系统如果按CPU的介入形式来分，有内嵌式和外挂式的区别，或者说是分为单片机图像处理系统和计算机图像处理系统。图像处理系统按其外在的形状分类，可以分为箱式图像处理系统和板卡级图像处理系统，我们常说的图像卡就属于板卡级图像产品；按色彩分类，可分为真彩色图像处理系统、伪彩色图像处理系统和灰度图像处理系统，而在真彩色图像处理系统里，还要注意系统是支持RGB方式还是支持YUV方式或二者都支持；按处理速度分类，可分为高速图像处理系统和常规图像处理系统，常规图像处理系统是指该系统以主机来进行图像处理，而高速图像处理系统则用硬件进行图像处理，其中又有处理功能和处理速度的差别。当然，上面的分类，也只注意了一些侧面，用户在选用图像处理系统时，要多方面考查。

图像处理系统种类很多，性能指标也不尽相同，特别是专用图像处理系统，各自的性能指标非常具体，即使是通用图像处理系统，性能指标的名目也有很多，下面列出了通用图像处理系统的一些主要性能指标。

(1) 图像分辨率：也称为空间分辨率，是指图像处理系统具有的分辨图像细节的能力，这个参数是衡量图像数字化优劣的重要参数，常用多少线对来表示。其测量的标准和电视摄像机的测量标准类似。为了简化起见，常常以一幅图像数字化的点阵数来代替。一般来说，高分辨率的应不低于1024×768点阵，中分辨率的为512×512或576×768点阵，而低分辨率的则为256×256点阵。严格来讲，这种表示方法是不严格的，因为图像分辨率不仅与采样点阵有关，还与电视摄像机的清晰度以及图像处理系统本身视频通道的频带有关。

(2) 图像分解力：是指图像处理系统对图像明暗程度或彩色色彩的分解能力。这个参数也是衡量图像数字化优劣的一个重要参数，通常用比特位数来表征它的优劣。这里有标称值和实际值两种。标称值是指系统A/D取的比特位数，实际值则是指该系统实际所达到的比特位数，实际值常用有效比特位来表征。量测时，常常是输入一幅均匀图像，定义一个区域，在这个区域内求均方差，以此算出有效比特位的数值。在灰度图像处理系统或伪彩色图像处理系统中，标称值常是8bit，而有效比特位却不到8bit，好的可能达到6bit。影响有效比特位的因素较多，主要有电视摄像机的信噪比和视频通道的信噪比的影响。在真彩色图像处理系统里，情况比较复杂，有RGB基色方式，也有YUV的色差方式。在RGB基色方式里，标称值有8∶8∶8或5∶5∶5的；而在YUV色差方式里，标称值有4∶1∶1、4∶2∶2或4∶4∶4的，其有效比特位的量测可以参照灰度图像处理系统的方法。从视觉上看，图像分解力高的图像处理系统，其图像很细腻，而且噪声很小。

(3) 视频锁相：早期的一些图像处理系统采用外同步方式，即图像硬件系统内部产生一个同步信号，再送到电视摄像机以同步其进行行场扫描，由这种方式形成的数字图像在线性方面不是太好，后来的图像处理系统基本上都采用视频锁相方式。视频锁相的好坏对图像的质量有很大的影响，锁相效果不好的图像，在线性方面表现得十分明显，原来的一条直线可能出现弯曲，原来光滑的物体边缘可能出现锯齿，场方向锁相不好的图像还可能上下抖动。

(4) 帧存容量：是指在图像硬件系统内部，图像帧存储体容量的大小。其描述基本上由三部分组成，第一部分是每个像素的字长，用比特位数来表示。灰度图像或伪彩色图像的像素常为 8bit，彩色图像的像素常为 24bit。第二部分是一幅图像的点阵数。一个帧存的点阵数常常是 512×512 或 1024×1024。第三部分表示帧存能存储多少幅图像。例如，一个图像处理系统帧存容量为 24×512×512×8bit，则表示一幅图像的点阵数为 512×512，每个像素为 8bit，这个帧存能存储 24 幅 512×512×8bit 的图像。

(5) 显示功能：大的方面是指显示的类型，分为灰度图像显示、伪彩色显示、真彩色显示，以及每个像素显示的 bit 数。另外的参数是有无查找表(LUT)、有无重叠显示或有无动态显示功能。

(6) 数据传输速率：主要是指图像硬件系统和计算机之间的数据传输速率，单位是 μs/pixel，图像处理系统一般不给出具体的数值，常常是给出系统所采用的计算机总线类型，如标明采用的总线是 PCI 总线或 ISA 总线。当然，采用同一种总线的图像处理系统，其硬件系统和计算机之间的数据传输速率在数值上还是有差别的，影响的因素有微机的速度、软件的编排、硬件采用的等待时间等。有的图像处理系统也给出了另一种图像硬件系统内的数据传输速率，如帧存和帧存之间、显示存储体和硬件处理存储体之间的数据传输速率。

(7) 硬件处理：其指标主要包括两个方面，首先是处理功能，通常硬件处理功能有图像的加、减、与、或运算，直方图统计，卷积，FFT，二值化，图像的开闭运算等，在每一个功能里，其指标又有标定区域的处理速度这个重要的参数。当然，某些功能还有一些附加的重要参数，如卷积功能里的卷积核大小等。一些特殊的专门化硬件处理有自己独特的指标，但标定区域的处理速度这个指标确是必需的，如硬件的压缩/解压缩、硬件边界跟踪等。

(8) 主机处理：主要指软件的功能和环境，其中包括处理功能、处理速度，但一般系统都不太强调软件处理速度，而常常只是列出该系统具有的处理功能。主机处理还涉及软件环境，以及编程语言、库函数、菜单形式等。

上面列出了通用图像处理系统的 8 种主要性能指标，在通用图像处理系统鉴定时，往往要逐项进行测试，用户在选择图像处理系统时，也要进行比较，选择那些对于自己来说合用的、性能价格比比较高的系统，而不要盲目地追求高的性能指标而忽略价格和实际应用的因素。

1.6 图像处理技术的应用

在计算机信息处理中，图像信息处理占有十分重要的地位。各种各样的成像技术，如电视摄像、数码相机、扫描仪、红外、X 射线、超声、伽马成像，它们的图像包含着大量的信息，计算机对这些信息进行各种加工处理，由此形成了不同领域、不同类别的实际应用。图像处理技术的应用非常广泛，本节所介绍的应用也还只是挂一漏万。近年来，就其技术难度、社会效益和经济效益而言，在国内影响较大的当属文字识别、指纹识别、人脸识别以及医学图像处理。图像处理技术就其本身的内容来讲，包括图像识别、图像编辑、图像增强和复原、图像变换、图像量测、图像压缩和传输、序列图像处理以及高速图像处理等大类，内容也十分广泛。在一个应用中，往往综合使用多种图像处理技术，由此取得实际的应用效果。

图像处理技术的广泛应用归功于微机的普及应用、半导体器件的飞跃发展、图像处理技术本身的进步，以及广大科技人员和商业人员的辛勤劳动。随着科技的进步和器件水平的进一步提高以及图像学科理论的进一步发展，图像处理技术的应用将更加广泛，达到更高的水平。

1.6.1 图像处理技术在医学中的应用

图像处理技术在医学上的应用十分广泛，超声诊断仪、X-CT、放射性同位素扫描以及核磁共振成像是现代医学的四大影像技术，广泛应用于医学临床。在数量上，超声诊断仪居于首位，包括扇形 B 超、线阵 B 超、彩色多普勒等，种类很多。这些系统通过有规律地发射超声波，再接收从人体反射回来的声信号，形成超声图像。这种医疗设备具有对人体无损伤、灵敏度高、重复性好、易于鉴别软组织等优点，而且价格较低，因此发展很快。计算机层析扫描(X-CT)是以多个 X 射线的投影来获得穿过人体内部的 X 射线密度值，由此来形成人体截面图像并重建出人体内部的立体图像。历史上，美国的 Hounsfield 在 1971 年安装了第一台脑 CT，1979 年获得诺贝尔奖，其影响是很大的。配接 X 光机的图像处理系统可进行导管定标、血管造影及血管动态分析。通过对 X 光图像的处理，关节等细节不再难以分辨，人体内的胆结石也可以清楚地显示在显示屏上。伽马照相机也是医学图像处理的一个应用，首先在人体内注入放射性元素，再由探测器接收由人体内发射出来的伽马粒子，以同一位置粒子的累加数作为该位置的灰度值，由此形成伽马图像，再通过图像处理来诊断人体各个器官的功能，这种系统尤其适用于心脏功能的检查。在显微镜上配上图像处理系统，就构成了一个基本的显微医学图像处理系统，其中，白细胞和红细胞自动计数机、血液病诊断仪、染色体分析系统都已经成功地应用于临床诊断上。

1.6.2 图像处理技术在军事上的应用

在现代战争里，不可缺少图像处理技术。来自卫星的图像用于军事侦察，以地形匹配实现的精确轰炸，以相关运算实现的动目标跟踪等，其中，除了对算法本身有很高的要求以外，其图像处理的速度也是至关重要的。对于温度敏感的红外图像，军事部门是高度重视的，其应用也是多种多样的。1984 年 6 月美国进行了导弹拦截试验，从夸贾林岛试验基地发射的光学制导拦截导弹，在太平洋上空拦截和摧毁了从南加利福尼亚范登堡空军基地发射的“民兵”1 号洲际导弹的假弹头。安装在拦截导弹上的长波红外线传感器在第二级助推火箭点燃后开始工作，借助于两台计算机，数据处理的速度大约是 18MIPS。“爱国者”PAC-3 型导弹是美国研制的近程地对空导弹，1983 年开始性能设计，1997 年 9 月完成了飞行试验，1999 年 3 月 15 日进行第 1 次作战试验，首次拦截了“赫拉”目标火箭并于 1999 年 9 月 16 日在新墨西哥州的白沙导弹靶场进行了第 2 次作战试验，该导弹拦截了高速“赫拉”目标火箭。有关拦截试验的报道屡见不鲜，其中，高速图像处理技术发挥了突出的作用。同样，地对地、空对空、舰对舰、地对空、空对地等军事目标的跟踪都需要高速图像处理技术。这类系统的难度在于目标的高速运动、实际场景的目标和背景变化很大以及存在大量的人为干扰，这类应用是智能化高速图像处理的典型应用。

1.6.3　图像处理技术在工业中的应用

图像处理技术在工业自动化方面的应用也相当广泛。利用图像处理技术，可以进行器件的内部结构分析、失效分析和可靠性筛选。在制造钽电容的过程中，人眼直接看不到钽电容的内部结构，而依靠图像处理技术，就可以清楚地再现钽电容的内部图，内部断焊、阻焊的缺陷也便于诊断了。在毛纺厂，采用图像处理技术，不但可以检测出纺织品中存在的孔洞等方面的明显疵点，还可以检测出其在纹理、图案方面的缺陷。利用高速图像处理技术，可以在秒量级甚至在更短的时间内对流水线上的零部件进行检测。利用图像压缩传输技术，可以把一个火车事故现场即时地显示在远方指挥中心的显示屏上，这对于提高排除故障的速度是很有效的。诸如这样的应用还有很多，像工厂、矿山、银行，甚至超级市场的监控，利用网络，可以把本地的图像信息传送到异地。工业部门广泛使用机器人，其中视觉机器人（也称智能机器人）用于解决三维空间里的景物识别问题，由此产生相应的行走、抓举等动作。在当前业界倍受关注的自主机器人中，其图像处理技术也是至关重要的。我们曾经看到过智能汽车缓慢行驶的场面，其中，图像处理与识别的速度是一个瓶颈，随着并行处理技术的发展，现在的智能汽车行驶的速度已经相当快了。

啤酒瓶的爆炸事件时有发生，因此，啤酒瓶的安全检测是啤酒制造厂生产过程中的一项重要任务。由于啤酒生产流水线的速率快，动态地对啤酒瓶的缺陷进行检测难度很大，特别是对瓶口微裂纹的检测，检测的难度也就更大。早期的检测采用旋转加接触式的方法，即检测器带动啤酒瓶旋转，这种方式的缺点是设备的磨损较大且流水线机械装置的设计比较复杂。现在的发展趋势是无旋转无接触，瓶口微裂纹的检测是360°的检测。

厚模电路是多层的，检测工作的流程是分层检测，从最底层开始，向上一层一层地进行检测。由于检测精度较高，所以在摄像机前配有显微镜，每一层按行列地址分成多个数据块，微机控制十字拖板，逐块地顺序进行检测。该检测分底色补偿、边缘提取和标准图像进行比较等模块，可达到120幅/min的检测速度。印制电路板的检测方法和厚模电路的检测方法类似，这类缺陷检测的速度并不要求达到视频实时，原因在于十字拖板的运动较慢。因此，图像并行处理的作用只是有限地提高处理速度，以适应十字拖板的运动速率。类似的，轧钢厂的钢板在线检测，由于所检测的钢板较宽，为了保证检测精度，往往要采用多台摄像机同时对钢板的不同位置进行检测。例如，一种应用系统采用4台摄像机，一字形地排列成一排，并行地对运动钢板的表面进行缺陷检测。

1.6.4　图像处理技术在公共安全中的应用

图像处理技术在公共安全方面的应用是多方面的，指纹识别、人脸识别、DNA识别是公安部门最基本的三项身份识别的技术。提取现场指纹特征，再和指纹库里的指纹进行比对，以便提供破案的线索。目前，指纹识别系统在实际应用中破获了大量案件，已成为公安刑侦工作的必备装备。指纹不仅可用于刑事案件的侦破，甚至还可作为司法部门的呈堂证据。指纹密码、指纹印鉴已广泛应用于银行业，指纹识别也可用于出入海关的身份认证。用模拟画像来协助破案古而有之，随着科学技术的进步而出现了计算机人像组合技术。这种技术是根据目击者的描述，由计算机用不同的人脸部件(脸形、眼睛、嘴巴、头发等)来组合出嫌疑人的人脸进而协助破案。随着网络和数据库技术的发展，利用由目击者的记忆组合出的嫌疑人人脸，可以实现本地的查询识别，也可以实现异地的查询识别。指纹破案和人像组合破案属于技术型破案，已为许多公安部门所重视。清华大学和北京大学分别独立研制的指纹识别系统以及清华大学研制的计算机人像组合系统都已成功地用于公安刑侦，都有很多成功破案的实例。2001 年美国“9・11”恐怖袭击事件之后，人脸识别技术得到了空前的发展，目前已成为科技热点和应用热点。值得一提的是，人脸识别技术已于 2008 年成功应用于北京奥运会，这是奥运史上第一次应用人脸识别技术，被媒体誉为人脸识别应用的里程碑，大大推动了人脸识别技术的发展。

在旅游景点，一位旅客在拍照时偶然拍到了一个突发的犯罪现场，由于焦距不对，罪犯的相貌不太清楚，这就需要图像复原技术来对该图像进行复原处理。指纹、文字和一些其他的痕迹，也时常有模糊不清的，因此也需要进行去模糊处理。某人在银行里的存款被人冒领，而用录像机记录的冒领人的人脸图像尺寸很小(12×9 像素)，人眼无法分辨人脸特征。类似的情况也发生在许多监控的场合里，特别需要对超低分辨率的车牌和人脸图像进行清楚化处理。继 2004 年英国伦敦地铁爆炸案之后，视频监控得到了迅速发展。同时也出现了许多涉案的超低分辨率的车牌和人脸图像，发生在 2009 年的重庆“3・19”枪击哨兵案就是典型的实例。对于这一难题，目前的做法是采用超分辨率重建技术、模糊图像复原、三维人脸技术、人像组合与人脸识别技术，人脸超分辨重建技术也是一个重要的发展方向。

一位领导干部在晋升职务公示期，却遭到绯闻照片的举报。如何鉴别绯闻照片的真伪?诸如此类的真伪鉴别问题，已经纳入公安部门的工作范围，图像处理正是解决这一问题的技术之一。

1.6.5 图像处理技术在办公自动化中的应用

信函分拣机要对手写的数字 0～9 进行高速的识别，这种机器早已装备到了邮电部门。现在，一本书也可以快速地录入计算机，这不是敲键盘手工录入的，而是靠中英文识别技术用扫描仪快速输入的。依靠这种技术，盲人可以阅读，财务报表可以自动统计，文档可以自动分类存档，这对于办公自动化是很有意义的。汉字字数多，字形也比较复杂，对其识别难度很大，国内著名的汉王 OCR 以及清华 OCR 已在各行各业的文字识别中取得了成功的应用。

1.6.6 图像处理技术在体育方面的应用

在体育方面，一种终点计时判读设备成功地用于田径赛跑比赛的裁判工作上。采用这种设备，运动员到达终点的图像和对应的时间就可以同时显示在计算机的屏幕上，随即在计算机上直接读出运动员的成绩和名次。一种标枪投掷分析系统可以分析运动员在投掷时的姿态和标枪运动的轨迹。这是通过序列图像分析，以此获得描述运动员关键部位运动姿态的数据来实现的。同样，序列图像分析技术也可以用在诸如跳水、舞姿、军事上的弹道和爆炸现场、汽车碰撞的分析上。一种特殊的高速图像采集系统可以在 1s 内连续采集上千幅序列图像，这种设备有利于高要求的序列图像分析工作。

1.6.7 图像处理技术在娱乐中的应用

电脑选发型、电脑试衣已广泛地用在公园、美发厅和商店，是图像处理系统的一些成功的普及型应用。

卡通以其优美的艺术性得到了很大的发展，在电视屏幕和手机上，可以看到真人的卡通像，这些卡通像有不同风格、不同表情、不同姿态的多种表现形式。

真人秀则是采用换脸技术，在真人的脸上加上不同的头饰、服饰等艺术品，形成各式各样的艺术人像。

利用人脸形成技术实现的换脸术，可以将已有游戏中人物置换成真人像，使自己置身于游戏中。

年龄估计与不同年龄的人脸形成技术可以用于人脸识别，也可以用于娱乐中。夫妻像、明星像，则直接利用了人脸识别技术。

习题 1

习题 1.1　如何理解图像处理系统软硬件之间的联系？

习题 1.2　“人工智能就是芯片”的提法正确吗？谈谈你的认识。

习题 1.3　总结 TH-925 图像卡的特点。

习题 1.4　为什么会出现“以图像帧存为中心的系统结构”？

第2章

图像处理硬件系统的设计方法

2.1 图像处理系统的设计流程

设计一个图像处理系统，显然要确定该系统所达到的功能指标，而这些功能指标是与算法及系统结构紧密结合的。图 2.1.1 给出了图像处理系统的一般设计步骤。

"应用"阶段是项目立项的最初阶段，项目的策划、系统的总体构思都在这一阶段内进行，这一阶段的任务是解决"做什么"的问题。此时的系统是抽象的，只是一个空架子。对于每一个系统，都要有一个明确的功能清单及性能指标参数，要根据具体的要求给出供需分析，给出输入输出的具体规定，其示意图如图 2.1.2 所示。

在图 2.1.2 中，"系统"是未知的，输入信息，通过"系统"的加工，实现输出的要求。

特别值得一提的是，供需分析往往是签订供需合同的依据，一旦发生合同纠纷，其焦点也往往集中在系统的性能指标上。

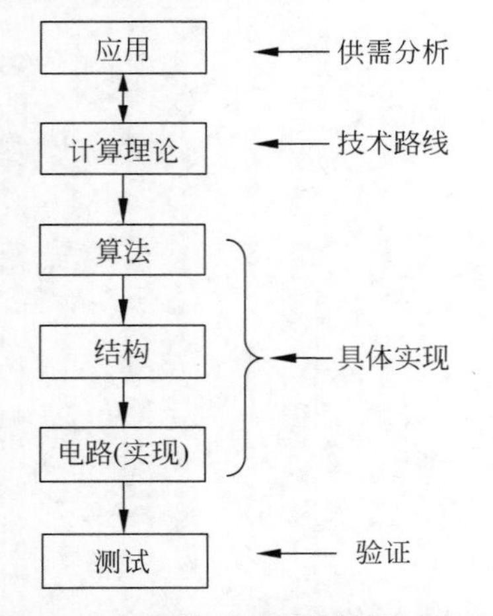

图 2.1.1　图像处理系统的设计流程

图 2.1.2　在"应用"设计阶段系统的示意图

在计算理论阶段，系统设计者应对系统的合理性、可行性进行科学论证。这一阶段的任务首先是解决“行与不行”的判断问题，继而确定“怎样才行”的策略。显然，科学论证的结果可能反馈回功能清单阶段，去修正功能清单阶段的输入输出指标，使系统可行。当然，科学论证也可能否定原系统的立项。在计算理论阶段，应确定实现系统的技术路线。而计算理论的根据往往是信源的物理特性、算法能力、硬件能力以及计算机总线能力和计算能力等。从某种意义上说，计算理论阶段就是总体设计阶段，是非常重要的。

算法、结构、电路是系统实现中的3个环节。算法设计是系统实现的重要环节，在算法这一阶段里，应对实现任务的算法进行潜心的研究，进而研制出达到系统功能所需要的算法。这一阶段的主要任务就是要解决“怎样做”的理论问题。在算法这一阶段，要对特定情况进行具体化描述，给出一些数学表达式或一些算法的流程。一般的算法设计只是考虑图像处理方法，但在图像并行处理系统的设计中，还要考虑并行性问题，除了采用专用硬件以外，还可能采用集群计算机技术以及MMX/SSE技术，因此还要扩展算法研究的范围，也就是说，算法的研究不仅仅要研究针对特定问题的处理方法，还要研究并行处理的方法。这一阶段的工作具有相当的难度，如果面对的是一些疑难问题，其算法的研制很可能是困难重重，以至于成为整个系统设计的中心和系统研制中最费时的一个环节，系统设计者对这一点应有充分的认识。值得指出的是，最终的系统不管是采用纯硬件的方法还是纯软件的方法或者软硬件混合的方法来实现，算法研究都是必不可少的。对硬件实现而言，软件实现的算法可认为是一种软件模拟，这对于一个以硬件为基础的图像并行处理系统来说是至关重要的，其重要性体现于：

(1) 软件模拟的结果可以指导硬件的设计；

(2) 软件模拟的结果可以给出软硬件的分工及合作；

(3) 软件模拟的结果可以减少硬件设计费用及硬件设计失败。

在图像并行处理系统的设计中，特别是对一个具体应用的高速系统的设计，不进行软件模拟的硬件设计是很危险的，在实际中确实有不少这样的教训。

应该说，在软件模拟研究中，主要追求的是实现任务的方法，而速度问题并不是在这一阶段要解决的主要问题。

在系统结构阶段，算法-结构的联系是非常重要的，在设计中应寻求实现算法的最佳结构。然而，将算法转化为实际的最有效的结构并不是一件容易的工作，如果仅是一个并行实现的点处理，那么算法到结构的转化要相对容易一些，而涉及邻域处理时算法到结构的转化则要难一些。在结构阶段的任务是实现“怎样做”的方案设计，就是要抽象出结构模型，最后要以系统中数据流向的形式画出实现整个系统的逻辑框图。

在系统结构阶段，一定要对并行性问题进行深入的研究，选择进行并行处理的最佳方案，这种最佳方案至少包含两层意思：一层意思是指“何处采用并行处理”，因为在整个算法中并不是全部过程都具有并行性，因此要根据算法的并行性进行选择，特别要优先选择那些相对费时的算法来进行并行处理；另一层意思是指“采用什么样的并行处理方法”，比如采用DSP芯片，把软件加载到DSP的程序RAM中去，或自行设计逻辑电路，实现流水线并行处理等。这种方案要考虑采用的处理器结构、存储结构及数据组织等一系列问题。

在电路的设计过程中，首先要绘制电路框图。电路框图分总的系统框图和分块的电路框图。这种电路框图一般以电路功能块为单元，按数据流的流向用箭头连线把各个功能块连接起来。严格来讲，系统的电路框图应包括所有的电路设计，即包括各个电路功能块、电路功能块之间的逻辑连接、输入输出、总线连接、信号定义（包括分板内部的数据名称）、测试点等。绘制电路框图是非常重要的，是系统实际成功的关键，设计师尤其要精心设计。

在物理实现这一阶段，涉及的内容很多，也很具体，包括信号的输入与输出、处理与存储、电源等。从具体的逻辑电路图到计算机、传感器，甚至于软件，需要将每一个环节有机地集成为一个整体，以完成算法的全部功能。在进行物理实现时，应有一个高的起点，要以先进的软件平台和先进的硬件器件为基础，只有这样才能保证整个系统的设计具有先进性。一颗优良的种子，种在贫瘠的土地上，是难以有好收成的。同样，一个再好的应用题目，一旦建构在落后的软硬件基础之上，其后果必然是：

(1) 研制过程困难重重。

如采用DOS操作系统实现对计算机屏幕进行操作，软件编程人员将要涉及计算机显存的物理地址的确定及访问、屏幕划分、鼠标器控制等问题，而这些问题在Windows操作系统中却不复存在，显然采用DOS操作系统的做法增大了软件编程的难度。在硬件器件的选取上，如主要采用74系列的芯片来设计硬件系统，则所用器件多，致使系统复杂、布线困难、可靠性较差；如改用大规模的逻辑阵列芯片如EPLD芯片，上述问题不但不复存在，而且还可能因为先进器件的强大功能而增强系统的功能。

(2) 面临重新改造的压力。

当系统设计完成乃至成为产品的时候，系统设计者可能面临重新改造的压力，这一点是明显的，因为在竞争如此剧烈的IT业中，系统中的任何缺陷都是竞争对手和用户所"关心"的，他们从不同的角度出发，都在迫使你重新改造系统。

测试环节包含了很多内容，包括确定测试的明细表、测试的规范、测试的形式以及测试结果的发布。测试的明细表一般是指系统所具有的性能，包括功能项及实现该项功能的运行时间。一般来讲，一个行业的测试规范应视同于行业标准，应由本行业的权威部门确定。在没有本行业官方的测试规范的情况下，可能存在本行业内流行的测试规范或自行制定的一个测试规范，测试的目的也有所不同。

当然，系统的设计很难做到一次成功，往往要对原始方案进行一定的修改，在工厂中还有"中试""定型"等过程。

下面以"模糊图像复原系统""在线啤酒瓶口缺陷检测系统"和"多路数字视频监控报警系统"的设计为例说明图像处理系统的设计过程。

1. *模糊图像复原系统*

模糊图像复原系统包括硬件和软件两部分。

模糊图像复原是从退化的模糊图像中恢复出清晰的图像。散焦模糊和运动模糊是两类常见的模糊，笔者单位1997年研制成功的"TH模糊复原系统"，采用维纳滤波的算法，针对实际的散焦模糊和运动模糊，取得了较好的复原效果。

维纳滤波算法是在频域上实现的线性滤波器，因此存在一些限制，一是瑞利分辨距离对分辨率的限制，二是吉布斯效应。吉布斯效应是因为相邻像素点之间的振荡而覆盖了原始信息的一种现象，使得在灰度变化剧烈的地方出现了干扰条纹。

对于小目标的模糊图像来说，从它们的频谱来看，高频分量严重缺失，在某些频率点处衰减为零。这说明在退化过程中，这些频率的谐波分量处的信号被衰减。在高频范围内，信噪比大大降低，可以利用的频率只是在一定信噪比水平上的一段中低频范围，这种限带的信号中有一个物理常数：瑞利分辨距离。

设模糊图像的高频极限为Ω，则有

$$\alpha = \frac{2\pi}{\Omega}\gamma \tag{2.1.1}$$

式中，α 为最小可分辨距离；$\frac{2\pi}{\Omega}$为瑞利分辨距离；γ 为一个经验常数，表示最小可分辨距离与瑞利分辨距离的关系。

为了克服维纳滤波算法存在的缺点，我们采用边缘扩展技术来抑制吉布斯振荡效应，同时采用光学放大技术来克服瑞利分辨距离对分辨率的限制。具体采用以下两种输入方法中任何一种输入方法来形成放大的模糊图像。

1）扫描仪输入的方法

扫描仪和计算机的连接如图 2.1.3 所示。当采用扫描仪输入时，要采用高分辨率输入方式，如采用 1200dpi 或更高的输入方式。

2）摄像机输入的方法

摄像机和计算机的连接如图 2.1.4 所示。其中，图像卡的作用是把摄像机传来的模拟信号转换为数字信号并送入计算机。选用摄像机时，最好配有微焦输入功能，可以进行放大输入。

图 2.1.3　扫描仪和计算机的连接　　**图 2.1.4　摄像机和计算机的连接**

对于录像机录制的图像，则先采用视频拷贝机形成照片，然后再用扫描仪放大送入计算机，具体做法是把视频拷贝机的输入端连接到录像机的输出端上，把录像带装入录像机，进而把录像带所需要复原的图像送入视频拷贝机，再由视频拷贝机输出相应照片。视频拷贝机和录像机的连接如图 2.1.5 所示。如果直接把录像机的输出通过图像卡送入计算机，所获得的图像很小，模糊图像复原难以达到复原的效果。如果用计算机进行放大，则出现马赛克现象，不利于复原。图 2.1.6～图 2.1.9 分别给出了模糊复原的结果。

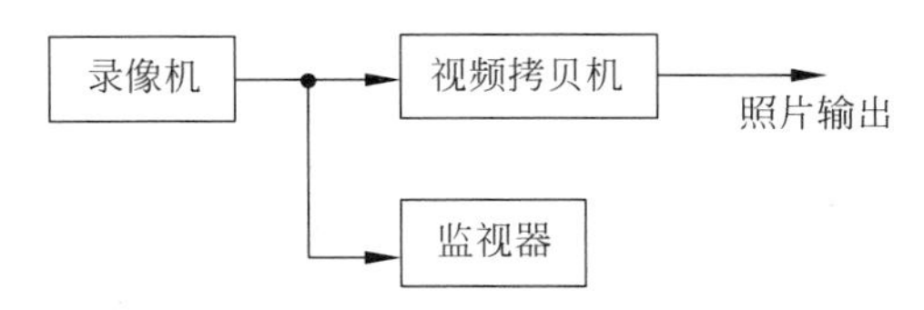

图 2.1.5　视频拷贝机和录像机的连接

在图 2.1.9 所示的视频模糊图像复原的效果中，可以看到图中人面图像的嘴、眼、鼻、脸的人脸特征。所复原的图像之所以在效果上得到了一定的改善，主要是因为采用了视频打印机形成照片、扫描放大输入的方法。在大多数情况下，录像带不清晰的原因是分辨率低下。采用扫描仪放大输入，以此来获得高分辨率的录像带数字模糊，继而再用维纳滤波进行散焦模糊的复原，取得了明显的复原效果。TH 模糊复原系统是一项重要的科研任务，包括硬件和模糊图像复原软件。系统研制的时间很长，远远超过了原定研究计划。按工期硬件

(a) 摄像机模糊

(b) 复原

图 2.1.6　摄像机散焦模糊复原效果

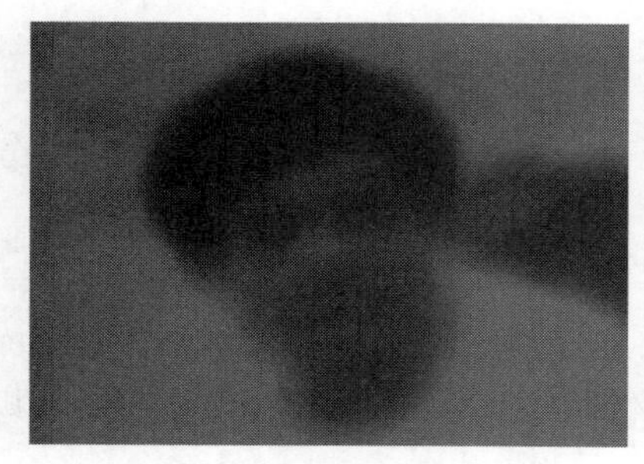

(a) 照相散焦模糊

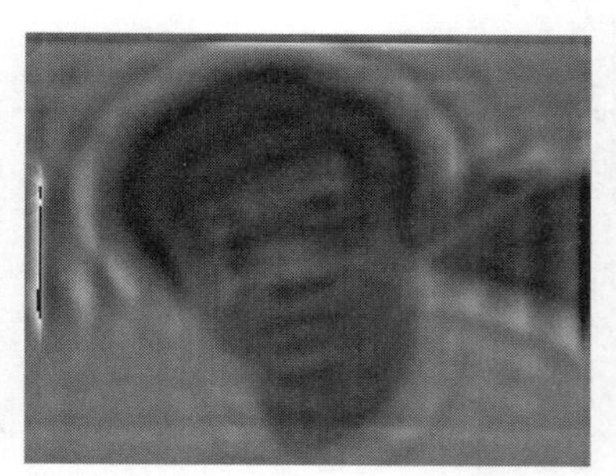

(b) 复原

图 2.1.7　照相散焦模糊复原效果

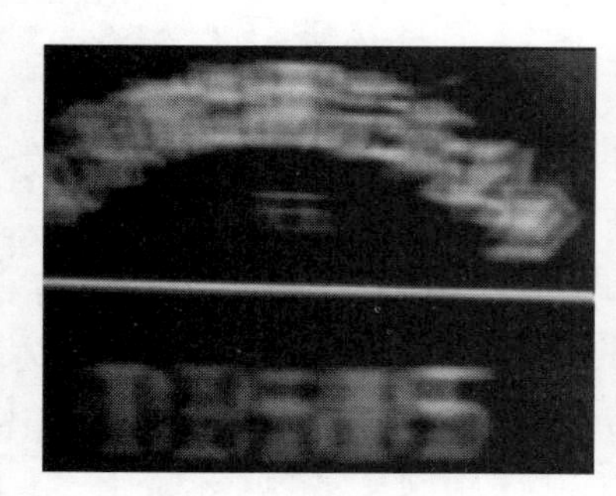

(a) 照相运动模糊

(b) 复原

图 2.1.8　照相运动模糊复原效果

(a) 视频模糊图像

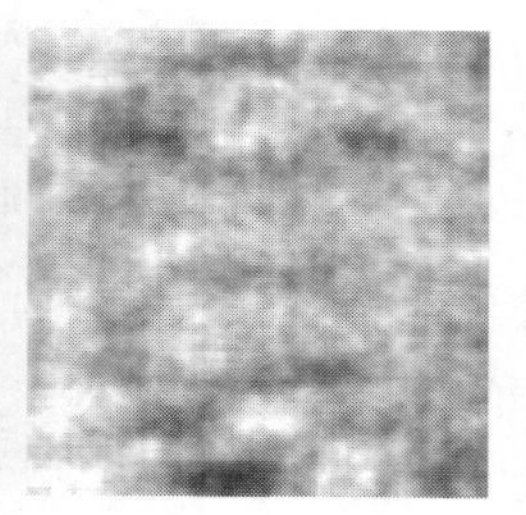

(b) 复原

图 2.1.9　视频模糊图像复原效果

早已完成，而软件却拖了后腿。究其原因，还是待复原的模糊图像区域过小（如人脸区域）。这个问题是我们在计算理论阶段没有意识到的。值得指出的是，这是1997年的水平，现在应用人脸超分辨技术，已经有了更好的处理效果。

2. 在线啤酒瓶口缺陷检测系统

在线啤酒瓶口缺陷检测，其流水线检测示意图如图2.1.10所示。

这是一个在2000年研发的应用系统，用户对该系统的要求为：

检测啤酒瓶口的缺陷包括瓶口的裂纹、气泡等缺陷，检测的速度指标是200瓶/min，要求在生产流水线中进行在线检测。在检测的过程中，要求“不旋转、不接触”，即啤酒瓶不旋转、系统和啤酒瓶之间没有直接的接触。系统输出一个踢瓶（不合格品）的信号，并统计出不合格品的缺陷类型。

当时，国际水平处在“有旋转、有接触”的水平，即在检测点，由机械手抓住啤酒瓶进行旋转。所以该项目具有很强的挑战性。

在计算理论阶段，考虑到本系统要在360°全方位检测瓶口的缺陷，因此采用4台摄像机来检测缺陷（每一台摄像机检测90°）。200瓶/min即3.3瓶/s的检测速度相当于7帧时间（每帧时间为40ms）检测完一个啤酒瓶。由于4路同时检测，计算量比单路要多3倍。由于工期较短，可采用视频摄像机和成熟的图像卡。流水线中啤酒瓶是运动的，考虑到帧间相邻两行的时间长（20ms），如果奇偶场都采集啤酒瓶的动态图像，则所采集的图像在垂直方向上将出现明显的交叉锯齿，这将给检测带来不利影响；而相同场中相邻两行的时间短（64μs），若只采集奇数场（或只采集偶数场）的图像，将有效地克服运动图像的交叉锯齿现象。为了减少啤酒瓶运动带来的误差，也为了利用已有的单路视频图像采集卡，我们采用了两场两帧的图像输入方式，即奇数帧的奇数场输入1号摄像机的图像，奇数帧的偶数场输入2号摄像机的图像，偶数帧的奇数场输入3号摄像机的图像，偶数帧的奇数场输入4号摄像机的图像，图像输入共占用2帧的时间，检测处理最多只有5帧的时间（200ms）。当时考虑到PⅢ微机速度较高，用MMX/SSE技术仅用10ms即可完成一般算法，所以采用MMX/SSE技术加速的方案。通过以上计算，可以认为系统设计方案可行，可以进一步展开具体研究。

4台摄像机的安装图如图2.1.11所示。

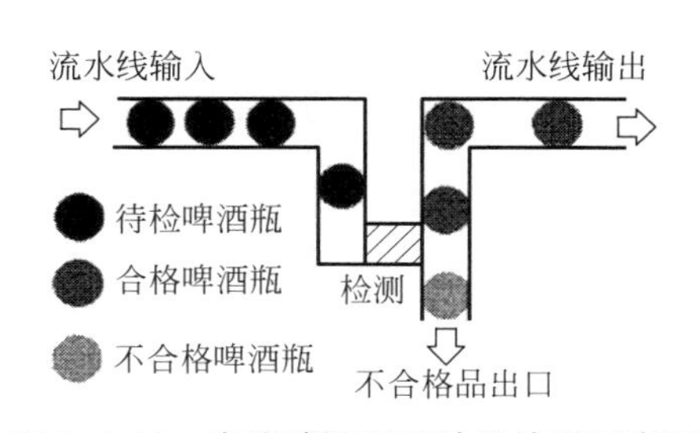

图2.1.10　在线啤酒瓶口缺陷检测示意图

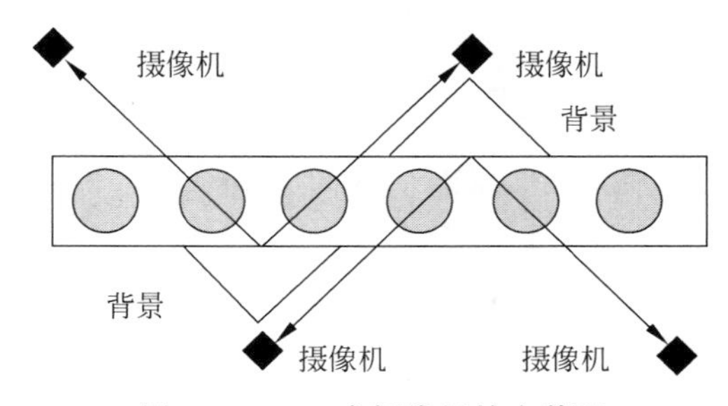

图2.1.11　4台摄像机的安装图

为了适应不同颜色的瓶子，在摄像机后面加有相应颜色的背景。

在整体方案设计完成以后，余下的事情就是研制算法，以MMX/SSE指令来改写C语言算法，最后再设计出系统电路（包括模拟电路和数字电路）。待实验系统完成之后，即进行现场测试。经测试发现,原方案存在一些缺陷,主要是 4 台摄像机所获取的图像不能有效地突出缺陷部分的图像。为了适应灯光照明和啤酒瓶结构的特点,我们把原方案中的 4 台摄像机改成了 8 台。8 台摄像机的安装图如图 2.1.12 所示。

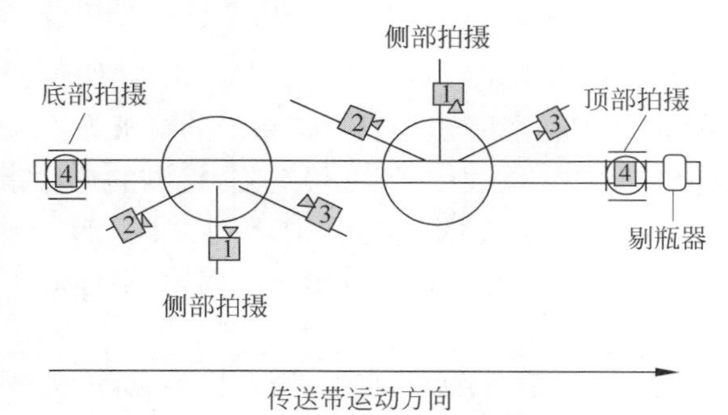

图 2.1.12　8 台摄像机的安装图

图 2.1.12 中,6 台摄像机采用斜拍的形式,进行瓶口侧面的微裂纹检测,每台摄像机只检测 60°;2 台摄像机采用顶拍的形式。为了保证检测速度,系统增加了一台计算机,每台计算机带 4 台摄像机,2 台计算机联网工作。每个啤酒瓶的检测时间为 80ms。

图 2.1.13～图 2.1.16 给出了在线啤酒瓶口微裂纹检测实例。

(a)　(b)

图 2.1.13　封锁环的横裂纹检测

(a)　(b)

图 2.1.14　气泡的检测

图 2.1.13～图 2.1.16 的图(a)是流水线中采集的动态图像,图(b)是缺陷检测的结果。啤酒瓶在线缺陷检测的性能测试如图 2.1.17 所示。

啤酒瓶在线微裂纹检测是非常困难的。有些微裂纹,即使在灯光下旋转转动,人眼也很

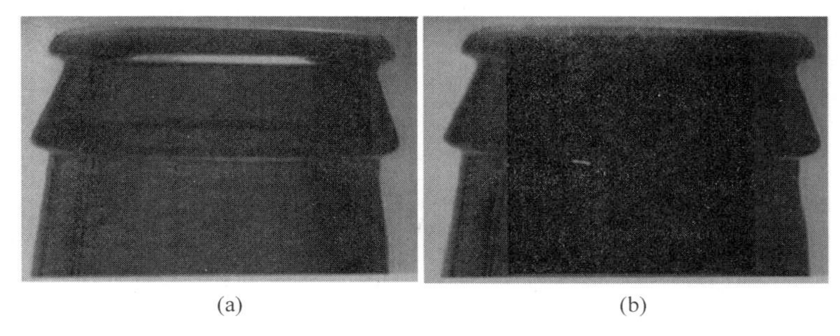

(a)　　(b)

图 2.1.15　瓶颈的斜裂纹检测

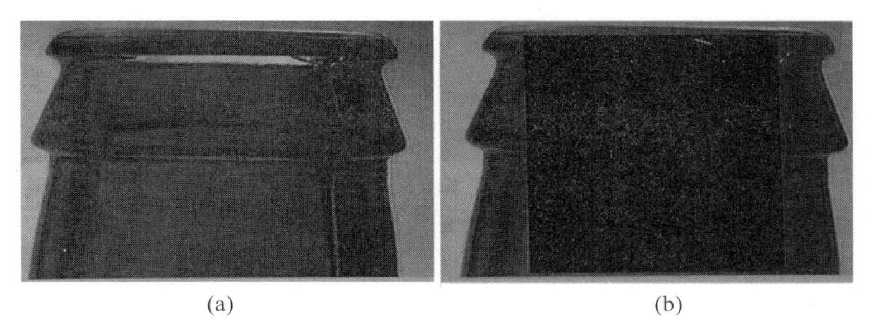

(a)　　(b)

图 2.1.16　瓶口的斜裂纹检测

类别	好瓶	表面皱纹	封锁环横裂纹	气泡	瓶颈斜裂纹	瓶口破损	瓶口斜裂纹
瓶数	629	10	10	12	50	7	9
检出数	627	8	10	12	47	3	9
检测率	99.68%	80.0%	100%	100%	94.0%	42.86%	100%
误检率	0.32%	20.0%	0	0	6.0%	57.14%	0

图 2.1.17　玻璃瓶在线缺陷检测的性能测试

难看清。由于对表面皱纹、瓶口破损研究不够，因此在线检测性能很差，其他的一些指标还是不错的。

3. 96 路视频监控报警系统

2000 年笔者单位研制成功的“96 路视频监控报警系统”主要是为户外监控报警系统设计的，也适应于室内的监控报警，应用范围较为广泛。需求方提出了 96 个点的户外监控报警的应用，其环境是别墅小区的复杂环境(如树叶摆动、雨天雷电、阳光灯光等)。早期的监控报警一般采用模拟的视频监控报警方法，多路监控点的摄像机视频图像送入监控室的电视墙，由保安人员监视电视墙的图像。显然，这种方式人工劳动强度较大。同时，由于电视墙显示的图像通道有限，需要切换图像通道来选择不同的监视区域，因此不能实时监视全部视频图像。显然，监控报警需要从人工的监视方式发展为计算机自动监视的方式，由此实现从“看”到“认知”的飞跃。

在系统总体设计阶段，首先选定采用计算机自动监视的方案。根据当时的技术水平，设计为每台计算机负责 8 个点的监控报警，12 台微机负责 96 个点的监控报警，一台计算机为服务器，形成客户机/服务器的结构，由此组成了 96 路视频监控报警系统。系统框图如图 2.1.18 所示。

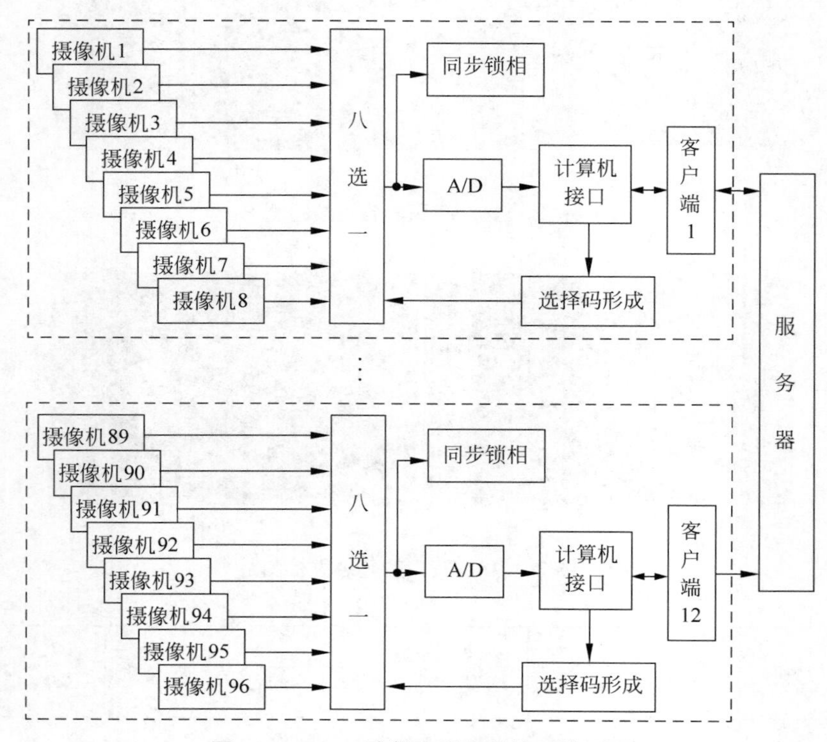

图 2.1.18 96 路数字视频监控系统框图

在算法方面，我们提出了一种基于事件的多路视频监控与图像检索技术。该技术由以下几方面组成：

（1）建立事件模型；

（2）事件的辨识；

（3）事件的处理；

（4）基于事件的图像检索。

首先需要定义什么是事件。例如，在户外监控系统中，把人的非法侵入定义为事件；在交通监控系统中，把车辆闯红灯定义为事件；在超市里，以顾客把超市内的物品放入怀里这一动作定义为事件；在银行储蓄所里，把营业人员的违规操作或把储户的存取过程的某一动作或姿态定义为事件；等等。这种事件有两个属性，即变化性和偶然性。变化性是指事件的发生是动态的，可以用运动检测技术加以检测。而偶然性是指事件的特殊性，在诸多变化中是与众不同的，可以用模式识别的方法加以识别。在一个基于事件的多路视频监控系统中，既可以定义为一个事件，也可以定义为多个事件。

例如，把人的非法侵入作为一种事件。在智能监控中，事件的检测是至关重要的。

人的非法侵入有一定的特点。在一个较短的时间间隔内，人体可能沿着某一个方向运动[图 2.1.19(a)]，而树叶的摇曳则是随机摆动的[图 2.1.19(b)]。

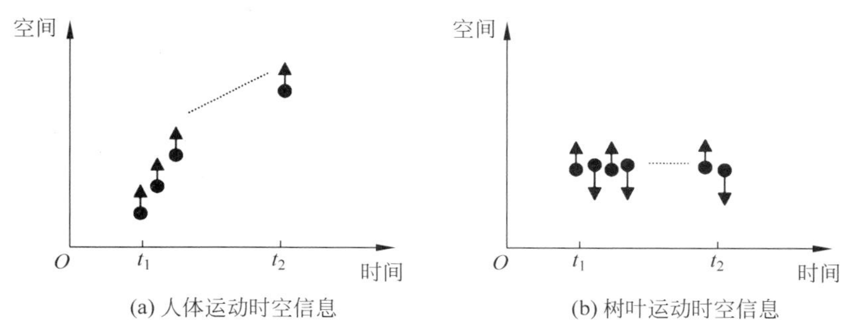

图 2.1.19　人体与树叶运动特征比较

利用人体运动规律和树叶摆动规律，在检测人的非法侵入时，可以在一定程度上避免树叶摆动的影响。这仅仅是一个简单的分析，而智能监控的算法要复杂得多。

事件的处理包括事件的日志记录（事件发生的时间、地点等）、事件的现场图像存储、报警信号的产生等。

我们运用智能分析算法构成户外监控报警系统，并在 2000 年成功应用于杭州九溪玫瑰园别墅区。

显然，这是早期的一套后端软件智能分析的户外监控报警系统。今天看来，尚有许多不足之处。例如，一台计算机控制 8 个监控点，而每一个监控点轮巡一次大约需要 6s 的时间。主要的原因在于摄像机之间切换时锁相时间过长（经实际测试，锁相稳定需大于 13 帧时间），算法运行时间需 3 帧时间，8 路合计将超过 5s。由于摄像机之间切换时间较长，所以增大了事件的漏报率。当然，这种设计局限于当时的计算机性能等客观条件。不过，通过对图像卡的设计，可以有效地克服摄像机之间切换时锁相时间长的缺陷。图 2.1.20 给出了一种采用系统同步方式的 8 路视频图像顺序采集的图像采集卡的硬件设计。

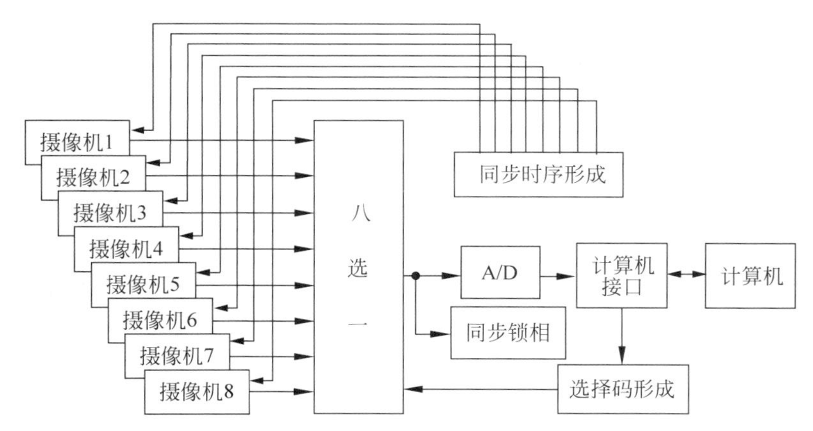

图 2.1.20　采用系统同步方式的 8 路视频图像采集卡的硬件框图

在图 2.1.20 所示电路中，图像采集卡增加了同步时序发生器，产生标准的系统行场扫描时序，并将系统行场扫描时序送到各台摄像机，同步各摄像机的扫描电路。这种系统同步方式将原来每一个监控点轮巡一次需要 6s 的时间降低为 2s，有效地解决了摄像机之间切换时锁相时间过长的问题。

图 2.1.20 所示的电路虽然解决了摄像机之间切换时锁相时间过长的问题，也带来两个

其他问题,其一是要求摄像机具有外同步的功能,其二是要铺设监控系统到摄像机的同步电缆。第二个问题是用户不太愿意接受的,原因是大部分的应用场景电缆早已铺设好,用户不愿意重新施工。

上述的在线啤酒瓶口缺陷检测系统,有成功的地方,也有失败的地方。关键在于计算理论环节存在问题,即项目能不能实现?成功的把握有多大?有人曾对我说过,冒大险,有大赏;冒中险,有中赏;冒小险,有小赏。科研需要一种冒险精神,不能够"骑着毛驴"搞科研。当然,从积极意义上来看,科研需要有一些探索的勇气,即使面对失败。然而对于用户的合同,那就另当别论了。TH模糊复原系统,1990年开始研制,合同期为3年,1997年鉴定,历时6年多。3年期满时,图像硬件系统已经完成,但对于小尺寸的模糊图像复原仍然毫无进展。委托方很着急,也进行了广泛的调研,但没查到更好的技术。委托方坚持和我们一道努力,直到取得较好的科研成果。对于委托方的宽容,笔者心存感激,也坚定了笔者对超低分辨率人脸图像重建的攻关决心。

当前,公共安全面临严峻挑战,视频监控在全球获得了大规模的应用。仅在中国,2012年视频监控摄像头已超过2300万个,2012年视频监控产业市场规模高达523亿元,视频图像已成为公安办案的重要线索来源,视频图像侦察技术已成为公安部门新的案件侦破技术。图像侦察技术尚需解决一些实际问题,如:

(1) 清晰化监控中目标人的人脸图像;

(2) 确定监控中目标人的真实身份;

(3) 追踪监控中目标人的运动轨迹。

在著名的周克华案件的办案过程中,为寻找案犯周克华的行踪,数千名警察人工查看视频录像资料(导致发生视网膜脱落等伤害),工作量十分巨大。

图像侦察技术的发展为视频监控的发展注入了新的活力,视频监控深度应用需要实现从"看"到"认知"的飞跃,而实现从"看"到"认知",其核心技术是智能分析技术,包括周界、拌线、遗留、丢失、人数统计、斗殴、徘徊、行人检测与跟踪、人脸识别、目标人关联等内容,智能分析系统包括后端软件智能分析系统和前端硬件智能分析系统。后端软件智能分析系统的拓扑结构如图2.1.21所示。

图2.1.21中,IVAS为智能分析服务器;VMS为视频分析管理服务器;DBS为数据库服务器;SDU为数据管理服务器。摄像机的监控图像直接送到智能分析服务器,实现各种智能分析算法。一个监控群的摄像机数量一般都大于500台,如果说每台智能分析服务器带4台摄像机,智能分析服务器的数量是可观的。同时,监控图像已从标清(如704×576)发展到高清(如1920×1280),还将发展到超高清(如4096×2160)。视频图像的数据量急剧增大,对网络带宽和计算机的处理能力也提出了更高的要求。目前的技术瓶颈不仅存在于后端软件智能分析系统,同样也存在于前端硬件智能分析系统。目前前端硬件智能分析系统主要采用DSP芯片来做智能分析,DSP芯片的运算能力不仅大大低于GPU,甚至还低于CPU,难以实现计算复杂度高的智能分析算法。我们期待着出现新的技术,实现高速高准确性的高性能智能分析系统。

"在线啤酒瓶口缺陷检测系统"和"96路视频监控报警系统"是图像并行处理系统的实例,具有一定的代表性。在设计这类系统时,特别要强调系统性,不仅要注重算法的研究,还要注意应用系统的周边环境。

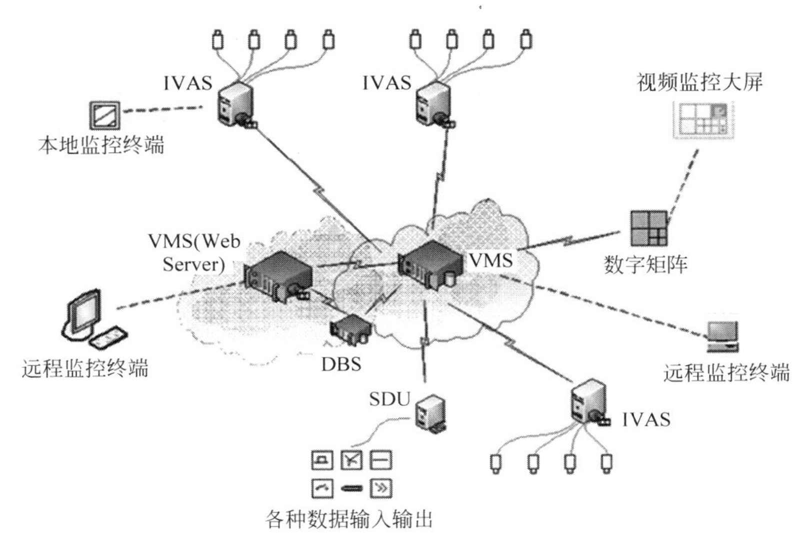

图 2.1.21　后端软件智能分析系统的拓扑结构

2.2　图像处理系统的设计准则

2.2.1　设计适应于机器

我们应该从广义上来理解系统设计适应于机器的设计准则，这里所指的"机器"，是泛指现存的设备、规范、方法等。在图像处理系统中，必不可少地要使用计算机，因此系统设计适应于计算机的设计准则就属于系统设计适应于机器的设计准则。

图像处理系统的结构受多方面因素的影响，其中受 CPU、计算机总线、操作系统、网络数据库、集成电路水平的影响尤为显著。显然，构造图像处理系统的准则之一就是设计适应于机器，具体来讲，就是适应于当时的 CPU、计算机总线、操作系统、网络数据库、集成电路等外部条件的能力和要求。1981 年美国 IBM 公司推出了第一台 IBM PC(个人计算机)，同时推出了 PC/XT 总线，该总线最大数据传输速率为 4Mbps，即使是 256×256×8bit 这种最低分辨率的图像，实时的数据传输速率至少也要达到 5Mbps。显然，受计算机 PC/XT 总线的限制，视频图像不能实时地输入计算机。为了适应计算机的这种数据传输能力，当时的图像处理系统设立了图像帧存，把视频图像先存入图像帧存，然后再送入计算机进行处理，这样逐渐形成了一种以图像帧存为中心的图像处理系统结构。20 世纪 80 年代，这种结构的图像处理系统在应用上达到了鼎盛的阶段。以图像帧存为中心的图像处理系统结构所配备的计算机有大型机、小型机，后来逐渐转向微机并以 PC 为主流机种。20 世纪 90 年代初，美国 Intel 等公司联合推出了高性能的 PCI 总线，这种总线的最大数据传输速率高于视频图像实时数据传输速率，早期在计算机总线上进行图像传输的瓶颈已不复存在。由于这一主要特点，使得新型的 PCI 总线刚一问世，就立刻受到了图像界的普遍欢迎，图像处理系统的生产厂家纷纷摈弃原来基于 ISA 总线的产品而转向 PCI 总线，于是出现了以计算机内存为中心的图像处理系统结构。20 世纪 90 年代，Intel 公司先后推出了 MMX/SSE 技术，这样就形成了一种 PCI+MMX/SSE 的高性能价格比的图像处理系统结构，这种结构在相当长的时间内成为图像处理系统的主流结构。

以图像帧存为中心的图像处理系统结构和以计算机内存为中心的图像处理系统结构各有特点，在高性能的 PCI 总线普及以后，以计算机内存为中心的图像处理系统结构成为图像处理系统的主流形式。尽管如此，以图像帧存为中心的图像处理系统依然存在，主要用在高速图像处理系统和一些立体电视、医疗图像等特殊系统方面。

近年来，基于 Internet 的图像处理系统应运而生，于是形成了以网络为中心的图像处理系统结构。一些大型的系统往往采用这种系统结构，如清华大学 2000 年研制成功的人脸识别系统就采用了这种系统结构。这种系统的特点是采用了网络数据库，可以实现远程的查询与处理。在这种系统结构下，一些系统采用 Client/Server 方式，另一些系统则采用客户浏览器/Web 服务器方式。而基于 Web 的全新的网络管理模式被誉为是将改变用户网络管理方式的革命性网络管理解决方案。它针对 Client/Server 结构的缺陷，加强了服务器的处理能力和网络传输能力，把数据和应用都安装到服务器上，而客户端只安装操作系统和必要的浏览器。因此，采用了客户浏览器/Web 服务器方式的图像处理系统，将具有更大的优越性。

还有许多设计适应于机器的系统结构例子，例如，在采用 DSP 的图像处理系统中设置程序 RAM 来固化软件，软件人员根据 MMX/SSE 的具体指令来编制各自的软件等。

“设计适应于机器”积极的意义在于图像处理系统建筑在先进的机器上，广义来讲，建筑在先进的软件和硬件基础之上。一个在 DOS 操作系统上形成的应用软件在 Windows 流行的时候很难推广使用，同样，一个建筑在 ISA 总线的图像处理系统在 PCI 总线流行的时候也很难推广使用，这使 DOS 操作系统和 ISA 总线目前已不具备先进性，这种先进性正是系统设计者必须要考虑的。类似的问题也出现在硬件的设计上，要尽可能选用集成度高的芯片，尽量避免使用分立元件，而采用可编程的逻辑芯片。在科研过程中有许多这样的教训。要采用先进的软硬件平台不是一件容易的事情，这就需要不断地学习、掌握先进的软硬件平台知识。

2.2.2 设计适应于算法

“设计适应于算法”的设计思想包含着确立目标和实现目标、提出算法和实现算法、提出问题和解决问题的内容。广义来讲，“设计适应于算法”是一种“实现理想”的设计方法。

“设计适应于算法”的设计方法要研究系统的结构，以达到执行算法的最高效率。当然，由于算法的多样性，所研究的结构是要解决带有共性的问题。首先我们来研究一下点处理的系统结构，图 2.2.1 给出了一种适应点处理的系统结构框图。

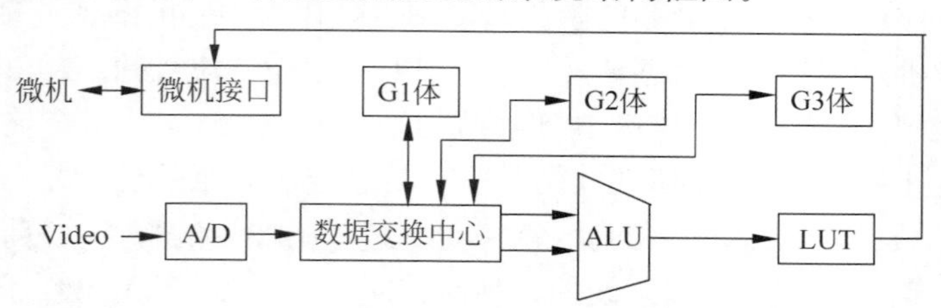

图 2.2.1 一种适应点处理的系统结构框图

图 2.2.1 所示的系统可以准确地实现帧间运算，如相邻帧图像的加减，当 ALU 功能块选择为直通时，可以通过 LUT 进行灰度变换。显然，这种结构是一个完整的系统结构，而且是属于带硬件处理的面向计算机内存的图像硬件系统结构。

下面通过两个具体设计来说明"设计适应于算法"的设计思想。

设计一：邻域图像处理的邻域数据的存取问题

由于许多图像处理算法涉及邻域图像处理，邻域数据的存取效率将严重影响图像处理的速度。如进行 3×3 卷积，需要读出 3×3 邻域的 9 点数据，通常的方法是每次读出一点，要花费 9 个读周期读出整个邻域的数据，显然这种方法是低效的。我们要实现的目标就是并行地形成邻域图像数据。图 2.2.2 给出了一种 3×3 行延迟卷积器的示意图。

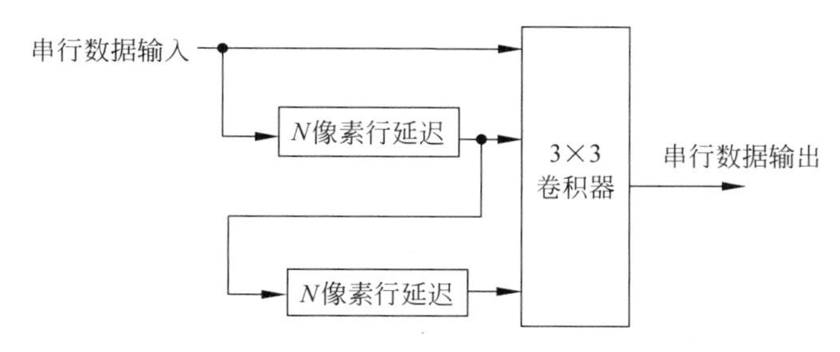

图 2.2.2　3×3 行延迟卷积器

从图 2.2.2 中可以看出，3×3 行延迟卷积器的输入数据是串行的，为了得到 3×3 的数据邻域，采用了两级 N 像素行延迟的办法(一行有 N 个像素)。这个方案能够实时地形成 3×3 的邻域数据，但是也存在一些缺点，例如，硬件开销较大，数据邻域的行数越多，需要的 N 像素行延迟的级数就越多。另外，用行延迟来形成数据邻域的方法只能并行地提供行顺序的邻域图像数据，而无法并行地提供随机邻域图像数据；在处理速度上，用读改写的方法实现行延迟线的方法没有读操作的速度高。

针对行延迟电路的一些缺点，我们设计了邻域图像帧存储体，既能并行地提供行顺序的邻域图像数据，又能并行地提供随机邻域图像数据，具体设计将在第 10 章给出。

设计二：最佳二维人脸图像的形成

人脸检测可以在较小的图像区域(如 20×20)内检测到人脸，然而并不能说每次检测到的人脸都达到人脸识别的要求。在活动人脸的识别中，最重要的问题是如何在被识别人不主动配合的情况下获得被识别人的最佳人脸图像，从而达到人脸识别的最佳效果。图 2.2.3 给出了一种最佳二维人脸图像形成的框图。

在人脸检测的基础上，对人脸关键点进行精确定位并获得所检测人脸几何特征，判别同一人相邻两次(或多次)检测到的人脸，看被检测到的人当前的姿态是否是处于最佳姿态，如果不是处在最佳姿态，则再跟踪检测同一人的人脸，期间可调整摄像机的聚焦和左右、俯仰姿态，最终获得被检测人的最佳姿态。对这幅最佳姿态的人脸图像，先进行尺寸归一化处理，再估计所获得的人脸的姿态(左右、俯仰的角度)，在此基础上进行人脸校正，得到被检测人的正面人脸图像。经过上述一系列处理，达到了更好的人脸识别效果。

类似的例子还有很多，如基于 MMP-PCA 的理想人脸识别率等。

"设计适应于算法"的系统结构方法是最具有创造性的，也是最吸引人的。在设计中，对于一些有创意的想法，不论是组织者还是具体研发的提出者，都要十分重视，因为这种想法

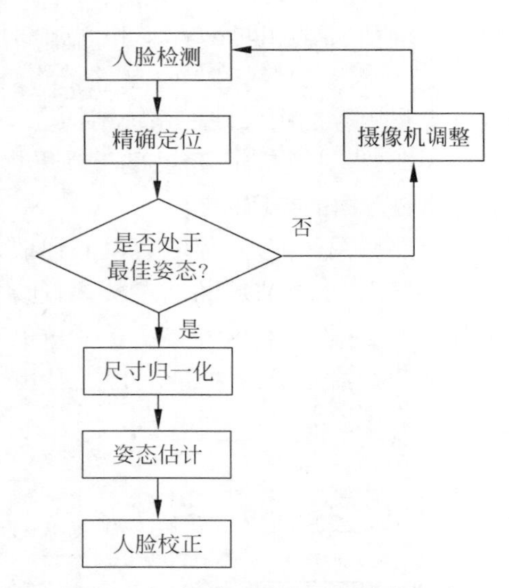

图 2.2.3　最佳二维人脸图像的形成

是十分珍贵的。

2.2.3　设计适应于系统

“设计适应于系统”的准则是从系统性的角度出发，考虑系统的综合性、实效性、完备性和先进性。

2.2.3.1　科学的任务分解

在图像处理系统的设计中，首先要解决任务分解的问题，力图做到周密、严谨，也可以用天衣无缝来比喻。图 2.2.4 给出了任务分解的示意图。

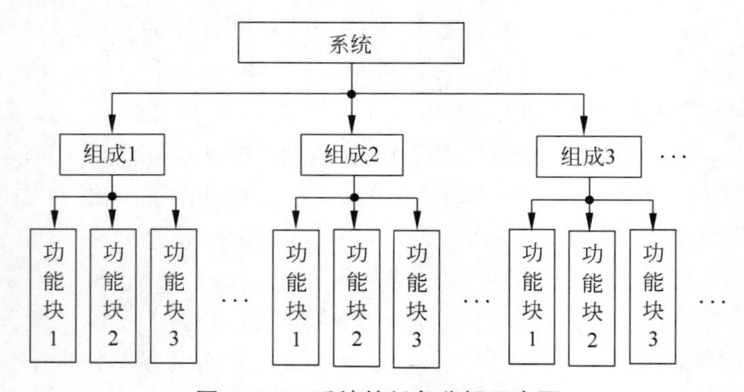

图 2.2.4　系统的任务分解示意图

一个好的任务划分来源于对任务的好的理解，这种透彻认识的内容包括系统总的组成部分、流程、规模、难点、器件与设备、实施人员等。在通常意义上来说，这种任务的划分既包含总体设计，又包含任务的调度。从广义上来说，这种任务的划分既包含物理实现，又包含方法研究。图 2.2.4 所示的任务划分示意图表明，一个系统由 N 部分组成，每一部分又包含若干功能块(每个功能块还可以包含若干子功能块)。我们以两个具体的例子来说明这种任务分解。

实例1：TS-84图像图形处理系统。由于当时受器件等条件的限制，所以硬件系统采用了机箱式结构，分为5块线路板，分别是图像数字化器、存储体板、显示板、计算机接口板A)、计算机接口板B，其中计算机接口板A是插入计算机的，计算机接口板B则插入图像处理系统机箱中。对于每一块电路板，又有自己独立的电路。

实例2：TH-2005人脸识别系统。这是一个国家"十五"攻关项目，具有相当大的难度。根据研究内容，我们进行了如图2.2.5所示的研究任务划分。

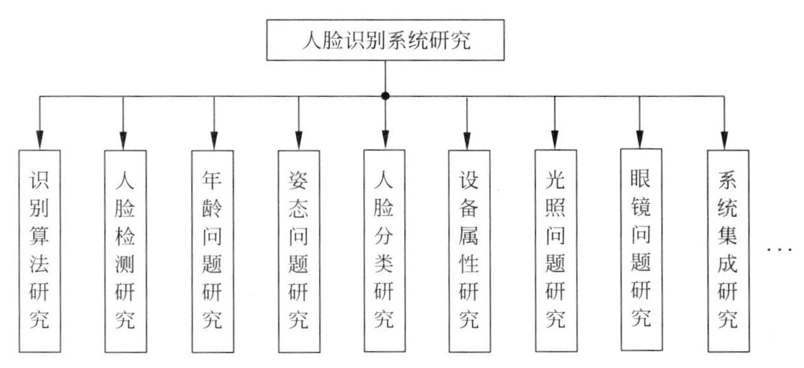

图2.2.5 TH-2005人脸识别系统研究任务的划分示意图

图2.2.5中所示的每一类研究都包含了很多独立的研究内容，如系统集成研究，既要研究并行查询、图文混查、程序优化问题，还要研究系统采用的查询方式以及多通道的人脸检测等问题，更要研究其他分类研究成果的系统实现问题。研究任务划分之后，再根据所研究问题的难易程度，配备相应的研究人员。

一个系统，牵扯到方方面面，需要制定系统的各个部分的完成时间以及总调试、总测试的时间，实现科学的调度，进而完成该系统的预期研制计划。

2.2.3.2 多技术综合

设计适应于系统的设计准则，更多的是强调多技术综合的设计方法。仍以人脸识别系统为例，2005年我们在设计一个大型的人脸识别查询系统时，除了面临人脸识别率问题外，还面临识别的速度问题。一个人的人脸特征的数据量为2KB，要创建256万人的人脸特征数据库，才能实现256万人的辨识型人脸识别。设计时，限于当时计算机的运算能力以及项目经费的原因，我们选用了集群计算机技术，并采用分库的系统结构，即采用5台计算机作为从机，每台进行50万人的特征比对。采用1台主服务器，进行16万人的特征比对(因为主服务器还要承担综合从服务器的比较结果等工作)，这条技术路线确实可行，但是提高的速度不明显。即使采用集群计算机技术，如果应用面对硬盘计算的大数据人脸比对，显然是不合适的，因为访问硬盘的速度太慢。因此，我们将人脸特征数据预存在内存中，识别时则采用内存计算技术，并采用MMX技术来提高处理速度。显然，"集群计算机技术＋MMX技术(内存数据)"是一种正确的技术方案。这种综合技术的应用，达到了256万人/s的查询速度。这在当时，确实带来了意想不到的效果，实现了"1＋1＞2"的速度提升。

"1＋1＞2"是业界中常提的一种追求的理想目标，但是大于2，这个范围很宽，其中也包含了一种效率提升的确切数值，即乘法效率。假定一种技术的加速比为$N(N\geqslant 2)$，而另一种技术的加速比为$M(M\geqslant 2)$，如果这两种技术综合运用，则能实现$M\times N$的加速比，我们将这种处理速度的提升称为乘法效率的提升。显然，乘法效率的提升效果要大于加法效率，这是一种更值得追求的重要目标。

这里再举一个有关乘法效率提升的具体实例。

为了有效克服冯·诺依曼瓶颈，我们用DDR存储芯片构成了邻域存储体。邻域存储体采用了存储芯片的堆叠技术和分段裂变技术以及不完全轮换矩阵技术。假定采用了N个$(N\geqslant 2)$存储芯片的垂直堆叠，则对存储体数据存取效率实现了N倍的提升；而每个存储芯片又实现了M段垂直分段裂变，则对存储体数据存取效率实现了M倍的提升；两种技术的综合运用，则实现了$M\times N$的存储体数据存取效率的提升。显然，这也属于乘法效率的提升。

多技术综合，既有算法层面的综合，也有系统层面的综合。上述的大型人脸识别查询系统的设计和邻域存储体的设计，均属于算法层面的综合。下面介绍一种系统层面的综合。

当前，视频监控在全球已获得大规模应用。截至2012年，我国已拥有2300万视频监控摄像头，这些视频监控在我国公共安全中发挥了重要的作用。随着视频监控的发展，特别是随着公安图侦和视频人脸识别运用的发展，一个目前急需解决的问题摆在大家面前，即人脸分辨率低下的问题。直白一点，就是说，视频图像中人脸太小。在视频图像中，一个只有3×4像素的人脸能识别吗？看都看不清楚，又何谈识别。对这类分辨率低下的人脸，采用人脸超分辨技术是一种选择，目前用人工智能技术，已能够将低分辨率人脸进行重建，进而进行人脸识别。5年前可以识别瞳距为30像素的人脸，现在能识别瞳距为20像素左右的人脸，但仍存在一个很大的盲区。我们设计了一个综合系统，综合集成了人脸超分辨、人像组合和人脸识别功能，实现了瞳距更小的人脸重建与识别。人脸超分辨，是由多种技术实现的，可以是一个独立系统。人像组合，同样是由多种技术实现的，也可以是一个独立系统。人脸识别，涉及的技术更多，自然也是独立的系统。这个综合系统，输入的是分辨率低下的人脸图像，输出是分辨率高的重建人脸图像、识别人脸图像、意象人脸图像，从而将某些超低分辨率的人脸图像识别这种貌似不可解的问题变成了可能。

多技术的综合，对其效果的评价是多方面的。如果是人脸识别，多技术综合将看对人脸识别率是否有提升，对识别速度是否有提升。也可能是对单一指标有提升，这也是我们需要的。如果某一指标提升了，而另一指标下降了，那么就需要权衡得失，或者需要进行下降指标的补救工作。就拿墨镜、口罩问题来说，要解决这类问题，就带来计算复杂度提升的问题。所以，补救措施就是追加系统的算力。

在后续章节中还可以看到多技术综合的设计思想，这里不再赘述。

在竞争异常剧烈的环境中，我们特别要强调新技术的快速应用。一旦取得了某项学术成果，我们应围绕该项新成果，尽快地搭配与其相关的技术，构成可以实用的系统，继而推广应用，形成应用成果，做到学术成果到应用成果的快速转化。人脸识别技术在应用成果的转化上还是成功的。

系统的模块化设计思想，体现在功能的独立性、可调用性、可替代性上。比如2.2.3.1节实例2中的人脸识别算法研究，根据系统设计的要求，将一种人脸识别算法编制成recog.dll，并给出具体的调用说明，当我们打算应用另一种人脸识别算法时，则按原recog.dll的规定，编制成相同的recog.dll，这样就可以实现识别算法的互换。同时，由于有了recog.dll，就可以实现不同用户的调用，也就很方便地形成不同应用的人脸识别系统。这样一来，就在很大程度上避免了重复劳动。

设计图像处理系统，常常面临着以下两方面的考虑。

一个方面是系统的主控方式。在许多专用系统中（如医用B超），使用单片机或ARM芯片作为主控部件，形成了内嵌CPU的系统结构，这类系统有时也称为脱机系统。在许多通用系统中，常采用计算机作为主控部件，形成外挂式的系统结构，早期的机箱形的图像处理系统就是典型的外挂式系统，到后来成为主流型的板卡式的图像处理系统，也采用计算机作为主控部件。

另一个方面即是否需要采用专用硬件。一般来说，专用硬件比通用部件的效率高，而在灵活性方面不如通用部件，当然，专用系统可以优先考虑专用硬件，而通用系统则更多地考虑灵活性方面的问题，常常在处理速度和灵活性之间取一个适当的折中。

20世纪八九十年代可以称为PC时代，PC高性能和低价格的发展事实，使图像处理无论在理论上还是在应用上都取得了空前的发展，基于PC的图像处理系统采取了网络数据库的技术，采取了多CPU、多微机并行处理技术，同时融合了计算机庞大的外设。现在，计算机业界在谈论"后PC时代"，这也只是业界的重心有所转移，对图像处理来说，融入Internet技术、Java技术……形式也将更加多样化，系统的功能也就更加强大。

2.3　可编程逻辑器件

集成电路发展的速度是惊人的，在20世纪60年代初期，开始出现了小规模的集成电路（SSI），继而开发出了中规模的集成电路（MSI）。从20世纪70年代开始，MOS工艺有了突破性进展，集成电路朝大规模集成电路（LSI）进而向超大规模集成电路（VLSI）发展。到20世纪80年代，IC-CAD技术有了飞速的发展，因而促进了专用集成电路（ASIC）的发展。到20世纪90年代，专用集成电路已和半导体存储体、微处理器芯片及数字信号处理芯片（DSP）一起成为集成电路的四大支柱产品，广泛地用于各类电子系统（包括各种各样的图像处理系统）。专用电路的设计可分为全定制和半定制两大类，全定制设计强调设计的合理性、强调优化，用以提高性能和缩小芯片面积，因此设计周期较长，设计费用较高，适用于批量较大、电路成型的应用场合。半定制设计则是预先把一些基本电路的模块设计好，用户只要根据要求，以布尔方程、逻辑图或网表作为输入，进行简单的加工就可以完成整个专用电路的设计。这种方式的设计周期短、设计费用低，特别适用于产品的开发，也可以作为全定制产品前期开发的一个步骤。半定制电路具体可分为3种：门阵列、标准单元和可编程逻辑器件。门阵列是在硅片上预先制作好大量的基本单元门电路，排列成阵列，在阵列周围配上输入、输出缓冲电路和压焊块，门阵列中大部分电路就这样制作完成，由此形成门阵列的母片。在用门阵列设计专用集成电路时，首先应根据电路本身的规模及门阵列的利用率选择合适的母片。门阵列的设计，实际上是设计布线的掩膜，利用IC-CAD软件，输入逻辑图，设计出产生连线掩膜的数据带，再通过制板，以此在母片上进行光刻、布线、封装，形成所需的专用电路。门阵列是目前最简便的ASIC结构形式，它比较适合于批量较小、要求研制周期短的产品；其主要的缺点是芯片面积利用率不高，性能不能优化。标准单元法的基本设计思想是用人工设计好的一系列成熟、优化、版图等高的单元电路，把它们存储在一个单元数据库中，根据用户的要求，把整个电路分成各种单元的连接组合，利用 CAD 软件调用单元库中的这些单元，进行合理的布局、布线，形成行单元结构。标准单元法不能做到预工艺，只能做到预设计，需要制作整套掩膜，进行全工艺流程，因此制作周期长，设计成本高。单元库中可包括一些大的单元电路，如 RAM、ROM，甚至 CPU，这样就必须建立非等高的标准单元(建立非等高的标准单元称为内建单元块法)，从而设计出一些用门阵列难以设计的电路。可编程逻辑器件(PLD)是一种被封装好的通用产品，主要有 FPGA 和 EPLD(或称为 CPLD)，下面分别介绍它们的一些特点和使用方法。

1. FPGA

FPGA(现场可编程门阵列)是一种功能强大的 PLD，1985 年由美国 Xilinx 公司推出，它是利用传输门通过编程控制组成逻辑功能块，又通过编程方法使这些逻辑门进行互连。FPGA 芯片的容量很大，早期的 PAL、GAL 芯片的 I/O 管脚很少，难以构成复杂的电路，而 FPGA 内容资源很多，I/O 管脚也很多，所以可以用来设计一些大规模的电路。FPGA 编程的方法是将数据写入一组编程存储器来控制开关门的电平，FPGA 需要在片外附加存储器，制作工艺采用 SRAM，需要初始化时间。FPGA 内部电路的设计具有现场设计、现场编程、现场修改、现场验证、现场调试等优点，使小批量数字电路系统的单片化成为可能。

当前，FPGA 的发展非常迅速，不仅本身性能优越，而且编程的生态环境逐渐形成，将在软件定义的系统应用中成为主角。

2. EPLD

EPLD(Erasable Programmable Logic Device，可擦写可编程逻辑器件)是在 1984 年 E^2CMOS 技术注入可编程逻辑器件(PLD)结构并诞生出门阵列逻辑器件 GAL(Generic Array Logic)之后，美国 Lattice 公司把 PLD 的性能和易使用性与 FPGA 的高密度和高灵活等特性相结合而首先推出的。EPLD 器件具有非易失性，不需要在片外附加存储器，而且速度快、设计周期短，所以应用非常广泛。目前有很多公司制造不同种类的 EPLD 芯片，这里以 Lattice 公司的 EPLD 器件为例来介绍 EPLD 器件。

Lattice 公司的 EPLD 器件有两大类：可编程大规模集成电路 pLSI(Programmable Large Scale Integration)和在线可编程大规模集成电路 ispLSI(in-system Programmable Large Scale Integration)。根据可用资源和性能上的差别，每一大类又都有 3 个系列：1000 系列、2000 系列和 3000 系列，而每一系列又有若干种芯片，3 个系列的 EPLD 主要技术参数如表 2.3.1 所示。

表 2.3.1　3 种大类的 EPLD 主要技术参数

芯片类别	最高系统时钟/MHz	管脚间最大延迟/ns	集成度/(门/片)	管脚数
1000 系列	110	10	2000～8000	44～128
2000 系列	135	7.5	1000～4000	44～128
3000 系列	110	10	8000～14 000	128～208

虽然这 3 个系列有如上一些区别，但就其内部系统结构而言，却都是相似的。ispLSI 与 pLSI 两者的结构类似，差别在于是否可以在线编程，ispLSI 可以在线编程，即可以不用编程器设备而只用一条 download 电缆线，由微机进行动态编程，这对于电路的最初研制很有利。由于在线编程的需要，ispLSI 芯片将要占用几个管脚并在印制电路板上附加电缆线的

接头，这将损失一些资源。而 pLSI 芯片则需要用编程器设备编程，由于芯片管脚不同，所以常常需要配置不同管脚的适配器，其代价较高。下面以 pLSI 1032 为例，剖析 pLSI 芯片的内部结构和逻辑。

pLSI 由通用逻辑块 GLB、通用 I/O 口、专用输入口、时钟输入口、输出布线区 ORP 和总布线区 GRP 几部分组成，PLSI 1032 功能块框图如图 2.3.1 所示。

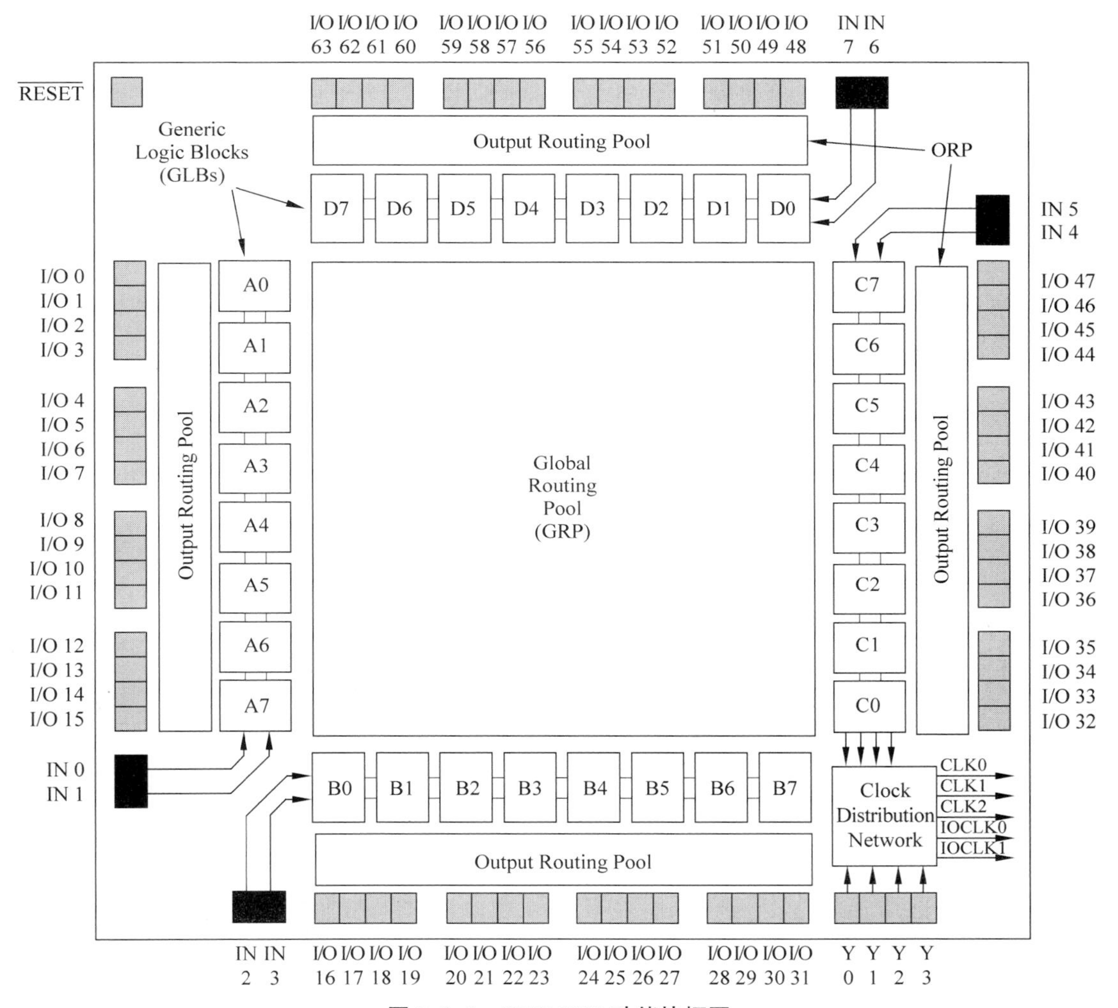

图 2.3.1　PLSI 1032 功能块框图

pLSI 的内部逻辑包括：

(1) 巨块(Megablock，MB)。

不同类别、不同型号的 pLSI 芯片器件，其主要区别是构成该芯片器件的巨块数不相同。一个巨块包含有 8 个 GLB、16 个 I/O 口、两个专用输入口和一个用于输出使能的公共乘积项 OE。图 2.3.1 中总布线区 GRP 的周围，有 4 个 MB。

(2) 通用逻辑块(Generic Logic Block，GLB)。

通用逻辑块(GLB)是 pLSI 最基本的逻辑单元。pLSI1032 共有 32 个 GLB，在图 2.3.1

中分别表示为 $A_0 \sim A_7$、$B_0 \sim B_7$、$C_0 \sim C_7$、$D_0 \sim D_7$。每个 GLB 包含一个逻辑阵列、一个乘积项共享阵列和 4 个输出逻辑宏单元三部分。

(3) 总布线区(Global Routing Pool,GRP)。

总布线区(GRP)位于 pLSI 芯片的中心位置,它以固定的方式链接内部所有的逻辑,使每个链接路径所产生的延迟时间都是可预测的或可计算的,从而可以高效率地实现较复杂的设计工作。GRP 的主要任务是将 GLB 的输出和 I/O 的输入链接为所有 GLB 的输入。

(4) 输出布线区(Output Routing Pool,ORP)。

输出布线区(ORP)主要是完成将 GLB 的输出信号链接至 I/O 口,供器件管脚的输出。ORP 允许 I/O 随意定义,这为软件开发系统的布线工作提供了很大的灵活性。

(5) 输入输出单元(I/O cell)。

I/O 单元是用于将输入信号、输出信号或输入输出双向信号与具体的 I/O 管脚相链接,形成输入、输出、三态输出及双向的 I/O 口。I/O 单元的输入信号来源是输出布线区的输出或外界输入;而 I/O 单元的输出,则是布线区 GRP 作输入或直接给外界输出。I/O 单元三态输出时的使能控制信号 OE 由巨块内的 OE 信号发生器产生。

通用逻辑块(GLB)的逻辑单元如图 2.3.2 所示。

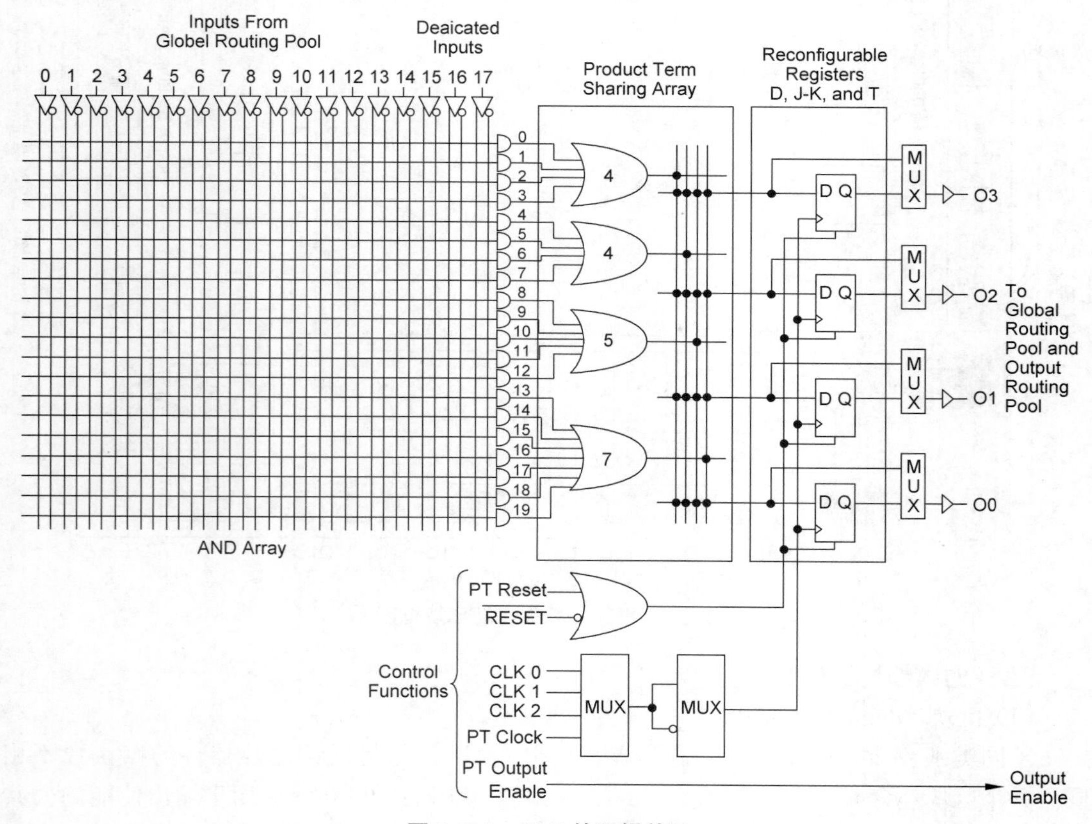

图 2.3.2 GLB 的逻辑单元

软件开发系统(Programmable Development System,PDS)是专为开发、使用 pLSI 或 ispLSI 芯片器件配套的软件系统,其基本工作环境是 IBM386(或兼容机)以上的微机和 3.0

以上版本的 Windows 软件。PDS 系统在逻辑设计实现、器件性能高效利用等方面为设计者提供了直接的控制,从而为设计者快速利用 EPLD 实现自己的设计思想提供了保证。利用 PDS 系统,可用简单的布尔方程或类似 TTL 的宏逻辑来表达逻辑设计,并自动完成在若干种布线方案中选择最佳。有的高级软件还可以直接输入逻辑图,从而可以简化输入过程。用 PDS 系统进行 EPLD 器件的设计和开发过程如图 2.3.3 所示。

由于 PDS 系统是以下拉式菜单方式操作的软件,所以与一般 Windows 应用软件一样,使用起来比较方便。在利用 PDS 生成熔丝图以后,对于 ispLSI 系列芯片来说,可用 download 电缆线,一端接到计算机的并口,另一端接到 ispLSI 芯片的接口,直接把熔丝图烧制在 ispLSI 芯片中;对于 pLSI 芯片来说,则需要采用专用编程器把熔丝图烧制在 pLSI 芯片中,当然,对于 ispLSI 类型的芯片,也可以使用这类编程器。在实际的设计过程中,很关键的一点就是能否成功地进行布线,合理地分配管脚是有益的,有时只要改变一下管脚的定义便可使原来布不通的设计变为布线成功的设计。

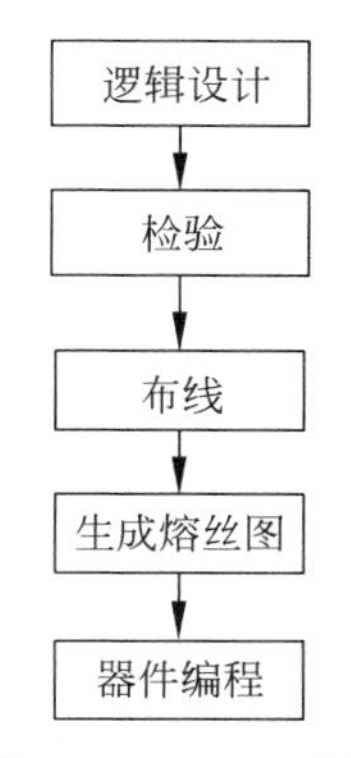

图 2.3.3 PDS 系统设计流程

目前,EPLD 芯片内部的资源越来越多,速度越来越快,软件功能也更加完善,其应用也逐步扩大。人们普遍认为,向今后的许多电子系统,将以 CPU+RAM+FPGA 或 CPU+RAM+EPLD 的结构为特征。图像处理系统将向小型化方向发展,虽然可以使用一些超大规模的专用集成电路,但高密度可编程逻辑器件也将受到图像处理系统设计者的青睐。

值得指出的是,目前 FPGA 已经取得了惊人的发展,不仅体现在高密度上(片内存储体容量超过 Gbit)、可定义软件的实现上,还体现在软件生态环境上。我们知道,GPU 的发展离不开 GPU 编程环境,基于 CUDA 的软件平台,则使 GPU 编程易于实现,从而促进了 GPU 的广泛应用。目前,Xilinx 公司的 FPGA 软件生态已基本形成,其推出的 FPGA 开发板,可在很短的时间内开发出基于 FPGA 的人脸识别。

习题 2

习题 2.1 如何理解图像处理的实时性?

习题 2.2 谈谈你所理解的设计适应于机器的设计准则。

习题 2.3 为什么说本章列举的在线啤酒瓶口缺陷检测系统在计算理论设计阶段存在问题?

第3章

视频图像数字化

视频图像数字化，不仅需要进行模/数转换，还要处理同步锁相、模拟图像预处理、地址形成等问题。不同信源的成像很复杂，采样频率的确定非常重要，而衡量数字化图像器的性能也将不仅仅是图像信噪比和图像分辨率的指标，还需要度量图像几何失真度。

3.1 图像的基本描述

图像的形式是多种多样的，我们所研究的图像从色彩上来分，有灰度图像、伪彩色图像、假彩色图像以及真彩色图像；从时间上来分，有静止图像和动态图像；从空间上来分，有二维图像和三维图像；从电信号上来分，有模拟图像和数字图像。灰度图像是指图像只有明暗程度的变化而没有色彩的变化，最简单的是二值图像只有两种灰度。伪彩色图像是灰度图像经伪彩色处理而形成的彩色图像，是按照灰度值进行彩色指定的结果，其色彩并不一定忠实于外界景物的真实色彩。假彩色是指遥感多波段图像合成的彩色图像，而真彩色图像则是忠实于外界景色的色彩。当图像的内容不随时间变化时，即前一帧和后一帧的图像内容不发生变化时，该图像则称为静止图像。一幅静止的灰度图像可表示为

$$I=F(x,y) \tag{3.1.1}$$

图 3.1.1 表示了从行方向展开的正极性黑白电视图像信号的波形。这种全电视信号是由下面的 3 种信号按一定比例组成的：视频信号，时间处在行正程 T_{HS} 之间；消隐信号，时间处在行逆程 T_{HR} 之间(其中含有行同步信号)；行同步信号，时间处在 T_{SYN} 之间。标准的全电视信号的峰-峰值 V_{PP} 为 1V，同步电平占全电视信号的 25%，消隐电平为黑电平，图像越亮，信号的电平也越高。

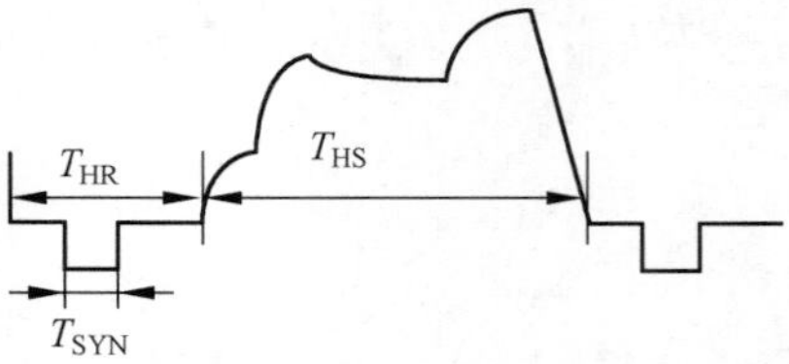

图 3.1.1 一个行周期的电视信号波形

动态灰度图像可表示为

$$I=F(x,y,t) \tag{3.1.2}$$

式中，t 表示时间。

自然界中所有可感知的色调，几乎都可以由3种基色混合而得到。反之，任何一种色彩，也可以分解成3种基色光分量。这种分解与合成，将遵循如下的三基色原理：

(1) 自然界中所有可感知的彩色都能由适当比例的3种基色混合而成；反之，任何一种彩色都可以分解成3种基色分量。

(2) 三基色必须是相互独立的分量，其中任何一种基色都不能由其他两种基色混合形成。

(3) 混合色的色度、饱和度，由三基色分量的相应比例所决定。

(4) 混合色的亮度等于三基色亮度的和。

在彩色电视中，选用红(R)、绿(G)、蓝(B)为三基色。

一幅静止的彩色图像，如果采用RGB彩色空间来描述，则可以表示为

$$I=[I_{(R)}\quad I_{(G)}\quad I_{(B)}] \tag{3.1.3}$$

式中，$I_{(R)}=F_R(x,y)$；

$I_{(G)}=F_G(x,y)$；

$I_{(B)}=F_B(x,y)$。

如果用YUV空间来描述，则彩色全电视信号CVBS可表示为

$$\text{CVBS}=Y+U\sin\omega_s t+V\cos\omega_s t \tag{3.1.4}$$

式中，Y为亮度信号；U、V为幅度压缩后的色差信号；ω_s为彩色副载波频率。

亮度信号和三基色RGB的关系为

$$Y=0.3R+0.59G+0.11B \tag{3.1.5}$$

U、V和色差信号$(B-Y)$、$(R-Y)$的关系为

$$U=0.493(B-Y) \tag{3.1.6}$$

$$V=0.877(R-Y) \tag{3.1.7}$$

在图像处理系统中，模拟图像是指用连续变化的电信号来表征且能直接用监视器显示的图像，而数字图像是指由二进制的数字代码表征的一个整数阵列，该阵列按一定的时序进行数/模(D/A)转换后形成模拟图像。数字图像阵列的元素称为像素(picture element，pixel，有时也简写为pel)。反过来，模拟图像通过模/数(A/D)转换后形成数字图像，这个过程称为图像数字化。图3.1.2表示了一幅图像数字化的过程。

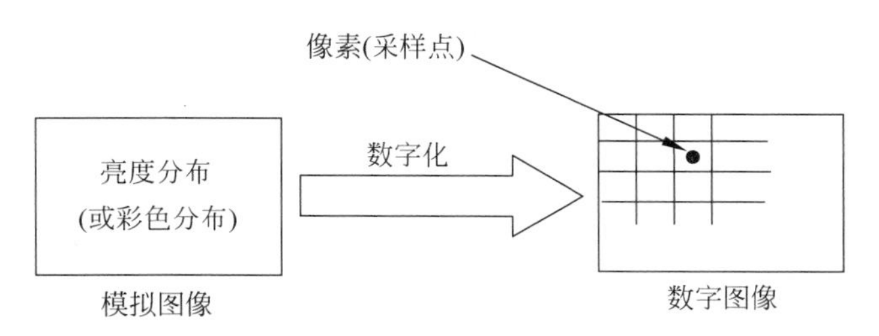

图3.1.2　一幅图像数字化的过程

对一幅灰度静止图像进行数字化，如果在扫描正程的确定时间里，每一电视行采样W个点，一共取H行，于是就形成了$W\times H$点阵的数字图像，图3.1.3给出了数字图像的坐标表示。

其中，根据电视扫描从上往下、从左往右的扫描规律，数字图像列方向的像素下标的数

值从左到右逐步增大，行方向的像素下标的数值从上到下逐步增大，它和显示空间的位置是一一对应的。图 3.1.4 给出了图像的矩阵表示，矩阵 $\boldsymbol{F}$ 中元素的下标表示该元素在数字图像中的具体位置，对应图 3.1.3 的像素点表示为 $f(i,j)$。

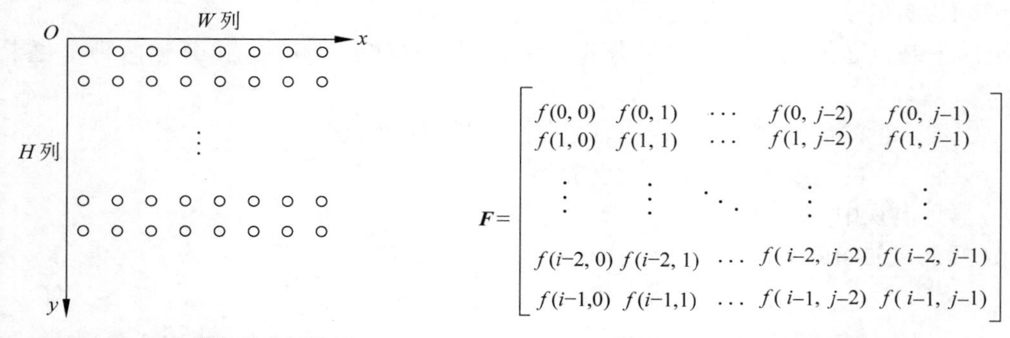

图 3.1.3 数字图像的坐标表示

图 3.1.4 数字图像的矩阵表示

以上给出了图像的一些基本描述，图像种类很多，可以由这些基本描述展开，从而给出相应的确切描述。

3.2 扫描时序的产生

视频图像应用广泛而且技术非常成熟，X 射线成像、超声成像、γ 射线成像等，成像的形式大多采用图像的形式。因此，在诸多的成像技术中，都涉及扫描时序的问题。

3.2.1 扫描时序规范

电视扫描方式的确定是和人的视觉特性密切相关的。当光脉冲进入人的视觉器官时，其感觉并非瞬时发生，而是有一些时间上的延迟。光脉冲停止以后，光的感觉还会暂留一个短的时间，这种视觉延迟和视觉暂留的现象可以认为是人的神经系统时间响应限制的缘故。在电影技术里，电视拷贝片是由一幅幅不动的画面组成，在播放时为了使人感觉不出画面的不连续，则要求电影放映的速度不少于 24 幅/s，为了消除画面的不连续性，又要求电影放映的速度不少于 48 幅/s。在实现上，每秒只放映 24 幅独立的画面，而每幅画面在放映时用遮光板挡一下，使同一幅画面在屏幕上重复出现两次，从而起到了每秒放映 48 幅画面的效果。在放电影时，整幅画面是同时出现在屏幕上的，而在电视技术里，无论是电视摄像机把光信号变成电信号，还是监视器把电信号变成光信号，其过程都是逐点逐行按一定扫描方式顺序实现的。在人们观察电视图像时，由于荧光屏的余辉作用以及人眼的视觉延迟和视觉暂留的影响，人们可以看到连续的图像。电视技术里的光到电、电到光的转换过程是按照电子扫描的规律来实现的。

在光导管摄像机里，要拍摄的图像成像在光电靶上，利用电子束依次轰击靶上各点，根据被轰击点的明暗程度，转变成强弱不同的视频信号。电子束的这种作用称为扫描。这种扫描是自左向右均匀地扫过光电靶，再自左向右达到右端后迅速地从右端折回到左端，再开始下一行的扫描。这种沿着水平方向的扫描称为行扫描，或者称为水平扫描。在进行水平扫描的同时，也缓慢地进行着从上到下的扫描，当从上到下扫描完一场后又迅速地从下到上返回，再开始下一场的扫描，这种沿着垂直方向的扫描称为场扫描，或者称为垂直扫描。在显像管中的扫描也是这样从左到右、从上到下地进行。

扫描方式有逐行扫描和隔行扫描之分。在逐行扫描里，扫描行是逐行进行的，图 3.2.1 给出了逐行扫描的示意图。

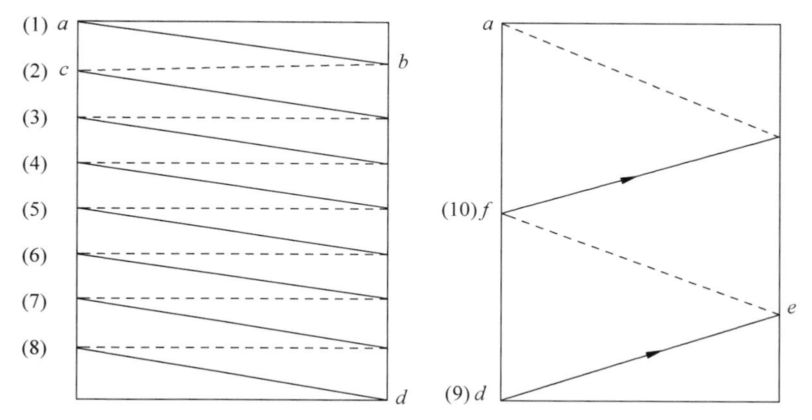

图 3.2.1 逐行扫描示意图

图 3.2.1 中从 a 点到 b 点是行的正程，记作 T_{hs}；从 b 点到 c 点这段时间称为行逆程，记作 T_{hr}；整个行周期记作 T_{H}，则

$$T_{\mathrm{H}} = T_{\mathrm{hs}} + T_{\mathrm{hr}} \tag{3.2.1}$$

在完成了第 8 个行扫描以后到达 d 点，从 a 点到 d 点的从上往下的扫描过程称为场正程，记作 T_{vs}(图中共 8 行时间)。到达 d 点以后，电子束开始自下向上快速地返回到 a 点，此过程称为场逆程，记作 T_{vr}(图中 2 行时间)，整个场周期记作 T_{V}，则

$$T_{\mathrm{V}} = T_{\mathrm{vs}} + T_{\mathrm{vr}} \tag{3.2.2}$$

图 3.2.2 给出了隔行扫描的示意图。

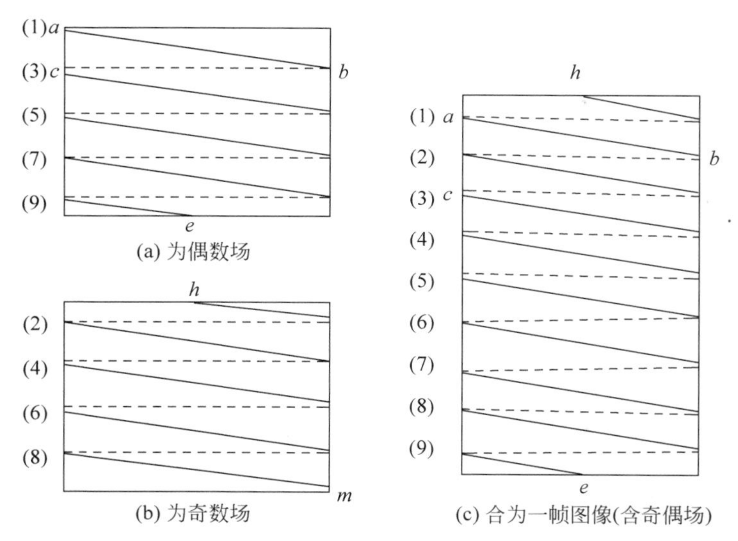

图 3.2.2 隔行扫描示意图

在隔行扫描里，扫描分奇偶两场进行，第二场的扫描线均匀地插在第一场相邻扫描线中间，扫描线从 a 点到 b 点，这段时间为行正程。当扫描达到 b 点后，经过行逆程时间，扫描迅速地从 b 点到达 c 点，第一场扫描到 e 点，经场逆程后回到 h 点，再开始第二场的扫描。第二场扫描到 m 点，经场逆程后回到 a 点，从而完成了一帧图像的扫描。奇数场的扫描行为奇数行(1、3、5、7、9 行)，偶数场的扫描行为偶数行(2、4、6、8 行)，两场合为一帧。

必须指出，要想使图像的垂直分辨率高，就必须把第二场的扫描线准确地嵌在第一场的扫描线的正中间，否则就要发生并行现象，从而降低了图像的垂直分辨率。

要使人眼察觉不出画面的翻滚，场频必须大于 12 场/s；要使人眼察觉不出画面的闪烁，场频则不低于 40 场/s，若帧频为 50 且每帧的扫描行数为 600 行，那么视频带宽将超过 10MHz，这样势必使电视频道过宽，同时电视设备的工艺水平和成本也将大幅度提高。类似电影遮光板的思想，Schroter(1972)发明了一个简单的方法，即采用隔行扫描的方法来解决上述问题。利用这种方法，可在 25Hz 帧频时获得 50Hz 的场频。至于每帧图像的扫描线数，历史上曾有 405 行、525 行、625 行、919 行等，相应的场频也不同，由此形成了一些电视制式。随着时间的推移，经过筛选，目前世界上主要有 3 种成熟的广播电视制式：

(1) NTSC 制，1953 年研制成功；

(2) PAL 制，1962 年研制成功；

(3) CECAM 制，1966 年研制成功。

电视信号由水平扫描和垂直扫描形成，要重现发送端所传送来的电视图像，就要求接收端也按照发送端的扫描方式再现电视图像，即要求接收端的行、场扫描频率和发送端的一样，行场扫描信号的相位也保持一致，做到同频同相，称为同步。扫描分为水平扫描和垂直扫描，水平方向的扫描同步称为水平同步，也称为行同步；垂直方向的扫描同步称为垂直同步，也称为场同步，两种同步混合一起称为复合同步。前面已经提到，在电视扫描中有行正程、行逆程、场正程、场逆程，早期在行逆程里不传送电视图像，而只播送一个零电平(黑电平，也称为行消隐电平)；同理，早期在场消隐期间也不传送电视图像，而是送一个黑电平信号，称为场消隐电平。表 3.2.1 给出了 PAL-D 和 NTSC-M 扫描制式的行同步、场同步、行消隐、场消隐标准信号的参数在 NTSC-M 列中，括号内的数值是由美国 NTSC-M 制式使用的数值。

表 3.2.1 行场同步、行场消隐标准信号的参数

制式 特性	PAL	NTSC
每帧行数	625	525
行频	15 625Hz	15 750Hz (15 734.25±0.0003%)
标称行周期	64μs	63.492μs(63.5556)
行同步宽度	(4.7±0.2)μs	4.19～5.71μs (4.7±0.1)
行消隐宽度	(12±0.3)μs	10.2～11.4μs (10.9±0.2)
前肩	(1.5±0.3)μs	1.27～2.54μs (1.27～2.22)

续表

特性＼制式	PAL	NTSC
场频	50Hz	60Hz(59.94)
场同步宽度	27.3μs	27.1μs
场消隐宽度	$25H+\alpha$	$19H\sim21H+\alpha$

为了便于理解，我们用图3.2.3来描述隔行扫描中行同步、行消隐和屏幕的对应关系。

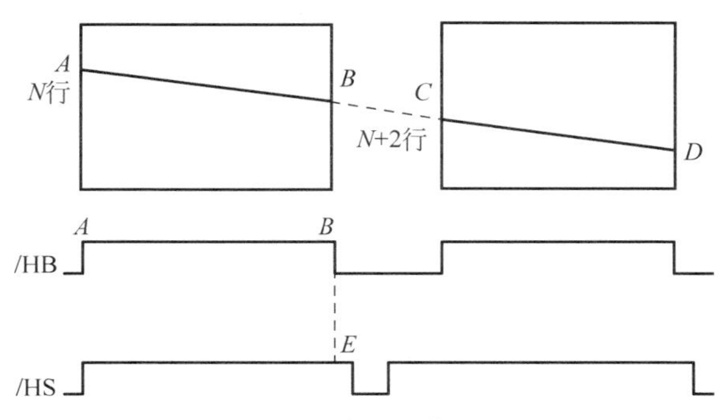

图3.2.3 行时序和屏幕的对应关系

其中，AB 为屏幕中第 N 行的行扫描正程时间，CD 为第 $N+2$ 行的行扫描正程时间，BC 是第 N 行的逆程时间，BE 之间为前肩时间。同理，也可以用图示来描述场同步、场消隐和屏幕的对应关系。

对于隔行扫描来说，相邻两场的扫描时间必须相等，而且一帧里的扫描行数也必须是奇数。从图3.2.2可以看出，在隔行扫描里，偶数场的第一行必须从上部的正中央开始先扫描半行，才有可能保证正确的隔行扫描而不发生并行现象。为了准确地在电视信号接收端里从复合同步信号中分离出场同步信号，所以在复合同步中增加了开槽脉冲和前后均衡脉冲。

3.2.2 数值波形法

我们在设计时序电路时，所依赖的是时序波形图，而描述一个时序波形的基本参数是时间，常用的术语如周期、脉宽等，都是以时间为单位来具体加以说明的。在数字电路中，我们可以用数值来描述一个波形，由此产生了重要的数值波形法。

数值波形法的三要素是单位时钟、数值波形图和逻辑实现。

定义3.2.1 单位时钟

数值为1的一个时钟周期信号，称为单位时钟。

图3.2.4表示一个周期波形，其周期时间 W 为20μs，脉宽 τ 为200ns。

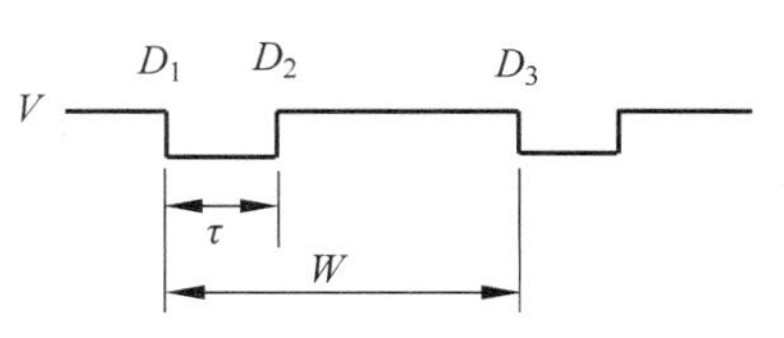

图3.2.4 一个周期波形的描述

我们用数值来描述类似于图3.2.4所示的周期波形时，首先要选取单位时钟的频率。令该波形的最小脉宽为 $\tau_{\min}$，单位时钟频率的最小值为 $f_{\min}$，则

$$f_{\min}=\frac{1}{\tau_{\min}} \tag{3.2.3}$$

对于图 3.2.4 所示一个周期波形，如最小脉宽 $\tau_{\min}$ 为 200ns，则单位时钟的频率的最小值为 5MHz。在实际应用中，所选取单位时钟的频率 f_0 往往高于单位时钟的频率的最小值，其选择需遵循式(3.2.4)。

$$f_0=N\times f_{\min} \tag{3.2.4}$$

式中，N 为正整数。

在实际设计时，N 的选择要考虑系统的时钟数值，如果系统时钟是 10MHz，则 $N=2$。如果系统时钟不是 $f_{\min}$ 的整倍数，在允许的情况下，可以考虑对所设计的时序适当地进行修改，以便直接使用系统时钟而避免为了满足这一时序要求而设置独立的时钟电路。

对于那些有不同脉宽的时序设计，则可以对不同的脉宽求出单独的单位时钟的频率的最小值 $f_{\min}$，最后对不同的 $f_{\min}$ 求最小公倍数并以最小公倍数作为最终的单位时钟的频率 f_0。

选定单位时钟的频率后，确定好零点，再根据式(3.2.5)来计算各点的具体数值 M。

$$M=f_0\times N \tag{3.2.5}$$

式中，N 为该点和零点之间的距离。

确定了单位时钟的频率和距离 N 之后，就可以用确定的数值来描述时序波形。如图 3.2.4 所示的时序，选定单位时钟的频率 f_0 为 10MHz，以 D_1 点为 0 点，根据式(3.2.5)计算出 $D_2=2$，$D_3=200$，将这些数值表标在波形图上，就形成了数值波形图。值得一提的是，D_1、D_2、D_3 均是十进制的数。

逻辑实现主要采用两种方法：查表方法和逻辑编程方法。查表方法的逻辑电路主要由计数器和存储体组成，逻辑编程方法的逻辑电路主要由计数器和可编程逻辑芯片组成。

查表方法和逻辑编程方法的逻辑电路框图分别如图 3.2.5 和图 3.2.6 所示。

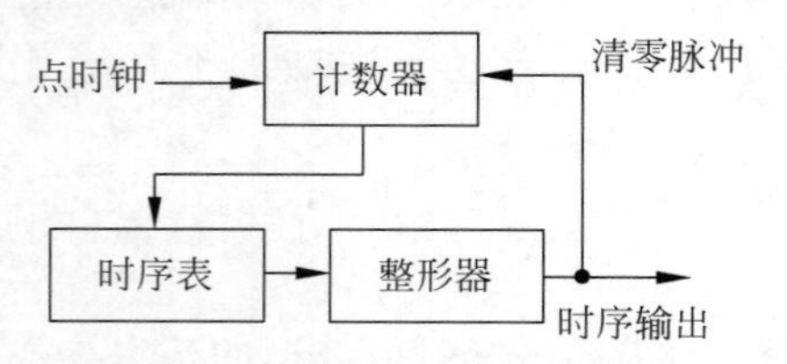

图 3.2.5 查表式时序电路框图

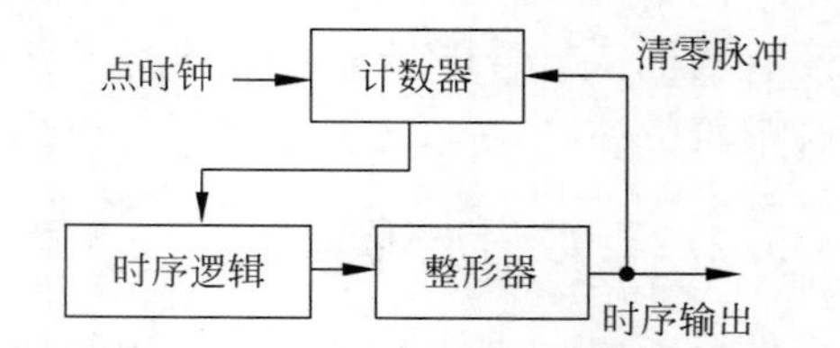

图 3.2.6 逻辑编程式时序电路框图

在图 3.2.5 中，由于点时钟为 10MHz，最大的数值为 200，所以计数器为 8 位，时序表可用半导体存储芯片构成，地址容量不低于 256 单元，字长不低于 2bit，设置 1 比特位为时序信号 C_0，设置另 1 比特位为清零脉冲 C_1。要预先制作时序表，即在 0～3 单元内写“3”(二进制数)，在 199 单元写“0”(二进制数)，其余单元全写“2”(二进制数)。在查表时，计数器在 0～199 之间周而复始地计数，时序表的 C_0 位就输出图 3.2.4 所示的波形。整形器由 D 触发器组成，目的是去除输出波形的毛刺。

图 3.2.6 和图 3.2.5 有许多相似之处，只是用可编程逻辑阵列的芯片代替了图 3.2.5 中所用的半导体存储芯片。计数器也为 8 位计数器，其输出端 O0～O7 连到可编程逻辑阵列的芯片的输入端 I0～I7，可编程逻辑阵列的芯片的输出为时序信号 V 和清零信号 Z。我们

采用组合逻辑式时序电路来实现图 3.2.4 波形，简化电路图如图 3.2.7 所示。

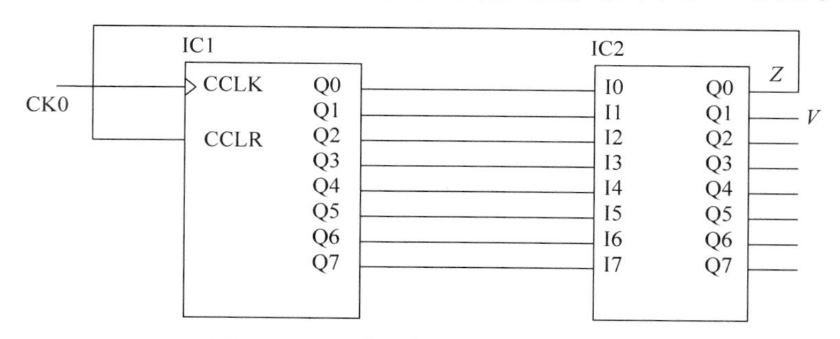

图 3.2.7　组合逻辑式时序的简化电路

其中，IC1 是一个 8 位的同步计数器，IC2 是一个逻辑阵列芯片，CK0 的频率为 10MHz，Z 是计数器的清零信号，V 是输出波形。

为了便于书写可编程逻辑阵列芯片的逻辑表达式，可以先把输入变量的权重列成如图 3.2.8 所示的权重对应表。

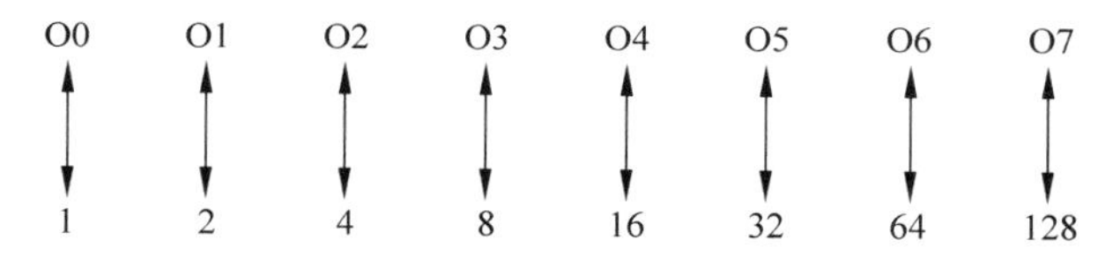

图 3.2.8　逻辑阵列芯片输入变量的权重对应表

根据图 3.2.8 所示的权重对应表，图 3.2.7 的 IC2 输出信号逻辑表达式可写为

```
V = !O7&!O6&!O5&!O4&!O3&!O2&!O1
!Z = O7&O6&!O5&!O4&O3&!O2&O1&!O0
```

在设计逻辑表达式时，应注意各码位的连续性问题，如时序信号 V，其表达式中 O7～O1 的所有项都要写上。如果某一位缺失，则表示该位既可能是"0"，又可能是"1"。其次，要注意各个码位的持续性问题，如 O1，权重为 2，意味着持续 2 个单位时钟。

系统所要求的时序有周期性的和非周期性的区别。对于周期性的时序，计数器的输入时钟始终都是效的，计数器在清零脉冲的作用下周而复始地计数；而对于非周期的时序，计数器的输入时钟(或其他控制端)是受控的，计数器受触发脉冲的作用而开始计数，再因清零脉冲而计数停止。

3.2.3　扫描时序的设计

扫描时序电路是数字视频系统中最基本的时序电路，我们采用数值波形法来设计扫描时序电路。扫描时序的设计可以归纳为以下 4 个步骤。

1. 确定选用的扫描方式

我们选用 PAL-D 扫描制式，行频为 15625Hz，场频为 50Hz，隔行扫描。

2. 确定单位时钟

首先，所选用单位时钟的频率必须满足半行频是点时钟频率的整数倍这一要求，只有这样，才能得到准确的行、场时序。如单位时钟的频率为 10MHz。

3. 确定行、场时序的数值波形

我们确定如下设计条件：行频为 15 625Hz，场频为 50Hz，点时钟为 10MHz。行、场时序的时间关系可以用计数器的数值来描述。图 3.2.9 给出了简化的行时序数值波形图。图 3.2.10 给出了简化的场时序数值波形。在图 3.2.9 中，/HZ 是行计数器的清零脉冲，/HS 是行同步，/HB 是行消隐脉冲。在图 3.2.10 中，/FZ 是场计数器的清零脉冲，/Y0 是奇偶场信号，/VS 和/VB 分别是场同步和场消隐信号。

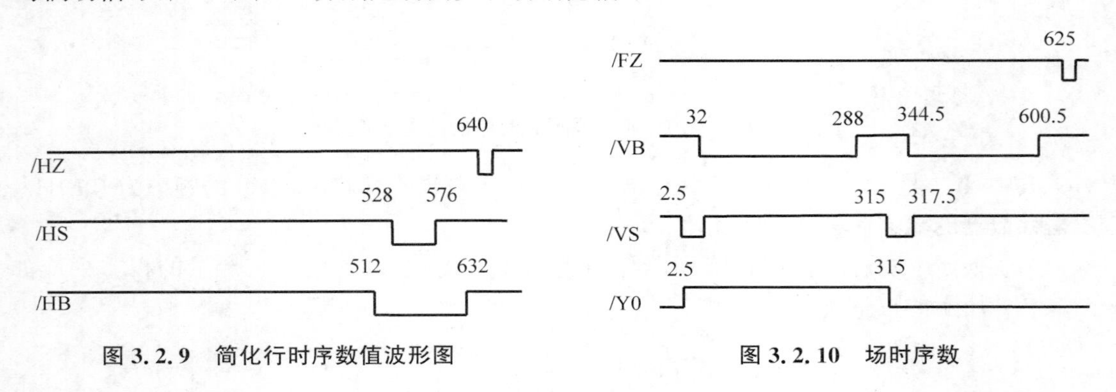

图 3.2.9 简化行时序数值波形图　　图 3.2.10 场时序数

值得指出的是，图 3.2.9 中的/HB 和图 3.2.10 中的/VB 并不是标准电视中的行场消隐信号，而是在图像处理系统中由图像点阵决定的数据消隐信号，这个信号一般要比电视中行场消隐信号的时间长，在这个设计例子里，行消隐期为：64μs－51.2μs＝12.8μs。场消隐期为：20ms－256×0.064ms＝1.8ms。之所以做这种设计，是出于整个系统设计的需要。

4. 确定逻辑电路及编程

形成行、场时序，主要有两种方式：查找表方式和编程逻辑方式。

1）查找表方式

在图像处理系统中，查找表的种类较多，有扫描时序查找表、输入查找表、彩色指定查找表以及反馈查找表。查找表主要由存储芯片构成，常使用 SRAM、EPROM、PROM 芯片。查找表采用的方法是：先在存储单元里写入确切的数(用 SRAM 芯片时可由计算机写入，用 EPROM、PROM 芯片时需预先由专用编程器对该芯片进行编程，在芯片内写入相应的数据)，查表时再从表内读出对应存储单元的数值，以形成扫描时序。扫描时序查找表分为行扫描时序查找表和场扫描时序查找表，其电路框图分别如图 3.2.11 和图 3.2.12 所示。

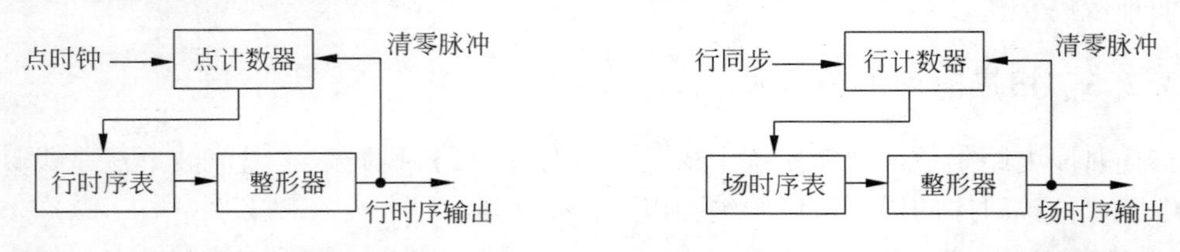

图 3.2.11 查表式行时序发生器框图　　图 3.2.12 查表式场时序发生器框图

根据在第 4 步中所确定的图 3.2.9 行时序数值图和图 3.2.10 场时序数值图，再来设计相应的时序电路。我们知道，10MHz 时钟的 640 分频为行频，行频的 625 分频为帧频，这种分频关系确定了图 3.2.11、图 3.2.12 中所使用的查找表容量的大小以及各自的计数器位数。在图3.2.11中，其计数器至少应为10位计数器，考虑到10MHz钟频的频率比较高，这里的计数器宜选用同步计数器，且采用同步清零方式，行时序表输出同步清零脉冲，由此形成640分频器。同时，也考虑到10MHz钟频的频率比较高，行时序表应使用高速芯片，可以选用双极型PROM芯片，其存储容量应不低于1KB。PROM芯片的内容称为码表，是预先编制好的，生成码表是一件很细致的工作，例如要形成行同步/HS信号的波形，根据图3.2.9给定的行时序数值图，则在行时序表的某个比特位的0～527单元里写入“1”码，而在528～575单元里写入“0”码，在正常工作时，同步计数器的输出数值由0～639周而复始地顺序变化，行时序表的某个比特位则输出一个标准的行同步信号。类似地，行时序的其他信号也这样编入码表，最终形成所有的行时序波形。行时序表输出的同步清零脉冲是至关重要的，它的作用是使点计数器成为640分频器。主要由于计数器输出波形的沿不一定对得很齐这一原因，行时序表输出的波形不一定很干净，常常有一些毛刺，由此影响系统的正常工作，因此需要一个整形器来整形。整形器可用D触发器来构成，实际设计中，应恰当地选取合适的锁存脉冲。当然，如果以10MHz钟频的分频(或倍频)作为点计数器的输入时钟，则同步计数器的位数和PROM芯片的容量及PROM芯片的码字都应发生相应的变化。应该指出，输入时钟的改变，不仅要考虑这种改变能够形成行频，还应考虑能否形成所要求的波形，如输入时钟选用10MHz，那么就不能形成4.7μs脉宽的标准行同步信号了。

图3.2.12所示的查表式场时序发生器的原理与查表式行时序发生器的原理类似，由于行计数器的输入时钟为行频，频率较低，所以可由异步计数器构成，场时序表也可由速度较低的EPROM芯片构成。值得指出的是，这里所讲的场时序，是统指垂直方向的时序，其中也包括了帧频的奇偶场信号，行计数器的清零脉冲同样也是帧频的。

有了行、场时序以后，就可以合成复合同步和复合消隐信号。

2）编程逻辑方式

用查找表来形成扫描时序的方法存在一些缺点，如体积大、成本高等，用一些计数器加一些常规的与或门等芯片构成扫描时序，这样构成的时序行电路体积也较大且不灵活。随着可编程逻辑芯片的出现，用这些芯片替代那些组合逻辑的具体芯片，由此组成的扫描时序发生器电路显得电路简洁，具有成本低、功能强等优点。与查表式扫描时序发生器类似，我们也有图3.2.13和图3.2.14所示的编程逻辑行场时序发生器框图。

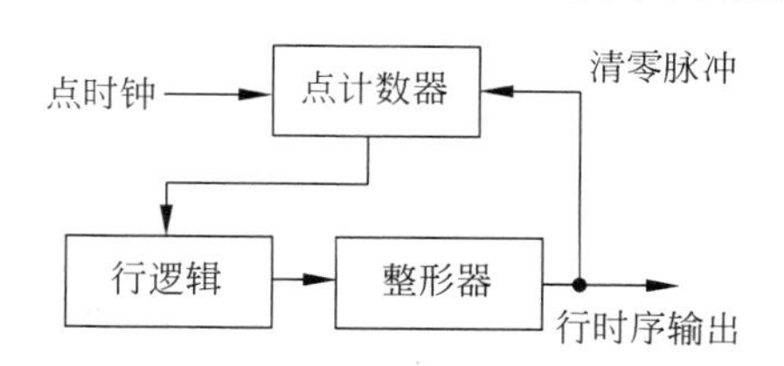

图3.2.13 组合逻辑行时序发生器框图

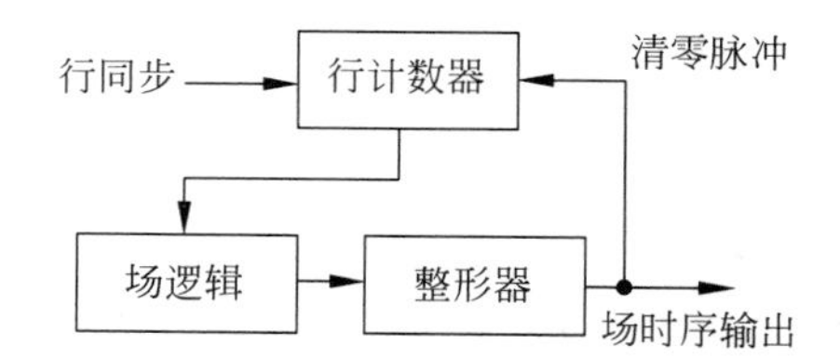

图3.2.14 组合逻辑场时序发生器框图

在这两个框图中，我们采用了可编程逻辑阵列芯片来形成行场扫描时序。可以看出，这两个框图和图3.2.11、图3.2.12所示的框图区别在于一个是采用存储芯片组成时序查找表，另一个采用可编程逻辑阵列芯片来形成扫描时序。

随着技术的进步，现在更多地选择编程逻辑方式来设计扫描时序电路。

采用编程逻辑方式来设计扫描时序，最重要的工作是设计可编程逻辑阵列芯片的逻辑表达式。图 3.2.15 给出了实现图 3.2.9 所示的简化行时序数值波形图的逻辑电路。图中，IC1 是 10 位同步计数器，输入时钟 CLK 的频率为 10MHz，R 是计数器清零端。IC2 是可编程逻辑阵列芯片。IC1 的输出端 H1，H2，…，H10 连到 IC2 的输入端，IC2 的输出信号为行同步信号/HS、行消隐信号/HB、行计数器清零信号/HZ。

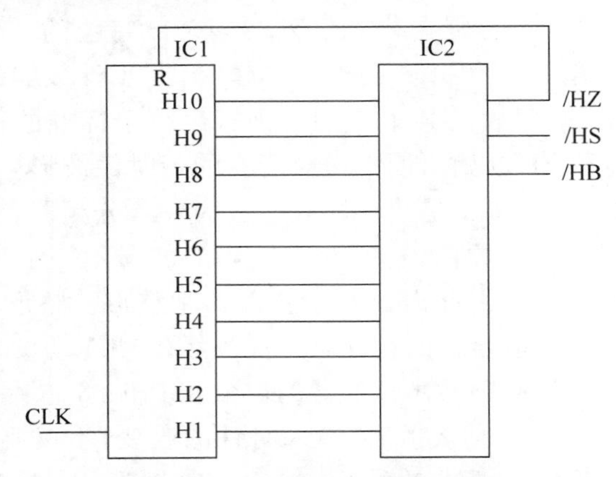

图 3.2.15 行扫描时序的简化电路示意图

图 3.2.16 给出了图 3.2.15 中 IC2 芯片输入变量的权重对应表。

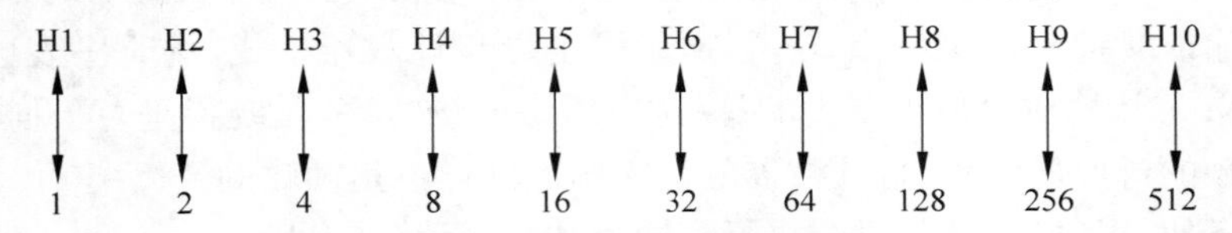

图 3.2.16 IC2 芯片输入变量的权重对应表

图 3.2.15 中 IC2 输出信号的逻辑表达式为

```
!HZ = H10&!H9&H8&!H7&!H6&!H5&!H4;
!HS = H10&!H9&!H8&!H7&!H6&H5
    # H10&!H9&!H8&!H7&H6;
!HB = H10&!H9&!H8&!H7
    # H10&!H9&!H8&H7&!H6
    # H10&!H9&!H8&H7&H6&!H5
    # H10&!H9&!H8&H7&H6&H5&!H4
    # H10&!H9&!H8&H7&H6&H5&H4&!H3&!H2
```

在设计 PAL 制场扫描时序时，考虑到每帧包含 625 行，而每场包含 312.5 行，存在“半”的问题。场时序计数器由 11 位同步计数器组成。CLK 的频率是半行频，单位时钟的频率为行频。图 3.2.17 给出了实现图 3.2.10 所示场时序数值波形图的逻辑电路。图中，场时序计数器的 11 位输出送入可编程逻辑阵列芯片 IC2。IC2 的输出信号/FZ 是场时序计数器的清零信号，/VB 是场消隐信号，/VS 是场同步信号，/Y0 是奇偶场信号。

图 3.2.18 给出了图 3.2.17 中 IC2 芯片输入变量的权重对应表。

H0 的权重为 0.5，表示是单位时钟(行频)的 1/2，即半行频。

图 3.2.17 中 IC2 输出信号的逻辑表达式为

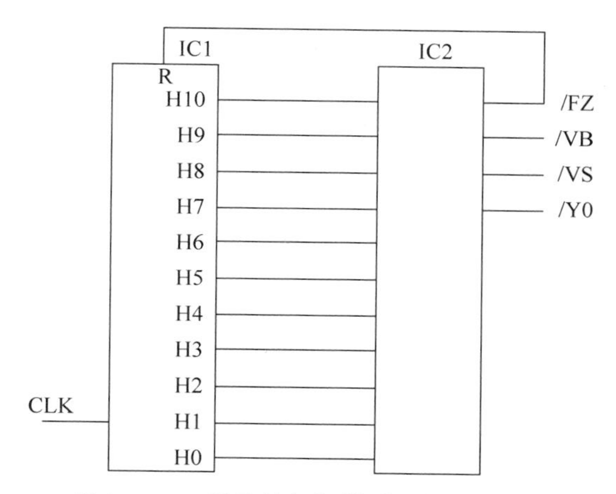

图 3.2.17 简化的场扫描时序电路示意图

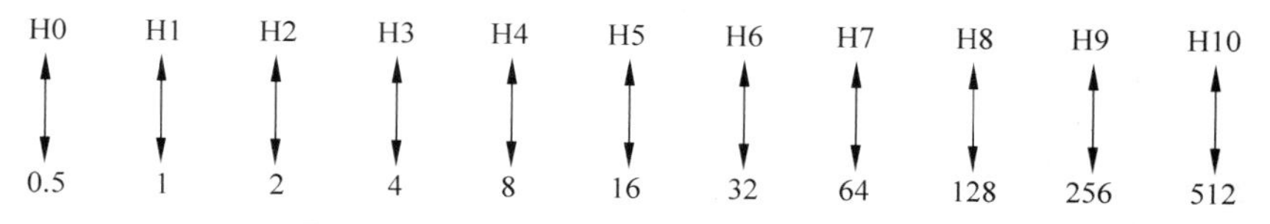

图 3.2.18 IC2 芯片输入变量的权重对应表

```
!FZ = !H10
     # H10&!H9&!H8&!H7
     # H10&!H9&!H8&H7&!H6
     # H10&!H9&!H8&H7&H6&!H5
     # H10&!H9&!H8&H7&H6&H5&!H4&!H3&!H2&!H1;
  S = !H10&!H9&!H8&!H7&!H6
     # H10&!H9&!H8&H7&H6
     # H10&!H9&!H8&H7&!H6&H5&H4&H3
     # H10&!H9&!H8&H7&!H6&H5&H4&!H3&H2
     # H10&!H9&!H8&H7&!H6&H5&H4&!H3&!H2&H1;
  VB = !H10&H9&!H8&!H7&H6
     #!H10&H9&!H8&H7&!H6&!H5
     #!H10&H9&!H8&H7&!H6&H5&!H4
     #!H10&H9&!H8&H7&!H6&H5&H4&!H3&!H2&!H1
     # S;
  Y0 = !H10&!H9&!H8&!H7&!H6&!H5&!H4&!H3&!H2
     # !H10&!H9&!H8&!H7&!H6&!H5&!H4&!H3&H2&!H1&!H0
     # !H10&H9&!H8&!H7&H6&H5&H4&!H3&H2&H1
     # !H10&H9&!H8&!H7&H6&H5&H4&H3
     # !H10&H9&!H8&H7
     # !H10&H9&H8
     # H10;
!VS = !H10&!H9&!H8&!H7&!H6&!H5&!H4&!H3&H2&!H1&H0
     # !H10&!H9&!H8&!H7&!H6&!H5&!H4&!H3&H2&H1
     # !H10&!H9&!H8&!H7&!H6&!H5&!H4&H3&!H2&!H1
     # !H10&H9&!H8&!H7&H6&H5&H4&!H3&H2&H1
     # !H10&H9&!H8&!H7&H6&H5&H4&H3&!H2&!H1
     # !H10&H9&!H8&!H7&H6&H5&H4&H3&!H2&H1&!H0;
```

值得指出的是，扫描时序标准中，规定了各扫描时序的误差。下面举例给出了考虑误差的扫描时序数值波形的数值计算方法。在视频图像数值化中，14.75MHz 是一个重要的频率。这里，取 14.75MHz 为单位时钟的频率为例，来设计 PAL 制的行清零、行同步和行消隐时序。行清零、行同步、行消隐时序和前肩的数值表如表 3.2.2 所示。

表 3.2.2 行扫描时序中，行清零、行同步、行消隐时序和前肩的数值表

参　数	时间/μs	参考数值	确定数值
行清零	64	14.75MHz 的 944 分频	944
行同步宽度	4.7±0.2	69.325±2.95	68
行消隐宽度	12±0.3	177±4.425	176
前肩数值	1.5±0.3	22.125±4.425	24

表 3.2.2 的数据来源于表 3.2.1 所给的标准，其中，行消隐宽度的范围为 12±0.3，12×14.75=177，0.3×14.75=4.425。行消隐宽度的取值为 172.575～181.425，确定数值可选择 176(并不唯一)。前肩数值的范围为 22.125±4.425，确定数值可选择 24(并不唯一)。同理，行同步宽度可选择 68(并不唯一)。根据最终确定数值，可先任意设计出行消隐信号的数值波形，再根据前肩的数值，进而设计出如图 3.2.19 所示的行时序数值波形图。

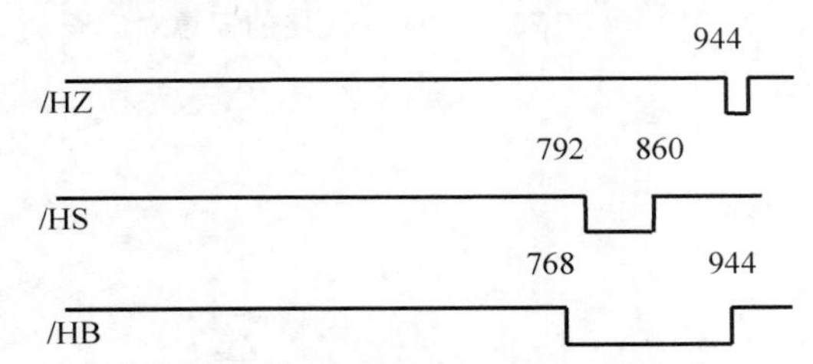

图 3.2.19 单位时钟频率为 14.75MHz 的行时序数值波形图 1

表 3.2.2 的设计是以各时序的中心点和误差的数值来确定参考数值的。实际上，可以直接采用式(3.2.5)计算出各波形的起始点和终点的具体数值。计算如下：

(1) 清零信号波形：

$$M = 14.75 \times 64 = 944$$

(2) 行消隐信号波形：

起点 M_1：

$$M_1 = 14.75 \times 52 = 767$$

终点 M_2：

$$M_2 = 14.75 \times 64 = 944$$

(3) 行同步信号波形：

前肩的起点比行消隐的起点延后 1.5μs，因此起点应为 53.5μs。前肩的宽度为 4.7μs，则终点应为 58.2μs。由此算得

$$M_1 = 14.75 \times 53.5 = 789(\text{起点})$$

$$M_2 = 14.75 \times 58.2 = 858(\text{终点})$$

根据式(3.2.5)设计的行时序数值波形图如图 3.2.20 所示。

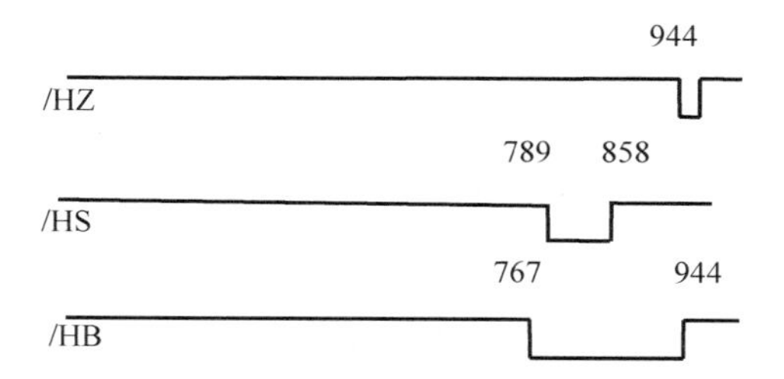

图 3.2.20 单位时钟频率为 14.75MHz 的行时序数值波形图 2

比较图 3.2.19 和图 3.2.20，二者均在误差范围之内，而图 3.2.20 数值波形图比图 3.2.19 更为准确。从表达式来讲，图 3.2.19 在表达式上更简单一些。以图 3.2.19 给出的行时序数值波形图设计的 IC2 芯片各输出信号的逻辑表达式为

```
!HZ = H10&H9&H8&!H7&H6&H5&!H4;
!HS = H10&H9&!H8&!H7&!H6&H5&H4          (792～800)
    # H10&H9&!H8&!H7&H6;                (800～832)
    # H10&H9&!H8&H7&!H6&!H5             (832～848)
    # H10&H9&!H8&H7&!H6&H5&!H4          (848～856)
    # H10&H9&!H8&H7&!H6&H5&H4&!H3       (856～860)
!HB = H10&H9&!H8                        (768～896)
    # H10&H9&H8&!H7&!H6                 (896～928)
    # H10&H9&H8&!H7&H6&!H5              (928～944)
```

为便于设计逻辑表达式，这里，我们在逻辑表达式后面给了每一个“与项”的持续时间标注。如！HB 信号，第一个“与项”得到持续低电平的数值是 768～896；第二个“与项”得到持续低电平的数值是 896～928；第三个“与项”得到持续低电平的数值是 928～944。无疑，这种标注方法对正确设计逻辑表达式是有益的。

应该说，用 EPLD(或称 CPLD)芯片来设计扫描时序，所占用芯片的资源是非常少的。

3.3 视频图像的数字化

3.3.1 视频图像的采样

对视频图像采样，是用采样函数 $S(x,y)$ 乘以该函数 $f(x,y)$，采样函数 $S(x,y)$ 可表示为

$$S(x,y)=\sum_{m=-\infty}^{+\infty}\sum_{n=-\infty}^{+\infty}\delta(x-m\Delta x,y-n\Delta y) \tag{3.3.1}$$

它是由 δ 冲激函数的采样阵列组成的，在这个阵列里，各点间的间距在 X、Y 方向上分别是 Δx 和 Δy，采样阵列如图 3.3.1 所示。采样后的图像为 $F_s(x,y)$，则

$$F_s(x,y)=f(x,y)\times S(x,y)=\sum_{m=-\infty}^{+\infty}\sum_{n=-\infty}^{+\infty}f(m\Delta x,n\Delta y)\times\delta(x-m\Delta x,y-n\Delta y) \tag{3.3.2}$$

采样，应遵循采样定理。长期以来，业界一直应用奈奎斯特(Nyquist)采样定理(又称为香农

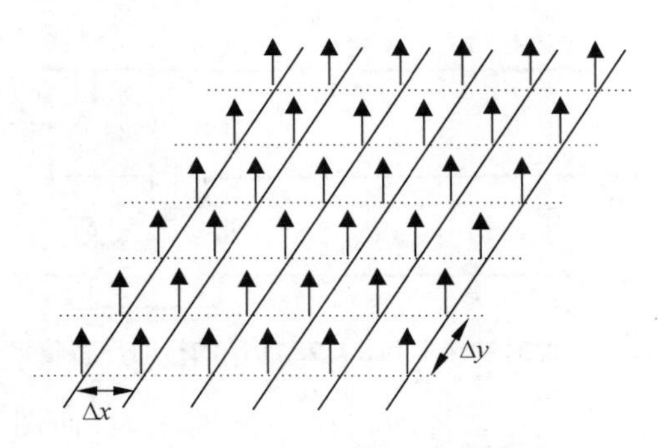

图 3.3.1 δ 冲激函数的采样阵列

采样定理)。奈奎斯特采样定理是信息论中一个非常重要的基本理论,奈奎斯特与香农都做出了重要的贡献。其原理是在进行模拟信号到数字信号的转换过程中,当采样频率 f_s 大于或等于信号中最高频率 f_m 的 2 倍时,采样之后的数字信号完整地保留了原始信号中的信息。

需数字化的图像的最高频率为 f_m,根据奈奎斯特采样定理,则采样频率 f_s 应满足下式:

$$f_s \geqslant 2f_m \tag{3.3.3}$$

应该指出,如果所选定的采样频率 $f_s<2f_m$,那么系统的模拟视频图像通道一定设置正确的带通滤波器,使最高频率 f_m 满足奈奎斯特采样定理的要求,以避免产生数字化带来的频谱交叠噪声。

在图像处理系统中,正确地确定采样频率是非常重要的。在确定采样频率时,首先考虑的是满足采样定律。以 PAL 制标准的视频图像 6MHz 视频带宽为例,采样频率应不低于 12MHz,如果低于此值(如 10MHz),就要对输入的模拟信号进行限带(如采样频率为 10MHz,视频带宽应限制在 0～5MHz),以满足奈奎斯特采样定理;否则,数字化的图像将产生频谱交叠噪声。同时,为了避免重复设置时钟发生器电路,在确定采样频率时,可考虑所确定的采样频率经过分频后能产生扫描时序信号的因素。在我们早期研制的 TS-79 型、TS-84 型图像处理系统中,选用 10MHz 为采样频率,一个原因是 10MHz 的 640 分频正好是行频。为满足奈奎斯特采样定理,我们应用低通滤波器将视频带宽限制在 5MHz 之内。当时没有人怀疑使用这一频率的正确性,10MHz 的采样频率延续下来,并占据了 10 年以上的主流地位。随着计算机性能的提高,我们希望用计算机终端来显示图像,这时候却出现了意想不到的问题。当采用 10MHz 作为采样频率时,所采集的图像在计算机屏幕上显示时发生了变形,直观来看,圆变成了椭圆。当我们计算一个物体的面积时,同一个物体因放置的方向不同,由此得到的面积数也不同;在模糊图像复原中,点扩散函数的模型是以 R 为半径的圆,而图像采集却把一个圆形的物体采集成了一个椭圆,致使模糊图像复原也出现了误差;在人脸识别中,所采集的人脸发生了变形,致使识别率降低。凡此种种,对图像处理的效果带来了严重的影响,可以说,由此构成的图像处理系统是不可信赖的。TS-79 型、TS-84 型图像处理系统是具有科技成果的图像处理系统,也都获得了省部级科技成果奖,其成功之处在于当时国内鲜有图像图理系统,这是一个有与无的问题,当时研制时也并没有注意到变形问题。这些系统采用 10MHz 作为采样频率。这两种系统去数字化一个圆形的物体时,经 D/A 后在监视器上确实看到了一个相同的不变形的圆形物体；而采用计算机终端来显示由 10MHz 采样频率形成的圆形物体的数字化图像时，也确实看到了变形的非圆形物体。问题出在采样频率上。前者是错误的 A/D 频率＋错误的 D/A 频率，产生了不失真的显示效果，掩盖了 1∶1 采样的问题；后者是错误的 A/D 频率＋正确的 D/A 频率，产生了失真的显示效果，暴露了非 1∶1 采样存在的问题。

在图 3.3.1 所示的纵横方向等比例采样阵列里，水平方向像素点的间隔为 Δx，垂直方向像素点的间隔为 Δy，在图像数字化中，存在 Δx 和 Δy 在几何上等值的问题，即在 X、Y 两方向上等间距采样的问题。这个问题称为图像的 1∶1 问题。如果 Δx 和 Δy 不等距，则数字化的图像就要产生几何失真。也就是说，图像发生畸变，光学畸变是一个因素，非 1∶1 采样也是一个因素。图 3.3.2 给出了 1∶1 采样与非 1∶1 采样的示意图。

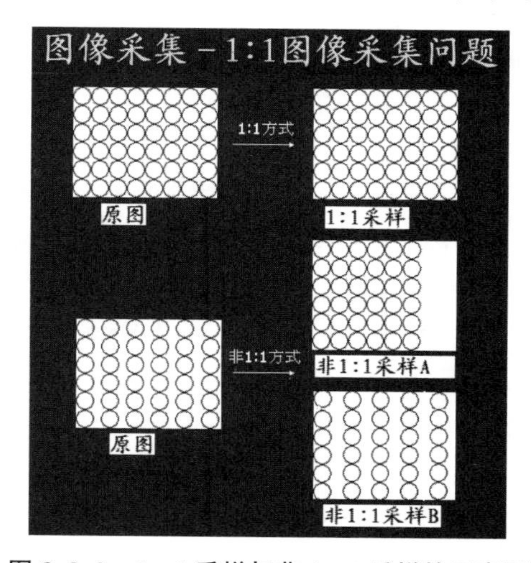

图 3.3.2　1∶1 采样与非 1∶1 采样的示意图

不正确的采样频率产生了像素点在纵横方向的不等距问题。

通过研究，我们发现，视频图像的数字化，在确定采样频率时，仅仅满足奈奎斯特采样定理是不够的。自此，我们提出了二维图像的 1∶1 采样理论，并在 1992 年研制成功具有 1∶1 采样功能的 TH-925 视频图像采集卡，证明了这一理论的正确性。

定义 3.3.1　二维 1∶1 图像

二维 1∶1 图像是指满足奈奎斯特采样定理，且 X、Y 两个维度方向的像素数在单位长度上相等的二维图像。

摄像机、扫描仪、数码相机等图像采集设备采用纵横方向均等比例采样方式所形成的数字图像，其垂直方向上单位长度的像素数等于水平方向上相同单位长度的像素数。也就是说，该图像像素的纵横比是 1∶1 的，这类图像称为 1∶1 图像。

定义 3.3.2　二维图像 1∶1 采样

(1) 二维采样频率的确定应满足奈奎斯特采样定理的要求；

(2) 在奈奎斯特采样定理的基础之上，二维采样频率的确定应满足水平方向采样间隔 Δx 和垂直方向采样间隔 Δy 在几何上等值的条件，即 Δx 和 Δy 的比值为 1∶1。

对图像数字化而言，二维图像 1∶1 采样理论是对奈奎斯特采样定理施加新的约束(采

样间隔 $\Delta x:\Delta y=1:1$)，唯一地确定了二维图像的采样频率。二维图像 1∶1 采样理论解决了采样定理在选择采样频率上存在采样频率的不确定性以及在选择采样频率上存在的错误性问题。

定义 3.3.3　二维图像采样几何失真误差

Δx 为 X 方向采样间隔的长度，Δy 为 Y 方向采样间隔的长度。则二维采样几何失真误差 α 定义为

$$\alpha=\frac{|\Delta x-\Delta y|}{\Delta y}\tag{3.3.4}$$

在实际应用中，可以直接考察 Δx 和 Δy 的比值。

这里以 PAL 制为例，来推导满足二维图像 1∶1 采样的 PAL 制视频图像采样频率的数值。图 3.3.3 给出了 PAL 制电视的示意图。

我们利用 PAL 制电视的 3 个已知条件来确定满足 $\Delta x:\Delta y=1:1$ 的采样频率。

条件 1：电视屏幕长宽比为 4∶3；

条件 2：Y 方向的高度为 575 行；

条件 3：行正程的时间。

我们知道，电视是按一行一行地进行扫描的，也就是说，视频图像是按行离散化了，Δy 间距应以行距为准。在电视技术中，为了适应人们眼睛的特点，与平时自然视野相似，电视的宽高比和电影一样为 4∶3。在 PAL 制标准里，一帧图像为 625 行，50 行为奇偶两场的消隐，正程显示的行数为：625 行－50 行＝575 行。

图 3.3.4 给出了 PAL 制具有标称值的行消隐波形。

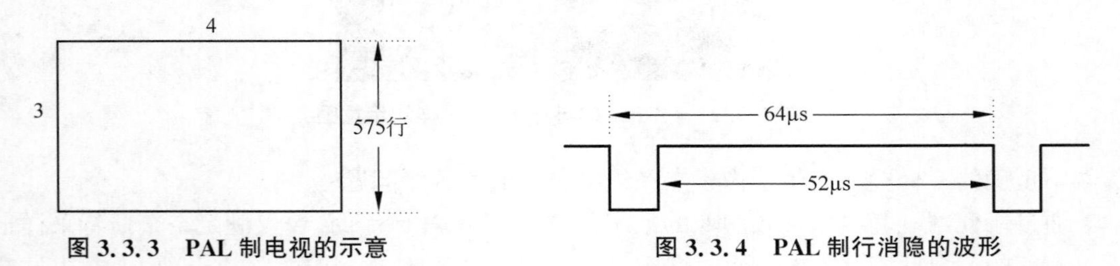

图 3.3.3　PAL 制电视的示意　　图 3.3.4　PAL 制行消隐的波形

根据图 3.3.2 和图 3.3.4，可以得到以下已知条件：

条件 1：电视屏幕长宽比为 4∶3；

条件 2：离散化的 Y 方向的高度 575 行；

条件 3：行正程的时间 $52\mu s$。

于是，可以推导出 1∶1 的采样频率。设 1∶1 采样时每一行应该取 N 个采样点，则

$$N=575\times 4/3\approx 766$$

取行正程 $T_{HS}=52\mu s$，1∶1 采样时 X 方向的采样间隔 T_0 应为

$$T_0=52\mu s/766\text{pixel}$$

那么 1∶1 采样时的采样频率 $f_s(1:1)$ 为

$$f_s(1:1)=1/T_0\approx 14.7436(\text{MHz})\tag{3.3.5}$$

这就是取行正程 $T_{HS}=52\mu s$ 时 PAL 制标准 1∶1 采样的标准采样频率。

对于 NTSC 等电视制式，也可以推导出标准 1∶1 采样的采样频率。

对于 PAL、NTSC 电视制式的图像，1∶1 采样频率的通用计算公式为

$$f_{s(1:1)}=\frac{\frac{4}{3}\times(L_0-L_{FR})}{T_{HS}} \tag{3.3.6}$$

式中，L_0 为一帧总行数；L_{FR} 为一帧的消隐行数；T_{HS} 为行正程时间。

在表 3.2.1 所示的标准中，行正程时间 T_{HS} 信号是允许存在误差的，考虑误差项，1∶1 的采样频率 $f_{s(1:1)}$ 应在（$f_{s(1:1)-\min}$，$f_{s(1:1)-\max}$）之间。也就是说，1∶1 采样的最低频率不低于 $f_{s(1:1)-\min}$，1∶1 采样的最高频率不高于 $f_{s(1:1)-\max}$。图 3.3.5 说明了这一关系。

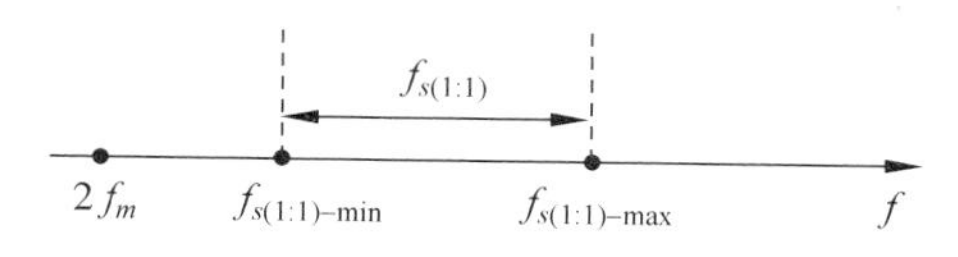

图 3.3.5 1∶1 采样频率的范围

图 3.3.5 中，f_m 是视频图像的最高频率。按照奈奎斯特采样定理，采样频率可选择不低于 $2f_m$ 的任何一个频率，满足这一条件的频率范围非常宽。显然，奈奎斯特采样定理在选择采样频率上存在采样频率的不确定性问题。为了解决这一问题，我们试图寻找最佳视频图像的采样频率。对标准的 PAL 制视频图像而言：

$$f_{s(1:1)-\min}=\left(\frac{4}{3}\times(625-50)\right)\div(64-(12-0.3))=14.659(\text{MHz}) \tag{3.3.7}$$

$$f_{s(1:1)-\max}=\left(\frac{4}{3}\times(625-50)\right)\div(64-(12+0.3))=14.7436(\text{MHz}) \tag{3.3.8}$$

1∶1 采样频率为 14.659～14.829MHz。习惯上，我们将处于 14.659～14.829MHz 的采样频率统称为 1∶1 采样频率。但我们不能说，选择 14.659～14.829MHz 的任何一个频率都是绝对正确的，唯一性的正确选择取决于确定的行正程时间，而这是由摄像机产品确定的。对不同的产品而言，行正程的时间会有差别。当一个图像数字化器确定了采样频率后再去连接不同的摄像机，一定存在 1∶1 的失真问题（不论失真是大是小）。所以说，对一个高指标的应用系统而言，图像 1∶1 的查验和校正是需要的。

在设计图像处理系统的采样频率时，不仅要满足奈奎斯特采样定理的要求和 1∶1 采样的要求。有时还要考虑另一个问题，即一个系统采用多种时钟可能会带来串扰。为此，希望选用的采样频率能利于形成行、场扫描时序。

值得指出的是，图像 1∶1 采样，确定了标准采样频率[式（3.3.6）所计算的值]。但是，由于工艺的限制和系统设计的综合考虑，最终选定的采样频率并不严格等于标准采样频率，而是接近于标准采样频率。这样，多少都会产生 1∶1 的失真问题。

如果以 PAL 制行正程 T_{HS} 为 52μs 的标称时间为标准，以 1∶1 图像的观点对流行的 10MHz、13.5MHz、14.625MHz、14.75MHz 做一个比较，可以得到如表 3.3.1 所示的多种采样频率的视频图像采样几何失真误差。

表 3.3.1 常用采样频率的性能比较(行正程 T_{HS} 为 52μs)

采样频率/MHz	几何失真误差/%	数字化图像现象	评 价
10	47.44	Y 方向严重拉长	图像严重失真,图像校正后使用
13.5	9.2	Y 方向中度拉长	图像中度失真,图像校正后使用
14.625	0.81	Y 方向轻微拉长	图像失真度较小,可以使用
14.75	0.04	X 方向轻微拉长	数字化图像失真度极小,推荐使用

选取 14.75MHz 为 PAL 制标准 1∶1 方式的采样频率,显然,这个采样频率大于 12MHz,满足奈奎斯特采样定理。同时,14.75MHz 的 944 分频正好是行频,944 这个数字是偶数,也能形成半行频。经过计算,几何失真误差极小。采用 14.75MHz 的采样频率,每行采样的像素共有 767 点,因此,PAL 制 1∶1 采样的数字图像的点阵为 575×767。习惯上,我们常采用 576×768 的图像尺寸。

对 NTSC 制的视频图像的采样,通过类似上述三方面的综合考虑,可以选取 12.978MHz 作为采样频率。为了区别 PAL 制和 NTSC 制的不同,其采样脉冲的频率分别记作 f_{sp} 和 f_{sn},PAL 制和 NTSC 制视频图像 1∶1 采样的频率分别为

$$f_{sp} = 14.75(\text{MHz}) \tag{3.3.9}$$

$$f_{sn} = 14.978(\text{MHz}) \tag{3.3.10}$$

值得一提的是,当选用 14.75MHz 作为采样脉冲的频率时,在市场上并找不到这种频率的晶体振荡器,解决的办法是到专业厂家定制 14.75MHz(或倍频)的晶体振荡器。

自行设计图像处理系统时,我们可以选择 1∶1 采样的采样时钟。而当我们使用其他的图像处理系统时,并不知道该系统是否是 1∶1 采样。在这种情况下,可以采用以下两种方法来考查该系统的 1∶1 采样问题。

方法 1:对给定的采样频率计算 $\Delta x : \Delta y$ 比值。

有时,我们可以从一个图像处理系统的说明书上得知该系统的采样频率;有时,我们可以测定一个图像处理的采样频率。在已知采样频率的情况下可以按照下列步骤计算出 $\Delta x : \Delta y$ 的比值:

(1) 依据电视制式,计算出采样脉冲的周期时间 T_0。

如适用于 PAL 制的图像处理系统,给定的采样频率为 13.5MHz,$T_0 = 74\text{ns}$。

(2) 计算在给定采样频率下每行最大的采样点数 N。

$$N = 52\mu\text{s}/0.074\mu\text{s} = 702$$

(3) 计算在该电视制式下 Y 方向的行数最大 H_y。

$$625 - 50 = 575(\text{行})$$

(4) 对给定的采样频率计算 $\Delta x : \Delta y$ 比值。

$$(705 \times \Delta x)/(575 \times \Delta y) = 4/3$$

$$\Delta x / \Delta y = 1.092 : 1$$

方法 2:软件测试未知采样频率的 $\Delta x : \Delta y$ 比值。

一般情况下我们很难得到一个图像处理系统的采样频率,这时,可以编制软件来测试未知的 $\Delta x : \Delta y$ 的比值,具体的做法是:以一标准圆为标本,采集为数字图像,用软件来测量如图 3.3.6 所示的 Y_{max} 和 X_{max},从而计算 $\Delta x : \Delta y$ 的比值:

$$\Delta x : \Delta y = Y_{\max}/X_{\max} \tag{3.3.11}$$

用软件测试图像 $\Delta x : \Delta y$ 比值的方法，不仅适用于对视频图像的测试，也适合测试诸如扫描仪、数码相机等设备采集的图像，这对于提高图像识别、分析、度量等工作的性能指标是非常重要的。

令 $K=\Delta x : \Delta y$，当 K 为1或接近1时，称这个图像处理系统是1∶1系统或准1∶1系统；当 K 为较大值时，则称这个图像处理系统不是1∶1系统。对于非1∶1系统，则需要对该系统采集的图像进行几何尺寸的校正，这一工作应在进行其他图像处理之前进行。具体的做法是固定 y 方向，只在 x 方向上进行放大或缩小。

设原始图像为 $W_1 \times H$，校正后的图像为 $W_2 \times H$，则

$$W_2 = K \times W_1 \tag{3.3.12}$$

式中，$K=\Delta x : \Delta y$。

如采样频率为13.5MHz，$K=1.092$，则 x 方向要放大1.092倍。几何尺寸校正的示意图如图3.3.7所示。

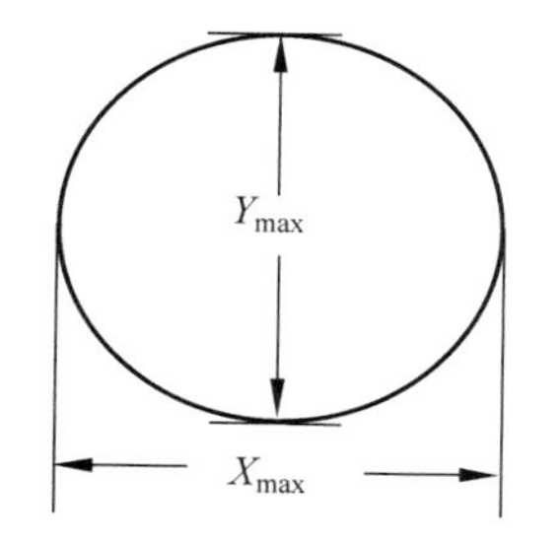

图3.3.6 软件检测 $\Delta x : \Delta y$

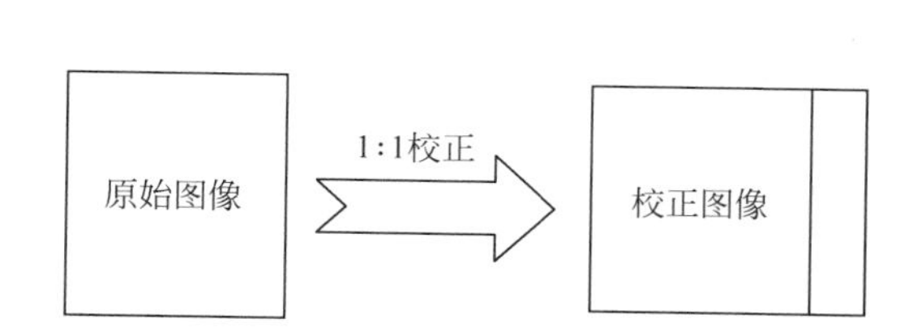

图3.3.7 几何尺寸校正的示意图

1∶1图像采样问题不仅在视频图像(包括高清电视图像)的数字化中存在，同样也存在于扫描仪、数码相机等设备采集的图像数字中，还存在于诸如超声等其他传感器的图像数字化中。

在三维图像中，也存在类似的1∶1问题。由二维图像1∶1采样理论可以延伸到三维图像1∶1采样理论。

定义3.3.4 三维1∶1图像

三维1∶1图像是指满足奈奎斯特采样定理的，且 X、Y、Z 三个维度方向的像素数在单位长度上都相等的三维图像。

定义3.3.5 三维图像1∶1采样

(1) 三维采样的采样频率的确定应满足奈奎斯特采样定理的要求；

(2) 在奈奎斯特采样定理的基础上，三维采样的采样频率的确定应满足水平、垂直、高度方向上的采样间隔 Δx、Δy、Δz 在几何上等值的条件，即 Δx、Δy、Δz 的比值为1∶1∶1。

与二维采样几何失真误差类似，也可以得到三维采样几何失真误差。

定义3.3.6 三维图像采样几何失真误差

在三维均匀采样中，Δx 为长度方向上的采样间隔，Δy 为宽度方向上的采样间隔，Δz 为高度方向上的采样间隔，三维采样几何失真误差为 $\alpha_{3\text{Ds-}x}$，高度方向的几何失真误差为 $\alpha_{3\text{Ds-}z}$，则

$$\alpha_{3Ds-x}=\frac{|\Delta x-\Delta y|}{\Delta y} \tag{3.3.13}$$

$$\alpha_{3Ds-z}=\frac{|\Delta z-\Delta y|}{\Delta y} \tag{3.3.14}$$

显然，非1∶1采样频率形成的二维图像、三维图像，都会产生图像畸变。可以说，图像畸变，不仅包括由于光学成像过程产生的在大小、比例、梯形、枕形、桶形、扭曲和旋转等方面的图像变形，还包括图像采样过程所产生的图像变形。

在相同的单位长度上，二维图像在长度方向的像素数为W、在宽度方向的像素数为H，二维图像几何失真误差为α_{2D}，则

$$\alpha_{2D}=\frac{|W-H|}{H} \tag{3.3.15}$$

同理，在相同的单位长度上，三维图像在长度方向的像素数为W、在宽度方向的像素数为H、在高度方向的像素数为D，三维图像的X方向几何失真误差为α_{3D-x}，Z方向几何失真误差为α_{3D-z}，则

$$\alpha_{3D-x}=\frac{|W-H|}{H} \tag{3.3.16}$$

$$\alpha_{3D-z}=\frac{|D-H|}{H} \tag{3.3.17}$$

在线阵B超医疗诊断仪中，确定1∶1采样频率时要考虑要线阵超声探头阵元间隔以及多振元组合发射和接收的方式(如$d/2$或$d/4$方式)以及超声波在人体内的传播速率(超声波在人体软组织的传播速度的平均值为1540m/s)和超声图像信号的带宽。

例如，一个线阵超声探头阵元数为64阵元(图3.3.8)，长L为104mm，阵元间距$d=104/64=1.625$mm。$d/2$方式的间距为$1.625/2=0.812$mm，水平方向共采样128点；$d/4$方式的间距为$1.625/2=0.406$mm，水平方向共采样256点。确定了水平方向采样点数后，可以根据超声波在人体内的传播速率和信号带宽，参照图像1∶1采样定理，实现超声图像1∶1采样。我们曾在1989年设计过线阵B超医疗诊断仪，这里不再赘述。

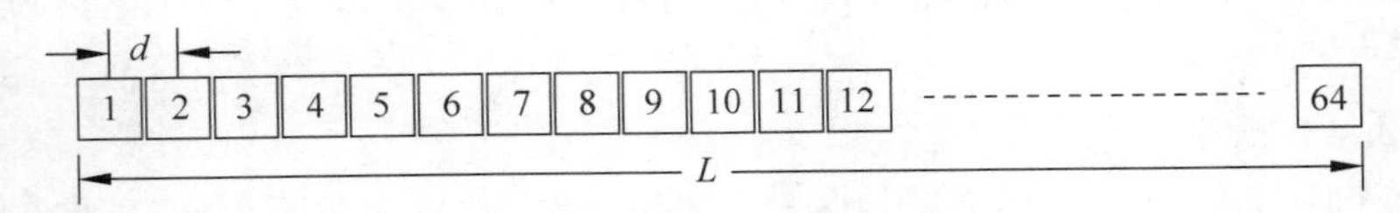

图3.3.8 线阵超声探头64阵元的排列

既然存在二维图像1∶1、三维图像1∶1采样理论，是否也存在某类一维信号的1∶1采样理论？显然，从二倍频到无穷大的频带，并不是所有的频率都适合成为某一维信号的采样频率的。根据某种物理量，是能推导出某类一维信号的1∶1采样频率。至于某类一维信号的一维1∶1采样频率的问题，应由从事一维信号处理的研究人员去思考。

回顾发现图像1∶1采样的历程，笔者在1983年发表了“物体的边界的跟踪和周长面积的确定”论文，发现了非1∶1采样变形的问题。一个变形的图例如图3.3.9所示。

应用我们研制成功的TS-84微机图像图形处理系统，对A、B两个字进行边界跟踪和周长、面积与中心的计算。图中给出了跟踪的边界以及标注的中心位置(“+”表示中心位置)。我们将图3.3.9下部A、B两个字的外轮廓线分别旋转，其形成的外轮廓线和中心点如

图 3.3.9 上部所示。对比上下两部分,可以明显看到图像非 1∶1 采样所产生的变形。

研制 TS-84 微机图像图形处理系统时,我们采用了 10MHz 采样频率,对 PAL 制视频图像数字化,导致了数字化图像的变形。

当时视频图像行消隐信号的标称值是 11.8μs,1∶1 采样频率的周期为 T_0,则

$$T_0=\frac{64-11.8}{575\times\frac{4}{3}} \tag{3.3.18}$$

当行消隐信号的标称值为 11.8μs 时,图像 1∶1 采样频率为

$$f_{s(1:1)}=\frac{1}{T_0}=\frac{575\times 4}{52.2\times 3}\approx 14.687(\mathrm{MHz}) \tag{3.3.19}$$

在一个图像处理系统中,既需要采样信号,又需要扫描时序信号。在系统设计时,应尽可避免设置多种时钟发生器,这样既可以减少系统开销,又可以减少不同时钟相互间的干扰。由于采样时钟的频率较高,只要选择合适的采样频率,既满足采样的需要,其分频后的信号也能形成扫描时序。这里特别强调的是,需要形成半行频的扫描信号。之所以强调形成半行频,是因为在产生场扫描时序时,需要半行频的输入信号。显然,14.668MHz 频率不是行频的整数倍。于是,我们就近选择了 14.625MHz。鉴于市场没有现成产品,我们在原电子部七〇七厂定制了 14.625MHz 晶体,1992 年研制成功 TH-925 图像采集卡。14.625MHz 晶体和 TH-925 图像采集卡分别如图 3.3.10 和图 3.3.11 所示。

图 3.3.9 一个非 1∶1 采样的实例

图 3.3.10 定制的 14.625MHz 晶体

图 3.3.11 TH-925 图像采集卡

在行消隐信号的标称值为 11.8μs 的条件下,A/D 的采样频率采用 14.625MHz,下面我们来计算图像采样几何失真误差。

一行采样的点数为 M：

$$M=14.625\times 52.2$$

$$\frac{M\times\Delta x}{575\times\Delta y}=\frac{4}{3}$$

则

$$\Delta x:\Delta y\approx 1.004$$

也就是说，在行消隐信号的标称值为 11.8μs 的条件下，14.625 采样频率的图像采样几何失真误差约为 0.4%。反观 10MHz，其图像采样几何失真误差约为 47%。1992 年我们研制成功的 1∶1 图像采集卡，由此更正了 10MHz 采样频率的错误，把 47%的几何失真降低到 0.4%，取得了明显的进步。

值得指出的是，图像 1∶1 采样，确定了标准的采样频率。但是，由于工艺等原因的限制，最终选定的采样频率并不等于标准采样频率，而是接近于标准采样频率。

图像 1∶1 问题在业界越来越受到重视。美国在 2004 年发布了国家标准《人脸识别数据交换规范》，其中关于图像 1∶1 问题做了如下的规范：

“7.4.2.1 像素纵横比(Pixel Aspect Ratio)：用来捕获图像的数码相机和扫描仪生成图像的像素纵横比应该是 1∶1。也就是说，垂直方向上每英寸的像素数应该等于水平方向上每英寸的像素数。”

在公安部于 2010 年 12 月 2 日批准发布的中华人民共和国公共安全行业标准《安防生物特征识别应用术语》(清华大学为第一起草单位)中，提出了 1∶1 图像的规范，足以显现出 1∶1 图像理论的重要性。下面以人脸识别的一个实例来说明应用 1∶1 采样理论的重要作用。某一图像采集卡的采样频率为 13.5MHz，用该图像卡采集人脸图像。一组数据是原始采集的人脸图像，另一组是进行 1∶1 校正的人脸图像。这两组人脸图像分别在 43 万人的数据库中进行人脸识别，识别结果如表 3.3.2 所示。

表 3.3.2 13.5MHz 采样频率获得的人脸图像进行 1∶1 校正前后的人脸识别率

	原 始 采 集	1∶1 校正后
首选/%	20.0	55.0
前 5/%	55.0	75.0
前 10/%	65.0	75.0
前 50/%	75.0	90.0

表 3.3.2 清楚地表明，1∶1 校正后的识别率有了非常大的提升。对于那些非 1∶1 采样的数字图像，在处理前，应进行 1∶1 图像校正。

奈奎斯特采样定理是信号处理学中的一个重要基本理论，但没有确定最合理或比较合理的采样频率。图像 1∶1 采样理论通过施加新的约束($\Delta x:\Delta y=1:1$)，科学地确定了图像的采样频率，符合图像 1∶1 采样理论的数字化图像具有旋转不变性，严格意义上讲，也不存在由于采样引起的几何失真。采样频率不再是大频率带宽内的任何一个频率，而仅仅是其中符合 1∶1 采样的频率，采样频率具有广义上的唯一性。图像 1∶1 采样理论是图像数字化的重要基础，是对采样定理的一个发展，也是图像处理领域的一个理论成果。

图像 1∶1 问题是图像处理的一个重要问题。对于一个成像设备，图像 1∶1 几何失真度和图像信噪比、图像分辨率一样，是表征其性能的一项重要指标。如果成像设备的生产厂家能给出其产品的图像1∶1几何失真度，将对图像处理技术的研究与应用发挥重要作用。

3.3.2 数字图像的有效比特位

形成了采样脉冲以后，就要对模拟图像进行采样、量化和编码。这三个步骤通过A/D芯片来完成。选择A/D芯片，首先要满足转换时间和转换精度的要求。转换时间是指完成一次模/数转换所需要的时间，也就是说，从转换开始，经过这段转换时间以后，A/D转换器的输出码有效。这个转换时间，必须要小于采样脉冲的周期时间。我们知道，采样和量化都会带来误差。除了在量化上存在因为比特位精度产生的量化误差以外，还有由不确定误差电压产生的误差。即在采样时，在把连续的模拟信号变成离散的模拟信号时，由于连续的模拟信号的变化而出现的不确定误差电压。

由于量化是在幅度上对样本值进行离散化处理，样本的真实值和量化值之间存在误差，这种误差称为量化误差。在均匀量化的量化器中，量化误差的大小是判决电平间隔的1/2，在A/D芯片的说明书里，则标明是最低比特位的1/2。

这里提出一个问题：在均匀量化的量化器中，应该采用多少个量化层来量化一幅图像？很明显，如果量化层数过少，从图像恢复的角度来考虑，就会带来很大的失真；从图像处理的角度来考虑，就会丢掉大量的信息(这种考虑和二值化、密度分割处理不一样)。另外，如果量化层数过多而不再会增加图像的分解力，却大大地增加了样本点的位数，使一幅数字图像的数据量大大增加，这也是不可取的。合理地选取量化器的量化层是很重要的。一种考虑的方法是着眼于图像处理系统所能达到的水平，这种水平是指该量化器能够容忍系统内噪声影响的量化间隔最小值，这里指的噪声包括信源(如摄像机、录像机等)的噪声和视频通道的噪声。对应摄像机的标准输出，V_{PP}为1V，如果选用256个量化层，则每个量化层约为4mV，如果该摄像机输出的信噪比为48dB，在其输出为1V时，最大噪声约为4mV，可见256个量化层算是一个精细的量化级了。在这种量化级的系统中，如果噪声引起的样本值摆动在4个量化间隔以内，那么这种数字图像的质量算是不错的。

样本被量化为K级，一般取$K=2^N$，用顺序的二进制码对量化后的样本值进行编码，那么每个样品都被编制成N位二进制码，如果N为8，则表明数字化的图像为8bit的。

当然，也可以不用顺序的二进制码对样本进行编码，但在通用的图像处理系统中数字化器基本上都采用这种顺序的二进制码，至于各种压缩编码的方法，也是在此基础上再进行各种变换。上面已经提到过量化级，量化级表现为位数，64级对应6bit码位，256级对应8bit码位。比特位的多少反映了A/D芯片转换精度的高低，A/D芯片的转换精度和转换速度是A/D芯片两个重要的参数，我们在选择A/D芯片的转换精度这一参数时，主要是考虑图像处理系统对图像分解力的精度要求，要求越高，所花代价也越高。理论和实践都表明，对灰度图像而言，数字图像的比特位至少应不低于6bit；对黑白B超图像而言，数字图像的比特位至少应不低于4bit；对彩色图像而言，数字图像的比特位至少应不低于16bit。在有的场合里，会对图像的分解力提出更高的要求，如X光图像处理系统，源于医生看惯了清楚的X光照片，难于接受一幅分解力不高的数字图像。现在，4K摄像机已经面世，其位数已达到30bit，图像质量达到了新的高度。当然，盲目地追求图像的高分解力也是不切实际的，因为分解力总是有限的。另外，图像的分解力并不唯一地由A/D芯片的转换精度所决定，图像处理系统的数字化器采用了 12bit 的 A/D 芯片，我们不能说系统的图像分解力就是 12bit，因为系统的噪声，包括信源（如摄像机、录像机等）的噪声和视频通道的噪声都对图像的分解力产生不利的影响。既然图像的分解力并不唯一地由 A/D 芯片的转换精度所决定，那么真实的图像分解力又怎么确定呢？

这里，我们引入了一个图像有效位的概念。一幅模拟图像，经数字化后形成数字图像，数字图像中每一个像素的比特位里能够真实地代表原始模拟图像的比特位则称为该像素的有效位。由于一幅图像的像素很多，不能用单个的像素有效位来表示整幅数字图像的数字化水平，应该考虑图像的一个集合，把这个集合的像素有效位作为图像有效位。我们讲一幅数字图像的图像有效位为 M 个比特位，是指该幅数字图像里像素的比特位中从最高位数起，有 M 位是可信的，其正确量化的概率超过 60%，M 表征了一幅数字化图像的数字化水平。显然，M 值越高，图像越细腻，也越干净。一个系统的数字化器所使用的 A/D 芯片的转换精度为 Nbit，现在我们不用 Nbit 来表示系统图像分解力，而用图像有效位 Mbit 来表示该系统的图像分解力，显然，

$$N \geqslant M \tag{3.3.20}$$

现在遇到的问题是：怎样确定 M？

我们观察一幅采样后的数字图像，有时会发现在正常图像上有一些白点（有时是黑点），这并不是数字化造成的，而是帧存写入时序不合适。应先解决好这一问题，以保证数字化的数据正确地存入帧存。这种情况告诉我们，在确定 M 值时应排除那些非数字化过程的因素，在整个系统正常工作的前提下，再来测定 M。测试分两种方法进行。第一种方法是把摄像机的镜头盖盖上，冻结一幅数字图像，再测试这幅图像的图像有效位。第二种方法是把摄像机的镜头盖打开，拍摄一张均匀的纸，冻结这幅数字图像，再测试该图像的图像有效位。前一种方法试图去除光照的影响，后一种方法可以用多种均匀的纸来反复测试，以得到更准确的结果。计算时要选取一个测试区间，这个区间的数值一般取该整幅图像实际点阵的数值。设一幅数字图像的点阵为 $W \times H$，像素值为 G_{ij}，则该幅图像的像素值均值 $\bar{G}$ 为

$$\bar{G} = \frac{1}{H \times W} \sum_{i=1}^{H} \sum_{j=1}^{W} G_{ij} \tag{3.3.21}$$

平均误差 $\bar{\vartheta}$ 则为

$$\bar{\vartheta} = \frac{1}{W \times H} \sum_{i=1}^{H} \sum_{j=1}^{W} (G_{ij} - \bar{G}) \tag{3.3.22}$$

均方根误差 σ 则为

$$\sigma = \sqrt{\frac{\sum_{i=1}^{H} \sum_{j=1}^{W} (G_{ij} - \bar{G})^2}{W \times H}} \tag{3.3.23}$$

与平均误差相比，均方根误差对大的误差能更充分地反映出来，量测的数值常常也比平均误差的数据大。由于对误差采用不同的计算方法而得到不同的误差数据，那么就可以得到不同计算方法的图像有效位，如采用平均误差的图像有效位和采用均方根误差的图像有效位。得到了误差数据以后，再根据其数值大小折合成比特位即可确定图像有效位的大小。例如，像素为 8bit 的灰度图像，经量测，误差数值小于等于 4，则该图像有效位为 6bit，而低 2 位是不可信的；如果误差数值小于等于 8，则该图像有效位为 5bit，而低 3 位是不可信的。

在实际量测中，常常不进行整幅量测，而是取一个窗口来测试，这样做可以避免图像边框可能带来的不利影响，因为在图像边框常常会出现一些干扰或错点，而且图像中心的分辨率也比较高。具体做法是可以在 512×512 分辨率中取中心的 256×256 点；或在 256×256 分辨率中取中心的 128×128 点。拍摄一张均匀纸时，可使所量测区域里统计的均值处于满量程的中心值，而所测的均值不能处于零或最高灰度值附近。

通过上面的一系列讨论，我们在采样中得到了 $W\times H$ 采样阵列，在量化编码里，又形成了每个采样点的 N 位，于是构成了一幅 $W\times H\times N$ 的数字图像。怎样选择 W、H、N，使得数字化的图像最优（包括几何失真最小、图像重现误差最小）？是否可以认为：在通用的视频图像处理系统里，1∶1 采样阵列（每行都采样）选定的 $W\times H$ 和 10bit 的图像分解力，将是一种最优的选择。当然，目前大多数系统在灰度上取为 8bit，这仍是性能价格比高的一种选择。

顺便指出，在选择 A/D 芯片时，要注意满刻度量程这个输入范围的指标，这个指标表明 A/D 芯片输出全“1”码时，该芯片输入模拟量达到的具体数值。如对于 CA3318 芯片，全“1”码时要求输入电压为 5V；对于 BT218，全“1”码时要求输入电压为 1V，两个芯片都是 8bit 的转换精度，即都是 256 级灰度。对于 CA3318 来说，每级灰度约为 20mV；而对于 BT218 来说，每级灰度约为 4mV。显然采用 CA3318，对于视频通道的噪声有较大的容忍，也就易于实现。

3.3.3　模拟视频图像的预处理

前面多次提到噪声问题，这是图像处理涉及的一个重要问题。针对去噪问题出现了许多算法，在诸多种类的图像处理系统里，以 X 光图像处理系统和 B 超诊断仪的去噪问题尤为突出。在 X 光图像处理系统中，常采用多帧平均消噪；而在 B 超诊断仪中，常采用行相关、帧相关电路来消噪。从图像输入这个角度来考虑，引入噪声的环节有输入设备本身（如摄像机）和输入信道。摄像机一个重要的性能指标是信噪比（另一个重要的性能指标是清晰度），这个参数表示了摄像机输出图像的噪声大小。

信噪比定义为

$$R=20\log\left(\frac{V_{\mathrm{S}}}{V_{\mathrm{N}}}\right)\mathrm{dB} \tag{3.3.24}$$

或

$$R=10\log\left(\frac{P_{\mathrm{S}}}{P_{\mathrm{N}}}\right)\mathrm{dB} \tag{3.3.25}$$

式中，V_{S} 为信号电压；V_{N} 为噪声电压；P_{S} 为信号功率；P_{N} 为噪声功率。

中国台湾敏通公司的 MTV-1881EX 黑白摄像机，标定的信噪比为 48dB；日本 JVC 公司的彩色摄像机 1280，标定的信噪比为 50dB；日本 SONY 公司 750 彩色摄像机标定的信噪比为 58dB。这些摄像机都是图像处理系统常选用的摄像机，其信噪比这一参数还是满足了系统的要求。用户在选择摄像机时，一定不要忽略信噪比这个参数。对于 CCD 摄像机，在操作时，除了调整焦距以外，还要调整好光圈，以期达到输入图像的最佳效果。

在模拟通道的设计中，噪声问题是一个经常令设计者头痛的问题。对于图像视频通道，我们总希望它具有尽量小的噪声电平，这个视频通道主要由一些放大器组成，一个放大器噪声性能的好坏,如果用它的输出噪声电平大小或输出信噪比的高低来衡量,还不能确切反映该放大器的噪声性能,原因在于输出噪声包括两部分,一部分是由信源的噪声经放大后形成的,另一部分是电路本身引起的;而且输出信噪比还与信号强度有关,与放大器增益有关。为了确切地在数量上评价放大器本身的噪声性能,而引入了噪声系数 N_F,定义为

$$N_F = \frac{(P_{SI}/P_{NI})}{(P_{SO}/P_{NO})} \tag{3.3.26}$$

式中,P_{SI}、P_{SO} 分别为输入、输出有用信号的功率;P_{NI}、P_{NO} 分别为放大器输入、输出的噪声功率。

式(3.3.26)是噪声系数的基本定义,将它作适当变换,则可以改写为

$$N_F = \frac{P_{NO}}{((P_{SO}/P_{SI}) \times P_{NI})} = P_{NO}/(A_P \times P_{NI}) \tag{3.3.27}$$

式中,A_P 为放大器的功率增益。

式(3.3.27)从物理概念上清楚地表明,一个放大器的噪声系数等于该放大器的输出噪声功率与信号源在输出端所产生的噪声功率 $A_P \times P_{NI}$ 的比值。

一个信道往往由多级放大器组成,多级放大器的噪声是每一级放大电路在输出端产生的噪声的叠加。这里以两级放大器为例来说明这个问题。

图 3.3.12 示出了两级放大器的噪声等效电路。

图中,第一级放大器的功率增益为 A_{P1},等效噪声源为 V_{N1}^2;第二级放大器的功率增益为 A_{P2},等效噪声源为 V_{N2}^2。两级放大器输出端噪声均方值为

$$V_{ON}^2 = A_{P1} \times A_{P2} \times V_{SN}^2 + A_{P2} \times V_{N1}^2 + V_{N2}^2 \tag{3.3.28}$$

根据噪声系数的定义,推导出两级放大器总的噪声系数 N_F 为

$$N_F = N_{F1} + (N_{F2} - 1)/A_{P1} \tag{3.3.29}$$

式(3.3.29)表明,多级放大器总的噪声系数主要取决于第一级的噪声系数,因此设计低噪声的前级放大器是有益的。在实际制作中,图像输入信道的印制电路板设计相当考究,大面积接地是最普遍使用的一种方法,这主要是为了降低地电流产生的干扰。在大面积接地中,多层板的效果一般比双面板效果好。第二种方法是在布线中把模拟地和数字地分开,在多层板的地层,也可以分成模拟地和数字地。第三种方法是在供电中采用板稳压的方法,在一个电路板中,如果既有模拟通道,还有数字通道,可采用模拟通道、数字通道分别供电的方法。比如在图像卡中,由计算机提供±12V 的电压,经板稳压形成±9V,供给运算放大器,再经板稳压形成±5V,供给输入信道的其他器件使用。通过这种板稳压处理以后,图像输入信道所使用的电源的纹波大大降低了。在图像输入信道的印制电路板设计中,相同的电路图,不同的布线可能有不同的结果,以多种布线设计制作,再经实际检验,择优选用,在要求特别高的场合里,这种方法也是可取的。

箝位,是图像数字化的重要步骤。我们知道,标准电视信号有消隐电平,这是标准黑,在图像视频通道里,由于直流漂移等原因,有时视频信号的消隐电平不在零电平上,或者说不在固定电平上。把这种直流电平波动的信号送去作 A/D 变换,所得到的变换结果就会变得不可信,这样就很有必要在 A/D 变换前用箝位电路来统一标准,把消隐电平拉在零电平(或一个固定电平)上,便于有一个统一标准的 A/D 变换值。要进行箝位,就需要在视频信号中选择箝位的正确位置,也就是要在该位置上产生箝位脉冲。图 3.3.13 给出了箝位脉冲和视

频信号的时间关系。

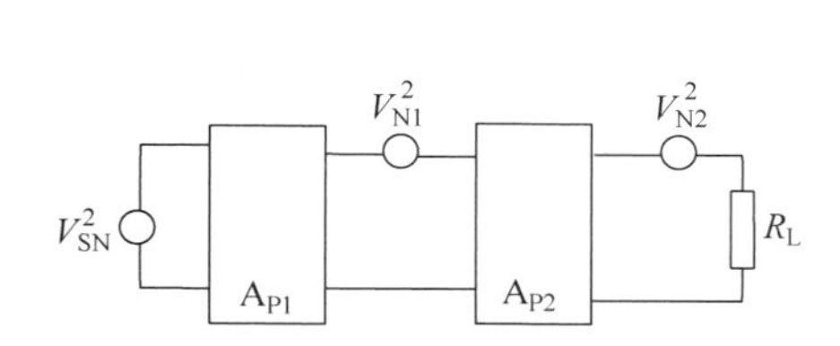

图 3.3.12 两级放大器的噪声等效电路

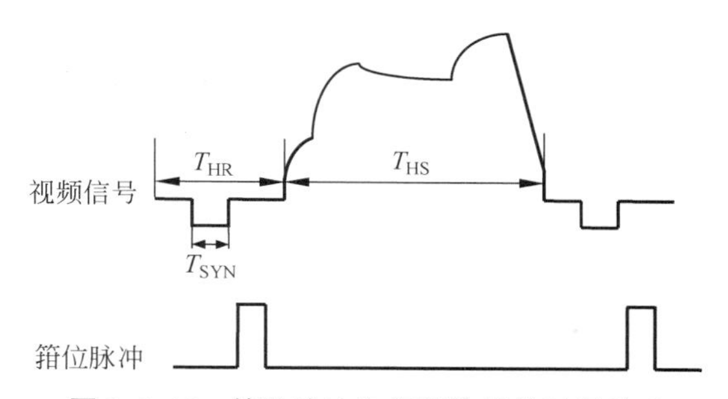

图 3.3.13 箝位脉冲和视频信号的时间关系

从图 3.3.13 可以看出,箝位脉冲处在行消隐的后肩上,此时视频信号应是消隐电平,当然,这样的箝位脉冲也易于实现。这是标准电视信号里有标准消隐电平的情况,而大部分传感器输出的信号没有类似的信号,这样就难以确定箝位的具体位置,因此常常加不上箝位。在这种没有箝位的情况下,更是要求电路的直流漂移小、电路的稳定性高。

图 3.3.14 给出了一个在图像卡中使用 CA3318 的视频通道电路。

在图 3.3.14 中,摄像机输入信号送入第一级运放 LM318,LF398、LM353 和 LM318 组成箝位放大电路,箝位脉冲送到 LF398 的第 8 端,W3 调整箝位电平,起到调整图像直流电平的作用,W2 调整第一级运放的放大倍数,起到调整图像对比度的作用。由 PC±12V 电压稳压形成±9V 电压(记为±9A)供给运算放大器,经两级稳压形成±5V,为了和计算机的+5V 相区别,这里的 5V 记为 5A。把稳压后的 5V 电压送到 CA3318 的参考电压端,目的是保证量化的准确性。调整 W2、W3,使输入到 CA3318 的 16、21 端的模拟信号最大幅度达到满刻度 5V 的要求。由于 CA3318 的转换频率高,可以实现实时采样,所以直接用压控振荡器输出的点时钟作为采样脉冲,送到 CA3318 的 18 端。CA3318 第 14 端是三态输出控制端,当此端为低电平时 8 位输出码有效。

数字化的图像常常需要存储起来,那么数字化器就要产生与 A/D 获得的数据相对应的地址,简称为 A/D 地址。A/D 地址分为行地址和列地址。列地址表示该采样点(也称图像像素,简称为像素)在矩形图像中水平方向上的位置,水平方向的地址从左向右逐点增大;行地址则表示该点在矩形图像中垂直方向上的位置,垂直方向的地址从上向下逐行增大。总体设计时确定一幅数字图像的点阵为 $W\times H$,这个 W 列 H 行的图像不一定正好满屏,那么在广义上说,这幅数字图像处于电视屏幕中的一个窗口里,这个窗口可以用图 3.3.15 所示的行框和列框来表示。图中的大矩形区为全屏幕图像的最大区域,中间的小矩形区为采样图像区,宽度为 W,高度为 H,大矩形区右边的波形为行框,大矩形区下边的波形为列框,图像矩形区的起点为 $A(X_0,Y_0)$。这里出现一个问题,即在图像矩形区里 A 点的地址应该为(0,0),而在全屏幕图像显示区里 A 点的地址应该为(X_0,Y_0)。显然,这是两套地址体系。

一套地址以全屏幕为图像区间,它和标准的行场消隐信号相对应,水平方向处于行正程,垂直方向处于场正程,这套地址称为扫描地址。扫描地址最大的特点就是和屏幕的一一对应关系,可以说它是一种物理地址,左上角为(0,0),右下角为 X、Y 方向地址的最大值。另一套地址是存储地址,这是一套变换地址,图像区里的一点 P,令 P 点在扫描地址体系里的地址为(x,y),而在存储地址体系里的地址为(x',y'),则

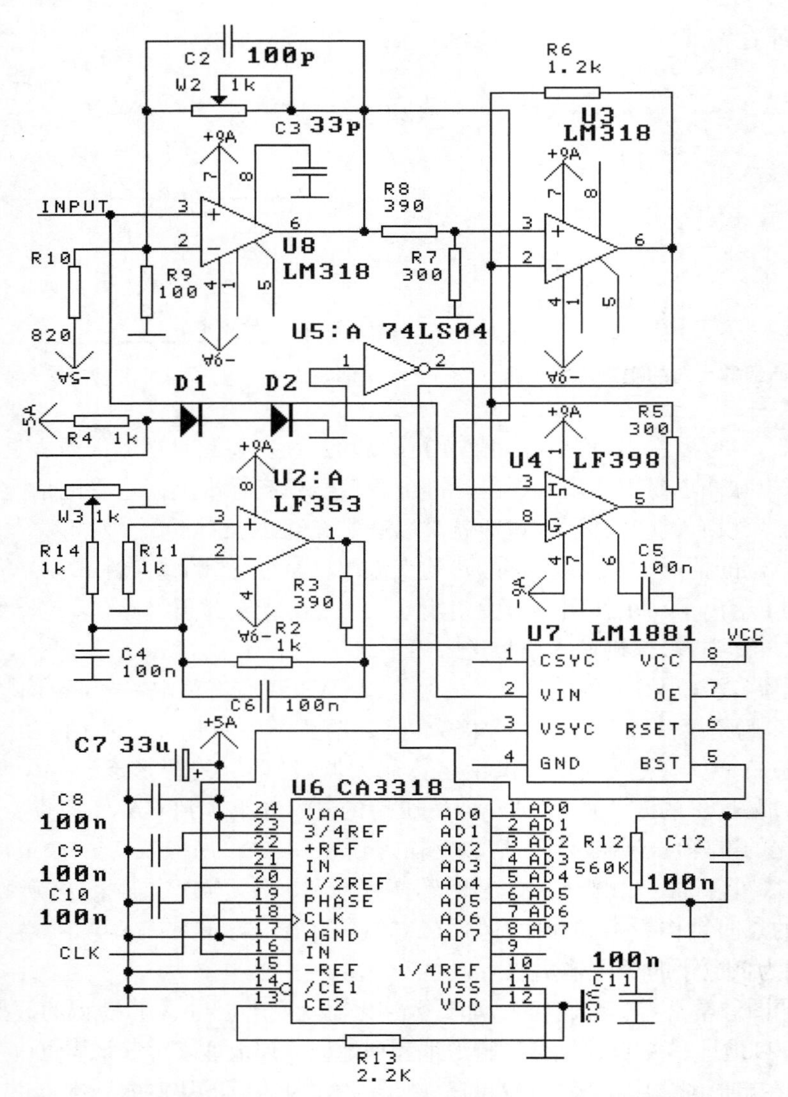

图 3.3.14　一个在图像卡中使用 CA3318 的视频通道电路

$$x' = X - X_0 \qquad (3.3.30)$$

$$y' = Y - Y_0 \qquad (3.3.31)$$

图 3.3.15 中的行框和列框，也有确切的时间含义。令行框高电平的时间宽度为 T_{HH}，列框高电平的时间宽度为 T_{WH}，那么

$$T_{HH} = A \times T_H \times H \qquad (3.3.32)$$

$$T_{WH} = T_0 \times W \qquad (3.3.33)$$

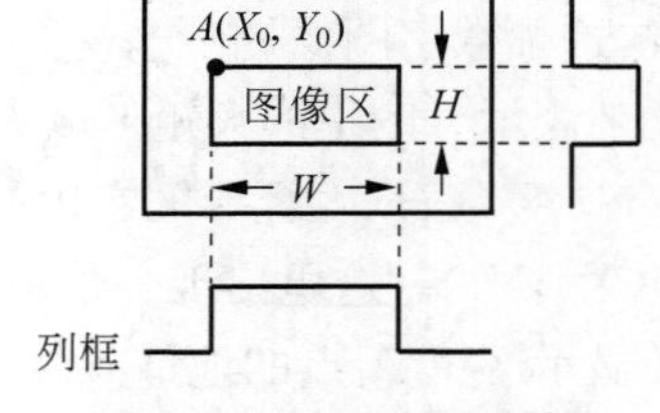

图 3.3.15　行框和列框

式中，T_H 为行周期；H 为行框的行数；隔行扫描时 A 为 1/2，逐行扫描时 A 为 1；T_0 为采样脉冲周期时间；W 为列框点数。

如果把行、列框“或”起来，就形成了复合的数据框。行、列数据框形成电路也比较简单，图 3.3.16 和图 3.3.17 分别给出了行、列框形成电路框图。

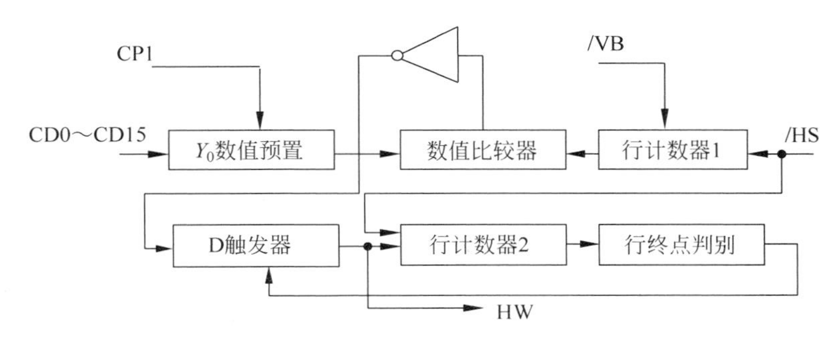

图 3.3.16　行框形成电路的框图

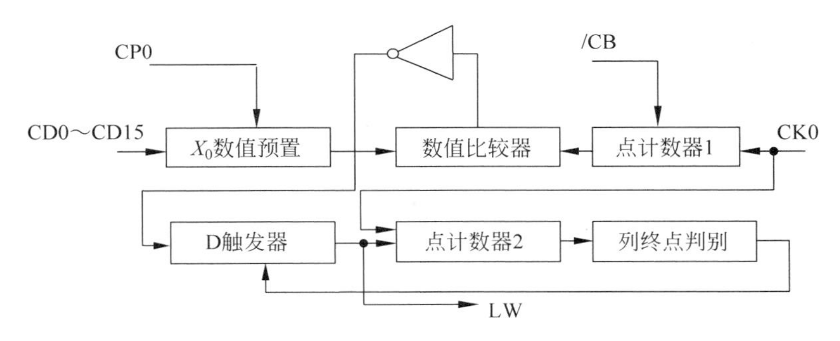

图 3.3.17　列框形成电路的框图

在图 3.3.17 中，X_0 数值的预置由寄存器完成。CP0 为预置脉冲，CD0～CD15 是计算机送来的数据。当图中的点计数器 1 输出的值和计算机送的预置数相等时，数值比较器则产生一个低电平的输出信号，经反门后作为 D 触发器的触发脉冲。这样，D 触发器输出一个允许点计数器 2 计数的信号，使点计数器 2 开始计数。列终点判别电路可由可编程逻辑芯片构成，当点计数器 2 计到 W 时，列终点判别电路产生一个低电平脉冲使 D 触发器归零，由此停止点计数器 2 计数，并使点计数器 2 的各输出端归零。这时 D 触发器的输出就是我们需要的列框信号 LW。图中，CK0 是采样脉冲，/CB 是标准的行消隐信号。

图 3.3.16 所示的行框 HW 形成电路框图与图 3.3.17 所示的列框形成电路框图的原理类似，只是图中的行计数器的输入时钟为行同步/HS，而计数允许信号是标准的场消隐/VB。应该指出，上面介绍的行、列数据框形成电路和扫描时序的关系十分密切，且与扫描时序的形成电路很类似，只要数据框起点 A 在扫描地址里有一确定的值，那么行、列框以及复合框在扫描时序的形成电路中都易于实现。在有了数据框以后，存储地址就易于生成。图 3.3.18 和图 3.3.19 分别给出了列地址、行地址的形成电路。

由于图像为 512×512 点阵的，X、Y 地址长度都是 9bit。图 3.3.18 所示的列地址形成电路是一个 9bit 的 X 地址计数器，Vclk 是点脉冲，输出地址为 X0～X8。

图 3.3.19 所示的行地址形成电路是一个 8bit 的 Y 地址计数器，其输出地址为 Y1～Y8，Y 的最低位地址 Y0 是奇偶场信号，可由扫描时序的形成电路给出。

上面就黑白图像数字化器的设计问题进行了方方面面的讨论，图像数字化器的另一类则是彩色图像数字化器。彩色图像数字化器比较复杂，方式也比较多，归纳起来主要有 3 类：RGB 方式、YUV 方式和 SHI 方式。和黑白图像数字化器相比，它们之间的差别主要在视频通道上。图 3.3.20 给出了 RGB 方式的彩色视频通道电路框图。

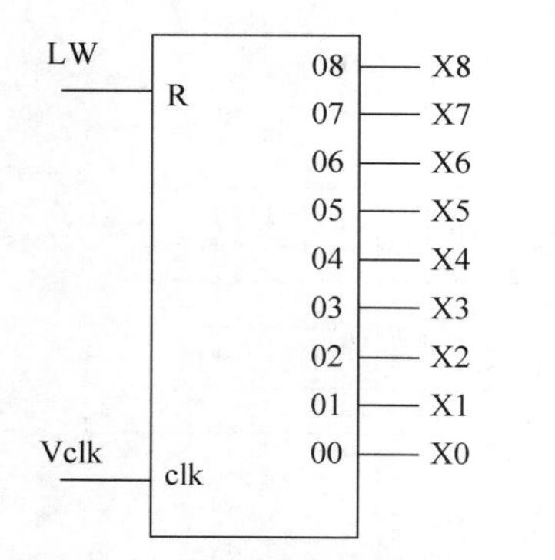

图 3.3.18 列地址的形成电路

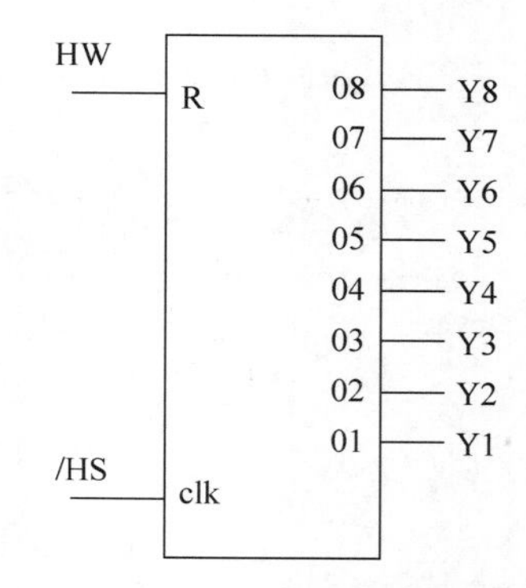

图 3.3.19 行地址的形成电路

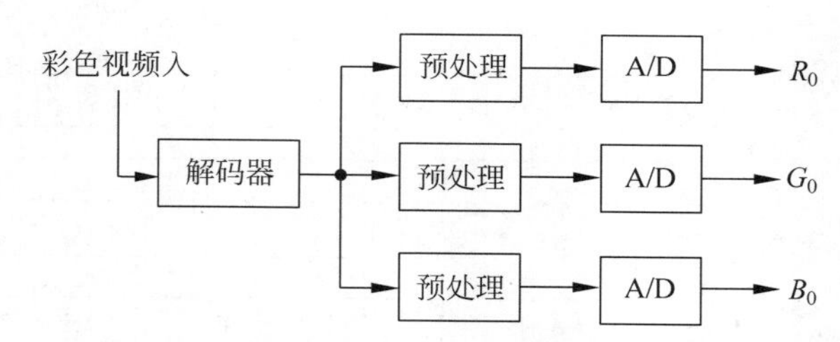

图 3.3.20 RGB 方式的彩色视频通道电路框图

图 3.3.20 中，解码器首先对全彩色电视信号进行解码，得到 R_A、G_A、B_A 三路模拟信号，然后再经过 3 个类似于黑白数字化器的视频通道，分别得到 R_0、G_0、B_0 三路数字信号，由此形成了一幅彩色的数字图像。在 RGB 方式里，3 个基色的比特位有 8、8、8 的，也有 5、5、5 的，为了凑够 16bit 的字长，还有 5、6、5 的。5、6、5 的位分配比 5、5、5 的要好，原因在于 G 分量的图像质量往往要比 R、B 分量的图像质量好。也有用 8bit 来表示一幅彩色图像的，按照 3bit、3bit、2bit 码位来分配 RGB 的比特位。这样的比特位分配虽对某些特定图像来说，图像显示的效果还可以，但难以准确描述大多数的彩色图像。由于是三路信号，彩色图像的数据量是黑白数字图像的 3 倍，例如一幅 512×512 点阵的彩色图像，R、G、B 分别为 8bit，其数据量为 768KB，可见彩色图像的数据量是很大的。

习题 3

习题 3.1 自行确定点时钟，设计符合 NTSC 制式的行同步和行消隐信号，要求画出逻辑电路图，给出行同步、行消隐信号和计数器清零信号的数值波形图及逻辑表达式。

习题 3.2 选用 14MHz 为采样频率，计算出采样点阵的 $\Delta x : \Delta y$ 数值。用 14MHz 为采样频率获的图像，用软件进行 1∶1 校正。在校正时，固定垂直方向，求 X 方向的放大(或缩小)倍数。

习题 3.3 表 3.3.1 所示的用 14.625MHz 采样频率的采样几何失真误差和式(3.3.19)给出的结果不同，请解释原因。

第4章

图像帧存储体

4.1 图像帧存储体的结构

定义 4.1.1 图像帧存储体

能存储一帧图像的由半导体存储芯片组成的存储体，称为图像帧存储体，简称为帧存(FB)。根据帧存的这一定义，显然诸如硬盘、软盘、光盘等存储设备，都不属于帧存的范畴，而能显示数字图像的计算机显存，也可称其为帧存。为什么要设立帧存？原因是多方面的，如帧存结构灵活，适应性强，实时图像易于存入帧存，帧存的图像实时显示直观等。当然，可视性是设立帧存的主要原因。设立帧存，还有其历史的原因。早期的图像处理系统遇到一个难题，即视频图像不能实时地送到计算机中，其主要的原因在于当时解决不了快速的视频图像数据流(如 8bit/100ns)和早期计算机总线慢速的数据传输速率之间的矛盾，于是很自然地想到设立一个缓存，先把视频图像存入缓存，再慢慢地把缓存的数据送入计算机。随着图像处理技术的发展，这个缓存自然地发展成为多用途的帧存，并且功能也越来越完善。很长时间以来，图像处理系统保持了“面向帧存”这一主体结构，在这种结构里，A/D 图像可以存入帧存；帧存的图像可以实时显示；计算机访问帧存，或把帧存的图像存入磁盘，或把磁盘的图像调入帧存进行显示，或对帧存的图像进行处理；硬件处理器还可以对帧存的图像进行加工处理等，这一切功能都围绕着帧存展开，帧存常称为图像处理系统的心脏，由此可见帧存在图像处理系统中的重要性了。

用来构成图像帧存的存储芯片种类较多，从类别来讲，主要有 DRAM(Dynamic Random Access Memory)、VRAM(Video RAM)、SRAM(Static RAM)存储器。一般来讲，用 DRAM 存储芯片来构成帧存，功耗低、体积小、容量大、价格便宜，但是读写时序比较复杂，要考虑存储体刷新，尤其要考虑怎样和高速的视频图像数据流(或读或写)相匹配的问题，由于其容量大、价格低的明显优点而受到特别重视。VRAM 也称视频 RAM，该芯片是图像图形系统的专用存储芯片，从 20 世纪 80 年代末开始流行，这种芯片是一种双端口存储芯片，一个端口是标准的 DRAM 端口，另一个端口是 SAM(Serial Access Memory)端口。这种存储芯片与 DRAM 芯片相比，在构成帧存时具有电路结构简单的优点。这种芯片由于具有 SAM 端口，从而简化了与 A/D、D/A 高速数据流相关的读写电路，使得整体电路很简洁；其主要的缺点是价格较高、存储容量一般不如 DRAM 芯片大。SRAM 芯片，时序简单、读写周期快，但一般价格比较贵，容量偏低，功耗较大，因此一般不用来构成常规的帧存，而常常用来构成高速的帧存，即常用在高速的图像处理系统里。也有的系统采用 FIFO (first-in/first-out) 存储芯片，但由于 FIFO 的数据流是一行一行地组织的，不具备随机地单点读写的功能，计算机也就不能对它进行单点的读写操作，因而不能用来构成“面向帧存”这一主体结构的图像帧存。正由于 FIFO 存储芯片具有快速存取和时序简单的特点，所以常常用在一些需要视频图像缓存的特殊地方。综上所述，DRAM、SRAM 芯片是结构帧存的主流芯片，究竟孰优孰劣，厂家也各持己见，也就形成了不同价格、不同品牌的图像产品了。

一幅数字图像的点阵有 256×256、512×512、640×480 等多种规格，其像素的比特位也有多种形式，黑白图像有 6bit、8bit 的，彩色图像 RGB 方式的有 5、5、5 和 5、6、5 以及 8、8、8 的，YUV 方式的有 4∶2∶0(比特位对应为 7bit、2bit、2bit)和 4∶2∶2(比特位对应为 8bit、4bit、4bit)。为了便于描述帧存的容量及其结构，我们引入了单位帧存这一概念。

定义 4.1.2　单位帧存

单位帧存是指存储一幅具有标定图像点阵数值和图像分解力数值的数字图像的基本帧存。

显然，单位帧存的存储容量与图像处理系统标定的点阵数值和图像分解力数值指标有关，如系统标定的图像点阵数值、图像分解力数值为 512×512×8bit，则单位帧存的存储容量为 256KB。有了单位帧存的概念以后，我们就有了多帧图像帧存的概念了。如一个图像处理系统含有 24 个单位帧存，就称该系统有 24 帧图像帧存。而每一帧图像的存储容量，则由单位帧存来决定。

图像帧存就像一个存储数字图像的仓库，A/D 图像的存入、显示图像的读出、主机或硬件处理器对帧存的存取，都有一个存取速度的问题。我们以“用户”这个词来表示这些使用帧存的对象，如 A/D 是帧存的一个用户，D/A、计算机也是帧存的用户，每个用户访问帧存都有一个本身特定的数据速率，我们用 R_{AC} 来表示用户访问帧存的数据速率，记为 X(ns)/pixel，X 是各个用户的实际数值。显然，A/D、D/A 存取速度较快，在 512×512 点阵的单位帧存里，在某个系统中，R_{AC} 为 100ns/pixel。另外，通过 PC 微机的 ISA 总线访问帧存，其读写速度较慢，约在 1μs/pixel，这两类存取的速率差别较大，而且在常规的图像处理系统中，这两类存取有不同的特点，A/D、D/A 的数据一般是按电视行的顺序连续进行的，而微机对帧存的存取是按逐点进行的，此时的数据流可以是按行顺序逐点存取，也可以是以随机点的形式随意读写帧存。因此，在帧存数据线的安排上，常常分为快数据总线通道和慢数据总线通道，简称为快通道和慢通道。对于快、慢通道的确切划分，在考虑到 256×256 单位帧存的情况下，可作如下的通道划分：R_{AC} 为用户访问帧存的数据速率，当 $R_{AC} \geqslant 200$ns/pixel 时，该用户连接到帧存的数据通道为快通道；当 $R_{AC} < 200$ns/pixel 时，该用户连接到帧存的数据通道为慢通道。

显然，连接 A/D、D/A 的帧存数据通道属于快通道，连接 ISA 总线的帧存数据通道属于慢通道。有的图像处理系统，整个帧存结构里只设一个通道，没有快通道、慢通道之分。

我们知道，计算机常规硬盘(非硬盘阵列)的容量有大有小，但其数据通道只有一个，不管硬盘的容量有多大，其数据流只能是串行的，也只能顺序地进行存取。对于帧存来说，也有类似硬盘的存储结构，可以达到海量存储，但数据流只是单一的串行，同一时刻只能获取一组数据，其功能也非常有限。图像处理系统的功能是多种多样的，于是对帧存的数据结构提出了更高的要求，有时还需要帧存的数据结构为某些特殊的结构。在这些要求中，比较简单的算是两帧图像加减运算了，如动目标检测以及医学上的减影，要用减法运算。一种较为严格的做法是从两个独立的单位帧存中同时读出两相邻帧且相同地址的存储单元的数据，再进行相减运算。为了描述帧存的数据结构，我们以单位帧存为基本帧存来考虑帧存的数据通道，提出了单帧单通道帧存、单帧多通道帧存、多帧单通道和多帧多通道存储体的大致划分。

单帧单通道帧存是指图像处理系统的帧存，其容量大于或等于一个单位帧存但低于两个单位帧存的存储容量，且在同一时刻只能获取该帧存的存储芯片的一个独立数据通道的帧存数据。

单帧多通道帧存是指图像处理系统的帧存，其容量等于一个单位帧存的存储容量，且在同一时刻能获取该帧存的存储芯片的两个或两个以上独立数据通道的帧存数据。

多帧单通道帧存是指图像处理系统的帧存，其容量大于或等于两个单位帧存的存储容量，且在同一时刻只能获取该帧存的存储芯片的一个独立数据通道的帧存数据。

多帧多通道帧存是指图像处理系统的帧存，其容量大于或等于两个单位帧存的存储容量，且同一时刻能获取该帧存的存储芯片的两个或两个以上的独立数据通道的帧存数据。

图 4.1.1～图 4.1.4 分别表示了不同的帧存结构。

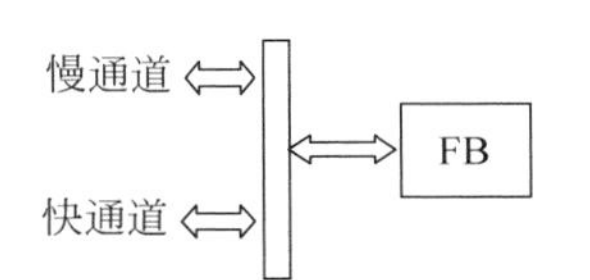

图 4.1.1 单帧单通道存储体

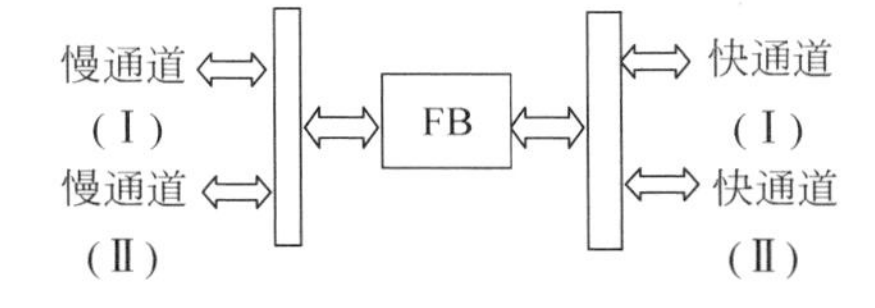

图 4.1.2 单帧多通道存储体

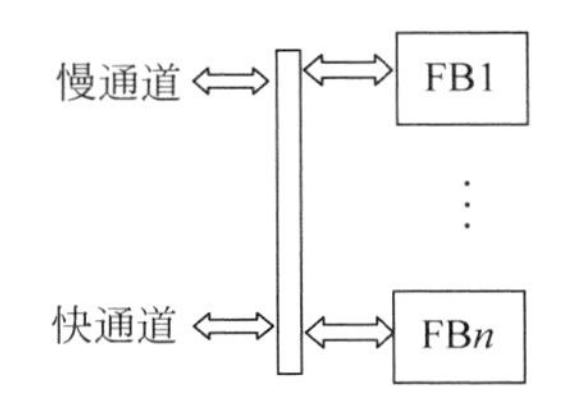

图 4.1.3 多帧单通道存储体

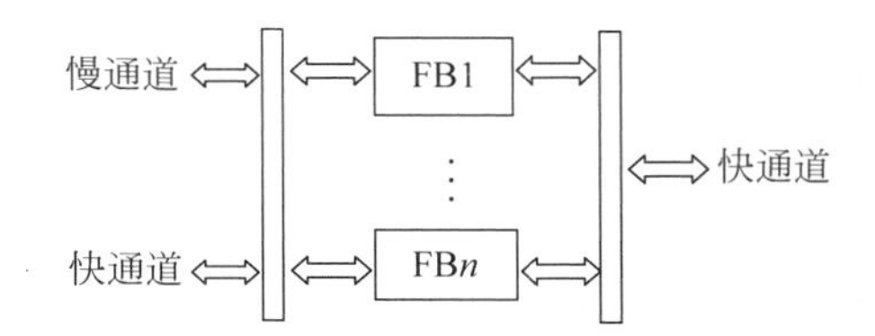

图 4.1.4 多帧多通道存储体

在图 4.1.1 所示的单帧单通道存储结构中，由于帧存只有一个数据端口，在使用 DRAM 芯片时，采用页面读写方式可以适应高速图像数字化器的图像输入，此时的数据通道属快通道。计算机的存取也在这个端口进行，此时的数据通道属慢通道。

图 4.1.2 所示的单帧多通道存储体，最简单的是单帧双通道存储体，这时使用多端口存储芯片。VRAM 芯片是一种多端口存储芯片，慢通道使用 VRAM 芯片的 DRAM 端口，可以安排计算机读写；快通道使用 VRAM 芯片的 SAM 端口，可以安排 A/D 的写入和 D/A 的读出。当然，在 VRAM 芯片的 DRAM 端口还可以安排一个快通道，这样可以把 A/D、

D/A 使用的数据线分开，把 A/D 的写入安排在 DRAM 端口的快通道，这时是采用存储体页面写方式来完成 A/D 的快速写入，而 D/A 仍然安排在 SAM 端口，这种安排可以增加系统的一些灵活性。在图 4.1.2 所示的结构中，由于 VRAM 芯片有两个独立的数据端口，因此在同一时刻可以得到两个不同单元的像素数据，尽管这样，如果不作特殊安排，也无助于硬件图像处理。

图 4.1.3 所示的多帧单通道存储体，也是用 DRAM 芯片的常见形式，这种结构尤其适用于序列图像存储的场合。从图中可以看出，各个单位帧存的数据线是相同端互连的。

在多帧多通道帧存的诸多结构中，图 4.1.4 只是其中的一种结构。在图 4.1.4 所示的结构中，最小的配置是只有两个独立的帧存结构，由于多帧多通道存储体有两个或两个以上的独立数据通道，所以能方便地进行一些实时的点对点的图像处理。

这些存储结构都是一些常见的存储结构，基本上满足了大多数系统的要求。但图像处理涉及许多邻域图像的处理算法，往往需要特殊的数据结构，其结构比较复杂。对于这种结构，我们将在后续的章节里（邻域图像存储体）予以讨论。

一幅 $W \times H$ 点阵且每点为 N bit 的数字图像，其存储容量为 M，则

$$M = H \times W \times N \tag{4.1.1}$$

这就是单位帧存的存储容量。M 由两部分组成：一部分为地址单元容量 $H \times M$，另一部分为每个存储单元的比特位（N），即每个地址单元的字长。

选择存储芯片来设计图像帧存，应注意分别满足式（4.1.1）中地址和比特位两方面的要求。

例如，用 512×512×4bit 的存储芯片来构成 512×512×8bit 的单位帧存，则需两片存储芯片。

类似上面的计算，从所需帧存的地址总容量和像素比特位就可以推算出多帧图像帧存所需的具有确定容量的存储体芯片数目。这种计算只是从帧存总容量的角度来考虑的，在具体问题中，还有一些其他的制约因素，如芯片的能力，特别是要考虑芯片的存取速度。另外，在特殊结构的图像帧存里还将要考虑一些特殊要求，这些考虑将在后续章节给予介绍。

我们知道，A/D 图像要实时存入帧存，实时图像显示则要求从帧存实时读出数据，计算机实时访问帧存，一般来说，计算机对帧存的访问是以单点的方式进行的，速度较慢；而 A/D 的存入和 D/A 的读出速度较快，在一个 512×512 点阵的图像帧存里，水平相邻像素的时间间隔如果选为 100ns，使用 DRAM 芯片来构造图像帧存，而早期的 DRAM 芯片常规的读写周期时间一般达不到视频图像存取的要求，于是采取了并行交叉存取技术来解决这个高速图像数据流和较低的 DRAM 芯片存取速度的矛盾。并行交叉存取技术是在 20 世纪 60 年代提出来的，它主要用在计算机主存储器的设计上。这种方法是把主存储器分为多个存储模块，连续存储的数据可以在一个读周期里从这多个存储模块里同时读出来，连续的数据也可以在一个写周期里同时写入相应的多个存储模块里，这样可以大大提高计算机主存储器的存取效率。

在设计帧存时，并行交叉存具体取形式的选择和存储芯片地址容量的选择常常综合起来进行考虑，它们之间存在着相互制约的关系。令 A/D 写入时视频图像的数据流的周期时间为 T_0，而存储器最小的存取周期时间为 $T_{\min}$，一个存取周期至少同时存取的像素个数为 $L_{\min}$，则

$$L_{\min} = T_{\min} / T_0 \tag{4.1.2}$$

一幅 $W\times H$ 点阵的图像帧存，其地址单元总容量为 A，考虑到并行交叉存取，则所选择的存储芯片地址容量的最小值 $B_{\min}$ 应遵循下式：

$$B_{\min}=A/L_{\min} \tag{4.1.3}$$

例 4.1　已知某系统确定，图像帧存容量为 512×512×8bit，$T_{\min}=400\text{ns}$，$T_0=100\text{ns}$，系统采用并行交叉存取方式，试求单片存储芯片的地址容量及所需数量。

解：$L_{\min}=\dfrac{T_{\min}}{T_0}=\dfrac{400\text{ns}}{100\text{ns}}=4$

$$B_{\min}=\frac{A}{L_{\min}}=(512\times512)/4=64\text{KB},取\ B_0=B_{\min}$$

考虑到存储芯片一般为 64KB×4bit 的结构，根据式(4.1.3)、式(4.1.4)算得 $K_A=4$，$K_B=2$，则所需 64KB×4bit 的存储芯片数量为 $N=K_A\times K_B$。

根据例 4.1 的运算结果，我们用 64KB×4bit 的存储芯片，采用并行交叉存取技术，在一个写周期里同时把水平相邻的 4 个像素写入帧存；同理，采用并行交叉存取技术，也可以在一个读周期里把帧存中 4 个水平相邻的像素读出来。这种并行交叉存取的结构方式，简称为四相存取方式，为了实现四相存取方式，就要增加存储器外围的快通道电路。图 4.1.5 给出了四相存取方式的数据通道电路框图及控制信号波形。

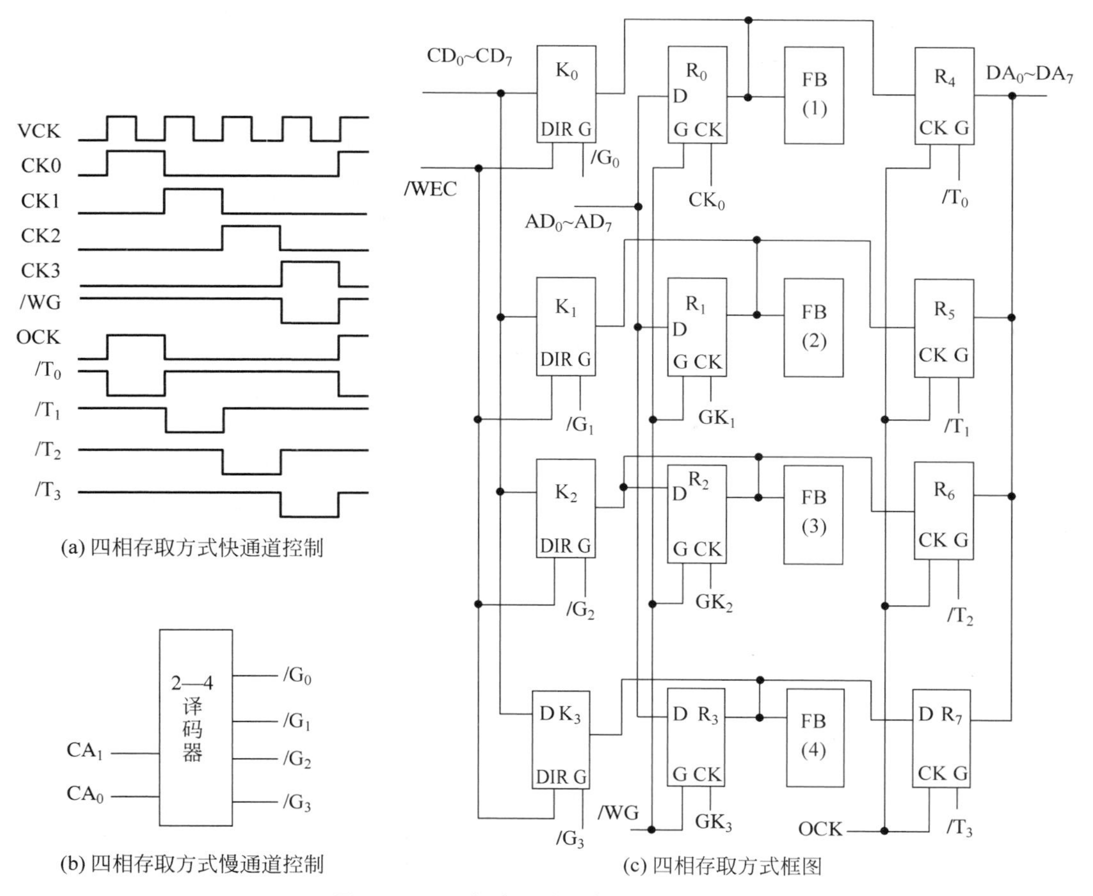

(a) 四相存取方式快通道控制

(b) 四相存取方式慢通道控制

(c) 四相存取方式框图

图 4.1.5　四相存取方式框图及通道控制

在图 4.1.5 中,快通道有 8 个 8bit 的寄存器 $R_0 \sim R_7$。$AD_0 \sim AD_7$ 是 A/D 后的图像数据,$R_0 \sim R_3$ 为快通道输入寄存器;$CK_0 \sim CK_3$ 作为锁存脉冲分别送到各寄存器的 CK 端,依次把 A/D 后的图像数据输入各寄存器;/WG 是各输入寄存器的输出使能信号,在/WG 为低电平时,并行地把水平相邻的 4 个像素送入帧存,以实现一个写周期同时写入 4 点的操作。读出过程则是写入过程的逆过程,在一个读出周期里一次读出 4 个水平相邻的像素并用 OCK 脉冲把它们锁存在输出寄存器 $R_4 \sim R_7$ 中,然后分四相依次从输出寄存器中输出 $DA_0 \sim DA_7$,由此完成了并到串的转换,从而形成了显示的数字图像数据。计算机读写是通过帧存的慢通道进行的,$K_0 \sim K_3$ 是双向驱动器,/WEC 为计算机读写的标记信号,此处用来控制双向驱动器的数据传送方向,CA_0、CA_1 是计算机送来的低 2 位列地址,由此译码形成计算机数据 $CD_0 \sim CD_7$ 的选通信号。VCK 点时钟的周期时间为 100ns,从图 4.1.5(b)所示的四相存取方式慢通道控制波形中可以看到,400ns 完成一次 4 个像素的读或写操作(进行写入操作时不进行读出操作)。

从上面介绍的四相存取方式中可以看到,采用并行交叉存取技术成功地解决了要存取的快速数据流和存储体慢速存取周期的矛盾,其代价是周边电路较多,时序控制也比较复杂。有时,虽然存储体芯片的读写周期能够满足快速存取的要求,但此时没有余量,为了提高帧存的吞吐能力,有时也为了兼顾其他电路的存取,也常常需要使用并行交叉存取技术。

解决这种快速视频数据流的存取问题,除了使用并行交叉存取技术以外,还有其他 3 种解决方法。第一种方法是采用 DRAM 存储体的页面操作方式,对于按电视行顺序形成的数据流,采用页面存取方式可以把一个电视行对应为存储体的一个行,高速地进行一行视频数据的存取,但这种方法一定要求一个页面操作周期时间大于行周期时间;第二种方法是选用 VRAM(视频 RAM)芯片,使用 VRAM 芯片的 SAM 端口,也可以高速地按电视行一行一行地进行视频数据的存取;第三种方法则是选用高速的 SRAM 芯片,这种芯片的存取速度很快,可以逐点地存取视频数据。

4.2 图像帧存储体的管理

4.1 节已经提过,图像帧存像是存储图像数据的仓库,诸如 A/D、D/A、计算机以及硬件处理器,用户都要访问,每个用户访问帧存时,都要提出访问请求、提供读写标识、提供地址。为了做到有序而且正确地接受用户的访问,就需要对帧存的数据总线、地址总线进行有效的管理。在图像帧存的管理方法上,大致有两种方法:一种是分时访问的管理方式;另一种是优先级访问的管理方式。

4.2.1 存储体分时访问方式

所谓分时访问,就是规定确定的用户以确定的时间来访问存储体。我们以图 4.1.1 所示的单帧单通道存储体的结构作为分时访问的例子,这也曾是一个实际系统使用的方法。这里选用 DRAM 芯片来构成帧存,这时系统规定 A/D、D/A 在电视正程时间里访问帧存,而安排计算机在电视逆程时间里访问帧存。在电视逆程里,允许计算机访问帧存,当计算机在限定的时间里访问帧存时,则把帧存的相应总线切换给计算机,并把计算机存取帧存的时序送入帧存。要实现在电视逆程内允许计算机访问帧存这一限定,就必须要让计算机知道何时处于电视逆程，一种办法是电视逆程内产生DMA申请或产生中断，另一种办法是由计算机查询电视逆程状态。我们知道，电视逆程分为行逆程和场逆程。行逆程的标准时间为12μs，场逆程的标准时间为1.6ms。行逆程时间较短，要完成诸如中断申请、中断响应、数据传输等一系列操作，时间比较紧张。相比之下，安排计算机在场逆程时间里访问帧存更为合理。具体的做法是：在电视正程时间里，进行A/D写入或D/A读出的操作，操作时，把A/D写入或D/A读出的地址送入帧存的地址总线；如果用户是A/D，则把A/D的数据送入帧存的数据总线，把A/D写入操作的时序送入帧存，帧存则进行写入操作；如果用户是D/A，则把帧存的数据读出来送入D/A，把D/A读出时序送入帧存，帧存则进行读出操作。把计算机访问帧存的时间仅仅限制在场逆程内，显然这时计算机使用的效率是很低的。这个系统的场周期为20ms，系统的场逆程时间为1.6ms，此时计算机访问帧存的数据传输效率只有8%。在有的系统中，设计了这样的分时访问：当计算机访问帧存时终止D/A读出，这样做的结果是破坏了帧存图像的正常显示，视觉效果差。显然，以上这些分时访问的方法都存在不同的缺点。在帧存的管理上，似乎分时访问还不太完善，还没有解决好诸如计算机访问帧存和帧存图像显示并发的多用户问题。

4.2.2　存储体多周期嵌套的优先级访问方式

优先级访问的存储体管理方式，是指以用户优先级的顺序来确定用户访问存储体的先后次序。在多于一个用户同时访问存储体的情况下，优先级别高的用户具有先访问的权利。在优先级访问方式中，每一个用户在访问存储体时，首先要提出申请，优先级控制电路则按照事先规定好的优先级顺序进行仲裁，以便裁定当前存储体操作的周期归谁使用，以及产生相应的地址、数据的门控信号和其他信号。显然，这个优先级控制电路具有对用户申请信号的查询、保持、响应及撤销的功能，其工作的基本思想是：先把各申请信号暂存起来且规定一个标准，即规定在暂存信号中何种电平表示申请状态，如“1”状态表示用户有效申请。设定一个周期查询脉冲，定期查询所有用户的申请信号，再根据优先级的规定来确定当前使用存储体的用户并对该用户产生出相应的申请响应信号，同时清除由该用户建立的被确认过的申请状态，及撤销被确认过的申请；对于那些需要连续申请使用存储体的用户，要给出每次被响应的标记信号，而其余没有被响应的用户，其申请状态予以保留，由下一次进行仲裁，以此来完成存储体使用权的裁定。

查询脉冲的周期时间就是帧存的一个操作周期的时间，在时间数值上要大于所用存储芯片标定的最小操作周期时间。早期的图像处理系统选用的查询周期为400ns。

帧存的用户一般有3个：A/D、D/A和计算机。考虑到DRAM芯片的刷新也要占用帧存的操作周期，所以我们把刷新也作为一个用户，这样就有4个帧存的用户了。要设计帧存的优先级控制电路，就必须了解那些使用帧存的用户的具体特点。在这些用户之中，计算机访问帧存一般是以单点随机方式来进行，在PC ISA总线中其访问帧存的速率一般在1μs/pixel左右。A/D、D/A访问帧存，一般是按电视扫描的规律，一行一行地进行存取，PAL制行周期为64μs，即64μs要存取一行数据；或者相同行的相邻几点(如四相方式的行相邻4点)并行地进行存取。刷新，是DRAM(或VRAM)芯片需要的操作，每一种这样的存储芯片，生产厂家都会给出该芯片的刷新周期时间，如TC524258BZ型的VRAM芯片，厂家给出的刷新周期时间是：512刷新周期/8ms。刷新是按行进行的，一个刷新周期刷新一行，TC524258BZ 是一个 512×512×4bit 的 VRAM 芯片，共有 512 行，按照厂家的规定，整个存储芯片刷新完一遍需要 8ms 的时间，如果满足这一要求，该芯片存储的内容一定不会丢失，也就能起到它作为存储体的作用了。

在图像处理系统中，帧存主要采用两种方法刷新，即分散刷新和行集中刷新。

定义 4.2.1　存储体分散刷新

在存储芯片所规范的刷新周期的全部时间内，均匀地进行刷新操作，并满足存储芯片刷新周期规范的要求。存储芯片的这种刷新方式称为存储芯片的分散刷新。

定义 4.2.2　帧存行集中刷新

在存储芯片所规范的刷新周期的局部时间内，集中地进行刷新操作，并满足存储芯片刷新周期规范的要求，存储芯片的这种刷新方式称为存储芯片的集中刷新。

采用存储芯片的分散刷新方式进行刷新，就需要我们按厂家给定的参数推算出最低的分散刷新的刷新速率。这个最低的刷新速率记作 $R_{\text{r\_min}}$，单位为 μs/line。其中，line 是指存储芯片的行，如厂家给出的刷新周期时间是 N 刷新周期/K ms，一个刷新周期对应刷新的一行，则

$$R_{\text{r\_min}}=(K/N)\times 1000(\mu\text{s/line}) \tag{4.2.1}$$

例 4.2　TC524258BZ 是 512×512×4bit 的 VRAM 芯片，刷新周期时间是 512 刷新周期/8ms，用该芯片来构成帧存，系统采用分散刷新，试求存储芯片最低的刷新速率 $R_{\text{r\_min}}$。

解：把厂家给定的参数代入式(4.2.1)得

$$R_{\text{r\_min}}=(8/512)\times 1000\approx 15.6(\mu\text{s/line})$$

从例 4.2 可以看出，使用 TC524258BZ 芯片，刷新速率不应低于 15.6μs/line 的最低刷新速率。确定了最低的刷新速率以后，就可以产生符合刷新要求的刷新申请信号了。形成这种信号也有两种方法：一种方法是自行产生，设计相应的硬件来产生刷新申请信号；另一种方法是借助于微机的刷新信号，以该信号作为存储芯片刷新的申请信号送到存储体优先级控制电路。因为微机的内存由 DRAM 芯片构成，也需要进行刷新，而且刷新时序安排得较有富裕，完全能满足一般 DRAM 芯片的刷新要求。

采用帧存行集中刷新方式进行刷新，常常是采用电视行集中刷新，是指在每一个电视行中进行满足要求的集中刷新。这里的电视行和存储体的行在概念上不一样，这里是指电视扫描行，它有确定的时间定义，如在 PAL 制里，一行为 64μs；而存储体的行是指存储体芯片的物理地址，在帧存进行 A/D 写入或 D/A 读出操作时，存储体的行地址可以和帧存的行地址一一对应，但一般 DRAM 芯片内部设有刷新行计数器，其给出的刷新行地址不是视频行地址。要实现这种行集中刷新，就需要按厂家给定的参数推算出在每一电视行里进行最少的刷新次数。如厂家给出的刷新周期时间为 N 个刷新周期/K ms，图像处理系统的行周期时间为 T_{H}，单位为 μs，设行集中刷新方式中在每一电视行内最低的刷新行数为 $M_{\min}$，根据式(4.2.1)，则

$$M_{\min}=\begin{cases}\dfrac{T_{\text{H}}}{R_{\text{r\_min}}}, & T_{\text{H}}/R_{\text{r\_min}}\ \text{整除}\\[2ex] \dfrac{T_{\text{H}}}{R_{\text{r\_min}}}+1, & T_{\text{H}}/R_{\text{r\_min}}\ \text{不整除}\end{cases} \tag{4.2.2}$$

式中，$R_{\text{r\_min}}$ 为分散平均刷新方式中最低的刷新速率。

例 4.3 TC524258BZ 是 512×512×4bit 的 VRAM 芯片，刷新周期时间为 512 刷新周期/8ms，用该芯片来构成帧存，系统采用行集中刷新方式，$T_H=64\mu s$，试求在每一电视行内最低的刷新次数 M_{min}。

解：根据例 4.4 计算的结果，得

$$R_{r\_min} \approx 15.6\mu s/line$$

$$T_H/R_{r\_min}=64/15.6=4.1(line)$$

根据式(4.2.2)得 $M_{min}=5$，即在 64μs 内至少要在刷新 5 行，换句话说，64μs 内至少要进行 5 次刷新操作。

现在再来讨论在优先级访问方式下的具体电路。图 4.2.1 给出了一种优先级控制电路。

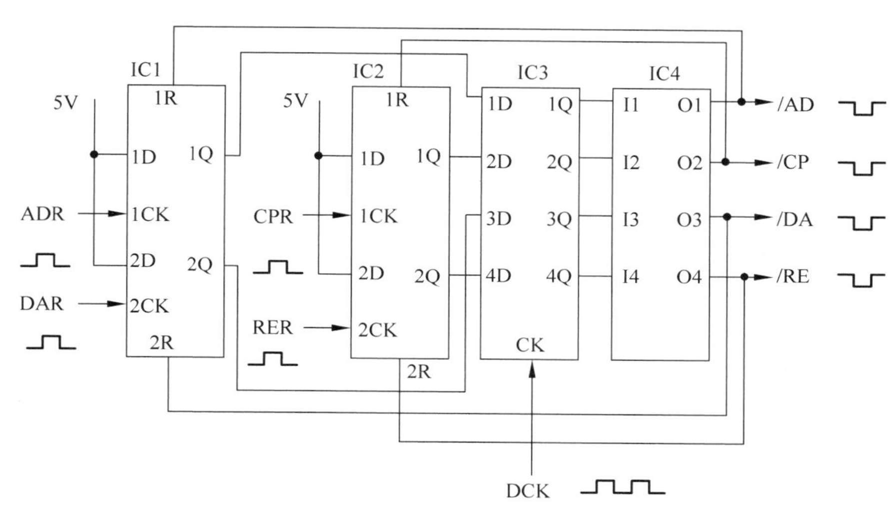

图 4.2.1 分散刷新方式的四用户优先级控制电路

图 4.2.1 采用的刷新方式是分散刷新方式，而且是借助于微机的刷新信号来进行刷新的。帧存的用户有 4 个：A/D、D/A、计算机和刷新，其中申请信号分别为 ADR、DAR；CPR 和 RER；IC1、IC2 是用户状态寄存器，由双 D 触发器芯片构成。用户状态寄存器输出信号为"高"，则表示该用户申请使用帧存，查询脉冲 DCK 的周期为 400ns；IC3 为查询状态寄存器，使用四 D 触发器芯片；IC4 为用户优先级控制器，使用可编程逻辑芯片。IC4 的输出信号/ADF、/CPF、/DAF 和/REF 分别是 A/D、计算机、D/A 和刷新申请的响应信号，低电平有效。要对用户进行仲裁，就要确定 4 个用户的优先级顺序，这里我们确定的优先级顺序为计算机、A/D、D/A、刷新。根据这一规定，得到 IC4 芯片的逻辑方程。

令输入变量：I1＝ADR；

I2＝CPR；

I3＝DAR；

I4＝RER；

令输出变量：O1＝/ADF；

O2＝/CPF；

O3＝/DAF；

O4=/REF；

逻辑方程式：/CPF=CPR；

/ADF=/CPR * ADR；

/DAF=/CPR * /ADR * DAR；

/REF=/CPR * /ADR * /DAR * RER；

从图 4.2.1 可以看出，各申请信号是一个脉冲信号，靠其上升沿来建立申请状态，IC1、IC2 具有申请信号的建立、保持及撤销功能，IC3 则定期查询 IC1、IC2 的状态，在查询脉冲 DCK 的上升沿时把各用户申请信号的状态锁存起来，并保证在该查询周期里不发生变化；IC4 则根据事先的优先级规定进行总线仲裁，从而产生所选中的一个用户的响应信号。从上面的逻辑方程式也可以看出，每个查询周期最多只能产生出一个选中的响应信号。响应信号不仅去清除各自的申请状态，而且还要送去作为该用户的数据、地址的选通信号。在实际应用中，IC4 还会输出一些其他信号，如存储体操作的分类信号，即把用户的操作归纳为常规读、常规写、刷新等类别，再送到时序发生器，以便产生所选中用户的相应帧存操作时序。

图 4.2.1 里采用的刷新方式是分散刷新方式，图 4.2.2 给出了行集中刷新方式的四用户优先级控制电路。

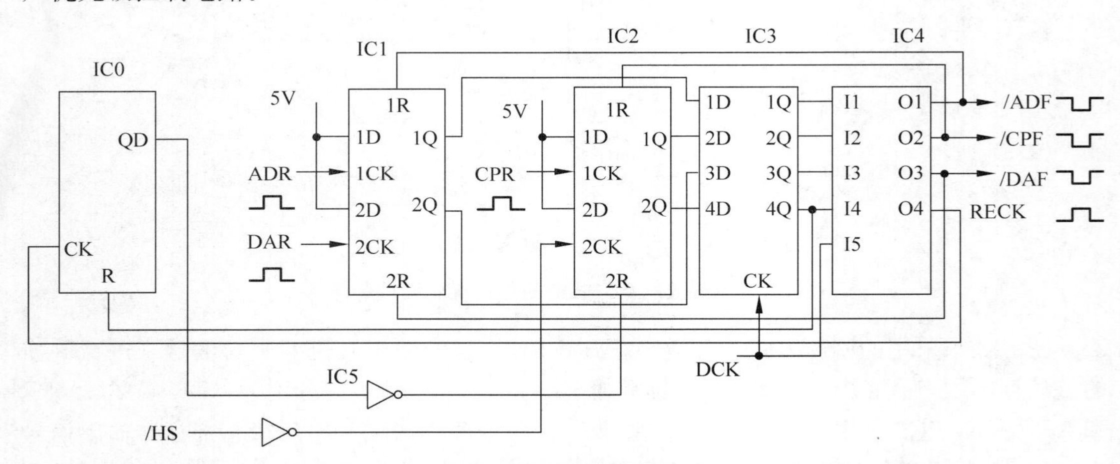

图 4.2.2 行集中刷新方式的四用户优先级控制电路

图 4.2.2 所示的四用户优先级控制电路和图 4.2.1 所示的四用户优先级控制电路之间的区别在于刷新电路上。在图 4.2.2 所示的四用户优先级控制电路中，刷新电路采用了行集中刷新方式，例 4.2 计算的结果说明，在 64μs 内至少要在刷新 5 行，即在 64μs 内至少要进行 5 次刷新操作，为了便于实现，这个电路确定了在一个电视扫描行中刷新存储体 8 行的刷新速率。在行同步/HS 为下跳沿时，经反相器后送到 IC2 的 2CK 端，建立起刷新申请的状态，因为刷新的优先级最低，只有其他用户都不申请时才能进行刷新操作，当用户优先级控制器响应刷新操作时，则输出一个 RECK 脉冲，作为刷新计数器的 CK 脉冲。IC0 是刷新计数器，当计数器计数到“8”时，QD 端则产生一个上升沿，此信号经反相器加至 IC2 的 2R 端，使 IC2 的 2Q 端为零，从而撤销了这一扫描行的刷新申请状态，在这一扫描行里累计刷新了 8 行存储体，满足了存储芯片的刷新要求。

我们知道，如果 DRAM 芯片刷新速率低于标称刷新频率，则芯片工作不正常；如果高于标称刷新频率过多，则功耗增大。例 4.2 计算的结果要求在 64μs 内至少要刷新 5 行，将图 4.2.2 所示的电路稍加改变即就可以实现这一指标。具体的做法是将刷新计数器 IC0 的 QA、QB、QC 端连到用户优先级控制器 IC4 上。IC4 将根据 IC0 的 QA、QB、QC 表示的刷新 5 行的状态而给出一个刷新结束信号。电路的具体改动，这里不再赘述。

采用行集中刷新方式进行刷新，可以合理地安排各用户访问帧存的时间，具体内容将在后面描述。

虽然我们解决了多用户访问帧存的优先级控制问题，但是仍然没有解决图像显示时读帧存和计算机访问帧存时读写帧存所存在的并发性的矛盾。为此，我们提出了一种用于帧存管理的多周期嵌套的优先级访问方式。

定义 4.2.3　存储体多周期嵌套访问

在一个确定的周期时间 T_τ 中，包含 N 个独立的存储体读写操作周期(非页面操作方式且 N 为正整数，$N \geqslant 2$)，在其中任何一个存储体读操作周期的时间内，能够读出 N 个用户中的任何一个用户在 T_τ 时间内所需要读出的全部存储体数据；或将 N 个用户中的任何一个用户在 T_τ 时间内将所需要写入的数据全部写入存储体。存储体的这种大周期包含多个读操作周期或包括多个写操作周期的访问称为多周期嵌套访问。

针对确定的 N，可以直接称为 N 周期嵌套。在多周期嵌套的周期时间内，同时访问存储体的用户个数 M 应满足

$$M \leqslant N \tag{4.2.3}$$

在实际设计中，一般选择 $M=N$。

优先级控制电路按照多周期嵌套的周期时间对存储体用户的申请信号进行查询，当两个或两个以上的用户同时申请存储体的读写操作时，应当按预先规定的优先级顺序进行仲裁，由此确定使用当前存储体读写操作周期的用户，被允许的用户则进行读写存储体的操作，优先级控制电路并撤销该用户的申请。在该次存储体操作周期内，读出用户所需的存储体数据，或将用户的数据写入帧存。而未被响应的用户则按预先规定的优先级顺序，顺延到下一个存储体读写操作周期给予重新仲裁，直至完成在该嵌套周期内全部用户对存储体的读写操作。

针对实时显示的需要设计帧存的嵌套周期，其关键在于在一个帧存读操作周期内能够读出帧存的满足正常显示所需要的图像数据。帧存的一个读写操作周期时间为 T_{AC}。在 T_τ 时间内包含有帧存的 N 个读写操作周期，则

$$N = T_\tau / T_{AC} \tag{4.2.4}$$

显然，对于帧存嵌套周期，总有 $N \geqslant 2$。

式(4.2.4)给出了嵌套周期时间 T_τ 和帧存的一个读写操作周期时间 T_{AC} 的关系，并不是说 T_τ 越大越好，显然 T_τ 与用户的个数以及各用户的数据传输速率有关。设用户的个数为 4，T_{CAD}、T_{CDA}、T_{CPU} 分别为 A/D、D/A 和计算机的数据传输的周期时间，T_{CRE} 为刷新的周期时间，令

$$T_C = \min(T_{CAD}, T_{CDA}, T_{CPU}, T_{CRE}) \tag{4.2.5}$$

显然，$T_C \leqslant T_{AC}$，$T_\tau \geqslant 2T_{AC}$。

PC 在 IAS 总线的传输方式下，一般 $T_{CPU} \geqslant 1\mu s$。A/D 和 D/A 的数据传输速率均取为

100ns。帧存刷新速率设定为15.6μs。T_C=100ns。如果取T_{AC}=400ns,那么T_τ=800ns,为两周期嵌套。根据优先级控制的多周期嵌套的定义,要满足实时显示的要求,在800ns时间内需从帧存中读出8点数据。参照图4.1.5所示的电路,采用并行交叉存取技术,在一个读周期中把帧存中8个水平相邻的像素读出来。当然,电路的规模更大,但对于大规模逻辑阵列芯片来讲,这点资源开销真是微不足道。如果在帧存使用VRAM芯片的情况下,D/A读出帧存一行的图像数据只花一个存储体的读传输周期时间,那么T_{CDA}=64μs,电路设计会更加简单。

在设计帧存电路时,应以用户并发数的数量来确定嵌套周期,以每个用户存取数据的多少来确定并行每周期存取的数据量,以最快的用户确定每周期存取的最大数据量。

在设计帧存电路时,也应合理地安排各个用户访问帧存的时间,以做到负载均衡。首先要根据用户的特点加以分类。我们注意到A/D图像写入帧存的操作并不是一种周期性的操作,常常是只写入一帧图像,即便写入连续的多帧图像也是有限的,这样我们可以特殊地对待A/D申请。一种考虑是A/D访问帧存时微机不访问帧存,在A/D访问帧存的一帧时间(如40ms)内,D/A所需要的显示图像数据可以不从帧存里读出而直接使用A/D送来的数据,这样,在视频正程的时间段,A/D、D/A只作为一个用户,包括计算机访问帧存在内,也只有两个用户：计算机和D/A。采用行集中刷新方式进行刷新,我们把DRAM芯片的刷新安排在行消隐期间,在视频逆程的时间段,此时没有A/D和D/A的访问,在这期间,如果计算机要访问帧存,也只有两个用户：计算机和刷新。从上面的安排中可以看出,计算机可以随时访问帧存,其数据传输速率很高。这样,仅仅采用两周期嵌套,各用户就可以高效地访问图像帧存了。图4.2.3给出了视频正程的两周期嵌套的波形。图中,DCK为查询脉冲,周期时间设为400ns,$N=2$,为两周期嵌套。计算机和D/A两个用户同时申请使用帧存,其申请信号分别为CPR和DAR,在T_τ时间内的第一个周期里,按照优先级的规定,帧存先响应计算机的申请,于是给出了计算机的允许信号/CPF;而在在T_τ时间内的第二个周期里,再响应D/A的申请,给出D/A的允许信号/DAF,由此完成了一个嵌套周期的操作。

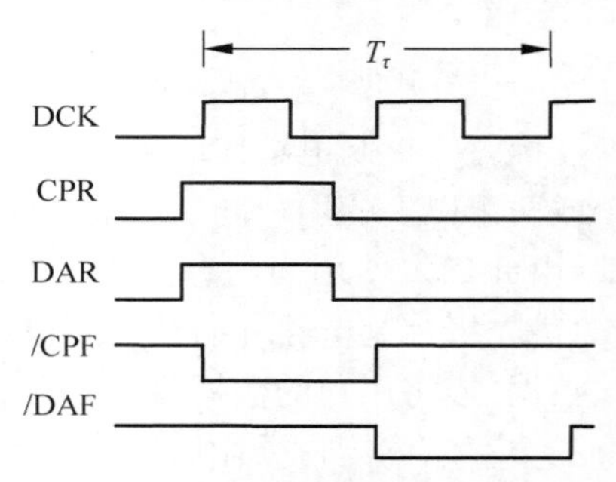

图4.2.3 可变的两周期嵌套

同理,在视频逆程的时间段,也得到类似的两周期嵌套的波形,这里不再赘述。

为了简化帧存的外围电路,选用VRAM芯片来构成帧存进而构造一个单帧双通道存储体,以此来说明这些控制信号。图4.2.4给出了这样的一个单帧双通道存储体及其外围电路框图。

在图4.2.4中,A/D和D/A都使用VRAM芯片的SAM端口,只有计算机访问帧存时使用VRAM芯片的DRAM端口,CA_0～CA_{17}是计算机访问帧存的地址,A_0～A_{17}是视频地址,一般情况下A_0～A_8恒为零,这是因为VRAM芯片的传输操作是以一行一行地进行的,列首址常常是零,视频地址是A/D、D/A共用的,三态门Ⅰ输出的计算机行地址线和三态门Ⅱ输出的视频行地址线连在一起,三态门Ⅰ输出的计算机列地址线和三态门Ⅱ输出的视频列地址线连在一起,由二选一选择器进行行列地址切换。设计时特别要注意二选一选择器的选择信号/ASL的时间关系,这个信号可以用加到存储芯片的/RAS再经过两级门延

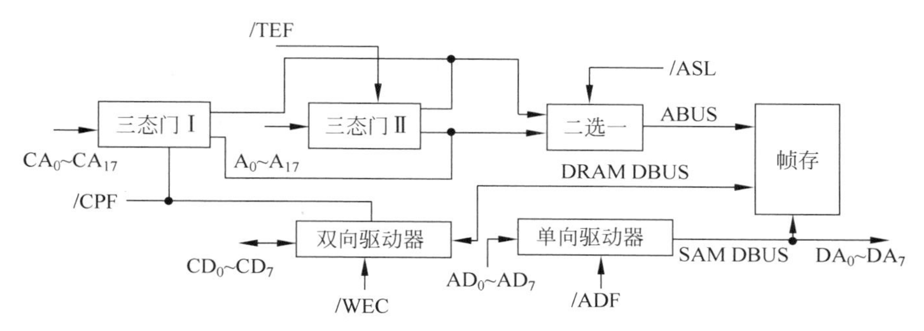

图 4.2.4 一个单帧双通道存储体及其外围电路框图

迟来产生。/TEF 是传输申请的允许信号,/CPF、/ADF 是计算机和 A/D 访问的允许信号,这些允许信号分别去作为相应的地址驱动器和数据驱动器的输出使能。从图 4.2.4 中可以看出,使用 VRAM 芯片的这种帧存的外围电路结构很简单,显然这是一种高效的结构。当然,应用 DRAM 芯片,采用并行交叉存取技术和可变的两周期嵌套的优先级控制技术,也很容易实现多用户的高效管理。

在 4.2.1 节分时控制的论述中提到,计算机访问帧存的时间被限制在场消隐期间的时间段,即计算机在 20ms 时间中的 1.6ms 才能访问帧存。当我们采用两周期嵌套的优先级控制电路时,把计算机访问帧存的效率从 8%提高到 100%。当计算机以 100%的效率访问帧存时,图像显示十分稳定、刷新也正确,由此带来帧存工作稳定。显然,多周期嵌套的优先级控制方式,有效地解决了帧存的总线竞争问题,在实际系统的应用上,进步是非常明显的。

值得指出的是,多周期嵌套技术包括了并行交叉存取技术、优先级控制技术。在嵌套周期时间 T_τ 内,包含有 N 个帧存操作周期,也就是包含有 N 个查询脉冲,这段时间可以容纳 N 个用户访问帧存。其意义在于为多用户系统提供了一种有效的解决方案,不仅适应图像帧存的设计,也可在其他的一些复杂多用户系统中发挥重要作用。

4.3 图像帧存储体的时序

讨论帧存的时序,就要讨论存储芯片本身。前面已经提过,用来构成帧存的芯片种类主要有三大类:DRAM、SRAM 和 VRAM。就其芯片所要求时序的复杂程度而言,表面看起来,VRAM 芯片的时序最复杂,DRAM 略为简单一些,SRAM 最为简单。当综合各方面的考虑时,如考虑外围的控制、存储体存取的方式等,则是 DRAM 芯片的时序最复杂,VRAM 略为简单一些,SRAM 最为简单。DRAM 操作方式包括常规读、常规写、页面读、页面写和刷新。而 VRAM 操作方式除了包含 DRAM 的全部操作方式以外,由于 VRAM 芯片比 DRAM 芯片多了一种称为 SAM 的存储体,所以还增加了独特的读传输、写传输、串出和串入的操作方式。SRAM 芯片只有读写操作方式,时序很简单。

因为 VRAM 芯片的操作方式包含了 DRAM 芯片的操作方式,所以我们重点讨论 VRAM 芯片的时序产生。

VRAM 芯片是 20 世纪 80 年代开始用于图形图像帧存的一种存储芯片,图 4.3.1 给出了 VRAM 芯片的基本结构。

从图 4.3.1 中可以看出，VRAM 芯片内部比 DRAM 多了一个串行存取存储体(Serial Access Memory，SAM)，从外部来看增加了一个串口，因此 VRAM 也称为双端口存储体，它的操作比较复杂，从总体上来考虑，VRAM 主要有三类操作：DRAM 操作；DRAM 和 SAM 之间的传输操作；SAM 的串入/串出操作。DRAM 的操作包括常规读、常规写(包括按位写)、读改写、页面读、页面写和刷新等操作；SAM 的操作称为串行操作，包括串行写入(简称串入)和串行读出(简称串出)操作，从存储体外部把数据写入 SAM 称为串入操作，从 SAM 里顺序读出数据到存储体外部则称为串出操作；DRAM 和 SAM 之间的操作称为传输操作，在一个传输操作周期中把 DRAM 的数据并行地传输到 SAM 里为读传输，在一个传输操作周期中把 SAM 的数据并行地传输到 DRAM 里为写传输。

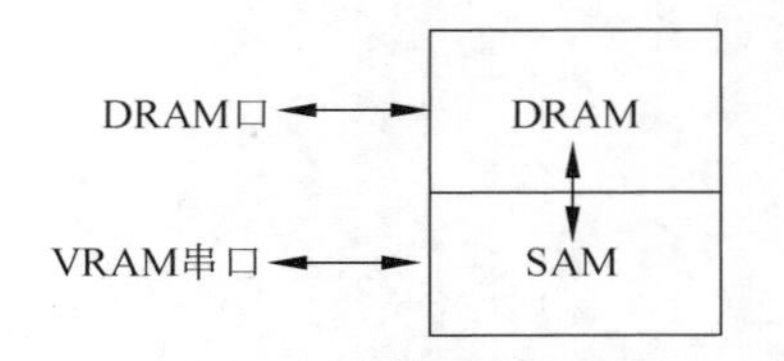

图 4.3.1 VRAM 芯片的基本结构

在图像处理系统中，最常见的帧存结构为 512×512×8bit，如使用 DRAM 类的 HM53461 芯片来构成这样的帧存，则需要 8 片存储体，不仅数量多、体积大、线路板布线麻烦，而且外围电路也多。常使用的 1Mbit 的 VRAM 芯片有日本东芝公司的 TC524256、TC524258，日立公司的 HM534251/2/3 以及美国 TI 公司的 TMS44C251 等，这些芯片都是 512×512×4bit 的结构，只需两片就能构成容量为 512×512×8bit 的帧存，该芯片除了具有 DRAM 的全部功能以外，全都具有读传输、写传输、串出/串入功能，其外围电路十分简单。下面以 TC524256 为例讨论 VRAM 芯片的使用方法。

TC524256 芯片 RAM 的容量为 256K×4bit，SAM 的容量为 512×4bit，512 行刷新周期时间为 8ms，其刷新方式有/RAS 单独刷新、/CAS 超前/RAS 刷新以及隐蔽刷新，支持常规读、常规写、读改写、按比特位写、读传输、写传输、串出和串入操作，其主要的性能如表 4.3.1 所示，信号说明如表 4.3.2 所示。TC524256 管脚位置排列有两种形式：一种是常规的双列直插形式(DIP)，这种形式的芯片体积较大；另一种则是立式的(ZIP)，其芯片体积较小，应用更广泛。

下面对各个信号的名称作一些说明。

1. 地址($A_0 \sim A_8$)

这是行列复用的地址线，在/RAS 的下跳沿锁存行地址，在/CAS 的下跳沿锁存列地址，行列地址共 18 位，寻址 256K。

2. 数据传输/输出使能(/DT/ /OE)

这是一个功能复用的信号线，在/RAS 下跳沿时/DT/ /OE 端为高，存储体完成常规的 DRAM 操作；而在/RAS 下跳沿时/DT/ /OE 端为低，存储体则进行 DRAM 和 SAM 之间的数据传输操作。

3. 按位写/写使能(/WB/ /WE)

这是一个功能复用的信号线，在对 DRAM 端口操作中，在/RAS 下跳沿时如果/WB/ /WE 端为低，则按位写使能，至于哪个比特位被屏蔽，视/RAS 下跳沿时数据线 $W_1/I/O_1 \sim W_4/I/O_4$ 的电平值，低电平为屏蔽，如某一位此时为零即表示该存储单元相对应的位不能写入数据，在这一次写操作完成后，该单元的相应比特位仍然是原来的值。

在传输周期，/WB/ /WE 端决定 DRAM 和 SAM 之间数据传输的方向，在/RAS 下跳沿时，当/WB/ /WE 为高，表示是 DRAM 到 SAM 的数据传输(即读传输)；当/WB/ /WE 为低，则表示是 SAM 到 DRAM 的数据传输(即写传输)。

4. 写屏蔽/数据入/出(W_1/I/O_1～W_4/I/O_4)

这是四位 DRAM 端口的数据线，它有 3 个作用：数据输入、数据输出以及数据位屏蔽。在按位写的操作中，在/RAS 下跳沿时，这时四位数据线记作 W_1～W_4，其作用是标明存储体相应比特位是否允许写入，"0"不允许写，"1"则允许写。在 DRAM 端口读写操作中，这时四位数据线记作 I/O_1～I/O_4，是 DRAM 端口的输入输出数据。

5. 串入/串出数据(SI/O_1～SI/O_4)

串入和串出数据共享这四位数据线，串入和串出模式由最近的传输周期类型来确定，当一个读传输周期被完成以后，SAM 端口处于输出模式。当一个伪写周期被完成以后，SAM 端口则从输出模式切换到输入模式，在后续的写传输周期里，SAM 端口则保持输入模式。

6. 串入/串出使能(/SE)

/SE 输入信号用来作为串行存取操作的使能信号，低电平有效。在串出操作时，/SE 作为输出控制；在串入操作时，/SE 作为写使能控制。当/SE 为高时，串入/串出的存取被禁止，但即使/SE 为高，SC 端有时钟跳变，串入/串出地址指针位置依然发生变化。

7. 串入/串出时钟(SC)

SAM 端口的全部操作由串入/串出时钟 SC 同步，在串出操作中，在 SC 的上升沿，数据从 SAM 端口里移出；在串入操作中，在 SC 的上升沿，数据则移入 SAM 端口。

串入/串出时钟 SC 也改变作为选择 SAM 地址的 9bit 的串行指针，指针地址按一种环形的方式来增加起始地址以后的顺序地址。这个起始地址是由传输周期给出的列地址确定的，当地址达到最大地址 511 后，下一个 SC 时钟将使指针为零。

8. 电源(V_{CC})

电源 V_{CC} 为 5V。

9. 地(V_{SS})

DRAM 端口操作以及 DRAM 和 SAM 之间的传输操作、SAM 端口操作的真值表如表 4.3.1～表 4.3.3 所示，DRAM 端口中按位写操作的真值表如表 4.3.4 所示。

表 4.3.1　DRAM 端口操作的真值表

/RAS	/CAS	地　址	/DT/ /OE	/WB/ /WE	/SE	功　能
H	H	*	*	*	*	空闲
↓	H	有效	H→L	H	*	读
	H	有效	H	H→L	*	写
	H	行地址有效	H	*	*	/RAS 单独刷新
	L	*	H	H	*	/CAS 超前/RAS 刷新
	H	有效	H	L	*	按位写
	H	有效	L	H	L	读传输
	H	有效	L	L	L	写传输
	H	有效	L	L	H	伪写传输

注："*"表示高或低。

表 4.3.2 DRAM 和 SAM 之间传输操作的真值表

在/RAS 的下降沿					
/CAS	/DT/ /OE	/WB/ /WE	/SE		
H	L	H	*	读传输周期	DRAM→SAM
H	L	L	L	写传输周期	SAM→DRAM
H	L	L	H	伪写传输周期	—

表 4.3.3 SAM 端口操作的真值表

前面的传输周期	SAM 端口操作	(在/RAS 下降沿时)/DT/ /OE	SC	/SE	功　能
读传输	串出模式	H★	⎍	L	串行读使能
				H	串行读截止
写串输	串入模式		⎍	L	串行写使能
				H	串行写截止

H★：在 DRAM 端口和 SAM 端口同时进行操作的时间，在/RAS 时刻，/DT/ /OE 必须保持高电平，以免形成一次错误的传输周期。

表 4.3.4 DRAM 端口中按位写操作的真值表

在/RAS 的下降沿序				功　能
/CAS	/DT/ /OE	/WB/ /WE	$W_i/I/O_i$ ($i=1\sim4$)	
H	H	H	*	写使能
H	H	L	1	写使能
			0	写屏蔽

注：第 2 脚的实际位置应往上，处于 1、3 脚之间；第 4 脚的实际位置应往上，处于 3、5 脚之间；依此类推。

每一种存储芯片都有由生产厂家给出的时序规范，表 4.3.5 则给出生产厂家建议的时序规范。

表 4.3.5 生产厂家建议的时序规范　　单位：ns

符号	参　数	TC524256 P/Z-10		TC524256 P/Z-12	
		最小	最大	最小	最大
t_{RC}	随机读写周期时间	190		220	
t_{RAS}	/RAS 脉冲宽度	100	10 000	120	10 000
t_{RP}	/RAS 预充时间	80		90	
t_{CRP}	/CAS 对/RAS 的预充时间	10		10	
t_{CSH}	/CAS 保持时间	100		120	
t_{RCD}	/CAS 对/RAS 的延迟时间	20	50	25	60
t_{CAS}	/CAS 脉冲宽度	50		60	
t_{CPN}	/CAS 预充时间	15		20	
t_{PC}	页面操作周期时间	90		105	
t_{ASR}	行地址建立时间	0		0	
t_{PRWC}	页面操作读改写周期时间	150		175	
t_{RAC}	从/RAS 起取数时间		100		120

续表

符号	参数	TC524256 P/Z-10		TC524256 P/Z-12	
		最小	最大	最小	最大
t_{CAC}	从/CAS起取数时间		50		60
t_{OFF}	输出缓冲器转为关断的延迟时间	0	30	0	35
t_{RWC}	读改写周期时间	250		290	
t_{RSH}	/RAS保持时间	50		60	
t_{CP}	/CAS预充时间(页面操作方式)	30		35	
t_{RAH}	行地址保持时间	10		15	
t_{ASC}	列地址建立时间	0		0	
t_{CAH}	列地址保持时间	20		25	
t_{AR}	相对于/RAS,列地址保持时间	70		85	
t_{RCS}	读命令建立时间	0		0	
t_{RCH}	读命令保持时间	0		0	
t_{RRH}	相对于/RAS,读命令保持时间	10		10	
t_{WCS}	写命令建立时间	0		0	
t_{WCH}	写命令保持时间	20		25	
t_{WP}	写命令脉冲宽度	20		25	
t_{RWL}	到/RAS写命令加载时间	30		35	
t_{CWL}	到/CAS写命令加载时间	30		35	
t_{DS}	数据建立时间	0		0	
t_{DH}	数据保持时间	20		25	
t_{RASP}	/RAS脉冲宽度(页面操作方式)	190	10 000	225	10 000
t_{DZC}	数据到/CAS的延迟	0		0	
t_{DZO}	数据到/OE的延迟	0		0	
t_{OEA}	从/OE起取数时间		25		30
t_{OEZ}	从/OE起输出缓冲器转为关断的延迟时间	0	20	0	25
t_{OED}	/OE到数据输入的延迟时间	20		25	
t_{OEH}	/OE命令保持时间	20		20	
t_{THS}	/DT高电平建立时间	0		0	
t_{THH}	/DT高电平保持时间	10		15	
t_{TLS}	/DT低电平建立时间	0		0	
t_{TLH}	/DT低电平保持时间	10		15	
t_{RTH}	相对于/RAS,/DT低电平保持时间(实时读传输)	80		95	
t_{RP}	/DT预充时间	30		35	
t_{TRP}	/DT到/RAS的预充时间	80		90	
t_{CTH}	相对于/CAS,/DT低电平保持时间(实时读传输)	30		35	
t_{ROH}	参照/OE,/RAS保持时间	20		20	
t_{RWH}	/WB保持时间	10		15	
t_{RWD}	/RAS到/WB的延迟时间	125		150	
t_{WSR}	/WB建立时间	0		0	
t_{CWD}	/CAS对于/WE的延迟时间	0		0	
t_{MS}	按位写屏幕数据建立时间	0		0	
t_{MH}	按位写屏幕数据保持时间	10		15	

续表

符号	参　　数	TC524256　P/Z-10		TC524256　P/Z-12	
		最小	最大	最小	最大
t_{DHR}	参照/RAS,数据保持时间	70		85	
t_{RPC}	/RAS预充到/CAS有效时间	0		0	
t_{CHR}	作为/CAS超前/RAS周期,/CAS保持时间	20		20	
t_{CSR}	作为/CAS超前/RAS周期,/CAS建立时间	10		10	
t_{SC}	/SC脉冲宽度(/SC为高)	10		15	
t_{SCC}	/SC周期时间	30		40	
t_{SCA}	从/SC起的存取时间		25		35
t_{SCP}	/SC的预充时间(/SC为低)	10		15	
t_{SOH}	从SC起串出保持时间	5		5	
t_{ESR}	参照/RAS,/SE建立时间	0		0	
t_{REH}	参照/RAS,/SE保持时间	10		15	
t_{SDS}	串入建立时间	0		0	
t_{SDH}	串入保持时间	20		30	

下面分别给出TC524256芯片不同操作的相应时序波形。

1）读操作周期

读操作的功能是从DRAM里读出由读操作周期行列地址所确定的某一单元的数据，读操作周期的波形如图4.3.2所示。

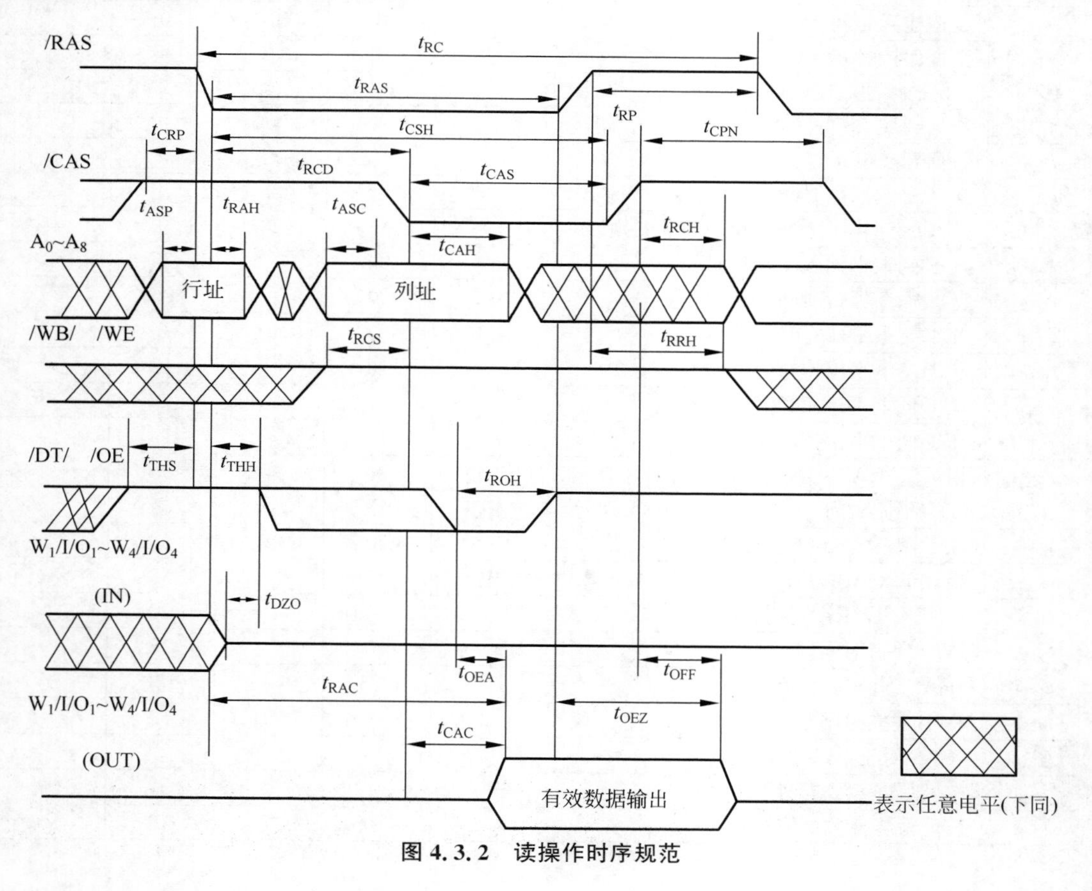

图 4.3.2　读操作时序规范

2）读-写/读改写操作周期

其波形如图 4.3.3 所示。这里有一个按位写的控制问题，所谓按位写，是指通过相应的控制来实现每一个存储单元中 4 个比特位中的每一个比特位写与不写的操作。如果要按位写，则在/RAS 下降沿时，(/WE//WE)端必须为低电平，至于 4 个比特位中具体的比特位写与不写，又取决于/RAS 下降沿时（W_1/I/O_1～W_4/I/O_4）各端的电平，"1"为写，"0"为屏蔽写。

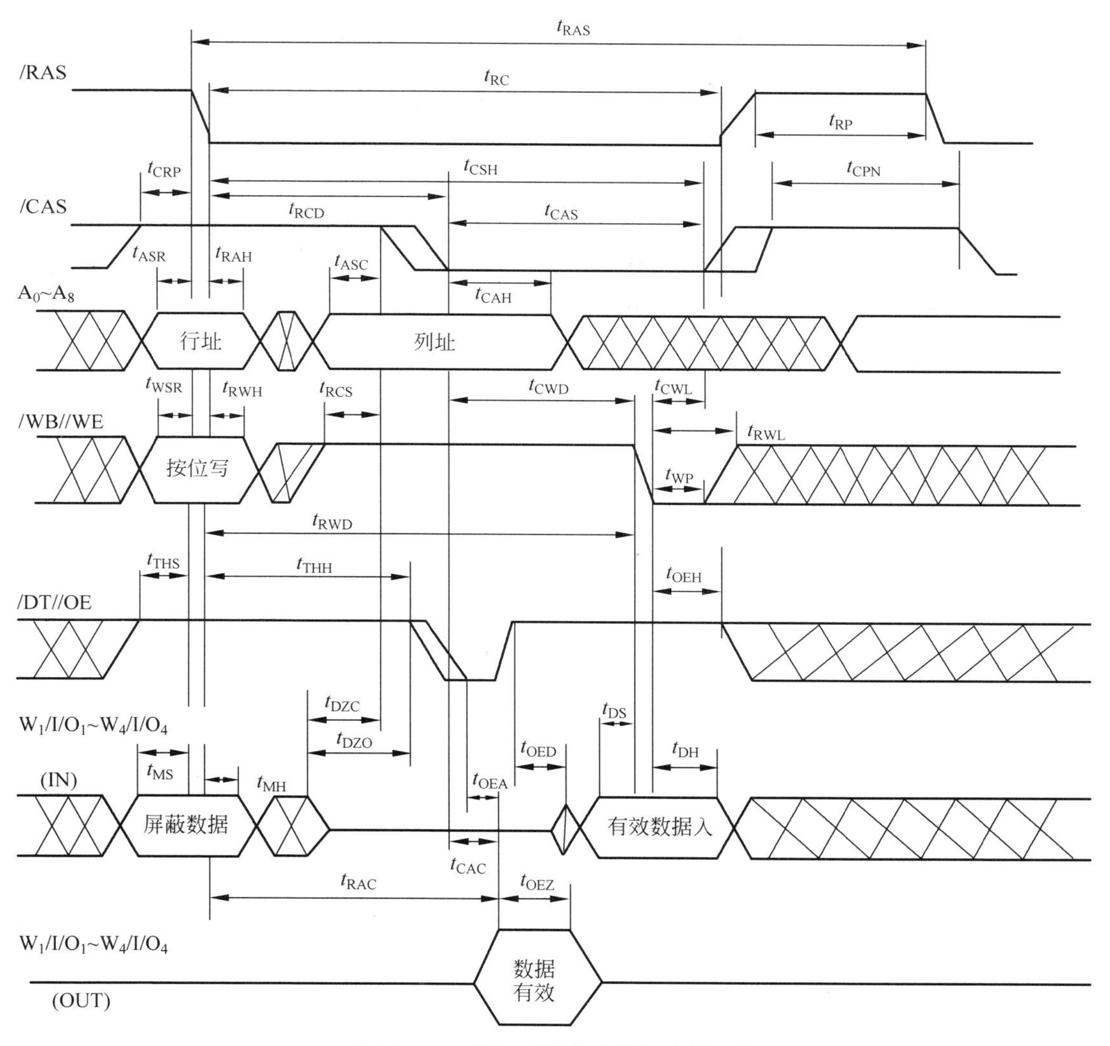

图 4.3.3　读-写/读改写操作时序规范

3）页面方式读操作周期

页面方式读操作是从 DRAM 端口高速读出数据的一种操作，其波形如图 4.3.4 所示。一个/RAS 为一页，一页里要读出 N 个数据，就是要在一个/RAS 周期里包含有 N 个/CAS 周期，有 N 个/CAS 下降沿。在选择页面方式时，要特别注意页面方式下/RAS 脉冲宽度的最大值和读周期时间。

4）页面方式读改写操作周期

页面方式读改写操作的时序规范如图 4.3.5 所示。页面读改写是从 DRAM 端口高速

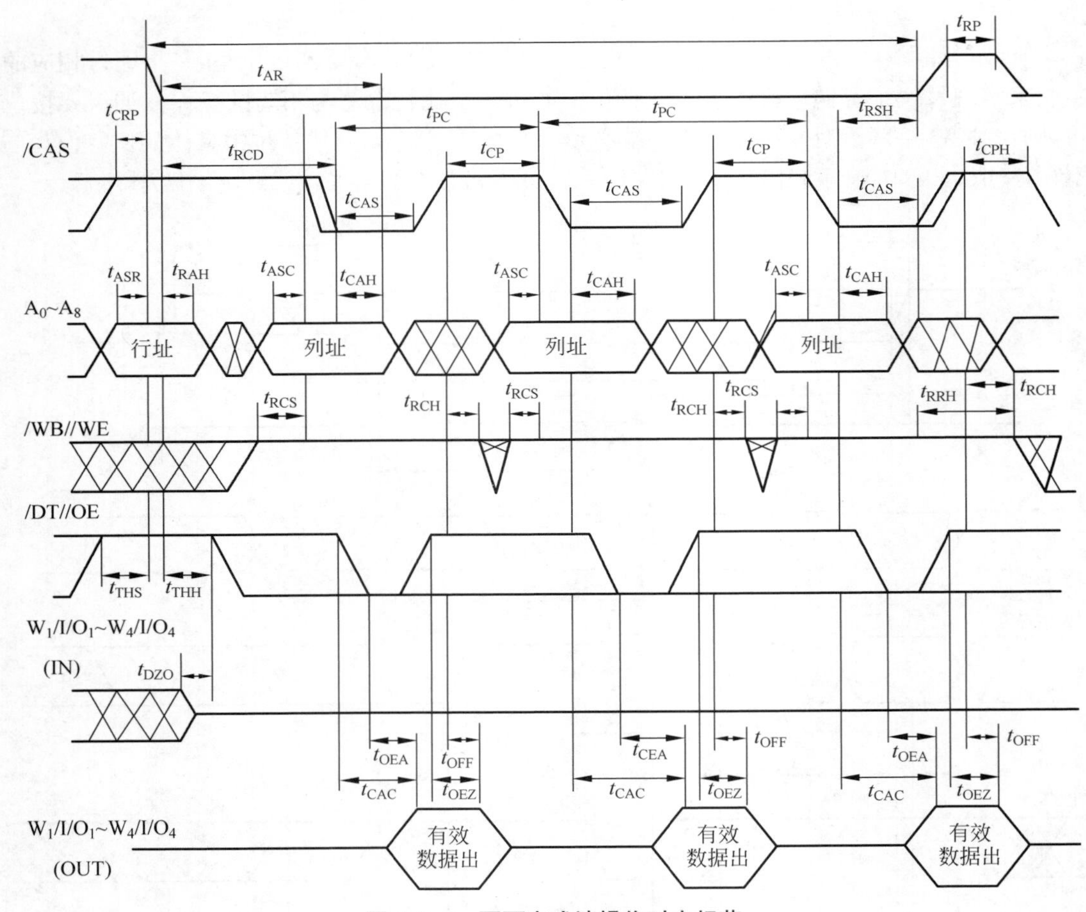

图 4.3.4 页面方式读操作时序规范

读改写的一种方式，使用时，和页面读一样，也要考虑/RAS 脉冲宽度的最大值和页面写最小的周期时间。

5）页面方式写操作周期

页面方式写操作的时序规范如图 4.3.6 所示。页面写是从 DRAM 端口高速写入的一种方式，使用时，和页面读一样，也要考虑/RAS 脉冲宽度的最大值和页面写最小的周期时间。

6）/RAS 单独刷新操作周期

这是刷新的一种方式，其波形如图 4.3.7 所示。

7）/CAS 超前/RAS 刷新操作周期

这是刷新的一种方式，其波形如图 4.3.8 所示。

8）读传输操作周期

读传输操作的波形如图 4.3.9 所示。其功能是把 DRAM 里某确定列为起点的某确定行的一行数据高速地传输到 SAM。由/RAS 下降沿锁定行地址，由/CAS 下降沿锁定列的地址作为 SAM 的起始地址。

9）串出操作

其波形如图 4.3.10 所示，该操作的作用是把 SAM 的存储单元的数据依次读出来。

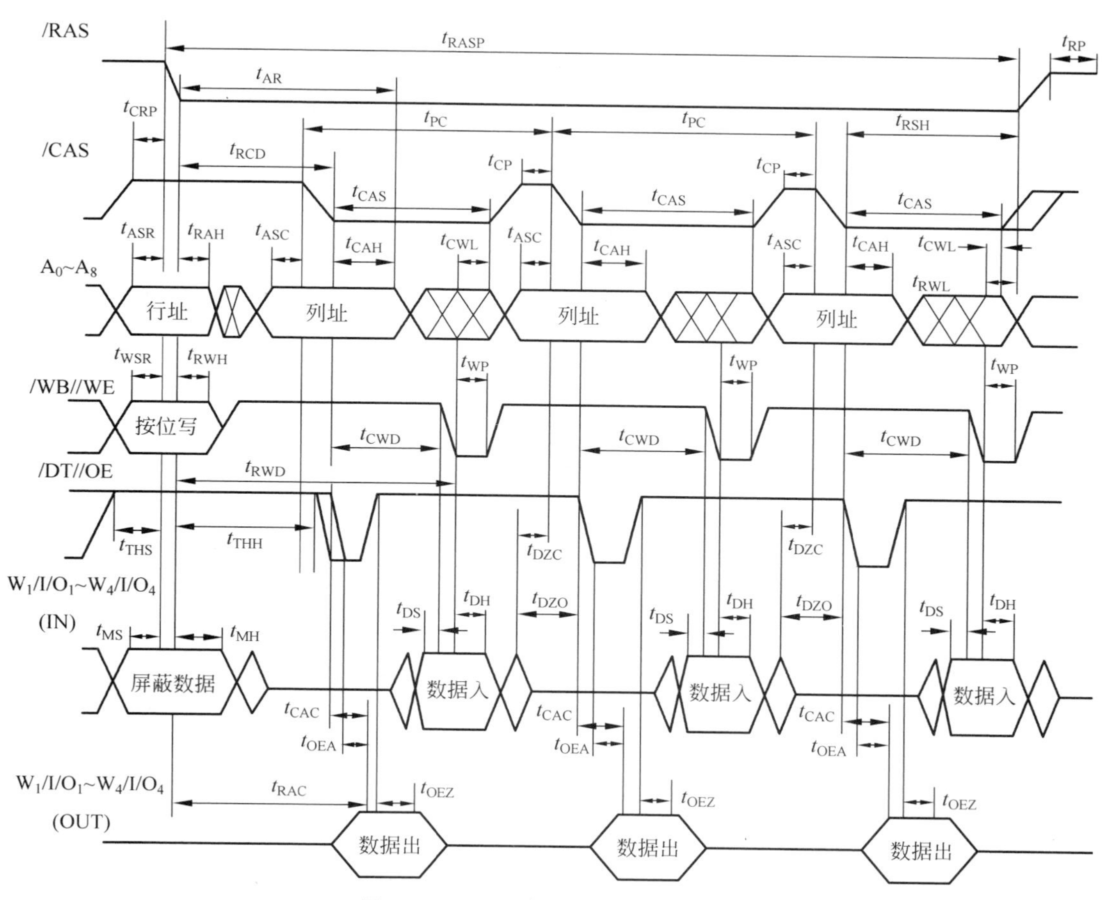

图 4.3.5 页面方式读改写操作规范

10）写传输操作周期

写传输操作的波形如图 4.3.11 所示。该操作是把 SAM 的数据并行地传输到 DRAM 某一确定行的存储单元。由/RAS 下降沿锁定行地址，由/CAS 下降沿锁定列的地址作为 SAM 的起始地址。

11）串入操作

串入操作波形如图 4.3.12 所示，该操作的作用是依次把数据串入 SAM 的存储单元。

上面介绍了 11 种 VRAM 芯片的操作方式，其中包括了 VRAM 芯片中 3 个类别的操作：DRAM 端口的操作、DRAM 和 SAM 之间的传输操作以及高速串入/串出操作。应该指出的是，所给出的时序只是厂家建议的各种操作的时序规范，有时个别时序不满足，但仍能进行正常的存储体操作。在上述的一系列操作中，我们看到了一系列的操作时序，而形成这些时序的方法有很多，可以用单稳态来实现，可以用移位寄存器来实现，还可以用其他的方法实现。图 4.3.13 给出了一种用 D 触发器来形成帧存时序的电路。

从图 4.3.13 可以看出，/CAS 比/RAS 延迟 CLK 的一个周期的时间。不难看出，用 D 触发器来形成帧存的时序存在着一些缺点，首先是不灵活，难以形成 VRAM 芯片所要求的复杂时序，而且器件集成度不高。同样，用单稳态来形成时序除了存在上述一些缺点以外，

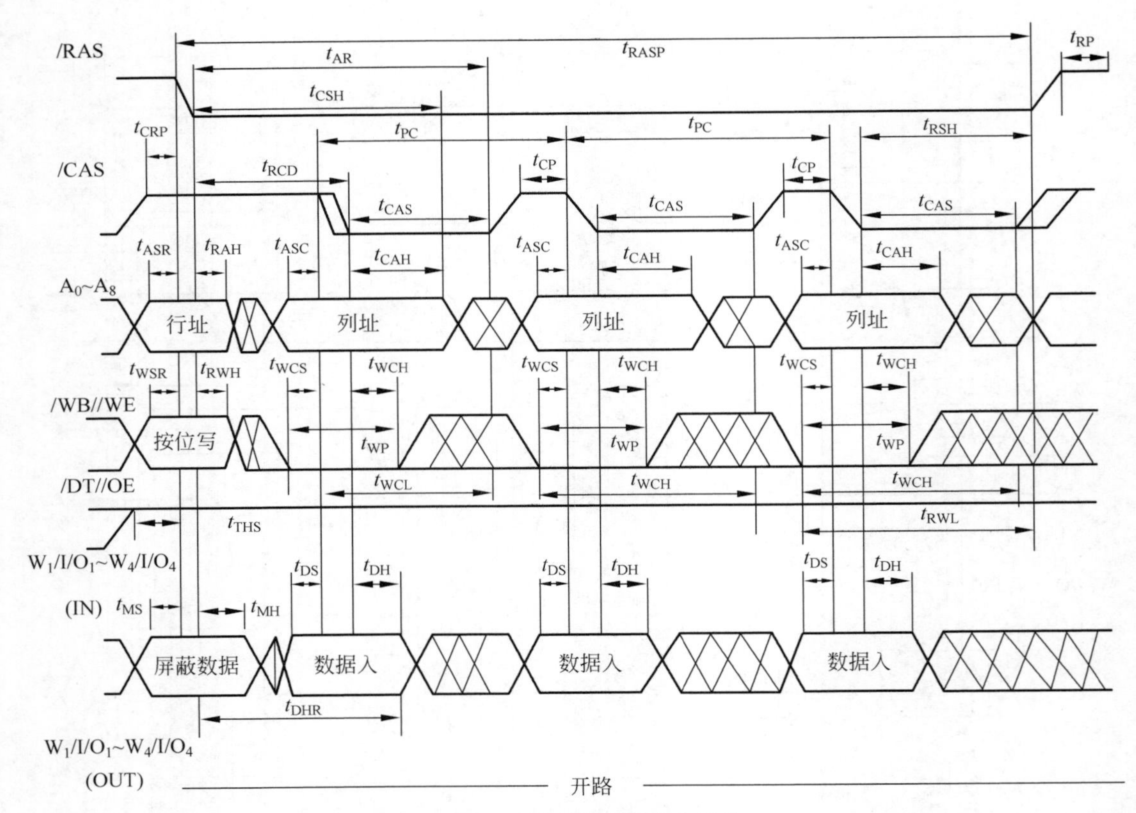

图 4.3.6 页面方式写操作规范

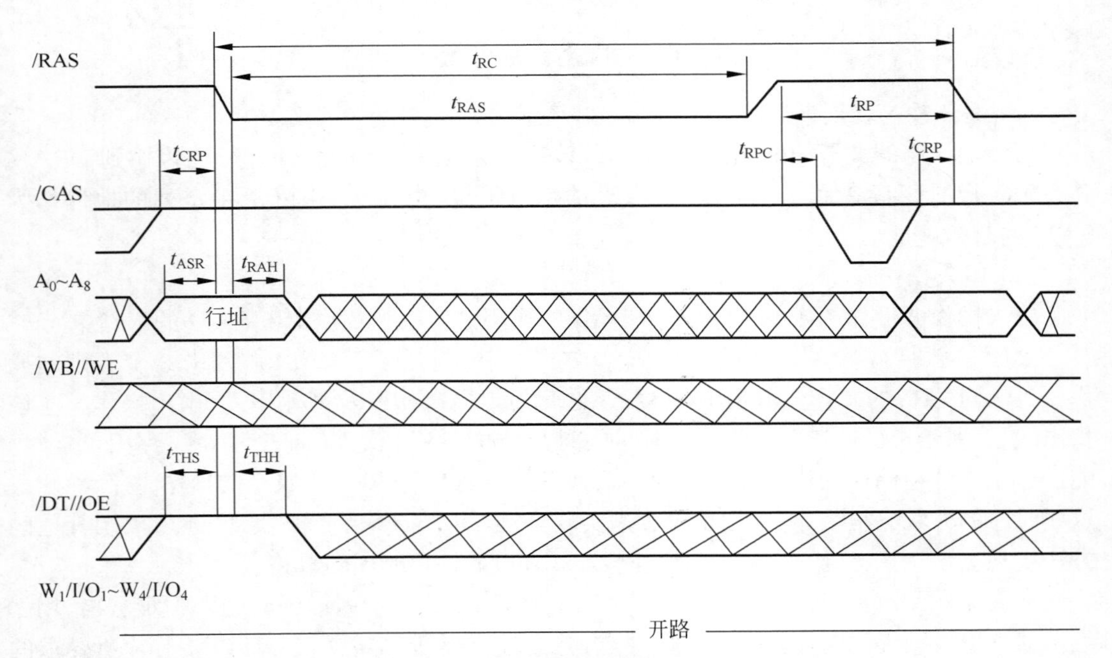

图 4.3.7 /RAS 单独刷新的操作时序规范

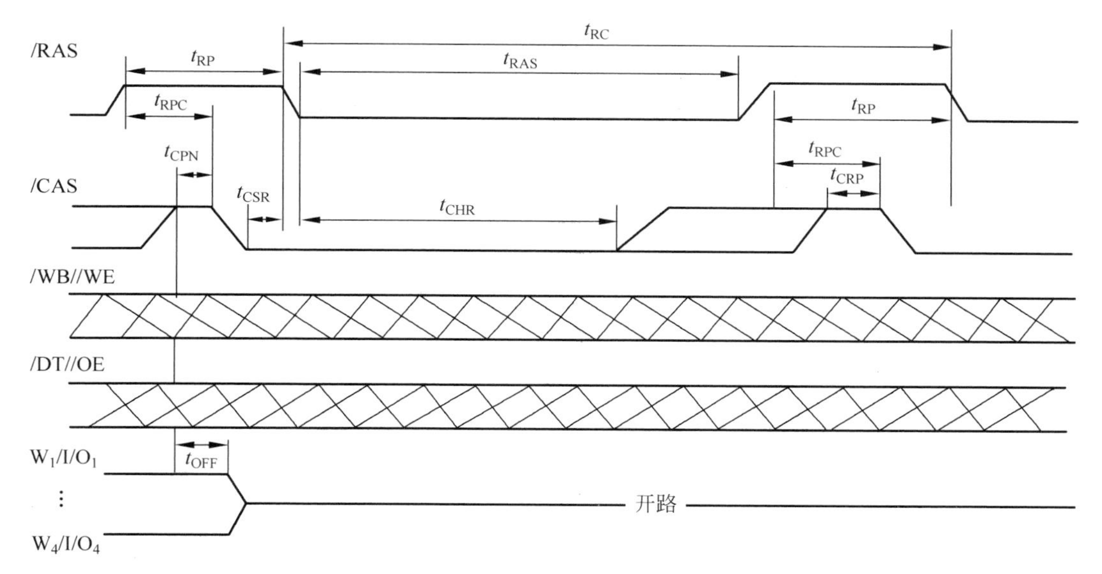

图 4.3.8 /CAS 超前/RAS 刷新的操作时序规范

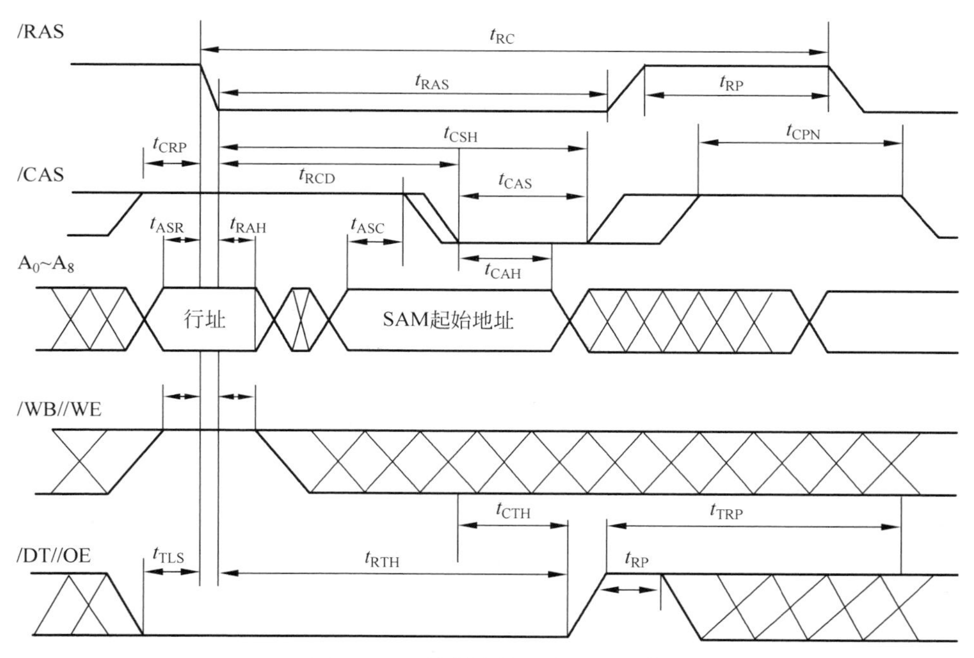

图 4.3.9 读传输操作的时序规范

还存在波形不稳、调试工作量大的缺点。在第 3 章曾介绍过行场时序形成电路，与之类似，我们可以结构成帧存的时序形成电路，根据这种时序电路的特点，将其称为主动式的数值编程时序发生器。下面将详细讨论它的原理及其构成。上面已经提到，就操作的端口而言，主要有 3 类帧存的操作，而就操作中数据的连续性来说，又可以分为连续操作和单次操作两类，属于连续操作的有页面操作方式和串入/串出方式，这些连续操作方式将另行讨论，对于单次操作，首先要统一确定操作的周期时间，令帧存的操作周期时间为 T_{OC}，且

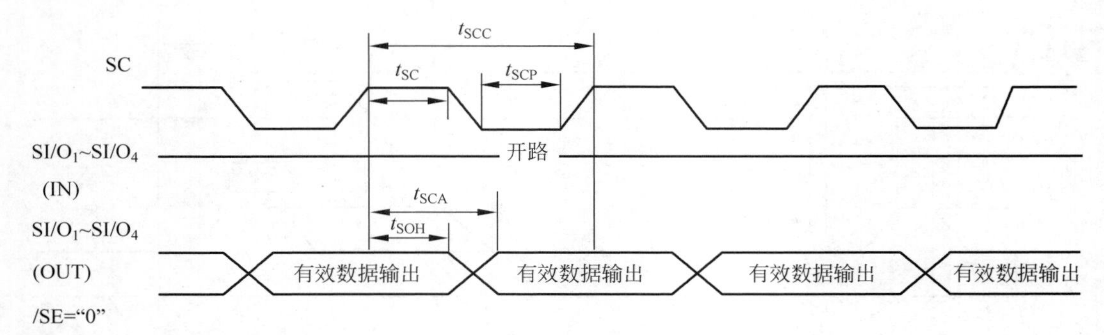

图 4.3.10 串出操作的时序规范

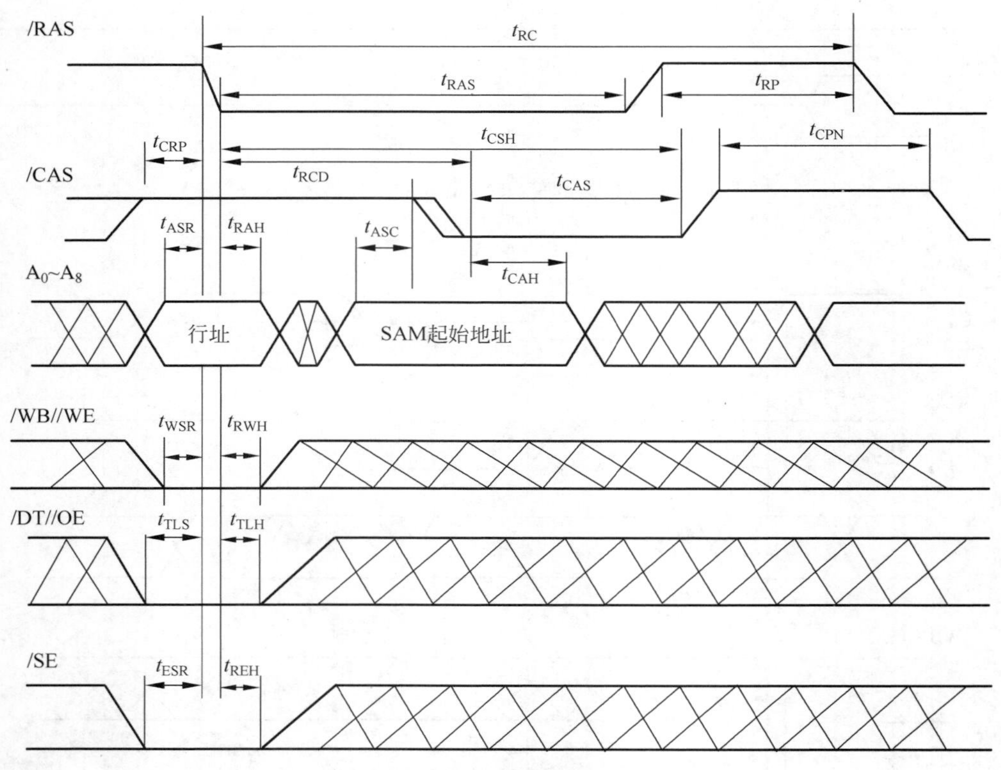

图 4.3.11 写传输操作的时序规范

$$T_{OC}=N\times T_0 \tag{4.3.1}$$

式中，T_0 为主动式的数值编程时序发生器最小时钟周期时间，这个最小时钟的一个周期称为一个节拍。N 为操作周期节拍数，显然 N 为正整数。由此可以形成一个帧存操作周期时间轴，如图 4.3.14 所示。

在这个帧存操作周期时间轴里，单位长度为一个节拍，对应的时间是最小时钟的一个周期时间，最大数为 $N-1$，即在这 N 个节拍内完成一次帧存的操作，其帧存时序则由这些节拍来定义。T_0 数值的选取主要依据系统选用的系统时钟，往往取整个系统的最高频率时钟。这里 $T_0=50\text{ns}$，即时钟频率为 20MHz，在这种情况下 $N=8$，参照式(4.3.1)，帧存的一个操作周期时间 T_{OC} 为 400ns，这个时间完全能满足一般 VRAM、DRAM 芯片的存取周

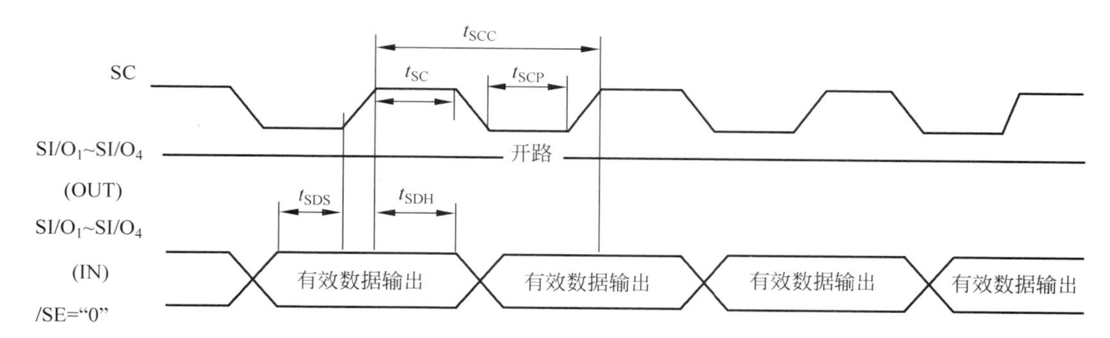

图 4.3.12　串入操作的时序规范

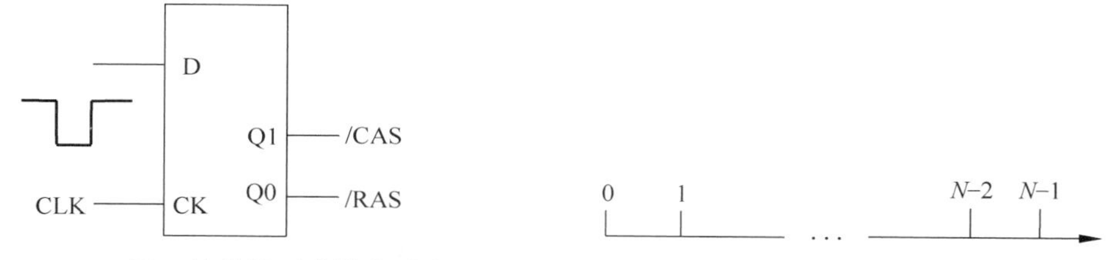

图 4.3.13　用 D 触发器形成帧存时序

图 4.3.14　帧存操作周期时间轴

期时间的要求。在确定了帧存的操作周期时间以后，还需要把帧存的操作归类，归类后的类别一般有 DRAM 端口的读写、DRAM 端口和 SAM 端口之间的传输以及刷新。这个归类是依据帧存用户的性质，当然是系统总体设计的结果。如系统设计为计算机访问帧存在 DRAM 端口进行，A/D、D/A 放在 SAM 端口而采用传输方式，这个归类工作可以在 4.2 节介绍的用户优先级控制电路中完成。

因为在用户优先级控制电路中有足够的信息，这样就能够准确地给出当前要响应的用户操作类别。由此，我们就可以很方便地用主动式的数值编程时序发生器来形成帧存的各种时序了。图 4.3.15 给出了帧存时序数值波形图。

在图 4.3.15 中，查询脉冲周期为 400ns，计算机读写放在 DRAM 端口，A/D 采用写传输，D/A 采用读传输，刷新采用了/RAS 超前/CAS 的刷新方式。FOC 是计算机读时对帧存输出数据的锁存脉冲信号，这是为了适应计算机读而设计的。从图中可以看出，每一种时序都有很严格的时间关系，可以说，由此形成的帧存操作时序是十分稳定的，这样的时序关系，即使在批量生产的条件下，也能很好地克服器件离散性的影响。这种数值编程时序发生器，最小时钟的周期时间选取是很重要的，T_0 数值越小，所编程形成的波形选择的余地就越大，复杂的时序也就越易于实现。在 1：1 的图像处理系统中，最小时钟的频率常选为 29.25MHz。

有了图 4.3.15 所示的帧存时序波形图以后，要进行时序归类整合工作。这里以/RAS、/CAS 为例。

先对/RAS 进行归类。在图 4.3.15 中，帧存的所有操作/RAS 都是从 3 开始，到 7 结束。

再对/CAS 进行归类。除刷新操作以外，其余的操作/CAS 都是从 4 开始，到 7 结束。在刷新操作时，/CAS 从 2 开始，到 7 结束。

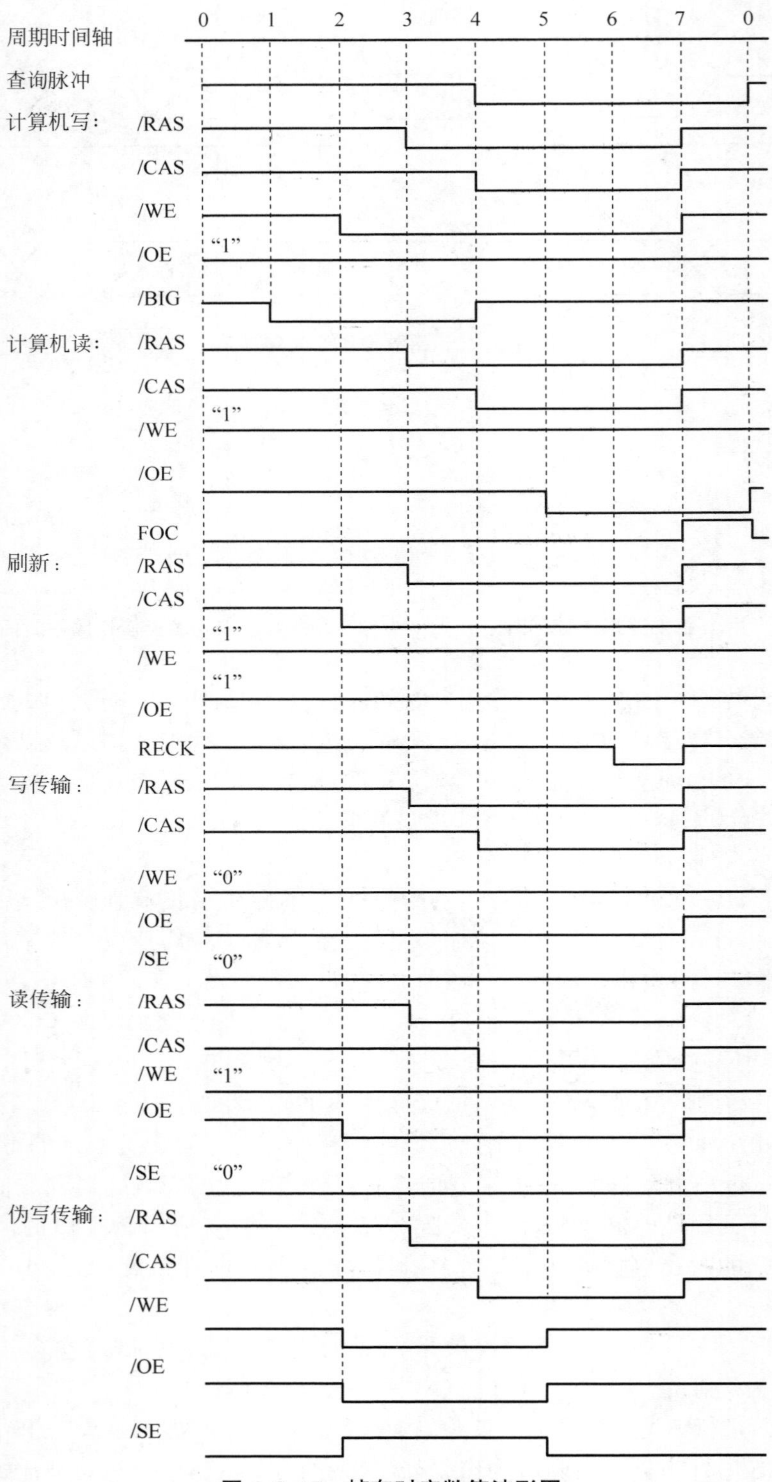

图 4.3.15 帧存时序数值波形图

经过归类整合以后，就可以设计时序发生器的逻辑电路了，如图 4.3.16 所示。

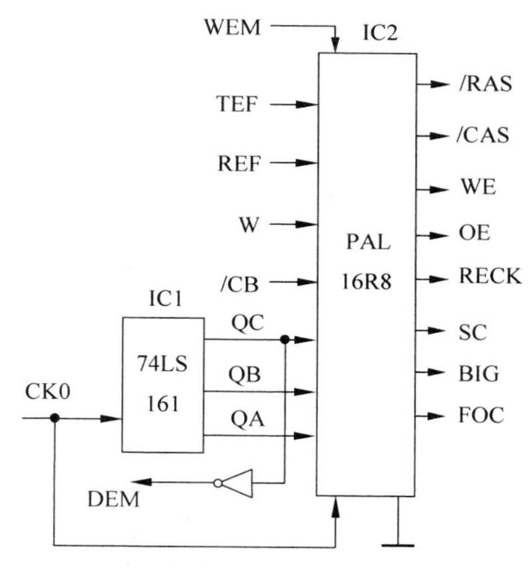

图 4.3.16 帧存时序信号发生器逻辑电路

图 4.3.16 中，节拍发生器由同步计数器 IC1 构成，因为一个帧存操作周期定为 8 个节拍，所以计数器只需输出 QA、QB、QC 三位信号即可；IC2 为可编程逻辑阵列芯片，输出帧存所需要的全部时序，其输入变量除了节拍信号以外，还有 W 即帧存工作的允许信号（W 为"低"表示帧存工作；"高"表示帧存不工作）。图 4.3.16 表示帧存有 3 个用户，包括计算机读写、刷新和传输。传输分为读传输和写传输，显示为读传输，A/D 为写传输。在这 3 个用户中，只要任一个有工作的请求，W 则为"低"，TEF 即传输允许信号（TEF 为"低"表示帧存处在传输周期；为"高"表示帧存不处在传输周期），REF 即刷新允许信号（REF 为"低"表示帧存处在刷新周期；为"高"表示帧存不处在刷新周期）以及 WEM 即帧存读写的标记信号（WEM 为"低"表示读写的操作为写操作；为"高"表示读写的操作为读操作，如果当前的操作不属于读写操作，则此信号无意义），输出信号则是图 4.3.16 所表示的帧存时序信号。图中，DEM 为查询脉冲。为了使输出的时序波形好，PAL16R8 采用 D 触发器锁定后输出的形式，PAL16R8 时序片的逻辑方程如下：

```
!RECK.D = !REF&QC&QB&!QA ;
FOC.D = !W&REF&TEF&QA&QB&QC ;
!BIG.D = !WEM&!W&REF&TEF&QA&!QB&!QC # !WEM&W&REF&TEF&QB&!QC ;
!OE.D = !W&REF&TEF&WEM&QA&!QB&QC # !W&REF&TEF&WEM&QB&QC
            # !TEF&WEM&QB&!QC # !TEF&WEM&!QB&QC
            # !TEF&WEM&QB&QC
            # !TEF&!WEM ;
!WE.D = !W&REF&TEF&!WEM&QB&!QC # !W&REF&TEF&!WEM&!QB&QC
            # !W&REF&TEF&!WEM&!QA&QB&QC # !TEF&!WEM ;
!CAS.D = !W&QA&!QB&QC # !W&!QA&QB&QC # !REF&QB&!QC ;
!RAS.D = !W&QA&QB&!QC # !W&!QB&QC # !W&!QA&QB&QC ;
!SC.D = CB&QA 。
```

这里要特别强调的是，帧存工作的允许信号 W 是非常重要的，如果在/RAS、/CAS 没有加 W 信号这一条件，则/RAS、/CAS 信号将是周期性的脉冲信号，这个系统将是不稳定的。

笔者曾在审查一篇论文时发现了一个错误的存储体读改写时序设计，其帧存时序波形图如图 4.3.17 所示。

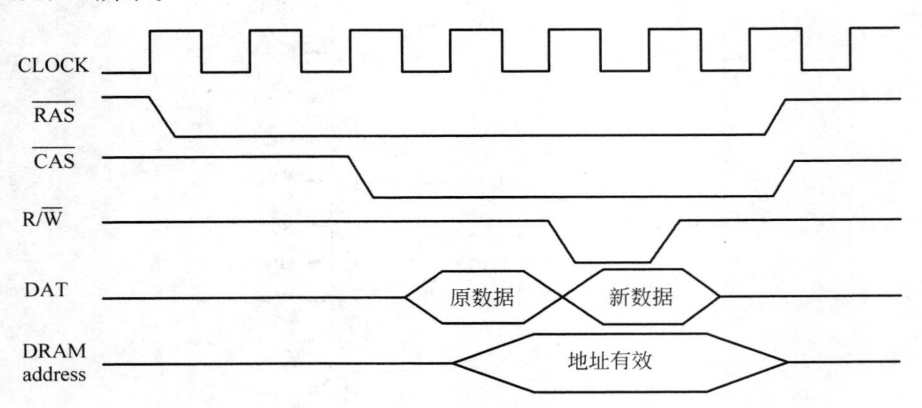

图 4.3.17 一个错误的存储体读改写时序设计

在图 4.3.17 中，地址的有效位置明显不对。在/RAS 的下跳沿，需要提供有效行地址，但图中对应的是地址线的三态状态；在/CAS 的下跳沿，需要提供有效列地址，但图中对应的也是地址线的三态状态。没有正确的地址，帧存则无法正常工作。

习题 4

习题 4.1 参照图 4.3.3 所示的读-写/读改写操作时序规范，校正图 4.3.17 所示的错误存储体读改写时序的设计。

习题 4.2 参照存储体多周期嵌套的优先级访问的电路设计，是否可以设计出存储体多周期嵌套的分时访问电路？并予以简要说明。

第5章

图像显示

5.1 图像显示的基本形式

数字图像有自然图像和计算机图像之分，前者是由传感器获得的，一般都要经过 A/D 转换而形成数字图像，后者是由计算机作图产生的，也称为计算机图形。虽然图像处理系统也能显示图形，但图像处理系统和图形系统还是各有特点。一般来说，图像处理系统的色彩较丰富，但图像的清晰度较低（常为 512×512 点阵）；而图形系统清晰度较高，体现在图形点阵数多，如 1024×1024、2048×2048 等，但色彩不如前者。两者在处理的方法上也有所不同，图像处理系统着重于对图像在时域、频域上进行处理，而图形系统则着重于作图，包括画点线圆等。随着技术的发展，图像处理系统和图形系统在色彩方面、清晰度方面的差别已不再是两者的主要区别了，因为现在的图形系统也有很丰富的色彩，而图像处理系统在清晰度上也有很大提高，也可达到 1024×1024 甚至更高的图像清晰度，这样两者的区别则主要体现在两个方面：首先体现在图像的本质上，即看该系统处理的图像是自然图像还是计算机图像；同时还体现在各自的处理方法上。本章只讨论图像显示的各种技术问题，而不涉及图形生成技术。

在图像处理系统中，图像显示电路的作用是把数字信号转换为视频信号，并使视频信号能够在监视器（或计算机终端）上显示出来。这个数字信号可以是数字图像数据，可以是灰度标数据，也可以是文字图表数据。显然，要能够把数字信号在监视器（或计算机终端）上显示出来，不仅要考虑所显示的数据以及这些数据的数/模转换，还要考虑该数据存放在帧存里的地址以及同步消隐等问题。

图像显示的种类很多，就其色彩来讲，有黑白图像显示和彩色图像显示之分，而彩色图像显示又分为真彩色图像显示、伪彩色图像显示和假彩色图像显示。黑白图像和彩色图像相比，人眼对色彩更为敏感。明显，在 256 级灰度图像的图像处理系统中，人眼对一级灰度的差别基本感觉不到，如果通过彩色指定，把一级灰度的差别变成两种颜色的差别，那么人眼就便于分辨了，这一点也正是彩色指定所起的作用。把灰度图像变成彩色图像的过程称为伪彩色化，也称为彩色指定，其图像称为伪彩色图像。这种伪彩色图像并不一定忠实于原始图像的自然色彩，而只是一种人为上彩的结果，实际上很难做到人为上彩的结果与原始图像的自然色彩相一致。一般情况下伪彩色图像的数字比特位多为 8bit，而仅仅用 8bit 的灰度图像来逼近一幅色彩丰富的自然图像显然是过于勉强的，在大多数情况下得不到好的效果。真彩色图像显示一定要求所显示的图像具有色彩上的真实性，要忠实于原始图像的自然色彩，而假彩色图像则是遥感图像中多波段图像的合成图像，在显示上采用类似于真彩色显示的电路。

图像显示有静止图像和动态图像之分，后者是指在监视器（或计算机终端）上的图像在不同时刻以不同位置、不同大小、不同灰度（色彩）的动态显示，或者说是多幅不同的图像序列的连续显示。这种动态显示，不论是由硬件实现还是软件实现，或者二者兼而有之，但就其实现的方法来讲，大致上可以分为灰度比特平面动态显示、地址变换动态显示和解压的活动图像显示。在图像处理系统中，常常需要进行图像和图形、图像和文本之间的重叠显示，以此来实现图像注释、感兴趣区勾画等功能。在黑白图像处理系统中，还常常需要显示灰度标。所谓灰度标，是指在屏幕上某一确定区域里，固定显示由暗到亮的在灰度值上连续变化的灰度条，以此来标定与某灰度值相对应的屏幕亮度，其作用则是帮助分析图像灰度的分布情况。在伪彩色图像处理系统中，类似灰度标的这种固定区域图像称为彩色带标，这是该系统彩色指定的一种标志标，在屏幕上某一确定区域里，固定显示由连续变化的灰度形成的一个彩条，以此来标定与某灰度值相对应的图像色彩，由此可以很直观地看出图像中不同区域灰度分布的情况。在这些技术中，屏幕区域的划分或者说屏幕区域的分割技术是很重要的。

在图像显示众多的电路中，最基本的电路是数/模转换电路。目前集成的数/模转换芯片已经非常普遍，与模/数转换芯片一样，数/模转换的比特位数、转换速率和线性都是其重要的参数。当然，该芯片对电源的要求以及外围电路的复杂性也是在选择芯片时需要认真考虑的。

在设计一个使用 D/A 芯片的数/模转换电路时，首先要选择合用的 D/A 芯片，最主要的要求是所采用芯片的数/模转换速率一定要高于或等于视频数据的速率，而对转换的精度要求则根据系统的要求来确定，常常是 D/A 芯片的比特位数就等于存储体每个像素的比特位数。我们知道，要形成标准的视频信号，除了有视频图像信号以外，还需要在视频图像信号上叠加同步和消隐信号，有的芯片具有同步消隐叠加功能，只需要把同步消隐按要求送到 D/A 芯片上，由芯片自动地实现信号的叠加。如果所选用的信号没有同步消隐叠加功能，则需要在后续的电路中设置同步消隐叠加电路。但在实际应用中，由于从帧存读出图像数据是按扫描时序进行的，这种读出时间就是扫描的正程，在扫描正程的其他时间里我们可以很方便地让数据为零，也就是说很方便地形成了消隐信号，这样只需要在 D/A 转换的后续电路里设置同步叠加电路。图 5.1.1 给出了一个实际使用的黑白图像显示电路。

图 5.1.1 中，MB40778 是日本富士通公司生产的 8bit 高速 D/A 转换器，它的最大转换速率为 20MHz，其主要的工作条件如下：

(1) 电源电压：＋5V。

(2) 模拟参考电压：＋4V。

(3) 时钟脉冲高电平最小宽度为 25ns，低电平最小宽度为 25ns。

图 5.1.1 电路所实现的功能是对数字的视频数据流进行数/模转换，然后再叠加上复合

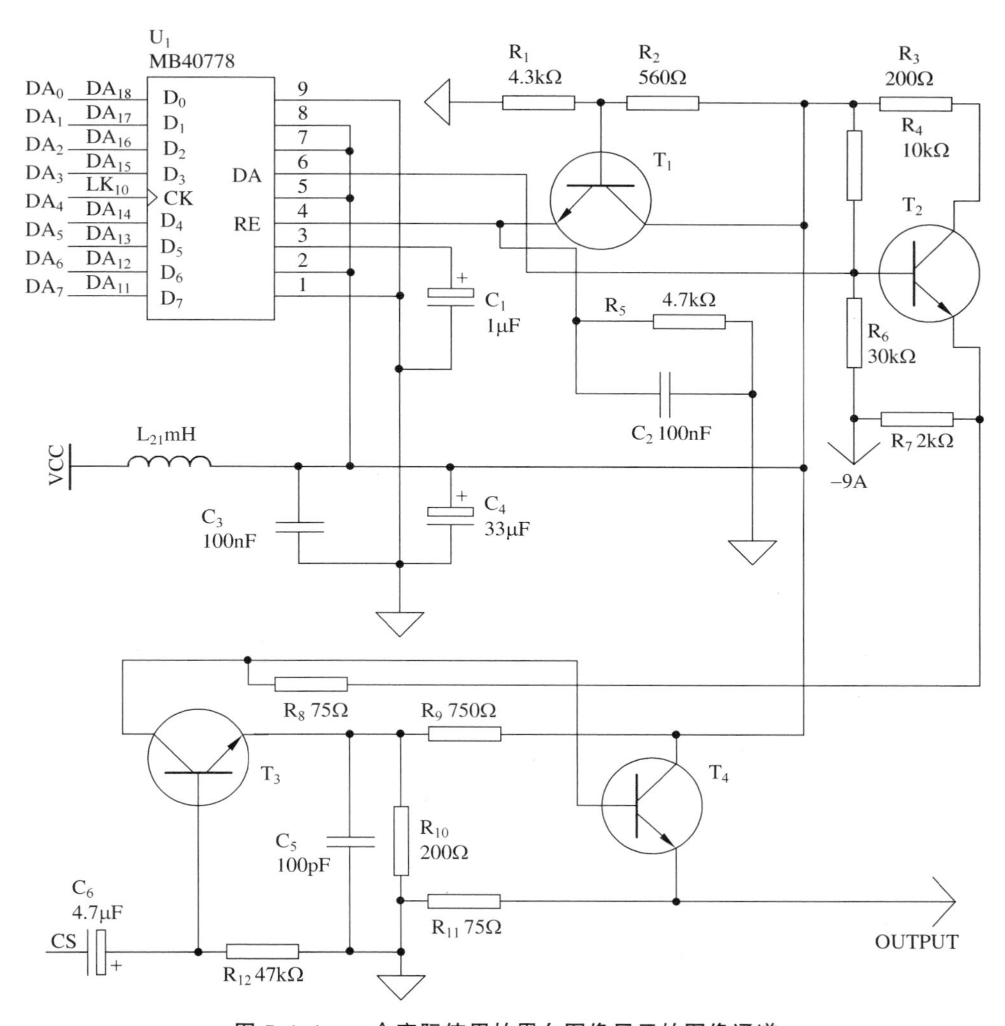

图 5.1.1　一个实际使用的黑白图像显示的图像通道

同步信号，形成黑白全电视信号。图中，VCLK 为 D/A 转换的时钟脉冲，其频率为点时钟的频率；CS 为复合同步，其极性为正极性。三极管 T_1 的作用是为 MB40778 芯片提供一个参考电压，三极管 T_2 是一个射随器，三极管 T_3 的作用是在模拟图像信号上叠加同步信号，三极管 T_4 输出一个完整的黑白全电视信号。图中，+9A 是经板稳压的+9V 电压。

彩色图像显示电路一般要输出 R、G、B 三路模拟信号，这样就可以采用能接收 R、G、B 三路模拟信号的彩色监视器进行彩色图像显示，在电路上可以采用三路类似于黑白图像显示电路来实现这一功能。这种方法存在两个缺点：①电路庞大；②各路信号的沿难以对齐。

在伪彩色图像显示电路中常常使用查找表技术以实现彩色指定功能。查找表（Look Up Table，LUT）技术是图像处理常用的一种技术，不仅用在图像处理系统的硬件上，在软件上也常常使用。查找表的两个要素是地址和数据。地址是查找表中一个个存储单元的物理编号，而数据则是查找表内一个个存储单元里的内容。查找表技术的基本方法是预先制好表，使用时再按地址去读出表的内容。图 5.1.2 给出了一个简化查找表的例子，从图中可以看到，在图的下方标有查找表的地址，从左到右（0～9）共 10 个单元，表格中的数字表示表的内容，当查找表地址为“0”时，查表结果为“9”；当查找表地址为“1”时，查表结果为“8”……当查表地址为“9”时，查表结果为“0”。这个表实际上是一个反表。从表内容的制作来看，在图像硬件系统中有固定查找表和可变查找表，固定查找表常用高速的双极型PROM芯片构成，而可变查找表常用高速的SRAM存储芯片构成，查表时这些芯片的数据读出速度一定要高于显示数据的速度。在制作固定查找表时要用专用的编程器把固定查找表的内容烧进PROM芯片，可变查找表则是在查表前先把查找表的内容加载到SRAM芯片内。

图5.1.3给出了使用固定查找表的伪彩色电路框图。

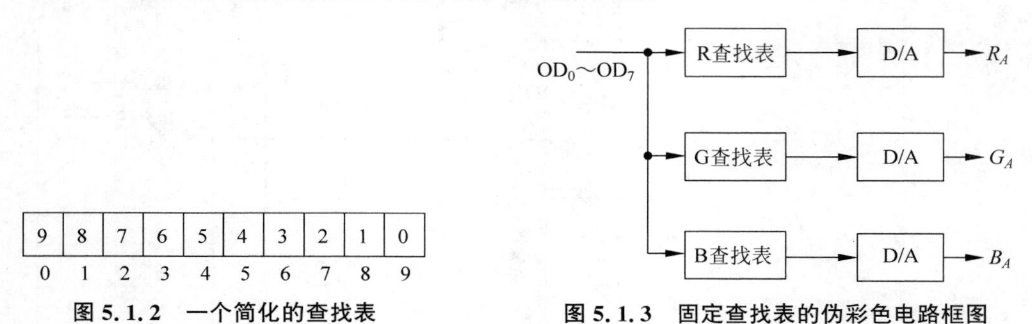

图 5.1.2 一个简化的查找表

图 5.1.3 固定查找表的伪彩色电路框图

图5.1.3中，OD0～OD7是8位灰度数据，通过三路独立的查找表，再经过三路独立的D/A，最后输出三路模拟信号。每一个查找表的最小容量为256×8bit，使用具体芯片时可选择容量较大的PROM芯片，以便多设置几组查找表，供使用时加以选择。

图5.1.3所示的固定查找表的伪彩色电路大多使用在脱机系统的场合，其电路简单，但功能很有限。早期使用的内容可变的查找表，其芯片一般都使用独立的SRAM芯片，由此构成的伪彩色电路框图如图5.1.4所示。

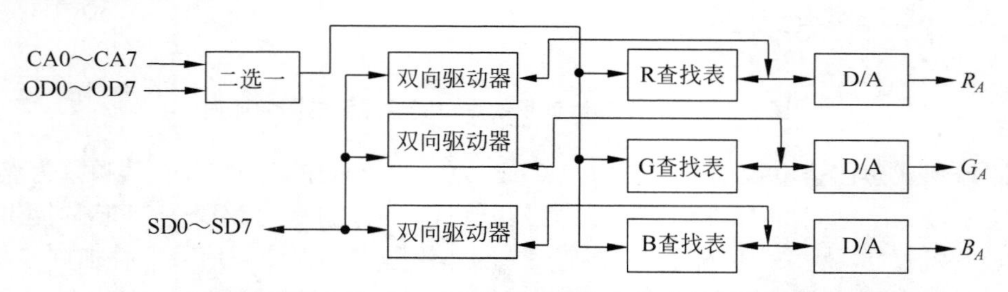

图 5.1.4 使用独立的SRAM芯片构成可变查找表的伪彩色电路框图

图5.1.4中，OD0～OD7是8位图像灰度数据，CA0～CA7是由计算机送来的8位地址，双向驱动器由74LS245构成，SD_0～SD_7是接到计算机的数据。当计算机写查找表时，二选一电路选择CA0～CA7，计算机的数据通过相应的双向驱动器分别写入R、G、B查找表。当计算机读查找表时，R、G、B查找表的数据通过相应的双向驱动器分别送到计算机。查表时，二选一电路则选择OD0～OD7图像数据，此时各双向驱动器均处于三态，R、G、B查找表均处于读出状态，查表结果送入各自的D/A，数/模转换输出的模拟信号分别为R_A、G_A、B_A，直接送入彩色监视器。

随着VLSI的发展，出现了把三路D/A集成在一个芯片的产品。如美国BT公司的

BT478 芯片，允许三路数字信号输入，所以该产品可以用于各类彩色显示电路。图 5.1.5 给出了使用 BT478 的伪彩色显示电路。

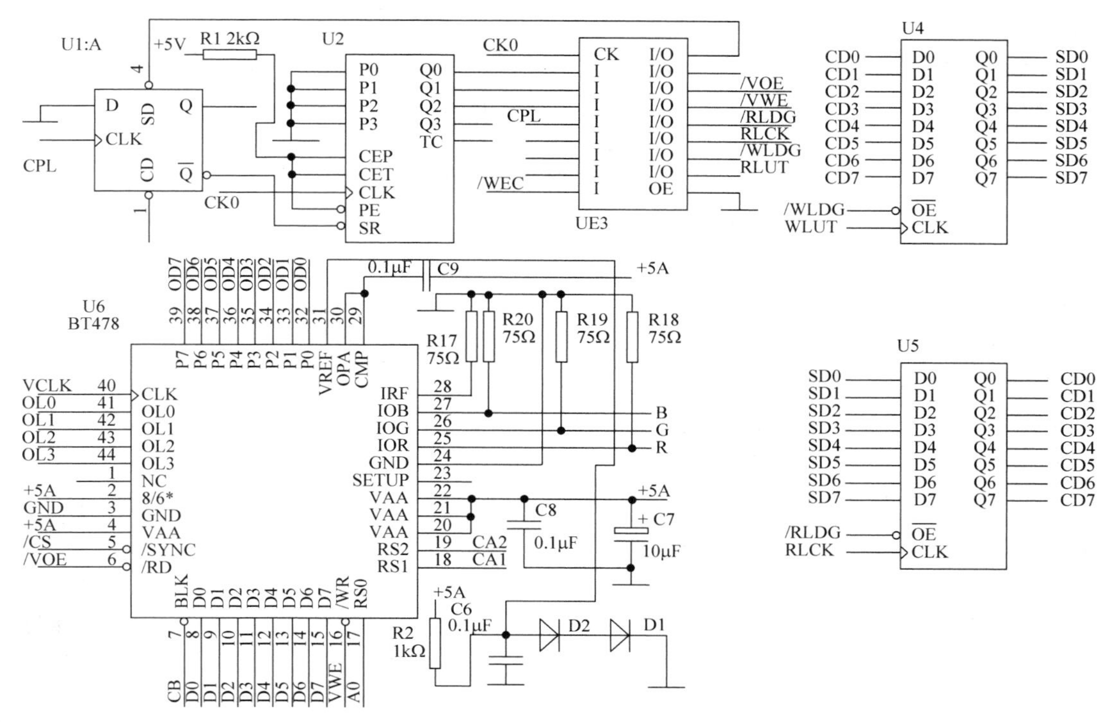

图 5.1.5　使用 BT478 的伪彩色显示电路

BT478 芯片具有三路查找表和三路 D/A，并有重叠显示功能，用于伪彩色显示电路。图 5.15 中 OD0～OD7 是图像处理系统送到显示电路来的图像数据，可以是从存储体读出来的图像数据，也可以是直接从 A/D 来的数字化图像数据。SD0～SD7 是和计算机通信的 8 位数据，这是计算机读写查找表的数据。CA0、CA1、CA2 是由计算机送来的地址，直接作为 BT478 的 RS0、RS1、RS2 端。RS0、RS1、RS2 用来选择 BT478 芯片的功能，其功能划分如表 5.1.1 所示。

表 5.1.1　BT478 控制输入表

RS2	RS1	RS0	功能选择
0	0	0	地址寄存器(RAM 写模式)
0	0	1	地址寄存器(RAM 读模式)
0	1	0	彩色调色板 RAM
0	1	1	像素读屏蔽寄存器
1	0	0	地址寄存器(overlay 写模式)
1	0	1	地址寄存器(overlay 读模式)
1	1	0	overlay 寄存器
1	1	1	保留

BT478 芯片中查找表的数据结构和大多数 D/A 芯片的查找表数据结构一样，即每路 256 个数据，R、G、B 三路共 768 个数据，按照 R0，G0，B0，R1，G1，B1，R2，G2，B2，…，R255，G255，B255 顺序排列，在设计查找表时，一般是先独立设计好 R、G、B 查找表，然后再合成一张含 768 个数据的大表。在掌握了查找表的数据结构以后，就可以根据表 5.1.1 给出的控制输入表，编制计算机读写查找表的程序。如果是执行写查找表的操作，计算机则要先送出写模式的查找表首址（RS2、RS1、RS0 分别为 0、0、0），再顺序送出写入的查找表数据（RS2、RS1、RS0 分别为 0、1、0）；如果是执行读查找表的操作，则计算机要先送出读模式的查找表首址（RS2、RS1、RS0 分别为 0、0、1），再顺序读入查找表数据（RS2、RS1、RS0 分别为 0、1、0）。类似地，也可以通过编程实现对 overlay 寄存器的读写，还可以实现对屏蔽寄存器的读写。设置计算机读查找表这一功能的目的主要是检查写查找表的正确性，偶尔也需要读查找表，如在未知查找表的内容时想对当前查找表求反，这时就需要把查找表的内容读回来再进行处理。

图 5.1.5 中 U4 组成了计算机写查找表的数据通道，U5 组成了计算机读查找表的数据通道，CD0～CD7 为计算机总线数据，SD0～SD7 为计算机访问查找表的输入输出数据。U1、U2、U3 组成了计算机读写查找表的时序和控制信号的产生电路，其工作原理和第 3 章的帧存时序产生电路类似，也采用了 8 个节拍，一个节拍为 50ns。该电路也有操作状态的建立、撤销、时序产生功能，但没有查询功能，因此这种时序发生电路为从动式的数值编程时序发生器，而第 3 章的帧存时序产生电路为主动式的数值编程时序发生器。计算机访问查找表时，微机接口电路产生一个访问查找表的工作信号 CPL（上升沿有效），U1 的 Q 端变为低电平，U2 即进入正常计数状态，/WEC 给出计算机读写标记（低电平为写，高电平为读），U3 则给出相应的读写时序和控制信号，其中/WLDG 为写查找表时数据使能信号，WLUT 为写查找表时数据锁存信号，RLCK 为读查找表时数据锁存信号，/RLDG 为读查找表时数据使能信号，/VWE 为 BT478 的写信号，/VOE 为 BT478 的读信号，/VCLR 为查找表读写结束信号，CK0 为时钟信号，频率为 20MHz，这个时钟信号用来为 U3 的输出信号整形（U3 为 D 触发器输出，CK0 为 D 触发器的锁存时钟信号）。当计算机写查找表时，WLUT、/WLDG、/VWE 有效（WLUT 产生上升沿，/WLDG、/VWE 为低电平）；当计算机读查找表时，RLCK、/RLDG、/VOE 有效（RLCK 产生上升沿，/RLDG、/VOE 为低电平）。下面给出了 U3 的逻辑方程：

```
/** INPUTS **/
 PIN[1] = CLK ;
 PIN[2] = QA ;
 PIN[3] = QB ;
 PIN[4] = QC ;
 PIN[5] = CPL ;
 PIN[9] = WEC ;
 PIN[10] = GND ;
 PIN[11] = EC ;
 PIN[20] = VCC ;
/** OUTPUTS **/
 PIN[12] = WLUT ;
 PIN[13] = WLDG ;
 PIN[14] = RLCK ;
```

```
PIN[15] = RLDG ;
PIN[16] = VWE ;
PIN[17] = VOE ;
PIN[19] = VCLR ;
/** LOGIC EQUATIONS **/
WLUT.D = CPL ;
/WLDG.D = CPL&/WEC ;
!RLCK.D = !WEC # !QA # !QB # QC # !QA&!QB&!QC ;
!RLDG.D = CPL&WEC ;
!VOE.D = WEC & QA & QB & !QC # WEC & !QA & QB & !QC ;
!VWE.D = !WEC & !QA & !QB & QC # !WEC & QA & !QB & QC ;
!VCLR.D = CPL&!QA&QB&QC ;
```

值得指出的是，图 5.1.5 中所示的由 U1、U2、U3、U4、U5 组成的计算机读写查找表的电路也可以用来作为计算机读写 SRAM 存储体的电路，节拍数可由 8 个减为 4 个。

查找表的内容怎样设置？可以说，设置查找表的目的是通过灰度变换以达到彩色指定。灰度变换的解析式可表达为

$$G' = f(G) \tag{5.1.1}$$

式中，G 为变换前的灰度；G' 为变换后的灰度。

彩色显示有 R、G、B 三个通道，所以应有三个相应的变换式。

图 5.1.6 给出了一组彩色变换曲线。从图中可以看出，把满量程的灰度分成了 4 个部分：输入的最高灰度为同一个值，如 8bit 的最大值 255，这说明当输入灰度为 255 时，三个查找表输出均为 255，此时图像显示为白色。再把余下的灰度范围再进行三等分，R、G、B 三条曲线有所不同，由此形成了不同的显示色彩。

彩色变换曲线有很多，可根据实际需要进行设置。如医学伪彩色图像，有的要把血管设成红色；又如航空图像，有的要把海洋设置成蓝色。要实现这些要求，就要利用色度学中的配色原理，再结合所使用系统的具体情况，编制成准确的彩色变换曲线。在实际制作中，首先测试出图像中要进行彩色指定部位的灰度（或灰度范围），再根据需要把这个灰度（或灰度范围）指定为某种色彩。比如，有一个由 16 种颜色小块组成的颜色板，由光标指定某一图像的某一部位，测定其灰度值，再把颜色板中的一种颜色赋予该灰度；或对一图像区域进行直方图统计，再把颜色板中的一种颜色赋予该直方图的一个灰度（或灰度范围），显然可以编制一个程序来完成这一类工作。

值得指出的是，一种查找表适合这一幅图像或多幅图像，并不一定适合所有的图像，原因在于许多图像处理系统并没有严格地进行灰度标定工作。所谓灰度标定，是指某一种亮度的模拟信号在该类图像处理系统中唯一地对应一个数字化的数字。由于没有进行灰度标定，这样同一幅医学图像，其血管的灰度在不同类别的系统中将体现出不同的灰度值（在同类别系统中不同的系统也会如此），所以上面提到的首先测试出图像中要进行彩色指定部位的灰度（或灰度范围）再进行彩色指定的方法是可取的。反过来说也可以这样进行，即确定了查找表，反过来去调整图像数字化器的亮度和对比度。如还是那幅医学图像，调整图像数字化器的亮度和对比度，使血管显示的颜色为红色，由此也能达到这种彩色指定的目的。

上面讲到了用查找表来对灰度图像进行彩色指定，这里顺便指出一个容易产生混淆的问题，即有的人试图利用彩色查找表，来指定一幅图像中某个区域的颜色而区域外不受这个

指定的影响。我们知道，彩色指定是依据图像的灰度进行的，区域内和区域外如果灰度值一样，在伪彩色系统中则呈现相同的颜色，这并不会因为地址的不同而可以不符合按灰度进行彩色指定的原理。

真彩色系统一般不加彩色指定的查找表，而在真彩色、伪彩色混合系统中仍然需要设置彩色指定的查找表，如 BT473 芯片就具备了真彩色、伪彩色显示的功能，片内也设置了查找表。伪彩色显示电路只需一组输入数据，真彩色显示电路需要三组输入数据，如果要设计一个真彩色、伪彩色混合的显示电路，而且要求采用 BT473 芯片，就必须在 T473 芯片的前端加上数据选择电路，以选择真彩色数据或选择伪彩色数据。

在伪彩色图像显示(或黑白图像显示)中有一个功能称作按位显示功能，设图像显示中每个像素的字长为 N bit，若指定按像素的第 K 个比特位进行显示，这时就要对原始像素的灰度进行变换，令 G_k 为原始像素的灰度第 K 个比特位的值(0 或 1)，G'为变换后的灰度值，那么按位显示的灰度变换式则为

$$G' = \begin{cases} 0, & G_k = 0 \\ 255, & G_k = 1 \end{cases} \tag{5.1.2}$$

式(5.1.2)中，显然只处理原始像素的第 K 个比特位的值，其他比特位则不显示，因此只能显示二值图像。在电路实现上，按位显示电路比起一般显示电路来，只需在前端插入如图 5.1.7 所示的电路。

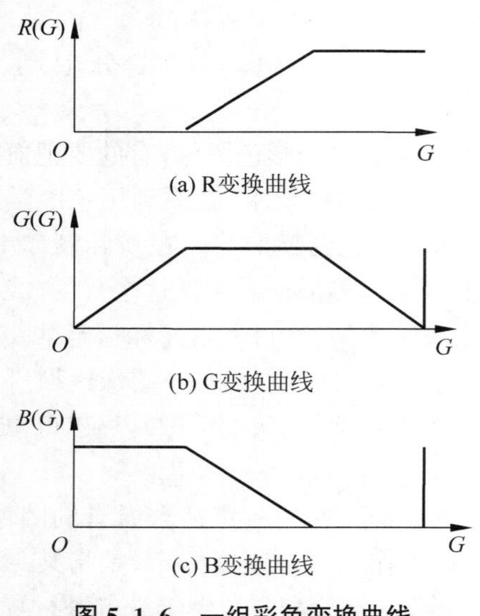

图 5.1.6 一组彩色变换曲线

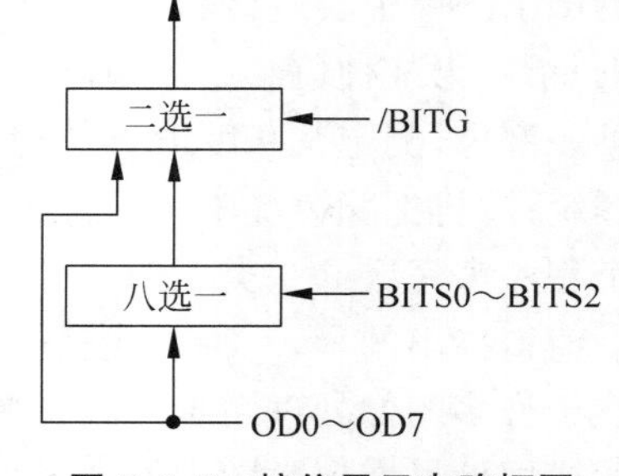

图 5.1.7 按位显示电路框图

图 5.1.7 中，OD0～OD7 是送入显示电路的原始数据，BITS0～BITS2 是三位选择信号，用来选择某一位显示数据，经八选一得到一位数据后，再送入一个二选一电路，送入这个二选一电路的另一组数据是原始图像数据，这个二选一电路的作用是作为显示功能的选择，或选择按位显示功能，或选择原始图像显示，选择信号为/BITG。

按位显示功能的用处主要有 3 个，第一个用处是检查存储体写入是否正确，可以进行逐位检查。计算机写入一个已知图案，通过按位显示电路进行显示由此检验该位是否写入正

确。第二个用处是可以观察输入数据中任一位的信息，非常直观。如查看数字化图像的动态范围，可以看看高位有无数据；如隐含在数据最低位的信息。如果按八位进行灰度显示则观察不到，采用按位显示，即可清楚地看到数据最低位的信息。第三个用处是可以进行由按位显示形成的比特位动态显示，其具体做法是在不同的比特位写入不同的图案，显示时，控制 BITS0～BITS2 选择信号，按节奏轮流显示每一个比特位，由此形成不同图案的动态显示。

重叠(overlay)显示，是图像显示的一个重要功能，该功能最主要的作用是在图像中注释文字，显示光标，也可以在图像中勾画感兴趣区，可以在图像上叠加图形等。

要进行重叠显示，至少应该给出两个信号，一个信号是重叠显示的控制信号，表明是否要进行重叠显示操作；另一个信号则是叠加位。产生叠加位的方法有两种，一种方法是独立设置一个称为字符存储体的帧存，其地址结构和图像帧存一致，其显示读出的方法和图像帧存显示读出的方法完全一样，所读出的一位或多位数据用来作为叠加位数据；另一种产生叠加位的方法是把帧存的某一位作为叠加位，由于隐含在数据最低位的信息在灰度显示中不易被观察到，所以常常选用帧存的最低一位或最低两位作为叠加位，这样做的好处是可以减少系统成本。因此在一些简化系统中，常使用这种隐含叠加位来实现重叠显示的功能。和按位显示类似，我们也把重叠显示的过程看作是对原始图像数据进行灰度变换的过程。设图像显示中每个像素的灰度为 G，G_k 为原始像素的灰度第 K 个比特位的值(0 或 1)，G' 为变换后的灰度值，那么重叠显示的灰度变换式则为

$$G'=\begin{cases}G, & G_k=0\\ 255, & G_k=1\end{cases} \tag{5.1.3}$$

式(5.1.3)和式(5.1.2)相比，区别在于：当 $G_k=0$ 时，按位显示输出为零，而重叠显示输出则为原始图像数据。

由于系统的构成不同，实现式(5.1.3)的方法也有所不同，一种实现重叠显示的电路框图如图 5.1.8 所示。当 $G_k=0$ 时，VD0～VD7 等于 OD0～OD7；当 $G_k=1$ 时，VD0～VD7 全为 1，输出值为 255，可显示为白色。当然，图 5.1.8 所示的电路也可以用 GAL 芯片来实现。

现在，许多 D/A 芯片在内部都设置了重叠显示电路，与之相配合的是结构一个字符帧存，由于字符帧存的字长一般设为 4bit，因此可以得到多种重叠显示的结果。

图像显示的另一个功能是灰度标显示，前面已经介绍了灰度标(或彩标)的作用，要实现灰度标显示，就要解决好两方面的问题，一是灰度标显示的区域确定，二是灰度标数据的产生。灰度标显示的区域大致有两种形式，即垂直的或水平的，有的系统把垂直的灰度标显示在屏幕的左边，也有的系统显示在屏幕的右边，而水平的灰度标则显示在屏幕的下边。在一个 512×512 的图像处理系统中，灰度标显示区域的点阵数一般为 512×16，这样便于在硬件上确定灰度标显示的区域。这个区域的确定属于屏幕划分的范围，属于图像正程显示区域的一部分，参照图 3.3.12 所示行框和列框的描述，单独形成一个列框作为垂直条灰度标数据显示的选通信号；同理，单独形成一个行框作为水平条灰度标显示数据的选通信号，这些灰度标数据选通信号的形成和扫描时序的形成类似，因此可以很方便地在扫描时序发生器里实现。灰度标数据的形成比较容易，图 5.1.9 给出了水平条灰度标数据形成电路。

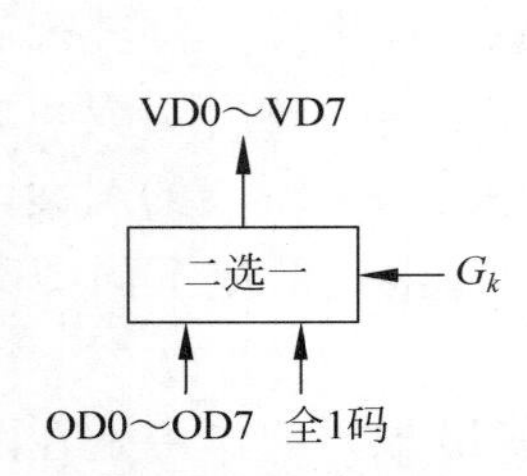

图 5.1.8 一种重叠显示的电路框图

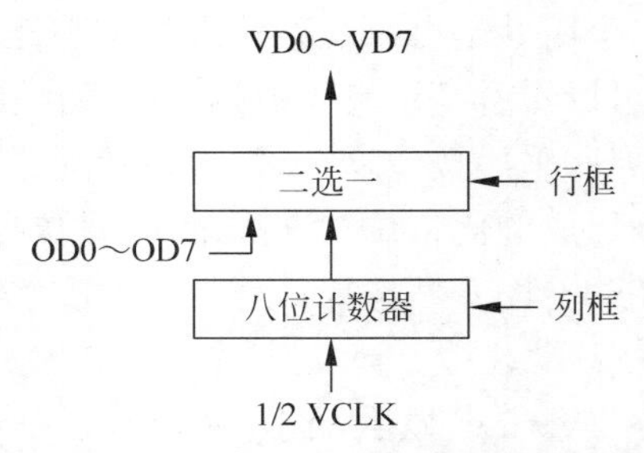

图 5.1.9 水平条灰度标数据形成电路

图 5.1.9 中，八位计数器输入时钟的频率为点时钟频率的 1/2，列框加到计数器的计数允许端，计数器在列框为高电平时计数，其输出数值在 0～255 之间顺序变化，行框加到二选一数据选择器的选择端，当行框为高电平时，选择计数器的输出信号作为 VD0～VD7，再送到 D/A 去，由此在屏幕的下方显示出一条水平的从左到右由黑到白的灰度标。垂直条灰度标数据形成电路和水平条灰度标数据形成电路类似，对照图 5.1.9 所示的电路，在垂直条灰度标数据形成电路中，计数器输入时钟的频率为行频，计数器的允许端为行框，二选一数据选择器中选择端的选择信号为列框。

不管是黑白图像处理系统还是伪彩色图像处理系统，其灰度标的产生方法都是一样的，只不过在显示的结果上有所不同，在伪彩色图像处理系统中，灰度标经彩色指定而显示为彩色灰度标。

5.2 图像滚动显示、漫游显示和放大显示

一个球在地上滚动，我们从一个角度去观察，就可以看到球在滚动方向上的各个部分，图像滚动显示也是这样。图像滚动是图像显示的一种功能，就滚动的方向而言，有上滚、下滚、左滚、右滚，也有任意方向的滚动，上滚、下滚为 Y 方向的滚动，左滚、右滚为 X 方向的滚动，任意方向的滚动为 XY 方向的滚动；而就滚动显示的图像内容而言，有限定屏幕内容的滚动，也有大于屏幕内容的滚动，限定屏幕内容的滚动是指滚动前和滚动后的图像在显示时其内容并没有丢失，只在相对位置上发生了变化；从滚动的速度而言，有实时滚动和非实时滚动。在实现上，限定屏幕内容的左滚、上滚和左上方滚动相对容易一些。限定屏幕内容左滚、上滚和左上方滚动的示例如图 5.2.1 所示。

在图 5.2.1(a)中，图像在 X 方向向左滚动了 ΔX 的距离，因为是限定屏幕内容上的滚动，滚动前处于屏幕最左端的图像(左图)，滚动后则到了屏幕的最右边(右图)。可以看出，原来屏幕上的内容依然存在，只不过是图像在屏幕上的位置发生了变化，顺序地向左移动了一段距离。在图 5.2.1(b)中，图像在 Y 方向向上滚动了 ΔY 的距离。同样，因为是限定屏幕内容上的滚动，滚动前处于屏幕最上端的图像(左图)，滚动后则到了屏幕下面(右图)。向左和向上的滚动都是单方向的，图 5.2.1(c)则是在两个方向上同时发生了滚动，向左滚动了 ΔX 的距离，向上滚动了 ΔY 的距离。在这些限定屏幕内容的滚动的示例里，屏幕上的图像数据并没有发生变化，变化的仅仅是这些图像数据显示的顺序，也就是说显示的地址发生了变化。各个图像处理系统的帧存结构有所不同，具体实现这三种滚动功能的方法也不同，

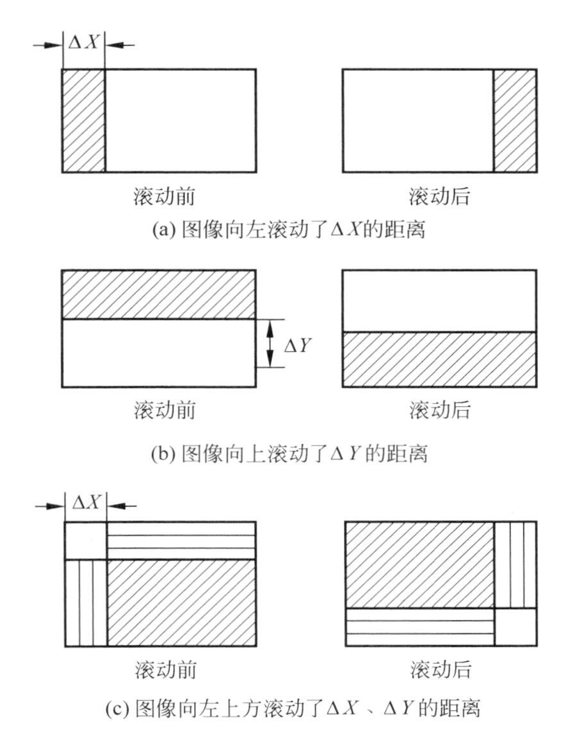

图 5.2.1　限定屏幕内容的滚动示例

比较起来，用 VRAM 芯片构成图像帧存，在实现这些滚动功能方面则相对简单一些。我们曾在第 2 章图像数字化中讲到两套地址的问题：一套地址是扫描地址，扫描地址最大的特点就是地址和屏幕一一对应；另一套地址是存储地址，这是数字化图像存入存储体的地址。类似地，在图像显示中，也采用这两套地址。正常显示时，读操作送入存储体的存储地址就是扫描地址；滚动显示时，送入的存储地址不是显示地址，而是变换地址。用 VRAM 芯片构成图像帧存时，图像显示是由帧存的读传输和串出功能实现的，正如第 4 章介绍的那样，把存储芯片里 DRAM 内的一行图像通过读传输操作送到存储芯片里的 SAM 内，然后通过串出操作把图像一点一点地读出来。在读传输操作时，送出列方向的首址，在一般显示状态下，列方向的首址为零，如果要求在 X 方向向左滚动 ΔX 的距离，则在读传输操作时，送出列方向的首址为 ΔX，这样就实现了向左滚动 ΔX 的距离的功能。实现限定屏幕内容向上滚动的方法比实现限定屏幕内容向左滚动的方法要复杂一些，向上滚动时送给存储体的列地址不需另加处理，而要对行地址进行相应的处理。图 5.2.2 给出了一种实现限定屏幕内容的上滚功能的行地址产生电路框图，这是一个 512×512 点阵的例子，行地址为 9 位。首先由主机给出滚动的数值，把这个数值送入偏移量寄存器，RCK 为锁存脉冲，CD0～CD7 为计算机数据，偏移量寄存器的输出端连到可预置的行计数器作为预置数据；在可预置的行计数器中，HCK 为计数脉冲，/HPE 为预置控制脉冲，/VB 为场消隐脉冲，作为该计数器的计数允许脉冲，而计数器的输出 DY1～DY8 则是显示时的高 8 位行地址，最低位地址 DY0 是奇偶场信号，直接由图像处理系统给出。由于这个电路是用在隔行扫描的显示地址的形成上，所以送到偏移量寄存器的数值则为 ΔY 的 1/2。制作时偏移量寄存器可以由 74LS374 芯片构成，该计数器可以由两个 74LS161 芯片构成，图 5.2.3 给出了图 5.2.2 所示的上滚

时行地址产生电路的时序，我们可以用 GAL 等芯片具体来实现这些时序，其逻辑表达式为

```
/HPE1 = /VB;
/HPE = /HPE1;
HCK = HPE&/VB + /VB&HS;
```

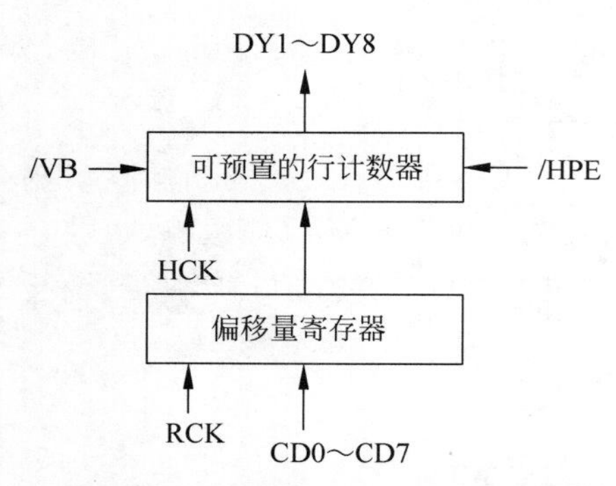

图 5.2.2 上滚时行地址产生电路框

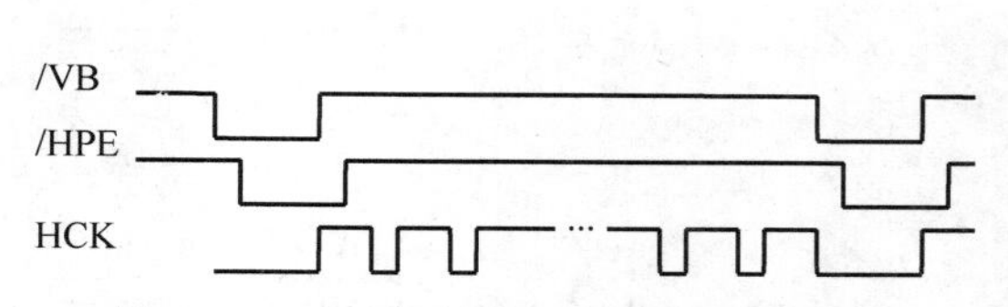

图 5.2.3 上滚时行地址产生电路的时序

从波形图可以看出，/HPE 只是/VB 的延迟，在/VB 的上升沿时，把上滚的偏移量数值预置到可预置的行计数器里，以此形成每一场图像上滚的行地址首址。限定屏幕内容的左上方滚动同时结合了上滚和左滚的特点，这里就不再赘述。图 5.2.1 给出的限定屏幕内容滚动示例只给出了上滚、左滚和左上方滚动，而下滚、右滚和右下方滚动在实现的方法上与上滚、左滚和左上方滚动的实现方法是一样的。

在实际应用中，大量应用的还是采用大于屏幕内容的滚动方式，要想观察一幅大范围的遥感图像，就要逐行地或逐列地进行大于屏幕内容的滚动显示；在电子地图中采用大于屏幕内容的滚动技术，这样一位汽车司机使用车上的电子地图，随着汽车的行驶路线，在电子地图上显示当前的城市交通地图；在线阵 B 超里，常常使用这种大于屏幕内容的上滚技术，而且还同时使用硬件放大技术，来观看不同深度的超声图像。

如果一幅图像显示的分辨率为 512×512，而要显示大于此图像点阵的图像，这时就要采用大于屏幕内容的滚动方式了。仿照前面的示例，这里也来讨论大于屏幕内容的上滚、左滚和左上方滚动。首先来看上滚，先确定每次上滚的行数 ΔY，如果以 512×512 逐行方式来讨论，当进行滚动操作时，把 ΔY 行的图像内容显示在第 0 行，把$(\Delta Y+1)$行的图像内容显示在第 1 行，把$(\Delta Y+2)$行的图像内容显示在第 2 行……把 511 行的图像内容显示在第$(511-\Delta Y)$行，最下面的 ΔY 行则要补充新的图像数据。如何补充新的图像数据呢？显然有两种做法，一种做法是设计一个大于显示分辨率的图像存储体，如显示分辨率为 512×512，而图像存储体的容量为 512(列)×1024(行)，预先把图像存入 512×1024 的图像存储体，这样在图像上滚时就可以把 511 行以上的图像数据补充进来；另一种做法是把 511 行的图像内容显示在第$(511-\Delta Y)$行后，再由主机补充新的数据。显然，这两种方法都可以实现上滚，由于帧存的容量很有限，采用主机补充新数据的方法可以显示更大尺寸的图像，但是二者在补充新数据的速度上有很大的差异，前者可以达到实时滚动，后者一般做不到实时，而实时滚动在有的要求里则是必需的。

大于屏幕内容的左滚，其方法也因帧存的结构不同而有所区别。在使用 VRAM 芯片

组成的帧存里，如果帧存的容量为 1024(列)×512(行)，则可以很方便地实现实时的大于屏幕内容的左滚。具体实现的方法和限定屏幕内容的左滚类似，也是在读传输操作时，送出列方向的首址，而这个列址一般也是由计算机预先置入的。

大于屏幕内容的左上方滚动是同时完成大于屏幕内容的左滚和上滚这两个方面的功能，在实现上则常常是设计一个在 X、Y 两个方向上都大于图像显示分辨率的图像帧存。

我们常说的图像漫游，就是指在一个从 X、Y 两个方向上都大于图像显示分辨率的图像区域中，任意显示一个标准显示分辨率的图像，例如，在一个 1024×1024 图像帧存储体里作 512×512 点阵的图像漫游。显然，图像漫游就是采用了在 X、Y 两个方向上的图像滚动技术。在图像漫游中，要给出图像滚动的 ΔX、ΔY 数值，可以采用移动鼠标器(或跟踪球)的方法给出具体数值；在模拟训练器里，可采用移动操纵杆的方法给出具体数值；有的时候，还可以按照某种运动规律用软件编程来给出具体数值。为了避免出现显示上的紊乱，计算机置数的时间最好选择在场逆程的时间，而要实现这种只在场逆程时间里置数的操作，该系统就必须具有计算机能够读出场消隐信号的能力。

在图像处理中，有时要把一个区域的图像放大，这样便于观看图像的细节，便于进行图像编辑，还可以达到类似电影特技的效果。不论用硬件还是用软件实现图像放大，在灰度插值上，都可分为重读插值放大(简称为重读放大)和线性插值放大(简称为线性放大)；在放大区域上，可分为规则区域和任意区域的图像放大；在图像放大的倍数上，有整倍数图像放大和无级图像放大。由此组合起来，还可形成一些类别的图像放大。重读放大是指在原相邻点之间插入新像素的灰度值等于前一点的灰度值，而线性放大是指在原相邻点之间插入新像素的灰度值是原相邻点灰度确定的线性渐变的灰度值。规则区域放大是指矩形或圆、椭圆区域的图像放大，而任意区域的图像放大则包含了规则区域和非规则区域的图像放大，这个任意区域可以是由鼠标器(或跟踪球)随意画出的一个封闭区域。在整倍数的图像放大中，硬件常采用 2 的整次幂的放大倍数，如 2、4、8 倍，而软件常采用无级放大，如 1.1、1.2 倍的图像放大。值得指出的是，一般放大是指 X、Y 两方向的放大倍数相同，即在两方向上都做相同倍数的放大，其放大倍数就是标定的放大倍数值，这个放大倍数绝不是指总的图像区域的放大倍数，显然总的图像区域的放大倍数应是 X、Y 两方向的放大倍数的乘积(在有的应用中，也需要进行单独 X 方向、Y 方向的图像放大，有时 X、Y 两方向的放大倍数也不一样)。总的来看，软件实现放大的形式比较灵活，由相应的算法实现，硬件则大多采用矩形区域重读放大。为了硬件便于实现，许多系统还只能做到有限几种的矩形区域重读放大。在线阵 B 超中，常常使用 1.5 倍、2 倍的矩形区域重读放大；在常规图像处理系统中，常采用 2 倍的矩形区域重读放大，例如标准显示分辨率的图像是 512×512 的点阵图像，把这幅图像分成 4 个象限，每个象限的图像都是 256×256 点阵的图像，在放大中，任一个象限的图像都可以放大成 512×512 的点阵图像加以显示。下面我们来讨论这个例子的放大功能的具体实现。

考虑图像放大时的出发点还是要考虑扫描地址和存储地址之间的关系，这种扫描地址是屏幕地址，存储地址则是图像放大时所取像素处于存储体中的实际地址。512×512 的点阵图像的扫描地址为 18 位，X、Y 方向各 9 位，扫描地址中 X 方向的地址是 X0～X8、Y 方向的地址是 Y0～Y8，放大时图像区域在 X 方向的存储地址为 X0′～X8′、在 Y 方向的存储地址为 Y0′～Y8′，X 方向的和 Y 方向的最高位地址 X8′和 Y8′由计算机给出，以确定被放大图像的具体象限数，存储地址低 8 位 X0′～X7′由 X0～X8 右移一位形成，即 X0′等于 X1，X1′等于 X2，…，X7′等于 X8，Y 方向也是一样，存储地址低 8 位 Y0′～Y7′由 Y0～Y8 右移一位形成，即 Y0′等于 Y1，Y1′等于 Y2，…，Y7′等于 Y8。由于各个图像处理系统的帧存有所不同，其实现放大的方法也有所不同，Y 方向的地址可以用地址选择器来选择，常规显示时选择 Y0～Y8，放大显示时选择 Y0′～Y8′。X 方向地址的处理则有所不同，在用 DRAM 存储芯片构成的帧存中，X 方向的地址也可以用地址选择器来选择，常规显示时为 X0～X8，放大显示时为 X0′～X8′。在用 VRAM 存储芯片构成的帧存中，X 方向的地址用地址选择器来选择，常规显示时为 X0～X8，放大显示时 X 方向的最高位地址为 X8′，低 8 位地址则全为 0。此时 VRAM 存储芯片的串出脉冲 SC 的频率则降低一半。

通过上面所介绍的方法可以很方便地用硬件来实现矩形区域的 2 倍图像放大。实现矩形区域的放大还是比较容易的，但要用硬件来实现一个任意区域的图像放大则比较难，可能只在一些特殊的情况下才需要这种功能。首先需要勾画出要放大的一个任意区域，计算出这个区域的 4 个端点：Y 地址的最小点、最大点，X 地址的最小点、最大点，由此得到由这 4 个端点所确定的矩形区域，在硬件上实现这个矩形区域图像的重读放大，这时所放大的图像既包含了该任意区域的放大图像（这正是我们需要的放大图像），同时还包含了一些处于该任意区域以外部分的放大图像（这是我们不需要的放大图像）。现在遇到的问题是怎样把这部分不需要的放大图像删除。这里我们提出一种屏蔽的办法或称为抠像的办法来去除区域外的多余图像：设立一个字符存储体（一般的图像处理系统都设有这种字符存储体），其地址容量等于图像显示分辨率所要求的存储容量，每一个地址的字长可以是 1bit，还可以是多 bit，通过软件计算，可以准确地得到该任意区域放大以后所具有的图像区域，这里我们称其为正确的放大区域，通过计算机把字符存储体属于此区域的部分写为“1”，其余部分写为“0”；与此相配合，再设置一个数据选择器，当字符存储体的数据为“1”时选择放大后的图像数据，当字符存储体的数据为“0”时选择“0”数据，这样就能准确地显示所需要的任意区域的放大图像，而区域外的部分则显示为黑。

最后还应当说明，硬件图像放大只是在显示上进行加工处理，而并没有破坏图像帧存里的存储数据，因此这种放大是非破坏性的。

5.3 图像灰度窗口显示

在图像处理中，常采用灰度变换技术，把图像像素的某种灰度变换为另一种灰度，比如对原始图像进行指数变换，着重把原图像的高灰度区进行非线性拉伸；对原始图像进行对数变换，则着重把原图像的低灰度区进行非线性拉伸；线性拉伸处理，则是在一段灰度范围内对原始图像进行线性拉伸，有效地把原始图像的灰度范围进行了扩展；在直方图均衡化处理中使处理后图像的直方图分布均匀等。这些灰度变换的目的主要是想解决图像灰度分布过于集中而不易分辨其图像细节的问题。

在各种灰度变换的实现上，有软件处理，也有硬件处理；有的处理手段属于破坏性的，也有的处理手段属于非破坏性的。一般来讲，软件处理灵活易变，但速度慢；而硬件处理局限性大，但处理速度快。在处理手段的选择上，一般希望采用非破坏性的手段，特别是做灰度变换，并不是选用某种办法就一定有好的处理效果，有时还需要使用多种处理方法，即使只使用一种方法，也希望多试一些不同的参数，这样就要求在处理过程中不立即破坏原始数据。因此在软件处理上，常采用保留现场的做法，以达到"回溯"的目的。在硬件处理上，常使用输出查找表的技术，这也只是在显示上进行加工处理，并不破坏图像帧存中的存储数据。在一些系统中，当对存储图像做某些灰度变换时，巧妙地结合查找表，可以达到快速"回溯"的效果，具体的做法是把该灰度变换的数据写入输出查找表，这样可以从显示图像上立即看到本次灰度变换的效果，如果效果满意则可对存储图像进行相应的灰度变换；如果不满意此次的处理结果，则可取消这种灰度变换从而继续选择其他的方法或参数。查找表有RAM表和ROM表之分，RAM表灵活多变，变换函数可由计算机写入；ROM表函数固定，局限性大，但时序简单，速度快，适用于专用的场合。

在各种灰度变换方法中，常采用灰度窗口显示技术，即定义一个灰度范围作为灰度窗口，对属于窗口内的图像像素的灰度进行某种线性或非线性的变换，而把处于灰度窗口之外的灰度再定义为其他灰度。同样，可以用软件来实现灰度窗口显示的功能，也可以用硬件实现。在一些大型的设备里，如CT、γ照相机图像处理系统，常常使用硬件来实现这一功能，而窗内进行的变换也主要采用线性变换。

图5.3.1表示了窗口灰度变换的原理。

在图5.3.1中，变换前的灰度为G，最大值为G_M；变换后的灰度为G'，最大值为G'_M；W_L称为窗底，W_U称为窗顶；从W_L到W_U这段灰度范围，称为窗宽，记作W_W。

$$W_W = W_U - W_L$$

图5.3.1所表示的灰度变换式如下：

$$G' = \begin{cases} 0, & G < W_L \\ \dfrac{G - W_L}{W_W} \times (G_M + 1), & W_L \leqslant G \leqslant W_U \\ G_M, & W_U < G \end{cases} \tag{5.3.1}$$

式中，G_M的值是由系统里每像素比特位的长度来决定，一般图像处理系统每像素为8bit，则G_M的值为255，而在CT中G_M的值较高，有的高达2047，即每像素比特位长度为11位。变换后的灰度最大值G'_M是由系统中D/A转换器的输入比特位的长度来决定，如果系统仍采用8bit的D/A转换器，则G'_M值为255。

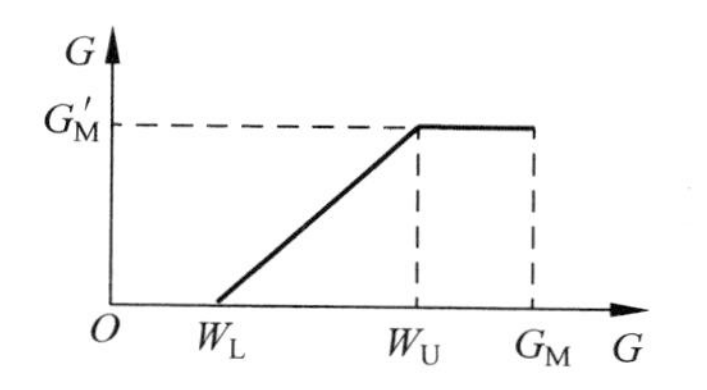

图5.3.1　窗口灰度变换的原理

在硬件灰度窗口的实现上，有固定灰度窗口和灰度全窗口之分。所谓固定灰度窗口，是指窗底、窗宽或者其中之一是固定不变的或是分挡跳变的；而灰度全窗口是指窗底、窗宽在全灰度范围($0 \sim G_M$)内连续可调。从难度来讲，实现灰度全窗口比实现固定灰度窗口更难一些，而效果则以灰度全窗口最好。我们在γ照相机图像处理系统中实现的灰度窗口电路是采用ROM表的灰度全窗口电路，其功能设计要求如下：

(1) 窗底的数值单独可调(0～255)；

(2) 窗宽的数值单独可调(0～255)；

(3) 窗底、窗宽的数值同时可调(0～255)；

(4) 窗底、窗宽的数值变化快慢可调；

(5) 窗底、窗宽的数值变化方向可调；

(6) 窗底、窗宽数值的和大于 255 时，它们的数值自动向反方向变化；

(7) 窗底、窗宽的数值以十进制数在屏幕上显示。

为了便于操作，我们设置了 5 个琴键开关。

(1) 可变框选择键。该选择键选择下面两种状态之一：一种状态为 $W_L=0$，$W_W=255$，这实际是不要灰度变换的状态，也是常规显示的状态；另一种状态为 W_L、W_W 可变，即显示采用灰度窗口。

(2) 窗底控制键。该控制键控制两种状态，一种状态是窗底 W_L 可变；另一种状态是窗底 W_L 维持原参数。

(3) 窗宽控制键。该控制键控制两种状态，一种状态是窗宽 W_L 可变；另一种状态是窗宽 W_L 维持原参数。

(4) 计数方向控制键。这实际是一个单脉冲的产生电路，只要产生一个单脉冲，就改变一次 W_L、W_W 的计数方向。

(5) 时钟控制键。这是选择窗口参数变化的速率，一种状态是选择快时钟，这时窗口参数变化快，用于窗口参数的粗调；另一种状态是选择慢时钟，这时窗口参数变化慢，用于窗口参数的细调。

这 5 个键安装在操作台上，并分别用长线连接到窗口参数控制器电路板上。为了防止按键时抖动对该电路带来不利影响，把每个键的输出端都连到 D 触发器的 D 端，再选用一个时钟连到 D 触发器的 CK 时钟端，由此对 5 个键的输出信号进行采样，结果做到控制电路稳定可靠。窗口参数控制器电路框图如图 5.3.2 所示。

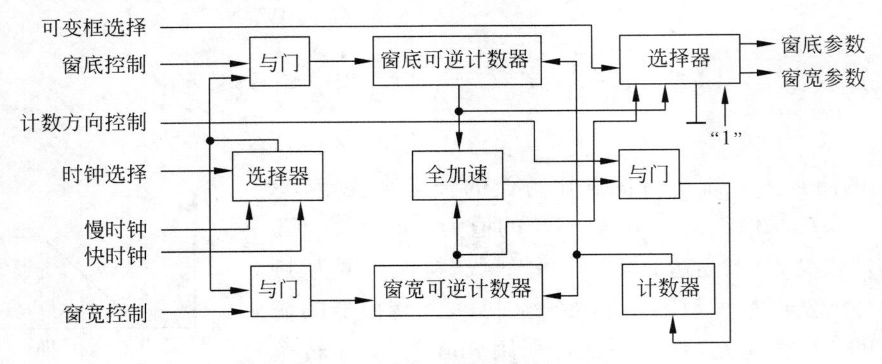

图 5.3.2　窗口参数控制器电路框图

为了实现图 5.3.2 所示的功能要求，在窗口参数控制器中，要产生正反两方向可调的窗底 W_L、窗宽 W_W，由此设置了窗底、窗宽可逆计数器，而且根据本系统图像像素比特位的限制，这里不允许 $(W_L+W_W)>255$，对此设置了一个全加器，当 $(W_L+W_W)>255$ 时，全加器的第 9 位输出一个高电平，从而改变当前 W_L、W_W 的计数方向。产生窗口参数的一种办法是用电位器来调节电压量，再把不同的电压转换成数字量，这种办法实现起来电路比较烦琐，而且常常得不到一个连续的数字量。这里选用由计数器计数的办法，电路简单，可靠性好，窗口参数连续可调，数值没有跳跃。图中所示的计数器是 1bit 的计数器，可用 74LS74 来实现。

在窗口范围内，灰度变换公式为

$$G' = \frac{G - W_{\mathrm{L}}}{W_{\mathrm{W}}} \times 256 \tag{5.3.2}$$

式(5.3.2)是一个线性灰度变换式，根据直线斜率的变化，输出就可以得到不同的数值。

对于式(5.3.2)，我们采取先取对数、再取反对数的方法化乘除运算为加减运算，这样就可以仅用全加器和 PROM 等硬件来实现式(5.3.2)所表示的线性灰度变换。

对式(5.3.2)取对数后得

$$\log_\alpha G = \log_\alpha (G - W_{\mathrm{L}}) - \log_\alpha W_{\mathrm{W}} + \log_\alpha 256 \tag{5.3.3}$$

这里，α 的选择要考虑尽量减少设计误差，由于取对数在前，为确保有足够的精度，就要使对数输出的范围为 0～255。另外，从取对数的表达式上看，输入若为零，则无意义，将输入加 1 后得到的修正式 $y=\log_\alpha(1+x)$在 x 取值较大时与原输出结果相差甚微。对应输入 0～255，相应的输出也为 0～255，因此应选 $\alpha=256^{1/255}$，这样，$\log_\alpha 256=255$，用十六进制的数表示为 FF，由于 W_{W} 在 8bit 的数据范围里变化，由此式(5.3.3)可改写为

$$\log_\alpha G = \log_\alpha (G - W_{\mathrm{L}}) + \overline{\log_\alpha W_{\mathrm{W}}} \tag{5.3.4}$$

式中，$\overline{\log_\alpha W_{\mathrm{W}}}$ 为 $\log_\alpha W_{\mathrm{W}}$ 的反码。通过运算求得后，再进行指数变换：

$$G' = \alpha^{\log_\alpha G} \tag{5.3.5}$$

由式(5.3.5)，可得到窗口处理器的输出灰度 G'。在电路设计上，指数、对数变换采用硬件查表方式，该表由高速的双极型 PROM 芯片构成，预先制作表时把指数、对数变换函数烧进 PROM 芯片中。这种实现线性变换的灰度窗口处理器的电路框图如图 5.3.3 所示。

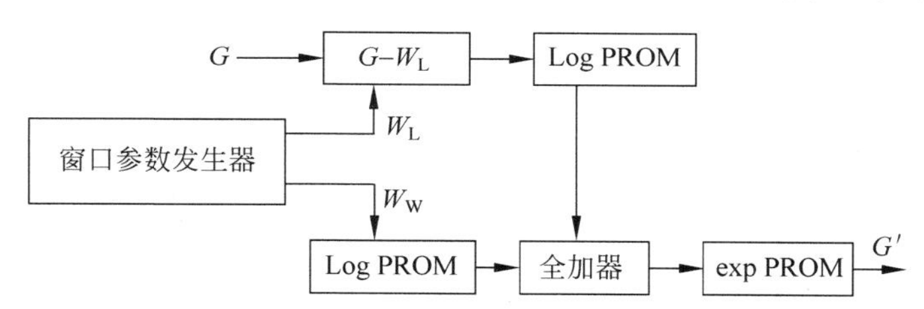

图 5.3.3 实现线性变换的灰度窗口处理器的电路框图

在实现中，$G-W_{\mathrm{L}}$ 的运算是对 W_{L} 求反，其结果再和 G 进行相加运算实现的。整个灰度全窗口电路的其他细节问题，如像素灰度 G 低于 W_{L} 或高于 W_{U} 时输出灰度 G'分别等于 0 和 255 等问题纯属技巧性问题，这里不再赘述。

这种γ照相机图像处理系统在实现灰度窗口功能的同时还附带有窗口参数注释功能，其窗口参数的注释不是利用覆盖体进行重叠显示来完成的，而是专门设计了窗口参数注释电路来具体给予实现，显然这样做的优点是操作简单明了，操作人员可以及时地了解到当前的窗口参数，而不需要计算机进行干预。

这种参数注释在监视器上的位置如图 5.3.4 所示，其中把屏幕划分为两个区域，图像区域为 256×256 点阵；另一个为窗口参数注释区，为 256×8 点阵，即注释区占用了 8 行的屏幕位置，所注释字形的大小选择为 5×7 点阵，在注释区左边 128 点内显示窗底的参数，在注释区右边 128 点内显示窗宽的参数。只要系统一加上电，窗口参数就自动地显示出来，使用方便。

显示窗口参数，可以先将窗底、窗宽参数变为 BCD 码，然后去查字库，而且微机一般都

具有齐全的字库。显然这种方法可以节省硬件的字符存储容量，但要以复杂的控制电路以及码制变换为代价。另一种方法是直接用窗口参数(二进制码)去查字符库，这就要做一个硬件字符库。考虑到我们这里所用的字符不多，只有 0～255 数字和"W_L""W_W"以及"＝"字符，所以该系统采用了后一种方法，其电路框图如图 5.3.5 所示。

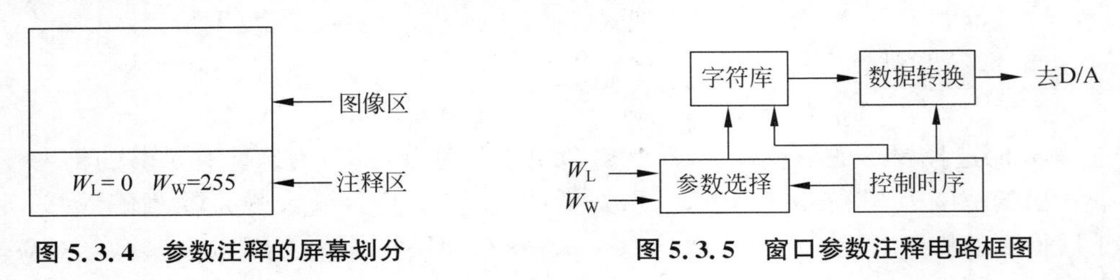

图 5.3.4 参数注释的屏幕划分　　图 5.3.5 窗口参数注释电路框图

图中，参数选择器是以 X 方向的位置来选择 W_L 和 W_W 的，即 X 地址小于 128 时选择，其余的选择 W_W，字符库由 4 片 2K×8 的 EPROM(2716)组成，由 8bit 的窗口参数线和 3bit 的行地址线以及 1bit 的窗底/窗宽参数选择线寻址，字符库输出的 32 位数据送入移位寄存器进行并码到串码的转换，每位串码又变成全"0"或全"1"的 8bit 并码送入系统的 D/A，这样就实现了窗口参数的实时标注。

5.4 动态图像显示

动态图像显示一般是指图像以不同位置、不同大小、不同灰度(或彩色色彩)的动态显示，或者说是多幅不同的图像序列的连续显示。

动态图像显示有许多用途，在模拟训练器中，可对飞机、坦克、舰艇的驾驶员进行模拟训练，随着操纵杆的移动，眼前出现了不同的景象，目标在背景图像上按照不同的轨迹连续运动；在医学图像中，用于人体内部器官(如心脏)图像的动态显示；在电子游戏机中，用于一些运动场景的产生；舞姿的分解与合成、生物运动的模拟等方面也用到这种动态图像显示。图像的动态显示，不论其是软件实现或硬件实现，或是双方配合实现，就其所采用的技术来讲，大体可分为灰度比特位动态显示、地址变换动态显示和图像解压缩动态显示以及几何作图动态显示 4 个类别。当然，一些动态图像显示也可以由这几种之间的组合加以实现。灰度比特位动态显示主要基于像素比特位的变化，常采用按位显示技术和重叠显示技术，由于其相对比较简单，因此大多使用硬件来实现；地址变换动态显示主要基于像素的地址变化，实现较为复杂；图像解压缩动态显示则运用图像压缩/解压缩技术，多采用 MPEG 技术，目前用软解压已能达到高速动态显示的能力，本书不对图像解压缩技术进行讨论。几何作图动态显示主要是图形系统的功能，是靠图形处理芯片来实现的，本书也不加以讨论。

在 5.1 节里曾经介绍过按位显示技术和重叠显示技术，这是作为图像显示的基本内容加以讨论的，这种技术不仅用在一些基本显示方面，还可以用于动态显示方面。当然，按位显示可以从按任 1 比特位显示扩展为按多个比特位显示，重叠显示也可以从按 1 比特位重叠显示扩展为按多个比特位重叠显示。例如，一个物体(如一辆坦克)在山地上运动，可以用 4bit 来绘制一辆坦克，采用 4bit 的重叠显示就可以实现坦克在山地上运动的功能。一般图像处理系统的光标多按 1 比特位重叠显示的，采用多个比特位重叠显示技术，就可以显示出光彩夺目的光标了。举例来说，在 TH92C 真彩色图像卡里，有 512×512×4bit 的覆盖体，这 4 个比特位分别定义为：bit3＝0，表示进行重叠显示操作；bit3＝1，表示不进行重叠显示操作。bit2＝0，表示进行 A/D 图像和覆盖体内容进行重叠显示操作；bit2＝1，表示存储体图像和覆盖体内容进行重叠显示操作，当一个歌手在歌唱时，可以把歌词重叠显示在屏幕上；当一个运动员在竞赛时，可以把他的个人介绍重叠显示在屏幕上，这就要使 bit2＝0。余下的就要对 bit1、bit0 进行色彩编码了，可规定 00 为白色，01 为红色，10 为绿色，11 为蓝色。这样就实现了多功能的多比特位的重叠显示了，只要动态地改变覆盖体的内容，就能实现多个比特位重叠显示的动态显示。在制作一个按多个比特位显示的动态显示的程序时，可以把一个形体（如一只公鸡）的一个姿态写入多个比特位（如 2 个 bit），把它的另一个姿态写入另外的多个比特位……显示时则可以依次显示，由此得到这个形体的动态图像。要实现多比特位的重叠显示，存储体也应该具有按多比特位写入的能力。不管是按多个比特位显示的动态显示，还是按多比特位的重叠显示的动态显示，都需要容量足够大的图像存储体。当然，存储容量总是有限的，要想使这些动态显示更加丰富多彩，微机的高速写入将是非常需要的，好在微机 PCI 总线的速度很快，由此可以大大地提高系统动态显示的能力。

地址变换动态显示比灰度比特位动态显示更加灵活，也是一个物体在背景里运动，要实现这种功能，则可以设计两套具有独立地址的存储体（其中一个存储体的比特位可以少一些），只要不断地改变存有该物体的存储体的显示地址，就能够实现物体在背景中运动的动态显示功能，因为改变存储体显示地址的操作并不花费多少时间，所以这种动态显示可以达到很高的速度。在图像漫游中，可以在一个屏幕里连续显示大于屏幕的图像，这是依靠地址的变化来实现的，可以用跟踪球或者通过软件编程来控制地址变化；在模拟训练器中，可用操纵杆来控制地址变化。

一般来讲，显示图像的有效屏幕和图像帧存储体的点阵是一一对应的，但是在利用地址变换的动态图像显示中，情况则不同，常常是瞬时显示的一幅图像只是图像存储体所存图像的一部分，这就要利用地址变换技术，把原来一一对应的视频显示地址，变换成相应的图像帧存储体的那“一部分”的存储地址。

γ照相机图像处理系统是一种专用的医学图像处理系统，与 X 光图像处理系统相比，它比较适用于内脏器官功能的图像处理，因此这种系统就需要更强的动态图像显示功能。一种γ照相机图像处理系统的显示模式为：

（1）动态 4 幅，每幅依次显示；

（2）动态 4 幅，单幅显示后再放大显示，以此循环；

（3）动态 4 幅，每幅放大 2 倍显示，以此循环；

（4）动态 16 幅，每幅依次显示；

（5）动态 16 幅，单幅放大 2 倍显示，以此循环；

（6）动态 16 幅，单幅显示后再放大 2 倍显示，再放大 2 倍显示，以此循环；

（7）静态整幅显示；

（8）静态显示 4 幅中的 1 幅；

（9）静态显示 16 幅中的 1 幅。

对于每一种动态显示功能，又有 8 种动态速率可供软件选择，这样可以选择动态显示的动态节拍，这种动态节拍还可以在 40ms～5.12s 之间调节。系统还设有定格控制，可在动态显示时任意冻结当前显示的一幅画面。该系统的单个图像帧存储体设计为 256×256×8bit,可存储一幅 256×256 点阵的图像,这是用来采集肝、胃、脾、脑图像的;该存储体还可以存储 4 幅 64×64、16 幅 32×32 点阵的图像,这主要是用来采集心脏动态图像的。使用动态显示功能时根据存储体所存储的图像类型来选择相应的显示模式。

图 5.4.1 说明了 4 幅动态显示的过程。图 5.4.1(a)表示存储体所存储的 4 幅 64×64 点阵的图像,图 5.4.1(b)～5.4.1(e)分别表示 4 幅动态显示时依次显示的图像序列,图 5.4.1(b)显示的是图 5.4.1(a)中左上角的图像,图 5.4.1(c)显示的是图 5.4.1(a)中右上角的图像,图 5.4.1(d)显示的是图 5.4.1(a)中左下角的图像,图 5.4.1(e)显示的是图 5.4.1(a)中右下角的图像。

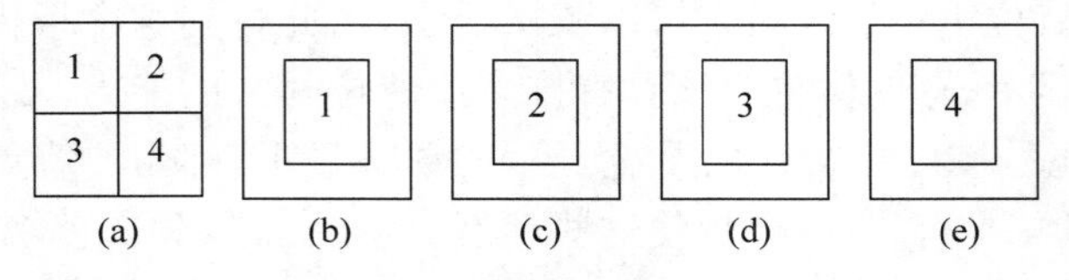

图 5.4.1　4 幅动态显示的过程

要实现所要求的动态显示功能,就要正确地确定存储体读出地址和显示扫描地址的关系,图 5.4.2(a)和图 5.4.2(b)分别给出了 4 幅、16 幅图像在图像存储体内块地址的分布。

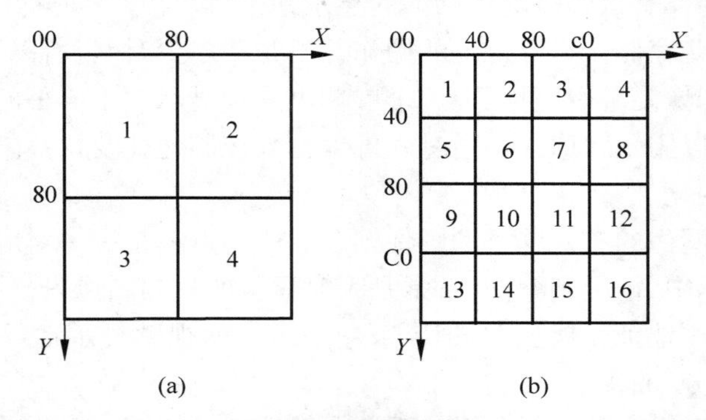

图 5.4.2　4 幅、16 幅图像在图像存储体内的分布

图 5.4.2 中,X、Y 地址是以十六进制的代码标注的,如图 5.4.2(a)中的第一幅的 X、Y 首址为 0h、0h,第二幅的 X、Y 首址为 80h、0h,这些地址是显示时图像存储体的实际读出地址。图 5.4.3 给出了 4 幅、16 幅图像在动态显示时的扫描地址首址。

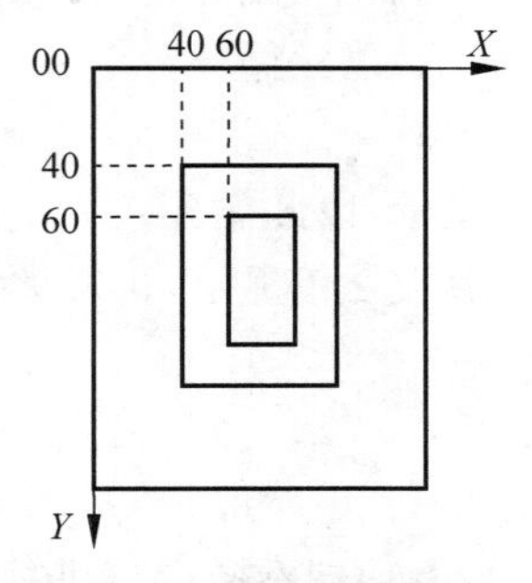

图 5.4.3　4 幅、16 幅图像在动态时的扫描地址首址

从图 5.4.3 可以看出，不论是 4 幅还是 16 幅图像动态显示，图像都是按序显示在屏幕中间的，在每类图像依次显示时该图像对应于屏幕的扫描地址和存储体的读出地址是不同的，因此存在一个变换关系。表 5.4.1 给出了 4 幅图像动态放大显示的首址变换表。

表 5.4.1　4 幅图像动态放大显示的首址变换表

节　拍	存储体首址		扫描首址		显示功能
	X	Y	X	Y	
1	0h	0h	40h	40h	第 1 幅
2	0h	0h	0h	0h	第 1 幅放大 2 倍
3	80h	0h	40h	40h	第 2 幅
4	80h	0h	0h	0h	第 2 幅放大 2 倍
5	0h	80h	40h	40h	第 3 幅
6	0h	80h	0h	0h	第 3 幅放大 2 倍
7	80h	80h	40h	40h	第 4 幅
8	80h	80h	0h	0h	第 4 幅放大 2 倍

这实际显示的是第二类的情况，根据具体的节拍数，从首址变换表中查找到存储体读出地址的首址，如节拍 5，此时的首址为 0h、80h(x、y)。16 幅图像动态显示的首址变换表可参照 5.4.1 表来构成。如显示第 4 类为显示 16 幅，每幅依次显示，那么就有 16 个显示节拍，当显示第 8 幅图像时(即节拍 8)，此时存储体读出地址的首址则为 c0h、40h(x、y)，显示的其他类的首址变换表都可以照此建成。在 4 幅图像动态显示情况下，所读的图像都是 128×128 点阵的，无论处于哪一个节拍，读出操作时 x、y 地址低 7 位都不进行变换，只变换 x、y 地址的最高位即 x7、y7；同样，在 16 幅图像动态显示的情况下，读出操作时 x、y 地址低 6 位都不进行变换，只变换 x、y 地址的最高两位，即 x7、x6 和 y7、y6。在电路实现上，我们采用了查表方式来实现这种地址变换。整个电路框图如图 5.4.4 所示。

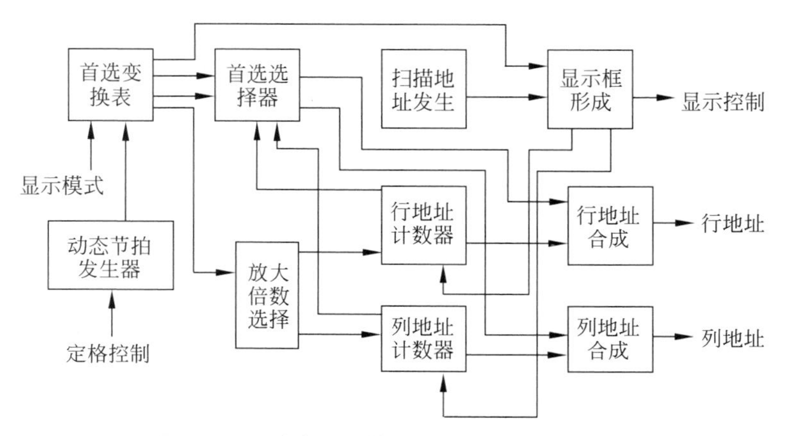

图 5.4.4　动态显示的一种地址变换电路框图

在图 5.4.4 中，首址变换表由 EPROM 构成，计算机送来的 5 位显示模式控制信号确定 28 种显示模式中的一种，由动态节拍发生器送来的 6 位数据允许最大节拍数为 48 的循环动态显示(最大节拍数是指显示的第 6 类的情况)，显示框由扫描地址和变换地址经全加器后形成，这个显示框包含行显示框和列显示框，它们分别作为产生存储体读出地址的行列地址计数器的控制信号，其复合框也作为显示时读存储体的读出控制信号。首址选择器的作用是当系统常规显示时(即不进行动态放大显示)选择行列地址计数器送来的行列高位地址，当系统进行动态放大显示时选择首址变换表送来的行列高位地址。行列地址合成是把行列地址计数器送来的行列低位地址和首址选择器送来的行列高位地址进行合成。本电路采用重读方式来实现放大显示，做法是分别把行列计数器的计数时钟的频率降低，以形成2倍4倍放大。这个计数时钟的频率选择工作由放大倍数选择电路来完成。

地址变换的动态显示具有灵活性好的特点，它可以用于诸如γ图像动态显示的专用场合。在这方面，采用查表方式来进行地址变换是很方便的。

闪动问题是动态图像显示中一个值得注意的问题。当一个物体在背景中连续运动时，如果写入该物体数据的速度过慢，就会给人以闪动的感觉。为了避免这种闪动现象，常常需要在一个电视逆程里把全部的物体数据写进存储体里。计算机高速传输图像的能力有助于图像数据的高速传输，实时硬盘机则可以提供更加丰富的动态显示的内容。

习题 5

习题 5.1　一个伪彩色图像处理系统中，要实现在感兴趣区域内进行彩色指定的功能，请设计出实现该功能的电路框图，并说明其原理。

习题 5.2　16 幅图像在帧存储体里的分布如习图 5.2 所示，要求 16 幅图像动态显示在屏幕中央，请设计出满足此要求的扫描地址和存储地址的首址变换表。

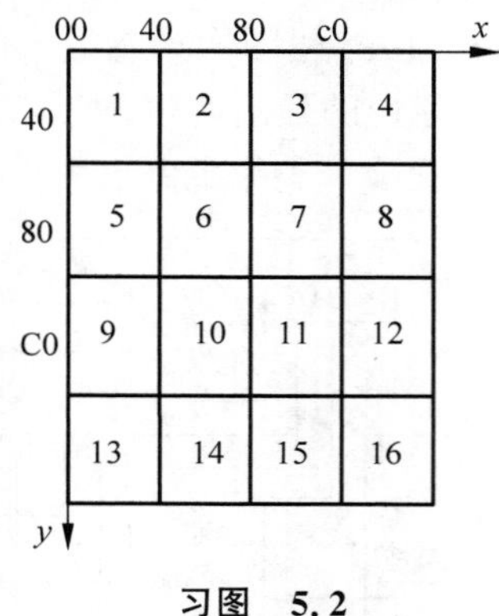

习图　5.2

第6章

微 机 接 口

6.1 微机接口技术基础

1981 年是一个值得人们记忆的年份，这一年美国的 IBM 公司推出了 IBM PC，可以说由此开始了一个微机发展、微机应用的 PC 时代。PC/XT(8088/8086)、286、386、486、586、Pentium Ⅱ系列微机，DOS、OS/2、Windows、Windows NT、Windows 95 系列微机操作系统，ISA、MCA、EISA、VESA、PCI、AGP 系列微机总线……微机技术的迅猛发展令世人瞩目，这种发展也推动了其在各行各业的广泛应用。

微机接口技术是直接影响微机推广应用的基本技术。

微机接口可以是微机与计算机外围设备(涉及软、硬磁盘和 CD-ROM 等)之间的连接部件，也可以是微机与外部设备(如图像设备)之间的连接部件。

微机与计算机外围设备之间的接口，早期主要采用两种基本的接口，即由美国国家标准化学会(American National Standards Institute，ANSI)认可的 SCSI(Small Computer System Interface)和 ATA(俗称 IDE，Intergrated Device Electronic)。通常，高档 PC 和工作站使用 5MBps 的 SCSI，而普通的 PC 则使用 3MBps 的 IDE 接口。1994 年以来，开始出现了 13MBps 的 Extended IDE(也称 FAST ATA)，1995 年相继出现了 40MBps 的串行存储体系结构(Serial Storage Architecture，SSA)、50MBps 的 P1394 串行接口和由 WIDESCSI 发展而来的 40MBps 并行接口 FAST20，并行的 SCSI 继续向 Untra-2、Untra-3 发展，而 IDE 的技术规格也在跟随硬盘速度的提高而发展。通用串行总线(Universal Serial Bus，USB)作为键盘、鼠标器、打印机、电话机等外围设备的串行接口，已成为计算机业界的开发热点。上述各种接口主要由计算机业界开发生产，遵循着各种接口规范，而其他各行各业自行开发的接口则连接着各种各样的应用，主要遵循的则是微机的一些总线规范。

图像处理系统利用视频接口进行视频图像的输入输出。视频输入输出接口包含以下接口：

(1) BNC 视频接口：采用 75Ω 同轴传输线，可支持 PAL/NTSC 制式传输，主要用于连接工作站等对扫描频率要求很高的系统。

(2) S-VIDEO视频端子：采用5芯插头，由两路视频亮度信号、两路视频色度信号和一路公共屏蔽地线共5条芯线组成。将彩色视频信号中的色度和亮度信号分离传输，可支持PAL/NTSC制式传输。

(3) VGA视频接口：一种D型(D-Sub)接口，常用作显卡输出模拟图像信号的接口。

(4) DVI视频接口：主要用于与具有数字显示输出功能的显卡相连接，它免除显卡到显示器之间传统的二次数/模转换，避免信号损失。

(5) SDI接口：数字分量串行接口，采用不归零倒置扰码，可同时传输音频与视频。

(6) HD-SDI接口：高清数字分量串行接口，是SDI接口的高清版本，可同时传送音频和视频信号。

(7) HDMI接口：数字化音视频接口，可同时传送音频和视频信号，支持热插拔。

(8) DisplayPort接口：数字化音视频接口，可同时传输音频与视频。

(9) USB/USB Mini接口。

(10) RJ45以太网接口。

(11) IEEE1349接口。

在嵌入式图像处理系统中，常使用RS-485串口和CAN总线接口。

值得指出的是，随着网络技术的发展，基于网络数据传输的网络接口技术正在迅速发展，这种技术在嵌入式系统中将发挥重要的作用。

开发接口技术需要采用软硬件相结合的方法，就接口技术本身来说，有两个实质性的问题，一个是输入输出寻址方式，另一个是输入输出数据传送的操作方式。

微机接口常用的输入输出寻址方式有两种，即存储体统一编址(MEMORY MAP)寻址方式和I/O统一编址(I/O MAP)寻址方式。存储体统一编址和I/O统一编址也称为存储体映射和I/O映射。

所谓存储体统一编址寻址方式是指微机把所连接的设备当作内存来对待，在内存的统一编址中，该设备唯一地占有一个内存单元的地址或几个内存单元的地址甚至一段内存单元的地址。这样，微机访问这些设备，就像访问内存一样，操作时微机也要产生诸如内存读或写(/MEMR、/MEMW)时序信号。粗看起来，计算机的CPU能处理的最大内存空间似乎由其地址线的数目决定的，比如Intel公司的8088/8086、80286 CPU的地址线分别为20和24条，则最大内存空间分别是1MB和16MB；而80386 CPU地址线为32条，最大内存空间可以达到4GB。但是这些由物理地址确定的内存数量并不是一台微机真正拥有的内存量，而是受操作系统的管理、控制。

要采用内存映射方式来设计接口，就应该对微机内存的统一编址有一个全面的了解。早期的内存为1MB，内存空间过小，后来不断地对内存进行了扩展。

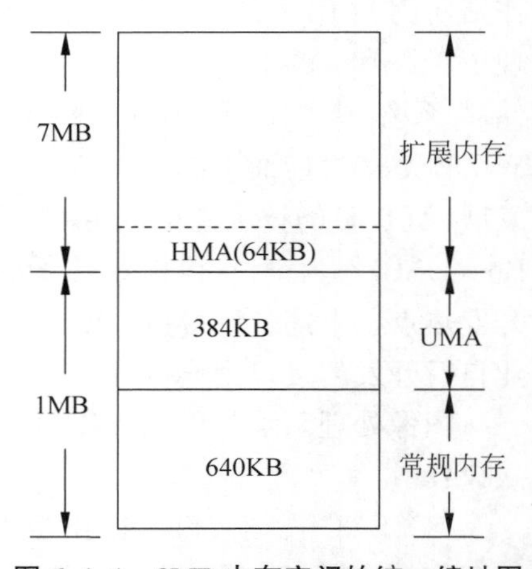

图6.1.1　8MB内存空间的统一编址图

图6.1.1给出了8MB内存空间的统一编址图。常规内存容量为640KB，紧邻于常规内存的是384KB的UMA区，这一区间内包含计算机系统硬件使用后剩余的UMB区。超过1MB的内存空间，一般都属于扩展内存，Windows或Windows应用程序，需要使用扩展

内存。在使用扩展内存前，应安装 HIMEM. SYS 驱动程序，该程序遵循 Lotus、Intel、Microsoft、AST 等公司制定的 XMS(eXtended Memory Specification)3.0 版本规范。在 Windows 环境下，当发生内存不足(Out of Memory)现象时，大部分原因是扩展内存不够使用。

采用内存映射方式来设计接口，首要的工作是选择本接口所占用的内存空间。基本的做法是在 UMB 区中选择一段存储空间，图像处理系统常常选择 D0000H～DFFFFH 这一段(共 64KB)作为内存映射空间，因此接口电路必定配备有地址译码电路，以正确地选中内存映射空间。内存映射方式有两个重要的标记，当微机在内存映射方式工作时，PC 的 ISA 总线的 I/O 插槽上将出现内存读或写/MEMR 或/MEMW 信号；在软件的编制上，也将采用内存读写指令(如汇编语言的 move 指令)。

所谓 I/O 统一编址寻址方式，是指微机把所接的设备当作 I/O 端口来对待，在 I/O 的统一编址中，该设备唯一地占有一个 I/O 地址或几个地址甚至一段 I/O 地址。这样，微机访问这些设备，就是访问固定的 I/O 端口，操作时微机也要产生诸如 I/O 读或写(/IOR、/IOW)时序信号。I/O 地址空间并不大，理论上 PC 可寻址 64KB 的 I/O 端口，实际上 PC 在对 I/O 端口进行寻址时只使用了 10 位地址线 A0～A9，这样可用的 I/O 端口也就只有 1024 个。与微机内存统一编址一样，微机也有 I/O 的统一编址。表 6.1.1 给出了 PC/XT 微机的 I/O 统一编址表。

表 6.1.1 PC/XT 微机的 I/O 统一编址表

分 类	地 址	I/O 接口设备
系统板用	000H～00FH	DMA 控制器 8237A
	020H～021H	中断控制器 8259A
	040H～043H	定时器/计数器 8253A
	060H～063H	并行接口 8255A
	080H～083H	DMA 页面寄存器
	0A0H	非屏蔽中断屏蔽寄存器
	0C0H～1FFH	保留
扩充插槽用	200H～20FH	游戏卡接口
	210H～217H	扩充部件
	218H～2F7H	保留
	2F8H～2FFH	异步通信卡
	300H～31FH	实验卡(供用户使用)
	320H～32FH	硬盘卡
	330H～377H	保留
	378H～37FH	并行打印卡
	380H～38FH	SDLC 通信卡
	390H～3AFH	保留
	3B0H～3BFH	单色显示/打印机
	3C0H～3CFH	保留
	3D0H～3DFH	彩显/图形卡
	3E0H～3EFH	保留
	3F0H～3F7H	软盘卡
	3F8H～3FFH	异步通信卡

从表 6.1.1 中可以看出,1024 个 I/O 端口的一部分分配给微机系统板本身,另一部分由其他用户使用。具体来说,当 A9=0 时,前 512 个端口为系统板使用;当 A9=1 时,后 512 个端口为其他用户使用。在后 512 个端口中,有相当数量的端口由微机的外设使用,真正留给其他用户使用的只有 300H~31FH 这一段。原则上讲,凡是未被占用的端口(即表 6.1.1 中属于保留的端口),用户都可以使用。

应该指出的是,随着微机的发展,表 6.1.1 中的一些接口芯片(如 8237A)在高档微机中已不再使用,而是采用集成度更高、功能更强的芯片,I/O 统一编址表的内容也有些变化。

采用 I/O 映射方式设计接口,首要的工作是选择本接口所占用的 I/O 端口地址。图像处理系统常常选择 300H、301H 等地址作为 I/O 映射空间,因此接口电路必定配备有地址译码电路,以正确地选中 I/O 端口。I/O 映射方式也有两个重要的标记,当微机在 I/O 映射方式工作时,PC ISA 总线的 I/O 插槽上将出现 I/O 读或写(/IOR 或/IOW)信号;在软件的编制上,也将采用 I/O 读、写指令(如汇编语言的 IN、OUT 指令)。

这两种寻址方式各有特点。采用内存映射方式,所接设备可以拥有较大的内存地址空间,也可以直接使用微机输出的地址,这对于简化系统设计和节省电路是十分有利的。由于微机对内存的管理比较复杂,在配置 CONFIG.SYS 文件时,要正确地使 EMM386.EXE 程序。一般来说,采用 I/O 映射方式略比采用内存映射方式的速度要快一些,如果接口电路采用具有地址发生器的专用接口片,采用 I/O 映射方式还是很不错的。设计接口的译码电路,相比之下,采用内存映射方式电路略为简单。

上面讨论了输入输出寻址方式,下面来讨论输入输出数据传输的操作方式。

我们在设计微机接口电路时,常遇到一个问题,即怎样和微机进行数据传输。当一批数据准备好以后,希望微机能尽快取走;当一个作业完成以后,希望微机随即进行下一个作业……要求不同,和微机进行数据传输的方式也有所不同。CPU 与外部设备的数据传输有 4 种控制方式:无条件传送方式、查询方式、中断方式和 DMA(直接存储器访问)方式。

简单来讲,无条件传送方式是指在微机和外部设备进行数据交换时,以微机为主,微机想写就写,想读就读。也就是说,当微机要写数据时,外部设备已经准备好随时接收微机输出的数据;当微机要读数据时,外部设备已经准备好送入微机的数据。这种控制方式相对比较简单,图像处理系统绝大部分的接口都采用这种方式。

查询方式,是指微机和外部设备进行数据交换的过程受外部设备某些状态控制的一种方式。微机必须查询这些状态,一旦设备状态满足预先的约定,则微机和外部设备进行数据交换。这种方式首先要设置查询端口,接口要设置状态产生电路和微机读端口电路。这种方式常用于顺序作业的场合,比如图像处理系统正在进行一项硬件处理,微机要在该处理完成时立即读取处理结果。一种做法是预先估计硬件处理所需时间,微机设置等待时间,当等待时间等于硬件处理时间时即可进行读操作。这样做的问题在于难于准确设置等待时间,也就难于做到"立即响应"。如果采用查询方式,就可克服上述错误。

中断方式,其基本做法是让微机执行主程序并开启中断,当外部设备准备好以后,需要立即和微机进行数据通信,这时发出一个中断信号,微机响应中断后,暂停主程序的执行而转入中断服务程序,与相应的设备进行数据通信,这一作业完成后,又继续执行主程序。就计算机本身的效率来说,中断方式比查询方式的效率高,但软件设计略为麻烦一些;而采用查询方式,对于系统设计者来说,软硬件设计相对容易一些。应该指出的是,采用查询方式时电路的开销要大一些。

微机和外部设备之间进行数据交换通常是在 CPU 控制下完成的，在微机读数据到内存这一过程中，外部设备的数据不是直接存入内存，而是要经过 CPU 的一些寄存器，这样数据传输速率受到一些影响。而 DMA 方式是直接存储体存取，数据交换是通过 DMA 控制器的直接控制进行，直接和微机内存进行数据交换，而不必通过 CPU，显然这种方式的数据传输速率较高。

6.2　微机总线

自从 1970 年美国 DEC 为其 PDP11/20 小型计算机推出 Unibus 计算机总线以来，各种标准、非标准的总线不断涌现。总线的种类很多，按使用的范围分，可分为计算机（包括计算机外设）总线、测控总线和网络通信总线；按数据传输方式分，可分为并行传输总线和串行总线，并行总线的每一位信号都有自己的专用信号线，而串行总线的所有信号复用一个物理信道。大多数总线处于并行和串行的折中情况，即基本上是并行结构，只在局部采用串行结构。

计算机总线是计算机系统中各部件之间传输信息的公共通道，信息可以从多个信息源中的任一个通过总线传送到多个信息接收部件中的任一个。计算机总线包括一组物理导线，作为传输信息的物理媒质，通常分为数据总线（Data Bus，DB）、地址总线（Address Bus，AB）和控制总线（Control Bus，CB）三部分。由于多个设备与总线相连，必须建立一套管理信息传输的规则，这种管理规则（也称为协议）再加上传输信息的物理媒质，共同构成计算机总线。

目前大多数计算机都采用标准总线技术，各总线标准对于总线插座的尺寸、引线数目、各引线信号的含义和时序等都有明确规定，使总线接口标准化。采用标准总线技术可简化系统设备，增加系统配置的灵活性。

总线标准的形成大致有三条途径，第一种途径是由厂家制定标准，并推出含有该总线的系统，这种总线得到 OEM（初级设备制造厂家）的普遍接受，由 OEM 生产含有该总线的系统，进而成为一个实用的标准，IBM 公司的 PC 总线的形成就经历了这一过程。第二种途径是由厂家提出总线的建议，并提交给专家小组给予技术评价和修改，生成新的规范，HP 公司的 S-100 总线和 Intel 公司的 MultiBus 总线即属于这一种情况。第三种途径是由专家小组在标准化组织的主持下开发和制定总线标准，如 IEEE 微处理器标准委员会认为，开发一种高性能的、与特定处理器无关的新一代微处理器总线标准是很必要的，于是在 1979 年成立 FutureBus 制定委员会，专门从事这一新型总线的开发和制定工作。

一个完整的总线涉及多方面的内容，要有总线仲裁，以决定谁拥有总线的使用权。集中式仲裁由总线上的仲裁单元实施，这种仲裁方式要求每个主设备都要有专用的总线请求和总线允许信号线。集中式仲裁的方式如图 6.2.1 所示。一种带有独立请求线的分布式仲裁方式如图 6.2.2 所示，这种分布仲裁的策略是每个主设备都向公用总线发出其唯一的优先级编码，而仲裁周期结束时仅有最高优先级保留在总线上。某个主设备若检测出其优先级与现有优先级一致，则被选为下一个总线主设备。

总线涉及总线定时与同步。在总线周期内，命令器和响应器交换信息，则信息的有效期由总线定时信号确定，总线信号既可以异步产生，也可以同步产生。

总线涉及总线寻址。总线寻址方式主要有三种：物理寻址、逻辑寻址和广播寻址。这

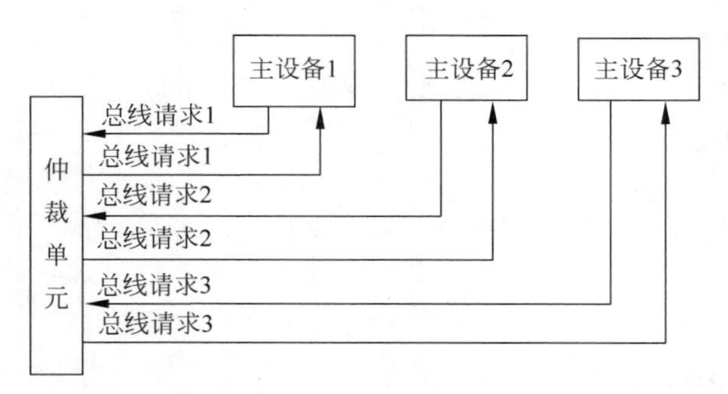

图 6.2.1　集中式总线仲裁

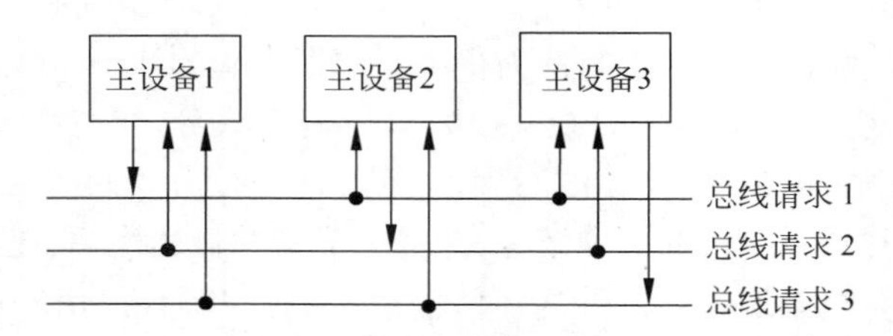

图 6.2.2　一种带有独立请求线的分布式总线仲裁

三种寻址方式各有特点和适用范围，逻辑寻址常用在计算机系统总线上，物理寻址和广播寻址则常用在测控仪器总线上。也有的总线实现了两种甚至三种寻址方式。有的总线为存储操作和 I/O 操作分配各自的空间，而多地址空间则是高性能总线的一大特点。

总线涉及总线数据传输。总线数据传输的一个重要指标是数据传输速率。在数据和地址复用时，常采用数据块传输，即一次寻址即可进行多个数据传输周期，同时使用隐含的方法修改存储体地址，以此来提高数据传输速率。有时在数据传输期间，由于噪声和交互干扰等原因导致数据传输错误，现代高性能总线则在每个总线周期内产生并校验一个或多个奇偶校验位。

总线涉及总线控制。总线控制的信息是多种多样的，至少涉及三类信息：第一类用于启动总线基本行为，如设备初始化、电源故障保护、设备启停等；第二类用于说明总线操作方式，涉及数据流方向、数据域宽度等；第三类用于说明地址、数据的含义等。

总线涉及总线中断。有多种方法来处理中断，最简单的一种方法是使用中断请求线，由发生中断的设备发出中断，中断处理器检测到中断时，就轮询所有的从设备以确定中断源。另一种中断处理方法是中断源设备本身变成命令器，向其目标设备发送中断消息。

总线还涉及从设备响应状态、总线容错、多区段总线和电器设备、机械结构等方面的问题。

总线主要的性能指标为：

(1) 总线带宽：指总线中数据线(比特位)的数量，常见的有 8 位、16 位、32 位。

(2) 最大数据传输速率：指总线上每秒钟传输的最大数据量，用 MB/s 表示。

(3) 数据总线和地址总线的多路复用和非多路复用：数据总线和地址总线的非多路复用是指数据总线和地址总线是物理上独立的两条总线，数据总线和地址总线的多路复用是指数据总线和地址总线共用一条物理线路。

(4) 信号线数：指总线所包括的信号线总数，包括数据总线(D-BUS)数、地址总线(A-BUS)数、控制总线(C-BUS)数。

(5) 负载能力：指总线具有的最大负载能力。对于 PC 系列微机，一种提法是指总的负载能力,其负载包括主板和扩展电路板的负载;另一种提法是指可连接扩展电路板的数量。

(6) 总线控制方式:指总线采用的仲裁方式、中断方式以及是否具有猝发方式、自动配置、并发工作等项内容。

(7) 扩展电路板尺寸:指总线扩展电路板最大的尺寸参数,这个参数对于扩展电路板的生产厂家和开发者来说是很重要的。

总线的发展十分迅速,一些总线已成为历史,而新的总线又不断地涌现。一种总线的生命力不仅受其本身性能的影响,更受其所依附系统的生命力的影响。PC 总线的发展也是此起彼伏,凝聚着计算机业界不懈的努力,其发展过程反映了微机的发展和社会的需求。

20 世纪八九十年代,是 PC 大发展的年代,PC 性能的迅速提高,也使 PC 总线发生了很大的变化。著名的 ISA(Industrial Standard Architecture)总线是 PC/XT 总线和 PC/AT 总线的总称。IBM 公司在 1981 年推出了 IBM PC/XT 微机,同时推出了 PC/XT 总线,该总线具有 8 位数据线、20 位地址线,最高数据传输速率为 4MB/s。IBM 公司在 1984 年推出了 IBM PC/AT 微机,同时推出了 PC/AT 总线,该总线具有 16 位数据线、24 位地址线,最高数据传输速率为 8MB/s。IBM 公司在 20 世纪 80 年代初推出的 IBM PC(个人计算机)取得了巨大的成功,同时也形成了一大批兼容机厂家和各式各样的兼容机,ISA 总线的生产厂商和用户数量也在日益扩大。这时,计算机中 CPU 的速度也在大幅度提高,于是在 PC 中出现了一种不和谐的现象:高速的 CPU 和低速的 ISA 总线相伴。在微机的应用中,有一些应用如图形、图像要求总线具有更高的总线速度,网络传输也要求有更高性能的总线,ISA 总线无疑成为 PC 提高数据传输速率的瓶颈。IBM 公司在 1987 年推出了 PS/2 微型计算机,同时推出了高性能的微通道结构(Micro Channel Architecture,MCA)总线,MCA 支持两类插槽,即 16 位槽和 32 位槽。16 位槽有 16 数据线和 24 位地址线,最大数据传输速率为 10MBps;32 位槽有 32 位数据线和 32 位地址线,最大数据传输速率为 20MB/s。MCA 总线引入了多主系统及仲裁控制的概念,该总线和 PC/XT、PC/AT 总线不兼容。1988 年 9 月,Compaq、AST、Epson、HP 等公司联合推出了扩展的工业标准结构总线——EISA(Extended Standard Architecture)总线,该总线是 32 位总线,数据传输速率为 33MB/s,支持多处理机结构,支持多总线主控,并与 ISA 总线兼容。尽管 MCA 总线和 EISA 总线的数据传输速率比 IAS 总线有了明显的提高,但仍满足不了在多媒体、通信等方面高数据传输速率的需要。20 世纪 90 年代初,计算机业界主流看法是:只有局部总线(Local Bus)才是解决微机数据瓶颈问题的理想方案。1992 年 7 月,VESA(Video Electronic Standard Association,视频电子标准协会)提出了 VL-BUS 局部总线标准,也称为 VESA 总线,该总线具有 32 位数据宽度,外设与 CPU 同步工作,其最大数据传输速率为 160MB/s,与 ISA、MCA、EISA 总线结构配接,支持 VL-BUS 设备的总线主控方式。VL-BUS 直接连接在 CPU 的管脚上,实现起来简单。但是该总线存在两个主要的问题,即不同厂家之间的硬件兼容性问题和支持高性能 CPU 的问题。VL-BUS 总线与 486 类的 CPU 匹配最佳,因此该总线在 486 微机上仍然是一种高性能的总线。在 1991 年下半年,Intel 公司首先提出了 PCI 总线(Peripheral Component Interconnect Bus)的概念,PCI 总线规范是由以 Intel 公司为首的 PCISIG(PCI Special Interest Group)制定和维护的,PCISIG 是微机工业界成员组成的一个联盟,除了 Intel 公司以外,还包括了 IBM、DEC、Compaq、Apple 等许多著名的公司。PCI 总线和 VL-BUS 最大的区别在于 PCI 总线不是直接连接在计算机的局部总线上,而是通过 PCI 桥(bridge)与 CPU 的信号线相连，PCI 在 CPU 和外设之间插入了一个复杂的管理层，用以协调数据传输并提供一个一致的总线接口，这个管理层提供信号的驱动，以提高驱动能力，因此可支持 10 个 PCI 总线负载(主板上的一个设备算一个负载，扩展卡上的一个设备算两个负载)。PCI 总线是与 CPU 异步工作的，总线上的工作频率固定为 33MHz，PCI 总线对 CPU 的运行速度有很好的兼容性。PCI 总线具有猝发方式、自动配置功能，具有即插即用(plug&play)功能。PCI 总线具有 32 位数据宽度和 64 位数据宽度，其最大数据传输速率分别为 132MB/s 和 264MB/s，1995 年年初，PCI SGI 推出了新的 PCI 总线标准，其运行频率为 66MHz，数据宽度为 64 位，最大数据传输速率为 528MB/s。PCI 总线无疑是一种性能优异的现代总线，一些厂家淘汰了自己的专用总线而转向 PCI 总线，PCI 总线获得了极大的成功，已成为事实上的总线标准，采用 PCI 总线已是 PC 界一致的认识和统一的举措。值得指出的是，虽然 PCI 总线性能优越，而 ISA 总线存在着数据传输速率低等缺点，但因为 ISA 总线普及程度很高，而且仍能满足某些方面的应用，致使在当时高性能微机里仍保留了 ISA 总线，形成了既含有 PCI 总线扩展槽，还具有 ISA 总线扩展槽的主机板结构。

为了适应计算机三维图像图形显示的高速发展，Intel 公司与绘图处理芯片厂商联合制定了 AGP(Accelerated Graphics Port)规范，1996 年 8 月推出了 AGP 1.0 规范。AGP 最大的特点是数据传输速度快(比 PCI 快 4 倍)，它与 PCI 的主要区别在于：

(1) AGP 为点对点界面，只连接图形芯片。

(2) 在 66MHz 时钟下利用 32bit 数据总线，在每个时钟上升沿和下降沿同步传输数据。

(3) 数据的读写命令分成两种优先级，系统主内存存取为低优先权，中央处理器单元存取为高优先权。

(4) AGP 的流量控制是以区块数据为单位，区块分为两类，一类是初始区块，另一类是后续区块。

AGP 采用数据线与地址线分离的传送方式。

在相同优先权的条件下，AGP 传送遵从四项规则：

(1) 目标端读取数据的等级和主控端读取的一致。

(2) 目标端处理写入动作时和主控端写入动作等级一致。

(3) 写入存取优先于读取存取。

(4) 数据从 AGP 读取与主控端的写入具有同等地位。

AGP 界面示意图如图 6.2.3 所示。

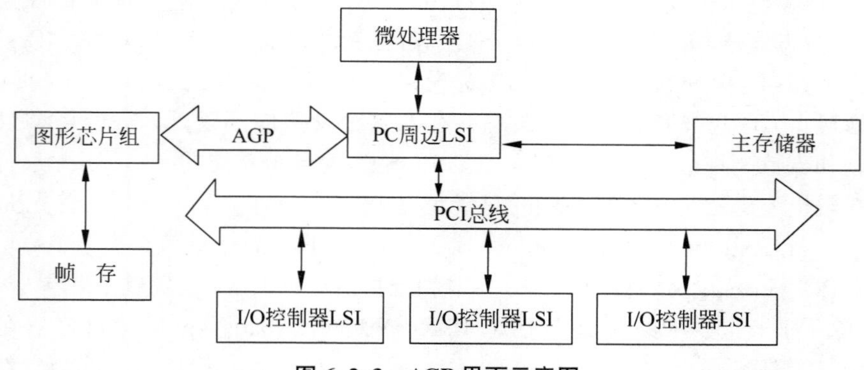

图 6.2.3 AGP 界面示意图

PC从诞生到发展，采用的总线主要有ISA、MCA、EISA、VISA、PCI和AGP总线，表6.2.1给出了这些总线的主要性能。

表6.2.1　PC采用的总线主要性能

性能＼总线名称	ISA		MCA	EISA	VISA	PCI	AGP
	PC-XT	PC-AT					
最大数据传输速率/MBps	4	16	40	33	266	133	528
总线宽度/bit	8	16	32	32	32	32	32
总线工作频率/MHz	4	8	10	8.33	66	33	66
地址宽度/bit	20	24		32	32	32/64	
信号线数/bit			109	143	90	49	65
负载能力	8	8		6	6	3	1
自动配置	无					有	
猝发方式						有	
64位扩展	无		可	无规定	可	可	
多路复用	非多路复用			非多路复用	非多路复用	多路复用	非多路复用

从PC总线广泛使用的程度来看，ISA总线和PCI总线更为广泛。在早期的微机图像处理系统中，所采用的总线也基本上是ISA总线，从20世纪90年代以来，相继采用PCI总线，并逐渐成为主流，而采用EISA和VISA总线的图像处理系统则很少，AGP总线则用于计算机显示卡。

6.3　ISA总线下的微机图像接口

ISA总线是一种成功应用的总线，其特点是总线的物理概念非常清楚。熟悉ISA总线，对设计嵌入式系统是有益的。图6.3.1给出了ISA总线的结构示意图。

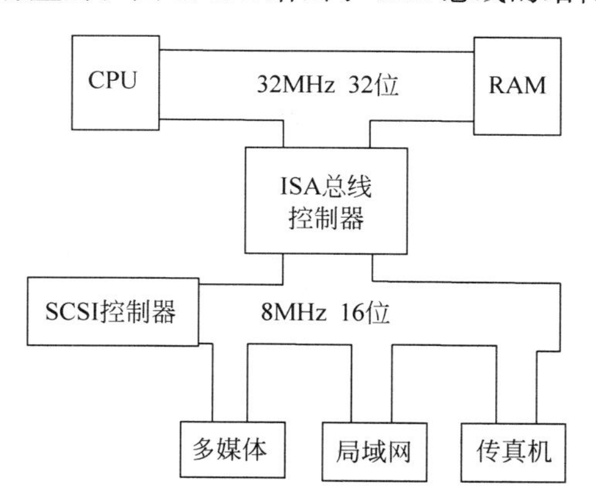

图6.3.1　ISA总线的结构示意图

ISA总线包括PC/XT总线和PC/AT总线，图中标出的是PC/AT总线8MHz、16位的参数，而对于PC/XT总线则应换为4MHz、8位。PC/XT总线的I/O扩展槽为62线结构，I/O扩展板A面为元件面，A面插头为A0～A31；B面为焊接面，B面插头为B0～B31；

PC/AT 总线的 I/O 扩展槽是在原 PC/XT 总线的 I/O 扩展槽 62 线结构的基础上增加了 36 线，A 面增加的插头为 C1～C18。B 面增加的插头为 D1～D18。ISA 总线 I/O 扩展板的示意图如图 6.3.2 所示。

I/O 扩展板的最大几何尺寸是由 PC 机箱决定的，约为 300mm×115mm，但是在实际中一定要注意微机主板上元器件的高度，即要注意在 I/O 扩展板插头 C18 左边线路板的高度，如果扩展板上的器件很多，导致扩展板很长，这时扩展板的左下方最好制作成图 6.3.2 所示的形状，以避免由于主板上元器件高度的影响而插不进去。

A1～A31、B1～B31 共 62 线组成了 8 位的 PC/XT 总线，在此基础上加上 C1～C18、D1～D18 共 96 线组成了 16 位的 PC/AT 总线。在 586 微机里已经没有单独的 8 位 ISA 总线扩展槽了，但还保留 16 位 ISA 总线扩展槽。

早期使用 ISA 总线的图像卡大多采用 DMA 方式，主要是取其速度高的优点。在 DMA 数据传输中，CPU 不参加操作，由此省去了 CPU 取指令、对指令译码、取数和送数等操作。地址的修改、传送数据次数的计数等，都不由软件来完成而是由硬件直接实现。实现 DMA 方式的硬件电路比较复杂，但由于采用了大规模集成电路来制作这种 DMA 控制器，因而从微机本身来讲，实现 DMA 的数据传输也非常方便。

DMA 数据传输至少要执行以下一些基本操作：

（1）外设发出 DMA 请求。

（2）处理器响应请求，把处理器的工作方式改为 DMA 操作方式，DMA 控制器从 CPU 中接管总线的控制权。

（3）由外部逻辑对存储器寻址，DMA 控制器决定数据传送的地址单元以及传送数据的长度并执行数据的传送。

（4）指出 DMA 操作的结束。

典型的 DMA 传送数据的流程图如图 6.3.3 所示。

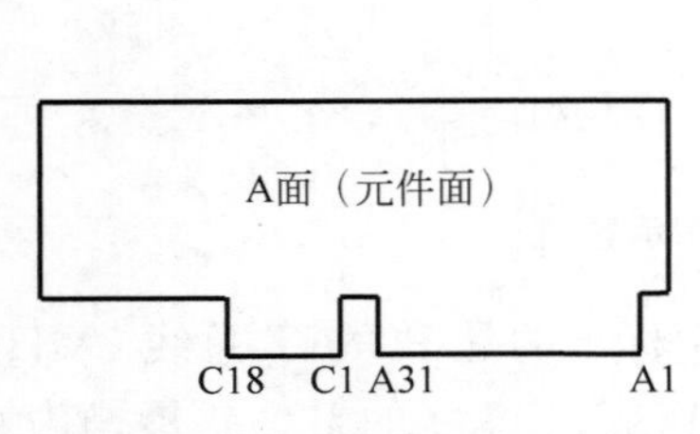

图 6.3.2 ISA 总线 I/O 扩展板

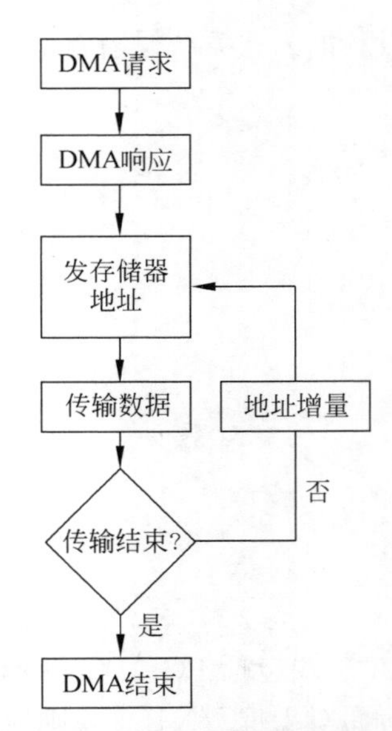

图 6.3.3 DMA 传送数据的流程图

在DMA传输过程中，首先由需要进行DMA传输的外设发出DMA申请，处理器接收到该申请，并在执行完本机器周期后响应该请求，同时使CPU的总线输出驱动器处于悬空状态（处于三态），CPU则处于保持（HOLD）状态。CPU与系统总线脱离，DMA控制器接管对地址总线和数据总线的控制，并提供存储器地址，这个地址随着数据传输次数的增加而在传输首址上顺序递增，并使计算数据传输次数的计数器递减，该计数器计算值到达零时，控制器结束DMA传输。下面以笔者单位在1985年研制成功的TS-84微计算机图像图形处理系统中的微机控制接口为例详细介绍采用DMA方式的微机图像接口。

TS-84微计算机图像图形处理系统中的微机采用PC/XT微机，PC/XT微机采用Intel公司的8237 DMA控制器，该控制器有4个DMA通道，通道0用于内存刷新，通道2用于软盘，通道3用于硬盘，通道1则用于图像接口。8237 DMA控制器提供的DMA传送方式有4种：块传送方式、单次传送方式、请求（demand）传送方式和级联传送方式。在这4种传送方式中，块传送方式速度最快；请求传送方式也类似于块传送方式，但允许暂停，在暂停期间，DMA控制器保留现场。图像接口采用单次传送方式，主要是考虑到系统需要在长线上传输数据。

要进行DMA数据传送，首先要对8237设置相应的控制字。8237有基址寄存器、状态寄存器、命令寄存器、方式寄存器、请求寄存器、屏蔽寄存器等，它们都有口地址，下面给出了该图像处理系统的8237控制字的具体设置。

1. 屏蔽寄存器

这是一个可清除可写寄存器，口地址为0AH。

指令：
```
MOV  AL,01H
OUT  0AH,AL
```

功能：清除1通道的屏蔽位。

2. 字节指针触发器

口地址为0CH。

指令：
```
MOV AL,0
OUT  0CH,AL
```

功能：使该触发器清零，这样对于8237内部的16位寄存器，第一次送数至低字节，第二次送数至高字节。

3. 方式寄存器

这是只写寄存器，口地址为0BH。

指令1：
```
MOV  AL,059H
OUT  0BH,AL
```

功能：以单次方式把数据从主机写到图像硬件子系统。

指令2：
```
MOV  AL,055H
OUT  0BH,AL
```

功能：以单次方式把数据送到主机。

4. 传送数据个数的初值和当前值寄存器

这是可读可写寄存器，口地址为03H。

指令：
```
MOV AX,XXH
```

```
OUT  03H,AL
MOV  AL,AH
OUT  03H,AL
```

功能：把一次 DMA 传送的数据个数减 1 的结果送到该寄存器，写时为初值，每传送完一个数据，该寄存器减 1。

5. 基址和现址寄存器

这是可写可读寄存器，口地址为 02H。

指令：
```
MOV  AX,XXH
OUT  02H,AL
MOV  AL,AH
OUT  02H,AL
```

功能：把内存首址送至该寄存器，写时为初值，读时为当前值。

6. 请求寄存器

这是只写寄存器，口地址为 09H。

指令：
```
MOV  AL,079H
OUT  09H,AL
```

功能：选择 DMA 通道 1，图像控制接口还借用此指令来启动 DMA。

7. 状态寄存器

这是一个只读寄存器，口地址为 08H。在接口驱动程序中，查询此寄存器，如果该寄存器的状态值为 02H，则说明通道 1 的 DMA 传输结束。

在接口调试过程中，可以用 debug 来进行跟踪调试，查询 8237 的有关寄存器，以检测所设计的接口工作是否正确。

微机图像接口实现的功能是要正确地实现计算机对帧存的图像数据块的读写，该数据块的大小及位置由帧存内数据块的起点 X0、Y0 和在 X 方向的增量(宽度)ΔX 及在 Y 方向的增量(高度)ΔY 决定。在 DMA 传输中，要产生所访问帧存的地址，可以设计一个硬件电路来产生这些地址，而由计算机给出的 X0、Y0、ΔX 及 ΔY4 个参数，由于图像帧存的尺寸为 512×512，4 个参数的长度均为 9 位，在 8 位字长的 PC/XT 总线下每个参数应传 2 次。此外，计算机还应给出图像处理系统的一些控制命令，如 A/D 启动等，由此设立了一个 16 位字长的命令寄存器。这样，通过 DMA 传送的就有两类数据：一类为字头数据的传送，包括帧存地址参数等数据，传输的次数为 10 次；另一类是图像数据的传送，传输的次数为 $\Delta X \times \Delta Y$，而在传送图像数据之前，必须先传送字头数据。图像接口设置了 T0～T11 共 12 个状态，各状态确立时为“1”，T0 为静态，T11 为主机和帧存交换数据的状态，T1～T10 为传字头的状态，在传送字头中，这 10 个状态是唯一地存在的。图 6.3.4 给出了传字头的工作流程。

为了准确地产生各字头的打入脉冲以及产生计算机访问图像帧存的时序，首先由计算机发出一个清零信号，从而使接口电路处于初始状态。具体的做法是由软件发指令、硬件对计算机送出的地址和数据进行全译码，由此产生稳定可靠的清零信号。此时所选用的计算机端口地址为 0229H，送出的数据为 039H。DMA 传送是先由软件启动的，其启动命令是与主机为 8237 的请求寄存器置数的命令合为一条指令发出的，该寄存器原控制字定义为：D1D0 是 00 时选择通道 0，是 01 时选择通道 1，是 10 时选择通道 2，是 11 时选择通道 3。D2

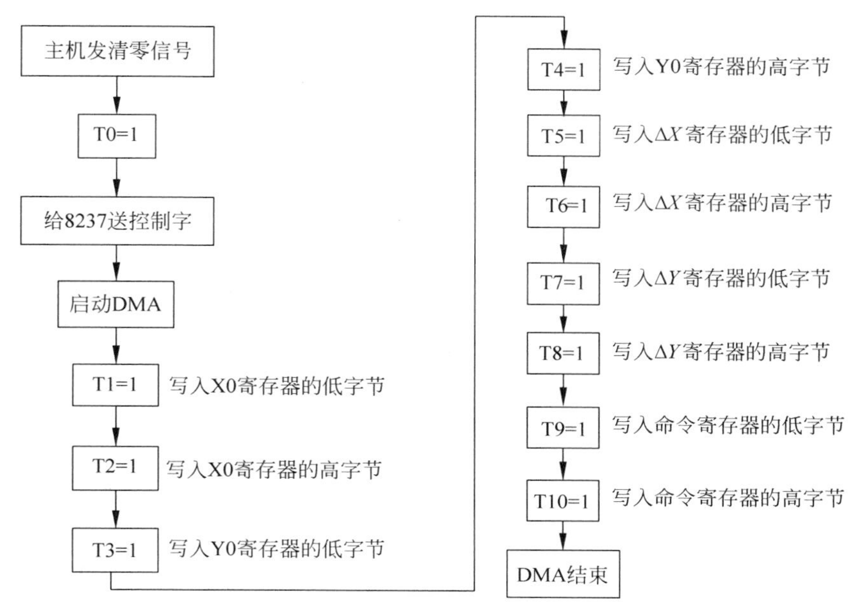

图 6.3.4　传字头的工作流程

定义为：为 0 时为清除请求位，为 1 时给请求位置位。请求寄存器没有定义高 5 位，微机接口就借用 D6 位和 D7 位，D6 为 1 时启动 DMA；D7 为 1 时时主机输出数据，D7 为 0 时是主机接收数据。在软件发出启动命令以后，微机接口电路就产生 DMA 的请求信号 DREQ1。决定 DREQ1 信号的因素有两个：一个是软件启动所产生的信号 SD（高电平有效）；另一个是 DREQ1*（高电平有效），DREQ1 逻辑表达式为

$$\mathrm{DREQ1} = \mathrm{SD} \times \mathrm{DREQ}^{*} \tag{6.3.1}$$

在传字头时 DREQ1* 恒为“1”，在主机和图像帧存传送数据时由 DMA 传送的通道 1 响应信号/DACK1 置“0”，而由通道 1 的 DMA 传送时的读、写信号（/IOW、/IOR）置“1”，当传输次数达到 $\Delta X \times \Delta Y$ 时，T/C 信号确立，DMA 传输结束，DREQ1* 信号为 0。由于在 ISA 总线中/IOW、/IOR 和 T/C 有效信号不仅在通道 1 的 DMA 传送时出现，在其他时刻也可能出现，所以应该设置一个选通电路，其选通信号则为通道 1 DMA 的响应信号/DACK1，经选通后形成的信号相应为/IOW*、/IOR* 和 T/C*。

主机和图像帧存之间的数据传送流程图如图 6.3.3 所示。在图像数据的传输过程中，图像帧存储器的地址也是递增的，其地址递增功能是由地址计数器来实现的，而主机所访问的帧存地址的首址则是在字头传输时预置的。由于各地址计数器的位数都大于 8 位，而微机接口采用 PC/XT 为主机，其数据总线为 8 位，所以应有 8 位到 16 位的串/并转换电路，具体的做法是把/IOW* 信号二分频，由此形成奇次数的数据锁存脉冲，把这个锁存脉冲反相，就形成偶次数的数据锁存脉冲。在传字头的工作中，微机接口要形成各寄存器的打入脉冲，其基本电路由四位同步计数器 74LS161 和 4-16 译码器 74LS154 及反相器 74LS04 组成，74LS161 的 CK 脉冲为/IOW*，形成了与图 6.3.4 给定状态相对应的窗口地址参数打入脉冲。计算机访问帧存的窗口地址发生器电路图如图 6.3.5 和图 6.3.6 所示。

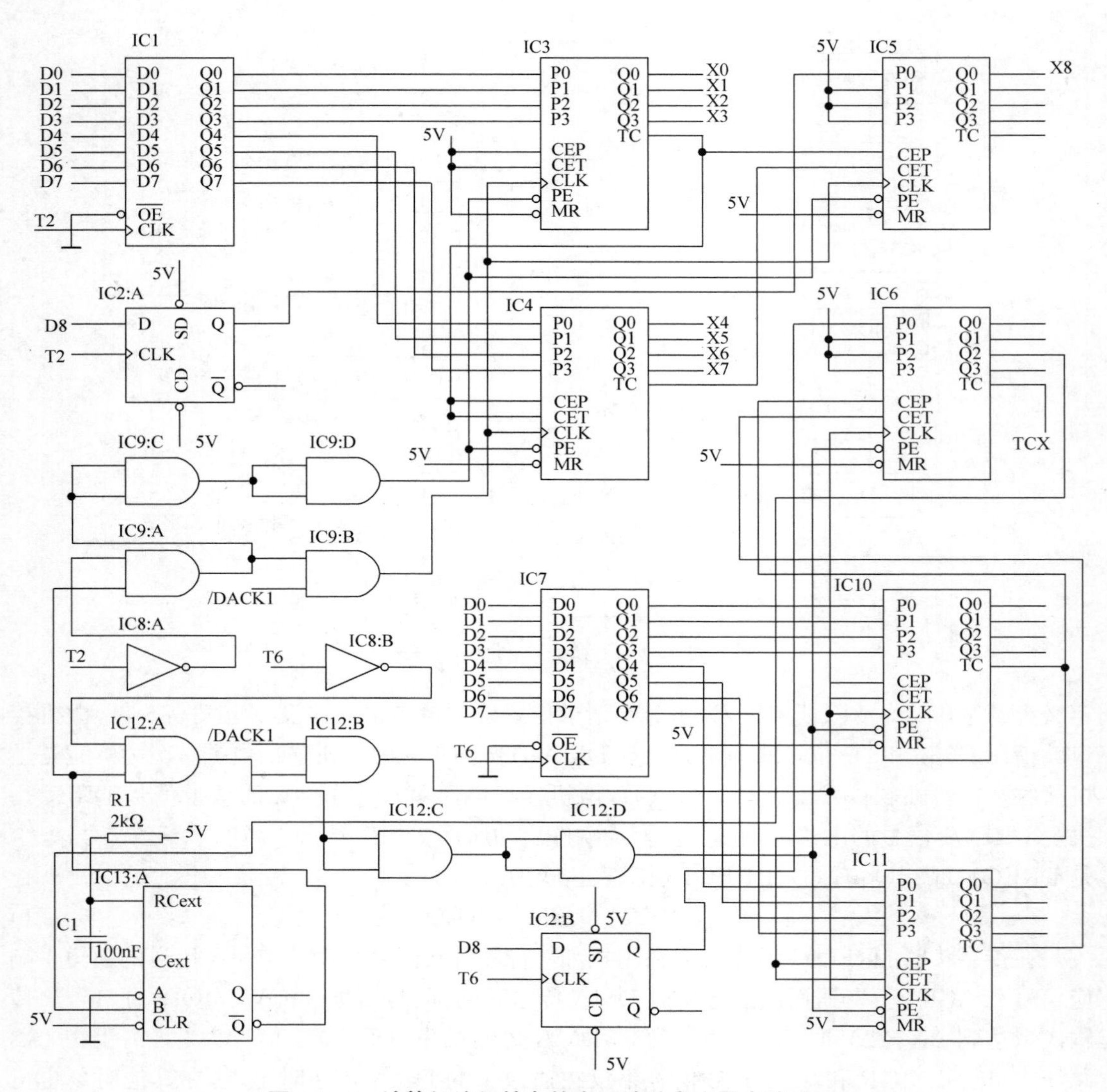

图 6.3.5　计算机访问帧存的窗口地址发生器电路图(1)

这两个电路具有窗口地址参数预置功能,即预置访问帧存的窗口地址的起点 X0、Y0 以及在 X、Y 两方向的增量 ΔX 及 ΔY。图中 T2 写入 X0 地址,T4 写入 Y0 地址,T6 写入 ΔX,T8 写入 ΔY。整个电路工作时的计数脉冲为/DACK1(在实际设计中该计数脉冲是/DACK1 的延迟信号)。

图 6.3.5 是一个计算机访问帧存时的 X 方向地址形成电路,包括 X0 的预置和形成数据传输中的 X 地址。在 T2 上升沿时,X0 被锁存到 IC1、IC2:A 芯片中,随后被预置到由 IC3、IC4、IC5 组成的 X 地址计数器中;在 T6 上升沿时,ΔX 被锁存到 IC7、IC2:B 芯片中,随后被预置到由 IC10、IC11、IC6 组成的 ΔX 计数器中。X0 和 ΔX 的锁存和预置是在传字头过程中完成的,在数据传输过程中,由/DACK1 改变 X 地址计数器和 ΔX 计数器的数值,当数据传输完 ΔX 个数据时,IC6 的 12 端产生一个下跳沿去触发单稳态 IC13,进而重新把 X0 预置到 X 地址计数器中,同时 IC6 的 15 端产生一个进位脉冲 TCX 送到计算机访问帧

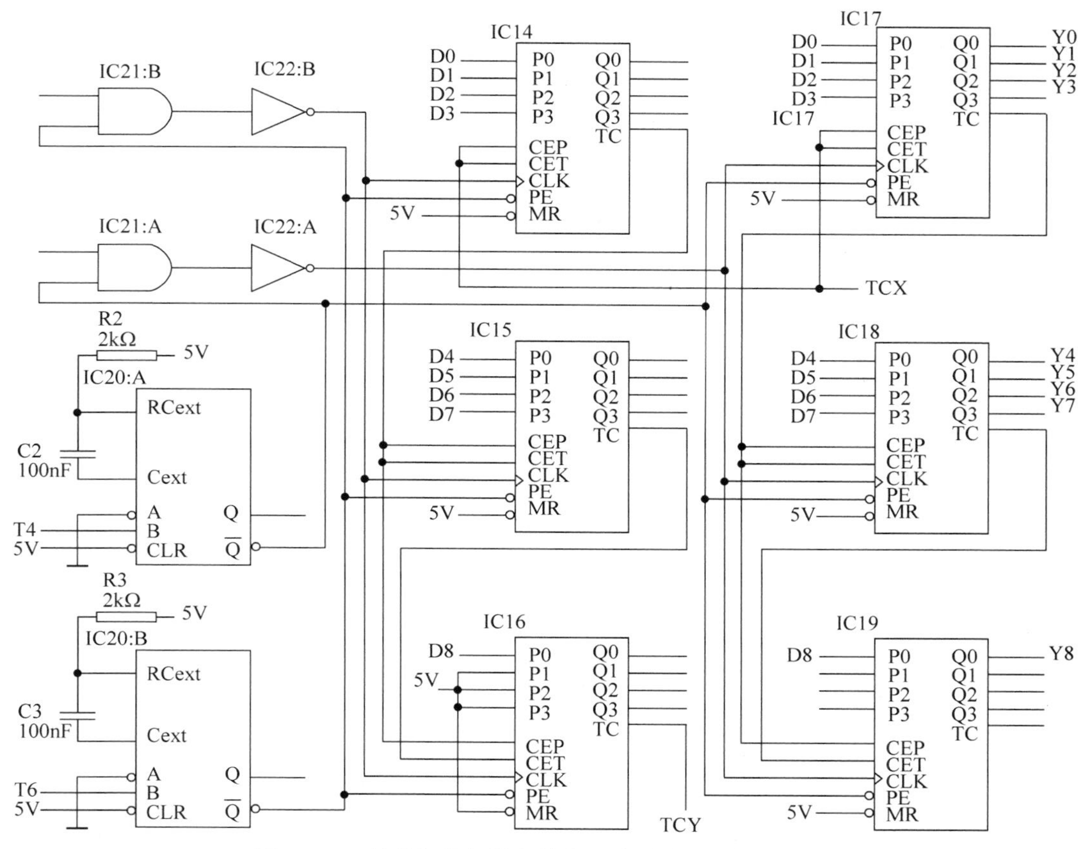

图 6.3.6 计算机访问帧存的窗口地址发生器电路图(2)

存时的 Y 方向地址形成电路,作为 Y 方向地址形成电路工作的控制信号。

图 6.3.6 是一个计算机访问帧存时的 Y 方向地址形成电路,包括 Y0 的预置和形成数据传输中的 Y 地址。在 T4 上升沿时,Y0 被直接预置到由 IC17、IC18、IC19 组成的 Y 地址计数器中;在 T8 上升沿时,ΔY 被直接预置到由 IC14、IC15、IC16 组成的 ΔY 计数器中。Y0 和 ΔY 的预置也是在传字头过程中完成的,在数据传输过程中,由/DACK1 和 X 方向的进位脉冲 TCX 共同作用来改变 Y 地址计数器和 ΔX 计数器的数值,当数据传输全部完成以后,IC16 的 15 端产生一个进位脉冲 TCY 作为图像数据传输过程完成的控制信号。

在 DMA 传输过程中,上面介绍的微机图像接口所使用的 ISA 总线的控制信号主要有 DREQ1、/DACK1、T/C、/IOW、/IOR,有时为了更好地适应多种微机的不同情况,还需要插入等待状态,即微机图像接口需要产生一个信号作为 ISA 总线的 DRY 信号(/I/O CH RDY 信号),至于形成 DRY 信号的具体方法则可参考图 6.3.7 所示的方法。该微机图像接口所使用的数据总线为 8 位数据线,地址线只用作计算机端口地址(0229H)的译码,而计算机访问帧存的实际地址,则是由微机图像接口自行产生。经过测试,上述 DMA 微机图像接口的数据传输速率为 2μs/pixel,如果采用块传输而不是采用单点传输方式,其数据传输速率则有所提高。

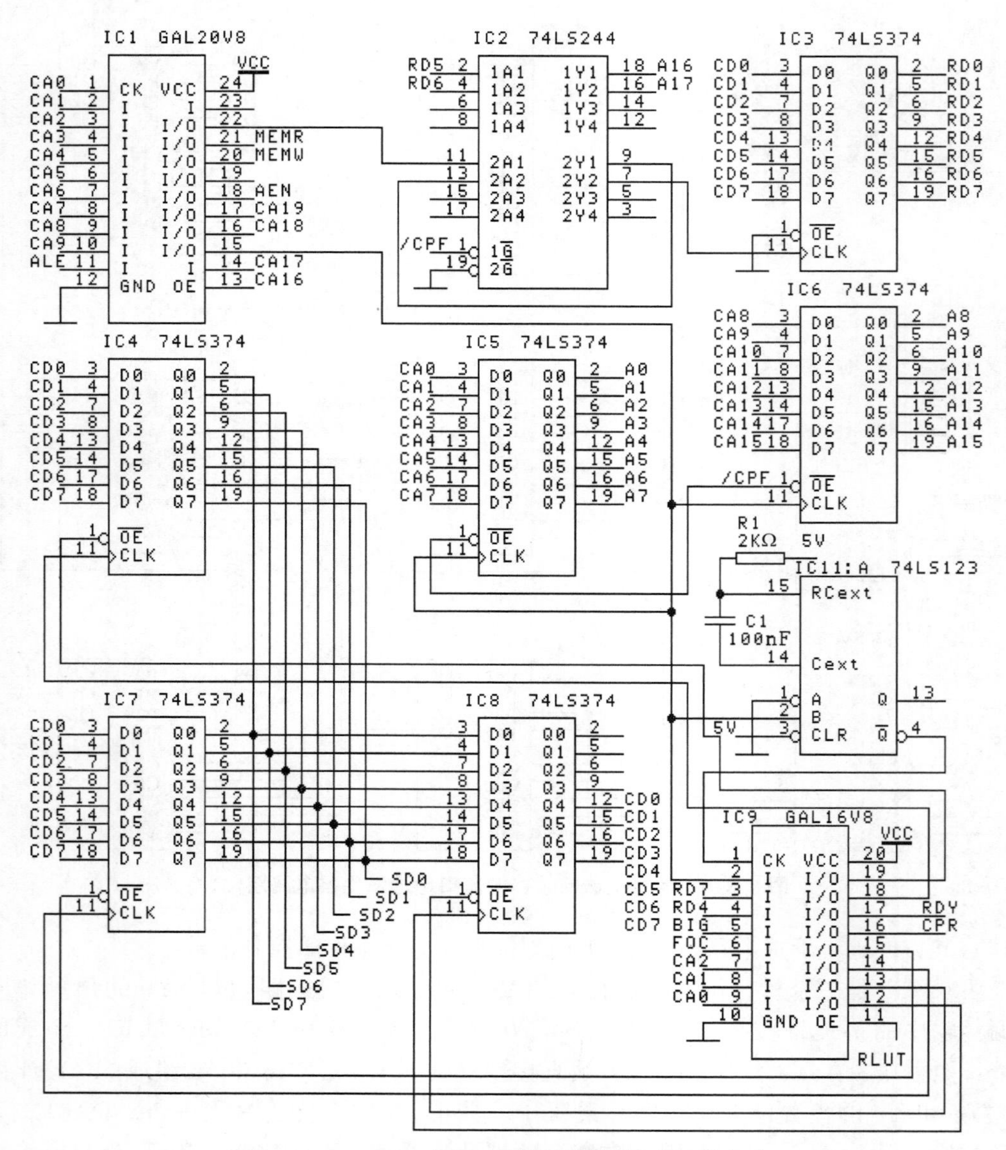

图 6.3.7 TH915 图像卡采用的微机接口逻辑电路

DMA 方式适于大数据块的直接传输,但是在计算机访问帧存时,还有一类数据是以随机单点的方式进行传输的,即光标的读写点操作。当光标指示出某一点位置并对该点进行读写时,如果仍采用 DMA 方式,那么为了读写这一点而发动一次 DMA 传输,就要给 DMA 控制器置数,还要预置帧存窗口地址参数,这样做需花费计算机的许多操作周期,其结果反而会影响数据传输的速度,直观来看会影响光标的反应速度,这样看来 DMA 方式不太适用于要求以随机单点方式来传输数据的场合。

存储体映射方式和 I/O 映射方式是两种简单易行的计算机寻址方式,近年来被广泛采用。在解决帧存寻址这一问题上可以有 3 种方法,其一是用窗口地址发生器直接产生帧存地址,这是一种间接寻址的方法,这种方法最省时间,在大数据块数据传输中可以得到更高的数据传输速率，但是硬件开销大，在随机单点传输时，其数据传输速率反而不高；第二种方法是由计算机直接提供帧存的地址，这是一种直接寻址的方法，这种方法的最大特点是硬件开销少，但是软件要进行地址的组织工作，由此会降低数据的传输速度；第三种方法则是计算机只提供帧存局部地址的寻址方法，在这种方法里，每传输一行数据，计算机只提供该行的行地址和该行第 1 列的列地址(在实际设计中，这个列首址常常为零，硬件实现起来也十分简单)，而在传输该行的其他点时计算机不再提供所访问帧存的地址，显然，这种方法在帧存寻址的组织中计算机开销的时间介于前面种方法之间，但硬件开销也很少，同理，这种方法也适于数据块的传输，不太适合随机单点的数据传输。在采用 DMA 传输和 I/O 映射方式访问帧存时，不拟使用第二种帧存寻址方式，而在采用存储体映射方式访问帧存时，可以使用任一种帧存寻址方式，但最常采用的还是第二种方式。TH915 图像卡在微机接口的设计上采用了存储体映射方式来访问帧存，其对帧存的寻址则使用了计算机直接寻址的方式，其接口逻辑电路图如图 6.3.7 所示。

图 6.3.7 所示的微机接口电路选用了存储体映射方式中 D0000H～DFFFFH 共 64KB 的内存空间作为图像帧存在内存的映射地址空间，由于图像帧存的结构为 512×512×8bit，共 256KB 的存储容量，显然所选用的内存映射空间小于帧存的存储空间，于是就采用了分区映射的方法，具体做法是把图像帧存分为 4 个区，每个区的存储容量为 64KB，这 4 个区用两个比特位来表示，在访问帧存前由计算机预先给定。由于 TH915 图像卡是一个伪彩色图像卡，具有读写彩色查找表的功能，因此也要占用相应的地址。另外，图像卡还具有帧存按位写的功能，这就要求设置一个屏蔽寄存器，以便由计算机写入屏蔽字，这也需要占用一个地址。由于查找表和屏蔽寄存器所需要的地址较少，于是我们把存储体方式下的访问分为两类，第一类是访问帧存；第二类是访问查找表和屏蔽寄存器，这一类统统以查找表来表示。结合图像处理系统的其他需要(如发图像直通或图像冻结等命令)，微机接口设置了一个命令寄存器，其中 RD5、RD6 两位用来作为分区的比特位，RD7 作为帧存和查找表的区分位(“0”为访问帧存，“1”为访问查找表)。由于 D0000H～DFFFFH 已作为图像帧存在内存的映射空间，需要给命令寄存器选择一个新的端口地址，这样微机接口选择了 I/O 映射方式的 300H 端口地址作为命令寄存器的端口地址。

具体到图 6.3.7 所示的电路图，IC1 是一个端口译码电路，其 22 头输出一个命令寄存器的锁存信号，该信号通过 IC2(74LS244)形成两级门的延迟，然后送入 IC3 的 CLK 端。IC1 的 22 头是对 I/O 映射的 300H 端口地址进行译码。IC1 的 15 头是对存储体映射的 D0000H～DFFFFH 端进行译码，由此产生存储体映射方式下的一系列信号，首先作为帧存低 16 位地址的锁存信号，该信号直接加到 IC5、IC6 地址锁存器的 11 端(CK 端)，IC5、IC6 的输入端顺序连接到 ISA 总线的 16 位地址线(CA0～CA15)上，其输出端直接输出计算机访问帧存的低 16 位地址(A0～A15)，/CPF 是这组地址的输出允许信号，由帧存控制电路给出。ISA 总线的 8 位数据为 CD0～CD7，在存储体映射方式下的计算机写操作时，计算机数据通过 IC7，再写入帧存或查找表；SD0～SD7 是图像卡内部的数据线，直接连接到帧存或查找表的数据线上。在存储体映射方式下的计算机读操作时，帧存或查找表输出的数据通过 IC8 被读回计算机。IC4 为屏蔽寄存器，IC11:A 单稳态形成一个由存储体映射地址译码信号触发的脉冲信号，此信号将用于形成计算机的等待信号，调节单稳态的 RC 数值以改变脉冲信号的脉冲宽度，达到调整计算机等待周期的目的。IC9 是一个接口控制芯片，12

端输出一个计算机读时的数据锁存信号，13 端输出一个计算机读时的数据开门信号，14 端输出一个计算机写时的数据锁存信号，15 端输出一个计算机写时的数据开门信号，16 端输出一个计算机访问帧存的申请信号(CPR)，17 端输出一个 DRY 信号(即 ISA 总线的/I/O CH RDY 信号)，18 端输出一个屏蔽寄存器的屏蔽字锁存信号，19 端输出一个屏蔽字数据的开门信号。特别要注意的是，19 端和 15 端的电平不能同时为低，两类数据的输出应满足帧存时序的要求。下面给出 IC1 和 IC9 的信号定义及逻辑表达式。

IC1：

```
/** INPUTS **/
 PIN[1..10] = [A0..A9] ;
 PIN[11] = BALE ;
 PIN[12] = GND ;
 PIN[13] = A16 ;
 PIN[14] = A17 ;
 PIN[16] = A18 ;
 PIN[17] = A19 ;
 PIN[18] = AEN ;
 PIN[20] = MEMW ;
 PIN[21] = MEMR ;
 PIN[23] = IOW ;
 PIN[24] = VCC ;

/** OUTPUTS **/
 PIN[15] = MAP ;
 PIN[19] = M ;
 PIN[22] = RCK ;

/** LOGIC EQUATIONS **/
  MAP = !M ;
 !M = A16 & !A17 & A18 & A19 & !AEN & !ALE & !MEMW
     # A16 & !A17 & A18 & A19 & !AEN & !ALE & !MEMR ;
 !RCK = !A0 & !A1 & !A2 & !A3 & !A4 & !A5 & !A6 & !A7 & A8 & A9
      & !ALE & !AEN & !IOW ;
```

IC9：

```
/** INPUTS **/
 PIN[1] = W ;
 PIN[2] = MAP ;
 PIN[3] = FL ;
 PIN[4] = WEC ;
 PIN[5] = BIG ;
 PIN[6] = FOC ;
 PIN[7] = CA2 ;
 PIN[8] = CA1 ;
 PIN[9] = CA0 ;
 PIN[10] = GND ;
 PIN[11] = RLUT ;
```

```
 PIN[20] = VCC ;

/** OUTPUTS **/
 PIN[12] = ICK ;
 PIN[13] = IG ;
 PIN[14] = OCK ;
 PIN[15] = OG ;
 PIN[16] = CPR ;
 PIN[17] = RDY ;
 PIN[18] = MG ;
 PIN[19] = MCK ;

/** LOGIC EQUATIONS **/
  CPR = MAP & !FL ;
  RDY = W ;
  OG = MAP ;
  OCK = MAP & !WEC ;
  MG = BIG ;
  MCK = !WEC & MAP & CA2 & !CA1 & !CA0 ;
  ICK = WEC & RLUT # FOC ;
  !IG = WEC & MAP ;
```

在IC1芯片中,19头只是中间过程的信号。在IC9芯片中,RLUT信号是读查找表的数据锁存信号,可以由图6.3.7中的U3芯片产生。IC1芯片的输入信号有BALE和AEN信号,这两个信号本身就是ISA总线的信号,这里作为输入变量,主要是使所产生的译码信号更加稳定,不至于产生一些误触发信号。IC9芯片中FOC信号是读帧存的数据锁存信号,可由帧存时序发生器产生。IC9芯片中CPR是计算机访问帧存的申请信号,送往帧存控制电路,上升沿有效。

我们知道,计算机访问它本身的内存,会有独自的适应计算机内存芯片的读写时序,即计算机的/RAS、/CAS、/WE等信号。当采用存储体映射方式访问图像帧存时,即便采用同样的计算机内存芯片,也不能够把计算机的内存读写时序照搬过来作为帧存的/RAS、/CAS、/WE信号。这是因为,这两套时序是异步的,时序很难对齐。因此图像处理系统必定要形成自己的存储体读写时序。这样我们不可避免地遇到这样一个问题:既然把帧存作为计算机内存的一部分,又怎样解决这两套时序中的异步问题,以达到正确读写帧存的目的。图6.3.7所示的微机接口电路成功地解决了这一问题。图6.3.8给出了计算机写帧存时的申请信号。

在计算机写的时候,利用计算机地址信号进行端口地址译码,形成图像帧存选中信号;在计算机数据有效时产生帧存申请信号。利用帧存申请信号,将计算机发出的地址和数据准确地锁存起来,同时产生计算机访问帧存的操作。在计算机下一次访问该图像卡之前,计算机总线的其他变化不再对这些信息产生影响,图像帧存控制器收到计算机访问帧存的申请信号以后,即形成自己的帧存时序,产生帧存的/RAS、/CAS、/WE等信号。图6.3.8中时间间隔T_0表示相邻两次计算机写的间隔时间,可以看到,计算机总线上的数据在T_0之间的任何变化不再影响帧存的操作,也就是说,帧存的操作是十分稳定的。

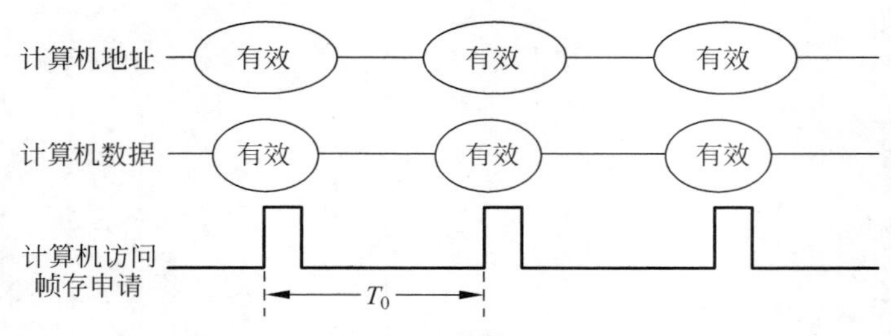

图 6.3.8　计算机写帧存时的申请信号

图 6.3.9 给出了计算机读帧存时申请信号的形成。

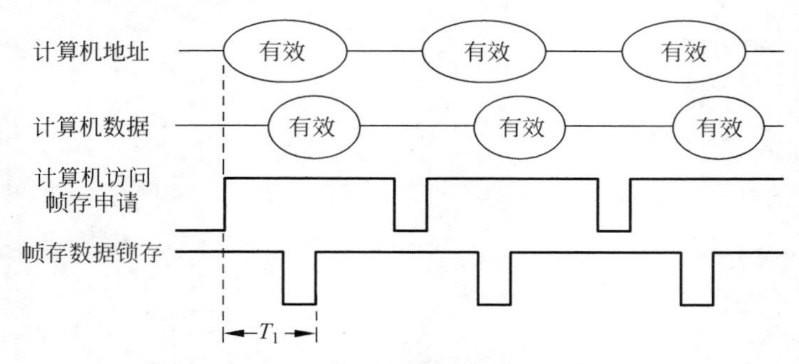

图 6.3.9　计算机读帧存时申请信号的形成

在计算机进行读帧存操作时，接口电路利用计算机的时序把计算机发出的地址准确地锁存起来，利用计算机地址信号进行端口地址译码，将译码选中信号作为计算机读帧存的帧存申请信号，继而产生相应的帧存/RAS、/CAS、/WE 等信号。计算机读帧存时，在计算机下一次访问该图像卡之前，计算机总线的其他变化不再对已锁存的地址信号产生影响。在帧存的读操作中，帧存的读时序把帧存的输出数据准确地锁存起来(由图 6.3.7 的 IC9 芯片的 ICK 信号锁存)，再由计算机本身的时序读回计算机。图 6.3.9 中时间间隔 T_1 表示从计算机地址有效到计算机读到帧存数据的时间。

图 6.3.7 所示的微机接口电路的适应性比较强，最初在 286 各种微机上正常运行，在以后的 586 微机上也能正确地运行。

微机接口电路的调试是一件有难度的工作，之所以说难，是因为其时序常常不是一个固定的周期信号而便于测试。比如执行一个 I/O 循环写程序，去测试/IOW 信号和译码器的端口译码信号，就会发现这两个信号并不是固定的周期信号，同时这两个信号的波形都在晃动，究其原因，原来在这个 I/O 循环写程序的执行期间，微机还插入了其他的操作，如内存刷新等。调试的难度还在于许多信号是暂态信号。在该操作周期的特定时刻出现正确信号，而在该操作周期结束时，特定的正确信号即消失，相应的信号线变为三态或成为其他不正确的信号。又如，计算机进行读操作，在接口板中测试数据是正确的，而又怎样保证计算机读到的结果是正确的呢？调试的难度还在于调试工作既涉及硬件，又涉及软件，而软硬件能力都很强的人员不是很多，在调试工作中要求软硬件密切配合，这无疑又增加了调试的难度。调试接口硬件常使用逻辑分析仪，它可以捕捉瞬间出现的信号；配合调试接口的软件常使用汇编语言和 C 语言。图 6.3.7 所示的微机接口电路的调试过程可以分成以下几个调试过程。

1）IC1译码器有无误译码的测试

这种测试可用逻辑分析仪来测试IC1的22端和15端，当然也可以用逻辑测试笔进行相应的测试。在没有运行自编的相应端口操作软件时，上述的译码输出端不应有译中信号输出，如果发生错误，则应检查所选端口地址是否正确（该端口是否被系统或其他设备占用），同时应检查IC1的逻辑方程和硬件电路。正确的结果是在没有运行自编的相应端口操作软件时，不出现任何一个错误的译中信号，要做到这一点，难度较大。

2）I/O映射方式循环写的调试

编写好相应的程序并运行该程序，首先测试IC1的22端是否有正确的译码信号。如不正确，则要检查IC1的逻辑方程和硬件电路；如信号正确，则进而测试IC3的各输出信号，查看测到的数值和软件所送数值是否一致。因为IC3芯片是靠上升沿锁存数据的，所以要注意11端波形和计算机输出数据的时间对应关系，可用双踪示波器进行测验，以示波器一路测验IC3的11端，并以此为同步，用示波器的另一路测验IC3的各输入端，这样可以清楚地观察到IC3的11端的脉冲信号和IC3的各输入端数据的时间对应关系，正确的时间关系应该是在IC3的11端信号的上升沿时IC3的各输入端的数据正是软件所设定的数据。I/O映射方式循环写的汇编调试参考程序如下：

```
aa      segment
        assume cs:aa
        mov al,55h
        mov dx,300h
bb:     out dx,al
        jmp bb
aa      ends
        end
```

这是一个I/O死循环写的调试程序，程序执行时计算机不断地向300H口写固定数55H，通过执行这一程序，可以得到该计算机I/O写的数据传输速率，在586微机上测试，其I/O写的数据传输速率约为1.1μs/pixel（I/O读的数据传输速率和I/O写的数据传输速率相近）。这个程序一旦执行就不能退出，在调机中不太方便。下面给出了可以靠键盘退出的汇编调试参考程序：

```
aa      segment
        assume cs:aa
bb:     mov al,55h
        mov dx,300h
        out dx,al
        mov ah,0bh
        int 21h
        inc al
        jz readkb
        jmp bb
        readkb: mov ah,07h
        int 21h
```

```
          cmp al,03h
          jnz bb
aa        ends
             end
```

当然,在测试微机 I/O 传输速度时,是不能采用这个程序的,原因在于该程序不仅要执行 I/O 写,而且还要执行键盘中断程序。显然,这个程序的 I/O 传输速度大大低于上一个不执行键盘中断的程序。但是,由于有键盘中断程序的功能,在接口调试中,这个程序在使用中还是很方便的。

3) I/O 映射方式单点写的调试

在接口调试中,常常出现这样一种情况,即一个接口通过了循环写的检查,却不能通过单点写的检查,原因在于循环写是多次进行写操作的,在计算机对图像帧存进行逐点全写的操作时,有时一遍写全帧图像的正确率达到 90%,接着第二遍再写,其正确率达到 96%,第三遍再写,正确率才达到 100%,这是靠多次写操作才达到成功的,显然该电路是不成功的,即多次写才正确并不能说明接口工作正确。在进行单点写的检查时,要改变所写的数值,常送的数为 055H、0AAH、0、0FFH,前两个数一定要送,这样可以避免数据通道中出现某一个数据位为某一固定电平而误判的情况。I/O 映射方式单点写的测试可采用 debug 程序来配合进行,该程序运行如下:

```
debug ↓ (" ↓ "表示按回车键)
- o 300 xx ↓ ("xx"表示所送的数据)
- q ↓ (退出 debug 软件)
```

在测试中,要多次改变计算机所送的数值,计算机每送一次数,就用示波器测试一遍命令寄存器的数值,查看其结果是否是计算机所送的数。

4) 存储体映射方式循环写的调试

调试程序中首先包括写命令字(口地址为 300H)的内容,命令字中 RD7 为"0",表示计算机访问的是帧存; RD4 为"0",表示计算机进行的是写操作。在计算机开始访问帧存以前,必须把命令寄存器的这些相应位设置好,随后进行访问帧存的操作,帧存的映射地址选在 D0000H～DFFFFH 之间,根据这些要求,编写好相应的程序并运行。测试中首先测试 IC1 的 15 端是否有正确的译码信号。产生译码波形以后,再用双踪示波器进一步测试时序关系,以示波器一路测试 IC1 的 15 端,并以此为同步,用示波器的另一路测试地址寄存器 IC5、IC6 的各输入端,查看在 IC1 的 15 端处于上升沿时 IC5、IC6 各输入端的数值是否是软件设定的数值。检查完 IC1 以后,再检查接口控制片 IC9,仍然以示波器一路测试 IC1 的 15 端,并以此为同步,用示波器的另一路测试 IC9 的各输出信号,这时 IC9 的 14～18 端都应有波形。测试时要注意各个信号沿的相对位置,16 端(CPR)、14 端(OCK)是上升沿有效,17 端(MG)、15 端(OG)是低电平有效。之后再来测试数据锁存信号 OCK 和计算机数据之间的关系,以示波器一路测验 IC7 的 11 端,并以此为同步,用示波器的另一路测验 IC7 的各输入端,正确的时间关系应该是在 IC7 的 11 端信号的上升沿时 IC7 的各输入端的数据正是软件设定的数据。由于帧存的地址线和数据线都有三态控制,地址寄存器 IC5、IC6 和数据寄存器 IC7、IC4 的输出信号不太好观测,这时一定要选择合适的测验方法,即要选择好示波器的同步端,在测试输出地址时,以示波器一路测验 IC5 的 1 端,以此为同步,并以下跳沿触发，然后以示波器的另一路测验 IC5 以及 IC6 的各输出端，查看在 IC5 的 1 端处于低电平时 IC5、IC6 各输出端的数值是否是软件设定的数值。检查数据寄存器的方法也一样，看各数据寄存器的数据使能端(第 1 端)为低时，各数据输出端的数值是否是软件设定的数值。存储体映射方式循环写的汇编调试参考程序如下：

```
aa      segment
        assume cs:aa
        mov    ax,0d000h
        mov    ds,ax
        mov    al,0fh
        mov    dx,300h
        out    dx,al
        mov    al,55h
bb:     mov    ds:[0AAh],al
        jmp    bb
aa      ends
        end
```

这是一个往 D 段内 00AAH 地址单元循环写 55H 数的程序，往 I/O 口 300H 地址写的数为 0FH，则命令寄存器中 RD7 为“0”，RD4 为“0”，表明计算机将进行写帧存的操作。通过执行这一程序，可以得到该计算机存储体写的数据传输速率，在 586 微机上测试，其存储体写的数据传输速率约为 1μs/pixel。

5）存储体映射方式循环读的调试

存储体的计算机单点写的检查不太好直接进行，但可以结合在计算机读的检查中进行。在进行读操作之前，应先往帧存的确定地址上写入一个确定的数，然后再进行循环读的操作。测试时，主要检查 IC8 的输入、输出，以 IC8 的 11 端为同步，检查 IC8 的各输入端，看其数值是否是计算机写入的数；再以 IC8 的 1 端为同步，检查 IC8 的各输出端，看其数值是否是计算机写入的数。存储体映射方式循环读的汇编参考调试参考程序如下：

```
aa      segment
        assume cs:aa
        mov    ax,0d000h
        mov    ds,ax
        mov    al,1fh
        mov    dx,300h
        out    dx,al
bb:     mov    al,ds:[0AAh]
        jmp    bb
aa      ends
        end
```

这是一个从 D 段内 00AAH 地址单元循环读的程序，往 I/O 口 300H 地址写的数为 1FH，则命令寄存器中 RD7 为“0”，RD4 为“1”，表明计算机将进行读帧存的操作。

6）存储体映射方式单点读的调试

在进行读操作之前，应先往帧存的确定地址上写入一个确定的数，然后再对相同地址的存储单元进行单点读的操作。当然，在写帧存和读帧存之前都要写入正确的命令字。由于是单点操作，可以方便地使用 debug 软件来进行接口调试，具体操作如下：

```
debug ↓
- o 300 0f ↓
- e d000:00aa 55 ↓
- o 300 1f ↓
- d d000:00aa ↓
- q ↓
```

如果通过以上的 debug 程序检查，测得的数据正是计算机所送的数据，则说明该接口电路的工作基本是正确的。当然，还应该结合整个图像处理系统进行更如严格的检查，常用的方法是用计算机把一幅行锯齿波图像(即屏幕从左到右则图像是从黑到白渐变)的数据写入帧存，通过帧存图像的显示来检验计算机写帧存的正确性；在验证其正确写入之后，继而进行读整屏图像的检查，具体做法是对帧存刚写入的行锯齿波图像做求反处理，再将处理结果送入帧存，此时的图像显示和处理前的图像相反，屏幕从左到右则图像是从白到黑渐变。进行完了行锯齿波图像读写检查以后，还应进行场锯齿波图像(即屏幕从上到下则图像是从黑到白渐变)的检查，其过程类似于行锯齿波图像的检查，这个检查是整个系统检查的需要。常常会出现这样一种情况，即行锯齿波检查是正确的，但场锯齿波时则不对，一个原因是帧存的行地址不正确，帧存读出的只是一行数据，以至于误认为行锯齿波。

在存储体映射方式的传输过程中，上面介绍的微机图像接口所使用的 ISA 总线的控制信号主要有/MEMW、/MEMR、AEN、ALE 信号，并以 ISA 总线的地址作为访问帧存的地址。

前面介绍过，在计算机访问帧存时，对帧存寻址有三种方法，其中一种方法是计算机只提供帧存局部地址的寻址方法，比如只提供帧存的行地址，这种方法适用于用 VRAM 或用 FIFO 芯片构成帧存的图像处理系统。在用 VRAM 芯片构成帧存的图像处理系统中，帧存和计算机之间的数据交换常常是通过 DRAM 端口来进行，计算机访问帧存的地址一般采用前两种帧存寻址方法，即采用硬件地址发生器产生帧存地址或采用计算机输出地址的方法。在用 VRAM 芯片构成帧存的图像处理系统中，帧存和计算机之间的数据交换还可以通过 VRAM 芯片的 SAM 端口进行，这两种数据交换的形式如图 6.3.10 所示。

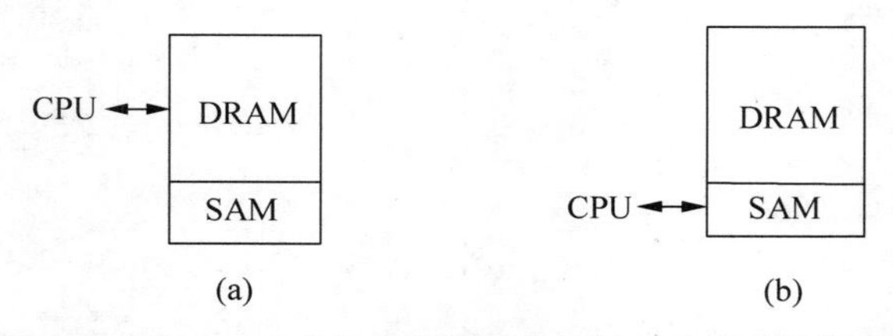

图 6.3.10 用 VRAM 芯片构成的帧存和计算机之间的数据交换形式

在图 6.3.10(a)所示的数据连接方式中，当计算机采用存储体映射方式访问帧存时，直接使用计算机输出地址较好，当然也可以用硬件产生地址；当计算机采用 I/O 映射方式访问帧存时，应使用硬件产生的地址。而在图 6.3.10(b)所示的数据连接方式中，计算机采用 I/O 映射方式访问帧存为好。TH925 图像卡采用了图 6.3.10(b)所示的方式，根据图像卡设计的需要，占有了 4 个 I/O 口，即 300H、301H、302H 和 303H。一个端口作为命令寄存器,两个端口作为行地址端口(行地址为9位,每个端口为8位),另一个端口作为数据端口。计算机访问帧存的具体操作过程为:首先确立计算机访问帧存的状态位(命令寄存器存储命令字中的某一位),该位为高时表示计算机访问帧存,如果是计算机读操作,则在读帧存之前计算机先送出该行的行地址,同时向帧存发出操作申请,帧存响应该申请后即进行读传输操作,计算机随转入读数据端口的操作,此时计算机的/IOR信号成为VRAM芯片的SC脉冲信号,把帧存的数据一点一点地读进计算机。读操作全部完成后即清除计算机访问帧存的状态位,帧存管理器则把帧存的工作状态切换到显示状态。如果是计算机写操作,计算机即进行写数据端口的操作,帧存管理器把计算机的/IOW信号作为VRAM芯片的SC脉冲信号,依次把计算机送来的数据一点一点地写入VRAM芯片的SAM,然后计算机送出所写数据的行地址,同时向帧存发出操作申请,帧存响应该申请后即进行写传输操作,从而完成一行数据的写入操作。同理,写操作全部完成后即清除计算机访问帧存的状态位,帧存管理器则把帧存的工作状态切换到显示状态。微机通过VRAM芯片的SAM端口访问帧存,其优点在于传输速度快而且调机容易。因为VRAM芯片SAM端口的数据传输速率高达30MB/s,在计算机传输时完全可以做到零等待,因此数据传输速率完全取决于计算机ISA总线的最高传输速率。另外,计算机数据直接通过VRAM芯片的SAM端口,使用的是极为简单的串入和串出操作,调机相当容易。这种方式和DMA方式一样,很适合整幅图像的传送,不适合随机单点传输的情况。

上面介绍的几个具体的接口电路都是8位数据总线的,要进行16位的传输,采用I/O方式,则要在接口端口地址选通的时间内,输出一个低电平的信号作为扩展槽的/I/O CS16信号;当采用存储体映射方式,则要在接口端口地址选通的时间内,输出一个低电平的信号作为扩展槽的/MEM CS16信号。

在一些专用芯片里,都设置了微机接口电路(如美国TI公司的TMS34010芯片),这些电路一般也具有硬件地址发生器。芯片与微机之间的数据传输,既可以采用存储体映射方式,也可以采用I/O映射方式。

6.4 PCI总线下的微机图像接口

图6.4.1给出了PCI总线的结构示意图,图6.4.2给出了PCI总线I/O扩展板示意图。

从图6.4.1可以看出,多媒体、局域网、SCSI控制器挂在PCI总线上,而一些慢速设备则挂在一个类似于ISA总线的扩展总线上,再通过ISA扩展总线控制器连接到PCI总线上。当然,也可以在PCI总线上挂EISA、MCA扩展总线控制器,这样在一个PCI系统里可以做到高速的外部设备和低速的外部设备并存,PCI总线和ISA/EISA/MCA总线并存。图中的PCI桥路控制器,则实现了PCI总线的全部驱动控制。

在图6.4.2所示的PCI总线I/O扩展板示意图中,元件面为B面,插头序号是从左到右,而且中间的槽也算序号,这些是和ISA总线不一样的。在32位PCI总线I/O扩展槽中,I/O槽为A1～A62、B1～B62共124线;在64位的PCI总线I/O扩展槽中,I/O槽为A1～A94、B1～B94共188线。在586微机中,32位PCI总线I/O扩展槽多一些,通常只配备一个64位的PCI总线I/O扩展槽,具体的做法是在32位PCI总线I/O扩展槽旁边增加

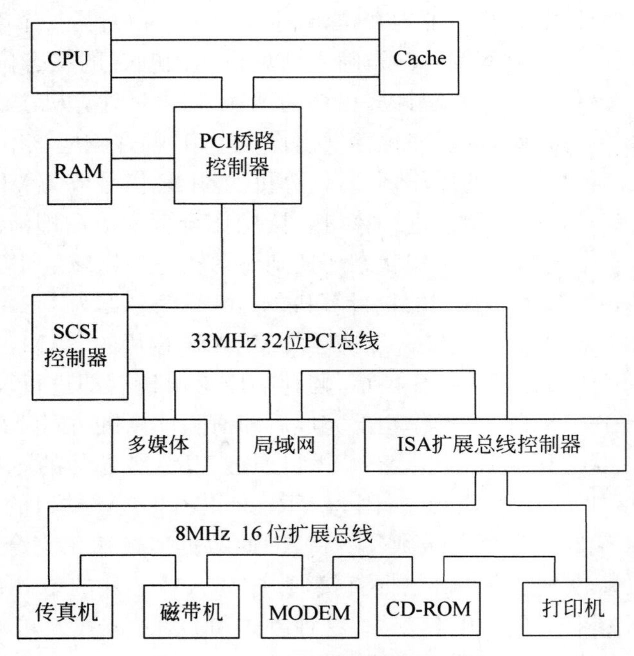

图 6.4.1 PCI 总线的结构示意图

一个小槽(如图中虚线,最右端为 B94)。由于 PCI 总线的工作频率高,因此要求 PCI 扩展板采用多层板来制作(至少是四层板)。

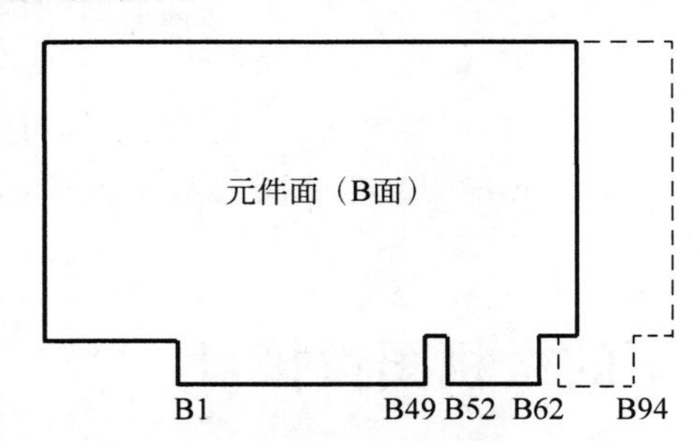

图 6.4.2 PCI 总线 I/O 扩展板示意图

下面给出了 64 位 PCI 总线 I/O 扩展槽的信号定义:

信号位置	信号定义	信号位置	信号定义
B1	－12V	A1	TRST＃
B2	TCK	A2	＋12V
B3	Ground	A3	TMS
B4	TDO	A4	TDI
B5	＋5V	A5	＋5V
B6	＋5V	A6	INTA＃
B7	INTB＃	A7	INTC＃
B8	INTD＃	A8	＋5V

B9	PRSNT1#	A9	Reserved
B10	Reserved	A10	+5V(I/O)
B11	PRSNT2#	A11	Reserved
B12	Ground	A12	Ground
B13	Ground	A13	Ground
B14	Reserved	A14	Reserved
B15	Ground	A15	RST#
B16	CLK	A16	+5V(I/O)
B17	Ground	A17	GNT#
B18	REQ#	A18	Ground
B19	+5V(I/O)	A19	Reserved
B20	AD[31]	A20	AD[30]
B21	AD[29]	A21	+3.3V
B22	Ground	A22	AD[28]
B23	AD[27]	A23	AD[26]
B24	AD[25]	A24	Ground
B25	+3.3V	A25	AD[24]
B26	C/BE[3]#	A26	IDSEL#
B27	AD[23]	A27	+3.3V
B28	Ground	A28	AD[22]
B29	AD[21]	A29	AD[20]
B30	AD[19]	A30	Ground
B31	+3.3V	A31	AD[18]
B32	AD[17]	A32	AD[16]
B33	C/BE[2]#	A33	+3.3V
B34	Ground	A34	FRAME#
B35	IRDY#	A35	Ground
B36	+3.3V	A36	TRDY#
B37	DEVSEL#	A37	Ground
B38	Ground	A38	STOP#
B39	LOCK#	A39	+3.3V
B40	PERR#	A40	SDONE
B41	+3.3V	A41	SBO#
B42	SERR#	A42	Ground
B43	+3.3V	A43	PAR
B44	C/BE[1]#	A44	AD[15]
B45	AD[14]	A45	+3.3V
B46	Ground	A46	AD[13]

B47	AD[12]	A47	AD[11]
B48	AD[10]	A48	Ground
B49	Ground	A49	AD[09]
B50		A50	
B51		A51	
B52	AD[08]	A52	C/BE[0]#
B53	AD[07]	A53	+3.3V
B54	+3.3V	A54	AD[06]
B55	AD[05]	A55	AD[04]
B56	AD[03]	A56	Ground
B57	Ground	A57	AD[02]
B58	AD[01]	A58	AD[00]
B59	+5V(I/O)	A59	+5V(I/O)
B60	ACK64#	A60	REQ64#
B61	+5V	A61	+5V
B62	+5V	A62	+5V
B63	Reserved	A63	Ground
B64	Ground	A64	C/BE[7]#
B65	C/BE[6]#	A65	C/BE[5]#
B66	C/BE[4]#	A66	+5V(I/O)
B67	Ground	A67	PAR64
B68	AD[63]	A68	AD[62]
B69	AD[61]	A69	Ground
B70	+5V(I/O)	A70	AD[60]
B71	AD[59]	A71	AD[58]
B72	AD[57]	A72	Ground
B73	Ground	AA73	AD[56]
B74	AD[55]	A74	AD[54]
B75	AD[53]	A75	+5V(I/O)
B76	Ground	A76	AD[52]
B77	AD[51]	A77	AD[50]
B78	AD[49]	A78	Ground
B79	+5V(I/O)	A79	AD[48]
B80	AD[47]	A80	AD[46]
B81	AD[45]	A81	Ground
B82	Ground	A82	AD[44]
B83	AD[43]	A83	AD[42]
B84	AD[41]	A84	+5V(I/O)

B85	Ground	A85	AD[40]
B86	AD[39]	A86	AD[38]
B87	AD[37]	A87	Ground
B88	+5V(I/O)	A88	AD[36]
B89	AD[35]	A89	AD[34]
B90	AD[33]	A90	Ground
B91	Ground	A91	AD[32]
B92	Reserved	A92	Reserved
B93	Reserved	A93	Ground
B94	Ground	A94	Reserved

64 位的 PCI 总线信号说明如下：

CLK:输入信号

时钟信号。除 RST#、INTA#、INTB#、INTC#和 INTD#信号外，其余所有信号均在时钟信号的上升沿采样。

RST#:输入信号

复位信号，用于使 PCI 设备复位。复位时，配置寄存器的状态必须复位。所有 PCI 号必须驱动到其起始状态(通常情况下是三态)。

AD[31..00]:三态信号

地址/数据信号。在 PCI 总线系统中，一个传送包括一个地址段和一个或多个数据段。地址段是 FRAME#有效的哪个时钟周期。在地址段，AD[31..00]包含物理地址。当 IRDY#有效时，写数据是稳定且有效的；当 TRDY#有效时；读数据是稳定且有效的。数据传送发生在 IRDY#和 TRDY#都有效的那个时钟周期。

C/BE[3..0]#:三态信号

总线命令/字节允许信号。在地址段期间，C/BE[3..0]定义了总线命令。在数据段期间，C/BE[3..0]决定 32 位数据线中哪些字节带有有意义的数据。

PAR:三态信号

AD[31..00]和 C/BE[3..0]#上的偶校验信号。PAR 信号与 AD[31..00]有相同时序，但要延迟一个周期。在地址段和写数据段，总线主控驱动 PAR 信号；在读数据段，目标驱动 PAR 信号。

FRAME#:持续三态信号

周期帧信号(Cycle Frame)，由当前总线主控驱动，表明一次操作的开始和持续。FRAME#有效，说明总线传送开始；FRAME#保持有效，说明总线传送在继续进行。FRAME#由有效变为无效时，说明传送的最后一个数据段正在进行。

IRDY#:持续三态信号

主控准备好信号。说明总线主控完成当前数据段的能力

TRDY＃:持续三态信号

目标准备好信号。说明目标完成当前数据段的能力。

STOP＃:持续三态信号

停止信号。表明目标要求当前总线主控停止当前传送。

IDSEL＃:持续三态信号

锁定信号。对LOCK＃的控制是由LOCK＃和GNT＃共同完成的。支持LOCK＃的目标，必须保证至少16字节(顺序)的锁定。

IDSEL＃:输入信号

初始化设备选择信号。在配置读和写操作中用于片选。

DEVSEL＃:持续三态信号

设备选择信号。当有效驱动时，说明驱动它的设备已将地址解码并确定其为当前操作的目标。作为输入信号，DEVSEL＃说明总线上是否有设备被选中。

REQ＃:三态信号

申请信号。向仲裁单元表明该设备想使用总线。这是一个点对点信号，每个总线主控都有自己的REQ＃信号。

GNT＃:三态信号

允许信号。说明其对总线的操作已被允许。这是一个点对点信号，每个总线主控都有自己的GNT＃信号。

PERR＃:持续三态信号

奇偶校验错误信号。用于反馈除特殊周期外的其他传送过程中的数据奇偶校验错误。检测到数据奇偶校验错误后，在数据结束后两个时钟，由接收数据的单元驱动。每个检测到数据奇偶校验错误的数据段，PERR＃至少持续一个时钟周期。只有发出DEVSEL＃并完成数据段后的单元才能发出DEVSEL＃信号。

SERR＃:漏极开路信号

系统错误信号。用于反馈地址段奇偶校验错误和特殊周期指令中数据奇偶校验错误及将引起重大事故的其他系统错误。

INTA＃、INTB＃、INTC＃、INTD＃: 漏极开路信号

中断信号。电平触发，与时钟异步。对单功能设备，只能使用INTA＃，其余无意义。

SBO＃:输入输出信号

监视补偿信号(Snoop Backoff)。当其有效时，说明对某条变化线的一次命中。

SDONE#:输入输出信号

监视结束信号。用于表明对当前操作的监视状态。

以上 2 个信号为 CACHE 支持信号,是可选用的信号。

以下 5 个信号为 TAP 信号,遵循 IEEE 标准 1149.1(Test Access Port and Boundary Scan Architecture),是可选用的。

TCK:输入信号

测试时钟信号。

TDI:输入信号

测试数据输入信号。

TDO:输出信号

测试数据输出信号。

TMS:输入信号

测试模式选择信号。

TRST#:输入信号

测试复位信号。

以下所有信号是 64 位扩展信号,可集体选用。

AD[63..32]:三态信号

与 AD[31..00]类似。

C/BE[7..4]:三态信号

与 C/BE[3..0]类似。

REQ64#:持续三态信号

请求 64 位传送信号。当被总线主控有效驱动时,说明总线主控想做 64 位传送。与 FRAME#有相同时序。复位结束时,REQ64#有特别的意义。

ACK64#:持续三态信号

应答 64 位传送信号。当目标有效驱动该信号时,说明目标将做 64 位传送。与 DEVSEL#信号有相同时序。

PAR64#:三态信号

高双字奇偶校验信号。与 PAR 信号类似。

根据 PCI 总线规范(2.0 版),我们来讨论 PCI 总线的操作。

1) 总线命令

在地址期,由 C/BE[3..0]#信号定义的总线命令如表 6.4.1 所示。

表 6.4.1　C/BE[3..0]#信号定义的总线命令

C/BE[3..0]#	命令类型	说　明
0000	承认中断	中断识别命令
0001	特殊周期	提供在 PCI 上的简单广播机制
0010	I/O 读	从 I/O 口地址中读数据
0011	I/O 写	向 I/O 口地址中写数据
0100	保留	
0101	保留	
0110	存储器读	从内存空间中读出数据
0111	存储器写	向内存空间写入数据
1000	保留	
1001	保留	
1010	读配置	用来读每一个主控器的配置空间
1011	写配置	向每个配置空间写入设备数据
1100	多重存储器读	只要 FRAME#有效，则保持存储器管道连续，以便大量传输数据
1101	双地址周期	用来传送 64 位地址到某一设备
1110	存储器在线读	实现多于两个 32 位数据期时，语义与存储器读相同
1111	写存储器和使能无效	语义上等同于存储器写

2）基本的 PCI 总线协议

PCI 总线的基本传输机制是猝发成组传输，一个猝发传输由一个地址段和一个（或多个）数据段组成，PCI 支持对存储器和 I/O 地址空间的猝发。在 PCI 传输中，FRAME#、IRDY#和 TRDY#信号都是重要的控制信号，FRAME#表明一次操作的开始和持续，IRDY#表明主控准备好，TRDY#表明目标准备好。当主控设备设置了 IRDY#信号，将不能改变 IRDY#和 FRAME#信号，直到 TRDY#和数据结束。当 FRAME#和 IRDY#均无效时，接口处于 IDLE 状态。FRAME#有效后的第一个时钟沿是地址段，在该时钟沿，传送地址和总线命令编码，下一个时钟沿就开始了一个或多个数据段。在该期间，只要 IRDY#和 TRDY#都有效，总线主控和目标之间每个时钟沿都在传输数据。一旦总线主控发出了 IRDY#信号，无论 TRDY#的状态如何，它必须在当前数据段完成之后才能改变 IRDY#和 FRAME#信号。

PCI 总线定义了 3 种物理地址：内存地址、I/O 地址和配置空间地址，每个设备都对自己的地址负责，PCI 总线支持双向的地址驱动。在 I/O 地址空间中，32 位的 AD[31..00]用来提供一个完整的地址。在配置空间的寻址中，用 AD[07..00]的编码去访问双字节的配置命令。字节使能被用来指出哪些字节有效。

3）PCI 总线传输

PCI 总线传输包括读、写和终止 3 个方面。以读传输为例来说明其传输过程，首先在地址期，C/BE[3..0]#给出了一个读的总线命令，同时，在 AD[31..00]上保持一个有效地址。在数据期，C/BE[3..0]#信号是字节使能，指明哪些字节在读传输中有效。当 IRDY#和 TRDY#有效时，数据继续传输；当 FRAME#无效时，是最后一个传输期。PCI 总线的传输终止不能由某一设备单方面终止，当 FRAME#和 IRDY#被设置为无效时，IDLE 总线条件满足，传输结束。

PCI 总线传输的一般规则如下：

(1) FRAME＃和 IRDY＃信号定义了总线忙/IDLE 的状态。当其中一个信号有效时，总线是忙的；两个都无效时，总线处于 IDLE 状态。

(2) 一旦 FRAME＃被置为无效，在同一传输期间不能重新设置。

(3) 除非设置 IRDY＃信号，一般情况下不能设置 FRAME＃无效。

(4) 一旦主设备设置 IRDY＃信号，直到当前数据期结束为止，主设备不能改变 IRDY＃和 FRAME＃的状态。

4) PCI 总线仲裁

PCI 总线执行中心仲裁机制，每一个主设备有一个单独的 REQ＃和 GNT＃。仲裁基本协议如下：

(1) 若设置 GNT＃有效和 FRAME＃无效，当前的传输有效且继续下去。

(2) 如果总线不是在 IDLE＃状态，一个设备的 GNT＃信号有效和另一个设备的 GNT＃信号无效之间必须有一个时钟延迟，以免产生时序竞争。

(3) 当 FRAME＃无效时，为了响应更高优先级主设备的服务，可以在任意时刻置 REQ＃和 GNT＃无效。在处于 IDLE＃状态 16 个 PCI 时钟周期后，还没有开始传输，仲裁能允许当前主机打破这个状态，仲裁可以在任意时间里移去 GNT＃信号，以服务于下一个更高优先级的设备。

制定 PCI 局部总线的目的是为今后若干代产品的开发制定一个高性能的局部总线标准。PCI 总线规范允许有不同的性价比的系统组合，也允许不同的系统和器件级别。下面是按其长处来分类的特点/优点。

① 高性能。

- 数据通道能从 32 位升级到 64 位。
- 读和写操作都支持线性猝发(Linear Burst)和跳跃猝发(Toggle Burst)。
- 低延迟时间的随机存取。
- 与处理器/存储器子系统完全并行的操作能力。
- 同步总线操作频率 33MHz。
- 隐含的中央总裁，不占用总线时间。

② 低成本。

- 优化器件内部设计，电器/驱动器及频率规范遵守标准 ASIC 技术和其他典型处理方法。
- 多路复用结构减少 PCI 器件的引脚数目(总线主控 49 个信号，目标 47 个信号)和封装尺寸。
- 单一 PCI 扩展卡在基于 ISA、EISA 和 MC 的系统中能工作，减少成本及最终用户的复杂度。

③ 易于使用。

对 PCI 扩展卡及器件，能够进行全自动配置，PCI 设备中包含配置所需的设备信息的寄存器。

④ 使用寿命长。

- 独立于处理器，支持多种系列的处理器，并可通过桥路或直接集成的方法支持将来的处理器。
- 支持 64 位寻址。
- 规定了 5V 和 3.3V 的信号环境。

⑤ 协调性/可靠性。
- 扩展板小板结构。
- 扩展卡可监视电源用量。
- 由可靠的硬件模型进行的 200h 以上的电器 SPICE 仿真。
- 32 位及 64 位扩展板及器件的向前和向后兼容。
- 在器件级综合局部总线的负载和频率要求，减少缓存和连接逻辑，增加可靠性和协调性。
- MC 型的扩展连接器。

⑥ 适应性。
- 完全多总线主控能力，使任何 PCI 总线主控能对任何 PCI 总线主控/目标作一对一操作。
- 通用插槽可容纳标准 ISA、EISA、MC 或 PCI 扩展卡。

⑦ 数据完整性。

PCI 提供地址和数据上的奇偶校验，使用户平台更可靠。

⑧ 软件兼容性。

PCI 器件能完全兼容现有驱动和用户软件。设备驱动程序可在不同的平台直接移植。

PCI 总线产品的开发随着 PCI 总线的推出而充满了活力。图像处理系统也因 PCI 总线的推出而发生了可喜的变化，价格低廉、结构简单、图像可视性好、操作方便等优点突出，显然面向计算机内存的图像处理系统比早期的面向帧存的图像处理系统更受用户喜爱，许多图像板的制造者抛弃了原来 ISA 总线的产品而向 PCI 总线转移，在图像界掀起了 PCI 总线图像卡的热潮。图像处理技术的推广应用得益于 PCI 总线，这也是一个不争的事实。

PCI 总线图像产品的开发首先是 PCI 总线图像接口的开发，一般采用两种方法来开发 PCI 总线图像接口：大部分都采用标准的 PCI 接口芯片，如采用荷兰 Philips 公司的 SAA7146 芯片和以色列 ZORAM 公司的 ZR36120 芯片；另一种方法是使用诸如 EPLD 等大规模的可编程逻辑器件来开发自己的 PCI 总线图像接口。值得指出的是，不少制造 EPLD(或 CPLD)芯片的公司，在自己的 EPLD(或 CPLD)芯片里设计了 PCI 总线接口电路，以便于用户再次开发使用，如用美国 AMD 公司的 MACH465 芯片完成 PCI 总线的接口设计，其所占用的资源不足该芯片具有资源的 1/2，用户可利用剩余的空间增加终端接口。下面简要介绍 SAA7146 芯片的一些特点。

SAA7146 是 Philips 公司开发的桌面多媒体应用芯片。在其数据手册上称为 Multimedia bridge, high performance Scaler and PCI circuit。这个称呼说明了该芯片的主要特点，即它是 PCI 总线上的多媒体通道，并能对输入输出图像的大小进行变化(即 Scaler 的意思)。

SAA7146 主要特性如下。

① 视频处理特性。
- 从帧存或虚拟系统内存中输入输出全速(Full Speed)、完整大小(Full Size)的视频，可满足各种 PCI 外接器件的处理要求。

- PCI 总线主控全带宽读写(最高可达到底 132MB/s)。
- 支持虚拟内存(每 DMA 通道 4MB)。
- 最大分辨率 4095×4095。
- “空白图像”(Vanity Picture)可用于可视电话和会议电视应用。
- 图像翻转功能。
- 各种颜色空间变换(有伽马校正功能和多种显示模式)。
- 色键生成和应用。
- 低分辨率图像输出时像素平均功能。
- 亮度、对比度、饱和度控制。
- 寄存器编程序列器(RPS)在场消隐同步下对内部寄存器进行编程,可同时控制两个异步的数据流。
- 内存管理单元支持虚拟页内存管理方式(Windows、Unix 中所用)。
- 在帧存中可划出任意形状的屏蔽区域防止违禁写操作。
- 具有上溢监测和恢复功能的 3×128 双字长 FIFO。

② 音频处理特性。

- 与视频同步的音频采集,如可用于声卡。
- 支持音频和数字信号处理数据格式的多种同步模式。
- 通过音频输入电平检测,可以用软件控制音频峰值。
- 可编程的点时钟可满足多种主、从同步方式工作的应用要求。

③ 尺寸转换特性。

- 将视频图像转换到任意尺寸的窗口中。
- 高性能尺寸转换器(HPS)对尺寸转换后的图像数据进行二维相位校正处理,从而提高图像质量。
- 水平方向放大支持如 CCIR 规格图像向方形图像转换。
- 二值尺寸转换(BRS)支持 CIF 和 QCIF 格式,特别是用于可视电话和会议电视中。

④ 接口特性。

- 双 D1(8bit,CCIR656 格式)视频输入输出接口。
- 与 DMSD2 兼容的 16 位 YUV 视频输入接口。
- 支持多种打包(高采样率、低输出率)和 YUV 图像输出格式。
- 数据扩展总线接口(DEBI)与 MPEG 或 JPEG 解码器连接,能够以立即方式或块方式(通过 DMA 通道)传送数据。
- 1～5 个数字音频输入输出端口。
- 通过时隙表(Time Slot List)可同时灵活地控制两个异步双向数字音频接口。
- 4 个独立的可编程通用 I/O 口,可用于中断处理。
- PCI 接口(遵循 PCI 协议 2.1 版)。

⑤ 一般特性。

- 支持子系统销售商 ID,可通过驱动程序进行板确认。
- 内部仲裁控制。

- 诊断支持和事件分析。
- 可编程垂直空白间隔(VBI)数据区。
- 内部逻辑采用 3.3V 电压以减小功耗,输入输出采用 5V 电压使之适用于 PCI 信号环境。
- CMOS,C100,0.5μm 工艺。

SAA7146 功能描述如下:

双 D1(Dual D1)接口可与数字视频解码芯片(如 SAA7110/11)、数字视频编码器(如 SAA7185)或者与 D1 数据格式兼容的外部器件(如数字摄像机)等连接。它支持两个独立的 D1 接口(有独立的行场同步信号、像素有效信号和两个点时钟,最高可达 32MHz)。该接口也支持与 SAA7110 接口兼容的 16 位并行 YUV 总线。

双向数字音频串口是基于 I^2C-bus 标准,它也支持多种数据和定时格式。两个独立的接口电路能够控制最多 8 道立体声道的数据流。5 个 A/D 转换(如 SAA7360/66)和 D/A 转换(如 SAA7350/51)的设备可直接与该接口连接。

外围数据端口(数据扩展总线接口,DEBI)有针对系统启动和外围多媒体器件设置进行读写的并行模式,也能在外围芯片和 PCI 系统之间传送压缩的 MPEG/JPEG 数据。该端口信号定义与 Intel ISA 或 Motorola 68000 模式兼容。除并行端口,另外还有一个 I^2C-bus 端口可以控制外围单片解码器(如 SAA7110/11)、编码器(如 SAA7185/87)或音频处理芯片。

PCI 接口有主方式读、写功能。从 PCI 总线读写的视频数据流由 3 个视频 DMA 通道(带有总长度为 384 个双字的 FIFO)控制。视频 DMA 定义支持典型的视频数据像素、行、场、帧的等级结构。音频数据流由 4 个音频 DMA 通道(每个通道有一个长度为 24 个双字的 FIFO)控制。DEBI 在 PCI 总线上进行单指令直接存取或者通过一个 DMA 通道(带长度为 32 个双字的 FIFO)进行块传输。为提高 PCI 总线利用效率,一个本地仲裁机制管理各 DMA 通道对 PCI 总线的使用权。

SAA7146 的 PCI 接口还支持虚拟内存寻址。集成的内存管理单元(MMU)利用系统内存中的页表将线性地址转换为物理地址。MMU 为每个 DMA 通道提供最多 4MB 的虚拟内存空间。

SAA7146 的主要视频处理功能是二维高性能尺寸转换(HPS)。通过插值实现的相位精确再采样支持独立的水平方向上的扩展(尺寸变大)和压缩(尺寸变小)变换。水平方向上的尺寸变换由两个功能块完成:"窗平均"操作,性相位插值。垂直方向上的尺寸压缩采取两种算法:窗平均和线性插值。变换功能适用于任意尺寸的窗口显示、水平方向上的扩展和各种不同采样率格式的转换(如 CCIR、SQP 等)。亮度、对比度、饱和度控制和色键生成等功能也集成在 HPS 内。变换结果可输出为各种 RGB、YUV 格式,也可转换成低比特率的格式。

另一个视频通道则跳过 HPS 模块,实时视频信号经 FIFO 和 DMA 与 PCI 接口直接相连。这一双向通道称为基二比例尺寸转换器(即变换比例为 1、2、4、8、1/2、1/4、1/8 等)BRS,可将标准格式的视频图像(50Hz 或 60Hz)与 CIF、QCIF、QQCIF 格式的图像相互转换。在每场中,多个可编程的 VBI 数据和测试信号可省略掉不处理。

SAA7146 具有音频、视频处理功能,并有数据扩展总线。它只有一个配置空间。SAA7146 可以用寄存器编程序列器(Register Programming Sequencer)来调整其内部寄存器值。RPS 通过一个用户定义、由内部支持的实时事件控制的程序工作。SAA7146 有两套

RPS 机来优化诸如 MPEG 压缩数据流和实时视频图像尺寸转换等的控制。RPS 的编程是通过存放于系统内存中的一段指令序列来实现的。

SAA7146 有如下外部接口。

(1) PCI 接口。该 PCI 接口有响应配置操作的能力。在系统初始化时,芯片会要求系统分配一段内存空间给它,这样就可以通过内存读写操作对该芯片的内部寄存器进行访问。同时,该接口还有主控读写能力,用于读写系统内存。在进行主控读写操作前,先要设置相应寄存器。

(2) 视频接口。该芯片具有两个 DD1 接口或一个 DSMD2 接口。DD1 接口输入输出 8bit 数字视频信号,其格式与 CCIR601 或 SMPTE125M 兼容。DSMD2 接口输入输出 16bit 数字视频信号。格式与 DD1 类似,但 UV 信号与 Y 信号不再复用在同样的数据线上。

(3) 音频接口。

(4) 串行数据接口。符合 Intel IC 规范。有 I^2C 主控能力。

(5) 并行数据接口(DEBI)。用于输入输出 16bit 数据,该接口时序与 Intel ISA 总线或 Motorola 68000 相同,并有 DMA 传送的能力。

(6) 通用 I/O 口。用于将芯片内部状态反映到外部或将外部状态输入进芯片内部。

内部模块主要包括以下几个部分。

(1) PCI 接口部分。用于执行或响应 PCI 操作。

(2) FIFO 部分。视频上有 3 个 DMA 通道,每个 DMA 通道对应一个 FIFO,每个 DMA 通道有其自身的功能。音频和 DEBI(即并行接口)部分也有其对应的 DMA 和 FIFO。

(3) 数据处理部分。在视频上,数据通道有两个。一为 HPS(High Performance Scaler),主要功能为将图像转化到指定大小。一为 BRS(Binary Register Sequencer),主要功能为将二进制比特流按 1、2、4 的比率放大或缩小。

(4) RPS(Register Programming Sequencer)。用于在各种同步下对内部寄存器进行操作。

(5) 控制及状态部分。用于 Enable/Disable 各模块,反映内部各种状态。

SAA7146 芯片需要 5V 和 3.3V 两种电压,有的微机 PCI 插槽不提供 3.3V 电压,用 SAA7146 芯片设计 PCI 接口卡时可以用电源稳压块来产生 3.3V 电压,如采用 MC2920 芯片。SAA7146 的重要参数如表 6.4.2 所示。

表 6.4.2 SAA7146 的重要参数

信号	参数名称	最小值	典型值	最大值	单位
VDD	输入输出部分电源	4.75	5.0	5.25	V
VDD3	内核部分电源	3.0	3.3	3.6	V
IDD3V(tot)	3V 电源总电流	—	400	—	mA
IDD5V(tot)	5V 电源总电流	—	60	—	mA
Vi; Vo	数据输入输出电平	*	*	*	*
fLLC	LLC 输入时钟频率	—	—	32	MHz
fPCI	PCI 输入时钟频率	—	—	33	MHz
fI2C	$I2^C$ 输入时钟频率	—	—	12.5	MHz
Tamb	工作环境温度	0	—	70	℃

*:与 TTL 电平兼容。

为了熟悉 SAA7146 芯片和软件编程，我们模拟视频图像输入的情况设计了一个实验电路。PCI 方式的视频输入模拟实验电路如图 6.4.3 所示。

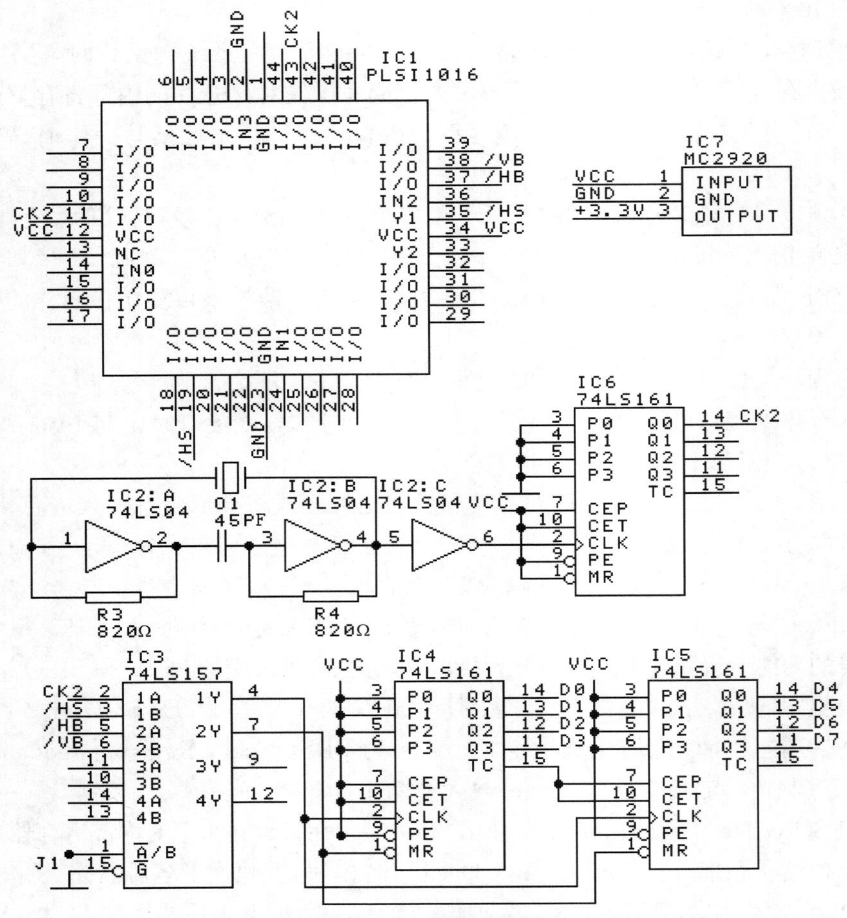

图 6.4.3　PCI 方式的视频输入模拟实验电路

在图 6.4.3 中，IC7 是一个电源稳压片，完成从 5V 到 3.3V 的电压转换，以供给 SAA7146 芯片使用。图中用了一片 EPLD 芯片 pLSI1016 产生标准电视同步信号，这些信号包括行同步(/HS)、行消隐(/HB)、场行消隐(/VB)信号。晶体振荡器的振荡频率为 29.25MHz，IC4、IC5 组成 8 位计数器，输入时钟分别为视频点时钟和行时钟，由此形成行锯齿波图像和场锯齿波图像。J1 是一个短路跳线器，当 J1 短路时，IC4、IC5 输出行锯齿波图像数据；当 J1 开路时，IC4、IC5 输出场锯齿波图像数据。该数据送入 SAA7146 芯片，再送入计算机中，由计算机显示器显示出锯齿波图像，由此完成了接口电路的实验。

实际应用中，SAA7146 常与数字视频芯片 SAA7110/11 一起构成简易的图像卡。

CI 接口软件编程的工作量比较大，软件编程要解决以下几个方面的问题。

(1) 对 PCI 总线上设备配置空间的操作；

(2) 对 SAA7146 内部寄存器的操作；

(3) 视频 DMA 内存的分配及其页表的获得；

(4) RPS 中指令序列设置；

(5) 视频图像的实时显示。

在软件设计之前,首先应该确定软件的操作平台。因为各个操作平台的特性差别很大,同一问题在不同的操作平台下有不同解决方案。我们所选用的操作平台是 Windows 95。

问题(1)的主要作用是通过读设备的配置空间,取得 SAA7146 内部寄存器的基本物理地址。因为每次开机时系统均会重新初始化 PCI 设备,因而其基本物理地址可能每次都会发生变化。这个问题的解决可以通过 PCI BIOS 来实现。问题(2)是在问题(1)的基础之上,即知道了每一个寄存器的物理地址,我们怎样访问这些物理地址。在 Windows 95 下,每一个 32 位的应用均有独立的 4GB 的线性内存空间,该应用代码只能对自己的线性内存空间进行操作。而实际物理内存是通过一个页表与线性内存联系起来的。为保证系统的安全性,只有 ring 0 的代码段才能执行关于页表的操作。一般 32 位应用申请物理内存,只能通过 Windows 95 SDK 或相应的 API 功能来进行,并且不能指定所申请内存的物理地址。这显然不能满足本系统的应用条件。我们所需要的是一种方式,使得我们能访问到 PCI 总线上某一指定的物理内存。这只有通过自己开发的虚拟设备(VxD)来实现。问题(3)与问题(2)类似,我们可以用 SDK 分配一段物理内存,但无法保证该物理内存的连续性,并且无法知道它所代表内存的物理地址,因而也无法知道该内存的页表。Windows 95 将这一切细节都掩盖了。在本系统中用作视频 DMA 的内存需要满足以下几个条件。

(1) 知道内存的起始物理地址。

(2) 该段物理内存在程序运行过程中不会由于 Windows 95 的多任务和虚拟内存机制被别的模块所占用,程序运行过程中不会移动。

(3) 整块内存物理连续,或 4K 连续并能获得其页表。

满足以上条件的物理内存的分配及页表的获得也只能通过虚拟设备调用系统内核有关功能才能实现。可以采用 Windows 95 DDK 编出本系统中的虚拟设备,应用程序通过虚拟设备调用 Windows 95 内核的某些功能,满足本系统中内存分配、页表获得等要求。

问题(4)涉及的问题主要有以下两个。

① RPS 内存的分配;

② RPS 的编程。

RPS 所需内存要求与视频 DMA 内存要求基本相同,但是由于 RPS 部分没有页表机制,因而其内存要求整块物理连续。这样的内存也只能通过 Windows 95 DDK 才能实现。RPS 的编程问题只能通过分析 RPS 中提供的指令及所要实现的功能加以解决。

由于电视实时显示数据量较大,如果采用 Windows 95 中安全的 GDI 函数,显然无法达到电视实时。解决这个问题的方法是采用 Direct Draw。Direct Draw 是 Microsoft 公司给出的一个直接写屏的规范,其实现需要显卡生产厂家的支持。用户在应用程序中直接调用有关函数就能实现写屏及改变显示模式等功能。

习题 6

习题 6.1 详细论述 ISA 总线下存储体映射的基本原理

习题 6.2 图 6.3.7 中,IC1 芯片的 22 头输出一个命令寄存器(即 IC3 芯片)的锁存信号。此信号为什么不直接送到 IC3 芯片的 CLK 端,而要通过 IC2 芯片进行两级门的延迟,再送到 IC3 芯片的 CLK 端?

第7章

图像并行处理技术基础

图像并行处理技术具有很强的理论性和实践性，它的发展在很大程度上依赖于计算机并行处理技术的发展，同时又由于自己的特性而发展成为一门独立的技术。图像并行处理技术的基本概念是并行性，而并行处理器结构和并行处理算法则是实现并行性的基本方法。在图像并行处理的研究中，从算法到结构的转换是非常重要的。显然，在一个图像并行处理系统中，何处运用并行处理技术以及采用何种并行处理技术，是设计图像并行处理系统最为关键的环节。

7.1 图像并行处理技术的基本概念

图像并行处理的许多基本概念来自计算机并行处理的概念，这是因为图像处理是计算机应用的一个重要方面。计算机的重大发展直接影响图像处理技术的发展，同时，计算机的许多并行处理方法也适合于图像的并行处理。

并行处理是计算机界长期研究的一个重大课题。在计算机系统的体系结构中引入并行性所依据的 3 个基本概念是时间重叠（Time-interleaving）、资源重复（Resource-replication）和资源共享（Resource-sharing）。

时间重叠是指多个处理过程在时间上相互错开，轮流重叠地使用同一套硬件设备的各个部分。这种并行性在原则上不要求重复设置硬件设备，以在同一时刻同时进行多种操作的方式提高处理速度。在实现上，这种并行性在高性能处理机中表现为各种流水线部件或流水线处理机。

资源重复是设置多个相同的设备，同时从事处理工作。这种并行性是以数量取胜的方法来提高处理速度。在实现上，这种并行性在高性能处理机中表现为各种多处理机或多处理器系统。

资源共享是分时系统的基本特征，即多个用户按照一定的时间顺序轮流使用同一套硬件设备。比如某个用户在执行一种任务，而另一个用户正按照一定的时间划分使用中央处理器，这种在工作时间上的重叠，也可视为并行性的一种形式。资源共享促进了计算机软件中并发性的发展,也推动了计算机网络和分布处理系统的发展。

从广义上说,并行性既包含了同时性(Simultaneity),又包含了并发性(Concurrency),前者是指2个或2个以上的事件在同一时刻发生,后者是指2个或2个以上的事件在同一时间间隔内发生。

传统上,计算机的体系结构是根据其指令和数据流的单一性或多重性来分类的,如将笛卡儿积(单指令,多指令)X(单数据,多数据)简单记为(SI,MI)X(SD,MD),由此得到4种基本结构形式:SISD、SIMD、MISD和MIMD,于是有人根据指令流和数据流将计算机系统分为4类。

(1) 单指令单数据流(SISD)机;

(2) 单指令多数据流(SIMD)机;

(3) 多指令单数据流(MISD)机;

(4) 多指令多数据流(MIMD)机。

提高计算机运算速度有两种最基本的方法:一种是采用高速运算部件;另一种是运用并行计算,提高图像处理的速度也是遵循这个基本思路来进行的。

常用的并行处理有两种最基本的连接模式:流水线连接和并行阵列连接,其连接模式如图7.1.1所示。

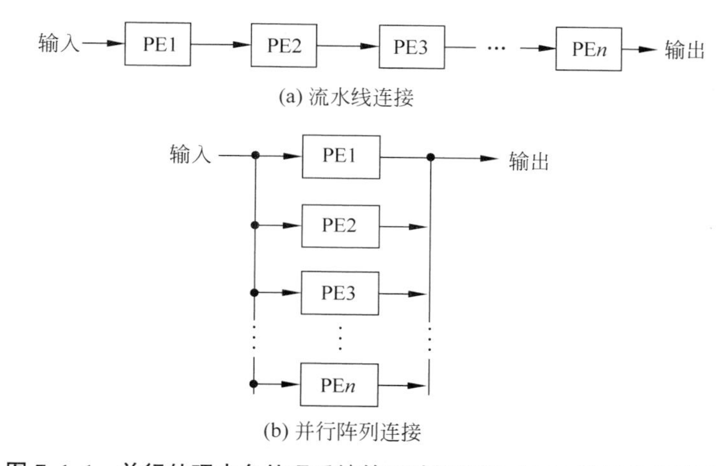

图7.1.1 并行处理中多处理系统的两种连接模式(PE表示处理单元)

图7.1.1(a)所示的连接模式是把处理单元按顺序串联在一起,一个处理单元的输出和下一个处理单元的输入相连,这种结构通常称为流水线结构。如果一个大任务可以分解成一些复杂性大致相同的小任务,而且这些小任务都可以独立完成,就可以采用这种流水线结构来构成并行处理系统。在这种流水线结构中,多种任务在流水线的各级上同时执行,整个任务的速度取决于执行时间最长的子任务的执行时间。在流水线中,任何一个处理单元出现的故障都将直接破坏整个流水线的正常工作,所以在这种流水线结构中,对每一个处理单元都有很严格的要求。在采用流水线的图像处理中,整个过程是以同一速率进行的。

图7.1.1(b)所示的连接模式是用多个处理单元组成一个并行阵列,每一个处理单元都可以独立执行任务。

总的来看，第一种连接模式是依次向流水线中的每一个处理单元输入信息，每个处理单元以输入信息的速率周期地输出信息。第二种连接模式是同时向这些并行的处理单元输入信息，一旦一个完整的任务执行完毕，所有处理单元同时产生输出。对于这两种连接模式，其执行速度与阵列中处理单元的数量有关。采用流水线结构的图像处理系统具有 3 个突出的优点：①高速，一旦流水线上有作业，它就像流水装配线一样，数据传输速率与时钟相一致；②固有的寻址方式，这意味着无须额外铺设地址线和地址发生器(常常使用图像处理系统已有的视频地址)；③无需太大的额外开销即可扩展功能。流水线结构最主要的缺点是缺乏灵活性，如果想根据地址来进行操作而不是随顺序的数据流来进行操作，那么流水线处理器就难以胜任了。流水线结构是以不同事务的并行处理为特征，而并行阵列结构是以相同事务的并行处理为特征。在流水线结构中，关键是怎样划分多个处理单元的具体任务；而在并行阵列结构中，除了具体任务的划分外，关键还在于输入输出数据的组织。目前，大多数并行处理系统都是这两种最基本连接模式的组合与发展。

在图像并行处理中，有两类并行性形式。

(1) 流水线并行性；

(2) 数据并行性。

图 7.1.2 给出了流水线并行性的示例。图 7.1.3 给出了数据并行性的示例。

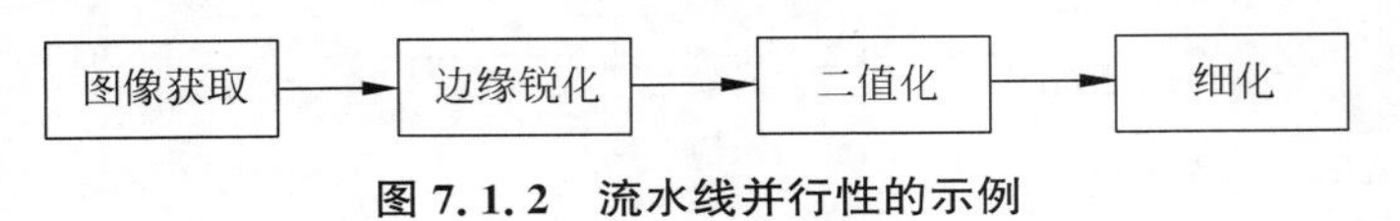

图 7.1.2 流水线并行性的示例

图 7.1.2 给出了一个图像预处理算法的流水线并行处理的例子，它实际上是一种多功能流水线，在这个流水线中并行实现了多种算法。与此相对应的是单功能流水线，如图 8.1.2 所示的 Roberts 算子的流水线就是单功能流水线。

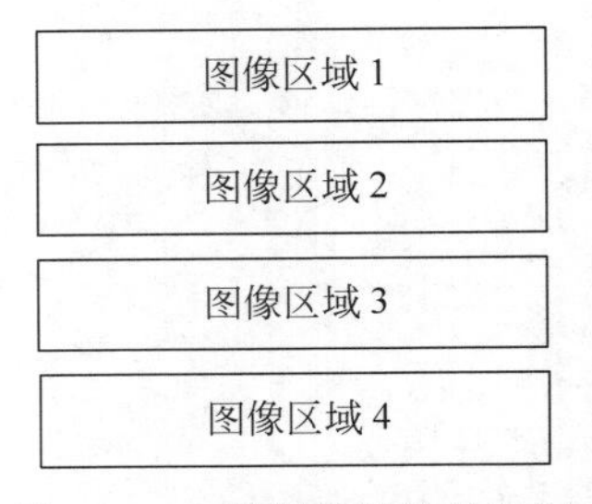

图 7.1.3 数据并行性的示例

图 7.1.3 表示的是一种分区并行处理的情况，一幅图像均匀分为 4 块，每一块数据由一个处理器进行处理，这种数据并行的方法在执行邻域处理算法时存在图像块边缘衔接的问题。另一种数据并行的方法是采用算法和存储结构同一的方法，由图像帧存并行地提供算法所需的邻域数据，由处理器并行地加以处理，第 10 章将给出详细的介绍。

应该指出的是，图像处理的并行性不仅仅体现在并行处理上，还体现在图像处理系统的各个环节上，如多路视频图像的并行数字化、图像的并行存储体存取、并行显示、并行传输、并行压缩等。在每一个并行操作的环节中，都体现了并行性的基本原则。

CYTO1 流水线处理机就是一个用于生物医学的高度并行的高速图像处理系统，也是一个理想的流水线处理机。流水线处理机的运算是用高度有效的层次结构来实现的，CYTO1 流水线细胞计算机用 88 级流水线，操作速度达到 1.4×10^8 次/s 的邻域运算。细胞计算机是由具有共同时钟的若干串联的邻域级组成的串联流水线机。图 7.1.4 给出了 CYTO1 流水线处理机的框图。

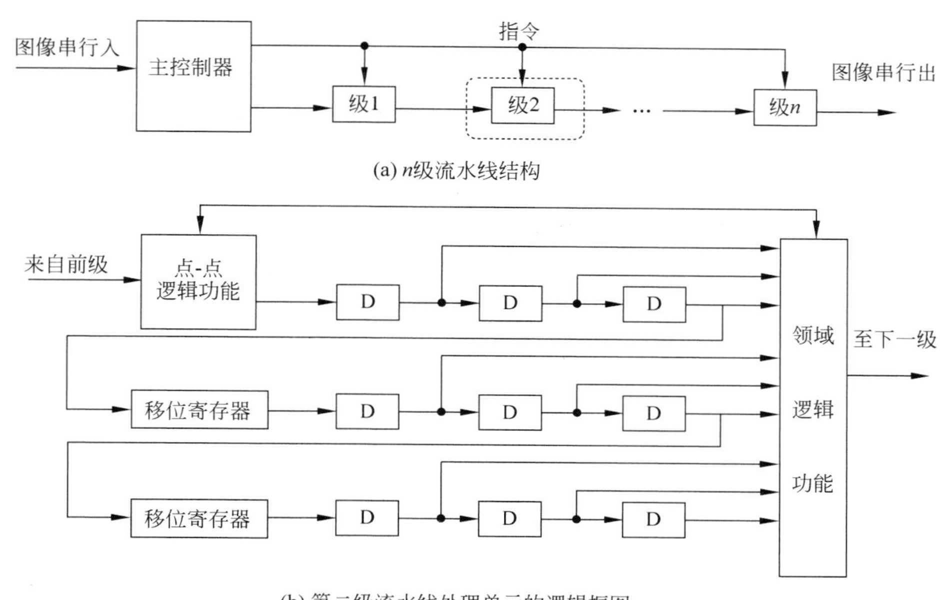

图 7.1.4　CYTO1 流水线处理机的框图

在图 7.1.4(a)中,流水线共有 n 级流水处理单元,图像数据串行进入流水线,经整个流水线处理后,其处理结果又串行输出。图 7.1.4(b)给出了第二级流水线处理单元的框图,移位寄存器实现延迟一行的功能,两个移位寄存器得到 2 行的数据,加上未延迟的数据,可得到相邻 3 行的数据,D 触发器实现点延迟功能。D 触发器阵列输出 3×3 邻域的 9 个邻域像素,送入邻域逻辑功能模块进行处理。第二级流水线处理单元的前端进行点-点的处理,后端进行邻域处理,所有处理都是在单个时钟周期内完成。

图 7.1.5 给出了形成 3×3 邻域的点延迟和行延迟电路的示意图。

图 7.1.5(a)为图像数据的示意图,I 行 512 点,下一行是 $I+1$ 行 512 点,再下一行是 $I+2$ 行 512 点。图 7.1.5(c)是形成 3×3 邻域的电路的示意图,图像数据送入 3×3 邻域形成电路。用 D 触发器形成点延迟电路。图 7.1.5(b)表示了图像数据在流水线节拍的移动情况。在时钟 0 节拍,将像素 0 锁定在 D1 输出端;在时钟 1 节拍,将像素 1 锁定在 D1 输出端,同时将像素 0 锁定在 D2 输出端;在时钟 2 节拍,将像素 2 锁定在 D1 输出端,同时将像素 1 锁定在 D2 输出端,将像素 0 锁定在 D3 输出端。这样,就形成了水平相邻三点的图像数据。照此办理,增加点延迟电路的 D 触发器,可以形成更多点水平相邻的图像数据。

图 7.1.5(c)所示的行延迟模块可以用移位寄存器构成,移位寄存器的长度为一行数据的长度,如图 7.1.5(a)的 512 点。行延迟模块可以用存储芯片构成,采用读改写操作,读出上一行的数据,同时写入当前行的数据。当前行和上一行的数据,也就是相邻的两行数据。同理,增加一个行延迟模块,就增加一行的相邻数据,由此形成相邻三行数据。点延迟加行延迟,于是就形成了 3×3 邻域数据。

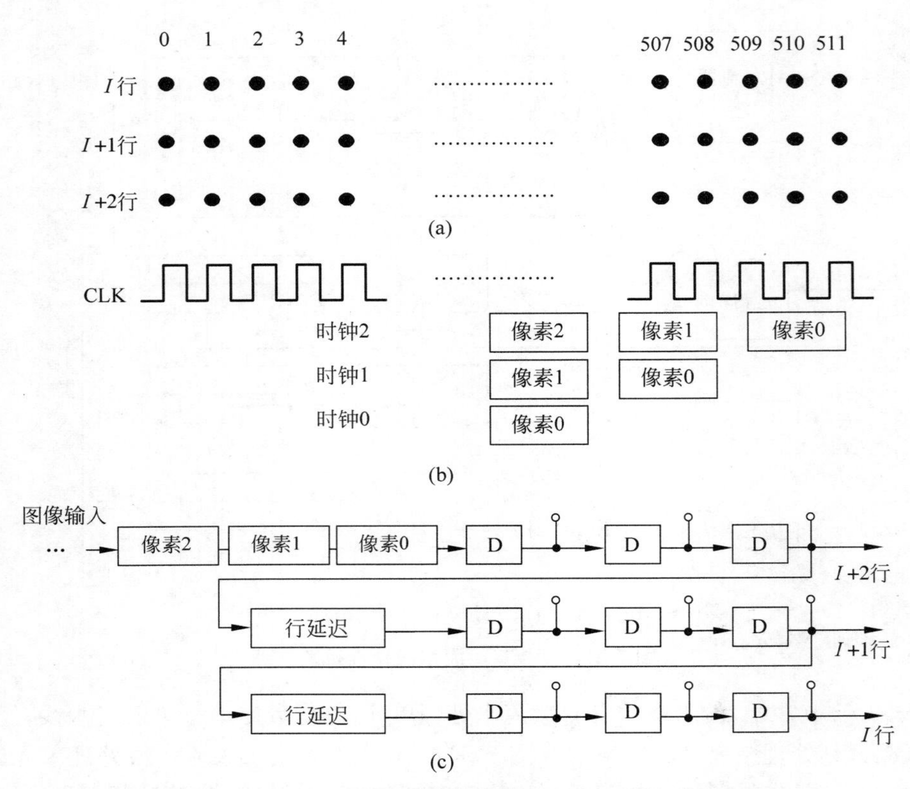

图 7.1.5　形成 3×3 邻域的点延迟和行延迟电路的示意图

7.2　处理器的并行结构

在微处理器中,目前有两种大的体系结构,一种称为 CISC 体系结构,即复杂指令集运算,Intel 公司的 x80 系列 CPU 基本上属于这一类的体系结构;另一种为 RISC,即精简指令集运算,最著名的 RISC 芯片有 HP 公司的 PA-RISC、SGI 公司的 MIPS,以及 Motorola 和 IBM、Apple 公司的 Power PC,这类计算机可以同时执行多条指令。1994 年,Intel 公司和 HP 公司决定联合开发下一代微处理器——基于 IA-64 架构的 Merced 芯片,其核心技术为 EPIC(Explicitly Parallel Instruction Computing,显性并行指令运算),该技术将为微处理器技术的发展带来突破性的进展。在微处理器的发展史上,CISC 体系结构的微处理器为微处理器发展的第一大里程碑,RISC 芯片为微处理器发展的第二大里程碑,有人预言 EPIC 结构的微处理器将成为微处理器发展的第三大里程碑。简单地说,EPIC 由以下步骤组成:编译器分析指令间的依赖关系,把没有依赖关系的指令组合到一个组(每组最多 3 个指令),由 Merced 内置的执行单元读入被分成组的指令群并予以执行。由于各条指令分配到具体执行单元这一过程是由软件决定的,因而降低了硬件制造成本。Merced 芯片同时可以处理十几个运算操作,因而把微处理器的速度提高到了一个新的高度,为适应下一代 64 位高端工作站和服务器市场的需求打下了基础。

在并行处理中,并行结构是很重要的。并行结构需要解决处理单元与处理单元之间、处理单元与存储体之间的通信问题。好的并行结构能够充分发挥并行处理的优势,取得相对于单个处理器来说有接近于 N(处理单元数)倍的速度；相反，其速度有可能降至单个处理器的水平。常用的几种并行结构如下：

1. 环形结构

环形结构如图 7.2.1 所示。在这种结构中，n 个处理器(PE)依次连接，形成封闭的环形。显然，这种结构具有硬件和逻辑简单的特点。信息的传送过程是发送进程把信息放到环上，这些信息通过环形网络不断向下一台处理机传播，直到此信息回到发送者为止。

2. 交叉开关结构

交叉开关结构如图 7.2.2 所示。在每个交叉点上都有一个开关，因此每个处理器可以与其他处理器通信，也可以访问任何一个存储体。这种结构比较灵活，除了存在存储体竞争的问题，其开关的数量将随处理器数量 n 以 $O(n^2)$ 量级增加，造成实现的困难。

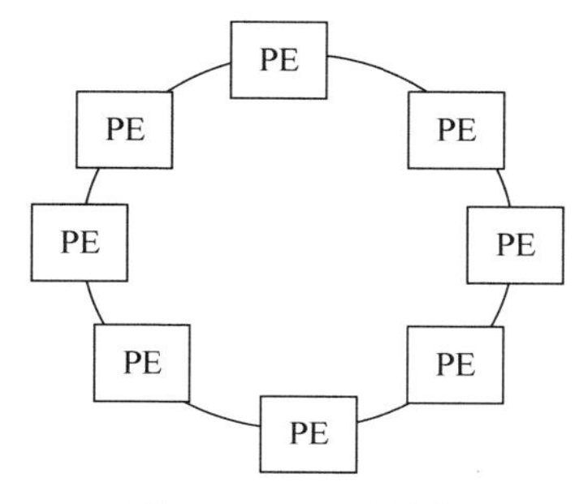

图 7.2.1　环形结构

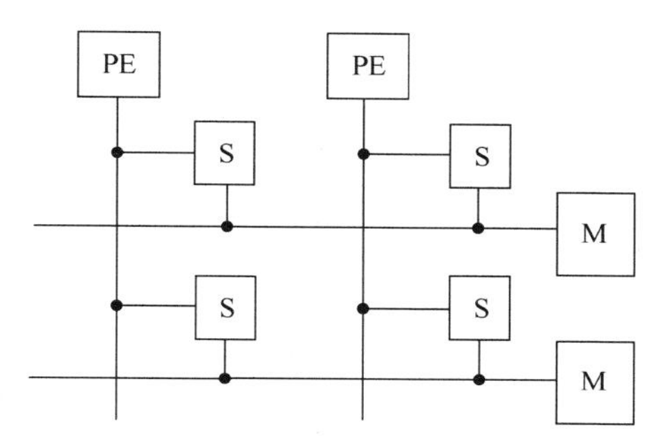

图 7.2.2　交叉开关结构

3. 树形结构

树形结构如图 7.2.3 所示。树形结构的连接边是最少的，用得最多的则是二叉树结构。如果在二叉树的每一级内增加水平连接线(如图中实线所示)，则可构成半环二叉树，这样不但可以进一步缩短通信路径，还可以平衡各节点上的信息流量。

4. ChiP 结构

ChiP(Configurable Highly Parallel)结构如图 7.2.4 所示。这是一种由处理器和可编程开关组成的阵列，在这种结构中，每个处理器的四周都设置有和相邻的处理器相连的可编程开关，因而该结构具有灵活、直观、可重构等优点。

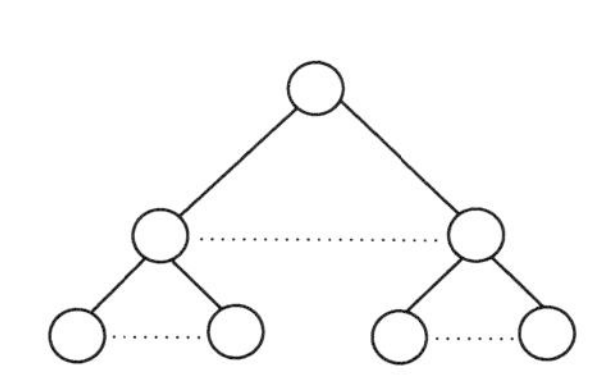

图 7.2.3　树形结构

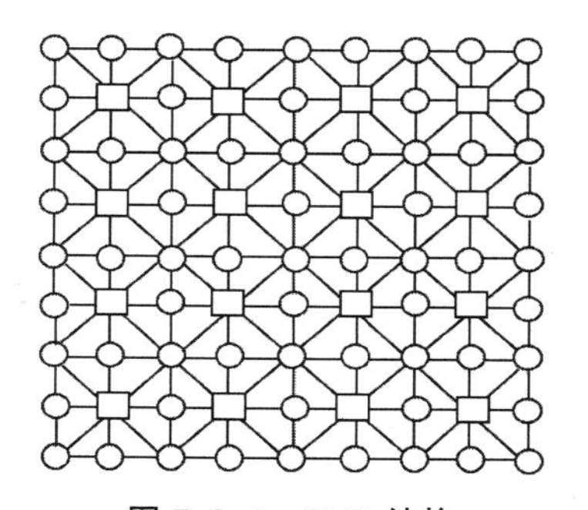

图 7.2.4　ChiP 结构

○—开关；□—处理器

5. Systolic 结构

图 7.2.5 给出了常用的两种二维的 Systolic 结构。

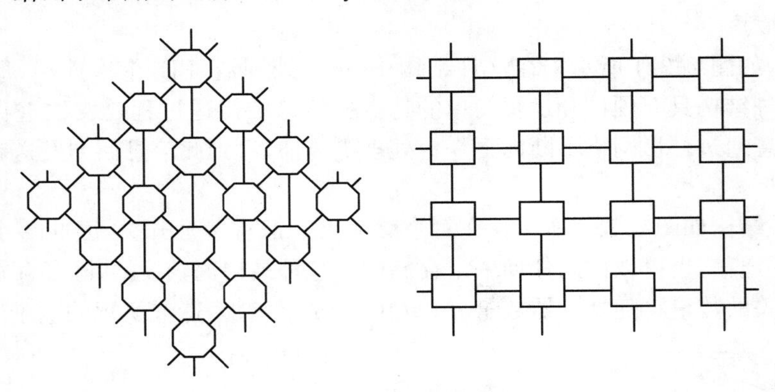

图 7.2.5 二维 Systolic 结构

Systolic 结构具有规则的几何形状，这种结构不是唯一的，而是有多种形式的，其目的是与不同的算法相匹配。

7.3 并行算法

并行算法是一些可同时执行的进程集合，这些进程相互作用、协调动作，从而完成对一个特定问题的求解，并行算法直接依赖于并行处理结构。

一个高效的并行处理系统一般由 3 个部分组成：并行机系统结构、并行软件和并行算法。在给定并行处理机和软件任务要求的情况下，如何提高系统的效率，并行算法将是一个决定性的因素。例如，一台进行 100%向量运算的向量计算机运算速度为 1 亿次/s，若算法的向量运算占 75%，则速度会降为 1400 万次/s，如果所有算法全是标量运算，则运算速度只能达到 400 万次/s，可见并行算法对运算速度有较大的影响。

研究并行算法通常采用以下 3 条途径：

1. 算法的改造

这种做法是在现有的串行算法中挖掘潜在的并行性。

例如，计算 $C=\sum_{i=1}^{n}\alpha_i$。

采用累加器串行计算，其步骤分别为：

$0\to L, L+\alpha_1\to L, L+\alpha_2\to L, \cdots, L+\alpha_n\to L$，有 n 次运算，如果引入并行算法，将算法改写为：

第 1 步：

$$[\alpha_1+\alpha_3+\cdots+\alpha_{n-1}]^{\mathrm{T}}+[\alpha_2+\alpha_4+\cdots+\alpha_n]^{\mathrm{T}}=[C_1^{(1)}+C_2^{(1)}+\cdots+C_{n/2}^{(1)}]^{\mathrm{T}}$$

矩阵中元素右上标小括号的数字表示操作的次数，下同。

第 2 步：

$$[C_1^{(1)}+C_3^{(1)}+\cdots+C_{(n/2)-1}^{(1)}]^{\mathrm{T}}+[C_2^{(1)}+C_4^{(1)}+\cdots+C_{(n/2)}^{(1)}]^{\mathrm{T}}$$

依此计算，第 r 步($r=\log_2 n$)：$C_1^{(r-1)}+C_2^{(r-1)}=C_1^r\to C$。

引入并行算法后，运算次数仅为 $\log_2 n$，显然，这种算法比串行计算在计算速度上有数量级的提高。

在图像处理的算法设计中，曾经采用 MMX/SSE 技术来改写原有的串行算法程序，如对 C 代码的 JPEG 算法进行改写，由此来提高静图像压缩的速度。

2. 重新设计新算法

针对给定的求解问题的特征，重新设计一个新的并行算法，这一算法应是实际可行的（能在实际并行机上实现），又是有效的（能充分发挥并行机的性能）。

评价一个并行算法的性能，除了加速比和效率之外，还要看这个算法的时间复杂度，也就是说，要综合分析该算法所需的时间。

7.4　图像并行处理的性能指标

在并行处理中，如何评价并行处理机的性能是一个重要的问题。下面给出几个常用的衡量并行处理性能的参数。

1. 并行处理机（器）个数

这是并行处理结构的一个重要参数，当并行处理机（器）个数达不到解决问题的规模时，往往需要采用分块算法。

2. 加速比

加速比的定义为

$$S_p = \frac{T_1}{T_p} \tag{7.4.1}$$

式中，T_1 为已知最快串行算法在单处理机上的运行时间；T_p 为对同一问题用并行算法在 p 台并行处理机上的运行时间。

3. 并行处理效率

并行处理效率定义为

$$E_p = \frac{S_p}{p} \tag{7.4.2}$$

式中，p 为并行处理机台数；S_p 为并行处理加速比。

在早期评价计算机性能时，常用速度这一指标来衡量。如计量单位取 MIPS（百万条指令每秒），由于计算机的指令很多，有取加法指令作为标准的，也有取系统中运算时间最快的指令作为标准的。另一种方法是采用等效指令速度法，等效指令速度是通过对各类指令进行折算获得的。假定参与折算的共有 N 类指令，每类指令的执行时间为 t_i，相应的折算系数为 w_i，则等效指令的执行时间为

$$T = \sum_{i=1}^{N} w_i t_i \tag{7.4.3}$$

在得到了计算机等效指令的执行时间 T 以后，可计算出该机器的等效指令速度 V：

$$V = \frac{1}{T} \tag{7.4.4}$$

式（7.4.3）中参与折算的指令类别选取及相应折算系数的大小确定是非常重要的，

Gibson 对 IBM7090 机运行的程序进行了统计分析,并于 1970 年提出了一种计算方案;Flynn 对 IBM360 机运行的程序进行了统计分析,并于 1974 年提出了另一种计算方案。表 7.4.1 给出了这两种计算方案。

表 7.4.1 两种计算机等效指令执行时间的等效计算方案

指令类型	计算方案/(%)	
	Gibson 方案	Flynn 方案
取/存和变址	48.2	45.1
转移	16.6	27.5
比较	3.8	10.8
定点	—	7.6
加/减	6.1	—
乘	0.6	—
除	0.2	—
浮点	—	3.2
加/减	6.9	—
乘	3.8	—
除	1.5	—
位移/逻辑运算	6.0	4.5
其他	6.3	1.3

计算机的综合性能不仅仅由计算机硬件性能单独决定,还应受计算机软件的影响。对计算机综合性能的评价常采用核心(Kernel)程序法和典型程序(Benchmark)法,有时把这两种方法统称为标准程序法。

核心程序法是把应用程序(有的也包括系统软件)中用得最频繁的那部分核心程序,作为评价计算机性能的标准程序。

典型程序法是把包括 I/O 操作的典型程序作为评价计算机性能的标准程序。

在服务器性能的量测中,用 ServerBench 4.02 软件测试客户机/服务器的应用性能,量测结果取事件数/秒(Transactions Per Second);用 NetBench 5.01 测试计算机作为文件服务器时对存取网络文件的处理能力,量测结果取兆比特每秒(Mb/s);用 WebBench 2.0 测试计算机作为 Web 服务器时的 Web 处理能力,量测结果取请求/秒(Requests Per Second)和流量/秒。

在图像处理系统的性能评价中,可借鉴计算机性能评价的一些方法,同时结合图像处理的具体情况,设计出图像处理系统的性能评价方法。但是,目前图像处理系统尚没有一套完整的性能评价方法。

对图像并行处理系统的处理速度有两种主要的评价方法:

(1) 算法类别及其处理速度。这类指标是最基本的速度指标。算法类别表明该系统能完成何种处理,如图像的加减、直方图统计、Roberts、Sobel、卷积等,卷积还有卷积核的大小这一参数。处理速度是指在确定的图像区域内完成该算法所需的时间。

(2) 包含图像输入输出的算法类别及其处理速度。这类指标的测试考虑了系统实际应用的能力。一种图像加速卡的运行过程是计算机将待处理的数据送入图像加速卡,图像加速卡处理后的结果又返回计算机，考核这种系统的处理速度就应该包括从计算机传送数据开始到确定区间的图像处理完毕并全部送回计算机为止的全过程。

在上述的两种评价方法中，显然第二种评价方法更能反映图像并行处理系统的综合能力。

对图像并行处理系统性能的评价除了速度这一重要指标以外，还有系统采用的并行处理方式、加速比、主机同步调用能力以及性能价格比。并行处理方式、加速比表明了系统的结构和效果。主机同步调用能力也是很重要的，因为图像处理是分层次的，要使主机有序高效地控制多层次的处理，显然需要准确地进行功能调度，也就需要准确地掌握各层处理的进程。硬件处理的工作进程可用两种方法进行控制，一种是计算机查询硬件工作状态；另一种是硬件产生中断。性能价格比这个参数很难具体量化，原因在于图像并行处理系统的功能很难统一，有的系统具有某些功能，而有的系统具有另一些功能，但是可以粗略地看出一个图像并行处理系统的性能价格比，在性能价格比方面，系统之间确实存在着差别。

习题 7

习题 7.1　图 7.1.4 中的移位寄存器和图 7.1.5 中的行延迟电路相同吗？

习题 7.2　请设计一行 512 点的行延迟电路。

第8章

流水线型图像并行处理

在 20 世纪 80 年代中期，图像处理系统有了很大的发展。这段时期的图像处理系统，主要追求硬件处理功能。当时半导体芯片的集成度还不高，图像处理系统所使用的器件以 74 系列器件为主，辅以一些集成度不太高的门电路。一般系统的硬件处理多以 ALU 算术逻辑部件和查找表(LUT)处理为主，完成一些点处理的功能，而功能强的一些系统则具有卷积功能。从硬件并行处理的方法来看，主要采用流水线处理。本章主要介绍流水线型图像处理的基本技术和当时流行的几种流水线型图像处理系统。

8.1 流水线型图像处理的基本技术

在流水线型图像处理系统中，所采用的流水线技术的基本原理则是将一类操作按其不同功能划分为一系列的子操作，遵照功能分离的原则和时间重叠的概念实现子操作并行，其作业形式则类似于工业生产流水线的作业形式。这是一种规范且高效的作业形式，在某种意义上说也是一种相对固定的作业形式。图 8.1.1 给出了多算法级联的流水线时空示意图。

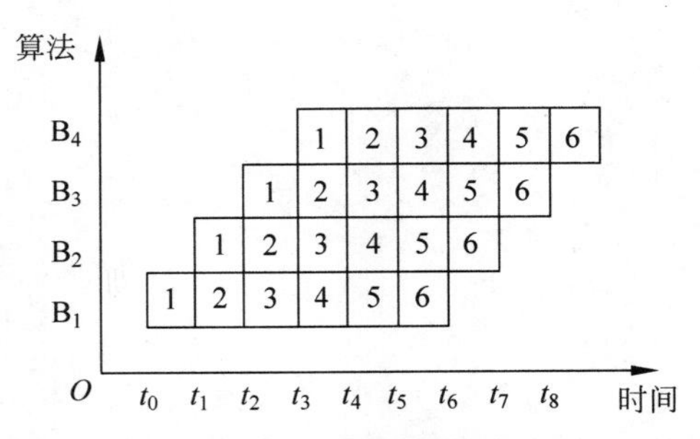

图 8.1.1 多算法级联的流水线时空示意图

在流水线型图像处理系统中，4 个串行联结的子操作(B_1～B_4)可以是 4 个不同的算法，也可以是一个算法的 4 个操作步骤。在 t_0 时刻，像素 1 经过 B_1 处理，进入 B_2 处理环节；在 t_1 时刻，像素 1 经过 B_2 处理，进入 B_3 处理环节；以此类推，到 t_4 时刻，像素 1 处理完毕。

图 8.1.1 中的数字 1～6 表示相同行相邻 6 个像素的序号，B_1～B_4 则表示 4 个不同的子操作。从图中可以看出，1 号像素经过 B_1～B_4 四级处理后在 t_4 时刻输出，2 号像素经过 B_1～B_4 四级处理后在 t_5 时刻输出……5 号像素经过 B_1～B_4 四级处理后在 t_8 时刻输出。如果一幅图像是 512×512 像素，所有的像素均顺序通过这四级流水线处理，那么通过这四级流水线处理的最后一个像素的序号则为 512×512。图中 t_0～t_8 之间的时间间隔都是相等的，其数值等于流水线的点时钟周期时间，如 68ns。

在图 8.1.1 中，B_1～B_4 四个子操作体现了功能块分离的原则，在某一时刻 4 个功能块同时工作(如 t_4 时刻)则体现了时间重叠的概念，由此可进一步理解流水线处理的原理。

图 8.1.2 给出了采用流水线方式实现 Roberts 算子的逻辑框图。

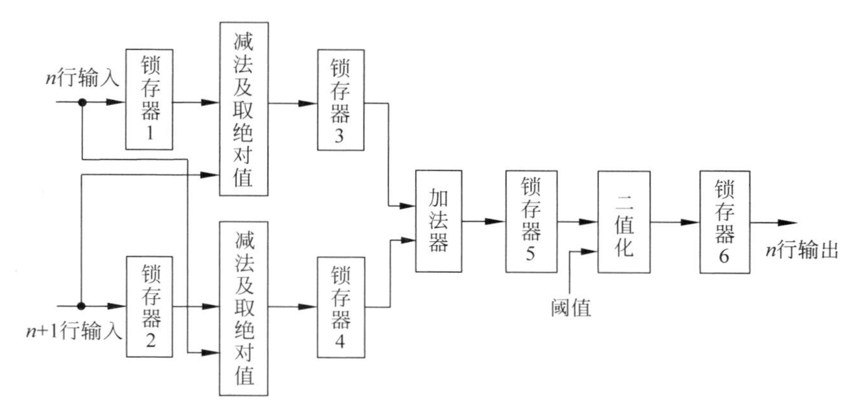

图 8.1.2 流水线方式实现 Roberts 算子的逻辑框图

在图 8.1.2 中，输入的是 n 行和 $n+1$ 行的视频数据流，输出的是由 Roberts 算法处理得到的第 n 行的数据。其 4 个子操作分别为数据锁存、两两像素相减并取绝对值、饱和相加及二值化，每一级都加有锁存器。第 1、2 级锁存器的作用是形成 2×2 的邻域数据，形成 B_1 功能块；第 3、4 级锁存器和前面的两个减法及取绝对值运算形成 B_2 功能块；第 5 级锁存器和前面的加法器运算形成 B_3 功能块；第 6 级锁存器和前面的比较器处理形成 B_4 功能块。B_1、B_2、B_3 功能块完成式(1.3.4)的操作，B_4 功能块完成式(1.3.2)的操作，除了第 1、2 级锁存器兼顾邻域数据形成的功能以外，图中的 6 级锁存器全都起着同步的作用。值得指出的是，图 8.1.2 所示的流水线逻辑是一种保守的设计，每一个功能块在处理时间上都有较大的冗余，而在有的系统中，采用更快的器件来实现 Roberts 算子，只用两个功能块即可完成图 8.1.2 所示的逻辑功能，一个功能块为 2×2 邻域形成，即包括图 8.1.2 中的锁存器 1、2，另一个功能则包括图 8.1.2 中的两个减法器、取绝对值、加法器、比较器，锁存器 4、5、6 则可以省去。

一般来讲，流水线具有处理速度高、寻址方式固定、功能扩展代价低等优点。在流水线型图像处理系统中，流水线的速率一般选定为视频速率，这种选择有如下优点：

(1) 处理速度快，可以达到实时处理或超实时处理。PAL 制视频图像的速率为 25 帧/s，NTSC 制视频图像的速率为 30 帧/s，早期的图像处理系统采用面向帧存的系统结构，A/D、D/A、帧存等模块均以视频速率协同工作，流水线处理很自然地采用了视频速率，也就达到了视频实时处理的能力。

(2) 可以简化系统设计。图像处理系统一般都设置了以视频速率存取数据的固定的地址,因此流水线处理器可以不再铺设新的地址。同时,图像处理系统一般都具有点时钟、行场同步、行场消隐以及帧存读写等信号,增加流水线处理时可以借用这些信号,系统设计相对简单、系统成本相对低廉。

在图像处理系统中,可以采用如下流水线技术:

(1) 运算操作流水线。这是在运算操作级的并行,如图 8.1.2 所示的实现 Roberts 算子所采用的流水线方式,流水线型图像处理系统主要采用这种流水线工作方式。

(2) 指令流水线。这是在指令级的并行。取指令、指令译码、取操作数、执行指令这 4 个操作的流水线实现方式,就是典型的指令流水线技术。在应用 DSP 芯片的高速图像处理系统中,DSP 就采用这种指令流水线技术。

(3) 处理机(器)流水线。这种流水线也称为宏流水线、功能流水线、算法流水线,这是在程序级的并行。如用多个 DSP 作为流水线功能块,由此组成处理器流水线。

流水线型图像处理系统的主要性能参数包括:

1. 流水线周期时间 $f_1(x,y)$

在指令流水线中,流水线周期时间是指指令流水线的子操作周期时间,其数值高于指令周期时间,如 TMS320C25,一般的单指令周期时间为 100ns,指令流水线的子操作周期时间为 25ns。在运算操作流水线和处理机(器)流水线中,根据不同情况有不同的流水线周期时间。常采用的流水线节拍时间是视频数据流的点时钟周期时间,如 68ns。在采用多 DSP 的处理器流水线中,流水线周期时间一般是指处理完一个像素的周期时间。在实际应用中,每一级 DSP 的周期时间也不尽相同。用多台微机构成流水线,其周期时间也与多 DSP 的类似。

流水线周期时间对流水线型图像处理系统的性能影响很大,它直接影响图像处理的速度。流水线周期时间越短,则图像处理的速度越快,但对系统的要求也越高。流水线周期时间越短,势必使子操作片的数量增多,从而增大了延迟,也导致了处理器器件增多并要求处理器器件具有更快的速度。

2. 流水线实现的算法及其完成时间

衡量这项指标时,需要确定执行何种算法及该算法所处理的图像尺寸(一般指整幅图像所标定的图像尺寸)。在图像处理诸多的算法中,由于算法的复杂度不同,导致了运算量大小的不同,在纯软件处理和一般的 DSP 处理的情况下,其处理时间会有很大的差别。

在流水线型图像处理系统中,也存在类似的情况。一般以视频速率工作的流水线系统,其算法的处理时间为 40ms(PAL 制,实时处理一幅图像的时间),流水线节拍时间快于视频数据流的点时钟周期时间,该系统可达到超实时处理。如果在流水线节拍时间内完成多个处理功能,每个处理功能则等效于超实时处理。

3. 加速比(speedup ratio)

对于某一确定的算法,计算机软件执行的时间和本流水线型系统执行的时间的比值,即为该算法的加速比。有时,也采用相对加速比来和另一类系统进行比较。类似加速比的含义,相对加速比是指某一系统执行某一确定的算法所需时间与本流水线型系统执行相同算法所需时间的比值。

4. 吞吐率(thoughput rate)

流水线的吞吐率是指在单位时间内流水线所完成的任务数量或输出的结果数量。吞吐

率的表达式为

$$TP=\frac{n}{T_n} \tag{8.1.1}$$

式中，n 为任务数；T_n 为完成 n 个任务所用的时间。

类似地，在流水线型图像处理系统中，流水线的吞吐率是指在单位时间内通过流水线的最大图像数据量。

5. 效率(efficiency)

流水线的效率是指流水线中的设备利用率。在时空图上，流水线的效率定义为 n 个任务占用的时空区与 k 个功能段总的时空区之比。如果流水线的各段执行时间均相等，而且 n 个任务是连续的，则一条 k 段流水线的效率为

$$E=\frac{n}{k+n-1} \tag{8.1.2}$$

在流水线型图像处理系统中，如何设置流水线中的处理功能，这将是一个直接影响整个系统性能的十分重要的问题。在一些具体的应用中，可以根据具体的应用要求设置相应的处理功能，应用不同，所设置的处理功能也有所不同。例如，一个流水线型图像处理系统只要求以视频速率进行简单的固定单阈值的灰度二值化处理，那么在流水线中只需设置灰度二值化的处理模块，该模块以视频的速率完成将图像灰度值与固定单阈值相比较，图像灰度值大于固定单阈值时输出结果为"1"，小于或等于固定单阈值时输出结果为"0"。相比之下，在一些通用型流水线图像处理系统中，处理功能的设置则要灵活一些，要满足通用性的要求。值得指出的是，组成流水线的"工序"可能只是一些基本的操作，可以由多个基本操作来完成一种处理功能，也可以由不同的基本操作组合来完成不同的处理功能。在许多图像处理算法中，加法、乘法以及求最大值是最常用的基本操作，可以由这些基本操作组成基本的流水线中的处理器单元。一种处理器单元的结构如图 8.1.3 所示。

图中，$f_1(x,y)$、$f_2(x,y)$分别为输入图像，w_1、w_2 分别为乘法系数，F 表示基本操作，如加法、乘法以及求最大值等基本操作，$g(x,y)$为处理器单元的输出图像。显然，如果用可编程逻辑阵列芯片来设计基本操作模块，将使图 8.1.3 所示的处理器单元具有更大的灵活性。

中值滤波是图像处理中常用的算法，其核心操作就是数据的排序。假定 N 个数据($X_1 \sim X_n$)同时输入到一个排序网络，经过一段时间的延迟，排序网络同时输出 N 个经过排序后的数据($Y_1 \sim Y_n$，如定义 Y_1 为最大值)。显然，这个排序网络就是一个并行处理的装置。在排序网络中，每个输入都同样影响着每个输出，单个输入的变化可以使所有的输出发生变化。排序的这一特点，符合全信息函数的特点，因此，排序也是一个全信息函数。在使用传统的"冒泡"排序法的排序网络中，排序网络由排序单元与延迟单元组成。图 8.1.4 给出了使用"冒泡"排序法的 3×3 十字中值滤波的排序网络的结构图。

在图 8.1.4 中，输入的图像数据为 $x_1 \sim x_5$，排序的输出序列为 $y_1 \sim y_5$，其中 y_1 为最大值，y_3 为中值。数据排序网络中的排序单元比较两个数的大小，大者往上升，小者往下沉，整个排序网络形成一种流水线作业方式，每一行可作为流水线的一个子操作，每一行的排序单元有两个输入和两个输出，左边的输出为输入数据中的大者，而每一行的延迟单元只有一个输入和一个输出，其输出的数值等于输入的数值。

如果要设计使用"冒泡"排序法的 5×5 十字中值滤波的排序网络，流水线的一个子操作

数还要增加，电路就更加复杂了。

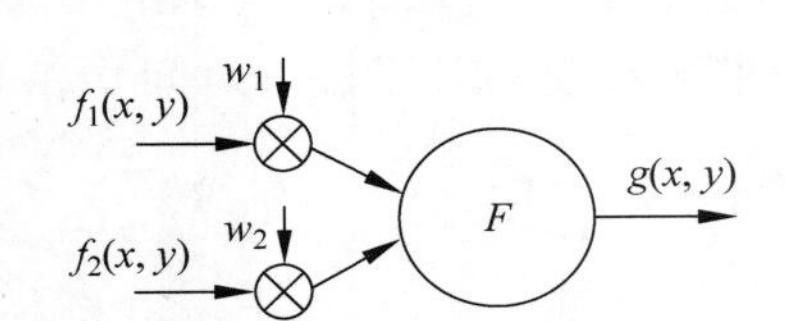

图 8.1.3 一种处理器单元的结构

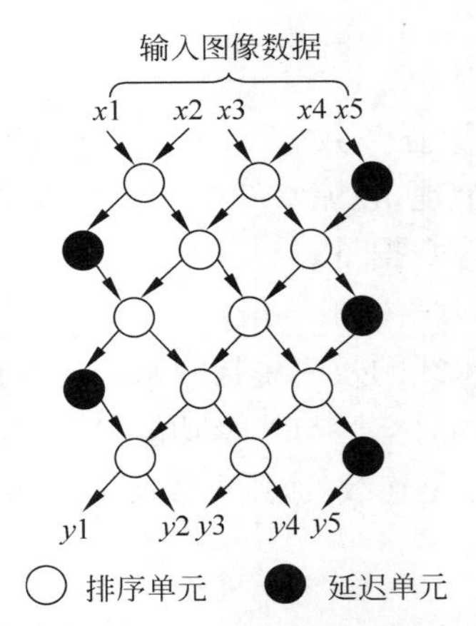

图 8.1.4 3×3 十字中值滤波的排序网络

当然，也可以采用交叉排序的方法来实现 3×3 的十字中值滤波，其运算的复杂度为：7 次数值比较，4 次数据交换，一次三选一。

值得指出的是，小数据量的排序易于用硬件来实现并行处理，而大数据量的排序则难以用硬件来实现并行处理。我们在大数据量的人像识别查询与指纹识别查询中遇到的识别查询速度问题实质上就是大数据量的排序问题，这些人像特征和指纹的数量有 10 万、100 万之多，如何高速地实现大数据量的排序，这将是图像并行处理技术需要解决的一个重要问题。

8.2 IMAGEBOX-150 图像处理系统

IMAGEBOX-150 图像处理系统是一种机箱式的高性能图像处理系统。该系统主机可采用 PC/AT 微机，硬件子系统配有模块式系统插件，与 VMEbus 完全兼容，因此还可以配接其他计算机。该系统的主要性能指标如下：

- A/D 为 512×512×8bit；
- 帧存容量为 1MB(512×512×16bit、2×512×512×8bit)；
- 实时 ALU 处理、实时卷积(卷积核为 4×4)。

IMAGEBOX-150 硬件子系统框图如图 8.2.1 所示。

总体来看，IMAGEBOX-150 图像处理系统采用的是面向图像帧存的系统结构方式，图像分辨率为 512×512 像素，该系统具有较强的硬件处理功能，这些功能主要包括实时的算术、逻辑运算和 4×4、3×3 或 16×1 卷积。硬件子系统主要有 4 个模块：图像输入输出模块、图像帧存模块、ALU 模块、卷积模块。ADI-150 是图像输入输出模块，对外连接摄像机和监视器，完成 A/D、D/A 的工作，同时还可进行数据切换，输出数据(VDI[7:0])送往其他模块。10MHz 的采样频率，整个硬件处理机的工作频率也是 10MHz。ADI-150 模块具有三路带查找表的 D/A，伪彩色显示。FB-150 为存储模块，一个图像帧存模块由 3 个独立的帧存组成，一个帧存的存储容量为 512×512×16bit(A)，16bit 的字长便于存储处理结果，另两个帧存的存储容量均为 512×512×8bit(B_1、B_2)，整个图像帧存模块的存储容量为

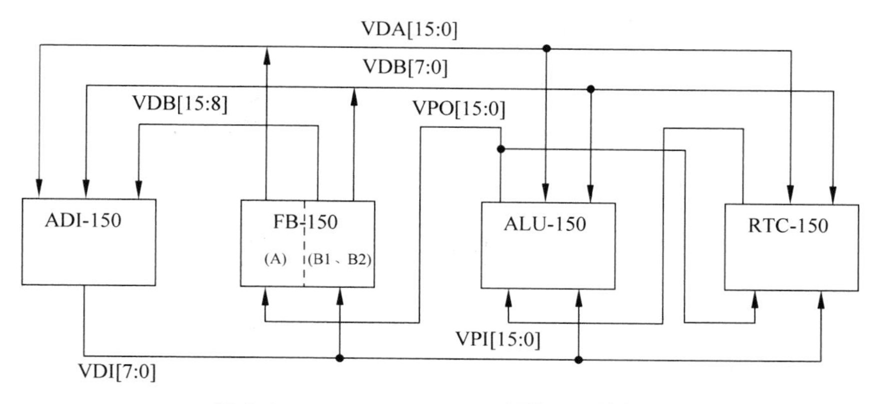

图 8.2.1 IMAGEBOX-150 硬件子系统框图

1MB,系统允许扩充到4个图像帧存模块,总存储容量最大可达4MB。存储模块输出数据有三路(VDA[15:0]、VDB[15:8]、VDB[7:0]),提供显示数据并送到ALU模块和卷积模块进行实时图像处理。ALU模块和卷积模块较有特色,处理速度为视频实时。ALU模块的输入数据为VPI[15:0]、VDI[7:0]、VDA[15:0]和VDB[7:0],输出数据为VPO[15:0],系统也允许扩充多个ALU模块,以增强其处理能力。卷积模块的输入输出数据的种类和ALU模块的输入输出数据的种类大部分相同。IMAGEBOX-150图像处理系统内部没有采用总线结构,而是采用各个模块分别连线的方式,这种连接方式不利于系统硬件维护。ALU模块框图如图8.2.2所示。

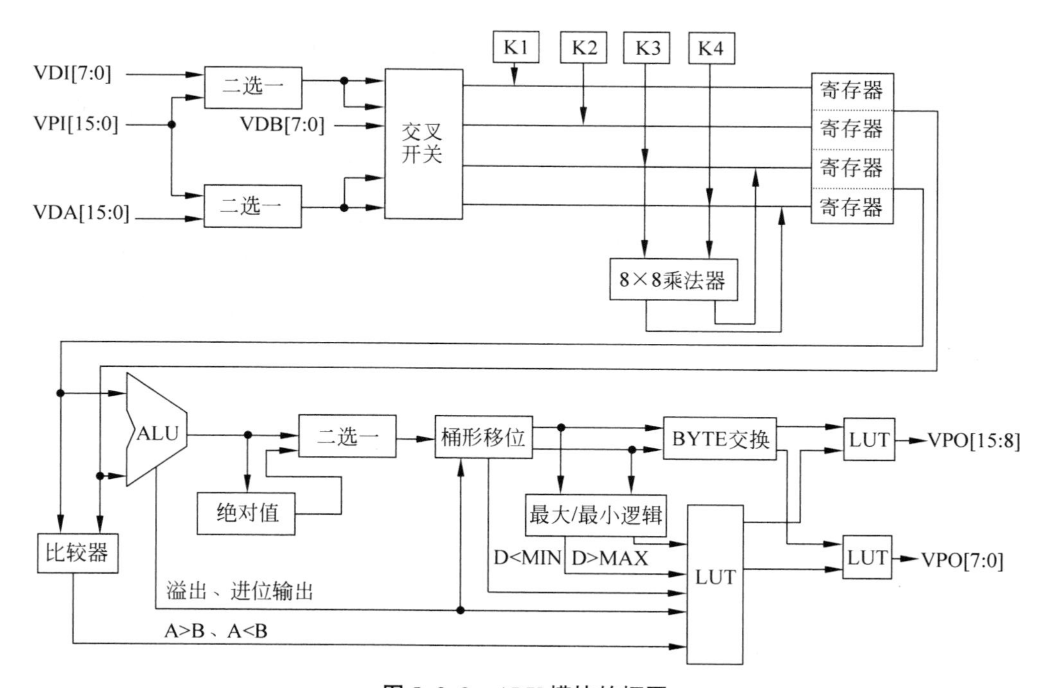

图 8.2.2 ALU 模块的框图

从图8.2.2可以看出,ALU模块的输入数据来自A/D(VDI[7:0])和图像帧存储体(VDA[15:0]、VDB[7:0]),也可以来自卷积模块(VPI[15:0]),这样可以方便地进行多种针对不同数据源的运算，如序列图像中前后帧的运算、帧间运算和反馈处理，处理后的输出数据可直接送往16bit的图像帧存(VPO[15:0])。ALU模块中的功能设置较为全面，ALU模块主要的处理功能块有ALU、LUT、求绝对值以及求最大/最小值等。两个数的比较、求绝对值、最大/最小值的判别等处理功能块配合ALU、LUT，可以实现许多常规算法，如图像的加、减、与、或、比值、分割等。K3、K4为乘法系数，K1、K2作为常数经寄存器可以送入ALU，K1、K2、K3、K4均由主机提供。总体来看，ALU模块的逻辑设计很周全，是根据点处理功能的一些基本要求来设计的，具有一定的通用性，因此便于进行图像点处理，而多个查找表的设置更增加了系统的灵活性，整个处理按流水线方式进行，流水线速率为视频速率，即在一帧时间内完成整幅图像的流水线处理。

卷积模块的框图如图8.2.3所示。

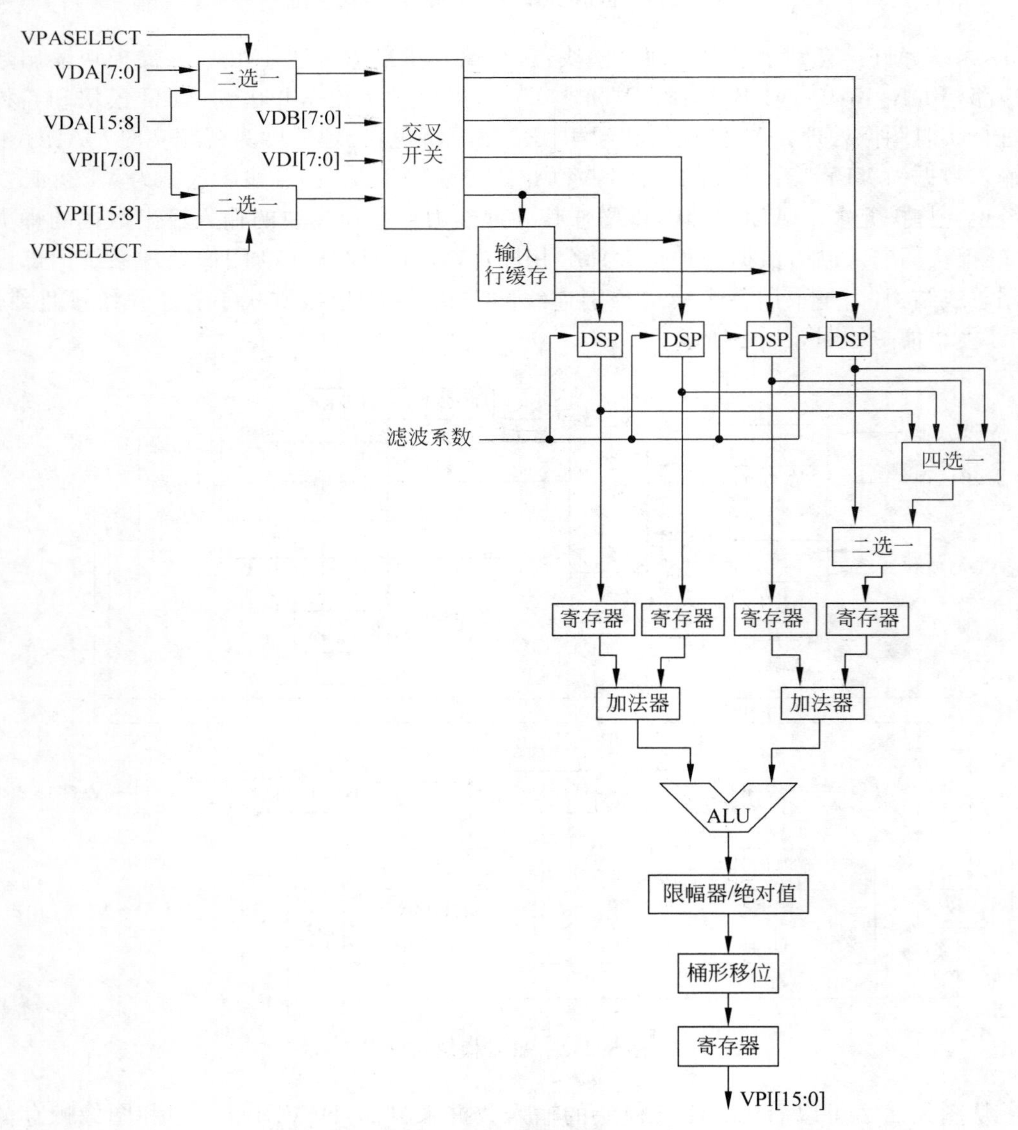

图8.2.3 卷积模块的框图

从图 8.2.3 可以看出，卷积模块的输入数据来自图像帧存(VDA[7:0]、VDA[15:8])，也可以来自 ALU 模块(VPI[7:0]、VPI[15:8])，经处理后的输出数据(VPO[15:0])可以直接送往图像帧存储体，也可以送往 ALU 模块。这是靠多级数据选择器实现的。卷积模块设置了行缓存的存储器，采用行延迟的原理以形成相邻 4 行的数据(有一行直接来自交叉开关)。卷积核由主机预加载送入乘法器，乘法器由 DSP 芯片构成，4 个 DSP 并行进行处理，每一个 DSP 进行乘法的运算速度很快，达到了实时处理的水平。DSP 功能块下面接有加法器、ALU 等电路，以完成整个卷积处理。该卷积模块可以在 1/30s 的时间内实现 4×4 的整幅图像的卷积。

8.3　VICOM-VME 图像处理工作站、VICOM-VMV 机器视觉计算机

VICOM-VME 图像工作站是美国 VICOM 系统公司在 20 世纪 80 年代中期推出的一种高性能的图像处理系统，这也是一个商品化的图像处理系统。和 IMAGEBOX-150 图像处理系统一样，该系统在外形上也采用机箱式结构，主机采用美国 SUN 公司的 68020 微处理器，图像子系统通过 VME 总线与 68020 微处理器相连。该系统的主要性能指标如下：

- 真彩色或伪彩色采集与显示，图像分辨率可为 512×512 或 1024×1024；
- 帧存最大容量为 2250×512×512×8bit；
- 实时点处理、实时卷积(卷积核为 3×3)；
- 实时直方图统计、实时感兴趣区的图像处理。

VICOM-VME 图像工作站的图像子系统框图如图 8.3.1 所示。

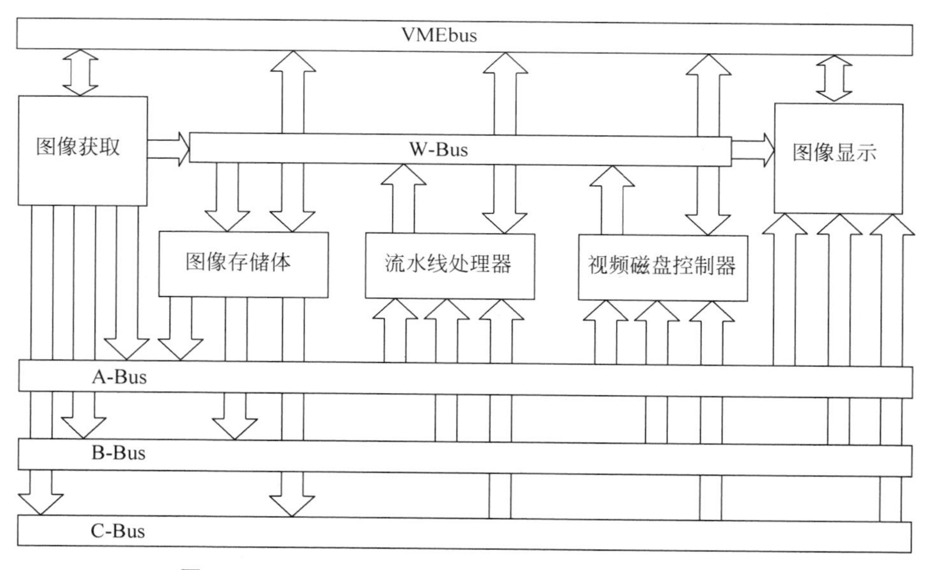

图 8.3.1　VICOM-VME 图像工作站的图像子系统框图

从操作方式上看，图 8.3.1 所示的 VICOM-VME 图像工作站采用了面向图像帧存的操作方式。该系统支持真彩色或伪彩色的采集与显示，图像分辨率可为 512×512 或 1024×1024。在系统直通时，图像获取模块输出的数据直接送到图像显示模块显示而不经过图像

帧存储体模块。系统有三类总线，即 VMEbus 总线、写总线和读总线。对于图像帧存储体模块来讲，有写总线（W-Bus）和读总线（A-Bus、B-Bus、C-Bus）。视频磁盘控制器支持实时视频图像的存储，最大能存储 2250 帧 512×512×8bit 的图像。为了便于硬件处理，图像帧存储体模块有两种主要的数据输出模式，一种数据输出模式是从两个独立的帧存储体同时读出相同行的图像数据，这样便于进行图像帧间运算，如图像的加减；另一种数据输出模式是从一幅图像里同时读出相邻的 3 行，以便于进行 3×3 卷积处理。硬件处理采用流水线方式，流水线处理器的结构如图 8.3.2 所示。

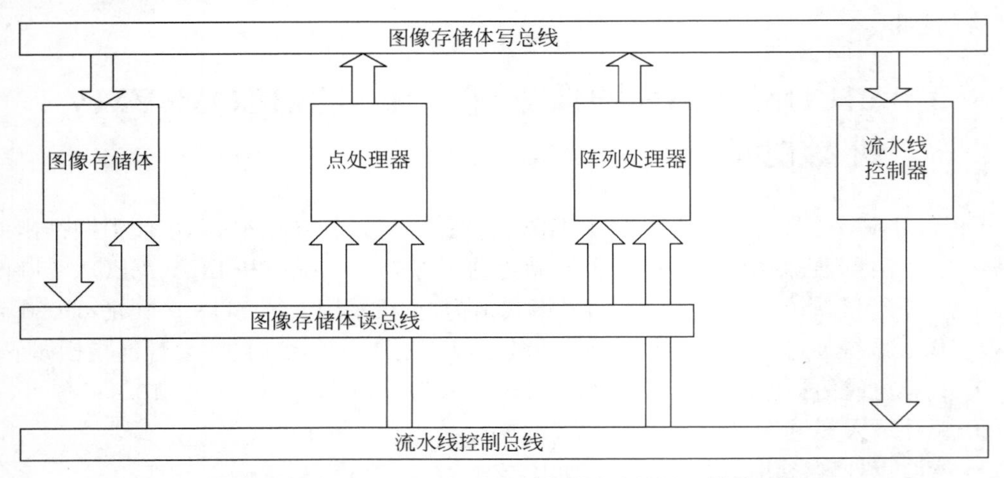

图 8.3.2 VICOM-VME 图像工作站流水线处理器的结构

从图 8.3.2 可以看出，流水线处理器具有点处理器和阵列处理器，图像数据由图像存储体提供，流水线节拍、地址以及一些处理所需的其他数据由流水线控制器提供。VICOM-VME 图像工作站点处理器框图如图 8.3.3 所示。

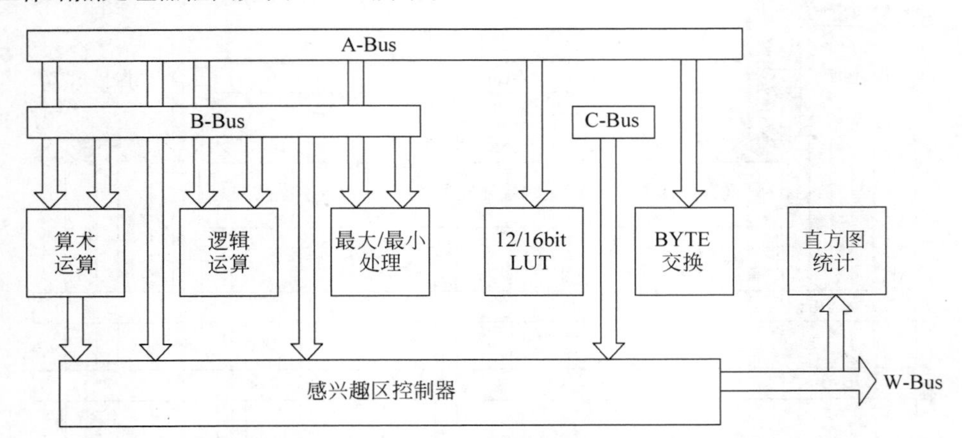

图 8.3.3 VICOM-VME 图像工作站点处理器框图

图 8.3.3 所示的点处理器的结构比较简洁，其数据来自图像帧存储体，通过读总线的 A-Bus、B-Bus，可以实现帧间运算。处理器可以完成算术、逻辑运算，还可以完成图像分割、直方图统计、查找表处理等。由于 C-Bus 连到感兴趣区控制器，因此可以实现灵活的感兴趣区的图像处理，这种感兴趣区的处理是利用了一个图像帧存储体预先存储感兴趣的位置

信息来实现的。在这个帧存储体存储中，对于所有感兴趣内的点，均标记为“1”，而对于所有非感兴趣内的点，均标记为“0”。将这种具有位置信息的数据通过 C-Bus 送入感兴趣区控制器，作为其他两路处理结果的选通信号，由此实现感兴趣区的图像处理。整个处理以流水线方式进行，达到实时的处理速度。

VICOM-VME 图像工作站阵列处理器框图如图 8.3.4 所示。

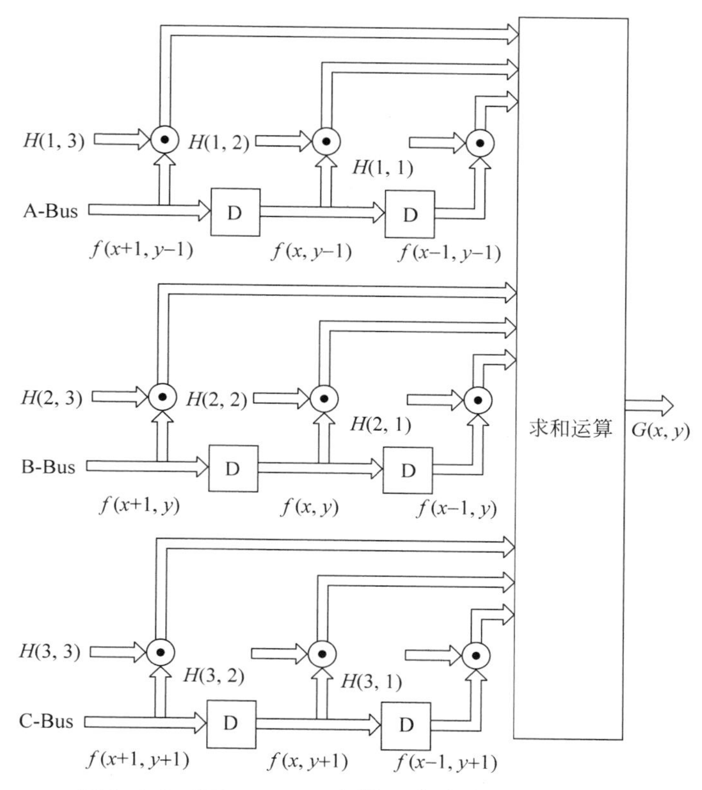

图 8.3.4 VICOM-VME 图像工作站阵列处理器框图

图 8.3.4 中的“D”指 D 触发器，此处的逻辑功能是对输入图像进行点延迟处理，共有 6 个 D 触发器，通过延迟处理后形成 3×3 像素邻域，其像素分别为 $f(x+1,y-1)$、$f(x,y-1)$、$f(x-1,y-1)$、$f(x+1,y)$、$f(x,y)$、$f(x-1,y)$、$f(x+1,y+1)$、$f(x,y+1)$、$f(x-1,y+1)$，卷积核由主机写入，分别为 $H(1,1)$、$H(1,2)$、$H(1,3)$、$H(2,1)$、$H(2,2)$、$H(2,3)$、$H(3,1)$、$H(3,2)$、$H(3,3)$。该邻域处理器共设置了 9 个乘法器，其相乘的结果输入到加法器，以对乘积后的结果进行求和运算，输出为 $G(x,y)$。VICOM-VME 图像工作站邻域处理器的输入数据来自图像帧存储体，相邻 3 行的数据分别置于 A-Bus、B-Bus、C-Bus，以便形成 3×3 邻域。系统进行卷积处理的数据形式和系统进行点处理的数据形式是不一样的，图像存储体模块的这种数据输出模式由主机进行控制。和点处理器一样，整个 3×3 卷积处理以流水线方式进行，达到实时的处理速度。值得指出的是，VICOM-VME 图像工作站邻域处理器同时获得的一幅图像相邻 3 行的数据（图 8.3.4 中输入的 $y-1$ 行、y 行、$y+1$ 行）是由 A-Bus、B-Bus、C-Bus 总线提供的，这 3 条总线直接连接到图像存储体（见图 8.3.1），也就是说，由图像存储体同时输出一幅图像相邻 3 行的数据。至于如何实现，系统说明书没有给

出，我们只能自己猜测了。

VICOM-VMV 机器视觉计算机是美国 VICOM 系统公司推出的一种高性能的图像处理系统，这也是一个商品化的图像处理系统，该系统在外形上也采用机箱式结构。该系统的主要性能指标如下：

- 图像采集，图像分辨率可定义，支持八路模拟和一路数字输入；
- 图像显示，512×512×8bit 伪彩色；
- 帧存最大容量为 16MB；
- 实时的点处理、实时的卷积和数学形态学处理（邻域尺寸为 3×3 或 1×9）及特征提取。

VICOM-VMV 机器视觉计算机的结构框图如图 8.3.5 所示。

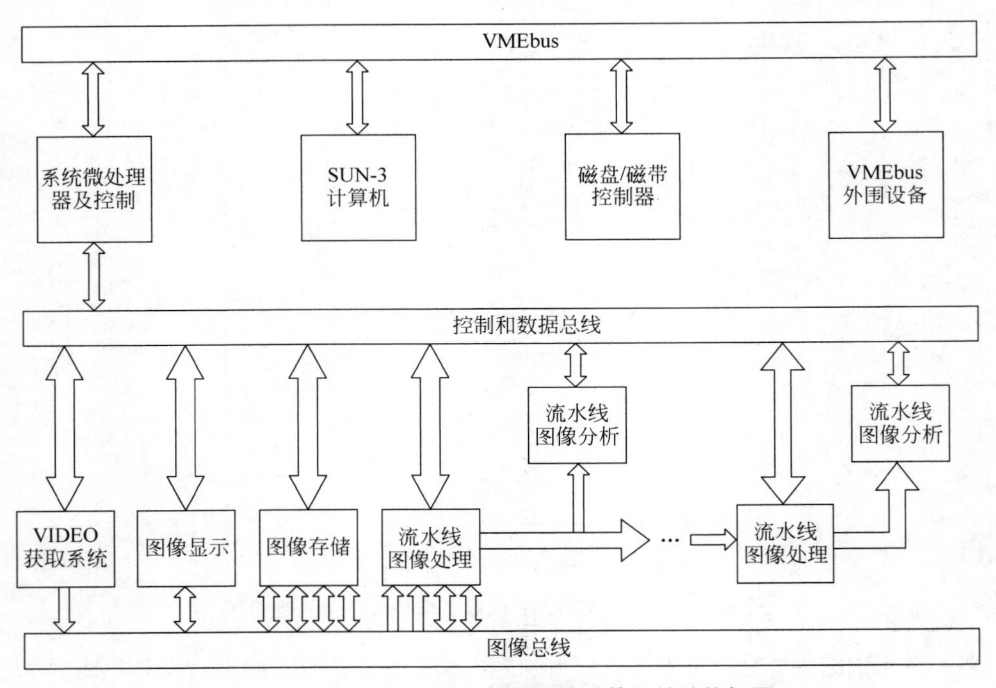

图 8.3.5 VICOM-VMV 机器视觉计算机的结构框图

VICOM-VMV 机器视觉计算机主要用于机器视觉的应用，例如工业检测、机器人控制、运载工具导航等。整个系统采用模块化结构，可以作为最终用户使用设备，也可作为开发使用的设备。该系统有 4 个基本模块：系统微处理及控制模块、图像采集和图像显示模块、图像帧存储体模块和流水线图像处理模块（Pipeline Image Processor，PIP）。如果需要更强的处理功能，则可以在流水线结构中插入更多的流水线图像处理模块。同样，也可以在流水线结构中插入流水线图像分析模块，流水线图像分析模块能够连接到每一个流水线图像处理模块，以便完成特征提取工作。

VICOM-VMV 机器视觉计算机有两种工作模式：脱机工作模式和联机工作模式。在脱机工作模式中，由内置的 68010 CPU 进行系统统筹；在联机工作模式中，由外接的 SUN-3 计算机进行系统统筹。

图像采集和图像显示模块把图像采集和图像显示放在一个模块上，支持八路的模拟输入通道和单路 8bit 的数字输入通道，采样频率可达 13.5MHz，每行采样可达到 2048 个像素。图像显示设置为 512×512×8bit 伪彩色，支持隔行和非隔行的扫描方式。

图像帧存模块设置了四路 20MBps 的双向通道和一路通往 VME 总线的双向通道，可以同时对图像帧存储体里的 8 幅图像进行操作，最大的图像尺寸为 2048×4096。

流水线图像处理模块是 VICOM-VMV 机器视觉计算机的核心，该模块有两种形式：单路形式和级联形式，采用级联形式的模块可以配接另一个流水线图像处理模块。流水线图像处理模块包括两个 3×3 或 1×9 的卷积或数学形态学处理、4 个 16bit 的点处理器和能够形成 70 种不同像素组合的两个全局处理器。两个 16bit 的数据通道允许序列图像处理和图像并行处理。

8.4　TJ-82 图像计算机

TJ-82 图像计算机是清华大学 1985 年 10 月研制成功的一种高性能图像计算机，这是一个通用的高速图像处理系统，特别适用于遥感图像处理，于 1989 年获国家科技进步二等奖。该系统主机采用 PDP/11 系列小型机，图像子系统为机箱式结构，采用双屏显示形式。该系统的简化逻辑框图如图 8.4.1 所示。

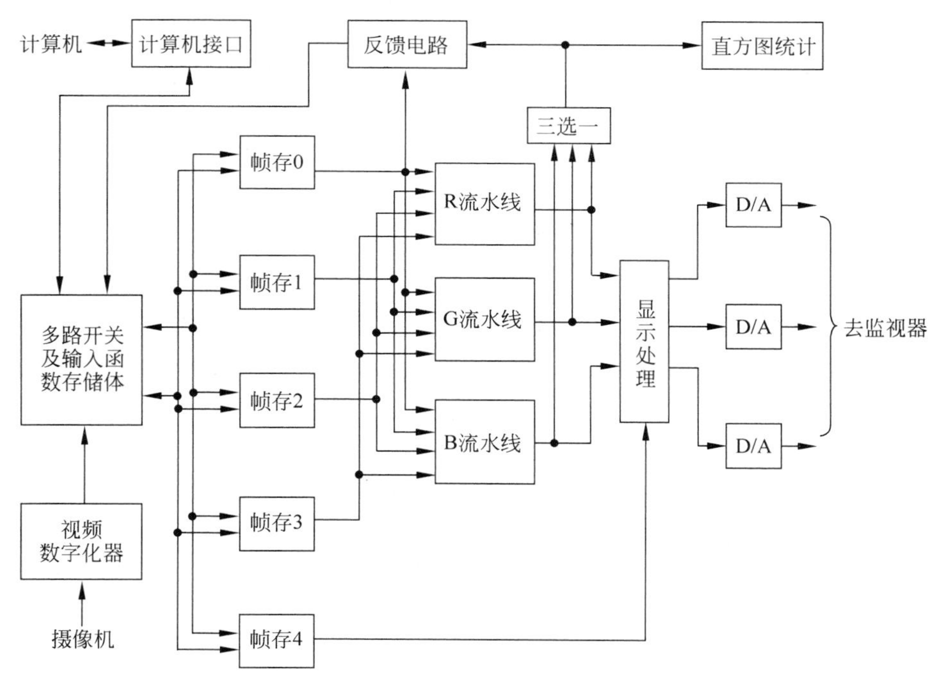

图 8.4.1　TJ-82 图像计算机简化逻辑框图

TJ-82 图像计算机有 5 个独立的帧存，每个帧存的存储容量均为 512×512×8bit，其中 4 个作为图像存储体，一个作为图形或字符存储体。TJ-82 图像计算机包括 3 条高速运算流水线（运算速度为每秒 3000 万像素），一条高速反馈算术逻辑运算通道，高速直方图统计部件，实时图像滚动、电子放大、拼图、漫游及动画显示，视频数字化器等。在图 8.4.1 中，输入函数存储体也可称为输入函数查找表，由 SRAM 构成，其作用是对输入图像进行灰度变换或进行相关处理，然后再送入图像帧存。显示处理包括彩色指定和实时图像滚动、电子放大、拼图、漫游及动画显示等，彩色指定的功能由输出函数存储体(也可称为输出函数查找表)完成，输出函数存储体由 SRAM 构成。彩色显示有伪彩色显示、假彩色显示和真彩色显示。高速反馈算术逻辑运算通道的输入数据来自两个方面：来自帧存 0 和来自三选一电路，后者是经过任一条流水线处理后的数据。高速反馈算术逻辑运算通道的输出数据只有一路，因此一次只能实现单帧图像的反馈算术逻辑运算。但是，通过多次反馈算术逻辑运算，可以实现邻域处理。如 3×3 卷积，可由帧存 0 存储累加结果，帧存 1 存储原始图像数据，经过 9 帧时间后，就可以完成 3×3 卷积。流水线处理是 TJ-82 图像计算机最具特色的地方，单通道流水线处理器的结构框图如图 8.4.2 所示。

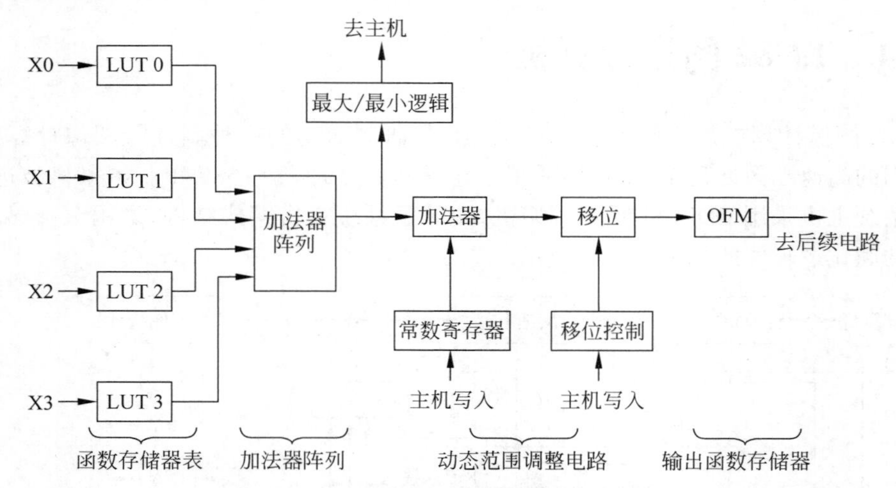

图 8.4.2 单通道流水线处理器的结构框图

每一个通道流水线处理器主要由函数存储器表、加法器阵列、动态范围调整电路、输出函数存储器四部分组成，X0～X3 分别是帧存 0～帧存 3 的输出数据，这样，各通道之间的运算可以用加法器阵列完成。函数存储器表实际上是一组查找表(LUT0～LUT3)，输入数据在进入加法器阵列之前要先经过函数存储器表进行一次函数变换，加法器阵列输出的数据经动态范围调整电路处理后送入输出函数存储器再进行一次函数变换。这样，在主机的控制下，前后处理配合起来，就可以实现多种图像处理功能。流水线处理器的速率为视频速率，这样安排的好处是流水线处理可以直接利用视频地址线而不必单独为流水线铺设新的地址线。动态范围调整电路主要用于控制运算的像素精度，有时会发生溢出的现象，有时要考虑显示的比特位能力(TJ-82 图像计算机的 D/A 为 8bit)，因此要对加法器阵列输出的像素位数进行必要的调整。3 条流水线是相同的，可以进行并行流水线处理，这种做法很适于真彩色、假彩色图像的高速处理。

TJ-82 图像计算机的主要性能指标如下：

- 实时图像采集，512×512×8bit；
- 伪彩色、假彩色、真彩色图像显示，实时图像滚动、电子放大、漫游及动画显示；
- 帧存最大容量为 2.39MB；
- 对 512×512×8bit 图像，主要的硬件处理速度如下：

加、减、乘、比值、直方图统计：0.04s
Sobel 算子：1s
中值滤波：30s
面积统计：0.1s
图像增强（均衡化）：0.3s
图像分割（等值线）：2s
数学形态学处理：4s

习题 8

习题 8.1 VICOM-VME 图像工作站是如何实现 3×3 邻域图像的实时处理的？说明其实现方法存在的缺点。

习题 8.2 TJ-82 图像计算机对 512×512×8bit 图像，完成加、减、乘、比值、直方图统计，耗时仅 0.04s，为什么进行 Sobel 处理却耗时 1s？

第9章

基于DSP的图像并行处理

DSP(Digital Signal Processor)是一种数字信号处理器，由于具有处理速度快以及复合功能的单周期指令等特点，因此广泛应用于手机、语音、家电等领域，并在高速图像处理中得到越来越多的应用。

9.1 基于DSP的图像处理基本技术

DSP也是一种微处理器，它具备一般微处理器MPU的特征。在高速图像处理系统中，越来越多的系统采用了DSP芯片，其原因在于DSP具有高速的信号处理能力以及处理的灵活性。DSP在结构上和一般的微处理器不同，图9.1.1给出了普通MPU与DSP不同体系结构的示意图。

从图9.1.1可看出，普通微处理器的程序和数据都存储在同一个存储器内，并通过同一个内部总线实现存取功能。在具体执行任务时，先从存储器中读出指令(取指令)，然后进行"译码"和"执行"，这样逐次地进行处理。而在DSP体系结构中，有多个运算器，内部有独立的数据总线、地址总线和指令总线，取指令和取数据可以同时进行，利用指令重叠执行的方法构成流水线处理。当流水线处理过程建立以后，从外部来看，相当于每一个时钟周期取一条指令并获得一条指令的处理结果。显然，DSP体系结构可以达到更高的处理速度。DSP的主要特点如下：

(1) 采用哈佛结构。在这种结构中，程序和数据分驻在不同的地址空间，这样允许取指令和执行交叠。有的DSP采用改进型哈佛结构，即为了减少芯片的管脚数，片外程序代码总线和数据总线复用一条总线，而片内程序代码总线、数据总线则是独立的。

(2) 采用流水线结构。

(3) 提供强大的运算功能。除具有ALU，还具有高速的乘法器、除法器等运算部件，可以实现复杂的运算功能。

(4) 高速的指令周期和复合功能的单周期指令。如TI公司的TMS320C6205，其速度高达1600MIPS。DSP的乘加指令为单周期指令，即在一个指令周期内完成乘加运算。

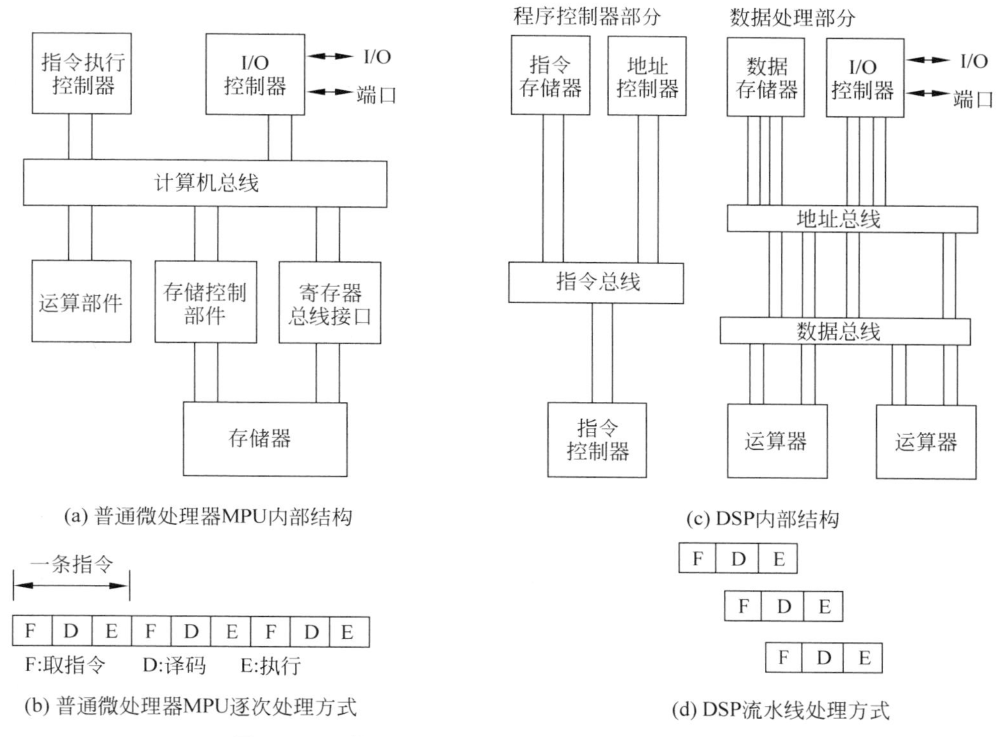

图 9.1.1　普通 MPU 与 DSP 不同体系结构的示意图

(5) 具有片内高速存储器。

DSP 最突出的优点如下：

(1) 高速的信号处理能力；

(2) 处理功能的灵活性；

(3) 一个指令周期实现积和运算。

DSP 芯片按数据类型一般分为定点 DSP 和浮点 DSP 两类，而 TI 公司的 TMS320C80 是一种多处理器芯片，也可以自成为一类。

和 CPU 一样，DSP 性能提高的速度非常快，第一代 DSP 以 8 位、16 位为主，第二代 DSP 以 24 位为主，第三代 DSP 以 32 位为主，第四代 DSP 以 64 位为主。

构成 DSP 基本系统的 3 个要素是 DSP 处理器、程序 RAM、数据 RAM。

在研制模糊图像处理系统时，我们曾研制成功了 TH925C 彩色图像卡和 TH915 高速图像处理卡。在 TH915 高速图像处理卡中，应用了 TMS320C25 型的 DSP 芯片。图 9.1.2 给出了 TH925C 彩色图像卡的框图。

图 9.1.2 所示图像卡存储的图像为 512×512×24bit 的彩色图像，R1、G1、B1 组成真彩色存储体 1，R2、G2、B2 组成真彩色存储体 2，也可以组成 6 个灰度图像体。覆盖体的存储容量为 512×512×4bit，程序 RAM 的存储容量为 256K×16bit。输入的全彩色视频信号经解码器电路后得到 R、G、B 三路信号，分别经过 A/D，形成三路数字信号经数据交换中心送往帧存，帧存的图像数据经数据交换中心送到 D/A，转换成模拟信号送到监视器显示。G 路的数字信号可以经数据交换中心，送到 TH915F 高速图像处理卡。当然，6 个灰度图像体

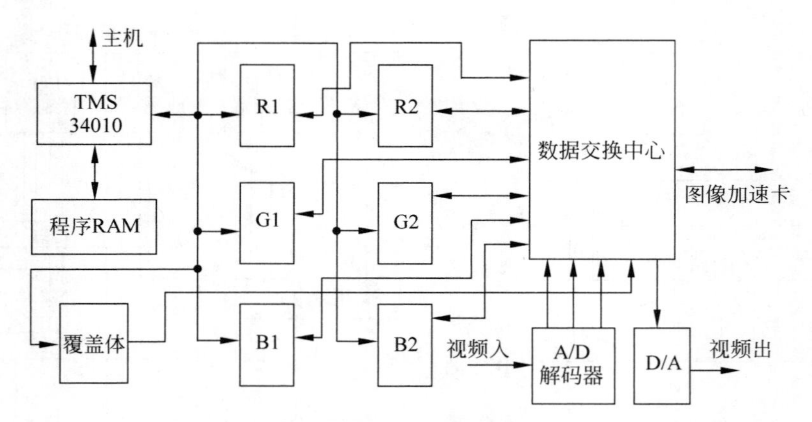

图 9.1.2 TH925C 彩色图像卡的框图

的任一个存储体的灰度信号也可以经数据交换中心，送到 TH915F 高速图像处理卡。

图 9.1.3 给出了 TH915F 高速图像处理卡的框图。

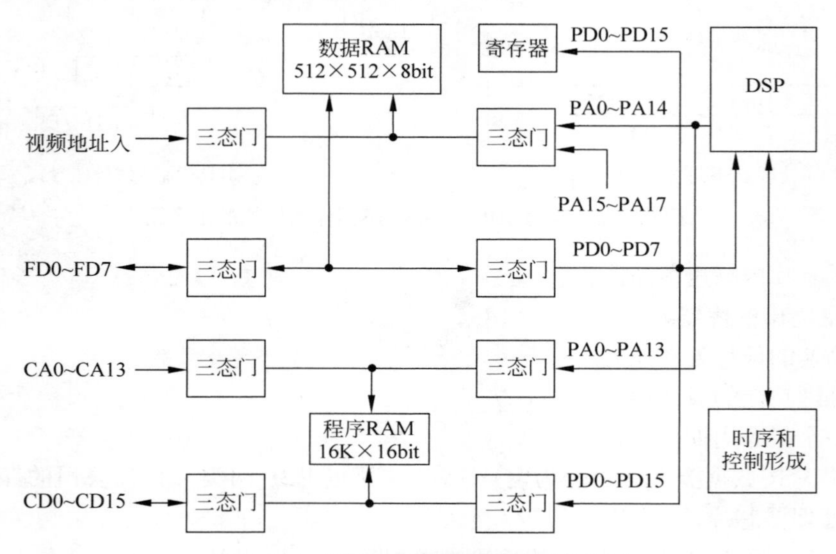

图 9.1.3 TH915F 高速图像处理卡框图

TH915F 具有接收和处理数字视频图像的能力。该图像处理卡使用了单处理器，数据 RAM 总容量为 256KB，是 512×512×8bit 的结构，程序 RAM 总容量为 16K×8bit，这两类存储器均采用 SRAM 芯片(存取时间均为 15ns)。有两路地址独自对数据 RAM 寻址，一路是 18 位视频地址，另一路是处理器 C25 的 18 位地址(PA0～PA17，其中 PA0～PA13 是 C25 直接输出的地址，PA14～PA17 是由 C25 的 I/O 寄存器形成的地址)。两路双向数据分别是 FD0～FD7 和 PD0～PD7，FD0～FD7 是视频速率的图像数据，PD0～PD7 是处理器 C25 的输入输出数据。有两路地址独自对程序 RAM 寻址，一路是 14 位计算机地址，另一路是 C25 的 14 位地址(PA0～PA13)。两路双向 16 位数据分别是 CD0～CD15 和 PD0～PD15，CD0～CD15 是计算机读写程序 RAM 的数据，PD0～PD15 是处理器 C25 访问程序 RAM 的数据。时序和控制形成模块则产生程序 RAM、数据 RAM 的读写时序、各个三态门的门控信号以及 C25 的一些状态信号。

TH915F 高速图像处理卡的主要特点是具有内部的视频总线，能够以视频速率输入输出一帧图像数据。TH915F 高速图像处理卡的处理速度如下：

- 图像求反：0.52s
- Roberts：1.35s
- Laplacian：1.46s
- 5×5 中值滤波：2.3s

TH915F 高速图像处理卡的主要缺点是数据 RAM 的比特位较少，当 C25 进行 FFT 变换时，这个缺点就非常明显，因为 FFT 变换有实部和虚部两部分，至少需要 16bit 的字长。

值得指出的是，在使用 DSP 的高速处理系统中，常常采用双帧存的结构，即一类帧存主要服务于图像采集和图像显示，这类帧存一般由存储容量较大、价格较为便宜的 DRAM、VRAM 存储芯片组成；另一类帧存服务于 DSP 处理器，由于 DSP 处理器处理速度很快，要求帧存具有高速存取单点数据的能力，因此这类帧存一般由存取速度快的 SRAM 存储芯片组成，其帧存的存储容量一般较小，图 9.1.2 中的数据 RAM 就是这样的一类图像帧存。

DSP 系统的软件开发难度很大，需要一些开发工具，如 TMS320C80 芯片，其软件开发工具包括：

- 优化的 ANSI C 编译器；
- 汇编器/连接器；
- 并行处理仿真；
- 软件仿真。

9.2　多 DSP 的图像并行处理

用多个 DSP 芯片来构成图像并行处理系统，可以有效地提高图像处理的速度。图 9.2.1 给出了一个由清华大学电子工程系和中国科学院科理高公司联合成功研制的使用双处理器的 GIEB 微机高速图形图像处理系统框图，该系统于 1990 年获北京市科技进步三等奖。

GIEB 微机高速图形图像处理系统属于一种 MIMD 多机系统，系统中两片 C25 都有自己独立的程序 RAM 和数据 RAM。数据 RAM 选用双口 SRAM 存储芯片，总容量为 4×2K×16bit，由 IDT7142 芯片组成。IDT7142 是双口 SRAM，单片的存储容量为 2K×8bit，读写周期为 100ns。该芯片有两套独立的数据线、地址线和控制线，片内有总线仲裁电路，当读写同一单元时可产生/busy 有效信号。程序存储器总容量为 2×32K×16bit，选用型号为 AK62256 的 SRAM 芯片，单片的存储容量为 32K×8bit，读写周期为 100ns。计算机总线采用 ISA 总线，由于数据 RAM 容量较小，为了克服这一弱点，系统采用了分批处理的方法，即把待处理的图像数据分批送入数据 RAM，待 C25 处理完这一批数据后，主机再把下一批数据送入数据 RAM，直到完成整幅图像的处理。该系统采用了双处理器的结构，由于系统结构合理，因此获得了接近 2 的加速比。

GIEB 微机高速图形图像处理系统的两片 C25 可以组成流水线工作方式，也可以组成并行工作方式。双 C25 流水线工作方式如图 9.2.2 所示，双 C25 并行工作方式如图 9.2.3 所示。

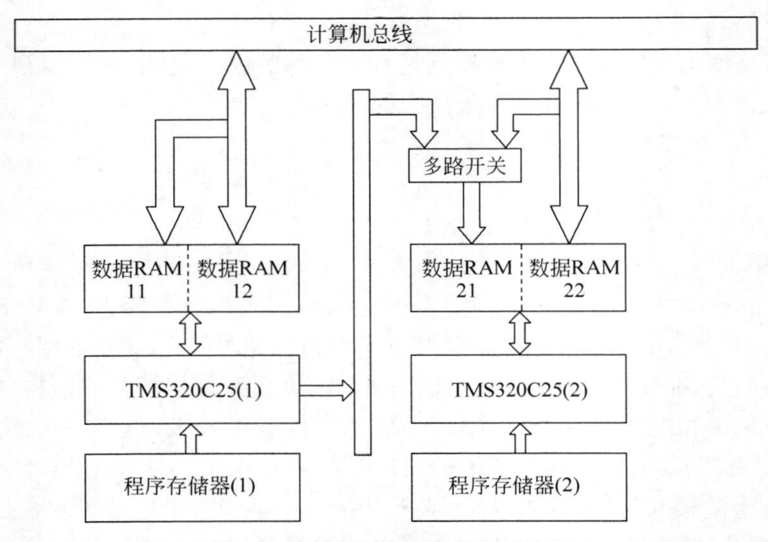

图 9.2.1 GIEB 微机高速图形图像处理系统框图(1988 年)

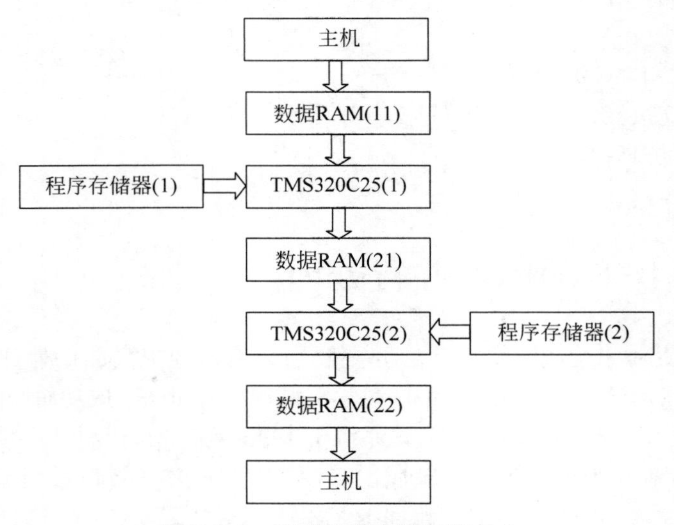

图 9.2.2 双 C25 流水线工作方式

在流水线工作方式中，前一级 C25(1)处理后的数据直接送到后级 C25 的数据 RAM(21)，后一级的 C25 再将数据 RAM(21)的数据处理完后送入数据 RAM(22)，继而送回主机。

在图 9.2.3 所示的双 C25 并行工作方式中，每一个 C25 都独立地进行工作，都独自和主机进行通信。这种方式适合执行那些通信量小、计算量大的图像处理算法。

GIEB 微机高速图形图像处理系统的特点是：

- 双 C25 并行/流水处理结构；
- 采用双口 RAM 形成紧耦合结构。

GIEB 微机高速图形图像处理系统处理速度(512×512×8bit 图像)：

- Sobel 算子：0.901s

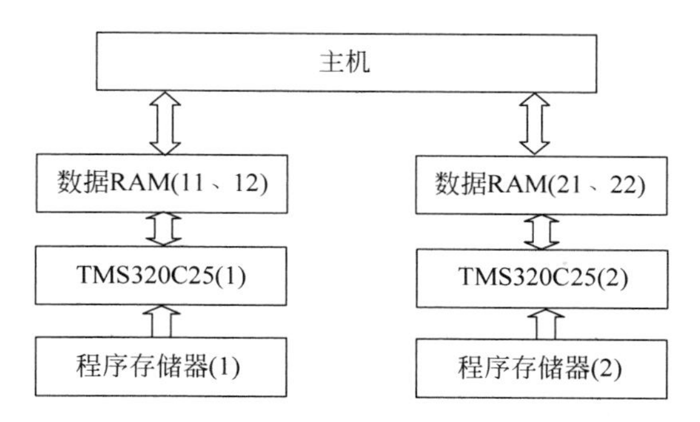

图 9.2.3　双 C25 并行工作方式

- 5×5 十字中值滤波：1.340s
- 3×3 卷积：0.895s
- 5×5 卷积：0.910s
- 7×7 卷积：1.165s
- 直方图统计：1.340s

由于 GIEB 微机高速图形图像处理系统的图像数据来源于主机，双 C25 只是对主机送来的数据进行加速处理，微机 ISA 总线的数据带宽低(4MB/s)，而 C25 处理速度快(指令周期时间为 100ns)，因此存在数据瓶颈的问题，严重地影响了图像处理的速度。另外，数据 RAM 容量过小，只能分块进行图像处理，在进行邻域图像处理时则存在区域边界的问题，不仅影响了图像处理的速度，而且增大了编程的工作量。解决以上两个问题的方法是设置内部的视频总线，并设置至少能存储一帧图像的高速帧存。

天津大学在 1995 年研制了包含 4 片 A110 和 2 片 TMS320C40 的高速图像处理系统，系统采用 PC 微机的 ISA 总线，并采用机箱式的系统形式，硬件主要由 3 块板组成，一块为 A/D、D/A 板，一块为 A110 板(使用 4 片 INMOS 公司的 IMS A110 芯片)，另一块为 C40 板(使用 2 片 TI 公司的 TMS320C40 芯片)。图 9.2.4 给出了该系统采用的一种双 TMS320C40 的并行结构。

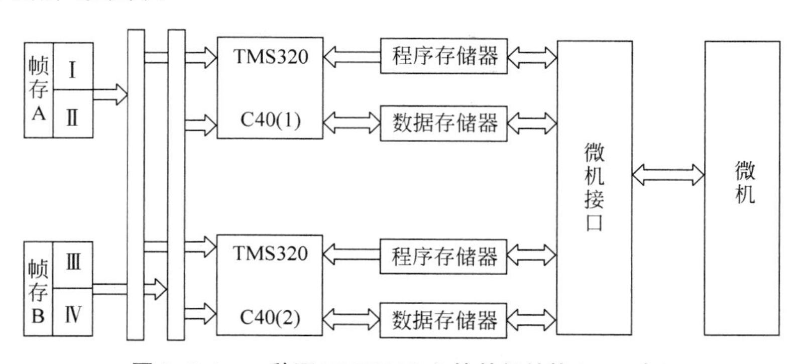

图 9.2.4　一种双 TMS320C40 的并行结构(1995 年)

图 9.2.4 中，帧存总容量为 2×512×512×8bit，平均分为 4 部分，单个程序存储器容量为 64K×32bit，单个数据存储器容量为 2K×8bit。特点如下：

- DSP 直接访问帧存；
- 双 C25 并行处理结构。

用 TMS320C40 的处理速度(512×512×8bit 图像)如表 9.2.1 所示。

表 9.2.1 用 TMS320C40 的处理速度

算　　法	单片 C40 处理	双片 C40 处理
二值化	0.1573s	0.0787s
求反	0.09175s	0.0459s
Sobel 算子	0.9502s	0.4800s

从表中可以看出,用两片 C40 比用一片 C40 芯片的处理速度要快 1 倍。

9.3 基于 TMS320C80 的图像并行处理

TMS320C80 是 TI 公司 1994 年推出的一种多媒体视频处理器,片内集成了多个并行处理器,达到了每秒 20 亿次操作的高速处理能力。TMS320C80 的主要性能为:

- 每秒 2BOPS(Billion Operations Per Second)次类似于 RISC 的操作;
- 内部有 4 个 MIMD 结构的高级的 32bit 定点 DSP;
- 一个 32 位 RISC 主处理器,并含有一个符合 IEEE 754 标准的浮点运算单元;
- 50KB 的片内 RAM,片内交叉网允许每周期取 5 条指令、10 个并行数据,取指速率为 1.8GB/s、数据存取速率为 2.4GB/s;
- 片内存储器数据传输速率高达 400MB/s,具有 64bit 传输控制能力,总线宽度可变,可以是 8bit、16bit、32bit、64bit;可存取 64bit 的 VRAM/DRAM/SRAM 存储器 4GB 存储器寻址空间;
- 一个视频控制器,其中包含两个用于同时采集和显示图像的帧定时器;
- 4 个边缘触发和电平触发的外部中断;
- 内部有 400 万个晶体管;
- 3.3V 工作电压。

图 9.3.1 给出了 TMS320C80 的结构框图。

图 9.3.1 中,VC(Video Controller)为双视频控制器,可以提供外部图像显示或图像输入的完整的时序控制,并可设定内同步或外同步方式。TC(Transfer Controller)是一个控制片内/片外数据传输的传输控制器,它灵活地提供了片内/片外存储器的数据块传输能力,“源”与“目的”块的维数和尺寸均可以独立选定。片内容量为 50KB 的 SRAM 分成 25 个 2KB 的 RAM 小区,每个 ram 区的 RAM 都有专门的分配,这些 RAM 分为参数 RAM、数据 RAM、程序 cache RAM、数据 cache RAM,这 5 个 RAM 小区合成一个 RAM 大区,左边 4 个 RAM 大区为 DSP RAM 区,右边一个 RAM 大区为主处理器 RAM 区。图中下部的 RAM 区和上部的处理器群之间属于数据交叉网(Crossbar),每个 DSP 都可以通过数据交叉网存取 DSP RAM 区,4 个 DSP 都有本地端口(L)、全局端口(G)和程序端口(I)。主处理器(MP)通过一个 64bit 的端口(C/D,即 On-chip/Date)存取片内的 cache RAM 和数据 RAM。TAP(Test Access Port)是一个测试存取端口,可通过 IEEE 1149.1 测试端口访问内在性能仿真和全扫描设计。

加拿大 MATROX 公司采用 TMS320C80 芯片和自行设计的专用芯片 NOA

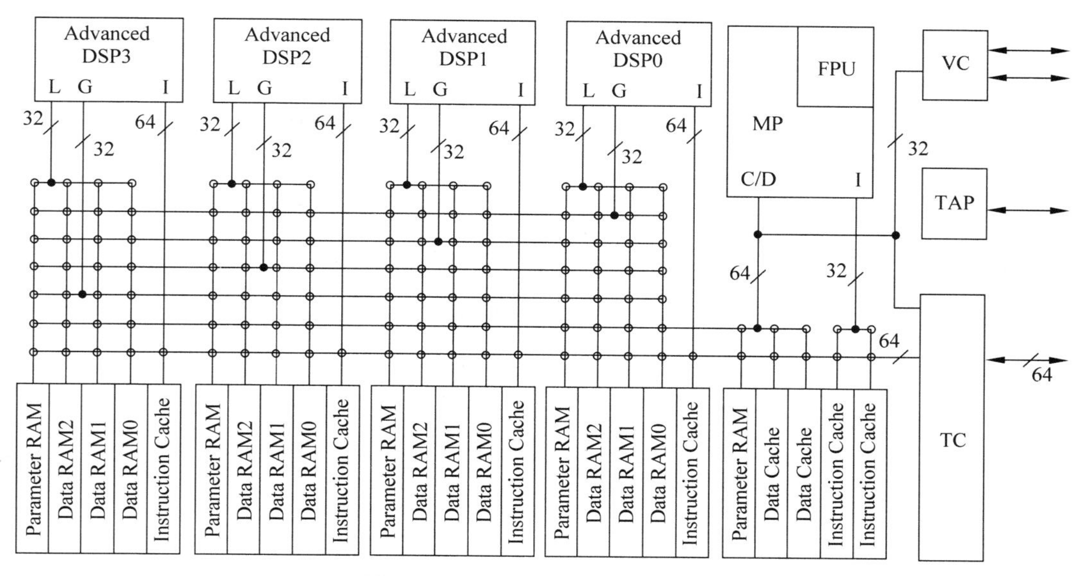

图 9.3.1　TMS320C80 的结构框图

(Neighborhood Operations Accelerator,邻域操作加速器)设计了 GENESIS 系统,该系统采用板卡式结构,插入 PC 的 PCI 槽,系统使用单屏操作方式。GENESIS 系统采用模块化结构,分主板和处理板,仅使用主板,就可以实现图像采集、显示、高速处理的功能,再加接一块处理板,则又可以增强处理功能,同时还可以级联多级处理板。GENESIS 系统主板的逻辑框图如图 9.3.2 所示。

GENESIS 系统主板的主要功能模块有:

- 图像采集模块;
- 图像显示模块;
- 处理模块。

图像采集模块支持四路模拟的视频图像输入或非视频图像输入,也支持四路数字的视频图像输入或非视频图像输入;支持面阵输入,也支持线扫描输入;支持黑白图像输入,也支持彩色图像输入,并配有四路并行的 A/D 和四路输入查找表(LUT)。

图像显示模块主要包括 Matrox 公司自行设计的 MGA 2064W 图形专用片、帧存、RAMDAC(包括三路输出查找表、三路 D/A)和闪存(Flash)BIOS。图像显示点阵高达 1600×1200,屏幕刷新频率高达 85Hz,具有非破坏性的字符和图形的叠加。帧存由 4 个独立的帧存储体组成,每个存储体的存储容量均是 2MB,3 个帧存用于存储图像,可分别存储 R、G、B 彩色分量,也可存储 3 幅黑白图像,另一个帧存用于存储字符、图形,以便实现字符、图形在图像上的叠加显示。

处理模块的处理功能主要由一片 TI 公司的 TMS320C80 和一片 Matrox 公司自行设计的专用芯片 NOA 来实现。在图像邻域数据处理的性能上,NOA 芯片优于 TMS320C80。被处理的数据来源于图像采集模块输入的图像数据,或来自 VM 通道(EASA Media Channel)。这个 VM 通道用于传输处理模块和显示模块之间的图像数据,在多板的系统结构中,VM 通道用于传输处理节点之间的图像数据,该通道最多支持一个主板和 6 个处理节

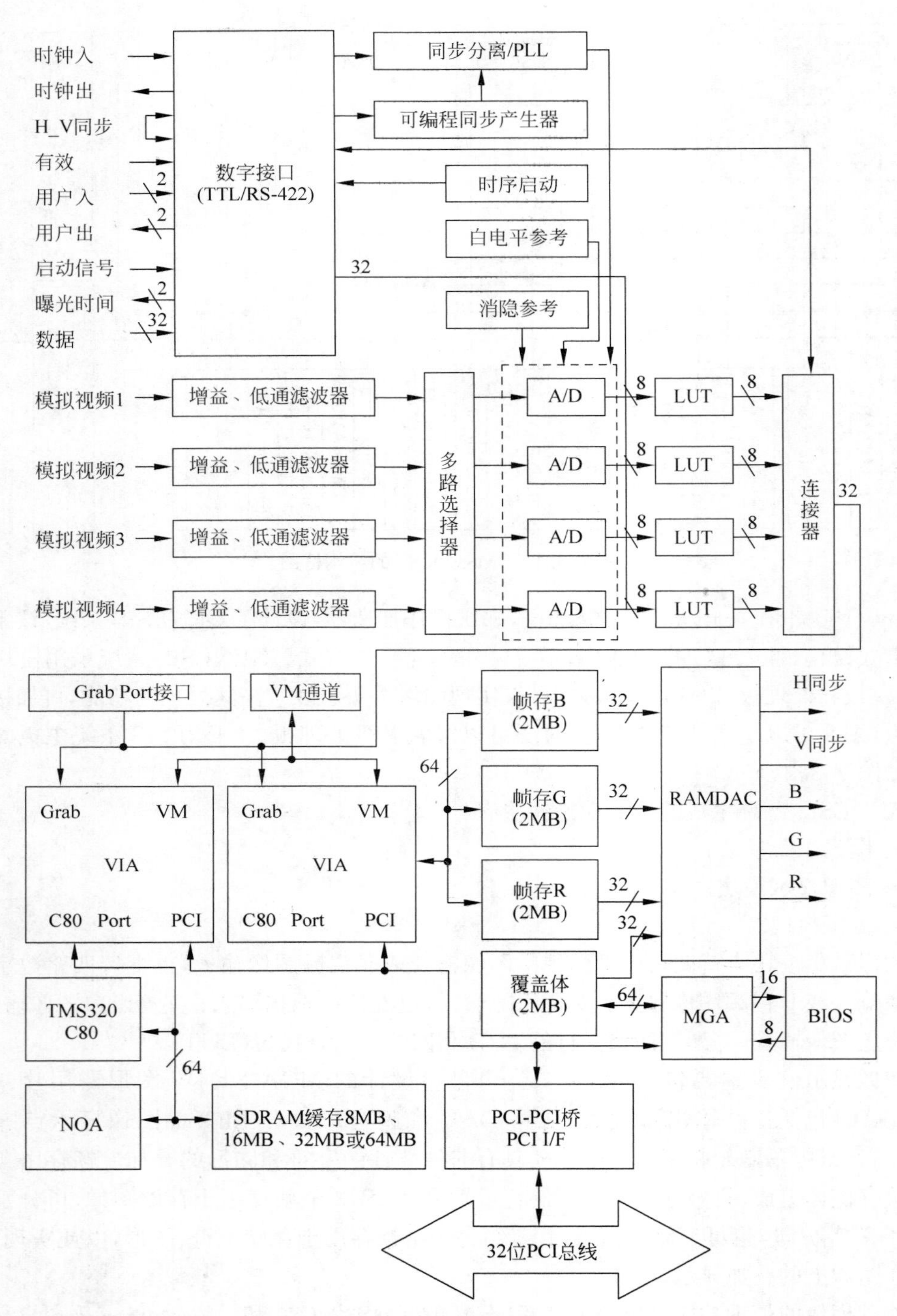

图 9.3.2　GENESIS 系统主板的逻辑框图

点的连接，数据传输速率为 132MB/s(32bit 字长)。采集接口(Grab Port)用于获取高速的视频图像数据，在多板的系统结构中，可以通过采集接口把视频图像数据同时送入各个处理节点，也可以接收各个处理节点送来的视频图像数据，采集接口的数据传输速率为 200MB/s

(32bit 字长)。在处理模块中,使用了两片 Matrox 公司自行设计的 VIA(Video Interface ASIC,视频接口专用集成电路)专用芯片,负责数据的交换工作。在处理模块里设置了容量为 64MB 的缓存,该存储体采用 SDRAM(Synchronous Dynamic Random Memory,同步 DRAM)的存储芯片,在存储体和 VIA 之间的局部存储体总线的数据传输速率为 400MB/s (64bit 字长)。处理板除了通过采集接口和 VM 通道与处理板相连以外,还通过 PCI 总线和微机交换数据。从处理模块的结构来看,GENESIS 系统的处理模块仍然是常规的 DSP 系统结构,即具有 DSP 基本系统的 3 个要素:DSP 处理器、程序 RAM、数据 RAM。处理模块中的 SDRAM 缓存是 TMS320C80 和 NOA 共享存储体,作为 NOA 的数据缓存,也作为 TMS320C80 的数据存储体和程序存储体。SDRAM 缓存的结构也属于一般存储体结构,只是数据为 64 位。这样的数据结构,致使 TMS320C80 在邻域处理中难以达到很高的效率。另行设置 NOA 来提高邻域图像处理的速度,在 NOA 芯片内采用了行延迟技术,以形成并行的邻域数据。

GENESIS 系统也采用了两类不同的帧存结构,一类设置在显示模块中,另一类设置在处理模块中(即 SDRAM 缓存)。这两类帧存的作用明显不同,通过 VIA 芯片,可以直接在这两类帧存之间进行数据交换。

TMS320C80 主要处理功能包括:

- 点处理、邻域处理;
- 统计、计算;
- 图像分析、图像匹配。

NOA 主要处理功能包括:

- 卷积;
- 灰度、二值图像数学形态学处理;
- 灰度相关;
- JPEG 压缩/解压缩。

处理板的逻辑框图如图 9.3.3 所示。

处理板有两片 TMS320C80、两片 NOA 和两个 SDRAM 缓存,形成了两套并行处理结构,由两片 VIA 进行数据组织,由此组成了两个处理节点。TMS320C80 和 NOA 的数据总线都是 64bit 的,这两个处理器共同使用一个 SDRAM 缓存。处理板与外部的数据交换是通过采集接口、VM 通道和 PCI 总线进行的,采集接口、VM 通道和 PCI 总线的数据总线都是 32bit 的。

GENESIS 系统最多可支持 13 个处理节点(主板含一个处理节点,每一块处理板含 2 个处理节点,GENESIS 系统最多可级联 6 块处理板)同时工作,处理节点的连接如图 9.3.4 所示。

图 9.3.4 只给出了主板和一块处理板的处理节点的连接情况,图中 Dig 0(digital image grab 0)是采集模块,Disp 0(Digital image display 0)是显示模块,Node 0 是 0 号处理节点,Dig 0、Disp 0、Node 0 在主板上。Node 0 的逻辑框图如图 9.3.4 下半部分所示(大虚线框内),包括有一片 TMS320C80、一片 NOA、一个 SDRAM 缓存和一片 VIA,这也是每个处理节点的硬件资源。处理节点 Node 1、Node 2 在一块处理板内,除此以外,GENESIS 系统还可以级联更多的处理节点(Node 3~Node 12)。各模块由 Grab、VM 通道和 PCI 总线连接在一起形成整个系统。

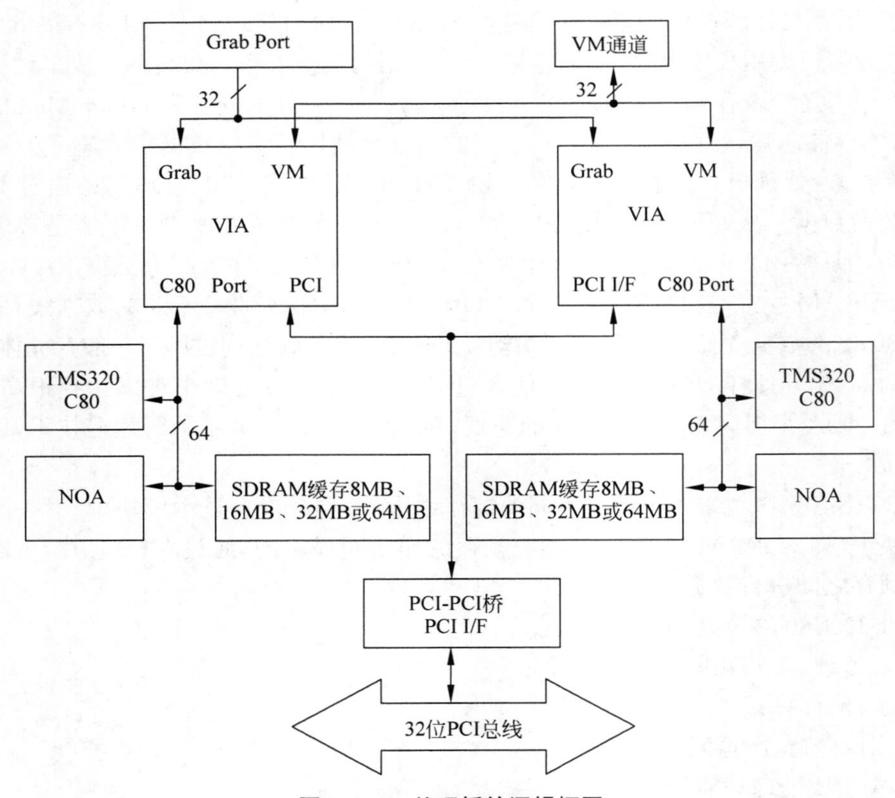

图 9.3.3 处理板的逻辑框图

GENESIS 系统处理节点的连接具有如下优点：

- 多节点可用于 SIMD、MIMD 并行处理方式；
- 处理方式可采取不同处理器处理一幅图像的不同区间，也可采取不同处理器处理不同的图像序列；
- 支持并行或流水线以及并行、流水线组合的拓扑结构。

GENESIS 系统的处理速度：

- 两幅图像相加：8.2ms；
- 两幅图像相乘：9.7ms；
- 直方图统计：6.2ms；
- 灰度腐蚀/膨胀：34.7ms。

2003 年，Matrox 公司又推出了性能更加强大的 Odyssey XCL 系统，其板卡如图 9.3.5 所示。

Odyssey XCL 系统采用了自行设计的高密度专用芯片 Oasis ASIC，集成了 PCI 桥、连接控制器和像素加速器。对于 512×512×8bit 的图像，3×3 的卷积为 0.163ms；5×5 的卷积为 0.225ms；11×11 的卷积为 0.965ms。在图像板卡领域，其处理速度已达到当时的国际最高水平。

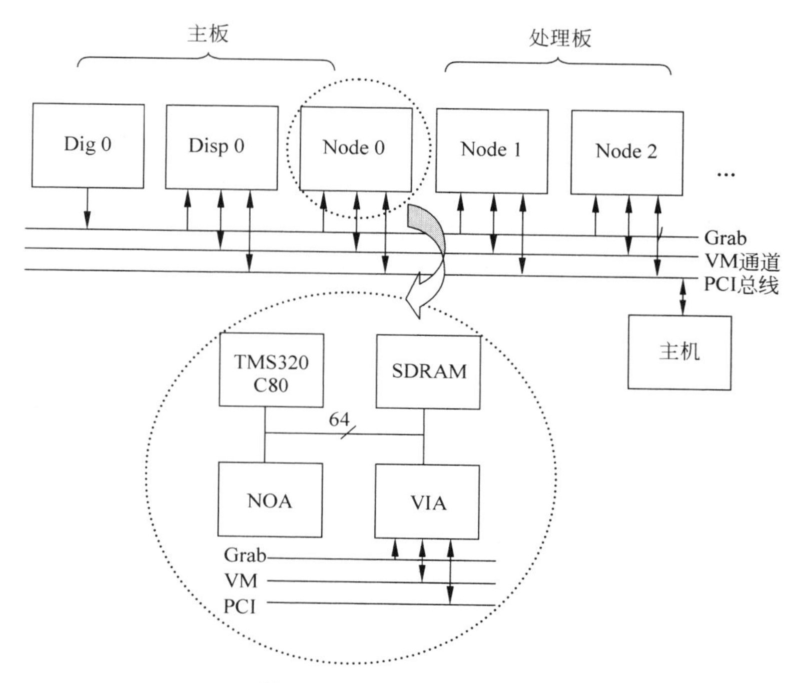

图 9.3.4 处理节点的连接

图 9.3.5 Odyssey XCL 板卡

9.4 基于 IMS A110 的图像并行处理

英国 INMOS 公司于 1987 年推出 IMS A100 级联型信号处理器,该处理器具有如下特点:

- 16 位 32 级横向滤波器;
- 可完全级联,不影响运算速度;
- 系数的字宽可选为 4bit、8bit、12bit 或 16bit;
- 20MB/s 的数据吞吐率。

IMS A100 在图像处理中的主要应用范围:

- 数字滤波；
- 相关和卷积；
- 离散傅里叶变换。

继 IMS A100 芯片面市之后，INMOS 公司于 1988 年推出了 IMS A110 级联型信号处理器，该处理器是适合高速图像处理和信号处理的可重构和可级联的单片子系统，它除了具有高速的乘法-累加能力以外，还支持数据调节和数据变换的可编程性。IMS A110 含有一个可组合的乘法-累加器阵列、三个可编程的长度为 1120 级的移位寄存器、一个多功能后处理单元以及为了组合和控制用的微机接口。该处理器具有如下特点：

- 可由软件组合的一维/二维卷积/滤波器；
- 可编程行延迟器(0～1120 级)；
- 21 级乘法-累加器；
- 一维(21)或二维(3×7)卷积窗；
- 供数据变换的后处理单元；
- 卷积窗的尺寸和精度可通过级联进行扩展；
- 最小的流水线周期时间为 50ns。

图 9.4.1 给出了 IMS A110 处理器的结构框图。

图 9.4.1 中，PSRin(Programmable Shift Registor input，可编程移位寄存器输入)为 8 位输入端口，PSRout(Programmable Shift Registor output，可编程移位寄存器输出)为 8 位输出端口，MUX(multiplex，多路转换)选择 PSRin 的数据或选择三行延迟的数据。Cin(Cascade input，级联输入)为 22 位的级联输入端口，Cout(Cascade output，级联输出)为 22 位的级联输出端口。IMS A110 的处理核心包括：

- 三路可重构的乘-累加阵列(如图中虚线框所示)，每一路乘-累加阵列包括 7 个乘法器、7 个加法器、7 个单点延迟器(由 D 触发器构成)和两个 7×8bit 的系数寄存器(CR0、CR1)。每一路乘-累加阵列都设置两个系数寄存器，便于微机随时加载系数寄存器，当使用 0 路系数寄存器的数据进行运算时，微机可加载 1 路系数寄存器，反之亦然。
- 三路可编程、最大长度为 1120 级的移位寄存器(PSRa、PSRb、PSRc)。
- 一个后处理器，包括移位器、级联加法器单元、纠正器、统计监控器、数据调节单元。

IMS A110 有 5 个接口，通过它们可以进行数据交换。微机接口允许微机对系数寄存器、配置寄存器、状态寄存器和数据变换表进行访问，其他 4 个接口分别是 PSRin、PSRout、Cin 和 Cout，用于级联和高速数据的输入和输出。如果 N 个 IMS A110 芯片级联，则可以构成一个 $21N$ 的一维横向滤波器或一个 $7X\times3Y$ 的二维窗，其中 X、Y 是满足 $XY\leqslant N$ 的正整数。例如，4 个 IMS A110 芯片级联，可以构成一个 84 级的一维横向滤波器，也可分别构成一个 7×12、14×6、28×3 的二维窗。图 9.4.2 为 IMS A110 级联的示意图。

图 9.4.2 只给出了 3 片 IMS A110 级联的情况。

清华大学电子工程系于 1992 年用 10 片 IMS A110 芯片级联，研制成功 INPF 实时核可编程图像卷积板，实现了最大卷积核为 14×15 的实时卷积，每秒可进行 21 亿次乘加运

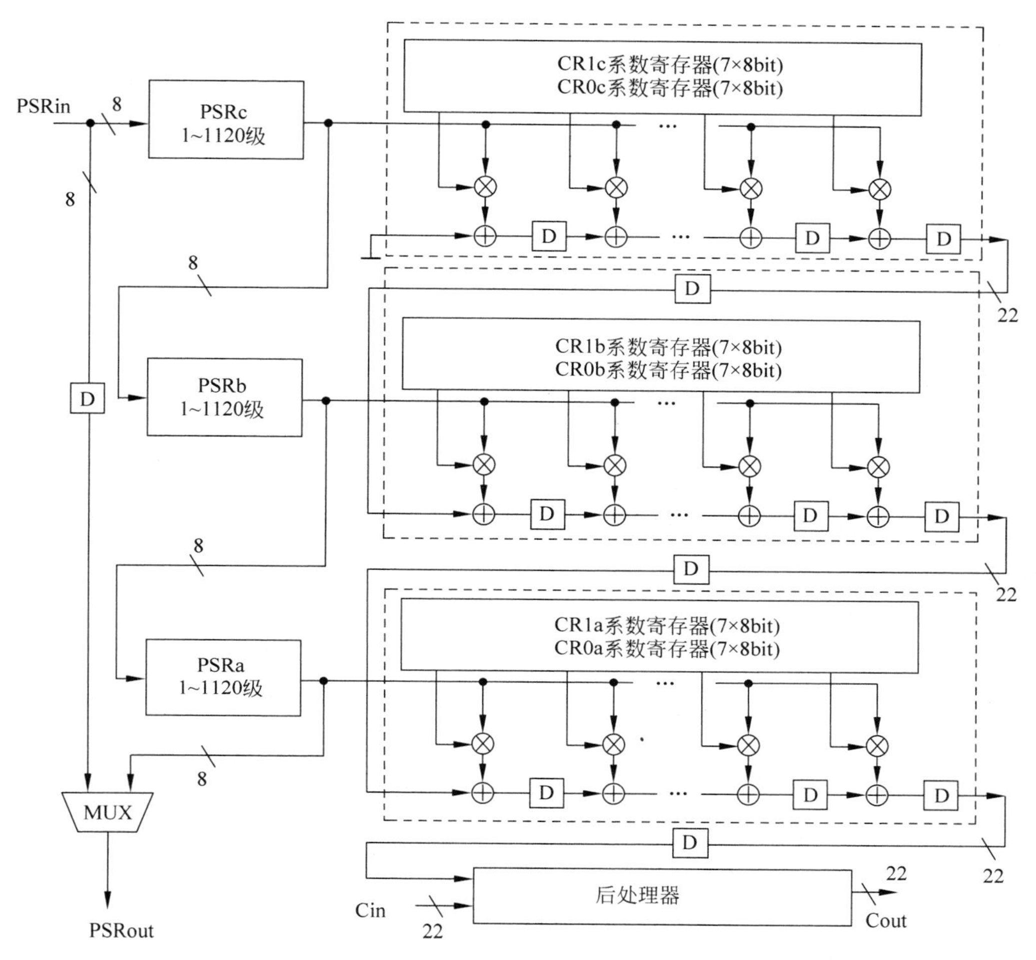

图 9.4.1　IMS A110 处理器的结构框图

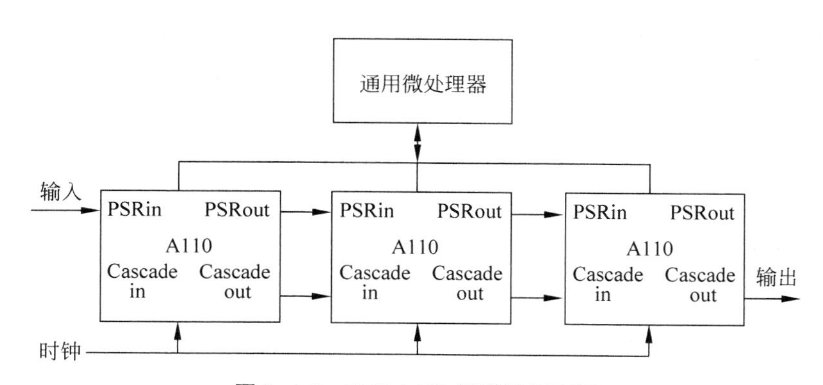

图 9.4.2　IMS A110 级联的示意图

算。INPF 实时核可编程图像卷积板电路结构框图如图 9.4.3 所示。

INPF 实时核可编程图像卷积板是插在 PC ISA 插槽上的一块电路板，源图像数据的输入和结果图像数据的输出既可以经过微机 ISA 总线，也可以经过视频快总线。这样可以对微机的图像数据进行加速处理，也可以对视频图像进行加速处理。ISA 总线接口除了传送

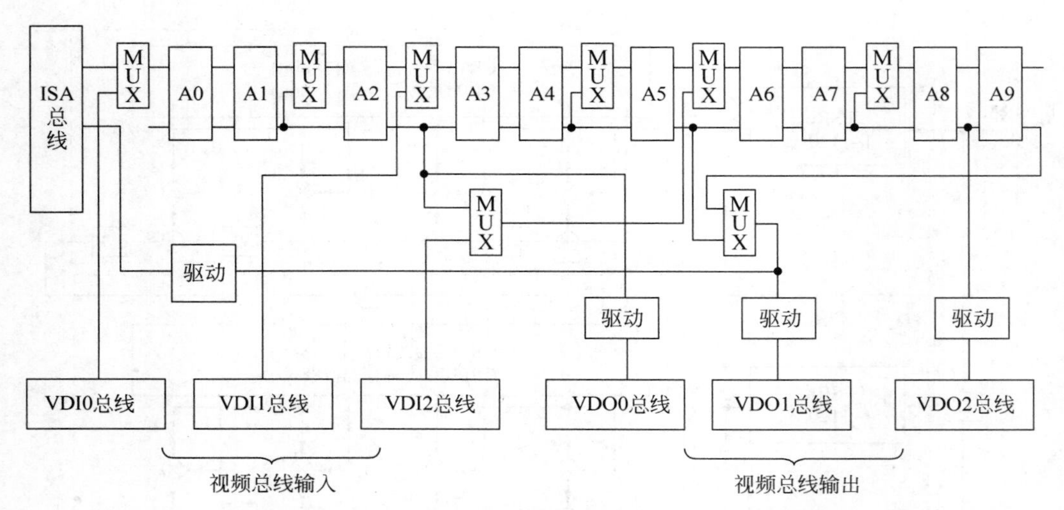

图 9.4.3 INPF 实时核可编程图像卷积板电路结构框图

图像数据以外，还提供 A110 重组和 A110 内部控制的微机编程。快总线接口包括视频数据总线、时钟及控制信号。控制逻辑模块则实现总线的选择以及相应信号的切换。INPF 实时核可编程图像卷积板的主要性能指标为：

- 实时卷积(40ms 处理 512×512×8bit 图像)，乘加运算速度高达 2.1×10^9/s；
- 卷积核可变，最大可达 14×15。

图 9.4.3 中 MUX 模块的功能是进行多路数据选择，视频总线分输入视频总线和输出视频总线，输入视频总线和输出视频总线各包括 3 路，每路 8bit。INPF 实时核可编程图像卷积板结构灵活，可实现多种功能组合。

(1) 单级大核卷积。将卷积核的行数设置为 3 的整倍数(如 5 倍)，将卷积核的列数设置为 7 的整倍数(如 2 倍)，则可实现卷积核为 14×15(列×行)的实时卷积。

(2) 多级流水处理。将前级的处理结果有选择地送入后级的流水输入口，可以执行多级流水线处理。如实现高斯-拉普拉斯算子，第一级流水处理完成高斯滤波，第二级流水处理完成拉普拉斯算子，全部处理只需 40ms 的时间。

(3) 多路并行处理。例如，第一组包括 0 号、1 号、2 号 A110 芯片，处理 VDI0 总线输入的视频图像信号；第二组包括 3 号、4 号、5 号 A110 芯片，处理 VDI1 总线输入的视频图像信号；第三组包括 6 号、7 号、8 号 A110 芯片，处理 VDI2 总线输入的视频图像信号。

(4) 混合处理。例如，将 A 图像置于第一组，B 图像置于第二组，在第三组则实现 A、B 间运算。

INPF 实时核可编程图像卷积板利用 A110 芯片的后处理器，可以实时完成灰度图像变换等多种处理。

INPF 实时核可编程图像卷积板是靠行延迟实现邻域处理的，取得了很高的单板处理速度，但整个系统的硬件代价较高。

习题 9

习题 9.1　Matrox 公司推出的 GENESIS 系统，处理模块包括 TI 公司的 TMS320C80 和一片自行设计的邻域操作加速器专用芯片。为什么重复设计处理器？

习题 9.2　如图 9.4.1 所示的 IMS A110 处理器的结构，请指出具有行延迟功能的具体模块，并说明行延迟电路的缺点。

习题 9.3　总结图 9.4.3 所示的 INPF 实时核可编程图像卷积板电路结构的优缺点。

第10章

基于邻域存储体的二维计算

图像处理速度一直是图像界关注的热点。在军事上的目标跟踪、生产流水线的物品缺陷检测以及在许多高速的图像分析、识别中，常常要求高速的图像处理。长期以来，业界把注意力主要集中在应用高性能的CPU、GPU和DSP方面。著名的摩尔定律带来了计算机性能的快速提升，PC 286、386、486、586等这种快速升级的速度让用户难以适应，而许多应用也得益于这种速度的快速提升，以至于有的科研人员提出了“计算机速度这么快了，还有必要去研究图像并行处理技术吗”的疑问。2001年，Intel公司的专家在国际会议上发表主题演讲时表示，如果继续沿着提高CPU速度的设计思路，芯片会在2010年跟核反应堆一样热，而到2015年将达到太阳表面的温度。在未来，性能将来自同步多线程技术，可能要将多个CPU核心集成到一个芯片上。大约在2004年，业界改变了单纯提升计算机频率的做法，而多核技术有了大的发展，“CPU+GPU”的架构成为计算芯片的主流架构。2012年，中国研制成功了当时世界运算速度最快的超级计算机“天河-1A”，使用了“CPU+GPU”架构，配备了7168个GPU。

当前，由于大数据和深度学习的需要，计算规模也急剧扩张。其代价不仅仅是计算设备耗资巨大，其大功耗、大机房面积带来的负担也不容低估。

冯·诺依曼结构的影响不仅仅存在于计算机的体系结构方面，也存在于数据结构方面。就图像处理而言，当前的数字图像处理系统有两种基本的图像数据类型：随机单点数据和行顺序的流水线数据。在这种数据结构的影响下，图像硬件处理的速度和功能严重受到限制。加拿大Matrox公司曾推出了GENESIS系统，该系统采用美国TI公司的内置5个DSP的TMS320C80芯片，同时还另配有邻域操作加速器(Neighborhood Operations Accelerator，NOA)，并在其产品简介中特别强调NOA在邻域处理方面具有优于TMS320C80的处理能力。由此可见，高性能的DSP仍不能适应图像邻域数据处理。清华大学于1990年研制成功的INPF核可变实时图像卷积卡，10片IMS-A110芯片级联，对512×512像素图像实现14×15卷积，耗时40ms。虽然INPF和GENESIS系统达到了较高的水平，但本质上还是一维流水计算，只是采用了行延迟电路来形成二维数据。这种做法，致使系统资源消耗大、处理速度不够理想。

时至今日，笔者所看到的采用延迟线技术的单芯片所形成的最大邻域数据为11×11。

可以说，邻域图像处理，特别是大邻域图像处理的速度，是制约图像处理技术广泛应用的一个瓶颈。从某种意义上来说，也制约了图像处理算法的发展。我们现在看到的深度学习神经网络主要以 3×3 卷积为主，而五尺度八方向的 Gabor 滤波，其最大的二维卷积核为 41×41。与 3×3 卷积相比，大尺度卷积的计算复杂度确实高。至于在识别性能方面，二者孰优孰劣，还需要多加研究。

当前，深度学习的应用取得了令人瞩目的发展，也被誉为是在人工智能领域中的重大突破。但其训练的时间过长，主要耗时在大量的卷积运算上。如果能大幅度缩短深度学习的训练时间，将使深度学习技术得到更加广泛的应用。显然，研究高效的二维数据处理技术，将具有重要的理论意义和应用价值。

我们曾在 1983 年发表了《物体的边界跟踪和周长面积的确定》论文，该研究用到了链码结构的边界跟踪等涉及图像邻域处理的算法，意识到图像邻域处理速度问题的重要性。1987 年发表了《高效率的图像帧存》论文，提出了并行存取邻域数据的科学思想。1992 年进行二值图像邻域处理机的研制，1997 年研制成功 NIPC-1 型邻域图像并行计算机，实时实现了 2×2 邻域图像的并行处理；1999 年发表了《邻域图像帧存储体的理论及其实现》论文，论述了邻域存储体的结构原理，实现了邻域图像的并行存取。1999 年研制成功 NIPC-2 型邻域图像并行计算机，实时实现了 3×3 邻域图像的并行处理。2000 年发表了《邻域图像处理机中新型的功能流水线结构》论文，提出了邻域图像并行处理机结构和功能流水线结构。2008 年研制成功 NIPC-3 型邻域图像并行计算机，超实时地实现了 25×24 邻域图像的卷积。2009 年发表了论文 *Theory and application of image neighborhood parallel processing*，提出了邻域图像并行计算机的基本原理。当前，我们继续开展基于邻域存储体的二维计算的研究。

10.1　基于邻域存储体的二维计算的基本原理与系统结构

按照图像“处理锥”的概念，图像处理的算法可归纳为数据处理层、信息提取层、知识应用层 3 个层次。数据处理层中的邻域处理算法要求的邻域数据结构，称为并行的邻域数据结构，如 Roberts 算子的 2×2 数据结构、Sobel 算子的 3×3 数据结构等。数据处理层中的点处理算法，在行方向上的相邻 M 点或在列方向上的相邻 N 点也是并行的点处理算法的邻域数据结构，两者的区别在于，邻域算法一次邻域处理的结果是一个数，而点处理算法的一次邻域处理的结果是 N 个数（N 为一次邻域处理的数据量）。在信息提取层和知识应用层中，并行的算法数据结构则类似于数据处理层中的点处理算法和邻域处理的数据结构。在邻域图像处理中，不同的算法可能有相同的并行算法数据结构，我们归纳的常用并行算法的数据结构如图 1.3.8 所示。

显然，要想提高图像处理速度，就需要设计一种能处理邻域多数据的高效系统，既需要设计高效的存储体，还需要设计高效的**二维流处理器**（2D Pipeline Processing，2D-PP）。

定义 10.1.1　邻域存储体

在存储芯片的一个读或写周期里，能够并行存取邻域多数据的存储体，称为邻域存储体，记为 N-M（Neighborhood-Memory）。

我们提出的基于邻域存储体的二维计算，包括邻域算法、邻域数据存取、邻域处理 3 部分。邻域算法，是指算法的数据结构是并行的邻域数据结构，既包括邻域算法的邻域数据结构，还包括点处理算法的邻域数据结构。邻域数据存取是指对邻域存储体数据的存取具有邻域性、并行性。这种邻域性既包括二维多数据，也包括行邻域的一维多数据、列邻域的一维多数据。邻域处理是指处理器处理的数据是邻域多数据，而且处理是并行的。基于邻域存储体的二维计算通盘考虑了算法的数据结构、存储体存取的数据结构、处理的数据结构之间的有机联系，即同时具有算法的数据结构、存储体存取的数据结构、处理的数据结构的邻域性和并行性。

图 10.1.1 给出了基于邻域存储体的二维计算的数据结构示意图。

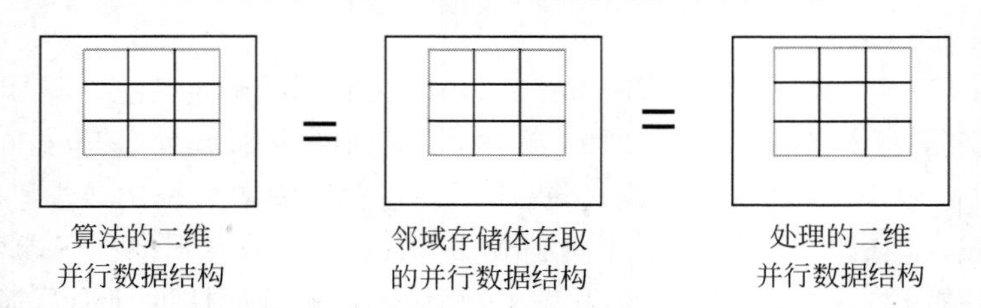

图 10.1.1　基于邻域存储体的二维计算数据结构

我们知道，如果处理器（包括多处理器）能力很强，而数据供应不上，则不能充分发挥处理器的作用；反之，如果数据是高度并行的，而处理器的能力又很有限，则不能及时地处理这些数据，同样也达不到高速处理的目的。基于邻域存储体的二维计算强调了算法所要求的数据的存取和处理都具有邻域性和并行性。这样，既实现了数据的高流通量，又实现了高流通量的数据的高速处理。

基于邻域存储体的二维计算的本质就是算存算一体（即算法、存储、处理一体）的二维内存计算，该计算有 4 个显著的特点：

（1）内存计算。计算的数据直接来自存储体，数据存取速度快。

（2）算法的数据是邻域的多数据。

（3）并行存取的数据是邻域的多数据。

（4）并行处理的数据是邻域的多数据。

我们知道，内存的存取速度大大高于硬盘的存取速度。如果一次读硬盘的时间为 5ms，一次读内存的时间为 5ns，则读内存的速度比读硬盘的速度快 100 万倍。发展内存计算，建立内存数据库，成为新的应用方式。全球更多的企业会将明细数据导入内存，以提升商务智能应用的性能，内存的容量也会扩大。目前，计算机内存已超过 2TB。但是，这种内存计算只是一维内存计算。与一般意义上的内存计算不同的是，基于邻域存储体的二维计算，是二维的，其优势是显而易见的。

我们知道，五尺度八方向的 Gabor 滤波，各个尺度对应的卷积运算的尺度分别为：1 尺度为 11×11、2 尺度为 15×15、3 尺度为 21×21、4 尺度为 31×31、5 尺度为 41×41。这是 Gabor 滤波要求的二维数据结构，利用邻域存储体，在一个时钟周期内获得各尺度的邻域数据（如 41×41 点），而邻域处理器则在一个时钟周期内并行地完成对应尺度的图像卷积。这种方式和一个时钟仅仅读一个数据再处理的系统相比，效率的提升将是非常明显的。值得指出的是，二维流水计算是一种具有发展潜力的计算方式，采用高的流水速率和大尺度的二维流水数据，其数据处理的吞吐量大；和一维的流水计算相比，也将获得更高的加速比。

建筑在并行性、同一性数据结构基础之上的邻域并行处理机的核心部分是邻域存储体和二维流数据并行处理器，其设计思想就是邻域存储体提供并行的邻域数据，二维流数据并行处理器则高速地对并行的邻域数据进行并行处理。邻域并行处理器的算法数据是邻域的、存取数据是邻域的、处理的数据也是邻域的。我们所说的邻域数据，就是指一个数据的集合，属于多数据的概念。在邻域并行处理机中，对于邻域存储体并行提供的邻域数据，可以执行同一种算法，也可以执行不同的多种算法。所以，邻域图像并行处理机可以归类为多数据、多指令范畴。图 10.1.2 给出了基于邻域存储体的二维计算的基本处理结构。

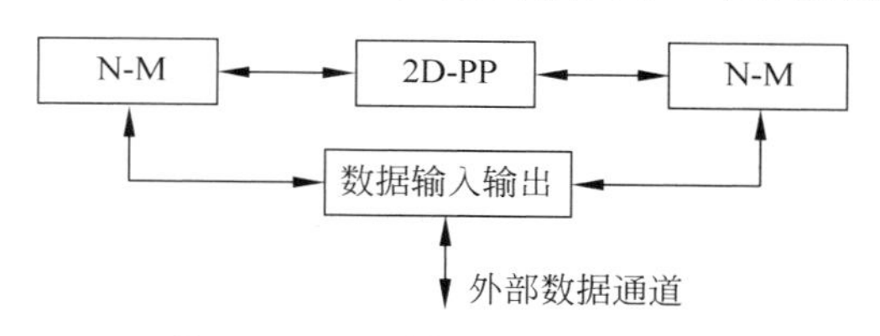

图 10.1.2　基于邻域存储体的二维计算的基本处理结构

图 10.1.2 所示是一个包括数据输入、输出在内的基本处理结构，这是一个双向的处理结构。假定原始数据送入左边的邻域存储体，该存储体高效输出的邻域数据经过二维流处理模块的高效处理后，再高效地写入右边的邻域存储体。如果需要对右边邻域存储体的数据进行再处理，则高效读出该存储体的邻域数据，送入二维流水处理，继而将处理后的结果高效存储在左边的邻域存储体中。这种结构，特别适用于深度学习，既可以进行正反向传播的流水计算，还可以对单方向的多级、多次卷积进行高效的处理。这种双向的乒乓结构，保证了数据的通畅，明显提升了处理速度，这一点在后续介绍的 NIPC-4 中也得到验证。

对于大数据的处理，可采用如图 10.1.3 所示的基于邻域存储体的二维计算的集群系统结构。

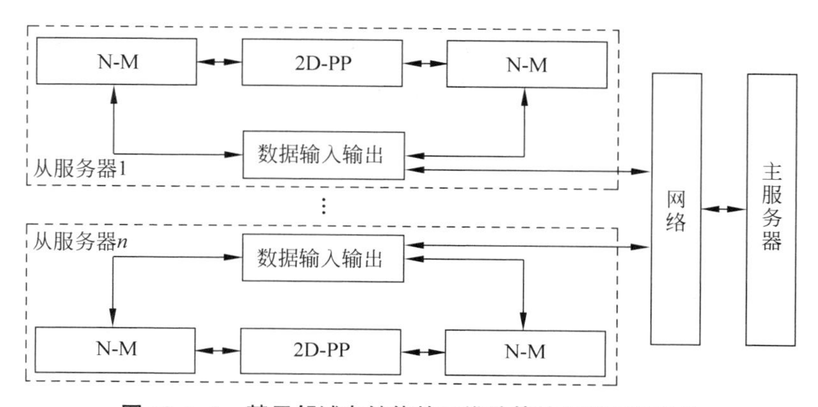

图 10.1.3　基于邻域存储体的二维计算的集群系统结构

显然，必须根据实际应用的需要，确定图 10.1.3 中邻域存储体的容量和字长。同时，也必须满足计算量远大于通信量的集群计算机的设计准则。

基于邻域存储体的二维计算的难点在于如何实现邻域数据的并行存取。为了解决这一难点，我们设计了邻域存储体。

10.2 邻域存储体

10.2.1 邻域存储体的邻域数据类别

当前的数字图像处理系统，其图像帧存储体的数据有两种基本的形式：随机单点和顺序单行，其数据形式如图 10.2.1 所示。A/D、D/A 使用顺序单行的数据流，组织形式如图 10.2.1(b)所示。有的硬件处理器也使用这种顺序单行的数据组织形式；微机存取一般使用随机单点的数据，其组织形式如图 10.2.1(a)所示，有的硬件处理器也使用这种随机单点数据的组织形式。对于图 10.2.1(b)所示的行方向的数据流，其地址组织是线性的，这种线性地址结构是由视频图像的规律性决定的，即在水平方向按照从左到右递增，在垂直方向按照从上到下递增，对一行数据寻址结束后转到下一行，由此就形成了一个一维的线性地址空间。对这样单行数据流的图像数据，一般的硬件处理器是不能直接加以使用以实现实时的邻域图像处理的。为达到实时的邻域图像处理，一种做法是在系统中附加邻域数据形成电路，这些电路基本采用了行延迟的方法。单点或单行的串行数据流显然是影响处理速度的一个瓶颈，而设计一种能够提供并行的结构化的二维图像数据的邻域存储体，正是高速图像处理的迫切需要。

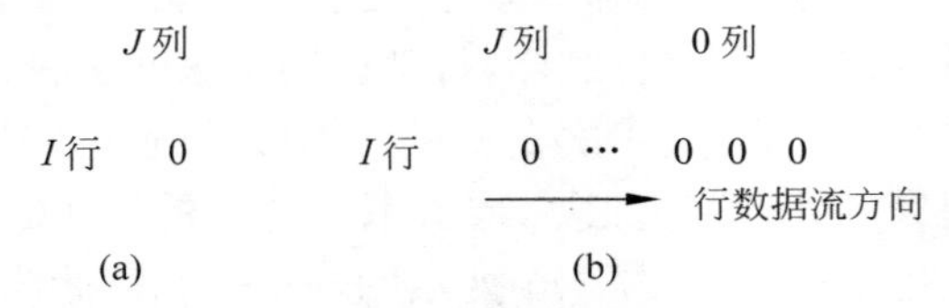

图 10.2.1 图像帧存数据流的两种基本形式

邻域存储体存取的邻域数据可以是多位的，这些邻域数据可以是灰度图像、彩色图像邻域数据。邻域存储体存取的邻域数据的长度也可以是 1bit，这类邻域数据可以是二值图像的邻域数据。邻域存储体在一个读写操作周期里，能够同时读出或写入以下类型的邻域数据：

(1) 水平方向的一维邻域数据；

(2) 垂直方向的一维邻域数据；

(3) 二维邻域数据。

一维邻域数据，包含的是相邻的多个数据。在二维邻域数据读写模式中，在相邻两次读写操作时，其邻域数据的起始地址(右上角一点的地址)可以是随机的，也可以是连续的。

在实际应用中，由于算法不同，有时需要多种尺寸的邻域数据，这也正是邻域存储体应该具有的灵活性。当我们设计一个邻域存储体时，应该界定一个邻域核，在这个邻域核以内，能够支持小于邻域核的邻域数据的并行存取，即在一个读周期内，可能具有并行读出多个邻域图像数据的能力。

定义 10.2.1 存储体邻域核

在存储体的一个读或写操作周期内，能够同时读出或同时写入二维邻域数据，其二维邻域数据的矩阵表示形式，称为存储体邻域核。

存储体邻域核的大小体现了邻域存储体具有的邻域数据并行存取能力，也在一定程度上反映了邻域处理的能力。

10.2.2　邻域存储体并行存取二维邻域数据

我们知道，在存储体中，对单个存储芯片进行操作，不管存储芯片内部结构如何，从存储芯片外部来看，在一个读写周期内不能同时存取处于不同地址的两个存储单元（这里所提的从存储芯片外部来看，就是不考虑存储器芯片内部的特殊结构，如 VRAM 存储器芯片在传输周期所进行的一行数据并行传输的特殊情况）。要想并行存取二维邻域数据，一种办法就是采用多个存储芯片的堆叠技术，并对这个存储芯片阵列进行正确的分组，由此组成邻域存储体，以实现邻域数据的并行存取。

10.2.2.1　存储芯片的二维堆叠

存储芯片的 2×2 堆叠可以并行存取 2×2 邻域数据，3×3 堆叠可以并行存取 3×3 邻域数据。图 10.2.2 给出了存储芯片二维堆叠的示意图。

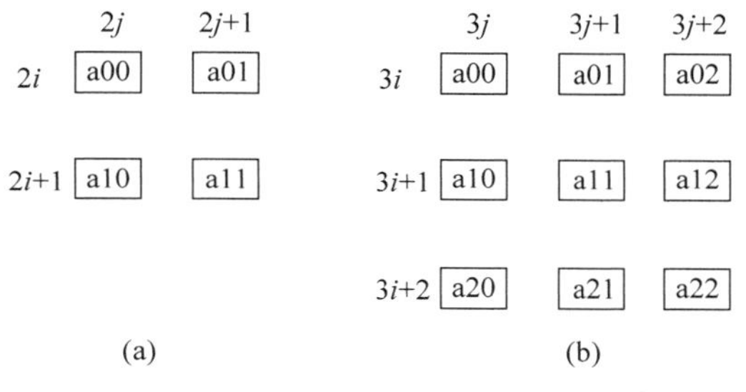

图 10.2.2　存储芯片二维堆叠示意图

图 10.2.2(a)是存储芯片 2×2 堆叠的示意图，a00、a01、a10、a11 是 4 个存储芯片，$2j$、$2j+1$ 是芯片分组的列地址表示，$2i$、$2i+1$ 是芯片分组的行地址表示。图 10.2.2(b)是存储芯片 3×3 堆叠的示意图，a00～a22 是 9 个存储芯片，$3j$、$3j+1$、$3j+2$ 是芯片分组的列地址表示，$3i$、$3i+1$、$3i+2$ 是芯片分组的行地址表示。我们来讨论 3×3 堆叠的邻域存储结构。图中有 9 个地址、数据独立的存储芯片组成 3×3 阵列。行列地址为$(3i,3j)$的数据存储在 a00 芯片内，行列地址为$(3j+1,3i)$的数据存储在芯片 a01 内……以第 0 行的 512 个数据为例，第 0 行第 0 列的数据存储到 a00 中，第 1 列的数据存储到 a01 中，第 2 列的数据存储到 a02 中，第 3 列的数据存储到 a00 中……这是一个轮换存储过程，按照这种存储规律来分组存储邻域数据，就可以保证任何一个 3×3 邻域数据都处在不同的存储芯片内，也就可能实现 3×3 邻域数据的并行存取了。为了揭示类似于图 10.2.2 所示的邻域存储结构的存储规律，在此我们引入了轮换矩阵的概念。

设有 $m\times n$ 矩阵 $\boldsymbol{A}=[a_{ij}]$和 $p\times q$ 矩阵 $\boldsymbol{B}=[b_{kl}]$，并且 $\boldsymbol{B}$ 的所有元素为 1，即 $\forall k$、l，$b_{kl}=1$，那么矩阵 $\boldsymbol{B}\otimes\boldsymbol{A}$ 的任何一个 $m\times n$ 子矩阵，都称为矩阵 $\boldsymbol{A}$ 的一个轮换矩阵。其中，符号$\otimes$代表矩阵的直积，又称克罗内克积(Kronecker product)。显然矩阵 $\boldsymbol{A}$ 是它自身的一个轮换矩阵。

对于 3×3 的存储结构，我们以矩阵 $\boldsymbol{A}$ 来表示。同时，我们设立 2×2 全 1 的矩阵 $\boldsymbol{B}$。

$$\boldsymbol{A}=\begin{bmatrix}\mathrm{a00} & \mathrm{a01} & \mathrm{a02}\\ \mathrm{a10} & \mathrm{a11} & \mathrm{a12}\\ \mathrm{a20} & \mathrm{a21} & \mathrm{a22}\end{bmatrix},\quad \boldsymbol{B}=\begin{bmatrix}1 & 1\\ 1 & 1\end{bmatrix}$$

那么，$\boldsymbol{B}$ 与 $\boldsymbol{A}$ 的直积为

$$\boldsymbol{B}\otimes\boldsymbol{A}=\begin{bmatrix}\mathrm{a00} & \mathrm{a01} & \mathrm{a02} & \mathrm{a00} & \mathrm{a01} & \mathrm{a02}\\ \mathrm{a10} & \mathrm{a11} & \mathrm{a12} & \mathrm{a10} & \mathrm{a11} & \mathrm{a12}\\ \mathrm{a20} & \mathrm{a21} & \mathrm{a22} & \mathrm{a20} & \mathrm{a21} & \mathrm{a22}\\ \mathrm{a00} & \mathrm{a01} & \mathrm{a02} & \mathrm{a00} & \mathrm{a01} & \mathrm{a02}\\ \mathrm{a10} & \mathrm{a11} & \mathrm{a12} & \mathrm{a10} & \mathrm{a11} & \mathrm{a12}\\ \mathrm{a20} & \mathrm{a21} & \mathrm{a22} & \mathrm{a20} & \mathrm{a21} & \mathrm{a22}\end{bmatrix}\tag{10.2.1}$$

矩阵 $\boldsymbol{B}\otimes\boldsymbol{A}$ 的任何一个 3×3 子矩阵，都称为矩阵 $\boldsymbol{A}$ 的一个轮换矩阵。矩阵 $\boldsymbol{B}\otimes\boldsymbol{A}$ 中的任何一个 3×3 的子矩阵都是矩阵 $\boldsymbol{A}$ 的一个轮换矩阵，我们以 3×3 子矩阵的左上角元素作为该轮换矩阵的名称，如式(10.2.1)虚线框所示的轮换矩阵，称为 $\boldsymbol{A}_{12}$ 轮换矩阵。由轮换矩阵的概念可以看出，矩阵 $\boldsymbol{A}$ 的轮换矩阵是 $\boldsymbol{A}$ 中各元素在行、列方向经循环轮换移位而形成的。我们每一次读，都能读出式(10.2.1)中的任意一个 3×3 邻域的数据。同理，我们每一次写，都能将 3×3 邻域的数据写入 3×3 邻域存储体中。

如果把 3×3 的存储体阵列扩展为 4×4 的存储体阵列，来组成一个 4×4 邻域存储体。对于 4×4 的存储结构，我们仍以矩阵 $\boldsymbol{A}$ 来表示：

$$\boldsymbol{A}=\begin{bmatrix}\mathrm{a00} & \mathrm{a01} & \mathrm{a02} & \mathrm{a03}\\ \mathrm{a10} & \mathrm{a11} & \mathrm{a12} & \mathrm{a13}\\ \mathrm{a20} & \mathrm{a21} & \mathrm{a22} & \mathrm{a23}\\ \mathrm{a30} & \mathrm{a31} & \mathrm{a32} & \mathrm{a33}\end{bmatrix},\quad \boldsymbol{B}=\begin{bmatrix}1 & 1\\ 1 & 1\end{bmatrix}$$

则 $\boldsymbol{B}$ 与 $\boldsymbol{A}$ 的直积为

$$\boldsymbol{B}\otimes\boldsymbol{A}=\begin{bmatrix}\mathrm{a00} & \mathrm{a01} & \mathrm{a02} & \mathrm{a03} & \mathrm{a00} & \mathrm{a01} & \mathrm{a02} & \mathrm{a03}\\ \mathrm{a10} & \mathrm{a11} & \mathrm{a12} & \mathrm{a13} & \mathrm{a10} & \mathrm{a11} & \mathrm{a12} & \mathrm{a13}\\ \mathrm{a20} & \mathrm{a21} & \mathrm{a22} & \mathrm{a23} & \mathrm{a20} & \mathrm{a21} & \mathrm{a22} & \mathrm{a23}\\ \mathrm{a30} & \mathrm{a31} & \mathrm{a32} & \mathrm{a33} & \mathrm{a30} & \mathrm{a31} & \mathrm{a32} & \mathrm{a33}\\ \mathrm{a00} & \mathrm{a01} & \mathrm{a02} & \mathrm{a03} & \mathrm{a00} & \mathrm{a01} & \mathrm{a02} & \mathrm{a03}\\ \mathrm{a10} & \mathrm{a11} & \mathrm{a12} & \mathrm{a13} & \mathrm{a10} & \mathrm{a11} & \mathrm{a12} & \mathrm{a13}\\ \mathrm{a20} & \mathrm{a21} & \mathrm{a22} & \mathrm{a23} & \mathrm{a20} & \mathrm{a21} & \mathrm{a22} & \mathrm{a23}\\ \mathrm{a30} & \mathrm{a31} & \mathrm{a32} & \mathrm{a33} & \mathrm{a30} & \mathrm{a31} & \mathrm{a32} & \mathrm{a33}\end{bmatrix}\tag{10.2.2}$$

矩阵 $\boldsymbol{B}\otimes\boldsymbol{A}$ 的任何一个 4×4 子矩阵(如虚线框)，都称为矩阵 $\boldsymbol{A}$ 的一个轮换矩阵。和 3×3 存储结构一样，我们每一次读，都能读出式(10.2.2)中的任意一个 4×4 邻域的数据。同理，我们每一次写，都能将 4×4 邻域的数据写入 4×4 邻域存储体中。

如果用图 10.2.3 所示的设计简图来设计 4×4 邻域存储体，就需要 16 个独立编址的存储芯片。从图 10.2.3 可以看出，由 16 个独立的存储芯片构成了一个 4×4 邻域的邻域存储体。每一个存储芯片都有自己独立的地址线(AN)和数据线(DN)，这是一个相对复杂的电路设计。如果每个存储芯片的地址线为 20bit、数据线为 24bit，还有时序电路的设计，具体实现的难度相当大。如果使用类似于图 10.2.3 的存储结构来设计一个实现并行存取 8×8

邻域的邻域存储体，这可能让设计人员感到束手无策。

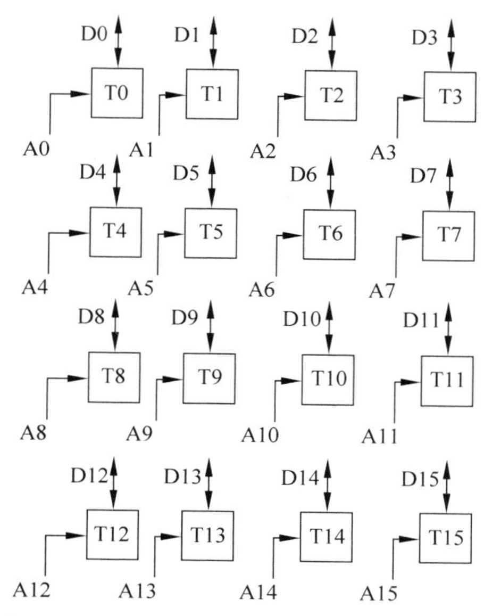

图 10.2.3 一种 4×4 邻域存储体的设计简图

矛盾发生了。一方面，想并行存取更大邻域数据；另一方面，希望电路更简单。采用芯片堆叠技术，可以直接实现邻域数据的并行存取。而堆叠技术本身就是一种拼资源的技术。但是，实现大邻域的并行存取，资源消耗过大，也是一个需要解决的难题。也就是说，沿着存储芯片堆叠的技术路线走，必须解决资源消耗过大的问题。

10.2.2.2 存储芯片数据位二维分段裂变

在计算中，有计算精度之分，半精为 16bit、全精为 32bit、双精度为 64bit。DSP 也有定点、浮点的区别。存储芯片的每一个地址对应的数据位有长短区别，当前的 DRAM，数据位有 32bit、64bit、128bit，DDR5 的数据位高达 384bit。如果存储一幅 8bit 的灰度图像，则大部分处于高位的数据均是“0”。如果存储一幅二值图像，则更多的高位的数据均是“0”。也就是说，有很多场合，我们可以充分利用存储芯片数据位的字长优势，存储多个低位的数据。如存储芯片数据位为 32bit，可以存储 8bit 灰度图像的 4 像素。这是一种存储芯片数据位的分段裂变。这里的分段，是指 8bit 为一段。一段，即为一个地址对应 8bit 数据位。分段裂变有二维分段裂变和一维分段裂变之分。二维分段裂变，是指分段的地址是二维的。在二维分段裂变中，令存储芯片的地址为 $A(x,y)$，其字长为 Mbit。将 Mbit 平均分为 N(N 为偶数)段，即将 Mbit 从低位到高位裂变为 $A(x,y)$，$A(x+1,y)$，$A(x,y+1)$，$A(x+1,y+1)$……如果 M/N 不整除，则最后一段的字长，较其他段再增加余数的位数，从而将存储芯片的一个地址裂变为多个地址。至于分段裂变中的“分段”，既包含有每段的位数都相等的含义，也包含有从最低位开始分段的含义。图 10.2.4 给出了一个二维分段裂变示例。

图中，某存储芯片的数据位字长为 32bit，可以分段裂变为 4 个 8bit 的地址位，读写存储芯片时，存储芯片的 1 个地址等效于实际应用的 4 个地址，也可以说，1 个芯片等效于 4 个存储芯片。这样做，芯片少，意味着电路体积小，地址线、数据线、控制线都少了。这对于电路实现来说，非常有意义。

我们曾在构成 4×4 邻域存储体时遇到了资源消耗过大的问题，依靠二维分段裂变技术是不是确实解决了该设计的这一问题，显然，我们需要进行严格的计算。

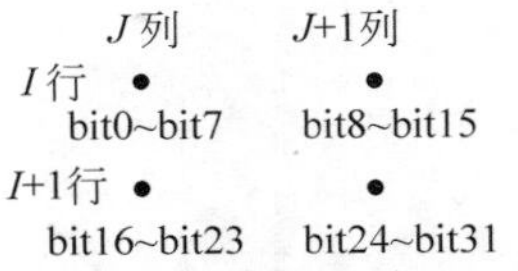

J列 J+1列
I行 bit0~bit7 bit8~bit15
I+1行 bit16~bit23 bit24~bit31

图 10.2.4 二维分段裂变示例

采用二维分段裂变技术，用 C00 芯片替代 a00、a01、a10、a11 芯片，用 C01 芯片替代 a02、a03、a12、a13 芯片，用 C10 芯片替代 a20、a01、a30、a31 芯片，用 C11 芯片替代 a22、a23、a32、a33 芯片。这种二维分段裂变，可以用式(10.2.3)来表示。

$$\boldsymbol{A}=\left[\begin{array}{cc:cc} \mathrm{a00} & \mathrm{a01} & \mathrm{a02} & \mathrm{a03} \\ \mathrm{a10} & \mathrm{a11} & \mathrm{a12} & \mathrm{a13} \\ \hdashline \mathrm{a20} & \mathrm{a21} & \mathrm{a22} & \mathrm{a23} \\ \mathrm{a30} & \mathrm{a31} & \mathrm{a32} & \mathrm{a33} \end{array}\right]=\left[\begin{array}{c:c} \mathrm{C00} & \mathrm{C01} \\ \hdashline \mathrm{C10} & \mathrm{C11} \end{array}\right] \tag{10.2.3}$$

式(10.2.3)所表示的分块矩阵的物理意义是表明 C00、C01、C10、C11 存储体芯片的每一个地址都包含有 2×2 分段裂变的 4 个地址。二维地址的排列以地址矩阵 $\boldsymbol{B}$ 表示。

地址矩阵 $\boldsymbol{B}=\begin{bmatrix}(0,0) & (0,1)\\(1,0) & (1,1)\end{bmatrix}$，那么 $\boldsymbol{B}$ 与 $\boldsymbol{A}$ 的直积为

$$\boldsymbol{B}\otimes\boldsymbol{A}=\left[\begin{array}{cc:cc:cc:cc} (0,0)\mathrm{a00} & (0,0)\mathrm{a01} & (0,0)\mathrm{a02} & (0,0)\mathrm{a03} & (0,1)\mathrm{a00} & (0,1)\mathrm{a01} & (0,1)\mathrm{a02} & (0,1)\mathrm{a03} \\ (0,0)\mathrm{a10} & (0,0)\mathrm{a11} & (0,0)\mathrm{a12} & (0,0)\mathrm{a13} & (0,1)\mathrm{a10} & (0,1)\mathrm{a11} & (0,1)\mathrm{a12} & (0,1)\mathrm{a13} \\ \hdashline (0,0)\mathrm{a20} & (0,0)\mathrm{a21} & (0,0)\mathrm{a22} & (0,0)\mathrm{a23} & (0,1)\mathrm{a20} & (0,1)\mathrm{a21} & (0,1)\mathrm{a22} & (0,1)\mathrm{a23} \\ (0,0)\mathrm{a30} & (0,0)\mathrm{a31} & (0,0)\mathrm{a32} & (0,0)\mathrm{a33} & (0,1)\mathrm{a30} & (0,1)\mathrm{a31} & (0,1)\mathrm{a32} & (0,1)\mathrm{a33} \\ \hdashline (1,0)\mathrm{a00} & (1,0)\mathrm{a01} & (1,0)\mathrm{a02} & (1,0)\mathrm{a03} & (1,1)\mathrm{a00} & (1,1)\mathrm{a01} & (1,1)\mathrm{a02} & (1,1)\mathrm{a03} \\ (1,0)\mathrm{a10} & (1,0)\mathrm{a11} & (1,0)\mathrm{a12} & (1,0)\mathrm{a13} & (1,1)\mathrm{a10} & (1,1)\mathrm{a11} & (1,1)\mathrm{a12} & (1,1)\mathrm{a13} \\ \hdashline (1,0)\mathrm{a20} & (1,0)\mathrm{a21} & (1,0)\mathrm{a22} & (1,0)\mathrm{a23} & (1,1)\mathrm{a20} & (1,1)\mathrm{a21} & (1,1)\mathrm{a22} & (1,1)\mathrm{a23} \\ (1,0)\mathrm{a30} & (1,0)\mathrm{a31} & (1,0)\mathrm{a32} & (1,0)\mathrm{a33} & (1,1)\mathrm{a30} & (1,1)\mathrm{a31} & (1,1)\mathrm{a32} & (1,1)\mathrm{a33} \end{array}\right] \tag{10.2.4}$$

式(10.2.4)中的每个 4×4 子阵，既有 4×4 邻域数据的正确读写，也有 4×4 邻域数据的错误读写，因此我们称矩阵 $\boldsymbol{B}\otimes\boldsymbol{A}$ 内的 4×4 子矩阵为 $\boldsymbol{A}$ 的不完全轮换矩阵。这种不完全轮换矩阵是二维的，因此，我们称其为二维不完全轮换矩阵。

观察式(10.2.4)中的每个 4×4 子阵，我们发现，这种邻域存取方式，其存取有两种不同的结果。第一种邻域存取方式，即左上角芯片编号均为偶数的 4×4 子阵，其包含的元素都处于同一个独立的芯片中，因此 4×4 邻域的读写都是正确的。所以说，每一个在该矩阵中左上角芯片编号的元素为起点的 4×4 邻域能够进行正确的存储体读写。这里指的芯片编号均为偶数，是指芯片的行列编号都为偶数，如 a02、a22 芯片。第二种邻域存取方式，即左上角芯片编号不都为偶数的 4×4 子阵，其包含的元素不都处于同一个独立的芯片中，则不能进行正确的 4×4 邻域读写(如式中的虚线框所包围的 4×4 邻域)，原因在于该邻域存储芯片的地址产生了歧义。为了便于观察，图 10.2.5 单独给出了一个左上角芯片编号不为偶数的 4×4 子阵。

例如，图 10.2.5 的虚线框内第 1 行第 1 个元素 a11 和第 1 行第 4 个元素 a10 同属于一个芯片 C00[见式(10.2.3)]，而此时 a11 的地址为(0,0)，a10 的地址却为(0,1)，则是两个不

(0, 0)a11	(0, 0)a12	(0, 0)a13	(0, 1)a10
(0, 0)a21	(0, 0)a22	(0, 0)a23	(0, 1)a20
(0, 0)a31	(0, 0)a32	(0, 0)a33	(0, 1)a30
(1, 0)a01	(1, 0)a02	(1, 0)a03	(1, 1)a00

图 10.2.5　一个左上角芯片编号不都为偶数的 4×4 子阵

同的地址。众所周知，一个存储芯片，不能同时对两个不同地址寻址，即寻址具有唯一性。提供给 C00 芯片只能是(0,0)、(0,1)中的唯一的一个地址。这就说明了对于左上角芯片编号不都为偶数的 4×4 子阵，不能进行正确的 4×4 邻域读写的根本原因。

在该二维不完全轮换矩阵中。我们发现，对式(10.2.4)中的任何一个 3×3 邻域的并行读写都是正确的，因此这种邻域存储方式适合于 3×3 邻域数据的并行存取，只用 4 个存储器芯片就能实现 3×3 邻域数据的并行读写(如式(10.2.4)中的实线框所示)，而应用 3×3 轮换矩阵却需要 9 个存储芯片，相比之下，利用存储芯片数据位二维分段裂变技术，可以节省大量的存储芯片。这仅仅是 2×2 的分段裂变，如果采用更大邻域的二维分段裂变，节省存储芯片将更多。当然，这种性能的提升，既有赖于二维分段裂变技术，也有赖于芯片堆叠技术。

值得强调的是，二维不完全轮换矩阵会产生错误的存取。如果选择第一种邻域存取方式，即左上角芯片编号均为偶数的 4×4 子阵，则 4×4 邻域的存取都是正确的，这仅仅是一种有限地址的正确存取。如果选择第二种邻域存取方式，则可以进行任意 3×3 邻域数据的正确存取，是一种所有地址的正确存取。显然，从 4×4 邻域降到 3×3 邻域，邻域尺寸降低了，但这种降维的做法对于处理的一致性来说还是非常有意义的。

选择第二种邻域存取方式，并行存取的最大存储体邻域核的尺寸，与二维分段裂变的段数和二维堆叠的存储芯片数量有关。即每个存储体芯片的每一个地址对应的数据位在 x、y 方向上分别可以裂变为 m_1、m_2 段，并且整个邻域存储体包含 $R_1 \times R_2$ 个存储芯片，则支持并行存取的最大存储体邻域核尺寸为

$$N_1 \times N_2 = ((R_1 - 1) \times m_1 + 1) \times ((R_2 - 1) \times m_2 + 1) \tag{10.2.5}$$

式(10.2.5)中的 $N_1 \times N_2$ 则是邻域存储体二维不完全轮换矩阵所示的最大存储体邻域核的尺寸。特别指出的是，增大二维分组裂变的数量 m_1、m_2，就可以形成更大的二维邻域数据，并以高速的流水线节拍流动，那么将会达到很高的数据吞吐量，进而为实现高速的大邻域图像处理提供必要的条件。显然，这种不完全轮换矩阵的存储方式对于实现大尺寸的邻域处理是非常重要的。

10.2.2.3　邻域存储体的二维地址寻址

对于邻域存储体的特殊存储结构，其寻址也是特殊的。在讨论邻域寻址时，我们先引入二维地址轮换矩阵的概念。

矩阵 $\boldsymbol{A} = \begin{bmatrix} a00 & a01 & a02 \\ a10 & a11 & a12 \\ a20 & a21 & a22 \end{bmatrix}$，地址矩阵 $\boldsymbol{B} = \begin{bmatrix} (0,0) & (0,1) \\ (1,0) & (1,1) \end{bmatrix}$，那么 $\boldsymbol{B}$ 与 $\boldsymbol{A}$ 的直积为

$$\boldsymbol{B}\otimes\boldsymbol{A}=\begin{bmatrix}(0,0)\mathrm{a00} & (0,0)\mathrm{a01} & (0,0)\mathrm{a02} & (0,1)\mathrm{a00} & (0,1)\mathrm{a01} & (0,1)\mathrm{a02}\\(0,0)\mathrm{a10} & (0,0)\mathrm{a11} & (0,0)\mathrm{a12} & (0,1)\mathrm{a10} & (0,1)\mathrm{a11} & (0,1)\mathrm{a12}\\(0,0)\mathrm{a20} & (0,0)\mathrm{a21} & (0,0)\mathrm{a22} & (0,1)\mathrm{a20} & (0,1)\mathrm{a21} & (0,1)\mathrm{a22}\\(1,0)\mathrm{a00} & (1,0)\mathrm{a01} & (1,0)\mathrm{a02} & (1,1)\mathrm{a00} & (1,1)\mathrm{a01} & (1,1)\mathrm{a02}\\(1,0)\mathrm{a10} & (1,0)\mathrm{a11} & (1,0)\mathrm{a12} & (1,1)\mathrm{a10} & (1,1)\mathrm{a11} & (1,1)\mathrm{a12}\\(1,0)\mathrm{a20} & (1,0)\mathrm{a21} & (1,0)\mathrm{a22} & (1,1)\mathrm{a20} & (1,1)\mathrm{a21} & (1,1)\mathrm{a22}\end{bmatrix}\tag{10.2.6}$$

式(10.2.6)$\boldsymbol{B}\otimes\boldsymbol{A}$ 中的任一个 3×3 矩阵，都称为 $\boldsymbol{A}$ 的一个二维地址轮换矩阵，如虚线框所包含的 3×3 矩阵，并以左上角的芯片名称，命名为 $\boldsymbol{A}_{11}$ 二维地址轮换矩阵。

$$\boldsymbol{A}_{11}=\begin{bmatrix}(0,0)\mathrm{a11} & (0,0)\mathrm{a12} & (0,1)\mathrm{a10}\\(0,0)\mathrm{a21} & (0,0)\mathrm{a22} & (0,1)\mathrm{a20}\\(1,0)\mathrm{a01} & (1,0)\mathrm{a02} & (1,1)\mathrm{a00}\end{bmatrix}\tag{10.2.7}$$

二维地址轮换矩阵 $\boldsymbol{A}_{11}$ 的各元素非负整数系数对，称为该元素的行列地址。在式(10.2.7)中，该二维地址轮换矩阵最上一行各元素的行列地址顺序为(0,0)、(0,0)、(0,1)，中间行各元素的行列地址顺序为(0,0)、(0,0)、(0,1)，最下一行各元素的行列地址顺序为(1,0)、(1,0)、(1,1)。值得指出的是，该元素的行列地址，只是一种相对地址。由于轮换矩阵与原矩阵的大小保持一致，所以轮换矩阵 $\boldsymbol{A}_{ij}$ 各元素的行、列地址只可能有以下 4 种情况：

(1) 行、列相对地址全等于“0”；

(2) 行相对地址等于“0”、列相对地址等于“1”；

(3) 行相对地址等于“1”、列相对地址等于“0”；

(4) 行、列相对地址全等于“1”。

因此，各元素的行、列相对地址只能等于“0”或“1”。

如果地址轮换矩阵 $\boldsymbol{A}_{uv}$ 是 $m\times n$ 矩阵 $\boldsymbol{A}$ 的一个轮换矩阵，$0\leqslant u<m$，$0\leqslant v<n$，它的每个元素为$(r(i,u),c(j,v))\alpha_{ij}$，其中 $r(i,u)$，$c(j,v)$是元素 α_{ij} 的行列地址，那么 α_{ij} 的相对地址 $x(j,v)$、$y(i,u)$分别为

$$x(j,v)=\begin{cases}0, & j\geqslant v\\1, & j<v\end{cases}\tag{10.2.8}$$

$$y(i,u)=\begin{cases}0, & i\geqslant u\\1, & i<u\end{cases}\tag{10.2.9}$$

特别需要指出的是，二维地址轮换矩阵 $\boldsymbol{A}_{ij}$ 的行、列地址只是一个增量地址。对一个在一个读周期里同时读出 $M\times N$ 邻域图像数据的邻域存储体，每一个像素的实际地址(x,y)可表示为

$$x=N\times j+L\tag{10.2.10}$$

式中，$L=0,1,\cdots,N-1$。

$$y=M\times i+K\tag{10.2.11}$$

式中，$K=0,1,\cdots,M-1$。

式(10.2.10)中的 $N\times j$，称为列基址；式(10.2.11)中 $M\times i$，称为行基址。对邻域存储体的每一个存储芯片来说，在邻域寻址中，其实际地址等于基址与二维地址轮换矩阵相对

地址的和。这里的基址，包括行基址和列基址；这里的相对地址，包括行相对地址和列相对地址。

形成每一个存储芯片实际地址的电路，称为地址转换器，该地址转换器由行地址转换器和列地址转换器组成，其电路示意图分别如图 10.2.6 和图 10.2.7 所示。

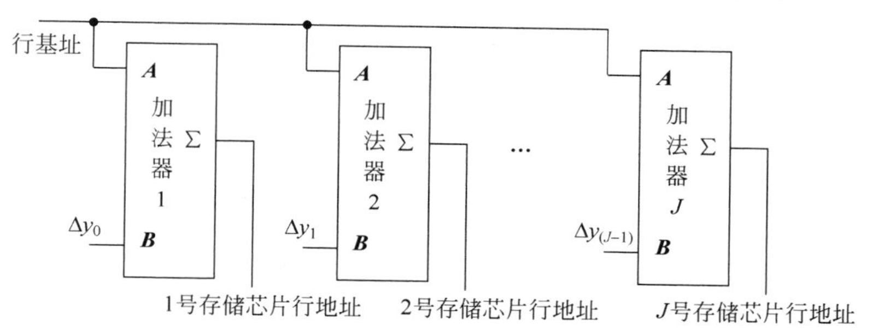

图 10.2.6 行地址转换器示意

图 10.2.6 中，Δy_0，Δy_1，…，$\Delta y_{(J-1)}$ 分别是 1 号，2 号，…，$\Delta y_{(J-1)}$ 存储芯片在地址轮换矩阵里的相对行地址。

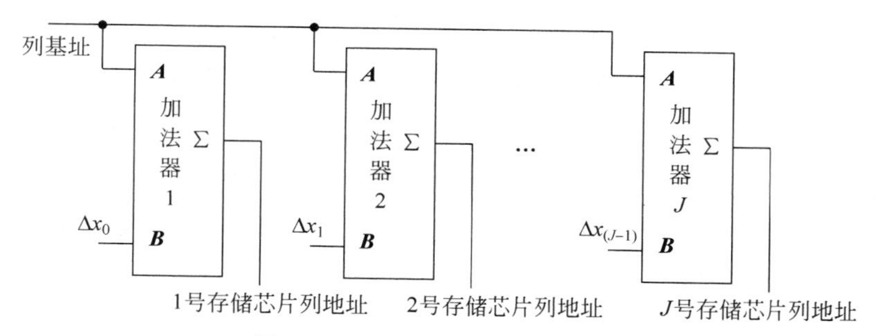

图 10.2.7 列地址转换器示意图

图 10.2.7 中，Δx_0，Δx_1，…，$\Delta x_{(J-1)}$ 分别是 1 号，2 号，…，$\Delta x_{(J-1)}$ 存储芯片在地址轮换矩阵里的相对列地址。

上述的邻域编址规律是按照 $M \times N$ 邻域来讨论的。

10.2.2.4 邻域存储体二维数据排序

在邻域存储体中，由于存储器分组的物理位置是固定的，也就是说每一次读出的数据位置总是固定不变的，而每次读出的邻域数据因读地址地不同，各芯片输出的数据在标准邻域数据中的位置(如 3×3)并不是固定的。如式(10.2.6)，存储器分组的物理位置是按轮换矩阵 $\boldsymbol{A}_{00}$ 的顺序排列的。当我们读出虚线框所示的轮换矩阵 $\boldsymbol{A}_{11}$ 的 3×3 邻域数据时，物理位置的最上一行左 1 的数据处于轮换矩阵 $\boldsymbol{A}_{11}$ 的 3×3 邻域的第 3 行左 3 的位置，左 2 的数据处于轮换矩阵 $\boldsymbol{A}_{11}$ 的 3×3 邻域的第 3 行左 1 的位置，左 3 的数据处于轮换矩阵 $\boldsymbol{A}_{11}$ 的 3×3 邻域的第 3 行左 2 的位置……显然，此时轮换矩阵 $\boldsymbol{A}_{11}$ 数据的并不能准确地放置在标准位置上。造成上述数据错位现象的原因是由于：轮换矩阵是通过原矩阵的行列轮换得到的，在行列轮换过程中，相应的存储芯片的物理位置并没有得到移位。这样就需要对存储体输出的数据进行排序，形成标准邻域数据，以便于后续的硬件处理。

数据排序的过程就是把从存储体直接得到的数据按照此邻域对应的轮换阵进行相同的行列轮换的过程。数据排序按行排序、列排序两个步骤进行，与先后顺序无关。行数据排序电路使用行地址信息，列数据排序电路使用列地址信息。

图 10.2.8 给出了 3×3 邻域存储体的数据位置示意图。

	$3J$	$3J+1$	$3J+2$	$3(J+1)$	$3(J+1)+1$
$3I$	O (a00)	O (a01)	O (a02)	O (a00)	O (a01)
$3I+1$	O (a10)	O (a11)	O (a12)	O (a10)	O (a11)
$3I+2$	O (a20)	O (a21)	O (a22)	O (a20)	O (a21)
$3(I+1)$	O (a00)	O (a01)	O (a02)	O (a00)	O (a01)
$3(I+1)+1$	O (a10)	O (a11)	O (a12)	O (a10)	O (a11)
$3(I+1)+2$	O (a20)	O (a21)	O (a22)	O (a20)	O (a21)

图 10.2.8　3×3 邻域存储体的数据位置示意图

图 10.2.8 中，"O"表示数据，数据下方表明该数据存放的芯片编号。最上面一行是邻域存储体的实际列地址，最左边一行是邻域存储体的实际行地址。在应用中，我们把从邻域存储体读出的 3×3 数据进行排序，并将排序后的 3×3 数据按从左到右、从上到下组成一维的 9 个数据分别为 $D_1 \sim D_9$。表 10.2.1 给出了排序结果与 3×3 邻域寻址的对应关系。

表 10.2.1　3×3 邻域数据排序结果与 3×3 邻域寻址的对应关系

y_1	y_0	x_1	x_0	D_1	D_2	D_3	D_4	D_5	D_6	D_7	D_8	D_9
0	0	0	0	a00	a01	a02	a10	a11	a12	a20	a21	a22
0	0	0	1	a01	a02	a00	a11	a12	a10	a21	a22	a20
0	0	1	0	a02	a00	a01	a12	a10	a11	a22	a20	a21
0	1	0	0	a10	a11	a12	a20	a21	a22	a00	a01	a02
0	1	0	1	a11	a12	a10	a21	a22	a20	a01	a02	a00
0	1	1	0	a12	a10	a11	a22	a20	a21	a02	a00	a01
1	0	0	0	a20	a21	a22	a00	a01	a02	a10	a11	a12
1	0	0	1	a21	a22	a20	a01	a02	a00	a11	a12	a10
1	0	1	0	a22	a20	a21	a02	a00	a01	a12	a10	a11

表 10.2.1 中，$D_1 \sim D_9$ 数据随着读邻域存储体的 x、y 地址的变化，其对应的芯片也随之变化。当 y_1、y_0、x_1、x_0 均为"0"时，$D_1 \sim D_9$ 的数据顺序来自 a00、a01、a02、a10、a11、a12、a20、a21、a22，当 y_1、y_0、x_1、x_0 分别为"0""0""0""1"时，$D_1 \sim D_9$ 的数据顺序来自 a01、a02、a00、a11、a12、a10、a21、a22、a20，以此类推，就形成了 9 种对应关系。

在电路实现上，我们可以采用如图 10.2.9 所示的行、列排序电路，来进行 3×3 邻域数据的排序。

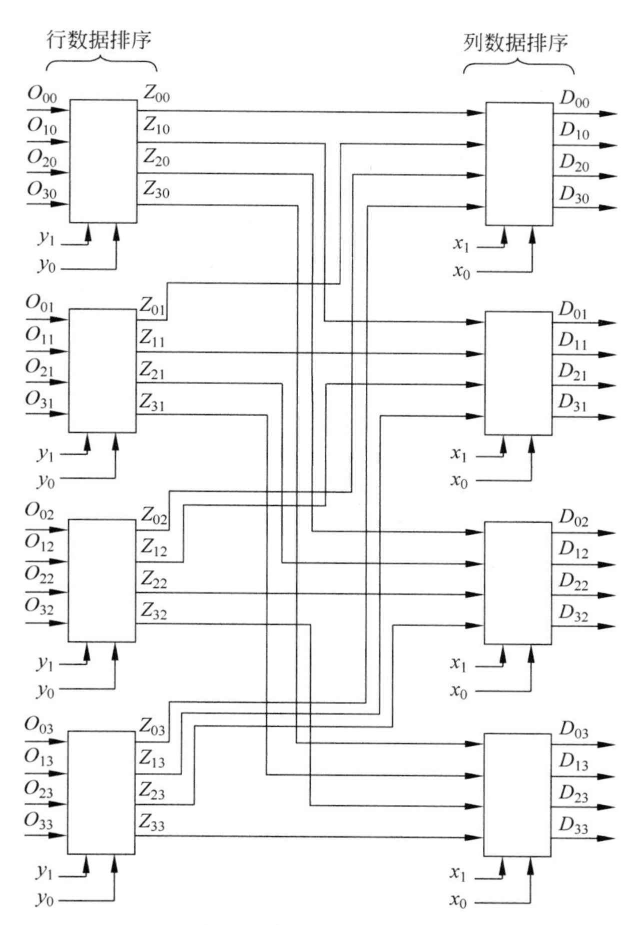

图 10.2.9　3×3 邻域数据排序电路逻辑框图

图 10.2.9 包含了 3×3 邻域数据的行数据排序电路和列数据排序电路，行数据排序电路真值表如表 10.2.2 所示。

表 10.2.2　3×3 邻域数据的行数据排序电路真值表

y_1	y_0	Z_{00}	Z_{10}	Z_{20}	Z_{30}	Z_{01}	Z_{11}	Z_{21}	Z_{31}	Z_{02}	Z_{12}	Z_{22}	Z_{32}	Z_{03}	Z_{13}	Z_{23}	Z_{33}
0	0	000	010	020	030	001	011	021	031	002	012	022	032	003	013	023	033
0	1	010	020	030	000	011	021	031	001	012	022	032	002	013	023	033	003
1	0	020	030	000	010	021	031	001	011	022	032	002	012	023	033	003	013
1	1	030	000	010	020	031	001	011	021	032	002	012	022	033	003	013	023

列数据排序电路真值表如表 10.2.3 所示。

表 10.2.3　3×3 邻域数据的列数据排序电路真值表

x_1	x_0	D_{00}	D_{10}	D_{20}	D_{30}	D_{01}	D_{11}	D_{21}	D_{31}	D_{02}	D_{12}	D_{22}	D_{32}	D_{03}	D_{13}	D_{23}	D_{33}
0	0	Z_{00}	Z_{01}	Z_{02}	Z_{03}	Z_{10}	Z_{11}	Z_{12}	Z_{13}	Z_{20}	Z_{21}	Z_{22}	Z_{23}	Z_{30}	Z_{31}	Z_{32}	Z_{33}
0	1	Z_{01}	Z_{02}	Z_{03}	Z_{00}	Z_{11}	Z_{12}	Z_{13}	Z_{10}	Z_{21}	Z_{22}	Z_{23}	Z_{20}	Z_{31}	Z_{32}	Z_{33}	Z_{30}
1	0	Z_{02}	Z_{03}	Z_{00}	Z_{01}	Z_{12}	Z_{13}	Z_{10}	Z_{11}	Z_{22}	Z_{23}	Z_{20}	Z_{21}	Z_{32}	Z_{33}	Z_{30}	Z_{31}
1	1	Z_{03}	Z_{00}	Z_{01}	Z_{02}	Z_{13}	Z_{10}	Z_{11}	Z_{12}	Z_{23}	Z_{20}	Z_{21}	Z_{22}	Z_{33}	Z_{30}	Z_{31}	Z_{32}

综合表 10.2.2 和表 10.2.3，得到表 10.2.4 所示的 3×3 邻域数据的数据排序真值表。

表 10.2.4　3×3 邻域数据的数据全排序表

y_1	y_0	x_1	x_0	D_{00}	D_{10}	D_{20}	D_{30}	D_{01}	D_{11}	D_{21}	D_{31}	D_{02}	D_{12}	D_{22}	D_{32}	D_{03}	D_{13}	D_{23}	D_{33}
0	0	0	0	a00	a01	a02	a03	a10	a11	a12	a13	a20	a21	a22	a23	a30	a31	a32	a33
0	0	0	1	a01	a02	a03	a00	a11	a12	a13	a10	a21	a22	a23	a20	a31	a32	a33	a30
0	0	1	0	a02	a03	a00	a01	a12	a13	a10	a11	a22	a23	a20	a21	a32	a33	a30	a31
0	0	1	1	a03	a00	a01	a02	a13	a10	a11	a12	a23	a20	a21	a22	a33	a30	a31	a32
0	1	0	0	a10	a11	a12	a13	a20	a21	a22	a23	a30	a31	a32	a33	a00	a01	a02	a03
0	1	0	1	a11	a12	a13	a10	a21	a22	a23	a20	a31	a32	a33	a30	a01	a02	a03	a00
0	1	1	0	a12	a13	a10	a11	a22	a23	a20	a21	a32	a33	a30	a31	a02	a03	a00	a01
0	1	1	1	a13	a10	a11	a12	a23	a20	a21	a22	a33	a30	a31	a32	a03	a00	a01	a02
1	0	0	0	a20	a21	a22	a23	a30	a31	a32	a33	a00	a01	a02	a03	a10	a11	a12	a13
1	0	0	1	a21	a22	a23	a20	a31	a32	a33	a30	a01	a02	a03	a00	a11	a12	a13	a10
1	0	1	0	a22	a23	a20	a21	a32	a33	a30	a31	a02	a03	a00	a01	a12	a13	a10	a11
1	0	1	1	a23	a20	a21	a22	a33	a30	a31	a32	a03	a00	a01	a02	a13	a10	a11	a12
1	1	0	0	a30	a31	a32	a33	a00	a01	a02	a03	a10	a11	a12	a13	a20	a21	a22	a23
1	1	0	1	a31	a32	a33	a30	a01	a02	a03	a00	a11	a12	a13	a10	a21	a22	a23	a20
1	1	1	0	a32	a33	a30	a31	a02	a03	a00	a01	a12	a13	a10	a11	a22	a23	a20	a21
1	1	1	1	a33	a30	a31	a32	a03	a00	a01	a02	a13	a10	a11	a10	a23	a20	a21	a22

经图 10.2.9 的排序电路得到的表 10.2.4 所示的排序结果和表 10.2.1 的不一致，我们发现，只要将表 10.2.4 中带“3”的芯片编号删除，则对应关系完全正确。例如，全排序表的第 6 行，去除带 3 的芯片编号，其排序结果如表 10.2.5 所示；全排序表的第 7 行，去除带 3 的芯片编号，其排序结果如表 10.2.6 所示。

表 10.2.5　去除带 3 芯片编号后全排序表第 6 行的排序结果

y_1	y_0	x_1	x_0	D_{00}	D_{10}	D_{20}	D_{01}	D_{11}	D_{21}	D_{02}	D_{12}	D_{22}
0	1	0	0	a10	a11	a12	a20	a21	a22	a00	a01	a02

表 10.2.6　去除带 3 芯片编号后全排序表第 7 行的排序结果

y_1	y_0	x_1	x_0	D_{00}	D_{10}	D_{20}	D_{01}	D_{11}	D_{21}	D_{02}	D_{12}	D_{22}
0	1	0	1	a10	a11	a12	a20	a21	a22	a00	a01	a02

表 10.2.5、表 10.2.6 的排序结果与表 10.2.1 的结果完全一致。

10.2.3　邻域存储体并行存取一维邻域数据

10.2.3.1　存储芯片的一维堆叠

我们在 10.2.2 节论述了邻域存储体并行存取二维邻域数据的方法，这是为二维计算准备二维数据的。邻域存储体输出的二维邻域数据既可以用于随机二维数据的二维计算，也可以用于顺序的二维数据的二维流水计算。一般来讲，邻域存储体直接输出二维邻域数据，其结构比较复杂，如果单纯用于顺序的二维数据的二维流水计算，可以设计一种只输出一维邻域数据的邻域存储体，再配以其他电路，就可以形成二维数据，这样可以大大简化邻域存储体的设计。

图 10.2.10 给出了一种滤波器的不同电路形式。

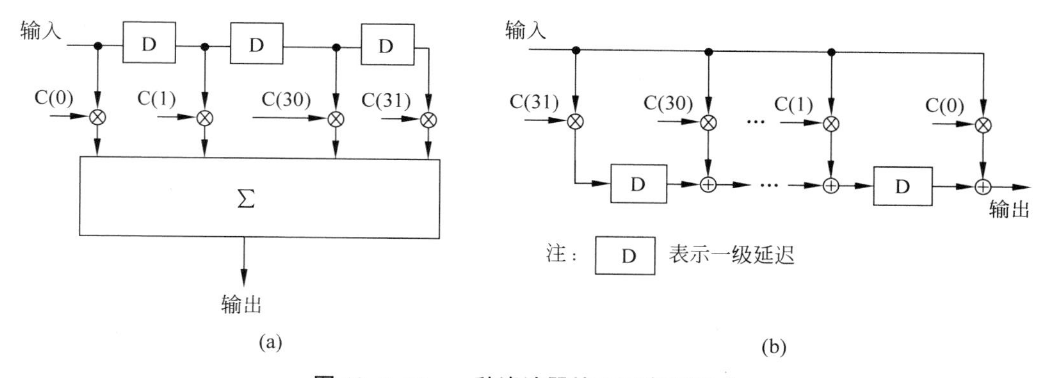

图 10.2.10　一种滤波器的不同电路形式

图 10.2.10 的电路(a)是 32 点的乘加运算，输入数据经系列点延迟电路形成一维流水并分别送入相应的乘法器，C(0)～C(31)共 32 个系数也送到相应的乘法器，32 路相乘结果送入加法器进行求和计算。显然，32 路求和计算的难度很大。电路(b)是电路(a)一种数字化的实现形式，由 32 个二路求和计算电路来代替 32 路直接求和运算电路，由此简化了求和运算。电路(b)是一种通用的一维流水处理方式，获得了广泛的应用。

图 10.2.11 给出了一种二维流水处理的两种数据输入方式。

在图 10.2.11(a)中，输入的可以是图像连续数据，采用行延迟电路，形成了相邻的三行图像数据。再采用三路类似于图 10.2.10(b)的一维流水处理电路，实现了二维数据的乘加运算。采用行延迟电路的代价高，且三行的延迟时间也是可观的时间浪费。图 10.2.11(b)则给出了一种改进方案，即将图 10.2.11(a)的单点输入改为多点输入，也就是说将单数据流改为多数据流，既省去了行延迟线，又免除了行延迟的时间。显然，图 10.2.11(b)所示的电路比图 10.2.11(a)具有明显的优势。

设计一个邻域存储体，输出多数据流的数据，我们首先想到采用存储芯片堆叠技术。

存储芯片的 $1\times J$ 堆叠可以并行存取 $1\times J$ 的一行 J 列的邻域数据，$N\times 1$ 堆叠可以并行存取 $N\times 1$ 一列 N 行的邻域数据。图 10.2.12 给出了存储芯片一维堆叠的示意图。

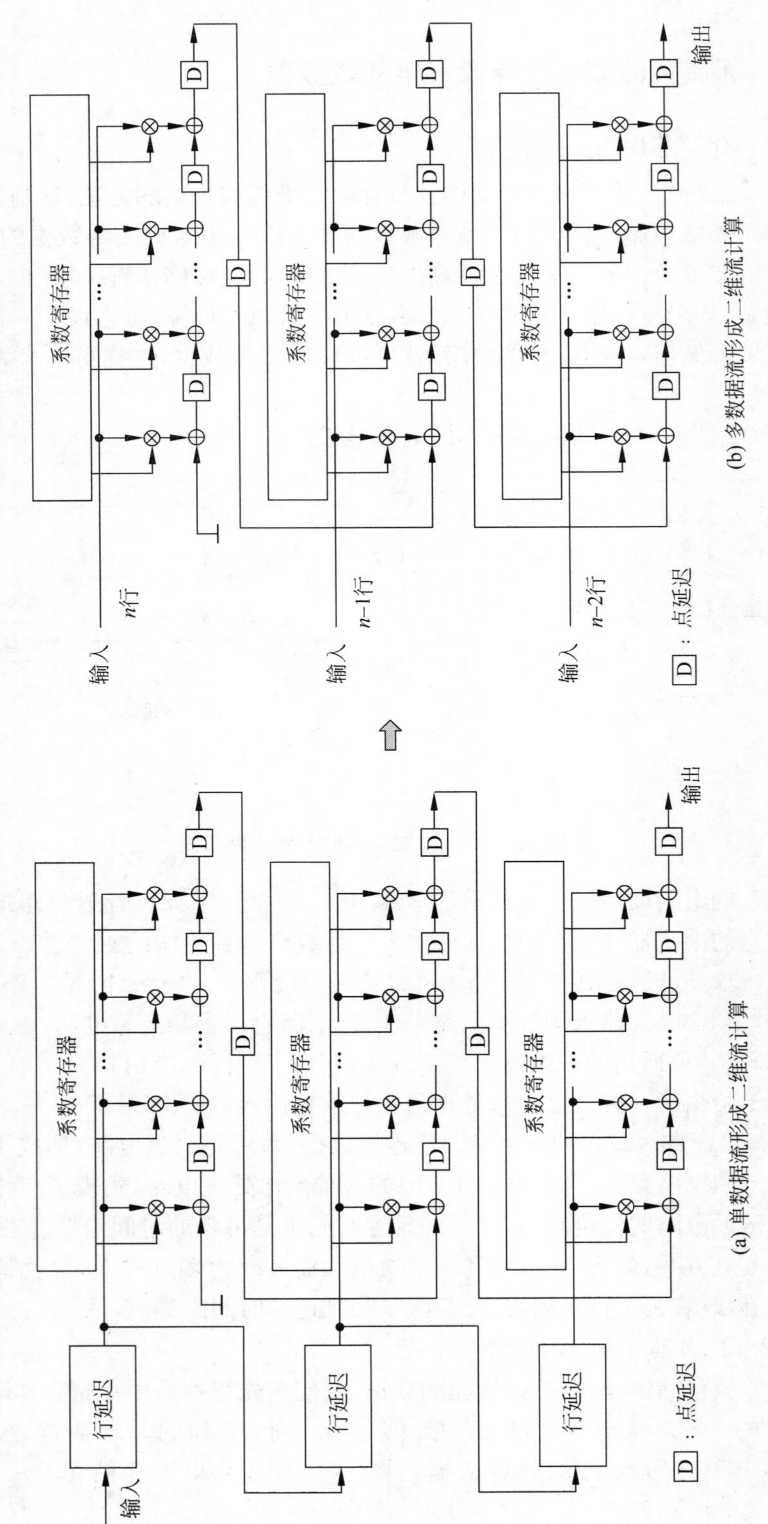

图 10.2.11 一种二维流水处理的两种数据输入方式

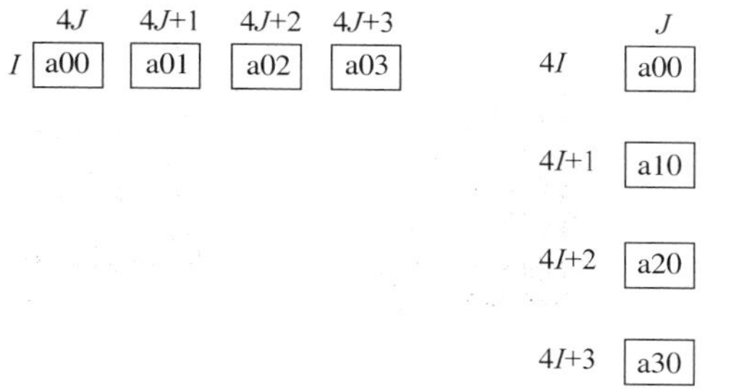

图 10.2.12 存储芯片一维堆叠的示意图

图 10.2.12(a)是存储芯片 1×4 的水平堆叠的示意图，a00、a01、a02、a03 是 4 个独立的存储芯片，地址分别由 I 行 $4J$、$4J+1$、$4J+2$、$4J+3$ 表示。图 10.2.12(b)是存储芯片 4×1 的垂直堆叠的示意图，a00、a10、a20、a30 是 4 个独立的存储芯片，地址分别由 J 行 $4I$、$4I+1$、$4I+2$、$4I+3$ 表示。图 10.2.12(a)所示的 1×4 存储结构中，行列地址为$(i,4j)$的数据存储在 a00 芯片中，行列地址为$(i,4j+1)$的数据存储在 a01 芯片中，行列地址为$(i,4j+2)$的数据存储在 a02 芯片中，行列地址为$(i,4j+3)$的数据存储在 a03 芯片中，行列地址为$(i,4(j+1))$的数据存储在 a00 芯片中……这是一个轮换存储过程，按照这种存储规律来分组存储邻域数据，就可以保证任何一个 1×4 邻域数据都处在不同的存储芯片内，也就可能实现 1×4 邻域数据的并行存取了。同理，对于图 10.2.12(a)所示的 4×1 存储结构，也可以保证任何一个 4×1 邻域数据都处在不同的存储芯片内，也能实现 4×1 邻域数据的并行存取。我们来讨论图 10.2.12(b)所示的 4×1 存储结构。

令：$\boldsymbol{A}=\begin{bmatrix}\mathrm{a00}\\\mathrm{a10}\\\mathrm{a20}\\\mathrm{a30}\end{bmatrix}$，$\boldsymbol{B}=\begin{bmatrix}1\\1\end{bmatrix}$，则

$$\boldsymbol{B}\otimes\boldsymbol{A}=\begin{bmatrix}\mathrm{a00}\\\mathrm{a10}\\\mathrm{a20}\\\mathrm{a30}\\\mathrm{a00}\\\mathrm{a10}\\\mathrm{a20}\\\mathrm{a30}\end{bmatrix}\tag{10.2.12}$$

式(10.2.12)中矩阵 $\boldsymbol{B}\otimes\boldsymbol{A}$ 的任何一个 4×1 子矩阵，都称为矩阵 $\boldsymbol{A}$ 的一个轮换矩阵。我们每一次读，都能读出式(10.2.2)中的任意一个 4×1 邻域的数据。同理，我们每一次写，都能将 4×4 邻域的数据写入 4×1 邻域存储体中。

如果要扩展一维数据的维度，如将 1×4 扩展为 1×16，就需要将图 10.2.10(b)的 4 个芯片堆叠扩展到 16 个芯片堆叠，就需要 16 个独立编址的存储芯片，这也是一个相对复杂的

电路设计,也需要解决资源消耗偏大的问题。

10.2.3.2 存储芯片数据位一维分段裂变

类似于10.2.2.2节的存储芯片数据位二维分段裂变,我们来进行存储芯片数据位一维分段裂变。

令存储芯片的地址为$A(x,y)$,其字长为M位。将M位平均分为N(N为偶数)段。将M位从低位到高位裂变为$A(x,y)$,$A(x,y+1)$,$A(x,y+2)$,…,$A(x,y+n-1)$或者,将M位从低位到高位裂变为$A(x,y)$,$A(x+1,y)$,$A(x+2,y)$,…,$A(x+n,y)$。如果M/N不整除,则最后一段的字长较其他段再增加余数的比特位数,从而将存储芯片的一个地址裂变为多个地址。例如,某存储芯片的数据位字长为32bit,可以分段裂变为4个8bit的地址位(结构如图10.2.13所示)。读写存储芯片时,存储芯片的1个地址等效于实际应用的4个地址。

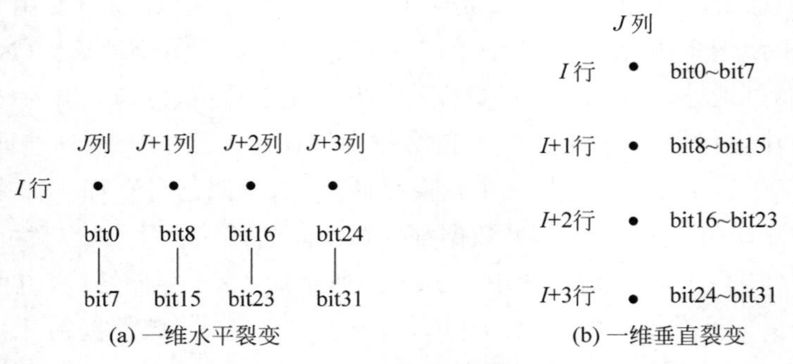

图10.2.13 一维分段裂变示例

图10.2.13中,该存储芯片的数据位字长为32bit,可以分段裂变为4个8bit的地址位,读写存储芯片时,存储芯片的1个地址等效于实际应用的4个地址,也可以说,1个芯片等效于4个存储芯片。这样做,芯片少,意味着电路体积小,地址线、数据线、控制线都减少了。

我们先讨论两片相同存储芯片垂直堆叠时一维垂直裂变的应用情况。其中,每个芯片均分为n段。第一个芯片裂变的形式为$\boldsymbol{A}_1$,第二个芯片裂变的形式为$\boldsymbol{A}_2$,两个芯片垂直堆叠的形式为$\boldsymbol{A}_3$,即

$$\boldsymbol{A}_1=\begin{bmatrix}\mathrm{a}0,0\\ \vdots\\ \mathrm{a}(n-1),0\end{bmatrix},\quad \boldsymbol{A}_2=\begin{bmatrix}\mathrm{a}n,0\\ \vdots\\ \mathrm{a}(2n-1),0\end{bmatrix},\quad \boldsymbol{A}_3=\begin{bmatrix}\mathrm{a}0,0\\ \vdots\\ \mathrm{a}(n-1),0\\ \mathrm{a}n,0\\ \vdots\\ \mathrm{a}(2n-1),0\end{bmatrix}$$

令地址矩阵$\boldsymbol{B}=\begin{bmatrix}(0,0)\\(1,0)\end{bmatrix}$,那么$\boldsymbol{B}$与$\boldsymbol{A}_3$的直积为

$$
\boldsymbol{B}\otimes\boldsymbol{A}_3=\begin{bmatrix}(0,0)\mathrm{a}0,0\\ \vdots\\ (0,0)\mathrm{a}(n-1),0\\ (0,0)\mathrm{a}n,0\\ \vdots\\ (0,0)\mathrm{a}(2n-1),0\\ (1,0)\mathrm{a}0,0\\ \vdots\\ (1,0)\mathrm{a}(n-1),0\\ (1,0)\mathrm{a}n,0\\ \vdots\\ (1,0)\mathrm{a}(2n-1),0\end{bmatrix}\tag{10.2.13}
$$

式(10.2.13)中，$\boldsymbol{B}\otimes\boldsymbol{A}_3$ 的每一个 $2n\times1$ 子阵，既有 $2n\times1$ 邻域数据的正确读写，也有 $2n\times1$ 邻域数据的错误读写，因此我们称矩阵 $\boldsymbol{B}\otimes\boldsymbol{A}_3$ 内的 $2n\times1$ 子矩阵为 $\boldsymbol{A}_3$ 的不完全轮换矩阵。这种不完全轮换矩阵是一维的，因此称其为一维不完全轮换矩阵。

观察式(10.2.13)中的每一个 $2n\times1$ 子阵，可以发现，这种邻域存取方式，其存取有两种不同的结果。第一种邻域存取方式，即编号为(0,0)a0,0 或(0,0)an,0 的元素为起始位置的 $2n\times1$ 子阵，$2n\times1$ 邻域的读写都是正确的。而以其他元素为起始位置的 $2n\times1$ 子阵，由于存储芯片的地址产生了歧义，则不能进行正确的 $2n\times1$ 邻域读写。例如，式(10.2.13)的箭头所指的$(n+2)\times1$ 邻域，共 $n+2$ 行，其中第 1 行元素是(0,0)a$(n-1)$,0，第 $n+2$ 行的元素是(1,0)a0,0，而 a$(n-1)$,0 和 a0,0 同属于一个芯片 $\boldsymbol{A}_1$；而式(10.2.13)中，(0,0)a$(n-1)$,0 元素的地址为(0,0)，而(1,0)a0,0，a$(n-1)$,0 元素的地址却为(1,0)，是两个不同的地址。众所周知，一个存储芯片，不能同时对两个不同地址寻址，即寻址具有唯一性。提供给 $\boldsymbol{A}_1$ 芯片的地址只能是(0,0)、(1,0)中的一个。这就是不能读出$(n+2)\times1$ 邻域的根本原因。

从式(10.2.13)中可以看到，以任何一行的元素为起始位置读出 $2n\times1$ 邻域的数据，其结果不完全正确。但是，在一维不完全轮换矩阵中，依然存在一个最大的邻域尺寸，其结果是完全正确的，这个最大的邻域尺寸就是 $n+1$。

我们再来讨论 3 片相同存储芯片的垂直堆叠且一维垂直裂变的应用情况。

3 片相同存储芯片的每个芯片均分为 n 段。第一个芯片垂直裂变的形式为 $\boldsymbol{A}_1$，第二个芯片裂变的形式为 $\boldsymbol{A}_2$，第三个芯片垂直裂变的形式为 $\boldsymbol{A}_3$，3 个芯片垂直堆叠的形式为 $\boldsymbol{A}_4$，即

$$
\boldsymbol{A}_1=\begin{bmatrix}\mathrm{a}0,0\\ \vdots\\ \mathrm{a}(n-1),0\end{bmatrix},\quad \boldsymbol{A}_2=\begin{bmatrix}\mathrm{a}n,0\\ \vdots\\ \mathrm{a}(2n-1),0\end{bmatrix},\quad \boldsymbol{A}_3=\begin{bmatrix}\mathrm{a}2n,0\\ \vdots\\ \mathrm{a}(3n-1),0\end{bmatrix},\quad \boldsymbol{A}_4=\begin{bmatrix}(0,0)\mathrm{a}0,0\\ \vdots\\ (0,0)\mathrm{a}(n-1),0\\ (0,0)\mathrm{a}n,0\\ \vdots\\ (0,0)\mathrm{a}(2n-1),0\\ (0,0)\mathrm{a}2n,0\\ \vdots\\ (0,0)\mathrm{a}(3n-1),0\end{bmatrix}
$$

令地址矩阵 $\boldsymbol{B}=\begin{bmatrix}(0,0)\\(1,0)\end{bmatrix}$，那么 $\boldsymbol{B}$ 与 $\boldsymbol{A}_4$ 的直积为

$$\boldsymbol{B}\otimes\boldsymbol{A}_4=\begin{bmatrix}(0,0)\mathrm{a}0,0\\ \vdots\\ (0,0)\mathrm{a}(n-1),0\\ (0,0)\mathrm{a}n,0\\ \vdots\\ (0,0)\mathrm{a}(2n-1),0\\ (0,0)\mathrm{a}2n,0\\ \vdots\\ (0,0)\mathrm{a}(3n-1),0\\ (1,0)\mathrm{a}0,0\\ \vdots\\ (1,0)\mathrm{a}(n-1),0\\ (1,0)\mathrm{a}n,0\\ \vdots\\ (1,0)\mathrm{a}(2n-1),0\\ (1,0)\mathrm{a}2n,0\\ \vdots\\ (1,0)\mathrm{a}(3n-1),0\end{bmatrix} \tag{10.2.14}$$

式(10.2.14)中，$\boldsymbol{B}\otimes\boldsymbol{A}_4$ 的每一个 $3n\times1$ 子阵，既有 $3n\times1$ 邻域数据的正确读写，也有 $3n\times1$ 邻域数据的错误读写，因此我们称矩阵 $\boldsymbol{B}\otimes\boldsymbol{A}_4$ 内的 $3n\times1$ 子矩阵为 $\boldsymbol{A}_4$ 的不完全轮换矩阵。

观察式(10.2.14)中的每一个 $3n\times1$ 子阵，可以发现，这种邻域存取方式，其存取有两种不同的结果。第一种邻域存取方式，即编号为(0,0)a0,0、(0,0)an,0、(0,0)a$2n$,0 的元素为起始位置的 $3n\times1$ 子阵，$3n\times1$ 邻域的读写都是正确的。而以其他元素为起始位置的 $3n\times1$ 子阵，由于存储芯片的地址产生了歧义，则不能进行 $3n\times1$ 邻域的正确读写。例如，式(10.2.14)的箭头所指的 $(2n+2)\times1$ 邻域，共 $2n+2$ 行，其中第 1 行元素是(0,0)a$(n-1)$,0，第 $2n+2$ 行元素是(1,0)a0,0，而 a$(n-1)$,0 和 a0,0 同属于一个芯片 $\boldsymbol{A}_1$；而式(10.2.13)中，(0,0)a$(n-1)$,0 元素的地址为(0,0)，而(1,0)a0,0,a$(n-1)$,0 元素的地址却为(1,0)，是两个不同的地址。众所周知，一个存储芯片，不能同时对两个不同地址寻址，即寻址具有唯一性。提供给 $\boldsymbol{A}_1$ 芯片的地址只能是(0,0)、(1,0)中的一个。这就是该邻域不能正确读出 $(2n+2)\times1$ 邻域的根本原因。

从式(10.2.13)可以看到，以任何一行的元素为起始位置读出 $3n\times1$ 邻域的数据，其结果不完全正确。但是，在一维不完全轮换矩阵中，依然存在一个最大的邻域尺寸，其结果是完全正确的，这个最大的邻域尺寸就是 $2n+1$。

考虑了 2 芯片、3 芯片的垂直堆叠，我们再来考虑普遍的堆叠情况。

在垂直方向上，每个存储体芯片的每一个地址对应的数据比特位在垂直方向上分别裂变为 n 段，并且整个邻域存储体包含在垂直方向上堆叠 R_1 个相同的存储芯片，则邻域存储体支持并行存取的最大邻域核尺寸为 $M_1\times1$，则

$$M_1 = (R_1 - 1) \times n + 1 \tag{10.2.15}$$

同理，在水平方向上，每个存储体芯片的每一个地址对应的数据比特位在水平方向上分别裂变为 n 段，并且整个邻域存储体包含在水平方向上堆叠 R_2 个相同的存储芯片，则邻域存储体支持的并行存取的最大邻域尺寸为 $1 \times N_2$，则

$$N_2 = (R_2 - 1) \times n + 1 \tag{10.2.16}$$

本章我们较详细地论述了一维垂直裂变和一维垂直堆叠的情况，一维水平裂变和一维水平堆叠的情况类似于一维垂直裂变和一维垂直堆叠，只是方向上的不同，这里就不再赘述。

值得指出的是，垂直方向上，采用垂直裂变和垂直堆叠技术，邻域存储体支持的并行存取最大邻域尺寸数有 2 个，一个是有限正确读的情况，其最大邻域尺寸为一列 $R_1 \times n$ 行。另一个是全部正确读的情况，其最大邻域尺寸为 $M_1 \times 1$，M_1 由式(10.2.15)算出。

同理，水平方向上，采用水平裂变和水平堆叠技术，邻域存储体支持的并行存取最大邻域尺寸数有 2 个，一个是有限正确读的情况，其最大邻域尺寸为一行 $R_2 \times n$ 列。另一个是全部正确读的情况，其最大邻域尺寸为 $1 \times N_2$，N_2 由式(10.2.16)算出。

当然，水平方向上，最大邻域尺寸与存储芯片水平裂变的段数和存储芯片水平堆叠的数量有关；垂直方向上，最大邻域尺寸与存储芯片垂直裂变的段数和存储芯片垂直堆叠的数量有关。

这里，存在 2 个最大邻域尺寸，一个是普遍实用的最大邻域尺寸，另一个是局部实用的最大邻域尺寸。显然，局部实用的最大邻域尺寸大于普遍实用的最大邻域尺寸。存储芯片裂变的段数为 N，则局部实用的最大邻域尺寸比普遍实用的最大邻域的尺寸扩大的邻域尺寸为 $(N-1) \times 1$ 或 $1 \times (N-1)$。

10.2.3.3 邻域存储体的一维寻址和一维数据排序

对于邻域存储体的一维存储结构，其寻址也是特殊的。这里，我们讨论垂直裂变与垂直堆叠的一维存储结构。

R 片相同存储芯片的每个芯片均分为 n 段。第一个芯片垂直裂变的形式为 $\boldsymbol{A}_1$，第二个芯片裂变的形式为 $\boldsymbol{A}_2$……第 r 个芯片垂直裂变的形式为 $\boldsymbol{A}_r$，r 个芯片垂直堆叠的形式为 $\boldsymbol{A}_k$，即

$$\boldsymbol{A}_1 = \begin{bmatrix} \mathrm{a}_0,0 \\ \vdots \\ \mathrm{a}(n-1),0 \end{bmatrix},\quad \boldsymbol{A}_2 = \begin{bmatrix} \mathrm{a}n,0 \\ \vdots \\ \mathrm{a}(2n-1),0 \end{bmatrix},\quad \cdots,\quad \boldsymbol{A}_r = \begin{bmatrix} \mathrm{a}(r-1)n,0 \\ \vdots \\ \mathrm{a}(rn-1),0 \end{bmatrix},$$

$$\boldsymbol{A}_k = \begin{bmatrix} (0,0)\mathrm{a}0,0 \\ \vdots \\ (0,0)\mathrm{a}(n-1),0 \\ (0,0)\mathrm{a}n,0 \\ \vdots \\ (0,0)\mathrm{a}(2n-1),0 \\ (0,0)\mathrm{a}2n,0 \\ \vdots \\ (0,0)\mathrm{a}(rn-1),0 \end{bmatrix}$$

令地址矩阵 $\boldsymbol{B}=\begin{bmatrix}(0,0)\\(1,0)\end{bmatrix}$，那么 $\boldsymbol{B}$ 与 $\boldsymbol{A}_k$ 的直积为

$$\boldsymbol{B}\otimes\boldsymbol{A}_k=\begin{bmatrix}(0,0)\mathrm{a}0,0\\ \vdots\\ (0,0)\mathrm{a}(n-1),0\\ (0,0)\mathrm{a}n,0\\ \vdots\\ (0,0)\mathrm{a}(2n-1),0\\ (0,0)\mathrm{a}2n,0\\ \vdots\\ (0,0)\mathrm{a}(rn-1),0\\ (1,0)\mathrm{a}0,0\\ \vdots\\ (1,0)\mathrm{a}(n-1),0\\ (1,0)\mathrm{a}n,0\\ \vdots\\ (1,0)\mathrm{a}(2n-1),0\\ (1,0)\mathrm{a}2n,0\\ \vdots\\ (1,0)\mathrm{a}(rn-1),0\end{bmatrix} \tag{10.2.17}$$

式(10.2.17)中，$\boldsymbol{B}\otimes\boldsymbol{A}_k$ 的任一个 $r\times n\times 1$ 矩阵，都称为 $\boldsymbol{A}_k$ 的一个一维地址轮换矩阵，或简称为行轮换矩阵，并以最上一行的芯片名称来命名该二维地址轮换矩阵。如最上一行的芯片名称为 a$(n-1)$,0，则称该一维地址轮换矩阵为 $\boldsymbol{A}_{n-1}$ 一维地址轮换矩阵。

从式(10.2.17)中可以直观看出一个 $r\times n\times 1$ 邻域数据块存储在邻域存储体中的地址分布情况。和二维地址轮换矩阵类似，一维地址轮换矩阵中各元素行的相对地址只可能有以下两种情况：

(1) 行的相对地址等于“0”；

(2) 行的相对地址等于“1”。

因此，各元素行的相对地址只能等于“0”或“1”。

至于相对地址“0”和“1”的确定，可参考二维寻址，这里不再赘述。

特别需要指出的是，行轮换矩阵的行地址只是一个增量地址。对一个在一个读周期里同时读出 $r\times n\times 1$ 的一维邻域数据的邻域存储体，每一个数据的实际行地址可表示为

$$y=M\times i+K \tag{10.2.18}$$

式中，$K=0,1,\cdots,M-1$。

式(10.2.18)中的 $M\times i$，称为行基址。对邻域存储体的每一个存储芯片来说，在邻域寻址中，其实际地址等于基址与一维地址轮换矩阵相对地址的和。这里的基址，专指行基址；这里的相对地址，专指行相对地址。

相对于一维地址轮换矩阵，我们用行地址转换器形成每一个存储芯片的实际行地址的电路，称为行地址转换器，其电路类似于图 10.2.6 的行地址转换器，这里不再赘述。

采用一维不完全轮换矩阵，也存在邻域数据排序的问题，相对于二维不完全轮换矩阵的邻域数据排序，一维邻域数据的排序也相对简单。对于行邻域数据，也可参考图 10.2.6 电路中的行排序电路。当然，也需要去除行排序电路输出的称为项，这里不再赘述。

同样，本节中我们较详细地论述了一维垂直裂变和一维垂直堆叠的地址寻址和邻域数据排序，一维水平裂变和一维水平堆叠的情况类似于一维垂直裂变和一维垂直堆叠，只是方向上的不同，这里也不再赘述。

10.2.4　邻域存储体的实现

依据邻域存储体的基本原理设计一种实现邻域数据并行存取的邻域存储体，其特征在于：在邻域存储体的一个读周期中，能够并行读出 $M\times1$(一列 M 行)或 $1\times N$(一行 N 列)的一维邻域数据，通过附加点延迟电路，进而形成 $M\times N$ 的邻域数据；在邻域存储体的一个读周期里，能够并行读出 $M\times N$ 二维邻域数据。

能够并行读出 $M\times1$(一列 M 行)或 $1\times N$(一行 N 列)的一维邻域数据，通过附加点延迟电路，进而形成 $M\times N$ 的邻域数据，这种邻域存储体简称为行顺序邻域存储体或列顺序邻域存储体。在邻域存储体的一个读周期中，能够并行读出 $M\times N$ 二维邻域数据的邻域存储体，简称为随机邻域存储体。

邻域存储体主要由存储器芯片、扫描时序发生器、视频地址发生器、地址转换器、存储器时序发生器、数据排序电路组成。图 10.2.14 和图 10.2.15 所示邻域存储体的框图说明了邻域存储体中各个电路之间的联系，图 10.2.14 是并行读出 $M\times1$ 一维邻域数据进而形成 $M\times N$ 邻域数据的邻域存储体框图，图 10.2.15 是实现直接读出 $M\times N$ 随机邻域数据的邻域存储体框图。

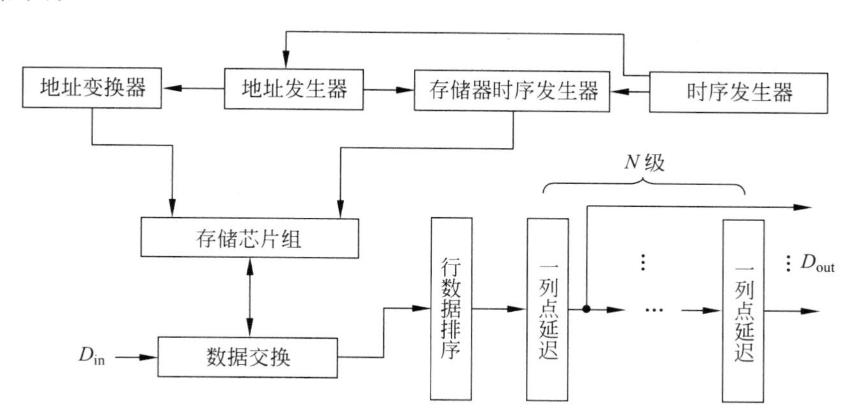

图 10.2.14　行顺序的 $M\times N$ 邻域数据并行存取的邻域存储体框图

在图 10.2.14 和图 10.2.15 中，由多个存储芯片构成存储体芯片组。从芯片类型来说，可以是 DRAM 芯片，也可以是 SRAM 芯片。根据邻域尺寸的大小来选择多比特位的存储芯片和堆叠的芯片数量。存储器时序发生器的输出信号直接送到存储器，这些输出信号包括存储器需要的所有时序，如 DRAM 芯片所需要的/RAS、/CAS、/WE、/OE 等信号。数据交换的作用是进行数据管理，提供数据输入、输出通道，和存储器之间的连接是双向的，既可以把数据写入存储器，也可以接收存储器的输出数据，同时可以把存储器输出的数据送到数据锁存器再进入数据排序电路。在图 10.2.14 中，数据排序电路只有行排序电路，数据锁存

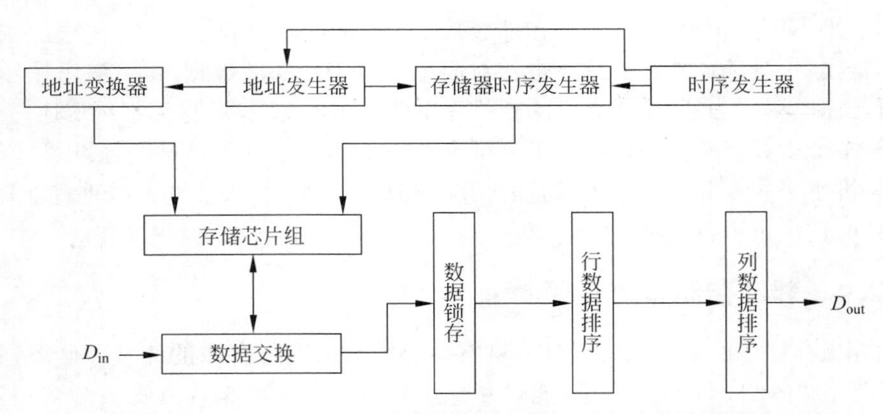

图 10.2.15 随机 $M\times N$ 邻域数据并行存取的邻域存储体框图

器分为 N 级,每一级锁存 M 个数据。输出信号 D_{out} 是行顺序的 $M\times N$ 邻域数据,图 10.2.15 中的输出信号 D_{out} 是 $M\times N$ 随机邻域数据。

10.3 基于邻域存储体的二维流数据形成方法

邻域存储体在一个读周期中能够读出二维数据,按照水平方向或垂直方向,以确定的周期频率进行连续读操作,就能够形成水平方向或垂直方向的二维流数据。邻域存储体在一个读周期中能够读出一维多数据,以确定的周期频率进行同方向的一维多数据的连续读操作,并铺设对应的点延迟电路,也能够形成二维流数据。下面讨论邻域存储体在一个读周期中读出一维多数据的二维流数据形成方法。

采用垂直堆叠与垂直分段裂变技术,选用多比特位的相同型号的 m 个存储芯片构成邻域存储体,且每个存储芯片垂直分段裂变为 n 段,$m\geqslant 2$,$n\geqslant 2$。并行输入单列的行邻域多数据的二维流形成方法包括:

(1) 在一个读周期里,可以正确读出单列多点行邻域数据。这里所指的正确单列多点行邻域数据,包括在一维不完全轮换矩阵的有限正确的条件下,或者在一维不完全轮换矩阵的普遍正确的条件下的情况。

(2) 采用 K 次连续读的方法($K\geqslant 1$),读出一列 E 行的行邻域多数据。

(3) 组成 E 点的垂直点延迟电路,电路形式如图 10.3.1 所示。

(4) 搭建 C 级 E 点列移位电路,形成并行输入单列的行邻域多数据的二维流。

① 将 E 个 D 触发器的时钟端都统一连接到一个移位时钟 CLK 上,构成一个单级 E 点列移位电路。第一级 E 点列移位电路的 E 个输出端,分别对应地连接到第二级 E 点列移位电路的输入端。依此规律,直到第 $C-1$ 级 E 点列移位电路的 E 个输出端,分别对应地连接到第 C

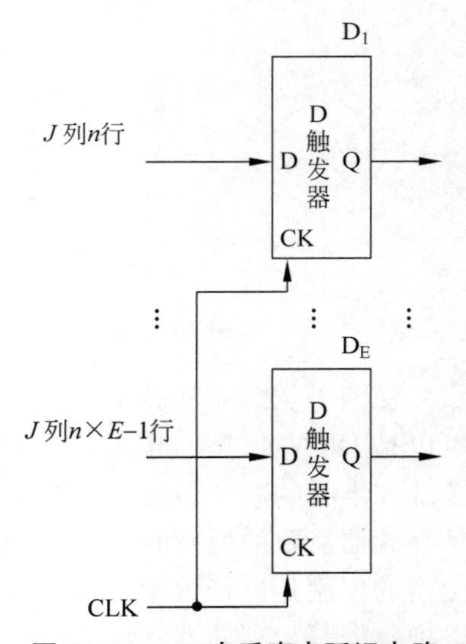

图 10.3.1 E 点垂直点延迟电路

级 E 点列移位电路的输入端，形成 C 级 E 点列移位电路(图 10.3.1)。$C \geqslant 2$。

② 采用存储体 K 连读的方法读出一列 E 行的邻域多数据，其数据分别连到 C 级 E 点列移位电路的第一级 E 点列移位电路的输入端上。将读出一列 E 行的邻域多数据的时钟端连接到 C 级 E 点列移位电路的移位时钟 CLK 上，作为形成二维数据流的流水线时钟。进行流水线操作，形成 E 行 C 列的二维流数据。

图 10.3.2 为单列的行邻域多数据的二维流形成方法示意图。图中，C 的选择取决于二维计算的维度。若进行 3×3 卷积，则 $C=3$；若进行 5×5 卷积，则 $C=5$。

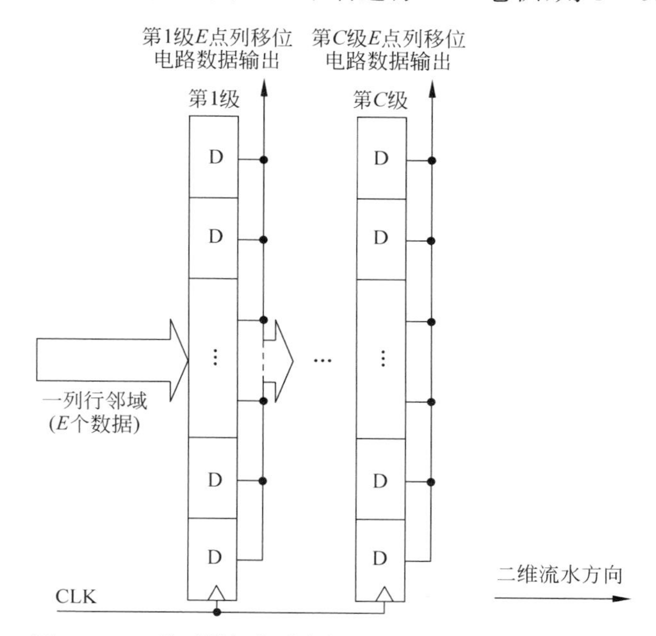

图 10.3.2　单列的行邻域多数据的二维流形成方法示意图

采用水平堆叠与水平分段裂变技术，参照并行输入单列行邻域多数据的二维流形成方法，也可以由单行的列邻域多数据形成二维流，这里不再赘述。图 10.3.3 给出了输入单行列邻域多数据形成二维流的方法示意图。

第 D 级“D”的选择，也取决于二维计算的维度。若进行 3×3 卷积，则 $D=3$；若进行 5×5 卷积，则 $D=5$。

从图 10.3.2 和图 10.3.3 中可以看到，二维流的维度变化是非常灵活的，行邻域多数据的二维流维度为 $E \times C$；列邻域多数据的二维流维度为 $F \times D$。改变 E、F、C、D 的数值，就能够适应不同的应用。

可以看到，水平堆叠＋水平裂变的组合、垂直堆叠＋垂直裂变的组合，都能达到扩展一维维度的效果，而且性能的提升是非常明显的。当然，这种性能的提升，既有赖于存储芯片的一维分段裂变技术，也有赖于存储芯片的一维堆叠技术。这种融合技术，也属于 $1+1 \gg 2$ 的多技术融合实例。到这里，我们可以说，图 10.2.11(b)所示的多数据流问题解决了。

值得指出的是，现代的系统设计思想是要尽量降低片外数据线的数量。一种做法是数据线和地址线合用。计算机的 PCI 总线定义如此，DSP 的改进型哈佛结构也是如此。另一种做法是直接改变片内、片外的位宽。如一款 DDR-3 存储芯片，片内数据位宽为 128bit，而

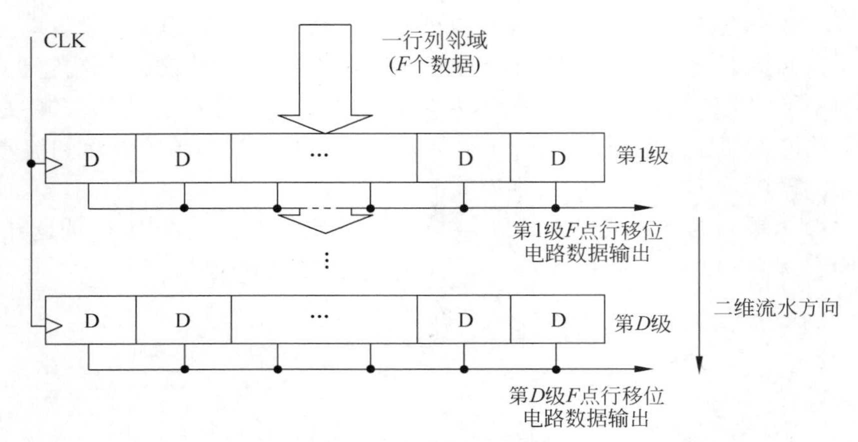

图 10.3.3 输入单行列邻域多数据形成二维流的方法示意图

片外数据线则是16bit。显然,二维流水计算需要更大的数据吞吐量,也要遵循片外数据线少的原则。具体的做法是,采用水平堆叠+水平裂变的组合或采用垂直堆叠+垂直裂变的组合,由邻域存储体输出较小的一维邻域数据位宽,在二维数据处理器内形成二维数据。对于二维数据处理器来说,其设计完全符合片外数据线数量少的原则。可以说,在一个读周期中从邻域存储体读出一维多数据的二维流数据的形成方法,一定是二维流计算架构的发展趋势,将得到更加广泛的应用。

总体来说,邻域存储体最大的贡献在于改变了现有的单数据存取的存储结构,实现了多数据的并行存取,有效地改善了冯·诺依曼瓶颈。

就目前的技术水平而言,实现大维度的二维流数据并非难事。大维度的二维流数据,以高速的流水频率流动,从而达到了数据处理的高通过率。显然,要高效地处理这些数据,处理器的处理能力也面临着巨大的挑战。

10.4 基于邻域存储体的二维流并行处理的方法

二维流计算的性能与所并行处理的邻域数据的大小、邻域的数量以及流水处理的速度有关。这里,我们引入处理邻域核的概念。

定义 10.4.1 处理邻域核

在一个周期时间内能并行处理一个邻域数据,该邻域称为处理邻域核。

邻域核的尺寸有大有小,对于一个大的处理邻域核,其计算复杂度将更高。

定义 10.4.2 最大处理邻域核

在一个周期时间内能并行处理一个最大的邻域数据,称为最大处理邻域核。

在一个二维流计算的系统内,只有一个确定意义上的最大处理邻域核。而最大处理邻域核的尺寸,将由二维流数据的形成能力以及处理器的处理能力所确定。

处理邻域核和存储体邻域核有所不同,处理邻域核的尺寸大于或等于存储体邻域核的尺寸。如在后续介绍的NIPC-3系统,其存储体邻域核的尺寸为1列25行,最大处理邻域核的尺寸为24列25行,而24列25行的邻域数据是由1列25行的一维邻域数据经过点延迟电路形成的。

二维流并行处理的基本方法，首先要选择二维流数据的形成方法。10.3 节讲过，邻域存储体直接读出二维数据，形成二维流数据或邻域存储体读出一维多数据，形成二维流数据。显然，邻域存储体直接读出二维数据，则邻域存储体的结构更加复杂，邻域尺寸的局限性较大；而邻域存储体读出一维多数据，再形成二维流数据，邻域存储体的结构相对简单，最终实现的邻域尺寸的局限性小。前者更多地应用于随机邻域数据存取的场合；后者则更多地应用于二维流计算。

在 10.2.3.2 节曾提到，在邻域存储体读出一维多数据的方法中，存在 2 个最大邻域尺寸，即普遍适用的最大邻域尺寸和局部适用的最大邻域尺寸，而局部适用的最大邻域尺寸大于普遍适用的最大邻域尺寸。在电路上，实现局部适用的最大邻域尺寸的电路更加简洁。所以，在二维流计算系统的设计上，我们更倾向于设计那种具有局部适用的最大邻域尺寸功能的邻域存储体。

显然，在一个高速流水线的速率下，要想取得很高的运算速度，数据的大吞吐量是必要的。每次读出存储体的一个数据，再进行流水线处理，可以实现一维流水计算。这是常用的流水线处理方式，其性能主要取决于流水线速率。如果每次读出存储体的是一个二维数据，或每次读出存储体的是一个一维邻域数据，经过数据组织，形成二维数据，再进行流水线处理，其处理的方式就是二维流计算。图 10.4.1 给出了单算法的二维流计算的示意图。

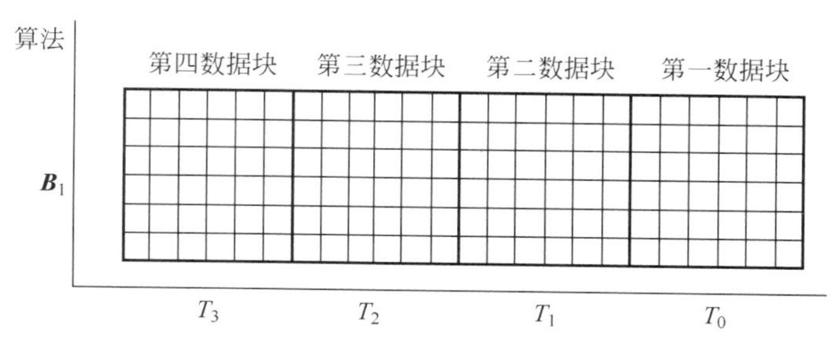

图 10.4.1　单算法的二维流计算的示意图

图 10.4.1 中，在一个流水线时钟，按照使用的算法处理一个数据块。连续的 4 个时钟处理完图中的 4 个数据块。

单一处理器难以适应二维流计算固有的大数据并行计算的特点，可以说，二维流计算一定是多处理器的并行处理。设置多个处理器的方法有多种，一种方法是根据某种邻域算法设置相应的处理器。如 3×3 卷积，需要 9 个乘法器和实现 9 个数据求和的加法器。图 10.4.2 给出了 3×3 邻域横向处理器结构的示意图，图 10.4.3 给出了 3×3 邻域纵向处理器结构的示意图。

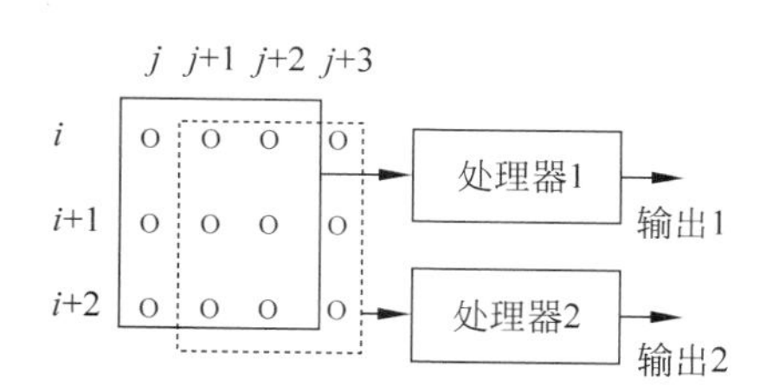

图 10.4.2　3×3 邻域横向处理器结构

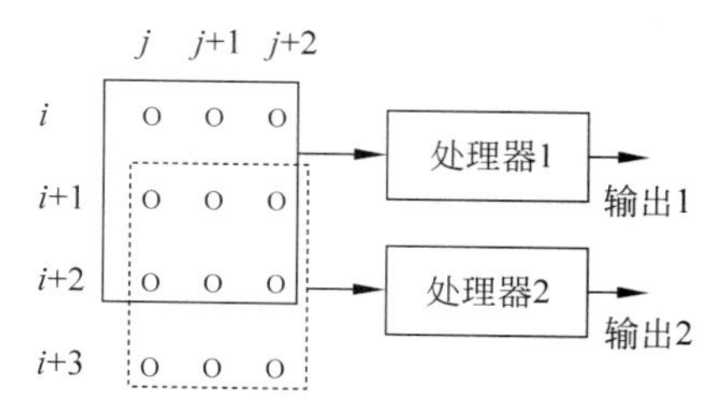

图 10.4.3　3×3 邻域纵向处理器结构

图 10.4.2 中，处理器 1 和处理器 2 是相同的处理器。在一个处理节拍里，采用横向处理器结构，可同时处理水平方向上相邻的两个 3×3 邻域数据。图 10.4.3 中，处理器 1 和处理器 2 也是相同的处理器。采用纵向处理器结构，在一个处理节拍里，双处理器可同时处理垂直方向上相邻的两个 3×3 邻域数据。结合图 10.4.2 和图 10.4.3 的结构，可以构成横纵向复合结构的四处理器的并行处理方式。图 10.4.2 和图 10.4.3 只给出了双处理器的结构，当然也可以构成更多处理器的横向结构、纵向结构以及纵向、横纵向复合结构。图 10.4.2 和图 10.4.3 都属于不同数据、相同算法的处理器结构。图 10.4.4 给出了不同数据、相同算法并行处理示意图。

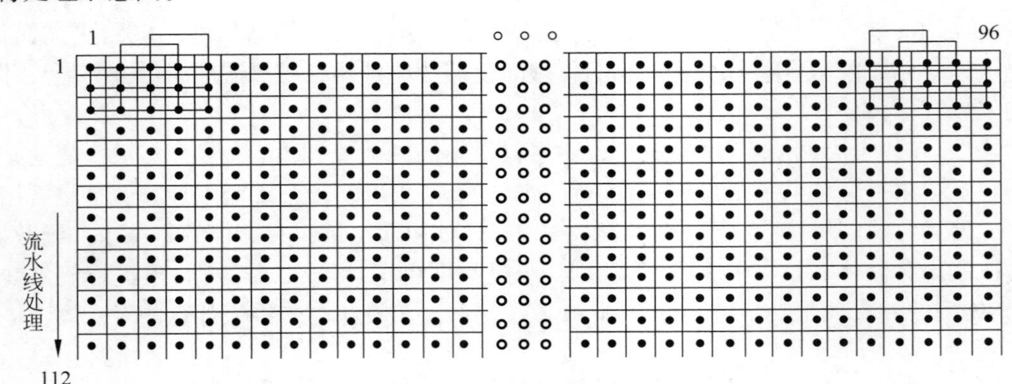

图 10.4.4　不同数据、相同算法并行处理示意图

图 10.4.4 所示的是采用多处理器对 112×96 的人脸图像进行 3×3 卷积的一种设计。在该设计中，采用连读的形式，从邻域存储体读出一行 96 点人脸图像数据，进行流水线处理，在一个处理周期中，并行完成一行的 3×3 卷积。显然，这种处理是高效的。

图 10.4.2 和图 10.4.3 所涉及的是不同数据、相同算法的处理方式，双处理器（可扩展为多处理器）处理同一个处理对象的相邻邻域的不同数据，如同一幅人脸图像的相邻邻域不同数据。这种处理方式，其处理器结构属于并行连接的结构，类似于集群计算机的处理方式，所不同的是，这里的处理器是应用于二维流数据的处理。按照算法和数据的组合关系，还存在相同数据、不同算法的情况以及不同数据、不同算法的情况。

图 10.4.5 给出了相同数据、不同算法的处理器并行结构示意图。

图 10.4.5 仅以 3×3 邻域数据为例，多个算法对同一个 3×3 邻域数据进行并行处理。这种情况，我们可以联想到深度学习神经网络某一层的多次运算，比如说对该层做 20 次卷积，每一次卷积处理的数据都是一样的，卷积核尺寸也一样，只是卷积系数各不相同。图 10.4.6 给出了不同数据、不同算法串行处理示意图。

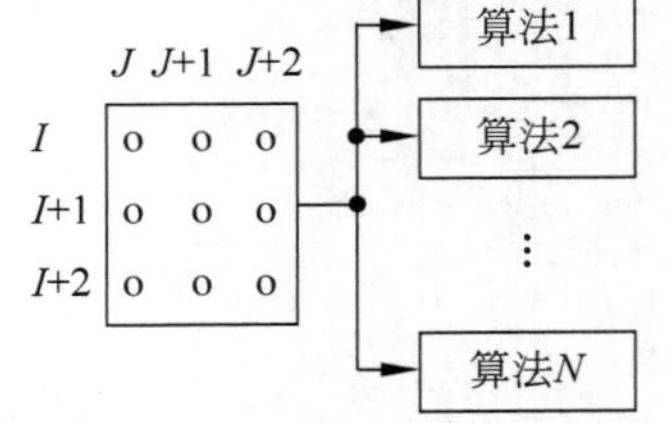

图 10.4.5　相同数据、不同算法的处理器并行结构示意图

图 10.4.6 中，各个数据块的大小可以相同，也可以不同。如 512×512 序列图像输入，经第一级 Sobel 算法处理，其处理结果是 512×512 的图像，再进行中值滤波处理，其处理结果仍然是 512×512 的图像。图 10.4.6 的结构似乎有些类似于深度学习的结构，图中各个数据块的大小经池化处理后则发生了变化。

二维流水计算的性能主要取决于流水线速率和所处

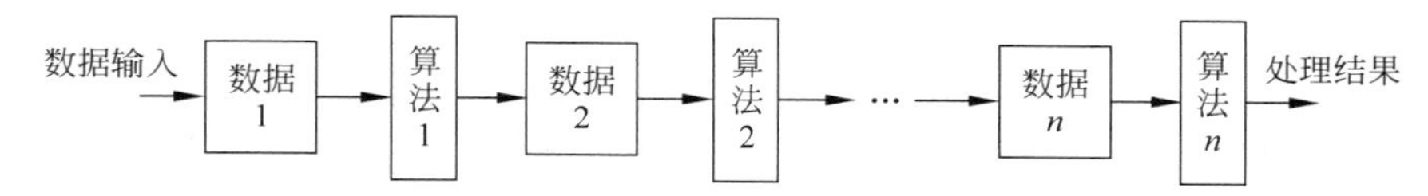

图 10.4.6　不同数据、不同算法的处理器串行结构示意图

理的二维数据的大小。

设被处理数据量总和为 M，流水线时钟的周期为 T_0，在流水线处理的一个时钟周期内并行处理特定邻域算法的 K 个相邻的邻域数据，该邻域算法处理 M 个数据的处理时间为 T_{cp}，则

$$T_{cp}=M\times T_0/K \tag{10.4.1}$$

式中，T_0 为流水线处理的一个子流水处理周期的时间，在一个子流水处理周期内，完成取数据、处理数据、存储处理结果的全部操作。系统以一个子流水处理周期的速率，完成邻域算法对 M 个的数据处理。从式(10.4.1)中可以看到，降低处理时间 T_{cp} 的途径既包括一个时钟周期内并行处理邻域算法的相邻的邻域数据个数 K，也包括提升流水线时钟的频率。如对 512×512 的灰度图像进行 3×3 卷积处理，在流水线的一个处理周期内并行处理 128 个 3×3 邻域数据的卷积，如果流水线处理的一个处理周期为 10ns，由式(10.4.1)计算，处理时间为 0.020 48ms。就当前的技术水平来说，这个结果还是不错的。

值得注意的是，流水线的处理周期 T_0，并不是系统时钟的周期，而是专指流水线处理的周期，包括从邻域存储体取数、乘加运算、结果存储等一系列处理的时间。

式(10.4.1)的处理时间是针对邻域算法的，如 3×3、5×5 卷积。对于点处理算法的处理时间，如灰度图像求反，则另作计算。

邻域算法的处理时间和该算法所处理的邻域数据大小有关，处理 3×3 卷积和处理 5×5 卷积的计算复杂度是不同的。显然，单纯的处理时间还不能说明处理器性能的优劣。这里，可以考虑采用操作数/s 来作为处理速度的性能指标。

流水线的速率为 f_0，在流水线处理的一个时钟周期内并行处理 K 个邻域核尺寸为 $W\times H$ 的邻域数据，且对 $W\times H$ 邻域数据处理操作数均为 N，操作数/s 为 M，则

$$M=K\times W\times H\times N\times f_0 \tag{10.4.2}$$

如邻域核的尺寸 $W\times H$ 为 25×24，流水线处理的一个时钟周期内并行处理 1 个 25×24 的邻域数据，$W\times H$ 邻域数据处理操作数 N 为 3(包括流水线处理的乘、加、二值化)，流水线的速率为 75MHz，则系统的最高运行速度为 1350 亿次/s。显然，提升最大处理邻域核的尺寸和流水线的速率，都能够提升系统的最高运行速度。

10.5　基于邻域存储体的二维计算的实践

10.5.1　NIPC-1 邻域图像并行处理机

1992 年我们进行了二值图像邻域处理机初步的尝试，应用 4 片 256K×4bit 的存储芯片，采用二维垂直堆叠与二维分段裂变技术，构成 3×3 的二值图像邻域存储体。在处理方面，试图实现 3×3 邻域的等值跟踪。电路芯片总量达到 75 片，虽然完成了电路板的设计，

但由于客观原因,没能最终实现。

1997 年我们研制成功了 NIPC-1(Neighbourhood Image Parallel Computing-1)邻域图像并行处理机,其逻辑框图如图 10.5.1 所示,电路板如图 10.5.2 所示。

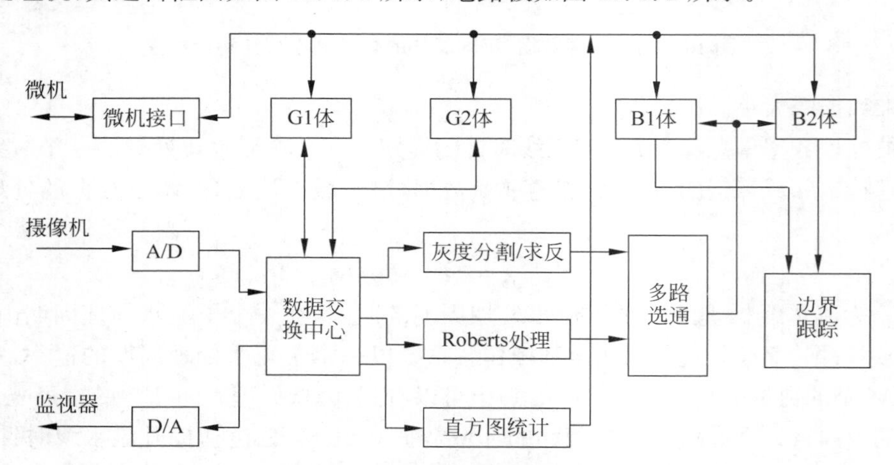

图 10.5.1 NIPC-1 邻域图像并行处理机逻辑框图

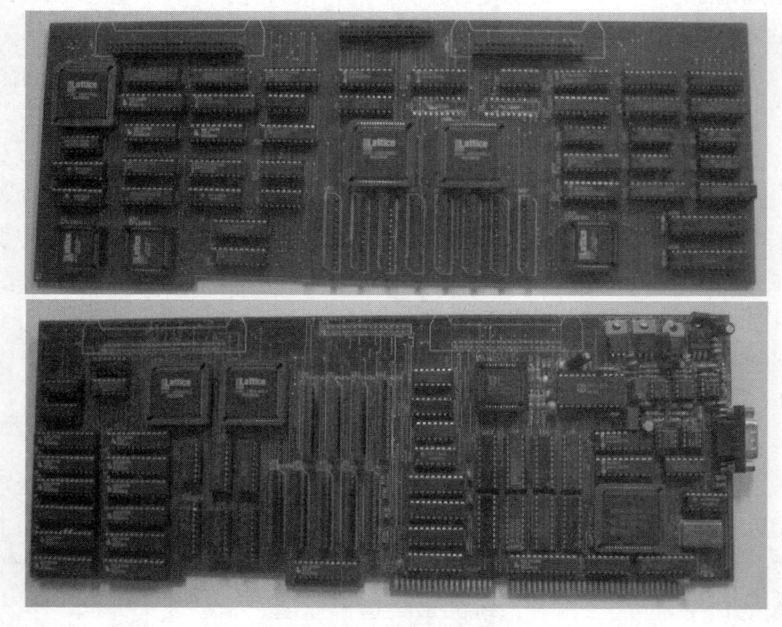

图 10.5.2 NIPC-1 邻域图像并行处理机的电路板

由于 NIPC-1 邻域图像并行处理机整个图像硬件规模比较大,部分电路采用了大容量的可编程逻辑阵列 EPLD 芯片,全部图像硬件电路由两块多层板组成(两块板用连接件连接),采用 ISA 总线,插入 PC 的 I/O 槽内。

邻域图像并行处理机的着眼点在于解决邻域图像高速处理的问题,其基本原理是构造邻域存储体以获得并行的邻域图像数据,并构造硬件处理器,用以处理并行的邻域图像数据。作为一个最初实施的理论样机,NIPC-1 邻域图像并行处理机没有追求更高的技术指标，存储体邻域核尺寸只是2×2，邻域图像处理算法上选择了2×2的Roberts算子，在二值邻域图像处理上选择了3×3的链码结构的边界跟踪。为了便于进行图像分割，该处理机设置了直方图统计电路和灰度分割电路，这样分割的阈值可以由人机对话给出，也可以根据直方图统计的结果自动给出。图10.5.2中G1、G2体为灰度邻域存储体，B1、B2体为二值邻域存储体，每类邻域存储体都包括各自的存储芯片阵列和地址变换、数据排序等电路，由此存储数字图像并产生域邻处理所需要的并行邻域图像数据。G1、G2体的存储容量为512×1024×8bit，B1、B2体的存储容量为2048×2048×1bit。不管是灰度邻域存储体，还是二值邻域存储体，每类帧存都采用双体结构，这样便于交替工作，以形成一种乒乓式的工作方式。具体来说，图像冻结按G1、G2顺序反复进行，处理则按G2、G1顺序同步进行，由此完成动态的实时处理。邻域存储体所能达到的最大数据传输速率与该帧存一次存取的邻域尺寸和存取操作的时间有关。我们在NIPC-1邻域图像并行处理机中实现的灰度邻域存储体，数据传输速率为25ns/pixel；所实现的二值邻域存储体，其数据传输速率为12.5ns/pixel。

NIPC-1邻域图像并行处理机采用了面向图像帧存储体的系统结构方式，计算机总线采用了PC的ISA总线。在行顺序灰度图像邻域处理时最大的邻域尺寸为2×2，在随机邻域二值邻域图像处理时最大的邻域尺寸为4×4。

NIPC-1邻域图像并行处理机所达到的硬件处理速度是较高的，以512×512点阵的图像就直方图统计、求反、二值分割、Roberts梯度算子、边界跟踪这五方面与纯软件在处理速度上进行比较。纯软件测速时所选用的微机为Pentium 133，内存32MB。本硬件系统测试时微机相同且选用相同样本，表10.5.1给出了处理速度（包括图像数据的存取和显示的时间）比较结果。

表10.5.1 NIPC-1邻域图像并行处理机的处理速度比较

处　理	纯软件处理时间/ms	本系统处理时间/ms
直方图	156	40
二值分割	404	40
求反	415	40
Roberts	1384	40
边界跟踪	489	10

从表10.5.1可以看出，对于直方图统计、二值分割、求反这些点顺序的处理，硬件比软件快10倍左右，而邻域处理则快几十倍，显然NIPC-1邻域图像处理机在邻域图像处理上取得了突出的效果。

10.5.2 NIPC-2邻域图像并行处理机

NIPC-1邻域图像并行处理机对灰度图像进行邻域处理，其最大的邻域尺寸仅为2×2，邻域尺寸太小，需要扩大邻域图像处理的尺寸。当时，计算机总线也进步了，PCI总线正在逐步替代ISA总线。我们在筹划研制NIPC-2邻域图像并行处理机时，面临两方面的改进。按照设计适应于机器的设计准则，需要尽快采用PCI总线。因此，我们将NIPC-2设计的重点放在PCI总线上，而邻域尺寸则定位在灰度图像3×3邻域上。我们于1999年研制成功NIPC-2邻域图像并行处理机，其系统原理框图如图10.5.3所示，邻域图像处理板如图10.5.4所示。

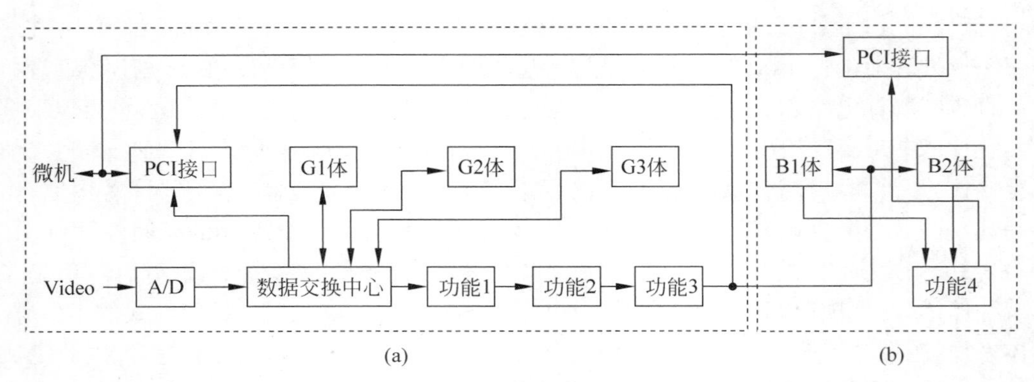

图 10.5.3 NIPC-2 邻域图像并行处理机框图

图 10.5.4 NIPC-2 的邻域图像处理板

系统采用双板结构(如图 10.5.3 虚线框所示,每一个虚线框一块板,右边虚线框是 NIPC-2 的邻域处理板),每块板都插入 PC 的 PCI 总线槽上,两板之间由扁平电缆连接。

图 10.5.3 中 G1、G2、G3 为灰度邻域帧存储体,存储容量分别为 1024×4096×8bit;B1、B2 为二值邻域存储体,存储容量分别为 2048×2048×1bit。视频数据通过数据交换中心存入任一个灰度邻域帧存储体,灰度邻域帧存储体可提供一帧图像中相邻 4 行或相邻 3 行的图像数据,也可以提供 3 帧图像的相同地址的 3 组图像数据,由此可以进行 3×3、2×2 邻域图像处理,也可以进行帧间的点处理。功能 1、功能 2、功能 3 按点频的速率进行流水线处理,这三级处理器是由在线 EPLD 实现的,因此每一级的处理功能都是可变的,目前设置为图像加减、Sobel、Roberts、十字中值滤波、分割等处理功能,其中 Sobel 和十字中值滤波采用双处理器横向连接的结构,处理结果可直接通过 PCI 总线送入微机,也可以送入 B1、B2 体进行功能 4 所提供的二值邻域图像处理,这些处理包括链码边界跟踪、二值数学形态学处理,其处理结果可通过 PCI 总线送入微机。这 4 种处理功能在 40ms 内完成,等效于 10ms 完成一种处理功能。

图 10.5.5 给出了 NIPC-2 邻域图像并行处理机实现的边界跟踪的一个实例。

实现图 10.5.5 所示的边界跟踪,我们在 40ms 内完成了 Sobel 算子、分割、链码结构的边界跟踪的系列处理。作为对比,在表 10.5.2 以 Sobel 算子为例列举了国内外一些图像处理系统在邻域图像处理的运行时间。除了我们研制的邻域图像并行处理机的处理图像是

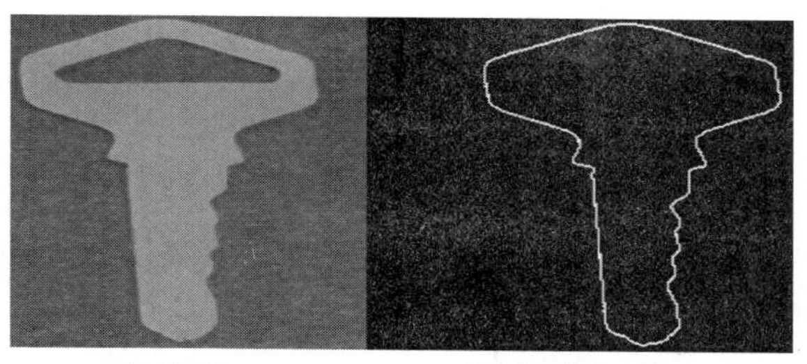

图 10.5.5　NIPC-2 邻域图像并行处理机实现的边界跟踪

720×576 外，其他系统处理的图像大小均为 512×512。

表 10.5.2　对 512×512 图像的 Sobel 算子的运行时间

系　　统	结构体系	处理时间
i-860	流水线	51.9ms
CM-5	MIMD(512 PEs)	40ms
NIPC-2 邻域图像并行处理机	MIMD(2 PEs)	40ms 完成包括 Sobel 在内的 4 种算法

表 10.5.2 中的系统，除我们的邻域图像并行处理机外，其余的都是大型系统，从系统开销来看，我们的系统具有明显的优势。

10.5.3　NIPC-3 邻域图像并行处理机

NIPC-1、NIPC-2 邻域核尺寸虽然只有 2×2、3×3，但是已经充分证明了基于邻域存储体的二维流计算理论和方法的正确性，同时也采用了先进的 PCI 总线，为设计更高性能的系统奠定了坚实的基础。在 NIPC-1、NIPC-2 的基础上，我们在 2008 年 1 月研制成功了 NIPC-3 邻域图像并行处理机，邻域核的尺寸达到 24×25，实现了跨越式发展。NIPC-3 的硬件逻辑框图如图 10.5.6 所示，邻域图像处理板如图 10.5.7 所示。

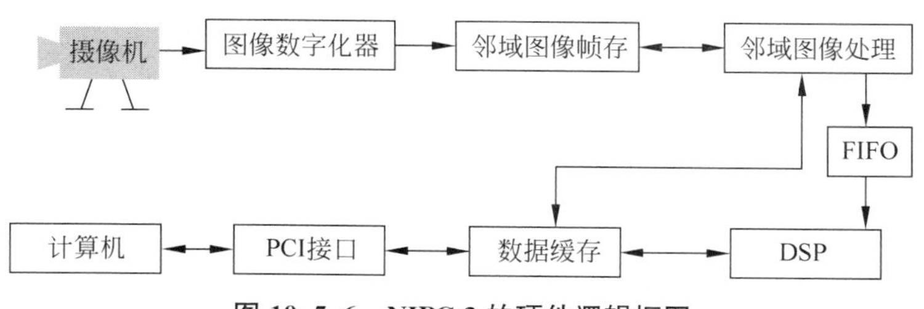

图 10.5.6　NIPC-3 的硬件逻辑框图

NIPC-3 的邻域存储体使用 4 片 SRAM，其存储容量为 512K×64bit。存储芯片采用垂直堆叠和垂直分段裂变技术，并采用一维不完全轮换矩阵结构，一个存储地址的 64bit 数据位分段裂变为 8 个 8bit 的数据位(见图 10.5.8)，存储 8 个行相邻的 8bit 的像素。4 片存储体采用垂直堆叠，实现了一次读即读出一列 32 个数据。按一维不完全轮换矩阵结构的普遍正确的最大邻域计算，行方向维度的最大值为 25 行。系统采用 Altera 公司的 FPGA 芯片 EP2C70F896C8，该芯片具有 150 个 18×18bit 的乘法器，考虑到图像为 8bit 的，因此将需要

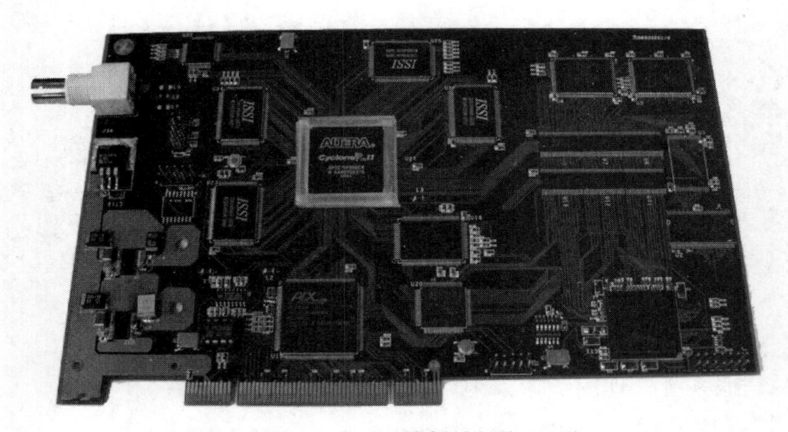

图 10.5.7　NIPC-3 的邻域图像处理板

300 个 9×18bit 的乘法器。我们希望能处理更大的邻域，因此把普遍正确的系统邻域核尺寸设计为 25×24。

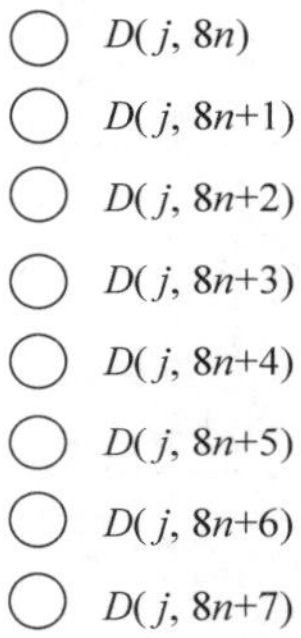

D(j, 8n)
D(j, 8n+1)
D(j, 8n+2)
D(j, 8n+3)
D(j, 8n+4)
D(j, 8n+5)
D(j, 8n+6)
D(j, 8n+7)

图 10.5.8　垂直分段裂变的 8 个相邻的像素

实现最大邻域核尺寸的示意图如图 10.5.9 所示，系统邻域核的形成电路如图 10.5.10 所示。

邻域图像帧存
24列
25行

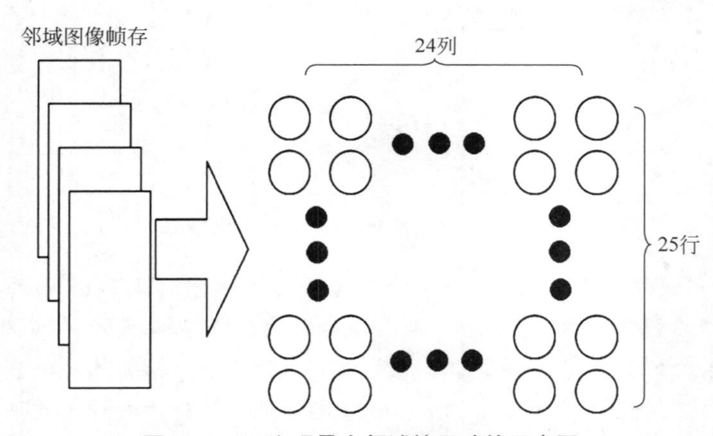

图 10.5.9　实现最大邻域核尺寸的示意图

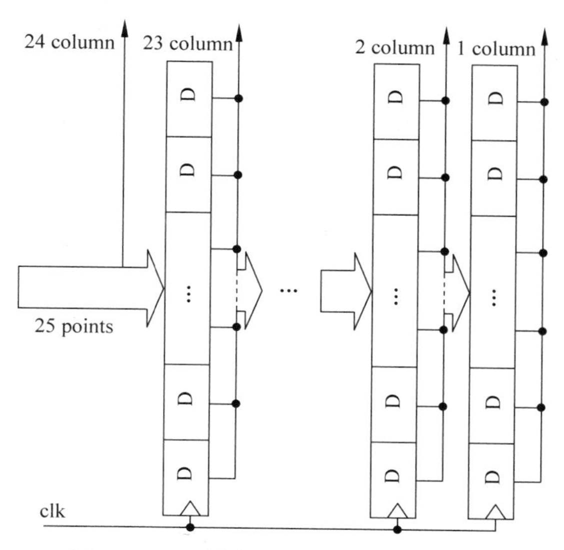

图 10.5.10 最大处理邻域核的形成电路

首先，由邻域存储体读出一列行相邻的 32 点，由排序电路得到存储邻域核，其尺寸为 25×1，再经过流水线的行延迟电路形成处理邻域核。

在图 10.5.10 中，一列 25 点行相邻的数据，采用 23 级 25 点的延迟电路，在流水线的一个时钟内，获得了 25×24 邻域的 600 点邻域数据。600 点邻域数据是在 FPGA 芯片内形成的，流水线的邻域处理也在 FPGA 芯片内进行，充分体现了片上系统的优越性。由于所选 FPGA 芯片拥有 300 个 9×18bit 乘法器，我们设计了 600 点的图像邻域卷积器。

NIPC-3 的 600 点图像邻域卷积电路如图 10.5.11 所示。

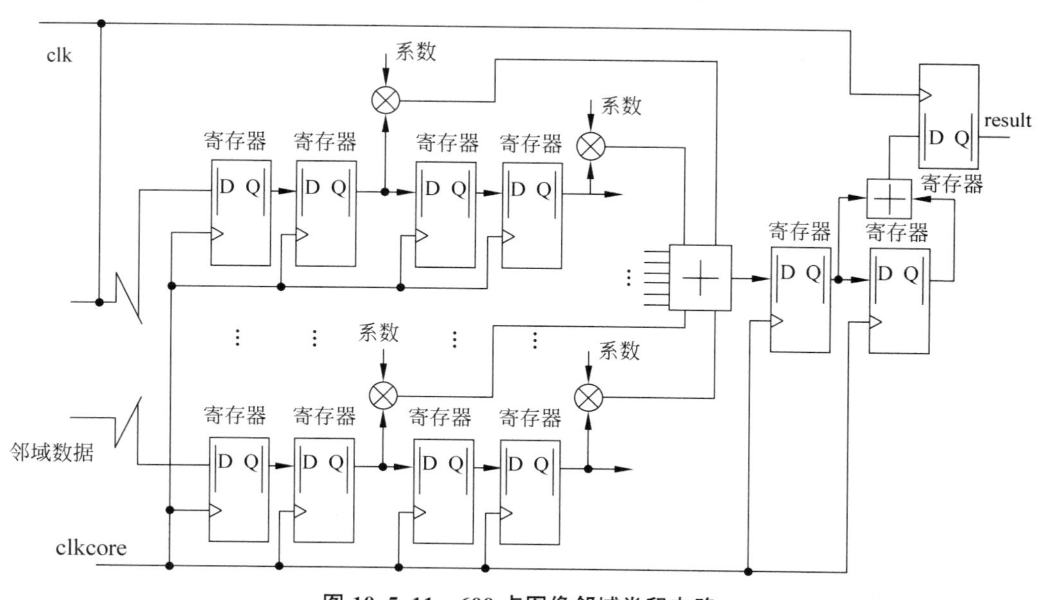

图 10.5.11 600 点图像邻域卷积电路

图 10.5.11 中，clk 为系统时钟，外部邻域数据的存取、数据排序等操作都是在该时钟下完成；clkcore 为卷积核心的时钟，频率为 clk 的 2 倍。

表 10.5.3 给出了 NIPC-3 邻域图像并行计算机部分算法的性能。

表 10.5.3 NIPC-3 邻域图像并行计算机部分算法的性能

算法 \ 性能	图像尺寸	处理速度
Sobel 算子	512×512	0.11ms
25×24 卷积运算	512×512	2.912ms
四目标跟踪	512×512	3.475ms
低分辨率人脸重建	32×24→128×96	0.485s

NIPC-3 邻域图像并行计算机在 2008 年 1 月通过了教育部组织的科技成果鉴定。鉴定委员会认为，NIPC-3 邻域图像并行计算机主要创新点在于：

(1) 基于不完全轮换矩阵的邻域图像数据形成方法，为并行处理奠定了基础，实现了邻域核可变的数据结构，最大处理邻域核达到 25×24。

(2) 通过数据结构在算法、存储、处理中保持一致，建立了先进的并行体系结构，可同时处理 600 点图像数据，实现了高速图像处理。

鉴定委员会一致认为，该系统总体水平处于国内同类系统领先，在大邻域图像核和邻域图像处理的速度上优于当前可查到的国际最好水平。

NIPC-3 展示了邻域计算的先进性，处理邻域核大、图像邻域处理速度快。

NIPC-3 向我们展示了综合应用大的一维存储邻域核、大的二维处理邻域核、高速率的流水线处理所获得的二维流水计算的高性能，也展示了 FPGA 输入的较小数据流而片内较大数据流的设计策略的优越性。

NIPC-3 有许多优点，除了处理邻域核大、图像邻域处理速度快以外，还具备视频图像数据实时采集功能，这对于应用来说是非常有利的。在图 10.5.6 所示的硬件逻辑图中，所设计的邻域图像帧存只有一个，而不能进行如 NIPC-1、NIPC-2 那样设计 2 个独立的邻域图像帧存，以便进行双向的邻域存取和双向的邻域处理。NIPC-3 的二维高速处理结果仅仅存入到普通的数据缓存，这样的设计多少制约了处理速度的进一步提升，确实有些遗憾。

10.5.4 NIPC-4 邻域图像并行处理机

NIPC-3 研制成功以后，后续的发展方向面临多种选择，或选择继续沿着提升计算力的方向前行，或选择具体应用的方向进行应用开发。如选择具体应用的方向，也存在不同的方法。一种是将 NIPC-3 硬件改版为乒乓式的双向处理结构，同时开发应用软件；另一种方法是研制新的嵌入式的系统，该系统采用乒乓式的双向处理结构，继而再开发应用软件。我们选择了研制嵌入式系统的方向。

在 NIPC-4-1 的总体设计上，我们既希望系统具有较高的处理速度，又希望系统的成本较低。在处理器方面选择了 ARM 和 FPCA 的组合；在存储体芯片上选择了存储容量大、功耗低的 DRAM 芯片；在邻域存储体的存储模式设计上，选择了局部实用最大邻域尺寸的一维行邻域存储结构。NIPC-4-1 的硬件逻辑框图如图 10.5.12 所示。

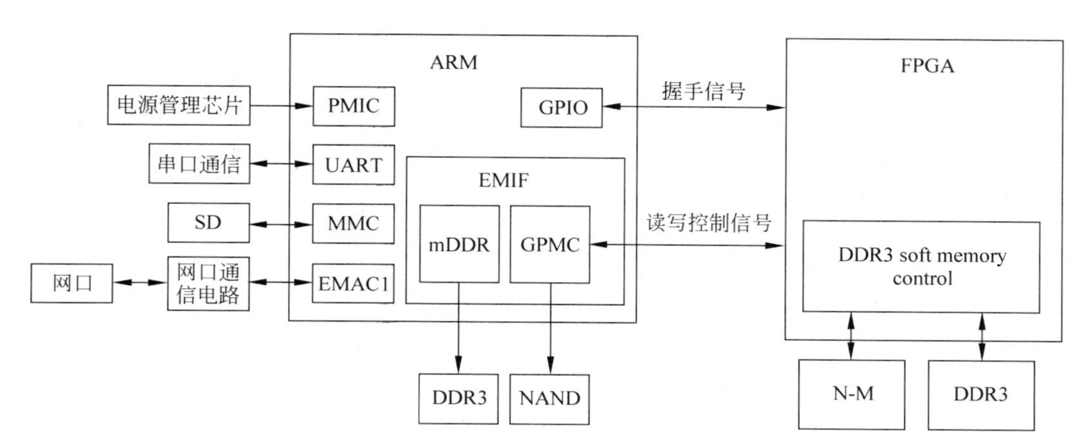

图 10.5.12 NIPC-4-1 的硬件逻辑框图

NIPC-4-1 的邻域存储体(N-M)由 4 片 DDR3 存储芯片组成。FPGA 连接一片 DDR3 存储芯片作为数据缓存。FPGA 选用 Altera 公司的 Cyclone V 系列芯片 5CGTFD9E5F35。Altera 公司的 DDR3 IP 核用户接口为 Avalon 接口协议,本设计中选用 Avalon-MM。根据 Avalon-MM 接口协议,本系统中 Avalon 数据接口为 64bit。

在 NIPC-4-1 的硬件调试中,我们发现数据缓存的效率不高,即邻域存储体高速处理后的数据在存入数据缓存时,是单个数据写入,和邻域存储体高速处理速度不匹配。因此,我们重新设计了 NIPC-4-2 的硬件。NIPC-4-2 采用了双邻域存储体结构,以实现双向式二维流处理的并行存取。NIPC-4-2 的硬件逻辑框图如图 10.5.13 所示,电路板如图 10.5.14 所示。

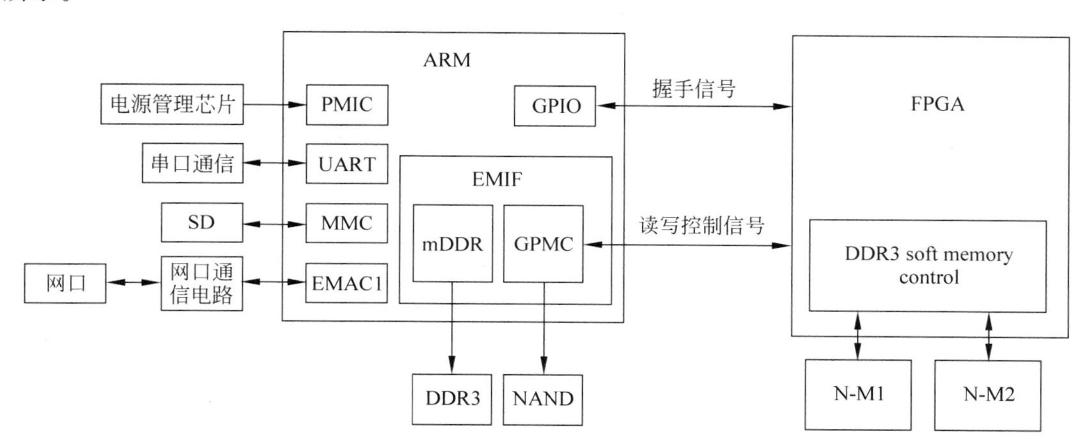

图 10.5.13 NIPC-4-2 硬件逻辑框图

图 10.5.13 中,NIPC-4 应用网络与外部进行数据输入输出,ARM 选用 TI 公司的 AM3358,FPGA 选用 Altera 公司的 Cyclone V 系列芯片 5CGTFD9E5F35,该芯片具有 684 个 18×18bit 的乘法器。DDR3 使用 Micro 公司的 MT41K256M16HA-125: E 芯片,存储容量为 4GB。邻域存储体芯片也使用 MT41K256M16HA-125: E 芯片,应用 2 片 DDR3 构成一个邻域存储体,整个系统有 2 个独立的邻域存储体(N-M1、N-M2)。我们采用的是 DDR3 IP 核,用户接口协议为 Avalon-MM,其数据接口为 64bit。

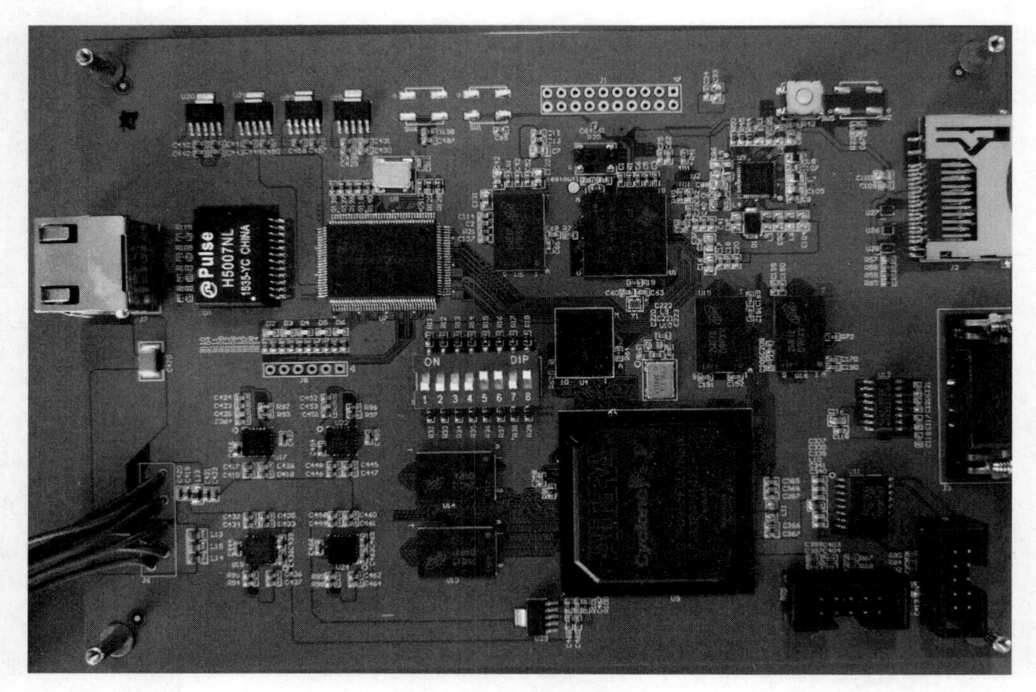

图 10.5.14 NIPC-4-2 电路板图

我们将存储芯片的 64bit 数据位水平分段裂变为 8 个 8bit 数据位，2 片存储芯片水平堆叠，形成水平方向一维的 16 个 8bit 数据位。这样，1 次读操作就能够读出 16 个 8bit 的水平相邻的灰度图像数据。按照这样的存储结构，我们来讨论 512×512 的 8bit 灰度图像的二维流处理。

我们选用标称频率为 300MHz 的 DDR3 芯片来构成邻域存储体。在读数据方面，采用页面读方式，这样可以提高数据读出速度。采用二维流计算的方法，实现 3×3 的 Sobel 和中值滤波算法。

参照 10.3 节介绍的邻域存储体在一个读周期中读出一维多数据的二维流数据形成方法，在一个/RAS 页面周期内实现多连读，同时参照图 10.4.4 所示的不同数据、相同算法并行处理方法，实现多个邻域数据的并行处理。

存储体的数据读出速度直接影响最终的处理时间，我们采取了页面连读的方式并做了 2 连读、4 连读、8 连读的实验。所谓连读，如 2 连读，即在一个/RAS 页面周期内，产生 2 个/CAS，读 2 次。按照不同连读的次数进行，得到对 512×512 的 8bit 灰度图像进行 3×3 的 Sobel 和中值滤波的流水处理的不同时间。

- 一次读出 16 个 8bit 数据，2 连读读出 32 个 8bit 数据，对 512×512 的 8bit 灰度图像进行 3×3 的 Sobel 和中值滤波处理的时间为 0.78ms。按照式(10.4.1)计算，一个子流水处理周期时间约为 95.2ns，期间进行了 2 连读，等效于每次读耗时 47.6ns。
- 4 连读读出 64 个 8bit 数据，对 512×512 的 8bit 灰度图像进行 3×3 的 Sobel 和中值滤波流水处理的时间为 0.5ms。按照式(10.4.1)计算，一个子流水处理周期时间约为 123ns，期间进行了 4 连读，等效于每次读耗时约 30ns。
- 8 连读读出 128 个 8bit 数据，对 512×512 的 8bit 灰度图像进行 3×3 的 Sobel 和中

值滤波流水处理的时间为0.3ms。按照式(10.4.1)计算,一个子流水处理周期时间约为142ns,期间进行了8连读,等效于每次读耗时约18ns。

上述的处理结果是在NIPC-4-1的硬件上取得的。

- 8连读读出128个8bit数据,对512×512的8bit灰度图像进行3×3的Sobel和中值滤波流水处理的时间为0.18ms。按照式(10.4.1)计算,一个子流水处理周期时间约为88ns,期间进行了8连读,等效于每次读耗时约11ns。对512×512的8bit灰度图像进行3×3的Sobel和中值滤波流水处理的时间,从0.3ms提升到0.18ms。提升幅度还是比较大的。这个处理结果是在NIPC-4-2的硬件上取得的。NIPC-4-2采用了双向乒乓式的邻域存储体结构,NIPC-4-1相比,NIPC-4-2不仅保留了多数据读,还具有同时实现多数据写的能力,由此提升了对处理后数据的存储时间,即一次存储体写操作,写入了多个处理结果。
- 32连读读出512个8bit数据(一整行的图像数据),对512×512的8bit灰度图像进行3×3的Sobel和中值滤波流水处理的时间为0.096ms。按照式(10.4.1)计算,一个子流水处理周期时间约为187ns,期间进行了32连读,等效于每次读耗时约5.5ns。

图10.5.15给出了NIPC-4完成Sobel和中值滤波流水处理的处理结果。

图10.5.15　NIPC-4完成Sobel和中值滤波流水处理的处理结果

在上述的对512×512的8bit灰度图像进行3×3的Sobel和中值滤波流水处理,其处理时间最快为0.096ms,平均每个算法处理512×512图像的耗时为0.048ms。

从上述的实验来看,多连读确实提升了处理速度。我们关心的是,继续提高连读的次数,能否进一步提升处理速度?

一次读出16个8bit数据,在一个子流水处理周期时间内32连读读出并处理512个像素。存储芯片最高频率为300MHz,即周期时间约为3.3ns。实现32连读的极限时间约为26.4ns,以这样的速率对512×512的8bit灰度图像进行3×3的Sobel和中值滤波流水处理,其最快的处理时间为$T_{\text{cp-min}}$,则

$$T_{\text{cp-min}}=\frac{512\times 512\times 8\times 3.3}{128}\approx 54\,067.2(\text{ns})\approx 0.054(\text{ms}) \tag{10.5.1}$$

显然,上述实验得到的0.096ms的处理时间离0.054ms还有一定距离。也就是说,继续努力,仍有可能进一步提升处理速度。

上面讨论的是Sobel和中值滤波两种算法的流水处理,处理时间为0.096ms,平均每个算法处理512×512图像的耗时为0.048ms。如果有更多种算法级联的流水处理,将达到更高的运行速度。

NIPC-4-2 所构成的系统，本质上可算是一种 NIPC-4-2 加 CPU 的结构，在 NIPC-4-2 和 CPU 之间的数据通信主要靠网络完成。由于网络带宽的限制，NIPC-4-2 更适合应用于处理量远大于数据通信量的场合。

当前有许多 AI 芯片，具有很高的处理速度，如华为 2018 年 10 月 10 日推出的 AI 芯片昇腾 910，其处理速度达到：半精度(FP 16)为 256TOps、整数精度(INT 8)为 512TOps。中科院计算所前期推出的寒武纪 2 号神经网络处理器，达到了 5.58TOps 的处理速度；谷歌推出的 TPU 芯片，达到了高于 GPU 的处理速度。在 AI 芯片中，片内存储容量一般不会太大，这是受芯片面积和功耗制约的结果。AI 芯片的应用一定要辅以相应的硬件，形成 AI 硬件系统。一种搭载 TPU 的电路板如图 10.5.16 所示。

图 10.5.16　一种搭载 TPU 的电路板

从图 10.5.16 中，我们大略可以看到，除了 TPU 芯片以外，搭载 TPU 的电路板的芯片还是有一定规模的。

这里顺便提一下，有关人工智能芯片算力的问题。人工智能芯片像 GPU 一样，都会发布该芯片的算力指标，如 TPU 的算力。我们知道，人工智能芯片是需要外围电路的，一些芯片需要使用外部的 DRAM 芯片。如果该芯片需要和外部的 DRAM 进行数据传输，那么在人工智能芯片和外部 DRAM 之间的数据传输中，是否存在冯·诺依曼瓶颈就是一个十分重要的问题。如果人工智能芯片在执行人工智能算法时，和外部 DRAM 之间频繁地进行数据传输，由于存在冯·诺依曼瓶颈，将大大影响系统的算力。这里就存在两个算力的概念，一个是人工智能芯片的算力，另一个是应用人工智能芯片的人工智能硬件系统的算力。一般来说，人工智能硬件系统的算力小于或等于人工智能芯片的算力。显然，存在冯·诺依曼瓶颈的人工智能硬件系统，需要寻找好的解决办法，使人工智能硬件系统的算力接近于人工智能芯片的算力。由此看来，单独强调 AI 芯片的速度是不全面的。

当前，我国在芯片技术上存在一些“卡脖子”“受制于人”的问题。主要是存在光刻机精细指标的水平问题，目前国内虽然达不到 5nm 芯片的加工能力，但先进的并行体系结构技术能够弥补光刻机精细指标的问题。清华大学发布了类脑计算芯片“天机芯”的研究成果。该芯片是面向人工通用智能的世界首款异构融合类脑计算芯片。基于此研究成果的论文《面向人工通用智能的异构天机芯片架构》(*Towards artificial general intelligence with hybrid Tianjic chip architecture*）作为封面文章登上了 2019 年 8 月 1 日的《自然》（*Nature*）杂志。图 10.5.17 为单片天机芯片和 5×5 阵列扩展板的外观图。

(a) (b)

图 10.5.17 单片天机芯片(a)和 5×5 阵列扩展板(b)的外观图

最新一代天机芯片采用 28nm 工艺制造。该芯片支持多种不同 AI 算法，而且采用了存算一体技术，不需要外挂 DDR 缓存，具有高速度、高性能、低功耗的特点。其中，28nm 制造工艺达到世界级水平的成果足以说明并行体系结构的重要性。

天机芯片采用了存算一体技术，不需要外挂 DDR 缓存。这与改善了冯·诺依曼瓶颈的外挂 DDR 缓存是两条技术路线，异曲同工，可能都有自己的最佳应用范围。

在 NIPC-4-2 中，采用了 ARM、邻域存储体、FPGA 的组合。邻域存储体改善了冯·诺依曼瓶颈，双邻域存储体所形成的乒乓式双向处理结构使数据交换更通畅。适当增加芯片堆叠数量和芯片分段裂变数量，选择更高性能的 FPGA 芯片，经过精心设计，是可以达到更高的硬件系统处理速度的。这些将有待于后续工作的进一步发展。

随着近年来 AI 芯片的不断发展，AI 芯片的计算速度已经大大提高。可是此时，人们进一步发现，传统冯·诺依曼芯片架构的"内存墙"（瓶颈）问题开始凸显，AI 芯片计算资源丰富，但存储及数据搬运效率低下，导致整体计算效率下降。为了解决这一问题，芯片界提出了众多解决方案，其中优化数据搬运路线与近内存计算是当前得到较多认可的两种方式。显然，本节论述的基于邻域存储体的二维计算，可望得到进一步发展。

当前 CPU＋GPU 的主流计算模式正面临严峻挑战，AI 硬件集群将应运而生。本章图 10.1.3 所示的二维计算的集群系统，也将得到进一步的发展。

习题 10

习题 10.1 请说明 NIPC-4-1 和 NIPC-4-2 的最大区别点和性能差异。

习题 10.2 当前，半导体业界出现"硬件体系架构创新迎来黄金时代"的观点，谈谈你的认识。

习题 10.3 为什么说"邻域图像处理的速度是表征图像处理系统性能的重要指标"？

习题 10.4 叙述基于邻域存储体的二维流计算的基本概念。

第11章

图像系统软件

11.1 计算机的软件环境

从图像处理的角度来看,PC 的软件环境主要是指操作系统、计算机语言和数据库。

操作系统(Operating System,OS)的主要功能是管理、应用计算机的所有资源,如CPU、存储体、硬盘、打印机,使整个计算机达到最佳使用状况,并让用户方便地完成计算任务。

DOS(Disk Operating System)操作系统是早期最广泛使用的一种操作系统,有多家公司的不同版本,也有多个升级版本。微软公司的 DOS 称为 MS-DOS(MicroSoft DOS),也简称为 DOS,微软公司是提供 DOS 操作系统的最主要的厂商。

1989 年 5 月微软公司推出了全新的 Windows 3.0 图形窗口操作环境软件,以替代 DOS 操作系统。Windows 3.0 具有如下功能和特点:

- 图形操作界面,使 PC 易于操作;
- 多任务运行;
- 突破了 DOS 操作系统对内存的某些限制;
- 提供了程序控制器、控制面板等管理工具;
- 提供了字处理器、画图软件等应用程序;
- 提供了计算器、日历、时钟、记录器等桌面办公工具。

Windows 3.0 应用软件开发工具包 SDK,为在 Windows 3.0 下开发出具有视窗功能的应用软件提供了各类工具、资源、函数库和数据结构。

微软公司于 1992 年 4 月推出了 Windows 3.1,1995 年 8 月推出了 Windows 95,1998 年推出了 Windows 98。Windows 3.x 是 16 位的操作系统,Windows 95/98/2000 是 32 位的操作系统,Windows 一直在发展中。20 世纪 90 年代是 Windows 风靡的年代,原来在 DOS 上编制的软件纷纷移植到 Windows 平台上,许多新的软件则集中在 Windows 平台上开发。对于图像处理软件来说,因为这一时期正值图像处理系统采用 PCI 总线且流行单屏的显示方式,而这些技术的显著优点正是利用了 Windows 平台的优点而形成的,采用 PCI

的图像卡即插即用，打印机、扫描仪、数码相机、Modem 等外设直接由 Windows 很方便地嵌入应用程序，图像的显示也交由 Windows 管理，显然，采用 Windows 平台来编制图像处理软件是非常方便的，也是明智的选择。

值得指出的是，除了 Windows 操作系统以外，Linux、MacOS 也是非常优秀的操作系统。

在编程语言方面，早期的图像处理系统曾使用 BASIC、FORTRAN 语言编程，后来多用 C 语言，现在主要采用 Visual C++。Visual C++包含了功能强大的基于 Windows 的应用框架，具有很好的视窗功能和外设的管理功能。后来的编程，特别是在编制使用 MMX 技术的程序以及编制设备驱动程序和中断程序时，还使用汇编语言。当然，有时在 C 语言调用汇编语言的情况下，两种语言是共存的。

Java 语言的应用也越来越普遍了。Java 源于嵌入计算，成长于网络计算，Java 体现的跨平台、面向对象、分布式、可靠性、安全性、可移植性、多线程等特性，为 Internet 的使用提供了一种良好的开发和运行环境，成为 Internet 适用的语言。Java 在图像处理系统中的应用是不容置疑的，用浏览器的方式可以方便地实现基于特征的人像综合查询。

数据库是计算机软件的一个重要分支，它是为了解决文件系统管理数据时的冗余度大、缺乏数据独立性、数据无集中管理等问题而出现的，如今已经渗入了计算机应用的各个领域。

自 20 世纪 80 年代以来，关系数据库系统问世与广泛推广，既有适用于大型机的也有适用于小型、微型机的，由此深入到各个领域。数据库技术的进一步发展，开始转向新的应用领域并提出新的需要，如为了支持工程技术设计中周期长、数据结构复杂、需要反映数据的时间属性等要求，出现了采用面向对象的工程数据库。Oracle 8 就是面向对象的数据库，也取得了较为广泛的应用。从总体来看，关系数据库仍然是数据库的主流。关系数据库技术十分成熟，可靠性较高，有统一的标准查询语言 SQL 和比较方便的开发工具。成熟的大型关系数据库有 DB2、Oracle、Informix、Sybase、Microsoft SQL Server 等。关系数据库除了支持普通数据类型，还支持可变长度的大块二进制数据。这种数据类型可以用于存储图像、声音、视频等。大型网络关系数据库服务器必须运行于网络操作系统之上。针对不同的网络操作系统，大型关系数据库有不同的版本。最近，由于 Linux 发展迅速，Oracle、IBM、Sybase 和 Informix 等公司都推出了运行于 Linux 的数据库系统。目前，数据库的另一个发展方向是内存数据库，利用内存计算获得了对数据库的高效访问。

在图像应用系统中，特别是基于图像内容的查询，较多地应用数据库。在我们研制成功的“大型人脸识别系统”中，采用了 Oracle 数据库，并把匹配算法植入服务器中，由此实现了异地的人脸识别查询。早期大型人脸识别系统采用 C/S 架构，现在多采用 B/S 架构。

GPU（Graphics Processing Unit）是英伟达（Nvidia）公司推出的图形处理芯片，其技术的发展速度以及应用的广泛程度令世人瞩目。我国 2010 年推出的天河-1A 超级计算机，曾位列世界超级计算机 500 强的榜首，该计算机采用了 7168 片 GPU。“CPU＋GPU”的异构结构成为超级计算机的主流架构。相对于其他多核计算技术，GPU 具有明显的高速、高精度浮点计算的优势，GPU 也拥有远远超过 CPU 的内存带宽。GPU 发展起步于图形，现在则应用于各种高速、高精度计算邻域。英伟达公司在 2006 年推出了 GPU 的专用开发工具：CUDA（Compute Unified Device Architecture，统一计算架构），允许 C 语言程序员使用一些简单易用的语言来编写 GPU 并行代码，这种软件生态环境大大促进了 GPU 的发展。

当前，GPU 技术已经发展到嵌入式芯片的水平，其应用范围正在快速扩展。

GPU 应用在图像处理方面已有较长时间了，目前一些研究单位和安防公司正在将 GPU 技术用于视频智能分析。可以预见，嵌入式的 GPU 技术有望成为视频监控由“看”到“认知”这一飞跃的新贵。

11.2 图像处理系统的软件结构

11.2.1 图像软件系统的分层结构

一个完整的图像处理系统由图像硬件系统和图像软件系统组成。不同时期，图像软件系统有不同的特点。在面向帧存的图像处理系统中，采用了双屏方式，计算机终端不显示图像而只显示文本(菜单等)，当时的操作系统基本上以 DOS 为主；在双屏方式向单屏方式过渡时，操作系统仍采用 DOS，计算机总线为 ISA 总线。在面向计算机内存的图像处理系统中，采用 Windows 操作系统、PCI 总线、单屏操作方式而且融合了图像通信技术。由于存在这些差异，图像软件系统的具体实现方法则有所不同，但在一些基本功能上是一致的。图像软件系统一般应具有以下功能：

(1) 图像的输入输出；

(2) 图像的存储与加载；

(3) 系统的管理；

(4) 图像处理；

(5) 图像的通信。

图像的输入主要包括摄像机、扫描仪、数码相机的图像输入，图像的输出主要包括打印机、视频拷贝机、显示器的图像输出。对于扫描仪、数码相机的图像输入，可采用两种方法。一种方法是使用支持这些设备的通用程序输入图像，并存成图像文件，而图像软件系统使用时再调用这些图像文件，显然这种方法十分简单但操作烦琐；另一种方法是把扫描仪、数码相机的图像输入功能直接嵌入图像软件系统中，这就要采用和外部设备打交道的方法来实现这些功能。这种方法实施难度大，有时因为外部设备的资料不完全而难以满足应用程序的需要。图像打印的功能常常是嵌入图像软件系统中的。要实现把扫描仪、数码相机、打印机嵌入图像软件系统以完成图像输入输出的功能，就需要调用或安装这些设备的设备驱动程序。摄像机的输入要使用图像硬件系统，编程时也需要图像硬件系统的设备驱动程序。

图像的存储与加载往往作用于磁盘和帧存或磁盘和内存之间，图像的存储是把帧存或内存的图像储存在磁盘上，图像的加载是把磁盘中的图像文件调入帧存或内存，其中存在图像文件格式问题，常采用通用的 BMP 格式。

系统的管理可以认为是对图像硬件系统的工作状态进行控制，比如输入通道/输出通道的切换、存储体的选择等。

图像处理的种类很多，常常以大类作为一级菜单的内容，如灰度变换、图像编辑、图像量测、图像增强等。

图像的通信包括图像的发送与接收，常常涉及图像的压缩与传输，分为静图像压缩与传输和动图像压缩与传输，静图像压缩与传输和动图像压缩与传输所采用的方法是不同的。

图像处理系统分专用图像处理系统和通用图像处理系统，专用图像处理系统对用户来讲，不需要进行二次开发；通用图像处理系统面对的用户各异，不少用户还需要进行二次开发，因此通用图像处理系统应该提供再开发的环境，提供库函数或动态链接库(DLL)。开发图像处理软件，首要的问题是选择所依赖的软件平台以及图像硬件系统，即要选择操作系统、编程语言、数据库种类、图像硬件系统等，这种选择一定要注意先进性问题，当 Windows 操作系统已经上市以后，就不要再去选用 DOS 操作系统了。同样，当 Visual C++已经很流行的时候，就不要再去用 Basic 了。当然，这种先进性是有时间性的，比如在没有推出 Windows 操作系统以前，建立在 DOS 操作系统上的图像软件系统也曾经是先进的。在配接图像硬件系统这个问题上有两种选择，即选择别的厂商的产品或选择自行设计的图像硬件系统。对于一个完整的图像处理系统研发者来讲，图像软件系统所配接的硬件正是自行研制的图像硬件系统，由此还必须研制出适合这种图像硬件系统的设备驱动程序。

图像软件系统是分层构造的，图 11.2.1 给出了图像软件系统的分层结构。图中虚线框部分是图像软件系统；底层是硬件驱动层，主要解决和硬件的连接问题；中间层是处理层，实现各种各样的算法；最上面一层是数据的存储和通信。图像硬件驱动是一件复杂的问题，一般来说，驱动硬件设备，可以采用以下 3 种方法：

(1) 提供高级语言调用子程序；

(2) 提供可安装的设备驱动程序；

(3) 提供通用的设备驱动程序。

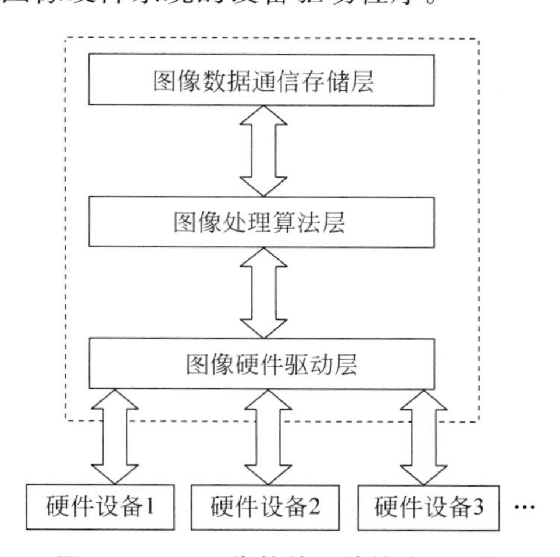

图 11.2.1　图像软件系统的分层结构

在我们早期研制成功的“TS-84 多功能微机图像图形处理系统”中，曾采用了 FORTRAN 语言调用子程序方式，其调用形式如下：

```
CALL IMGIO(X0,Y0,IX,IY,IZ,IO,IA(I,J))
```

其中，X0、Y0 为帧存储体中矩形图像区的起点坐标；IX、IY 为帧存储体中矩形图像区的宽(IX)、高(IY)；IZ 为命令字，用来确定图像处理系统的工作状态；IO 位用来区分计算机读和写的状态，取值是 0 或 1；IA(I,J)是和图像帧存交换数据的一个二维数组。

有了上述的调用子程序以后，就可以对帧存的图像进行处理，并把处理后的图像送回帧存显示。

向用户提供高级语言调用子程序的方法使用户可以直接调用目标代码，但也带来一些不便，比如要求用户使用的高级语言必须与接口相符等。

向用户提供设备驱动程序的方法具有简单易行、调用方便、通用性强等优点。设备驱动程序一般是选择 BIOS 尚未使用的一个中断向量，并提供一组完整的中断服务程序。例如，在 DOS 操作系统中，鼠标驱动程序为 MOUSE.COM，只需运行鼠标驱动程序，该程序即驻留内存，用户就可以方便地使用鼠标了。另外，在 CONFIG.SYS 文件中加上 MOUSE.SYS，也可以达到安装鼠标驱动程序的目的。在 Windows 操作系统中，用户可以直接安装诸如打印机、扫描仪的设备驱动程序。为了满足用户的不同需要,不少硬件设备厂商还向用户提供了高级语言的设备驱动程序调用,比如数码相机、扫描仪等设备,用户可以在自己开发的程序中调用码相机、扫描仪的设备驱动程序。操作系统不同,设备驱动程序调用、安装的方法也有所不同。在 Windows 操作系统中,已经包含了许多外设的设备驱动程序,对用户来说还是很方便的。

11.2.2 图像软件系统的基础架构

在 Windows 操作系统且采用单屏方式的条件下,要对图像进行处理,就必须将图像装入内存,即使使用节省内存的技术,例如,按行读取图像文件进行处理,那么当前被处理的图像行仍然要读入内存。而实际上,由于软硬件技术的进步,特别是目前大容量 RAM 的广泛使用和虚拟内存技术的实现,使得那种以程序的复杂性来换取内存节省的方法失去了意义。与其自己用程序实现磁盘空间换内存,不如使用系统提供的虚拟内存。虚拟内存是操作系统提供的,当物理内存不足时,系统通过内存分页交换,利用硬盘空间模拟内存。应用程序使用统一的系统内存管理,代码简单,维护方便,还具有自动伸缩性。比如,当实际运行环境中的物理内存增加时,程序无须任何改变,就可以通过操作系统自动使用物理内存,使得程序速度性能提高。这里,我们不讨论基于文件的图像处理,在下文中,认为图像处理都是基于内存进行的。

图像作为一个处理对象放到内存中,必须使用数据结构来描述它,这就是图像数据结构。对于任何一个图像应用程序来说,图像数据总是应用程序数据的核心部分。为了突出图像数据结构的重要作用,我们把它称为图像数据结构核心。每一个图像应用程序都有一个图像数据结构核心,不管它的编写者是否意识到,也不管其图像数据结构核心是复杂还是简单。

从软件工程的角度,图像数据结构核心是图像应用程序中最重要的部分。因为应用程序的所有功能几乎都是围绕它进行的。图像输入、处理、显示、打印等,都要建立和访问图像数据,实际上都是以图像数据结构核心为中心的。即使是最简单的图像显示软件,也需要图像文件读取和图像显示两大部分。一旦图像数据结构核心确定,就意味着要为此图像数据结构核心编写实现文件读写、处理、显示、打印等功能的函数集合。实际上,其中蕴含的内涵,就是以数据为中心。借用当前流行的 OOP(面向对象编程)观点,就是以对象为中心。设想一下,要以一个图像数据结构为核心形成一个功能比较齐全的函数集,工作量是相当大的。

一个复杂的图像处理软件包常常不是一个人从头到尾完成的,众人合作则需要一个规范,没有统一的规范,会引起很多问题。首先,每个人都要针对自己的图像软件课题,设计一个图像数据结构作为应用的核心。其次,每个人都要针对自己的图像数据结构核心,编制一套处理函数集。最后,维护问题严重,后来人必须学习你的图像数据结构,在你的数据结构上增加处理函数,如果别人要借用,还得费很大力气来移植。

如果对图像应用开发一个通用的图像数据结构核心,就可以解决上述问题。只要针对此图像数据结构核心编制一套图像处理函数集,则所有的人都能够受益,不必重复劳动。

当然,开发一个通用的图像数据结构核心完成之后,为了能够使用它,每个人还得先花时间学习它,然后才能用。而且,一般来说,通用的东西总会稍微损失一些效率。但是,相比之下，这样做还是值得的。因为有了它，可以方便地借用基于它的公用处理函数，而以后开发的处理函数经检验无误后也会被加入这些公用处理函数集中。

现在的一个图像软件系统，包括不同的图像处理算法、图像显示、扫描仪/数码相机支持、图像采集卡支持、图像文件格式转换等，都涉及图像数据结构。所以，我们建立了一个以图像数据结构为核心的 Windows 图像软件系统的基础架构，由此建立了一个完整的软件图像环境。

图像软件系统的基础架构包括图像数据结构核心和围绕此核心构造的周边模块。其中，图像数据结构核心是居于中心位置的，因此要非常小心地设计。周边模块包括图像文件格式支持、图像显示、图像处理等。

现阶段图像软件系统的基础架构要支持以下类型的图：

(1) 单色图像(1bit)；

(2) 256 色图像(8bit 灰度)；

(3) 真彩色图像(24bit)；

(4) 真彩色图像(32bit)；

(5) 高精度灰度图像(9～16bit 可变)。

设计过程中需要考虑的一些要点如下：

(1) 图像软件系统基础架构的核心部分以 C/C++ 语言完成。使用 C/C++ 语言，是因为 C/C++ 语言编译效率高，执行速度快，这对于要处理大量数据的图像应用来说是非常关键的。C/C++ 语言非常灵活，使得基础架构可以高效实现，而用其他语言实现某些相同的功能可能要花很大力气。另外，C/C++ 语言移植性强，几乎可以移植到任何硬件和操作系统中。

(2) 图像软件系统基础架构的内部实现可以使用 C++，但是对外接口一律使用 C 界面。C++ 相对于 C 有很多优点，但是由于 C++ 的名字解析方法没有统一的标准，不同公司的 C++ 编译器对相同的 C++ 符号解析得到的名字可能完全不同，因此不同 C++ 编译器生成的目标文件不能正确连接。这使得像 Windows 系统下具有 C++ 接口的动态链接库(DLL)的应用不太可行。使用 C 语言则没有这个问题。

(3) 避免使用依赖于平台的声明、函数等，保持核心的可移植性。图像核心定义和代码只使用标准 C 数据类型和标准 C 库(ANSI)调用。目前在 Windows 下的实现，核心并没有引用 Windows 特定的结构、函数等。这样，当我们需要高端应用时，图像核心可以迅速移植到 UNIX 及其他硬件平台上，从而使得整个应用具备较强的移植能力和伸缩性。

图像软件系统的基础架构的组织非常重要。首先，数据结构要清晰有条理，使得处理程序访问图像数据以直接的方式进行。其次，要保证所有的图像行和像素都可以被快速地访问。最后，要考虑到图像的快速显示。比如，为了提高内存的访问速度，可以像 DIB(Device-Independent Bitmap)结构一样，在行尾进行双字(32 位)或四字(64 位)对齐。又如，使用行首指针数组来做索引，可以快速得到行首而不必即时计算。目前，我们研制的图像软件系统的基础架构包含如下模块。

(1) StdImage：图像数据结构核心以及对此核心进行操作的基本函数；

(2) ProgressStub：进度处理机制的定义和接口；

(3) VirtualFile：虚拟文件 I/O 界面；

(4) vf_file：虚拟文件 I/O 的实际文件实现；

(5) vf_memory：虚拟文件 I/O 的内存文件实现；
(6) ImageFile：虚拟图像文件读写界面；
(7) jfif_file：虚拟图像文件读写界面的 JPEG 格式实现；
(8) bmp_file：虚拟图像文件读写界面的 BMP 格式实现；
(9) fgi_file：虚拟图像文件读写界面的自由灰度图像格式实现；
(10) DibStdImage：DIB(设备无关位图)与 StdImage 之间的转换；
(11) mess_util：难以归类的杂项辅助功能；
(12) ProgressWinHint：Windows 下的一个进度处理机制实现；
(13) WinMessUtilities：Windows 下的难以归类的杂项辅助功能。
图 11.2.2 给出了 Windows 图像软件系统的基础架构。

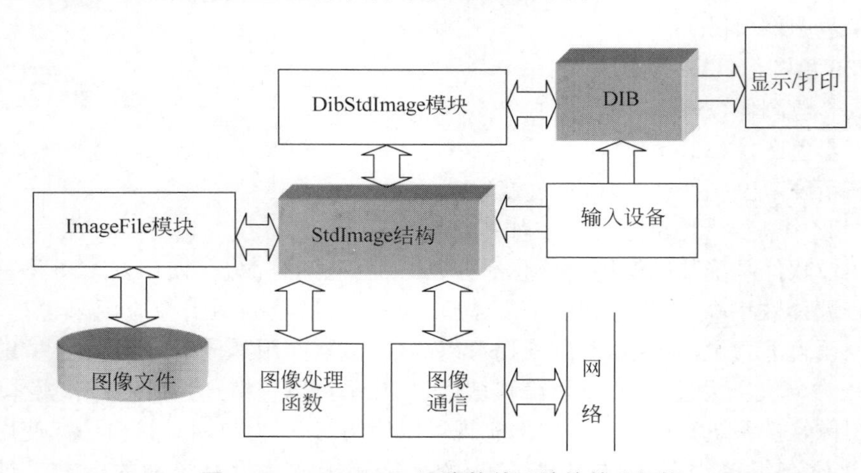

图 11.2.2 Windows 图像软件系统的基础架构

图 11.2.2 中，StdImage 结构代表了一个图像或图像序列，所有的功能几乎都围绕它进行。它可以利用 ImageFile 模块从图像文件装入图像，或者将图像写入文件中。图像处理函数以它作为输入，也以它作为输出(如果图像处理的结果仍然是图像)。在 Windows 环境下，为了显示或打印图像，通常会使用 DIB，此外，像 TWAIN 设备如扫描仪、数码相机等还会以 DIB 的形式向计算机输入图像，因此图像软件系统的基础架构设有 DibStdImage 模块以便在 DIB 和 StdImage 之间进行快速转换，图像通信插入在网络和 StdImage 之间，由此可以实现图像的传输。而这种传输，是以内存为媒介，具有速度快的优点。下面分别介绍基础架构的几个主要模块。

1. StdImage 模块

StdImage 模块是基础架构的核心。如前所述，StdImage 模块定义了 StdImage 结构来代表一个图像或图像序列，并且实现了一些基本函数，如建立、销毁图像等。

首先定义枚举类型 IMAGE_TYPE 代表图像类型：

```
typedef enum tagIMAGE_TYPE
{
    IT_NULL,                                //非法的图像类型
    IT_8BIT,                                //256 色图像(8bit 灰度)
    IT_24BIT,                               //真彩色图像(24bit)
```

```
    IT_32BIT,                                    //真彩色图像(32bit)
    IT_HR_G                                      //高精度灰度图像(9～16bit 可变)
} IMAGE_TYPE;
```

随着需要支持的图像类型的增加，IMAGE_TYPE 常量也可以增加，使 StdImage 具备扩充能力。

接下来，可以定义 StdImage 结构了：

```
typedef struct tag_STDIMAGE
{
    IMAGE_TYPE      it;                          //图像类型
    UINT            uiDepthHiResGray;            //高精度灰度图像深度
    UINT            uiWidth;                     //图像宽度
    UINT            uiHeight;                    //图像高度
    DWORD           dwLineSize;                  //行字节数
    DWORD           dwFrameSize;                 //帧字节数
    BOOL            bGrayscale;                  //是否灰度
    UINT            uiPalEntryCount;             //调色板项数
    PRGBPALETTE     pRgbPalette;                 //调色板
    BOOL            bHasBitField;                //是否有位掩码
    DWORD           dwaBitFieldMask[3];          //位掩码
    UINT            uiFrameCount;                //帧数
    UINT            uiCurrentFrame;              //当前帧
    BOOL            bImageDataLink;              //图像数据是否连接
    DWORD           dwBufferSize;                //图像缓冲区大小
    BYTE *          lpImageData;                 //图像数据缓冲区
    BYTE **         lpLineHeads;                 //行首指针数组
    UINT            uiLastError;                 //最近的错误码
} STDIMAGE;
```

上述结构中，大多数成员的意义非常明显，代表图像的各种属性。

图像数据，即各个像素，是存放在 lpImageData 所指向的图像数据缓冲区中的。为了允许快速访问，图像行数据是对齐到某个字节边界上的。对齐字节数目由一个宏 STDIMAGE_ALIGNMENT_BYTES 控制。目前，在 32 位 Windows 环境下，宏 STDIMAGE_ALIGNMENT_BYTES 被定义为 4，即每个图像行对齐在 4 字节边界，这和 Windows 定义的 DIB 的图像行数据对齐方式相同，这也使得 DIB 和 StdImage 之间的快速转换存在可能。当以后的软硬件环境发生改变时，比如，将来需要移植到 64 位平台时，只需改变宏 STDIMAGE_ALIGNMENT_BYTES 定义为 8，StdImage 的图像存取速度仍能保持在最佳状态。

lpLineHeads 成员指向一个行首指针数组，数组的元素是各个图像行的首指针。这样，如果需要引用某一行的数据，无须计算，只需用行号索引该数组，可以立刻得到图像行首，使得访问图像数据更加迅速。

在图像行内部，一个像素的存放格式由图像类型决定。高精度灰度图像总是占用一个字(2 字节)。对于 24 位真彩色图像，像素的红、绿、蓝字节分量的位置由宏 IMG_24BIT_R、IMG_24BIT_G、IMG_24BIT_B 定义；而 32 位真彩色图像，像素的红、绿、蓝和空字节分量的位置由宏 IMG_32BIT_R、IMG_32BIT_G、IMG_32BIT_B、IMG_32BIT_N 定义。用宏定义而不是硬编码的好处是灵活。在 Windows 环境下，这些宏的定义使得 StdImage 的像素格式与 Windows 定义的 DIB 的像素格式相同，有利于 DIB 和 StdImage 之间的快速转换。实际上，当行对齐与像素格式都相同时，DIB 和 StdImage 的图像数据区可以直接互换。

bImageDataLink 成员指示 StdImage 是否连接其图像数据缓冲区。通常，调用 imgCreate 函数创建 StdImage 时，lpImageData 是由 imgCreate 函数分配的。如果调用 imgCreateLink 函数以连接方式创建 StdImage，则 imgCreateLink 函数不分配缓冲区，而使用用户提供的缓冲区。这种灵活的创建方式可能会极大地提高效率。例如，在已经存在一个 DIB 的情况下，如果证实行对齐与像素格式都相同，StdImage 就可以简单地将图像缓冲区连接到 DIB 的图像缓冲区。不过当调用 imgDestroy 函数销毁 StdImage 时，imgDestroy 函数不会释放连接缓冲区，因为缓冲区不是它分配的，它不知道如何释放，所以连接方式创建的图像必须由用户自己来管理缓冲区的释放。

2. VirtualFile 模块

VirtualFile 即虚拟文件 I/O 界面，这是一个抽象的接口，它以类似文件的方式接收或提供数据。它的提出来源于以下原因：在很多情况下，JPEG 压缩/解压程序以文件为输入，以文件为输出，因此 JPEG 压缩/解压程序可能使用 fread/fwrite 等标准 C 函数来存取数据。但是，在有些情况下，数据已经存在于内存中(例如，客户端从数据库服务器得到的人像照片)，为了进行 JPEG 压缩/解压，要么先将数据存为文件，要么重写 JPEG 压缩/解压程序。对于前一种方法，显然会降低效率，特别是数据量很多时。对于后一种方法，工作量太大，特别是要支持很多图像格式时，意味着要重写很多模块，而且实际上绝大多数的代码都是重复的。

VirtualFile 是一个类似于文件 I/O 的接口，使用 vfRead/vfWrite 形式的函数来操纵虚拟的文件。使用 VirtualFile 编写图像格式转换程序，无须知道数据到底从哪里来到哪里去，使得图像格式转换程序与实际的文件或内存不再紧密相关，因此相同的编解码程序既可以使用实际文件，也可以使用内存文件。这是分层结构的重要优点。

VirtualFile 模块提供与普通的文件 I/O 几乎是一样的接口，非常简单，但是非常有用。在整个图像基础架构中，几乎就没有用过普通的文件 I/O；所有的文件 I/O 都被 VirtualFile 所代替。

由于 VirtualFile 只是一个抽象的接口，它必须有相应的实现部分才能完成真正的功能。目前，图像基础架构实现了两种虚拟文件：实际文件和内存文件。

vf_file 模块实现了实际文件的 VirtualFile。在 VirtualFile 的统一界面底下，vf_file 实际调用了 C 文件 I/O 函数 fread/fwrite 等完成相应的功能。

vf_memory 模块实现了内存 VirtualFile。以读方式打开内存 VirtualFile 时，vf_memory 模块维护内存缓冲区和一个当前位置；以写/创建方式打开内存 VirtualFile 时，vf_memory 模块不但要维护内存缓冲区和一个当前位置，可能还要重新分配缓冲区以便容纳后续写入的更多数据。

3. ImageFile 模块

ImageFile 即虚拟图像文件读写界面模块。虚拟图像文件读写界面模块提供一个统一的读写所有图像格式的文件的方法。ImageFile 称为虚拟图像文件读写界面，不仅因为它使用 VirtualFile 来充当数据 I/O，还因为它尽量将不同图像文件格式的繁杂的转换工作隐藏起来，使用统一一致的界面读写不同格式的图像文件，这使得使用 ImageFile 界面来存取图像文件的代码显得非常简单易读。

以下是 ImageFile 界面的主要函数，这些函数可以说明 ImageFile 的主要功能。

```
BOOL imfOpen(PIMAGEFILE pImf);
BOOL imfClose(PIMAGEFILE pImf);
BOOL imfReadImageAttribute(PIMAGEFILE pImf, PSTDIMAGE pImage);
BOOL imfLoadImage(PIMAGEFILE pImf, PSTDIMAGE pImage, PPROGRESSSTUB pPS);
BOOL imfSaveImage(PIMAGEFILE pImf, PSTDIMAGE pImage, PPROGRESSSTUB pPS);
```

PIMAGEFILE 是指向 IMAGEFILE 结构的指针类型。IMAGEFILE 结构代表一个图像文件，其内部必须包含一个合法的 VirtualFile 指针。

imfOpen 和 imfClose 函数用于打开和关闭图像文件对象。对于一个以读方式打开的图像文件，在将整个图像读入之前，可以调用 imfReadImageAttribute 函数来检查图像的各种属性，如宽度、高度、深度等，然后决定是否真正读入整个图像。这是因为图像的数据量很大，费很多时间后才发现读入一个不需要的图像不是一件令人高兴的事情。imfLoadImage 函数从图像文件中读入一个图像，把它存在一个 StdImage 内存结构中。而 imfSaveImage 则是将一个存放在内存 StdImage 结构中的图像写入图像文件中。

以上的主要函数中，没有必要指定图像文件的格式，因为 ImageFile 隐藏了格式的不同。这意味着读写不同格式的代码可以共用。

ImageFile 还有一套自动识别图像格式的机制，这种机制包括两个可以同时使用的部分。首先是文件后缀判别法，每一种格式的 ImageFile 实现要向 ImageFile 报告它默认的一个或多个文件后缀。其次是从文件内容，如文件头，即识别图像文件的格式，同样要求每一种格式的 ImageFile 实现向 ImageFile 登记自动识别格式的方法。这两种方法可以让使用 ImageFile 读写图像文件的模块在运行时动态地自动判断图像文件格式并打开图像文件，而程序代码中不出现任何格式标志符。不过，以上机制只适用于读文件。

imfLoadImage 和 imfSaveImage 函数参数中出现的 PPROGRESSSTUB 类型是一个指向 PROGRESSSTUB 结构的指针。PROGRESSSTUB 是进度报告对象，所有比较耗时的操作都应当支持进度报告机制，以便需要时调用者可以向用户报告操作的完成进度。关于进度报告机制会在下面的小节中描述。

由于格式和格式之间的不同，有些情况下，使用公共的 ImageFile 界面不能完全满足特定格式的要求。例如，在写 JPEG 文件时，可以选择压缩质量因子。因为这不是所有格式的共性，所以 ImageFile 不包含这个特性，这由 JPEG 实现来支持。这样的情况下，在调用 imfSaveImage 函数之前，应当调用 JPEG 实现模块的 jfifSetCompressQuality 函数来实现特定的功能。不过，大多数情况下，并不需要使用这些功能，因为 ImageFile 会自动设定合理的默认值。

总的来说，ImageFile 是一种框架和抽象的界面定义，虽然它自身也有一些实现代码。真正的对格式图像文件的读写工作，仍然要由符合 ImageFile 界面的某种图像格式的实现模块，比如 JPEG 实现、BMP 实现等完成。

jfif_file 模块是对 ImageFile 的 JPEG 实现。必须声明，jfif_file 模块使用了独立 JPEG 工作组(Independent JPEG Group，IJG)的代码 IJGv6a。IJG 发布可以在从 PC 到 Cray 的各种计算机上工作的 JPEG 源代码，并且完全免费，唯一的条件是在使用 IJG 代码时，必须声明“在使用 IJG 代码”。在 IJGv6a 的基础上，我们修改数据 I/O 为 VirtualFile，并使用 StdImage 作为图像结构，然后加入到 ImageFile 中，成为其一个实现。

bmp_file 模块是支持 Windows 的 BMP 文件的 ImageFile 实现。BMP 文件是较简单的一种图像文件格式，目前 bmp_file 模块只支持非压缩 BMP 文件。

fgi_file 模块用于支持自由灰度图像文件格式。自由灰度图像文件格式比较常用，它只支持 8 位灰度图像，其格式很简单，首先是 2 字节的图像宽度，然后是 2 字节的图像高度，接着是字节挨着字节的图像像素数据，没有调色板。

由于整个图像基础架构是设计成跨平台的，因此要解决著名的“大小端”问题，即整数的字节顺序，特别是对于不同平台之间交换的数据，如文件。所以，在 ImageFile 及其实现中，对于字节顺序敏感的格式，需要进行纠正。JPEG 格式是一种字节流，因此不存在大小端问题。像 TIFF 这样的格式，虽然不是字节流，但它自身有标志能够指示整数存放字节顺序。而 BMP 格式和自由灰度格式都假定文件以 Intel 字节顺序存放整数，所以在平台变化时，读写要作相应的调整。这些工作是在模块的内部完成的，而上层不需要关心这些细节。模块化编程的要点就是把复杂的工作隐藏在模块内部，而让对外接口明确简单。

4. DibStdImage 模块

DIB 是 Windows 定义的图像结构。由于 DIB 格式过于简单，扩充性差，所以没能成为我们研制的图像基础架构的核心。但是，在 Windows 环境下，DIB 又是经常使用的结构，如在显示、打印时，有的外设也使用 DIB 作为数据输入，如符合 TWAIN 标准的图像输入设备（扫描仪、数码相机等）。

DibStdImage 模块实现 DIB 和 StdImage 数据的互相转换。从结构上看，DibStdImage 是图像基础架构比较外围的部分，因为在非 Windows 平台上，这个模块没有什么用处。不过，鉴于我们目前工作于 Windows 平台上，这个模块是必需的。不仅如此，通过调整宏的定义，StdImage 的图像数据缓冲区格式定义还应尽量和 DIB 的缓冲区格式一致，以便于它们之间的转换。

在 Windows 下，对 DIB 和 StdImage 数据的相互转换的要求是快速。由于图像数据量大，转换的时间也较长，所以对速度要求越快越好。DIB 经常和显示相联系，所以转换速度关系到显示速度。

由于 StdImage 的图像数据缓冲区格式和 DIB 的缓冲区格式一致，StdImage 可以支持图像连接和图像外连。当要求从 DIB 生成 StdImage 时，如果检查证实其缓冲区格式一致，可以采用连接方式创建 StdImage。这种方式不用分配图像数据缓冲区，无须转换或复制，速度很快。当要求从 StdImage 生成 DIB 时，如果检查证实其缓冲区格式一致，可以采用 StdImage 外连方式创建 DIB。这种方式不用分配 DIB 图像数据缓冲区，当然也无须转换或复制，只需生成一个很短的 DIB 头即可。

设计 DibStdImage 模块时，并不假设它们的缓冲区格式是一致的。只有在运行时检查缓冲区格式一致，才能使用连接和外连方式，否则仍然要进行转换。这样可以保证当未来 StdImage 的缓冲区格式变化时，DibStdImage 模块无须改动。

5. ProgressStub 模块

ProgressStub 即进度报告。在耗时较长的操作进行时，如果不向用户显示进度信息，用户可能会以为程序已经死去。这样的例子包括读取一个巨大的图像文件和执行一个很慢的图像处理。但是，为了显示进度提示，在图像处理函数这一级就必须做一些工作，否则不可能做出友好的用户界面。图像基础架构必须在框架中定义好这种机制，以便将来逐渐积累的图像处理函数都能有规可循，方便地获得进度提示功能。

在这里，我们把所有耗时的、拟采用进度报告机制的操作称为处理。进度报告机制通过回调函数通知调用者当前处理的执行情况。使用回调函数可以保证平台兼容性，因为C语言的函数指针是所有的平台都支持的。

PFNPROGRESSCALLBACK 定义了回调函数形式：

```
typedef long ( * PFNPROGRESSCALLBACK)
        (WORD action, long total, long completed, PVOID pHint);
```

回调函数由处理的调用者实现和提供，由处理来调用。action 代表处理当前的动作，共有4种：PA_START、PA_ADVANCE、PA_END、PA_ABORT。PA_START 表示处理即将开始；PA_ADVANCE 表示处理正在进行；total 和 completed 表示总的工作量和已经完成的工作量；PA_END 表示处理正常结束；PA_ABORT 表示处理因为内部错误而不正常结束。pHint 是处理的调用者提供的数据，处理不作解释，仍然回传给处理的调用者，由调用者自己解释。

PROGRESSSTUB 结构是进度报告机制的宿主：

```
typedef struct tag_PROGRESSSTUB
{
   PFNPROGRESSCALLBACK  pfnProgressProc;          //回调函数
   PVOID                    pHint;                //额外信息
} PROGRESSSTUB;
```

与进度报告机制相容的处理都带有一个 PPROGRESSSTUB 型参数，它指向一个 PROGRESSSTUB 结构。在处理的不同阶段，处理以不同的方式调用 PROGRESSSTUB 的 pfnProgressProc，使调用者得到进度提示。对于图像处理来说，图像的总行数可以作为总工作量。当总行数极大时，处理完每一行都作进度报告是不明智的，因为用户看不到一行之间进度那种细微的变化，而整个进度报告被反复执行，浪费很多时间。进度报告机制设置一个百分比进度量作为步长，例如，默认值是0.5%，即当完成量相对于总工作量有0.5%的增长时，才会真正进行进度报告。

如果需要进度报告，处理的调用者可以写一个回调函数，在回调函数中，向用户报告进度情况。

带有 PPROGRESSSTUB 型参数的处理内部必须遵循进度报告机制的规定在不同阶段进行进度报告，这是强制要求。但是，处理的调用者不一定要使用进度报告功能。它可以简单地将此参数设置为 NULL，从而无须劳神来写回调函数了。

ProgressWinHint 模块是 Windows 下符合 PROGRESSSTUB 规定的实现。它含有一个预定义的回调函数，在回调函数中在向注册的窗口发送指定的消息。这种方法一定程度上简化了 Windows 下的进度报告编程。

11.3　图像软件系统的设备驱动程序

现在的图像处理系统，广泛使用 Windows 操作系统、PCI 总线，图像硬件常使用一些专用芯片，如 PCI 总线接口芯片 SAA7146、视频芯片 SAA7111。我们也用 SAA7146、SAA7111 等芯片构成图像处理系统，并开发了设备驱动程序，图 11.3.1 给出了 Windows 平台图像硬件的设备驱动程序流程图。

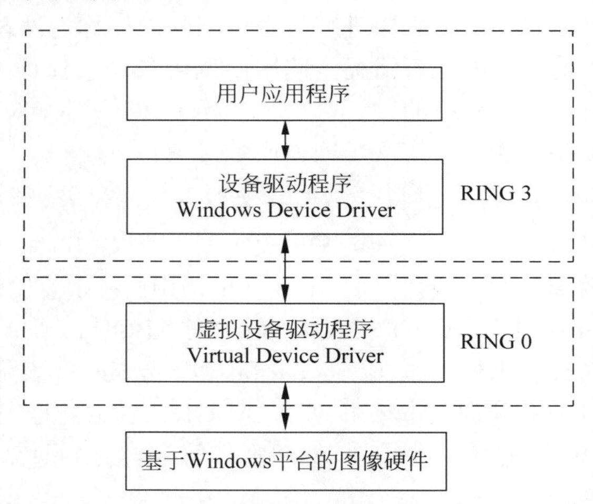

图 11.3.1 Windows 平台图像硬件的设备驱动程序流程

从图 11.3.1 中可见，系统构成中包含了两个层次不同的驱动相关硬件的程序模块：虚拟设备驱动程序（Virtual Device Driver，VxD）和设备驱动程序（Device Driver，Driver）。

VxD 的概念起始于 Windows 的 386 增强模式，其目的在于管理系统资源，如特定的硬件设备或已安装的软件；其作用是对管理目标虚拟化，以截取应用程序对被管理目标的请求或仲裁不同应用程序的请求，从而实现多任务环境下对特定资源的共享。在 Windows 95 中，由于"即插即用"等概念的引入，VxD 的功能得到增强。实际上，Windows 95 操作系统的核心就是由 VMM（Virtual Machine Manager）和 VxDs 组成。VxD 是 LE（Linear Executable）格式的 32 位代码，可提供被 Ring3 应用程序访问的能力；另外，VxD 工作在 Intel 处理器的最高优先级 Ring0，因而任何需要实时维护（如中断处理）的硬件都应开发 VxD。

Driver 与 VxD 有着显著不同，它是工作在 Intel 处理器的最低优先级 Ring3 上的 16 位或 32 位的动态链接库（Dynamic Linked Library）上；Driver 可用于对特定硬件实现功能有限的驱动控制，但在更多的情况下 Driver 被用来与相应 VxD 配合以向应用程序提供 API 层的通用编程接口，如在 PC 多媒体领域中常用的 MCI（Medium Control Interface）。

应用程序是直接与用户进行交互的部分，它完成最上层的软件功能。具体来说，图像硬件驱动程序要完成如下几方面的任务：

（1）对 PCI 总线上设备配置空间的操作；

（2）对 SAA7146 内部寄存器的操作；

（3）对视频前端子系统的初始化；

（4）视频图像数据缓冲区的获得；

（5）对 PC 硬件中断的维护；

（6）视频图像的实时显示；

(7) 软件总体结构和特殊功能的实现。

在权衡驱动程序的实现目的和自身开发能力等多方面因素后，我们将上述任务划分成不同的模块层次。

为了降低 VxD 的开发复杂度，(1)、(2)和(3)采用了 Ring3 的设备驱动程序代码的方法实现；(4)和(5)必须通过 VxD 来实现；而应用程序完成视频图像的实时显示以及系统维护、管理和用户界面。

对于所有 PCI 设备来说，每次开机时系统会重新初始化并动态分配所有资源，如设备编号、物理地址、中断向量和 I/O 端口等。利用 PCI BIOS 提供的中断 0X1A 的 0XB1 功能，我们可以访问 PCI 设备的配置空间，读出相应寄存器的内容并获得分配给该设备的物理地址和中断向量。

完成(1)之后，我们就知道了 SAA7146 内部寄存器的物理基地址。但是在 Windows 95 操作系统下，Ring3 的驱动程序无法直接对特定的物理地址进行的访问。我们采用的方法是，利用 VxD 调用 VMM/VxDs 的服务 MapPhysToLinear 将(1)中得到的物理基地址转换为相应的线性地址。因为 Windows 95 操作系统采用线性地址等同于逻辑地址的所谓平坦模式(Flat mode)，所以将该地址返回给 Ring3 驱动程序即可。显然，实现上述服务的关键是如何实现 Ring3 驱动程序和 VxD 之间的通信；在实际编程实现中采用了以下方法：

(1) 选择以动态加载(Dynamically Load)的方法实现 VxD；在 Ring3 的驱动程序开始对 SAA7146 内部寄存器的操作之前，调用 CreateFile 加载 VxD 并同时得到指向该 VxD 的句柄(Handle)。

(2) 在驱动程序得到 SAA7146 的物理基地址后，以(1)中得到的 VxD 句柄为目标，调用 DeviceIoControl 将物理地址作为参数传递给 VxD。

(3) 在 VxD 中，处理 Ring3 驱动程序用 DeviceIoControl 传递的请求；针对(2)中的地址映射请求，调用 MapPhysToLinear 实现地址映射并将结果存放于 Ring3 驱动程序可访问的变量中。

(4) Ring3 驱动程序得到(3)中的地址映射结果后，即可利用该逻辑地址实现对 SAA7146 片内寄存器的随机访问。

对视频前端子系统的初始化是通过向 SAA7146 的 I^2C 端口写控制字，由 SAA7146 完成 I^2C 总线的读写操作并初始化 SAA7111 来完成的。

在 VxD 中对 SAA7146 所申请的 PC 硬件中断的维护包括以下三方面的内容：

(1) 通过对 PC 的中断控制器编程，挂断(Hook)从 SAA7146 的 PCI 配置空间读到的属于 SAA7146 的硬件中断，以便在 SAA7146 申请中断时提供中断服务。

(2) 在中断服务程序中，针对 SAA7146 的要求读写相应的寄存器以保证 SAA7146 能有效地再次申请中断。

(3) 当 SAA7146 的中断发生时，在中断服务程序中，将中断以适当的方式通知 Ring3 驱动程序，驱动程序再通过 API 接口通知应用程序。

由于 VtoolsD 提供了 VHardwareInt 类，依据 VtoolsD 编程文档的指导可以实现(1)和(2)。(3)的实现涉及与 Windows 95 有关的知识，下面简要介绍其编程实现。

众所周知，事件(Event)是多线程(Thread)操作系统 Windows 95 的一项重要资源，其基本应用是实现不同线程间的同步；显然，SAA7146 向 PC 申请的硬件中断可作为一个事件来激活与 SAA7146 硬件维护有关的线程,所以在 Ring3 驱动程序中调用 CreateEvent 生成 hEventR3 作为与 SAA7146 硬件中断相联系的事件。

另外,Windows 95 中在 Ring3 生成的事件不能在 Ring0 访问,也就是说,VxD 中并不能设置 hEventR3,所以必须调用隐藏在 KERNEL32. DLL 中的 OpenVXDHandle 函数得到 hEventR3 在 Ring0 中的等价事件 hEventR0;当 SAA7146 申请的硬件中断发生时,VxD 通过设置 hEventR0 从而改变 hEventR3 的状态以激活有关线程的执行。

在 VxD 中对事件 hEventR0 的维护也有一定的技巧。由于用以设置事件 VMM/VxDs 服务,_VWIN32_SetWin32Event 必须在当前 VM(Virtual Machine,多任务操作系统的一个重要概念)为 System VM 时方可调用,所以在 VxD 中用 VVMEvent 类定义了一个特殊的事件 VideoVVMEvent,该事件的回调函数(Callback Function)将在 System VM 下执行;在 SAA7146 的硬件中断发生时触发该事件的回调函数,而在回调函数中再执行_VWIN32_SetWin32Event 以改变 hEventR0 的状态。

通过上述方法,可实现对 SAA7146 硬件中断的维护。

从整个系统的数据处理流程可以看到,位于主机内的图像数据缓冲区是数据流从外部专用硬件平台到主机内部通用处理平台的中转环节。外部图像数据经 PCI 总线接口控制芯片写到缓冲区内,而内部的软件需要从缓冲区读数据,进行处理和显示。因此图像数据缓冲区必须满足以下几个条件:

(1) 知道内存的起始物理地址。

(2) 该段物理内存在程序运行过程中不会由于 Windows 95 的多任务和虚拟内存机制而被别的模块所占用,且程序运行过程中内存块不会移动。

(3) 图像缓冲区由一系列大小为 4KB 且物理地址连续的内存页组成,并且可以获得这些内存页对应的页表。

(4) 可以得到图像缓冲区的线性地址,以便应用程序可以访问缓冲区中的图像数据。

为满足上述要求,VxD 主要实现以下功能:

(1) 分配一段系统内存(供 RPS 用),该内存所对应的物理地址必须整段连续,并且在应用结束之前不会被系统或别的应用占用。

(2) 读取指定段内存的页表信息。

(3) 将指定物理内存映射到应用所在虚拟机的线性地址空间。

(4) 释放指定段系统内存。

视频图像数据的显示问题,可以用几种方法解决。

最直接的一种方法是设置 PCI 接口芯片的 DMA 控制寄存器,使得 PCI 接口芯片直接将图像数据传输到显示卡上的显存中。这样做的优点是速度快,软件简单。因为显存是 PCI 总线上物理内存的一部分,其起始地址可通过 PCI 配置操作读显卡的配置空间获得。但这种方法也有几个严重的缺点:①对显卡有特殊的要求,因此兼容性差;②与 Windows 操作系统的窗口风格和多任务相抵触。

第二种方法,可以使用 DirectDraw 来实现。DirectDraw 是 Microsoft 公司制定的一个直接写屏的规范,它的实现需要显卡生产厂家的支持。用户在应用程序中直接调用有关函数就能实现写屏及改变显示模式等功能。在实际中,我们用这种方法实现了图像的实时显示。但这种方法依然有明显缺点:①它并不能解决在 Windows 操作系统下,多任务之间的显示矛盾，并且对窗口方式的支持较差；②它对系统的显示模式有特定要求，如分辨率、像素色彩位数等。如果不能满足要求，则无法正常运行应用程序。

第三种方法，是利用 Windows API 函数 SetDIBitsToDevice 实现图像数据从缓冲区到显示设备。根据 Microsoft 与各个显卡生产厂商共同制定的标准，绝大多数显卡的硬件功能支持 SetDIBitsToDevice，当硬件不支持时，Windows 将提供经软件模拟的 SetDIBitsToDevice 函数。这样由于有统一的规范，我们不需要关心所选用的显卡的具体细节，显示模式的问题也就迎刃而解了。由于图像数据的传输由显卡的硬件完成，所以达到了很好的效果。为了实现调用 SetDIBitsToDevice 函数，软件上还需要做一些准备工作，如图像调色板的设置等。这些都比较容易实现，就不再赘述了。

图像处理软件通常是以菜单的形式出现的，在 DOS 操作系统的环境下设计菜单形式的图像处理软件包，其难度比较大，既要设计图像处理的算法，还要对计算机终端进行屏幕划分，并对诸如打印机等外设进行复杂的操作，就连汉字注释也是费力的事情。相比之下，在 Windows 操作系统的环境下设计菜单形式的图像处理软件包就显得容易得多，外设的管理和汉字的注释不再费事，而且用 Visual C++编程，已有现成的菜单形式可以借用，这样可以集中精力去设计图像处理的算法。

图像处理系统有专用图像处理系统和通用图像处理系统之分，我们于 1992 年 9 月研制成功的 GA 计算机人像组合系统、1997 年 9 月研制成功的 TH 模糊图像复原系统、2005 年研制成功的大型人脸识别系统都是用于公安部门的专用图像处理系统。这些系统都以专用为目的，解决特定的应用问题。我们研制成功的 TH 系列图像卡，插入计算机，形成通用图像处理系统，其软件具有图像处理的一般功能，如文件管理、图像获取、图像编辑、图像二值化、边缘增强、图像量测、图像变换等。专用图像处理系统追求的是实用性，而通用图像处理系统追求的则是通用性以及二次开发的方便性。

11.4　基于 MMX/SSE 技术的图像并行处理

1997 年 1 月 9 日，Intel 公司对外正式推出含有 MMX(Multi-media Extensions)多媒体扩充指令集的增强型奔腾处理器，这种 MMX 技术的原型是两年前 Intel 公司提出的 NSP (Native Signal Processing，自然信号处理)技术，MMX 指令集含 57 条扩充指令；1999 年 2 月 Intel 公司又推出了 PⅢ处理器，新增加了 70 条 SSE 指令。MMX/SSE 技术采用的是单指令多数据并行处理，其指令集属于并行算法。

11.4.1　MMX 技术

MMX 技术核心包括：

1. 单指令多数据(SIMD)流技术

MMX 技术被认为是一种单指令多数据流(SIMD)的并行处理结构，就是因为它在一条指令中可以同时处理 8 个、4 个或 2 个数据。

2. 增加了新的数据类型

(1) 紧缩的字节类型：64bit 中存储 8 个 8bit 数据；

(2) 紧缩的字类型：64bit 中存储 4 个 16bit 数据(这是 MMX 最核心的数据类型)；

（3）紧缩的双字类型：64bit 中存储 2 个 32bit 数据；

（4）四字类型：直接处理 64bit 数据。

MMX 的数据类型如图 11.4.1 所示。

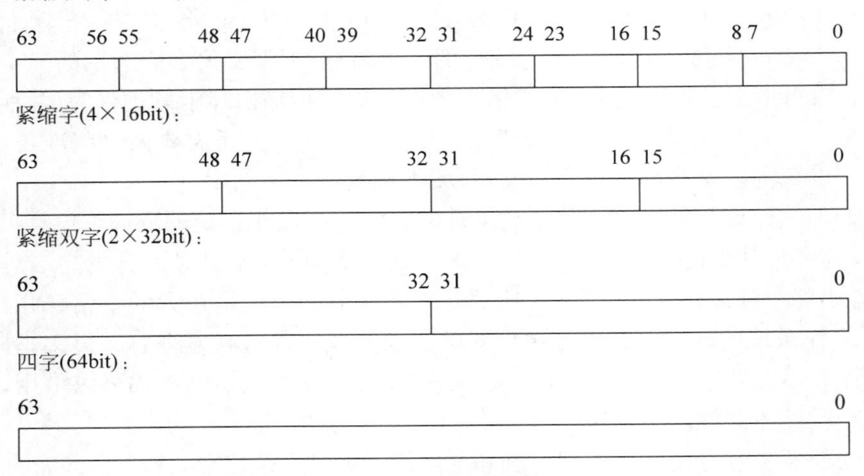

图 11.4.1　MMX 数据类型

3. 8 个 64bit 宽的 MMX 寄存器

这些寄存器实际上是浮点寄存器的别名。操作系统就像支持浮点一样支持 MMX 技术。例如，抢先式的操作系统在多个应用之间切换时负责保存现场，在 MMX 之前的操作系统设计了保存浮点寄存器的功能，由于 MMX 和浮点寄存器实际上是同一组寄存器，所以已有的操作系统在 MMX 技术的 CPU 上同样可以正常工作。MMX 寄存器如图 11.4.2 所示。

63　　0

MM7
MM6
MM5
MM4
MM3
MM2
MM1
MM0

图 11.4.2　MMX 寄存器

MMX 指令直接使用 MMX 寄存器的名字 MM0，MM1，…，MM7 进行访问。MMX 寄存器可以用来进行数据的运算。它们不能用来寻址，寻址必须使用整数寄存器和标准 IA 寻址模式。

4. 扩充了饱和型计算

定点运算中经常遇到运算结果溢出的情况，有上溢和下溢两种：对有符号数运算，上溢指结果超过“正的最大数”；下溢指结果比“负的最小数”还要小。当浮点处理器遇到这种情况时，通常是作为异常情况处理，设置溢出标志并产生中断，由系统软件或者干脆停机交程序员处理，因为这时产生的结果是完全错误的。举一个定点运算的例子：16 位有符号数的最大值是＋32 767(7FFFh)，如果再加 1，那么得到的结果就是－32 768(8000h)。产生这一完全错误结果是由于最高位的进位破坏了符号位，因而彻底改变了数值的性质。这种运算方式称为“环绕式”(wrap around)运算，指一旦计数超出范围，自动回到计数零点，这是传统运算的处理方式。利用软件可以检测这种异常，并给出正确的结果，但是要以降低程序的性能为代价。

在图像和图形处理中，用8位无符号数表示一个像素值或颜色分量值，最大数255表示亮度的最大值(最亮)。如果运算结果超出这个范围，仍然表示为“最亮”是符合实际情况的。但是，如果溢出后变为全0或很小的数值，图像显示就变成了黑色或灰色，与实际情况完全不符。因此，在这种情况下采用“饱和式”(saturation)运算方式，当达到最大值时不再增加，而是保持在这个最大值。

饱和式运算方式反映的是图像、图形处理的实际情况，同时也减少了由于溢出判断、处理所进行的内部操作，加快了速度。在MMX技术中，饱和运算不是一种特殊的操作模式，也不用设置寄存器，它是某些指令操作码的一部分，而且只是加、减指令才有饱和方式。例如，在饱和方式下，对于8位有符号数，上溢和下溢分别置成7FH和80H；8位无符号数置成FFH和00H。

5. 扩充了57条新指令

MMX指令集可以简单概括为：

- 算术运算指令：加、减、乘、乘加，共4种17条；
- 逻辑运算指令：与、或、非、异或，共4种4条；
- 移位指令：逻辑左移、逻辑右移、算术右移，共3种16条；
- 比较指令：等于比较、大于比较，共2种6条；
- 数据类型转换指令：8位到16位、16位到32位、32位到64位等，共9条；
- 数据传送指令(MOV)：4条；
- 状态控制指令(EMMS)：1条。

其中加减指令各有7条，是最多的一种，包括8位、16位、32位的环绕式加、减法；8位、16位有符号饱和式加、减法。除此而外，比较有特色的指令是乘加指令和比较指令。一方面，在数字信号处理领域以及由此演化而来的各种多媒体应用领域中，乘加是一种经常遇到的最为典型的指令；另一方面，在MMX所支持的定点运算当中也必须要有扩展精度的乘运算，也就是说，被乘数和乘数是16位精度，而积用32位精度的定点数表示，乘加指令正提供了这样的支持。可以说乘加指令是MMX的核心。Intel也极力提高乘加指令的运行效率，乘加指令的出现从根本上改变了Pentium处理器定点运算慢于浮点运算的不正常状况。

MMX指令只参与数据流的操作，而不参与程序控制的任何操作，或者说MMX不仅没有自己的状态寄存器，也不把MMX运算的状态写到整数状态寄存器或浮点状态寄存器当中。MMX的比较指令把比较的结果以全1或全0的形式写入目的寄存器当中，并作为屏蔽位参与运算结果的生成。这样虽然是简化了指令，但是也对程序设计带来很大的不便。

MMX指令系统如表11.4.1所示。

表11.4.1 MMX指令系统

助记符	周期数	描述
PADDB	1	并行加(8个紧缩字节)
PADDW	1	并行加(4个紧缩字)
PADDD	1	并行加(2个紧缩双字)
PADDSB	1	并行加(8个紧缩字节)、有符号
PADDSW	1	并行加(4个紧缩字)、有符号

续表

助记符	周期数	描述
PADDUSB	1	并行加(8个紧缩字节)、无符号
PADDUSW	1	并行加(4个紧缩字)、无符号
PSUBB	1	并行减(8个紧缩字节)
PSUBW	1	并行减(4个紧缩字)
PSUBD	1	并行减(2个紧缩双字)
PSUBSB	1	并行减(8个紧缩字节)、有符号
PSUBSW	1	并行减(4个紧缩字)、有符号
PSUBUSB	1	并行减(8个紧缩字节)、无符号
PSUBUSW	1	并行减(4个紧缩字)、无符号
PCMPEQB	1	并行比较(8个紧缩字节),等于为1,不等于为0
PCMPEQW	1	并行比较(4个紧缩字),等于为1,不等于为0
PCMPEQD	1	并行比较(2个紧缩双字),等于为1,不等于为0
PCMPGTB	1	并行比较(8个紧缩字节),大于为1,不大于为0
PCMPGTW	1	并行比较(4个紧缩字),大于为1,不大于为0
PCMPGTD	1	并行比较(2个紧缩字),大于为1,不大于为0
PMULHW	延迟：3 过程：1	并行乘法(4个有符号紧缩字),从32位结果中选择低16位
PMULLW	延迟：3 过程：1	并行乘法(4个有符号紧缩字),从32位结果中选择高16位
PMADDWD	延迟：3 过程：1	紧缩字到紧缩字的乘法、累加
PSRAW *	1	算数右移(4个紧缩字)
PSRAD *	1	算数右移(2个紧缩双字)
PSLLW *	1	逻辑左移(4个紧缩字)
PSLLD *	1	逻辑左移(2个紧缩双字)
PSLLQ *	1	四字逻辑左移
PSRLW *	1	逻辑右移(4个紧缩字)
PSRLD *	1	逻辑右移(2个紧缩双字)
PSRLQ *	1	四字逻辑右移
PUNPCKLBW	1	交错地解压8个紧缩字节,取出低数据到下一个大类
PUNPCKLWD	1	交错地解压4个紧缩字,取出低数据到下一个大类
PUNPCKLDQ	1	交错地解压2个紧缩双字,取出低数据到下一个大类
PUNPCKHBW	1	交错地解压8个紧缩字节,取出高数据到下一个大类
PUNPCKHWD	1	交错地解压4个紧缩字,取出高数据到下一个大类
PUNPCKHDQ	1	交错地解压2个紧缩双字,取出高数据到下一个大类
PACKSSWB	1	并行合并字→字节,始终饱和
PACKSSDW	1	并行合并双字→字,始终饱和
PACKUSWB	1	并行合并字→字节
PAND	1	完成64位And操作
PANDN	1	完成64位AndNot操作
POR	1	完成64位Or操作
PXOR	1	完成64位Xor操作
MOVD **	1	在内存与MMX寄存器之间移动双字
MOVQ **	1	在内存与MMX寄存器之间移动四字
EMMS	不同	清除浮点寄存器标志位

注：*：该指令有两个变形,分别是根据MMX寄存器中的值/立即数移位；

**：该指令有两个变形,分别是内存→MMX寄存器/MMX寄存器→内存。

图 11.4.3 以图解的方式说明几个指令的操作。

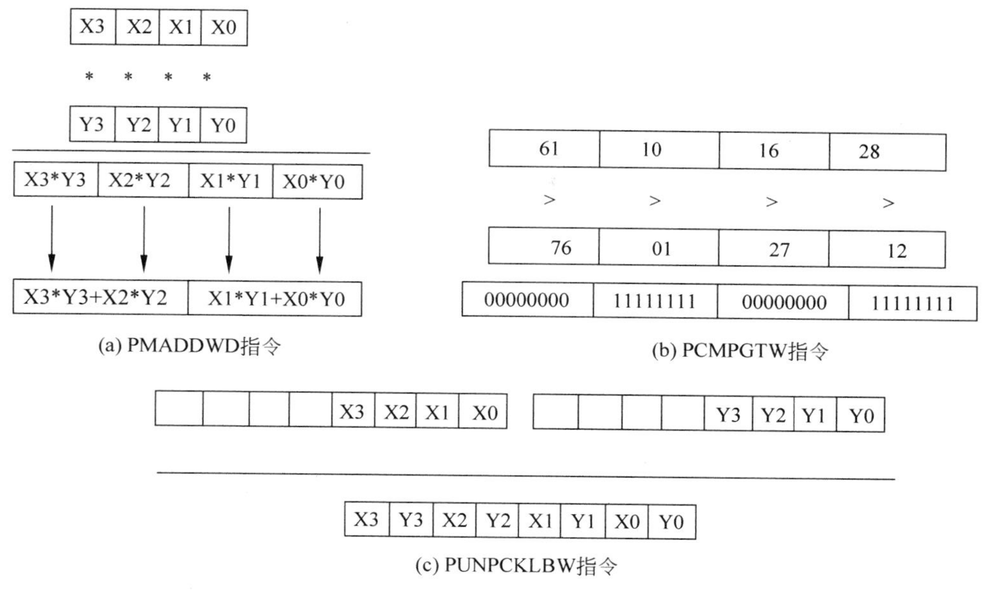

图 11.4.3 几个指令的操作

图 11.4.3(a)中,4 个紧缩字 X0～X3 与 4 个紧缩字 Y0～Y3 相乘,产生 4 个 32 位的中间结果,再将前两个和后两个 32 位的乘积进行相加,得到紧缩双字的最终结果。图 11.4.3(b)中,进行 4 个紧缩字和 4 个紧缩字的大于判别,如"61"对"76"的大于判别不成立,则输出结果为 0s;如"28"与"12"的大于判别成立,则输出结果为 1s。图 11.4.3(c)中,把紧缩字的 4 字节 X0～X3 和紧缩字的 4 字节 Y0～Y3 压在一起,其输出结果如图 11.4.1(c)所示。

11.4.2 SSE 技术核心

Pentium Ⅲ处理器增加了包含 70 条指令的 SSE(Streaming SIMD Extensions)指令集(又称为 KNI,即 Katmai New Instruction 指令集),这无疑增强了图像处理的速度。PⅢ芯片提供了一个新的数据类型以及能够进行并行浮点和整数操作的 8 个 128 位的寄存器。SSE 指令集包含以下 3 类指令:8 条缓存控制指令,50 条单指令多数据浮点运算指令和 12 条新的多媒体指令。缓存是计算机中一个特殊的能够被快速访问的存储区域,SSE 中的缓存控制指令可以有效地解决内存延迟的瓶颈问题。SSE 指令集包含两类缓存控制指令,一类是数据预存取(Prefetch)指令;另一类是内存数据流(Memory Streaming)优化处理指令。图 11.4.4 为内存数据流优化处理指令的工作流程示意图。

从图 11.4.4 可以看出,常规写主存时,处理器首先把数据写入缓存,继而再写入主存,采用内存数据流优化,处理器则可以把数据直接写入主存,当数据到达主存时,处理器负责维护缓存的一致性。

要提高数据的处理速度,不仅仅需要提高处理器的速度,还应该提高存储器的访问速度。内存数据流优化处理指令允许应用直接访问内存,这样可以加快数据的传输速率。图 11.4.5 为数据预存取指令的工作流程示意图。

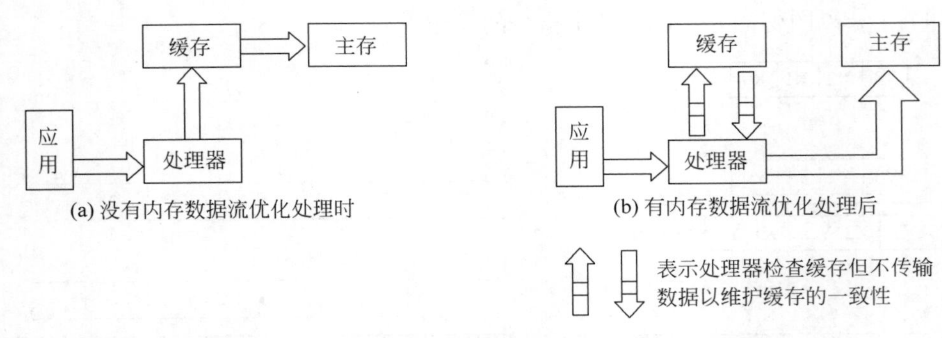

图 11.4.4　内存数据流优化处理指令的工作流程示意图

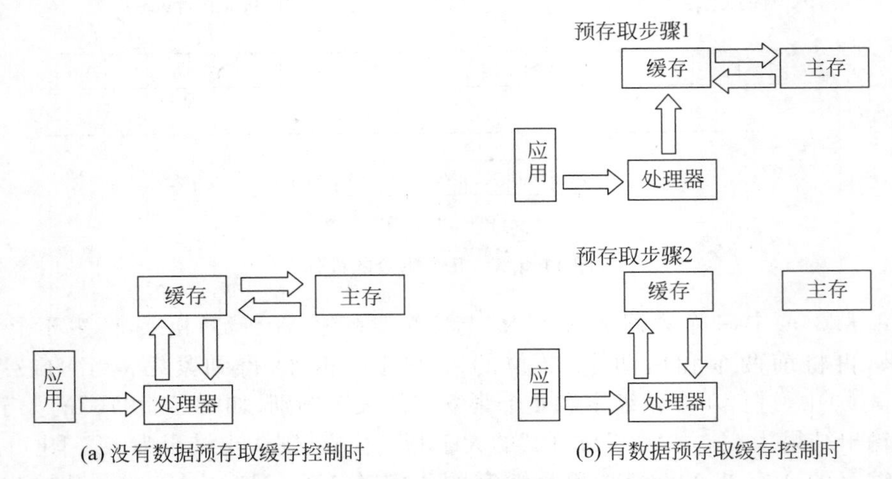

图 11.4.5　数据预存取指令的工作流程示意图

数据预存取分两个步骤,第一步根据应用识别出所需信息,预先将数据从主存中取出并存入缓存或将缓存的数据存入主存;第二步则是处理器和缓存交换数据。这样可以加快数据传输速率。为了进一步降低内存延迟,还可以使内存操作与计算周期保持流水线操作。

SSE 技术在编程技术和模型模拟上与 MMX 技术十分相似,其一个鲜明的特点就是增加了新的可包含 4 个单精度浮点数据的紧缩浮点数据类型。

SSE 指令集引入了大量有关浮点运算的指令以用来操纵其新增的 8 个 128 位的 SSE 寄存器,这就使开发者能够利用 SSE 和 MMX 技术对紧缩单精度浮点数据和紧缩整型数据进行处理。除了提供这些操纵浮点运算的指令之外,SSE 体系还提供了能够针对所有数据类型的进入超高速缓存的处理指令。这些指令的功能包括如何使数据流进入处理器时使无效占用高速缓存达到最少以及如何使数据在实际使用之前就已经被预取出来。64 位整型数据和紧缩浮点数据都能够以数据流形式进入内存。

SSE 指令集的声明要求操作系统支持在前后的分支语句中存储或重新输入数据。指令集里扩展的一个新的指令系列(对应于 fsave/frstor 指令的 fxsave/fxrstor 指令)允许在应用程序或操作系统内产生新的数据存取或对已有数据进行存取。为了使这些新指令起到作用,编制应用程序前必须先考虑处理器和操作系统是否支持 SSE 的指令集。如果两者都支持,那么应用程序就可以使用这些新特性了。这里指出,SSE 指令集与为 Intel 微处理器结构编制的软件完全兼容。

SSE 指令集最主要的数据类型是紧缩单精度浮点操作数，图 11.4.6 给出了同一个寄存器内 4 个 32 位单精度（SP）浮点数据的排列。从图中可以看到，每一个 32 位数据单元都是一个相对独立的数据体，SIMD 的整型指令操作也只能对每个小部分并行操作，适用于紧缩的字节、字或双字类型。

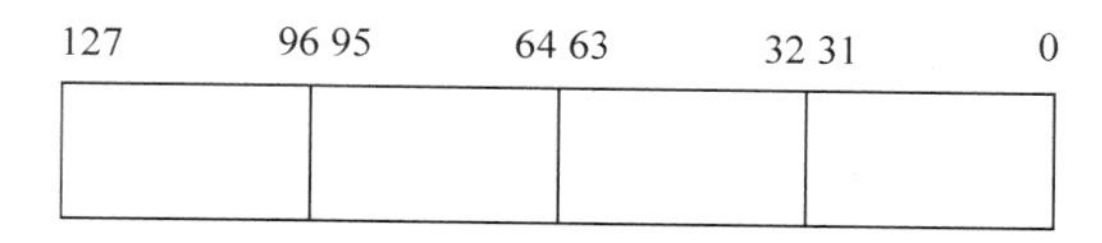

图 11.4.6 同一个寄存器内 4 个 32 位单精度浮点数据的排列

SSE 提供了 8 个 128 位的多用途寄存器，每一个寄存器都可以通过直接寻址进行相应操作。这些寄存器是一种新的数据状态，它需要操作系统的支持。每一个寄存器都包含 128 位数据，并且可以直接存取。SSE 的指令结构将它们命名为 XMM0～XMM7，如图 11.4.7 所示。

127 0

XMM7
XMM6
XMM5
XMM4
XMM3
XMM2
XMM1
XMM0

图 11.4.7 SSE 寄存器

将已有程序转换成 SSE 程序的第一步，是分析应用程序的结构。一般的定点运算可以在 MMX 技术的基础上扩大对于一个数据流的流量控制，即使用增强的预取数指令，一般可比原来的 MMX 代码提高将近一倍的效率。对需要考虑累积误差的迭代运算，要求精度很高或范围很大的运算是 SSE 技术的强项。所以对于可以应用 MMX 的程序，都可以使用 SSE 技术优化，并能够节省大约一倍的运算时间。而对于浮点运算的深入研究，在不损失数据精度的前提下，使用 SSE 技术对于程序运算的速度有着数量级的提高。第二步是找出程序的运算主体，将串行程序转换为并行程序。并非所有程序都要用到 MMX/SSE 指令加速，只有那些循环执行的程序主体才是整个程序的核心，它们也是最花时间的。只要对这部分程序进行加速，就可以提高整个系统的性能。例如，MPEG Ⅱ 解码软件中 IDCT 变换是运算的核心，只要将这一段操作并行化，就可以大大减少系统的运行时间。因此，程序员需要分析原程序中消耗时间的程序主体，将这种循环（大部分是多重循环）用 MMX/SSE 编写的代码替代，就可以达到加速目的了。

由于 MMX/SSE 在汇编语言级增加了新的指令和数据操作类型，因此要想使用 MMX 指令，必须要熟悉这些指令和它们的格式。另外，这种指令是可以同时处理以紧缩格式存储的多个数据的 SIMD 并行指令，必须充分理解这种指令的使用方法，按照这种指令的要求去组织数据流，才有可能真正发挥 SSE 以及 MMX 的潜力。

SSE 指令集适用于 Intel 奔腾Ⅲ处理器，而一般的 C 编译器都不能认出其特有的寄存器类型（比如 XMM0…），因而需要使用特定的 C 编译器。我们一般使用的是 Intel 公司发布的 Intel C and C++ Compiler 4.5 Product。使用专用编译器的优势在于能完全适应 SSE/MMX 指令的结构特点，把部分的优化工作让 C 编译器来自动匹配完成。

Intel 的奔腾处理器对于能不能使用 MMX 或 SSE 指令结构的判别可由 CPUid 表征。如以下代码可以测试是否可以使用 MMX 指令：

```
mov eax, 1                                ; request for feature flags
cpuid                                     ; 0Fh, 0A2h cpuid instruction
test edx, 00800000h                       ; is MMX technology bit (bit
                                          ; 23)in feature flags equal to 1
jnz Found
```

同样,用以下代码可以测试是否可以使用 SSE 指令:

```
mov eax, 1                                ; request for feature flags
cpuid                                     ; 0Fh, 0A2h cpuid instruction
test EDX, 002000000h                      ; bit 25 in feature flags equal to 1
jnz Found
```

由于 MMX/SSE 特有的体系结构,代码的编写具有一定的特殊性。为了能够充分利用 MMX/SSE 技术的优势,要从程序设计的一开始就考虑 MMX/SSE 技术的使用和影响。无论是修改现有的应用还是写一个新程序,使用 MMX/SSE 指令通常需要首先寻找运算集中、适于整数数据类型的代码部分;然后找出相应的浮点运算的代码部分。一般情况下如果可能,应尽量将上述两种类型的代码段分开优化。

在实现代码之前,需要回答以下一些问题:

- 代码的哪一部分适于该项技术;
- 当前的算法是否最适于该项技术;
- 代码是整数还是浮点的;
- 如何调整数据;
- 数据的物理长度是否合适;
- 应用是否需要在奔腾和非奔腾处理器中都可以使用。

对于整型代码的程序优化通常应该遵循以下原则:

- 使用当前最先进的编译器,比如 Intel 的 C/C++编译器就能产生最优化的应用程序代码。
- 把代码写得能让 Intel 编译器优化:
  ——尽量少地使用全局的变量、指针和复合控制流程;
  ——使用常量类型,少用寄存器类型;
  ——避免直接调用,多用规范函数。
- 使用分支预报运算法提高程序的性能是奔腾Ⅱ处理器最重要的优化原则。改进的分支预报结构能减少许多由于非预报分支结构带来的循环指令。
- 利用 MMX 和 SSE 的多数据流处理性能的优势。
- 避免使用局部寄存器类型。
- 确保严格的数据队列。
- 调整代码使高速缓冲存储器内的冗赘指令减至最少并作优化预处理。
- 避免使用除 0F 外的前缀操作码。
- 避免不同大小的数据在同一段内存内同时存取,尽量将大小相同的数据存在同一个地址队列中。
- 使用软件控制数据流。

- 避免自我修改的代码。
- 避免在代码段放置数据。
- 提高计算存储器地址的优先级。
- 避免使用包含 4 个或 4 个以上的 μop 的指令或长于 7 字节的指令。在允许的情况下，每条指令只需要一个 μop。
- 在调用存盘程序模块之前清空局部寄存器。

MMX/SSE 作为一种新的编程工具慢慢地将会被我们接受。而关于其代码的优化方法与手段也会因程序员的不同偏好而不同。最终需要把握的原则仍是：节约最少的冗余时间。

可以说，"PCI+MMX/SSE"使图像处理产生了很大的飞跃，一块 PCI 总线的图像采集卡加上基于 MMX/SSE 技术的软件包，将是构成许多图像处理应用系统的核心。

11.4.3 基于 MMX/SSE 技术的图像并行处理

MMX/SSE 最核心的技术是多数据的并行处理技术，在 MMX 中可同时处理 8 个 8 位的数据，在 SSE 中可同时处理 16 个 8 位的数据。利用 MMX/SSE 技术进行图像处理，应注意两方面的工作，一方面要做好数据的组织工作，特别是对邻域图像数据的组织。当然，也包括数据流的优化和预存取。另一方面，要把 MMX/SSE 类型的程序做成库函数，以实现系统的调用。针对图像处理的不同算法，可采取不同的数据组织形式。对于点处理算法，数据组织比较容易，可以一行一行地进行处理。对于邻域处理，数据组织则比较复杂，下面以几个邻域处理的算法为例，来讨论 MMX/SSE 技术中的数据组织。首先我们来讨论实现 Roberts 算法的数据组织。为了简化书写，令

$$A=f(x,y)$$
$$B=f(x+1,y+1)$$
$$C=f(x,y+1)$$
$$D=f(x+1,y)$$

则 Roberts 算法简写为

$$g=|A-B|+|C-D| \tag{11.4.1}$$

在 2.2.2 节中我们知道，Roberts 算子的并行数据结构是 2×2 的数据结构，由于目前微机不支持邻域数据存取，这样可选取行顺序的数据流来进行处理。先把式(11.4.1)分离出两个基本运算：$A-B$ 和 $C-D$，为了能利用 MMX 技术，我们选用了图 11.4.8 所示的数据运算形式。

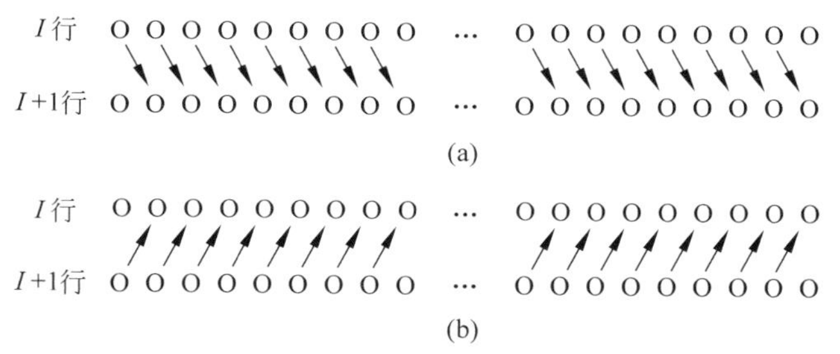

图 11.4.8 在 MMX 技术中 Roberts 算子的数据运算形式

图 11.4.8 中画出了相邻的两行数据，图 11.4.8(a)作 $A-B$ 运算，上面的一行作为数据 A，下面的一行作为数据 B，相减时作移位相减(如图中箭头的指向)；图 11.4.8(b)作 $C-D$ 运算，下面的一行作为数据 C，上面的一行作为数据 D，相减时作移位相减(如图中箭头的指向)。这样两行 8 个水平相邻的像素进行并行处理，每次处理只涉及相邻的两行数据，以此来实现 Roberts 算子。

对于不同的邻域处理算法，可以设计不同的数据组织形式，以利于采用 MMX/SSE 技术。

利用 MMX/SSE 技术进行图像处理，能够大大提高图像处理的速度，这可以从下面给出的程序运行速度测试的相关结果中得到证实。

测试图像为 700×576 的 256 级灰度图像。处理器为 Intel 奔腾Ⅲ500 处理器。操作系统为 Microsoft Windows 2000，内存 64MB。我们测试时间时利用了 Visual C++6.0 库函数内的测试时间的 QueryPerformanceCounter()和 QueryPerformanceFrequency()这两个函数，函数 QueryPerformanceFrequency()用来获得 CPU 的计数频率，而前者用来获得计数次数，如以下调用时(Frequency、Count1 和 Count2 为 LARGE_INTEGER 类型的变量)：

```
QueryPerformanceFrequency(&Frequency);
QueryPerformanceCounter(&Count1);
{…待测试运算程序段…}
QueryPerformanceCounter(&Count2);
```

数值(Count1. QuadPart-Count2. QuadPart)/Frequency. QuadPart 就是中间{...待测试运算程序段...}运行的时间。计算精度精确到 Frequency. QuadPart 值的倒数。我们的测试结果中，Frequency. QuadPart＝3 579 545Hz；因而测试精度为(1÷3 537 545s＝)0.279 365μs。Debug 版的测试结果如表 11.4.2 所示。

表 11.4.2　Debug 版的运行 100 次算法的测试结果(时间单位为 s)

算　法	C 实 现	MMX/SSE	加 速 比
Roberts	6.394 13	0.302 75	21.1202
Sobel	12.456	1.574 877	7.909 186
3×3 十字中值滤波	23.637 32	1.139 65	20.740 859
5×5 十字中值滤波	61.427 07	6.659 443	9.224 055
二值化	2.600 939	0.451 576	5.759 693
求反	2.493 124	0.383 182	6.506 37

上述数据主要是对于核心算法的运算时间测试得到的。通常将一幅 700×576 像素的 256 级灰度图像由文件读入内存数组所需时间为 0.0055～0.0065s，将数组内的数据写成文件格式所需时间为 0.0247～0.0313s。在程序运行过程中，通常会大量地运行内部核心程序，而数据也均在内存数组内进行运算，因而初始化和最后输出控制的时间将占极小的部分。值得指出的是，表 11.4.2 给出的结果是 Debug 版的程序运行结果，而在 Release 版中会有不同的结果，这是因为 Debug 版对系统安全性能要求比较高，在编译过程中有一些保护性的代码。

11.5 图像不规则区域的描述

不规则区域图像的存储比一般矩形区域的图像更加复杂，首先遇到的是区域边界的描述问题。一般有两种描述方法，即多边形描述方法和链码(Chain Codes)描述方法，我们采用链码描述方法并以此为基础来形成图像文件。

11.5.1 图像不规则区域的边界形成方法

用链码描述方法描述不规则区域的边界，其做法是用起点的 X、Y 坐标和按一定规则形成的链码序列来表示该区域的边界点。形成区域边界点有两种方法，一种是用边界跟踪的方法；另一种就是人工勾画的方法。

11.5.1.1 不规则区域的边界跟踪

要进行不规则边界跟踪，可以先进行边缘锐化、二值化处理，然后采用等值跟踪。即对与起始点等值的最大连接的元素集合的外边界进行跟踪，跟踪需要解决三个问题：跟踪数值、跟踪起点和跟踪方向。在边缘增强后，可以把图像中我们所关心区域的灰度 L_G 定为跟踪值。跟踪起点是连续边界上的一个点，是边界跟踪环节首先需要确定的一个边界点。跟踪方向是按“向最左看”的规则来决定，这样就能保证跟踪的轨迹是沿着从边界上某一起始点开始的边界的轨迹。等值跟踪是这样进行的：由一等值点出发(第一个点是起点)，按照向最左看规则找到下一个等值点，由这一走向，仍按照左找规则定出由新点出发搜索的第一个方向，随后就按固定的搜索顺序在此点周围的 8 个方向顺序搜索。每找到一个点，中心点就移到这个新找到的点。再以此点为中心，继续 8 个方向的搜索，直到边界封闭。

我们使用了如图 11.5.1 所示的方向对应图，按照向最左看的搜索规则进行搜索。图中画出了平面相邻的 3×3 点，中心点为 A，其平面坐标为(x,y)，这是上一次找到的点。8 个箭头分别指向 A 点周围的 8 个点，这就是以 A 点为中心的 8 个搜索方向，每一个方向则以 M 值来表示($M=0,1,2,\cdots,7$)。把 A 点周围 8 点的灰度值顺序地送入数组 $L(N)$ 中($N=0,1,\cdots,7$)。A 点的灰度图像为 $f(x,y)$，则

$$L(0)=f(x-1,y-1)$$
$$L(1)=f(x,y-1)$$
$$L(2)=f(x+1,y-1)$$
$$L(3)=f(x+1,y)$$
$$L(4)=f(x+1,y+1)$$
$$L(5)=f(x,y+1)$$
$$L(6)=f(x-1,y+1)$$
$$L(7)=f(x-1,y)$$

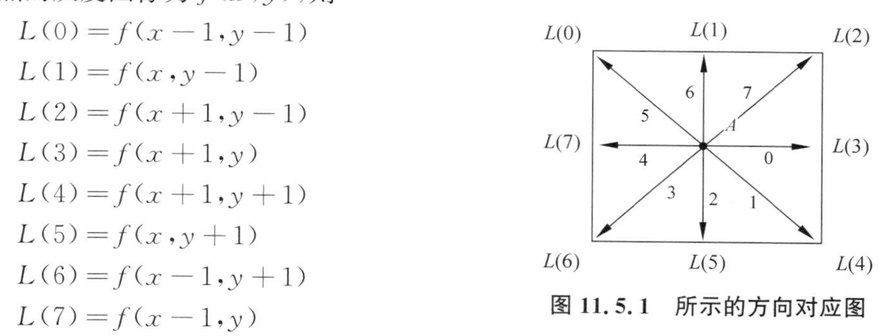

图 11.5.1 所示的方向对应图

如果 $L(K)$ 等于阈值 L_G，则找到一个新点，由这一走向定出方向值 M_K，再把新点周围 8 点的灰度按图 11.5.1 的规定送入 $L(N)$ 中，这时第一次搜索就是判定 $L(M_K)$ 是否等于阈值 L_G，这是第一个方向，以后的搜索方向就是从第一个方向起顺时针排列下去。跟踪得到的边界点的记录方式根据需要可以不同，可以直接记忆边界点的平面坐标，这样一个点需

要 18bit(对于 512×512 的图像区域进行跟踪)，如果要求存储量尽可能小，则可以采用链码的方式，把跟踪得到的方向值顺序记录下来，方向值可为 0～7，用 3bit 就可以记录一点。除此以外，再记录起始点 A 的平面坐标，这样就以很少的存储量实现了一个物体边界的记录。链码结构的边界跟踪流程图如图 11.5.2 所示。

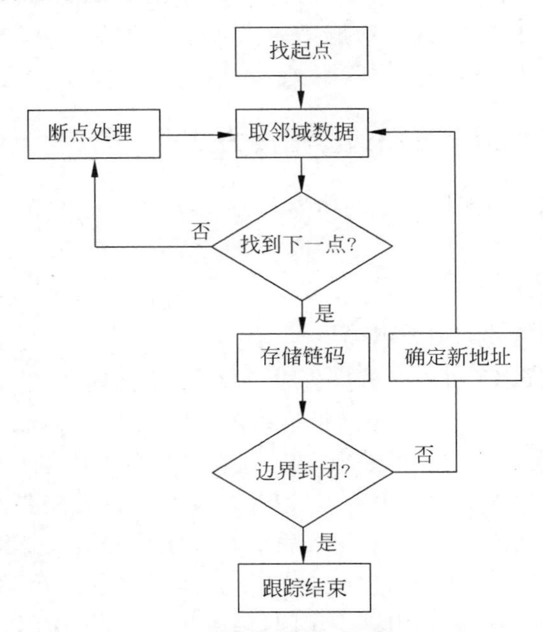

图 11.5.2　链码结构的边界跟踪流程图

跟踪边界的过程比较复杂，首先要确定跟踪的“起点”。在上述二值图像的确定区域内，由上到下、由左到右逐点进行搜索，寻找“起始”点。找到“起点”后就进入跟踪环。在跟踪环中，以新找到的边界点为中心点取出 3×3 邻域像素点的数据，由此判别有无下一个新的边界点，如存在新的边界点，则记录其链码值；如不存在新的边界点，而该点也不是起始点，则该点就是断点，跟踪进入断点处理环节。

图 11.5.3 给出了一个简单的边界跟踪的示例。

这是一幅 12×12 的二值图像，黑点为背景点，像素值为“0”；白区域的像素值为“1”，跟踪值为“255”。跟踪白区域的边界线，首先跟踪“起点”，再跟踪其他点，直到得到一个封闭的边界线。包含“起点”坐标值的链码值为 4,2,0,1,0,1,1,0,1,2,2,2,3,2,3,4,4,5,5,4,4,5,6,6,6,7,6,6,7。

在跟踪遇到断点的情况下，一种继续跟踪的策略是按照理想方向扩大搜索范围，这个理想方向可由已找到的边界点的规律来预测。我们采用了另一种方环扫描的方法来搜索与断点最近邻的新边界点，其示意图如图 11.5.4 所示。

方环的第 1 环是以断点 D 为中心的相邻 8 点组成，第 2 环是由第 1 环向四周扩展的相邻 16 点组成，第 3 环是由第 2 环向四周扩展的相邻 24 点组成。依此类推，每个环上的点数 M 和环数 N 遵循式(11.5.1)。

$$M = 8N \tag{11.5.1}$$

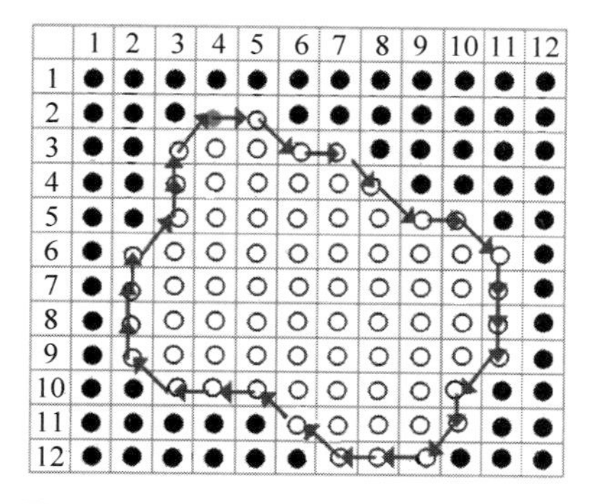

图 11.5.3 一个边界跟踪的示意图例

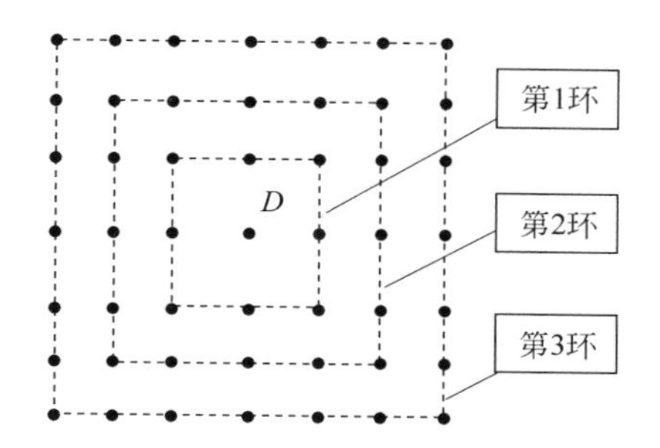

图 11.5.4 采用方环扫描的方法搜索新边界点

首先从第 2 环开始搜索与断点最近邻的新边界点，逐环扩大。搜索方法也采用向最左看原则，每 1 环上都有已搜索到的边界点，由已搜索到的边界点走向，确定在该环搜索时点的搜索顺序，这里不再赘述。找到新边界点后，需要在断点和新边界点之间插值。我们采用了抛物线插值和直线插值相结合的方法，由抛物线插值决定插值支点，在相邻支点之间用直线连接，插值点的灰度值为边界点的灰度值，也就是跟踪的灰度值。

11.5.1.2 不规则区域边界的人工标注

有两种人工勾画边界的做法，一种方法是逐点勾画，一边画点一边转换成链码；另一种方法是画直线，每画完一条直线即转换成链码序列，画完下一条边界线之后再把所得到的新链码序列补接到前面链码序列的后面。

在点(x_1,y_1)和点(x_2,y_2)之间画直线并形成链码的过程中，将有两个求因变量的表达式：

$$x=x_1+(x_2-x_1)(y-y_1)/(y_2-y_1),\quad |K|\geqslant 1 \tag{11.5.2}$$

$$y=y_1+(y_2-y_1)(x-x_1)/(x_2-x_1),\quad |K|<1 \tag{11.5.3}$$

其中，$K=(y_2-y_1)/(x_2-x_1)$。

按直线的斜率来选择因变量的表达式，其目的是要保证所得到的边界点是连续的。按照式(11.5.2)或式(11.5.3)计算出相邻两点的 x、y 坐标后，再按照图 11.5.1 所示的链码值定义转换成链码，这样就得到了一个链码结构的边界图。

值得指出的是，不管是采用画点还是画线的方法，其形成的边界一定是封闭的。

11.5.2 图像不规则区域的内部判别方法

形成了一个图像不规则区域的闭合边界以后，面临的问题是如何确定区域内部的位置。一种方法为种子法，即在区域内部人工确定一点，然后上下、左右搜索，搜索以边界点上下、左右边界点为界。种子法的缺点在于存在人工操作。另一种方法是奇偶性判别法。在本书第 1 章的图 1.3.9 中，给出了用齐偶性检测来确定区域内部的示意图。图 1.3.9 是利用行方向边界点的齐偶性进行区域内部判别的方法；当然，也可以利用列方向边界点的齐偶性进行区域内部的判别，道理相同，这里就不再赘述了。

采用齐偶性检测来确定区域内部的方法存在一个特殊点的特例，即当边界点出现凸凹点和水平连续点时，齐偶性检测会出现错误，因此，要想准确应用齐偶性检测这一方法，就必须在边界点序列中除去所有的特殊点。我们发现,链码序列含有很强的结构信息,既可以确定区域内部或区域外部,还可以准确地除去特殊点。特殊点分水平特殊点和垂直特殊点。在一个单连通的闭合边界里,边界点(x,y)坐标集合中存在X、Y方向的最大最小值X_{min}、X_{max}、Y_{min}、Y_{max},从Y_{min}到Y_{max},水平平行线和边界线之间将出现孤立相交、连续相交、相切的情况,孤立相交点为有用边界点,连续相交点为水平连续点,外切为水平凸点、内切为水平凹点,水平连续点、水平凸点、水平凹点统称为水平特殊点。表11.5.1给出了水平特殊点的链码结构。

表 11.5.1 水平特殊点的链码结构

	凸点						凹点		水平连续点	
相邻走向	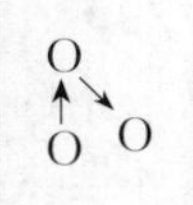	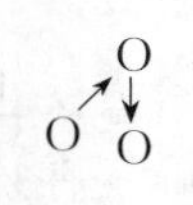	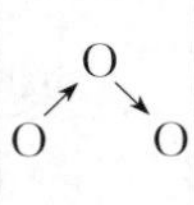	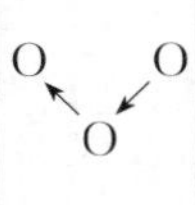	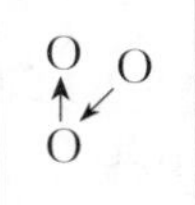	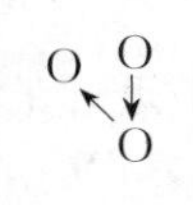	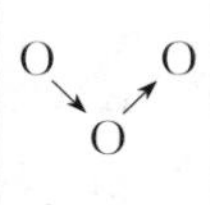	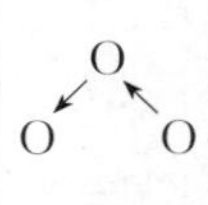	O→O→O	O←O←O
相邻链码	$M_{k-1}=6$	$M_{k-1}=7$	$M_{k-1}=7$	$M_{k-1}=3$	$M_{k-1}=3$	$M_{k-1}=2$	$M_{k-1}=1$	$M_{k-1}=5$	$M_{k-1}=0$	$M_{k-1}=4$
	$M_k=1$	$M_k=2$	$M_k=1$	$M_k=5$	$M_k=6$	$M_k=5$	$M_k=7$	$M_k=3$	$M_k=0$	$M_k=4$

表11.5.1所示的水平特殊点的链码结构是以图11.5.1所示的链码方向对应图和向最左看的边界跟踪方法为基础的,根据表11.5.1所示的相邻链码的关系,就可以准确地找出水平特殊点。从X_{min}到X_{max},垂直平行线和边界线之间也将出现孤立相交、连续相交、相切的情况,同理,也可以构造出类似于表11.5.1的垂直特殊点的链码结构。值得指出的是,水平特殊点和垂直特殊点虽然在具体点上不同,但在确定区域内部的作用上是相同的,以下的特殊点叙述均指水平特殊点。

下面给出确定区域内部的算法。

注释:边界点以链码方式表示,采用图11.5.1所示的链码值定义和表11.5.1所示的水平特殊点定义,共有N个边界点。

(1) K为变量,起始值$K=2$,$M_{n+1}=M_1$。

(2) 对于每一个M_k值,进行步骤(3)~(6),循环开始。

(3) 由链码值得到当前待判点的X、Y坐标。

(4) 由M_k与M_{k-1}的关系判断待判点是否为水平特殊点,如果是,则转到步骤(6)。

(5) 记录此点的X、Y坐标。

(6) $K=K+1$,如果$K=N+2$,结束循环,转到步骤(7),否则转到步骤(3)。

(7) 对记录的点,求Y_{min}和Y_{max}。

(8) y为变量,起始值$y=Y_{min}$,对于每一个y,进行步骤(9)~(11),循环开始。

(9) 挑选出y值的边界点,共L个,L为偶数。

(10) 在这L个边界点中,X坐标按从小到大的顺序排序为$(X_1X_2\cdots X_L)$。

(11) 按照齐偶性规律顺序记录边界点坐标为$(Y,X_1)(Y,X_2)\cdots(Y,X_L)$。

(12) $y=y+1$,如果$y=Y_{max}+1$,循环结束,算法结束,否则转到步骤(9)。

11.5.3 不规则区域的图像存储

通过上面介绍的算法，可以准确地得到不规则区域图像每一行的边界起点和终点的坐标，存储不规则区域的图像时，从最小行开始直到最大行，按从左到右、从上到下顺序存储。作为一种规范性的文件结构，我们采用了表 11.5.2 所示的为不规则图像文件的结构。

表 11.5.2 不规则图像文件的结构

文件头
链码数据
扫描线位置数据
图像数据

(1) 文件头。文件头是一个 CHAIN_HEAD 型的结构体的对象，定义如下：

```
struct  CHAIN_HEAD
{
  SHORT  code_size;              //链码节点的数目
  SHORT  couple_size;            //图像的扫描线数目
  SHORT  xs,ys;                  //图像起始扫描点的 x、y 坐标
  SHORT  xmin,ymin;              //图像区外接矩形的左上角 x、y 坐标
  SHORT  weight,height;          //图像区外接矩形的宽度、高度
  Long    area;                  //有效图像区的扫描点数
  BYTE far * code;               //保留
};
```

(2) 链码数据。链码数据就是从图像起始扫描点(x_s,y_s)开始，以顺时针方向沿区域外边界曲线行走得到的各个节点的数据。其数目由文件头的 code_size 确定。

(3) 扫描线的位置数据。扫描线的位置数据是若干个 CHAIN_SORT 型结构体的对象，数目由文件头中的 couple_size 确定。CHAIN_SORT 结构体定义如下：

```
struct CHAIN_SORT
{
unsigned short y:10;             //扫描线的 Y 坐标
unsigned short x:10;             //扫描线的 X 起始坐标
unsigned short width:10          //扫描线的 X 方向宽度
}
```

从上到下对不规则图像区域进行逐行扫描，就可将该区域由许多扫描线表示。

11.5.4 图像不规则区域描述的应用

值得指出的是，上面介绍的算法有一定的通用性，可以用于边界跟踪与周长、面积、中心的计算，也可以用于不规则感兴趣区的填充、放大，甚至可以用于感兴趣区的各种算法处理。图 11.5.5 给出了基于链码结构的不规则区域填充，图 11.5.6 给出了感兴趣区的图像放大，图 11.5.7 给出了头发图像的提取。

图 11.5.5 所示的不规则区域填充，是预先确定待填充的不规则区域，再对该区域进行

图 11.5.5 基于链码结构的不规则区域填充

(a) 原始图像

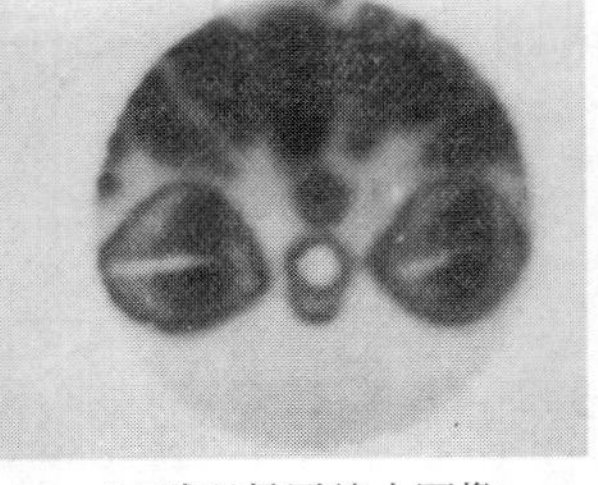

(b) 感兴趣区放大图像

图 11.5.6 感兴趣区的图像放大

同一灰度(或同一色彩)的填充。

图 11.5.6 所示感兴趣区的图像放大，是预先确定感兴趣区域，再对感兴趣区内的图像进行双线性插值放大。

图 11.5.7 是头发的边界跟踪实例。

图 11.5.7 头发的边界跟踪

图 11.5.7 所示的头发，是直接从头像中提取出来的。在人像组合中，头发是一个很重要的人像部件。1989 年，公安部科技局想进行计算机人像组合的验证，一位警官到清华大学进行调研，发现清华大学已经具有研制计算机人像组合的条件，这些条件包括具有图像不规则感兴趣区的提取、填充、放大算法，以及具有图像硬件的设计能力(需要现场采集人脸)。我们也由此承接了公安部的计算机人像组合系统的研制，并相继开展人脸识别的研究。

习题 11

习题 11.1 总结链码结构的不规则区域边界描述方法的优点。

习题 11.2 学习本章描述的链码结构的不规则区域边界描述方法的应用，你的体会是什么?

第12章

计算机人像组合技术

在公安办案工作中，常常需要目击证人提供犯罪嫌疑人的面貌特征，利用计算机人像组合技术形成目击证人记忆的嫌疑人的人脸图像。随着科技的进步，以机器智能为主的记忆人脸图像重现技术也将得到发展。这里所提到的人像与人脸的概念是有所区别的。按照我国公共安全行业标准《安防生物特征识别应用术语》的定义，人脸包括人的头顶之下、颏底线之上、左耳到右耳之间的部分；而人像既包括人脸图像、头肩像，也包括全身像。在人像组合中，不仅要对人脸进行组合，还可能配有眼镜、耳环、帽子等物件。因此，称为人像组合，而不是称为人脸组合。

计算机人像组合技术主要包括人像部件建库和人像组合两方面的技术。

12.1 人像组合技术的发展历程

《水浒传》中，宋江的画像被挂在城门口，官府用来捉拿宋江。今天，我们也常看到通缉令上犯罪嫌疑人的模拟像。可见，画像技术从古至今都应用于办案工作。人工画像的方法对绘画者的绘画技能有较高的要求，警方也一直在关注新的画像技术。

英国 Jacques 于 1969 年制成了人像合成器，并在苏格兰场进行测试，取得了圆满成功。日本、德国也研制成功了人像组合仪。大约在 1985 年，我国公安部门推广应用了 PZY-10 型人像组合仪。该系统事先将不同人的眼、鼻、嘴、眉等人脸部件制作成标准尺寸的卡片。在应用时，根据目击者的描述，选择合适的人脸部件进行拼接，形成目击者记忆中的人脸。随着计算机应用的发展，计算机模拟画像系统也应运而生。

1989 年，公安部门委托清华大学研制计算机人像组合系统，并提供了不同区域的人脸图像。1990 年，清华大学研制出样机，这是一套基于人脸部件组合的系统，人脸部件来源于照片。同年，公安部门在南戴河召开了计算机人像组合技术研讨会。研讨会上，清华大学项目组介绍并演示了样机的各种功能，公安部门的一些专家提出了一些修改意见。南戴河研讨会之后，项目组改进了系统，并在公安部门内进行试用，取得了实际应用的成功案例。1992 年 9 月 15 日，清华大学电子工程系和公安部五局、十一局联合研制的“GA 计算机人像组合系统”通过了国家教委（即教育部）的科技成果鉴定。鉴定意见为：

1992年9月15日，由国家教委委托清华大学在清华大学对“GA计算机人像组合系统”进行了技术鉴定。鉴定委员会听取了研制小组的研制报告、技术报告、用户报告以及测试小组的测试报告，审阅了研制小组所提供的资料，经过充分讨论，得出如下鉴定意见。

“计算机图像处理在我国已有多年的研究，图像处理系统的应用领域也在不断拓宽。

GA计算机人像组合系统是我国自行研制的一个较为优秀的图像处理实用系统，该系统有自行设计的512×512伪彩色图像卡、人像部件库、人像建库软件包、人像组合软件包以及其他配套的设备。

该系统在图像卡中采用了视频实时叠加技术以标注人像尺寸，在软件中巧妙而有针对性地采用了不规则感兴趣区的图像放大、边缘拟合、局部灰度对比度变换、粘贴、平滑、动态覆盖技术；采用软硬件查找表法等办法解决了一系列人像组合中的实际问题，取得了明显的处理效果，所得人像具有很好的真实感。

该系统已在实际应用中，通过人像合成，成功地破案。

鉴定委员会一致认为：该系统在人像组合实用系统方面达到国内先进水平，处理结果优于已见到的国外同类产品的处理结果，性能价格比高，已达实用程度，建议尽速在国内推广使用。鉴定委员会一致通过该系统的技术鉴定。”

1993年8月4日，公安部门在哈尔滨市公安局举行为期一周的“GA计算机人像组合系统”试点推广班，并选定哈尔滨市、北京市、天津市、南宁市、合肥市、湖北省、云南省、河南省、四川省、内蒙古自治区、大连市11个厅、局作为首批试点单位。在试点推广班上，清华大学项目组对公安厅、局的技术人员进行了应用培训，全国11个厅、局正式装备应用GA计算机人像组合系统。至此，全国开始规模应用计算机人像组合技术。2014年11月武汉市公安局应用GA计算机人像组合系统画像，成功破获1994年的“10·17”特大持枪杀人抢劫案，被誉为全国电脑画像成功破案的首例，中央电视台、人民日报、法治日报、人民公安报等媒体进行了专题报道。据不完全统计，截至2000年，GA计算机人像组合系统协助武汉市公安局破案121起、天津市公安局破案137起、烟台市公安局破案68起。GA计算机人像组合系统在全国推广应用超过600套，其在公安办案中的作用是十分明显的。图12.1.1和图12.1.2给出了GA计算机人像组合系统在实际应用中的成功案例(中央电视台均有播报)。

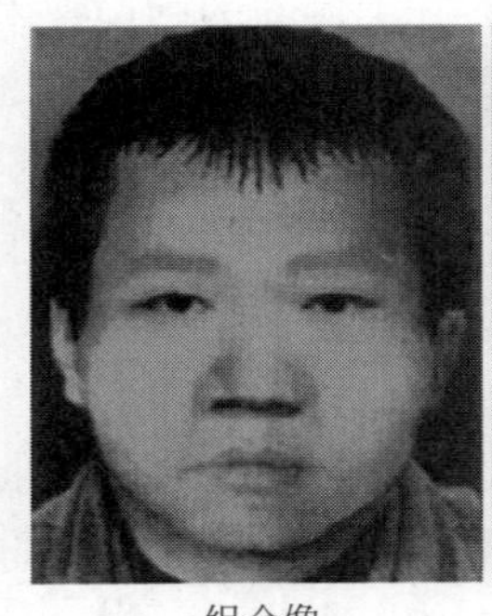

图12.1.1　人像组合技术协助公安部门破案实例1(部分眼部有虚化处理)

虽然模拟画像取得了成功应用，但人工实现以像找人的难度非常大。清华大学项目组开始思考一个问题，即如何利用计算机实现以像找人，由此在我国公安部门展开了计算机人

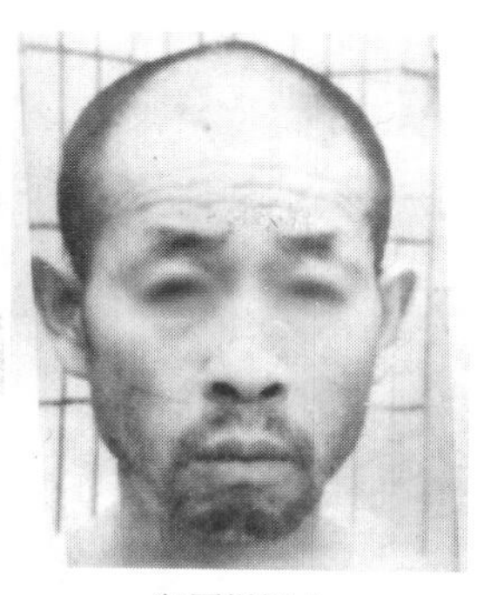

组合像　　　　犯罪嫌疑人

烟台市公安局破获1997年系列抢劫、强奸、杀人案

图 12.1.2 人像组合技术协助公安部门破案实例 2

脸识别技术的相关研究。

继清华人像组合系统以外,国内先后有多个单位推出计算机模拟画像系统。1996 年重庆刑科所和重庆创新 CAD 辅助设计有限公司开发的"西南人计算机人像组合系统"通过了专家鉴定。1998 年 4 月 21 日,上海铁路公安局研制成功的计算机模拟画像系统通过科技成果鉴定。图 12.1.3 所示为该系统的第一完成人张欣警官和鉴定会专家组的合影。

图 12.1.3 张欣警官与计算机模拟画像系统鉴定小组专家合影(左五:张欣警官)

张欣警官是上海铁路公安局刑事技术高级工程师、公安部首批八大特邀刑侦专家、我国首席模拟画像专家。从警 30 多年,他潜心研究模拟画像技术,通过模拟画像和分析推理协助各地警方破获各类重大刑事案件 700 余起,在刑侦界有"神笔马良"之称。

1998 年 11 月 23 日,中国刑警学院研制成功的"警星 CCK-Ⅱ人像摹拟组合系统"通过科技成果鉴定。图 12.1.4 为该成果鉴定会的合影。

2007 年 7 月,太原市极目天网科技发展有限公司研制成功的"天网智能画像专家"系统通过了项目验收。

时至今日,计算机人像组合系统已成为市级公安局的必备装备,在公安办案工作中继续发挥着重要的作用。

图 12.1.4 "警星 CCK-Ⅱ人像摹拟组合系统"成果鉴定会合影

当前，模拟画像技术面临新的挑战，即视频监控的模拟画像面临挑战。用现有的人像组合技术去画视频监控中的超低分辨率的人脸图像会面对很多问题，如人脸部件不清楚、人脸五官比例掌握不准确、人脸图像的纹理难以模拟等。本书第 13 章介绍的人脸超分辨、人脸识别、人像组合相结合的综合技术，不失为一种视频监控模拟画像的解决方案。

12.2 人像部件库建库软件

要进行人像组合，首先需要建一个人像部件库。

人像部件的来源主要有两类：一类是素描部件；另一类是照片部件。照片部件来源丰富，真实感强；而素描部件不仅要求不同部件的多样化，也需要避免部件的雷同，制作比较困难。因此，现代版的人像组合系统，人像部件来源主要来自于正面照片。

人像部件包括脸、眉、眼、鼻、嘴、头发、胡子、眼镜、帽子等大类，有的大类还分若干小类。人像部件库的建立需要多种技术，包括数据库技术、人脸部件提取、人脸部件切割、人脸部件分类等技术。

12.2.1 人像部件数据库

人像部件数据库可选择通用数据库来建，如选 SQL Server 数据库，VC 通过 ODBC 连接 SQL Server 数据库。人脸部件库分男、女库。根据需要，还可以按照不同区域、不同年龄段建人脸部件库。依靠我国二代身份证的编码规则，可以准确获得二代证人脸图像的性别、区域、年龄的分类信息。当照片来源不是二代证人脸图像时，可以编制算法，实现性别、年龄的自动分类。性别的自动分类难度较大，目前正确分类率在 95%左右，男性正确分类率要高于女性。对一个未知性别的人脸图像集进行性别分类时，一个策略是先采用自动分类男性，对分类结果进行人工核实；得到正确的男性人脸图像，再得到女性的人脸图像。对年龄段的自动分类，首先要对人脸图像进行年龄估计。目前，对于证件照的年龄估计可以达到2年以内的误差范围。这个指标，可以满足人像组合系统年龄分类的需要。

在部件分类中，同类部件的选择最好能体现差异性，能否利用人脸识别技术的相似度比较方法，来挑选差异性大的部件，这确实是一个值得探讨的课题。

值得一提的是，脸型、发型的图像数据量较大，为了提高浏览的速度，我们将脸型、发型的图像缩小，建立脸型、发型的相册图像。浏览时，调用相册图像；组合时，调用原始图像。

人像部件建库软件包主要包括人脸部件库的管理和人脸部件的数据录入两大功能，建库软件包的功能示意如图12.2.1所示。

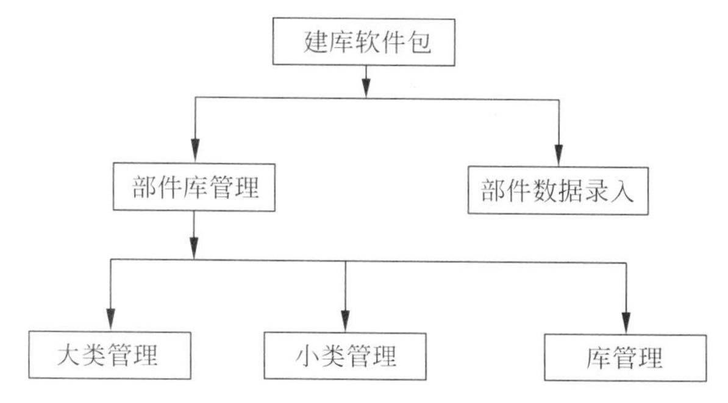

图12.2.1 建库软件包的功能示意

部件库的管理具有大类、小类、库管理功能。完成部件库类别的设置、更改、撤销以及人脸部件的浏览、删除、替换等操作。人脸部件数据录入则完成人脸图像部件的切割、分类、入库等操作。早期的GA计算机人像组合系统，人脸部件的分类是人工完成的。面对一张照片，画家进行分类。脸型分为长方、四方、瓜子、圆形、菱形、狭长、方菱、扁平、椭圆共9类，眼睛分为三角、单凤、杏核、垂角、畸形、鼓包、月菱、挑角、深窝、单双共10类，眉毛分平眉、八字、剑眉、扫帚、柳叶、虎眉、半截、畸形、粗浓共9类，嘴巴分为平直、上翘、下弯、厚唇、薄唇、地包天、小嘴、歪嘴、单厚唇共9类，男性发型分为大背、侧分、背分、中分、青年、寸头共6类。胡须分为八字、山羊、络腮、小络腮共5类。人工分类的方法难以保证人脸部件类别的一致性，特别是各个用户自行建库。自动分类能有效地克服人工分类的上述不足。图12.2.2所示为人脸部件自动建库的框图。

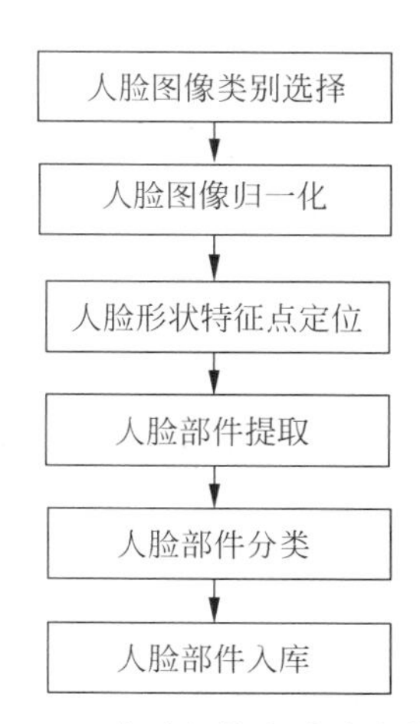

图12.2.2 人脸部件自动建库的框图

首先要选择人脸部件入库的类别，即选择所属的性别、区域的具体类别。组像工作是在统一的标准人脸图像上进行的，所以要对人脸图像进行归一化处理。为了获得人脸部件的准确位置，我们进行了人脸形状特征点的定位工作。在此基础上进行人脸部件提取、人脸部件分类，从而实现人脸部件入库。

应该说,完全的人脸部件自动建库是具有相当难度的,在自动建库的基础上,辅以一些人工操作,可以取得更好的实际效果。如人脸图像归一化。其正确与否完全依赖于人脸形状特征点的定位准确性。即使正确定位率达到99%(或更高),仍会有一部分错误。加入少量的人工环节,会有效提升人脸形状特征点定位的准确性。至于头发的自动提取工作,因为头发图像的来源很丰富,不在乎一两张图像的缺失。如果对某张人脸图像自动提取头发时出错,可以放弃这张头发图像,继续下一张头发图像的提取操作。诸如此类的环节可能存在,只要软件安排合理,这些问题还是能解决的。

12.2.2 人脸图像几何归一化

照片的来源丰富多彩,人脸分辨率也千差万别,人像部件的尺寸各异,因此需要进行人脸图像几何归一化。

人脸图像几何归一化的方法有两点定位法和三点定位法。所谓两点定位法是依靠两眼的人脸图像几何归一化方法。所谓三点定位法是依靠人脸上的三个关键点的人脸图像几何归一化方法。在三点定位法中,一种是依靠人脸上的左右眼和鼻中;另一种是依靠人脸上的左右眼和下颌。两点定位法的人脸图像几何归一化方法,是将人脸图像的两眼置于水平线上,再对人脸图像进行等比例的缩放,将人脸图像两眼眼睛中心之间的距离缩放到标准距离(如规定两眼眼睛中心之间的距离为120像素)。对于眼睛中心的定义有两种,一种是把瞳孔的中心定义为眼睛的中心;另一种是把眼睛的左眼角与右眼角的中点定义为眼睛的中心。如果采用人工定位左右眼、鼻中、下颌的位置,人脸图像几何归一化的工作就是一件再简单不过的事情。而许多场合都需要自动定位,一个实例就是,某单位需要建立上亿的人脸识别数据库,不可能采用人工来录入,只能设计自动批量建库程序。然而自动定位左右眼、下颌的位置却不是一件容易的事情。比较而言,两点定位法较为简单,也较为准确,人脸识别的人脸图像几何归一化常采用两点定位法。三点定位法较为复杂,难度也更大。我们知道,三点定一面,两点定一线。从一般意义来讲,在人脸识别率上,三点定位法要优于两点定位法。但是,如果三点定位不准,则就另当别论了。我们在人脸识别中,分别采用两点定位和三点定位(左右眼和下颌)进行人脸图像几何的归一化,并采用同一种人脸识别方法,得到了三点定位优于两点定位的人脸识别结果。但是,这仅仅是初步的实验,还不能以此作为定论。原因在于影响识别率的因素很多,而且下颌的准确定位率要低于眼睛中心的准确定位率。但是,在人像组合中,对人脸的组像要求既要包括头发,还要包括下颌。依据左右眼和下颌的三点定位形成的尺寸归一化人脸图像,很容易满足人像组合的上述要求。下面来介绍如图12.2.3所示的采用左右眼和下颌的三点定位的人脸图像几何归一化方法。

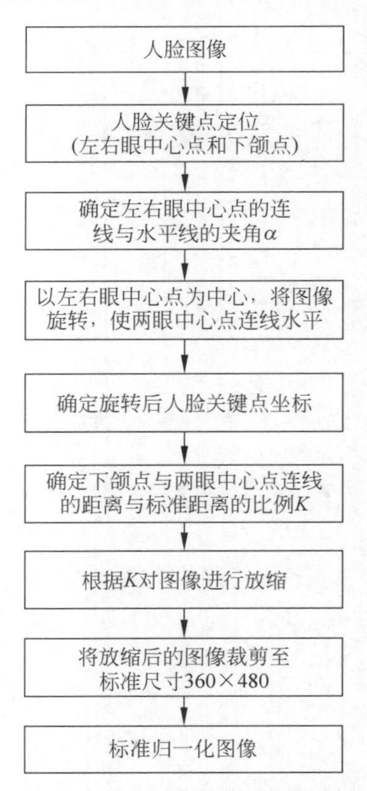

图12.2.3 三点定位人脸图像几何归一化

首先由定位算法给出输入人脸图像的左右眼睛的瞳孔

和颌下点的相应坐标，进行人脸图像几何的归一化。

采用左右眼和下颌的三点定位的人脸图像几何归一化包括：

(1) 在人脸图像 1 上给出左眼球上中点 A 的坐标位置(x_1,y_1)。

(2) 在人脸图像 1 上给出右眼球中点 B 的坐标位置(x_2,y_2)。

上述步骤(1)中，左右眼球中点 A、B 的坐标位置可采用两种方法实现，一种方法是用鼠标直接在人脸图像上读出左右眼球上点 A、B 的坐标位置，另一种方法是采用算法自动地确定人脸图像上左右眼球上点 A、B 的坐标位置。

(3) 通过 A、B 两点做直线 L_1。

(4) 计算直线 L_1 和水平线的夹角 α：

$$\alpha=\arctan\left(\frac{y_2-y_1}{x_2-x_1}\right) \tag{12.2.1}$$

式中，(x_1,y_1)、(x_2,y_2)分别对应左右眼球中心点的坐标。

(5) 对人脸图像 1 进行旋转处理，得到人脸图像 2。

旋转表达式如下：

$$\begin{bmatrix}x'\\y'\end{bmatrix}=\begin{bmatrix}\cos\alpha & \sin\alpha\\-\sin\alpha & \cos\alpha\end{bmatrix}\begin{bmatrix}x\\y\end{bmatrix} \tag{12.2.2}$$

式中，x、y 为人脸图像 1 的坐标；x'、y'为人脸图像 2 的坐标。

(6) 在人脸图像 2 上给出左眼球上一点 E 的坐标位置(x_3,y_3)。

(7) 在人脸图像 2 上给出右眼球上一点 F 的坐标位置(x_4,y_3)。

上述步骤(6)、(7)中左右眼球上点 E、F 的坐标位置可采用 3 种方法实现，第一种方法是用鼠标直接在人脸图像上读出左右眼球上点 E、F 的坐标位置，第二种方法是采用算法自动地确定人脸图像上左右眼球上点 E、F 的坐标位置，第三种方法是通过 A、B 的坐标和 α，计算出 E、F 点的坐标。

(8) 通过 E、F 两点做直线 L_2。

(9) 给出人脸图像 2 的颌下线 L_3。

(10) 给出人脸图像 2 的颌下线 L_3 上一点 C 的坐标位置(x_5,y_5)，C 点也包括颌下点在内。

(11) 求出 C 点到直线 L_2 的垂直距离 h_y：

$$h_y=y_5-y_3 \tag{12.2.3}$$

(12) 指定颌下线上任一点到两眼连线的垂直距离的标准值为 H_0。

(13) 对任一张包含人脸且两个眼睛在图像中都可见的图像，采用步骤(1)～步骤(11)，求出 C 点到直线 L_2 的垂直距离 h_y。

(14) 计算 $K=h_y/H_0$。

(15) 对人脸图像 2 按照放缩系数 K 进行放大或缩小处理，得到人脸图像 3。

(16) 在人脸图像 3 上给出左眼球上一点 M 的坐标位置(x_6,y_6)。

(17) 在人脸图像 3 上给出右眼球上一点 N 的坐标位置(x_7,y_7)。

(18) 给出人脸图像 3 的颌下线 L_4，并给出 L_4 上一点 P 的坐标位置(x_8,y_8)。

(19) 给出几何尺寸归一化的人脸图像几何尺寸的数值，其中宽度的尺寸为 W，高度的尺寸为 H。

(20) 规定颌下线上任何一点到图像下边框垂直距离的标准值为 H_1。

(21) 对人脸图像 3 进行裁减，裁去人脸图像 3 中 x 坐标大于$(x_6+x_7)/2+w/2$ 的部分，裁去人脸图像 3 中 x 坐标小于$(x_6+x_7)/2-w/2$ 的部分，裁去人脸图像 3 中 y 坐标大于(y_8+H_1)的部分，裁去人脸图像 3 中 y 坐标小于(y_7-H+H_1)的部分。

(22) 如果人脸图像 3 的宽度小于 W，则采用插值的方法，补到宽度 W。

(23) 如果人脸图像 3 的高度小于 H，则采用插值的方法，补到高度 H。

(24) 采用步骤(21)～步骤(23)，形成最终的几何尺寸归一化的人脸图像。

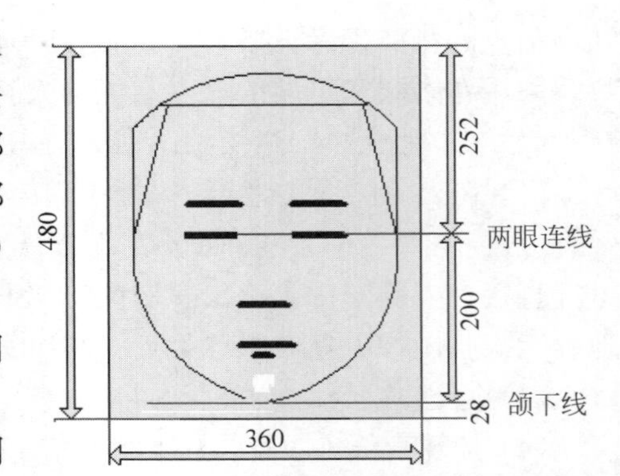

图 12.2.4 一种人脸图像几何归一化参数

图 12.2.4 标出了我们选定的人脸图像几何归一化的具体参数。

12.2.3 人脸部件的提取

人脸部件的提取工作是在人脸图像几何归一化之后进行的。通过人脸图像几何归一化，我们得到了一幅标准的人脸图像，也就得到了脸型的图像。眼睛、眉毛、鼻子、嘴、下颌部件则通过相应部件的具体位置进行提取。

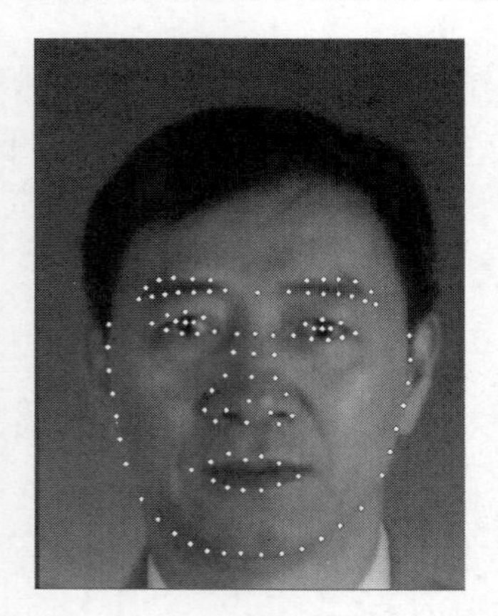

图 12.2.5 正面人脸的形状特征点

在三维人脸识别中，需要定位人脸形状特征点的位置。图 12.2.5 给出了我们采用的正面人脸 105 个形状特征点的示例。有了这些形状特征点的具体位置，人脸部件的切分问题就解决了。然而要自动地获得这些点的准确位置也是一件难事。我们应用 ASM 与 AAM 相结合的正面人脸形状特征点配准方法，实现了正面人脸形状特征点的自动定位。

主动形状模型(Active Shape Model，ASM)算法是一种基于模型的特征点匹配方法，它既可以灵活地改变模型的形状，以适应目标形状不确定的特性，又将形状的变化限制在模型允许的范围之内，从而保证模型改变时不会受各种因素影响而出现不合理的形状。ASM 方法首先针对特定目标建立形状模型，形状模型采用一系列的特征点来描述，称为 PDM(Point Distribution Model)。然后对形状模型中的每个特征点，建立特征点附近的灰度模型。ASM 方法利用灰度模型在目标图像中的当前人脸形状点附近搜索特征点的最佳位置，然后根据搜索结果调整形状模型的参数，如此循环直到人脸形状收敛，最终使模型匹配到目标的轮廓上。ASM 方法包括两个步骤：建立模型和轮廓匹配。在建立模型之前，首先要手工标注训练集中的人脸形状特征点。

主动表观模型(Active Appearance Model，AAM)与 ASM 的不同之处是它不仅利用了对象的形状信息，而且利用了对象的纹理信息，将形状与纹理结合起来建模。AAM 方法由人脸动态表观建模和拟合算法两部分组成。在训练阶段，对一组已标记特征点的人脸图像，根据这些点采用 Delaunay 三角化，建立纹理采样的三角网格，然后将形状与纹理联合起来建立 PCA 参数模型，并用线性回归建立参数变化与表观向量变化的关系。在拟合过程中，通过调整模型参数使 AAM 重建的人脸表观逼近输入的人脸，从而实现对输入人脸图像特征点的定位。

ASM 的问题是容易收敛到局部极值，从而不能得到全局最优解。原因在于 ASM 迭代优化过程中是对各个特征点独立地进行搜索。不过，对于人脸外轮廓边缘这种梯度变化比较明显的部位，在背景、光照等条件不带来太大影响时，能够得到较好的定位结果。AAM 模型的优点是考虑了人脸图像的纹理信息，对于人脸图像内部各个部件的特征点，相比于 ASM 方法更容易定位到准确的位置。它的不利之处在于将人脸形状与纹理混合起来建模，它们的耦合作用给 AAM 的搜索过程带来了干扰，对人脸形状施加了过强的约束，有时会使得形状定位不准，尤其是外轮廓特征点的定位。

ASM 模型能较好地配准人脸的外轮廓，而 AAM 算法能较好地配准人脸的内部点，因而我们对最外部的 51 个点建立 ASM 模型，而对内部的 54 点建立 AAM 形状模型。

应用 ASM 与 AAM 方法，需要先期对已标注人脸形状特征点的人脸图像进行训练。显然，模型的训练需要准确的特征点标注，而标注工作却是一项困难的工作，不仅在于点数较多、工作量大，还在于点的位置难以确定，标注也会因人而异。为此，我们结合图 12.2.6 介绍一种较为规范的人脸形状特征点的人工标注方法。

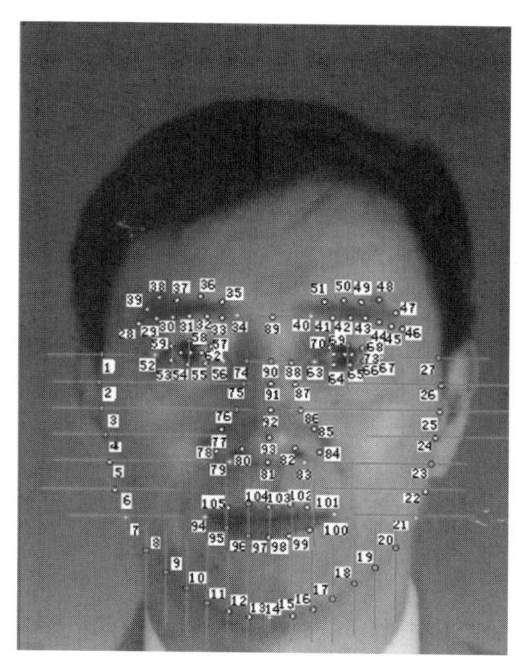

图 12.2.6　人脸形状特征点的人工标注

1. 对正面人脸图像标记初始 13 个关键点

(1) 标记左眼左右眼角 2 点 a_1、a_2，右眼左右眼角 2 点 a_3、a_4，嘴角左右 2 点 a_5、a_6，左鼻角 1 点 a_7，右鼻角 1 点 a_8，左眉右端 1 点 a_9，右眉左端 1 点 a_{10}，下颌 1 点 a_{11}。

(2) 从 a_5 向左画水平延长线，与左脸颊轮廓相交，标记此交点为 a_{12}；从 a_6 向右画水平延长线，与右脸颊轮廓相交，标记此交点为 a_{13}。

2. 对正面人脸图像标记其余 92 个点

(1) 从 a_1 向左画水平延长线，与左脸颊轮廓相交，标记此交点为 a_{14}；在 a_{12} 与 a_{14} 之间画 5 条水平等分线，分别与左脸颊轮廓相交于 5 点，由上到下标记此 5 点为 a_{15}～a_{19}。

(2) 在 a_{12} 与 a_{11} 之间画 6 条竖直等分线，分别与左脸颊轮廓相交于 6 点，由左到右标记此 6 点为 a_{20}～a_{25}。

(3) 向右画水平延长线，与右脸颊轮廓相交，标记此交点为 a_{26}；在 a_{13} 与 a_{26} 之间画 5 条水平等分线，分别与右脸颊轮廓相交于 5 点，由上到下标记此 5 点为 a_{27}～a_{31}。

(4) 在 a_{13} 与 a_{11} 之间画 6 条竖直等分线，分别与右脸颊轮廓相交于 6 点，由左到右标记此 6 点为 a_{32}～a_{37}。

(5) 在 a_1 与 a_2 之间画 3 条竖直等分线，分别与左眼上眼眶相交于 3 点，标记此 3 点为 a_{38}～a_{40}；与左眼下眼眶相交于 3 点，标记此 3 点为 a_{41}～a_{43}；标记左眼眼球中心点为 a_{44} 与 a_{44} 两旁的点为 a_{45}、a_{46}。

(6) 在 a_3 与 a_4 之间画 3 条竖直等分线，分别与右眼上眼眶相交于 3 点，标记此 3 点为 a_{47}～a_{49}；与右眼下眼眶相交于 3 点，标记此 3 点为 a_{50}～a_{52}；标记右眼眼球中心点 a_{53} 与 a_{53} 两旁的点为 a_{54}、a_{55}。

(7) 在 a_5 与 a_6 之间画 5 条竖直等分线，分别与上嘴唇外轮廓相交于 5 点，标记此 5 点为 a_{56}～a_{60}；与下嘴唇外轮廓相交于 5 点，标记此 5 点为 a_{61}～a_{65}。

(8) 从 a_2 向右画水平延长线，与左鼻梁相交，标记此交点为 a_{66}；从 a_{15} 向右画水平延长线，与左鼻梁相交，标记此交点为 a_{67}；从 a_{16} 向右画水平延长线，与左鼻梁相交，标记此交点为 a_{68}；在 a_{68} 与 a_7 之间沿左鼻翼由上到下标记两点 a_{69}、a_{70}。

(9) 从 a_3 向左画水平延长线，与右鼻梁相交，标记此交点为 a_{71}；从 a_{27} 向左画水平延长线，与右鼻梁相交，标记此交点为 a_{72}；从 a_{28} 向左画水平延长线，与右鼻梁相交，标记此交点为 a_{73}；在 a_{78} 与 a_8 之间沿右鼻翼由上到下标记两点 a_{74}、a_{75}。

(10) 标记 a_9 与 a_{10} 的中点 a_{76}、a_{66} 与 a_{71} 的中点 a_{77}、a_{67} 与 a_{72} 的中点 a_{78}、a_{67} 与 a_{73} 的中点 a_{79}、鼻尖点 a_{80}、左鼻孔上边缘点 a_{81}、下鼻尖点 a_{82}、右鼻孔上边缘点 a_{83}。

(11) 标记左眉左端点 a_{84}，沿左眉下边缘轮廓从左到右标记 5 点为 a_{85}～a_{89}，沿左眉上边缘轮廓从右到左标记 5 点为 a_{90}～a_{94}。

(12) 标记右眉右端点 $a95$，沿右眉下边缘轮廓从左到右标记 5 点为 a_{96}～a_{100}，沿右眉上边缘轮廓从右到左标记 5 点为 a_{101}～a_{105}。

这种独特的标注方法具有可操作性和操作的一致性，基本解决了正面人脸标注的难题。随着技术的发展，目前也采用深度学习方法来提取人脸形状特征点。

得到了人脸形状特征点的具体位置之后，按照如下规范进行人脸部件的提取：

(1) 眼睛 190×40：眼睛中心上 20 像素。

(2) 眉毛 220×30：眉毛最高点上 5 像素。

(3) 眼眉 180×70：眼睛中心上 50 像素。

(4) 鼻子 90×75：鼻孔上 43 像素。

(5) 嘴巴 120×65：嘴角上 25 像素。

(6) 下颌 100×50：下颌上 50 像素。

人脸五部件的实例如图 12.2.7 所示。

值得指出的是，上述的人脸部件提取方法应用了较多的105个人脸形状特征点，而大部分的点并没有发挥作用。另一种方法是只提取与定位有关的特征点，如下颌、嘴角、鼻孔、眼角等，因为这些点较少，人工标注也较容易。具体做法是，在几何归一化后的一定数量人脸图像上人工标注人脸特征点，再采用深度学习的方法获得特征点。

提取人像组合的部件还包括眼镜、耳坠、疤痕等，这些部件的提取可以在人脸图像几何归一化的图像中截取。当然，所选取的人脸图像中应含有上述部件。

头发区域是不规则的，头发的颜色也有多种，因此自动提取头发特征的工作较为复杂。我们研制的自动头发特征提取的算法如图12.2.8所示。

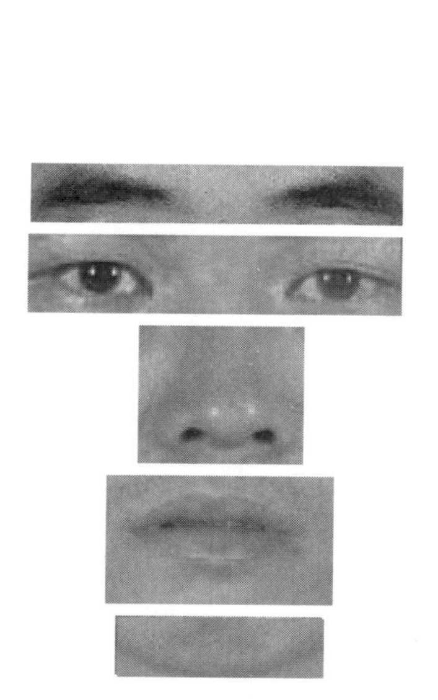

图 12.2.7 人脸五部件的实例

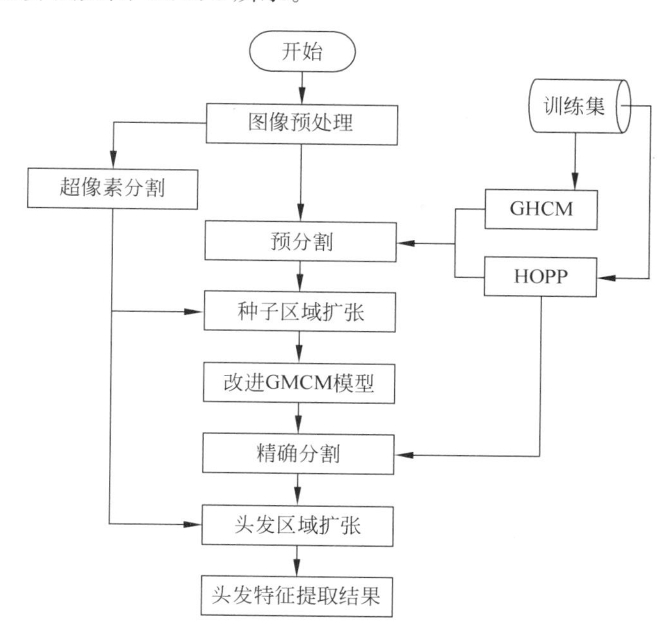

图 12.2.8 自动头发特征提取的算法

我们的模型训练和头发提取的工作都是在标准人脸图像上进行的，图12.2.8中的预处理即包括了如下的操作：采用左右眼和下颌的三点定位法对人脸图像进行几何归一化，得到480×360的标准人脸图像。

预先使用600幅标准人脸图像进行训练，即通过概率模型和高斯混合模型分别训练得到头发位置概率模型(Hair Occurrence Prior Probability，HOPP)和头发颜色模型(Generic Hair Color Model，GHCM)。在头发特征提取时，利用HOPP和GHCM模型进行贝叶斯判断，初步分割出头发像素点和背景像素点。利用超像素过分割，对上步中得到的头发像素点扩张区域，这样就完成了粗略分割部分。将粗略分割的头发区域训练完善GHCM，再用改进后的GHCM和HOPP通过贝叶斯判断，得到头发像素点的分布，最后利用超像素分割实现头发分割。

实现头发分割后，再采用本书11.5节中介绍的链码结构的边界跟踪方法，获得头发图像。

12.2.4 人脸部件的分类

早期的GA计算机人像组合系统采用人工分类的方法，请画师来进行人脸部件的分类。

我们设计的人脸部件大类包括脸型、眼睛、眉毛、鼻子、嘴巴、发型、胡须 7 大类，每个大类又分若干小类，如脸型分长方脸、四方脸、瓜子脸、圆形脸、菱形脸、狭长脸、方菱脸、偏平脸、椭圆脸 9 小类。人工分类方法工作量大，应用单位建库难度较大。早期的发型建库，还要人工勾勒头发的外边缘，难度更大。显然，人脸部件的自动提取和自动分类对于人像组合技术的应用来说具有重要意义。

我们首先采用左右眼和下颌的三点定位的人脸图像几何归一化方法对人脸图像进行几何归一化，然后采用 ASM＋AAM 方法提取每张人脸图像的人脸形状特征点(图 12.1.3)，再采用基于 Hausdorff 距离的改进的 ISODATA 自动聚类算法对五官类别进行自动聚类。

Hausdorff 距离是衡量两个点集相似性的有效度量，它不需建立点与点之间的对应，只需计算两个点集之间的最大距离即可，所以可以有效处理含有很多特征点的情况，计算实时性高。Hausdorff 距离用于物体匹配，能够更加有效地表征物体轮廓边缘之间的相似性，并且利用特征点提取方法提取出轮廓特征点来计算 Hausdorff 距离，可以大大减少 Hausdorff 距离的计算量。

我们选用两个人脸样本形状特征点(点集)之间的 Hausdorff 距离作为范数 5。Hausdorff 距离是一种极大-极小距离，它主要用于测量两个点集的匹配程度，受物体平移、旋转、缩放等变换的影响较小。

给定两个有限集 $A=\{a_1,a_2,\cdots,a_p\}$ 和 $B=\{b_1,b_2,\cdots,b_q\}$，则 A、B 之间的 Hausdorff 距离定义为

$$H(A,B)=\max(h(A,B),h(B,A)) \tag{12.2.4}$$

其中

$$\begin{cases} h(A,B)=\max\limits_{a\in A}\min\limits_{b\in B}\parallel a-b\parallel \\ h(B,A)=\max\limits_{b\in B}\min\limits_{a\in A}\parallel b-a\parallel \end{cases} \tag{12.2.5}$$

式中，$\parallel\cdot\parallel$ 为定义在点集 A 和 B 上的某种距离范数，例如人们常用的欧氏距离 $h(A,B)$；函数为从点集 A 到点集 B 的有向 Hausdorff 距离，定义一个点到一个有限集合的距离为该点与这个集合所有点的距离的最小值，那么 $h(A,B)$ 即为点集 A 中每个点到点集 B 的距离的最大值；显然一般情况下 $h(A,B)$ 并不等于 $h(B,A)$，如果 $h(A,B)=d$，则说明点集 A 中的点到点集 B 的最短距离都在 $0\sim d$ 的范围之内。Hausdorff 距离 $H(A,B)$ 取 $h(A,B)$ 和 $h(B,A)$ 的最大值，这样通过计算 $h(A,B)$ 和 $h(B,A)$ 的最大值即可获得两个点集 A 和 B 之间的匹配程度。

我们将 Hausdorff 距离用于 ISODATA 算法中，来衡量两个人脸样本的形状特征点(点集)之间的距离。

我们利用 ISODATA 方法得到的聚类中心 m_j，$j=1,2,\cdots,C$。以此作为模糊 C 均值方法(Fuzzy C-mean Method)的初值，通过迭代求出各个样本对于各类的隶属度函数。也就是说，在 ISODATA 聚类之后应用模糊 C 均值方法计算出各人脸样本对于各类中心的隶属度函数，然后根据这些隶属度函数的大小判别该样本归属于各类的模糊程度，将其判别归为其中的一类或者几类，从而能够得到更加合理的人脸分类结果。

我们将人脸库中的脸型轮廓形状划分为 7 类，将眉毛轮廓形状划分为 7 类，将眼睛分为 5 类，将鼻子形状分为 7 类，将嘴巴形状分为 7 类。

12.3 人像组合软件

人像组合软件实现的功能就是依靠目击者的记忆、应用人像部件库，绘制出目击者记忆的人像。人像组合以是否涉及人像部件库为标准，划分为部件组合状态和人像修改状态。组合状态，是应用人像部件库对人像进行编辑，包括对部件的选择、修改、更换等操作，操作的对象是人像部件。在修改状态时，也是对人像进行编辑，但操作的对象是人像。

12.3.1 组合状态下的操作

组合状态下的操作相对比较简单。这是一种完全面向对象的操作方式，对象就是人像部件。组合分为人工组合和自动组合。

在人工组合的操作中，首先选择脸型，其次选择其他人像部件。各个人像部件可能要被反复修改，因此需要加入一种任意部件的“唤起”功能，即在组合状态下，随时可以对已组合过的人像部件进行再操作。要实现部件“唤起”的功能，就必须记录当前应用的部件的大类、小类的部件编号，以及位置、大小、旋转角度等信息。这些信息不因状态(组像、修改)的切换而丢失，一直保留到组像结束。

在自动组合的操作中，让目击者选择人像各个部件的大类、小类，再根据目击者的选择结果，自动组合成符合目击者选择的人像集，目击者再浏览自动组合的人像集，挑选出接近目标人的人像。人像部件库的部件数量越大，自动组合形成的人像集的数量也越大。让目击者浏览大量的人像是困难的，因此需要限定一次连续浏览人像的数量，一般应限制在400张之内。在自动组合方式中，目击者选择人像部件类别的准确性是非常重要的。在选择人像部件类别时，可以给出人像部件类别的图示或实例，帮助目击者进行正确的选择。在目击者挑选出的接近目标人的人像中，可以再进行再修改工作。再修改工作可以分两种方法：一种方法是在已选定的人像基础上去做人工组合操作；另一种方法是用选定的人像去做人脸识别，这里用的人脸识别是辨识人脸识别，识别的结果是一个相似度降序的队列。由目击者从相似度最高的开始浏览，挑选出更像的人或直接找到目标人。组像是一个反复的过程，也是一个逐次逼近的过程。

当然，在人工组合的操作过程中，也可以应用人脸识别技术，寻找更像的人，或直接找到目标人。

值得指出的是，新部件的选取，实际上是把一个新的部件粘贴在原人像上。由于人像部件来源各异，粘贴新部件后，新部件和原人像之间通常会存在亮度、对比度之间的差异，安装新的部件时一定要对新部件进行亮度、对比度的调整，同时还要进行边缘拟合，即新部件的边缘处和原人像对应的图像区域之间要进行边缘拟合。如果做不好新部件亮度、对比度的调整以及新部件和原人像之间的边缘拟合，新形成的人像一定给人一种生硬的感觉。以原人像的亮度、对比度为基准来进行新部件亮度、对比度的调整，在视觉效果上达到所选部件的亮度、对比度接近原人像的亮度、对比度。新部件和原人像之间的边缘拟合，最好的效果是达到无痕拼接。多分辨率拼接技术可以实现新部件和原人像之间的无痕拼接。

所谓多分辨率拼接技术，就是在多尺度下对图像进行拼接。多分辨率拼接的原理如下：如果两幅图像的带宽为一个倍频程，那么这两幅图像拼接后就可以在缝合线两边实现平滑过渡，去除曝光差异。

为了在多尺度下对图像进行处理，首先需对图像进行多尺度表达，并建立各个尺度间的联系。根据上述原理，要将原始图像各自分解成一系列带宽近似为一个倍频程的图像，拼接在所有相同频率范围的图像之间进行，最后将这些拼接得到的图像进行相加，就可以得到两幅原始图像拼接后的图像。

金字塔就是一种有效的多尺度表达结构。利用高斯低通滤波器和对应高斯金字塔中相邻两层图像差的带通滤波器就可构建出高斯金字塔和拉普拉斯金字塔。而前面提到的拼接就可以在一系列拉普拉斯图像上进行。

多分辨率拼接算法的具体实现过程如下：

(1) 以拼接后的图像大小为尺寸，生成一幅区域图像 R 作为模板，缝合线左边为 1，右边为 0。将两幅原始图像 I_1、I_2 分别扩展到区域图像大小，扩大了的部分用另一幅的相应部分填充。

(2) 对两幅扩大了的原始图像 I_1、I_2 分别求解拉普拉斯图像金字塔。对区域模板图像 R 求解高斯图像金字塔；引入高斯滤波能够钝化模板边缘，使得缝合线上的像素值对模板边缘敏感度降低。

(3) 计算拼接后的图像的拉普拉斯图像金字塔，其方法是对于拼接后的图像的拉普拉斯图像金字塔的第 k 阶 Lm_k，用区域图像的高斯图像金字塔的第 k 阶 GR_k 的像素值作为权值，计算 Lm_k 在该像素点的像素值，即

$$Lm_k(i,j)=GR_k(i,j)LI_{1k}(i,j)+(1-GR_k(i,j))LI_{2k}(i,j) \tag{12.3.1}$$

式中，LI_{1k} 表示扩大了的原始图像 I_1 的拉普拉斯图像金字塔的第 k 阶；LI_{2k} 表示扩大了的原始图像 I_2 的拉普拉斯图像金字塔的第 k 阶；(i,j)为像素点的位置。

(4) 对拼接后的图像的拉普拉斯图像金字塔，从最高一阶开始扩展并与下一阶相加，将相加后的图像作为下一阶的图像，将得到的图像再扩展，并与其下一阶的图像相加。重复此过程，直至与最低一阶相加完为止，就得到所需要的无痕拼接图像。

图 12.3.1 给出了左右侧面图像与正面人脸图像的多分辨率拼接的一个实例。

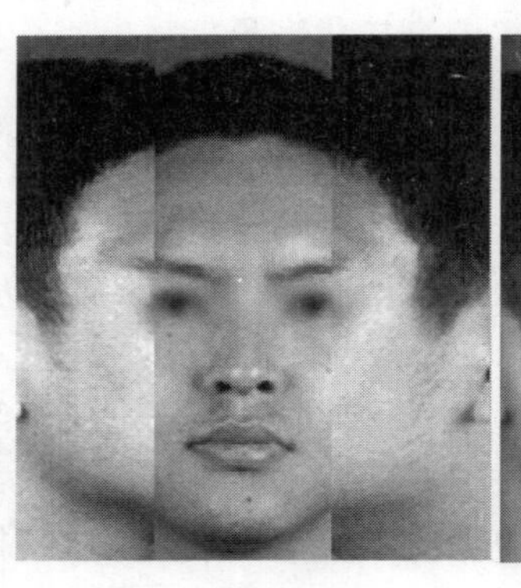

(a) 直接拼接

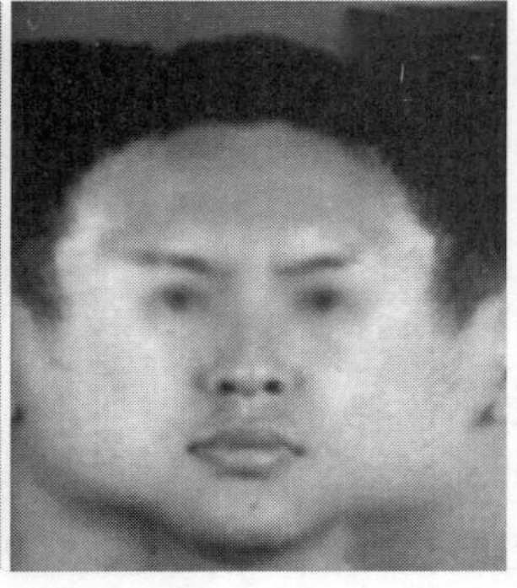

(b) 多分辨率拼接

图 12.3.1 多分辨率图像拼接的一个实例(眼部有虚化处理)

图 12.3.1(a)是直接拼接的结果，拼接的痕迹很明显；图 12.3.1(b)是多分辨率拼接的结果，已看不到生硬的拼接边缘了。

12.3.2　修改状态下的操作

人像修改涉及的技术内容较多，对于常规的一些操作，可采用工具条的方式进行。工具条的功能包括设置修改人像区域的大小，并在此区域内进行平滑、粘贴、平移、旋转等操作，也可进行亮度、对比度的调整。如果我们在脸部的某处加一个痔，可以先用粘贴功能，粘贴一个黑的圆点，再运用平滑功能，对一个大于黑圆点区域（包含黑圆点）进行平滑，则得到具有痔的人脸图像。工具条内也支持选定区域的镜像处理，这一功能对人像部件的调整以及脸颊的修改都是很有用的。

修改中设置了“打补丁”功能。当目击者认为当前人像的某个部位不像（如下颌）时，可以去浏览人脸图像，人工地寻找合适的人像的部位（如下颌），并将此部位图像（如下颌图像）存为补丁图像。随后将该补丁图像粘贴到需换下颌的人像上。

当目击者认为当前的人像与目标人在年龄上存在较大差异时，则可以应用年龄模拟技术对当前人像进行年龄变换。要对人脸图像进行年龄变换，就需要知道该人脸图像的实际年龄，然后再进行年龄变换。研究年龄变换需要大量的人脸图像样本，这些样本不仅具有准确的拍摄时间，而且一人应有多张不同年龄的人脸图像。但在目前的人脸图像数据中，还缺乏统一的拍摄时间信息。在技术上，要实现在人脸图像中隐含拍摄时间的信息，并不是一件困难的事情，只是缺乏相应的标准。

当缺乏准确的年龄信息时，我们从算法上来估计人脸图像的实际年龄。为了进行年龄估计的研究工作，我们收集了 845 人的 2491 幅人脸图像，这些图像以正面人脸为主，多数为证件照片，图像的年龄分布图如图 12.3.2 所示。

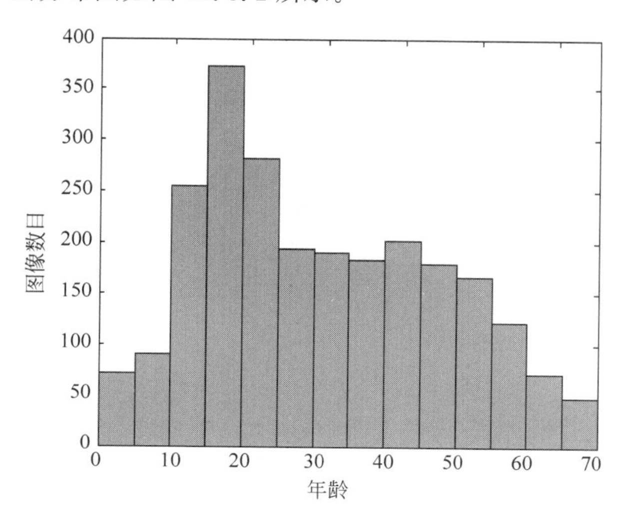

图 12.3.2　TH 年龄库的年龄分布图

不同人以不同方式变老，每个人的变老方式随生活环境等因素的变化而有所不同，年龄变化相对比较缓慢，合适的数据收集比较困难。这些因素，都是年龄估计的研究工作的难点。

基于年龄函数的年龄估计流程如图 12.3.3 所示。

对未知年龄人脸图像进行年龄估计，首先要对输入的人脸图像进行预处理，包括图像的

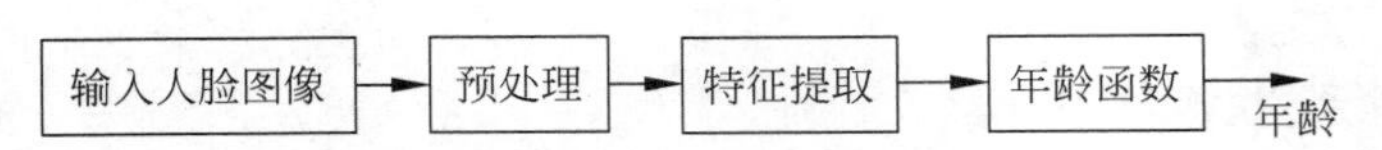

图 12.3.3 基于年龄函数的年龄估计流程

光照调整、对比度调整、几何归一化，以及人脸形状特征点的定位。采用 PCA 方法形成形状特征向量、纹理特征向量，然后组合得到表征年龄等人脸信息的特征向量。最后用年龄估计函数计算年龄。

常用的年龄函数为多项式结构，即

$$a=f(b)=\sum_{i=1}^{k}C_i b^i+C_{\mathrm{off}} \tag{12.3.2}$$

式中，a 为估计的年龄；f 为年龄函数；b 为人脸特征向量；C_i 为年龄函数的参数；C_{off} 为偏移量；k 为多项式结构的年龄函数的阶次。

年龄函数是通过用已知年龄的人脸图像进行训练得到的。我们按每 5 年作为一个年龄段，每个年龄段选择相等数目的人脸图像作为训练样本。年龄函数训练流程图如图 12.3.4 所示。

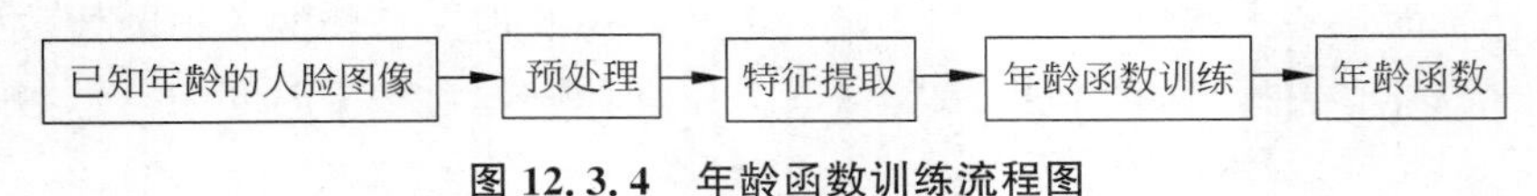

图 12.3.4 年龄函数训练流程图

我们用 200 幅已知年龄的人脸图像训练年龄函数，用 150 幅已知年龄的人脸图像进行测试，平均年龄估计误差小于 2 年。

年龄模拟就是对给定年龄的人脸图像模拟出某个目标年龄的人脸图像。图 12.3.5 给出了一种年龄模拟系统的框图。

图 12.3.5 中，首先输入人脸图像和目标年龄数。对输入的人脸图像进行年龄估计，然后根据年龄估计结果、目标年龄、典型向量的查找函数、变老方式的隶属度分析生成典型差向量，然后重构典型差向量，得到典型形状差和典型纹理差，将其叠加在原形状和纹理上，得到目标年龄的人脸形状和纹理，合成得到目标年龄的人脸图像。

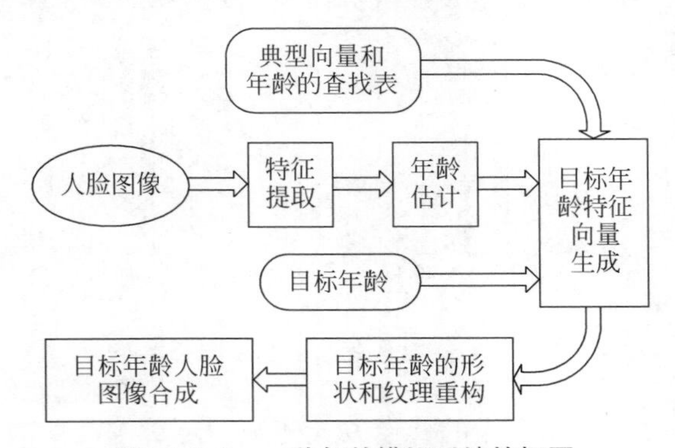

图 12.3.5 一种年龄模拟系统的框图

图 12.3.6 为年龄模拟的示意图。

对输入的人脸进行年龄估计，得到 47 岁的估计数值。目标年龄为 27 岁，图 12.3.6(b) 是模拟为 27 岁的人脸图像。年龄模拟得到的目标人脸图像是一幅中心脸图像，在实际应用

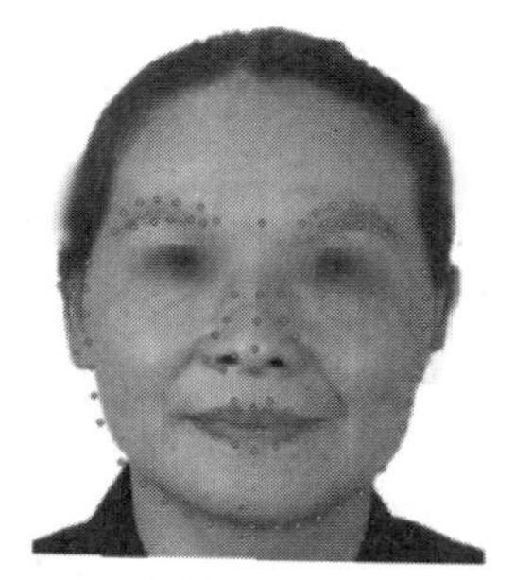
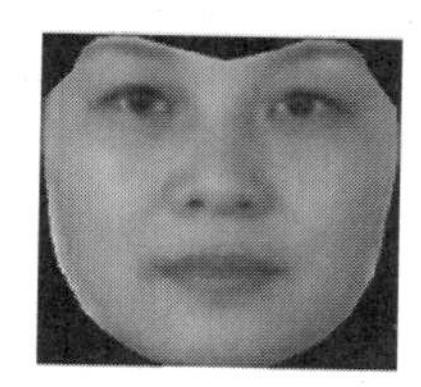

(a) 年龄估计：47岁　(b) 模拟为：27岁　(c) 叠加头像图

图 12.3.6　年龄模拟的示意图(眼部有虚化处理)

中,我们经常将中心脸图像贴在原人脸图像上或者其他人脸图像上。图 12.3.6(c)是贴在了其他人脸图像上。这本质上是一种换脸技术。在换脸的过程中,需要进行多分辨率拼接,使中心脸的外边缘和原人脸对应图之间无明显拼接痕迹;同时应进行人脸缩放,以避免出现重叠等问题。

我们于 2007 年研制成功的换脸技术有很多应用,图 12.3.7 给出了利用换脸技术的真人秀例子。

图 12.3.7　利用换脸技术的真人秀(眼部有虚化处理)

12.4　结合脑电记忆人脸的图像重建

人像组合是基于目击者的描述,采用人像部件组合与人像修改的方法来形成目击者记忆的人脸。其成功因素主要在于目击者记忆与描述的准确性和人像组合系统操作者的理解及表达的准确性。人的记忆与描述之间有无一种更为科学的形式?当然,记忆的形式不仅只是人的记忆,也包括物理介质的记忆,如摄像的记忆方式。摄像记忆的人脸图像与人像组合的人脸图像相比,以目前的科技水平来看,摄像记忆的人脸图像似乎更准确些,即便摄像记忆的是低分辨率的人脸。如果现场只有目击者而没有摄像资料,如何准确地获得目击者记忆的人脸图像,实现记忆人脸的重建,是一个极具挑战性的研究课题。

记忆人脸的重建,指的是将存在于人记忆中的人脸用某种方法重建出来,重建的表现形式是人脸图像。人像组合是一种记忆人脸的人脸图像重建。广义来讲,超低分辨率人脸图像重建也是记忆人脸图像的重建。除此之外,我们还希望找到一种记忆人脸的重建方法。

耶鲁大学的 Alan Cowen 团队采用了功能核磁共振成像(fMRI)技术,将受试者所记忆的一系列人脸图像的主成分特征提取出来得到"特征脸",与受试者在核磁共振实验下得到了神经活动模式图进行匹配,从而预测记忆人脸的主成分特征。这是一次对记忆人脸重现方法的有益尝试。

对于记忆中的人脸,对于记忆者来说应该是"熟悉"的;不存在于记忆中的人脸,对于记忆者来说是"不熟悉"的。"众里寻她千百度,蓦然回首,那人却在,灯火阑珊处"。当一个人看到自己熟悉的人时,会出现一种本能的反应,这种反应能否产生一种有用的脑电信号,帮助我们实现记忆人脸的重建?

我们邀请了 12 名志愿者进行了实验。实验采用了一种电极帽记录脑电。图 12.4.1 为该电极帽的电极位置分布示意图。

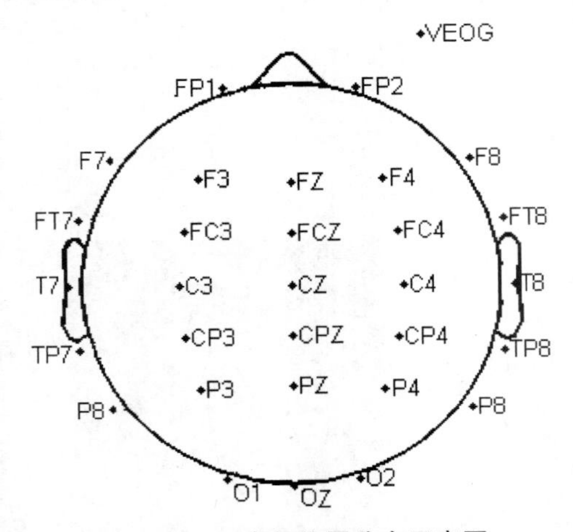

图 12.4.1 电极位置分布示意图

实验分为两个阶段:一个是学习阶段;另一个是测试阶段。在学习阶段,即测试阶段的前三天,被试者需要持续学习 10 张人脸图像。为确保被试者已牢记这 10 张人脸图像,在测试阶段的前一天,我们对被试者进行行为学测试。行为学测试包含 10 组人脸图像,每组包括 1 张被试者被要求学习的人脸图像和 9 张被试者不熟悉的人脸图像。行为学实验中所用的被试者不熟悉的人脸图像与之后的脑电实验中使用的人脸图像之间无交集。被试者被要求在每组当中挑选出其通过学习所熟悉的人脸图像。被试者在 3s 内完成一组正确的挑选即为成功,否则为失败。全部 10 组人脸图像挑选成功即为学习成功。

学习成功后开始测试。测试的人脸图像分为 20 组,每组 20 张。每张人脸图像呈现在显示屏幕上的时间为 300ms。刺激图像消失后,屏幕中央显示一个十字图标,此时被试者需要按键判断刚才呈现的是熟悉的人脸还是不熟悉的人脸,熟悉的人脸按 K 键,不熟悉的人脸按 L 键。按键结束后 1000~1100ms 后会出现下一张人脸图像。被试者被要求在观看一组图片时尽量避免眨眼。组间休息时间由被试者控制,按空格键即可观看下一组人脸图像。

人的大脑在处理与记忆人脸相关任务时会产生几种事件相关电位(Event Related Potential, ERP)特异性成分。事件相关电位是一种反映认知事件的生理电位,它是从发电位开始,经过叠加平均处理得到的。图 12.4.2 给出了上述实验的几个电极的 ERP 信号。

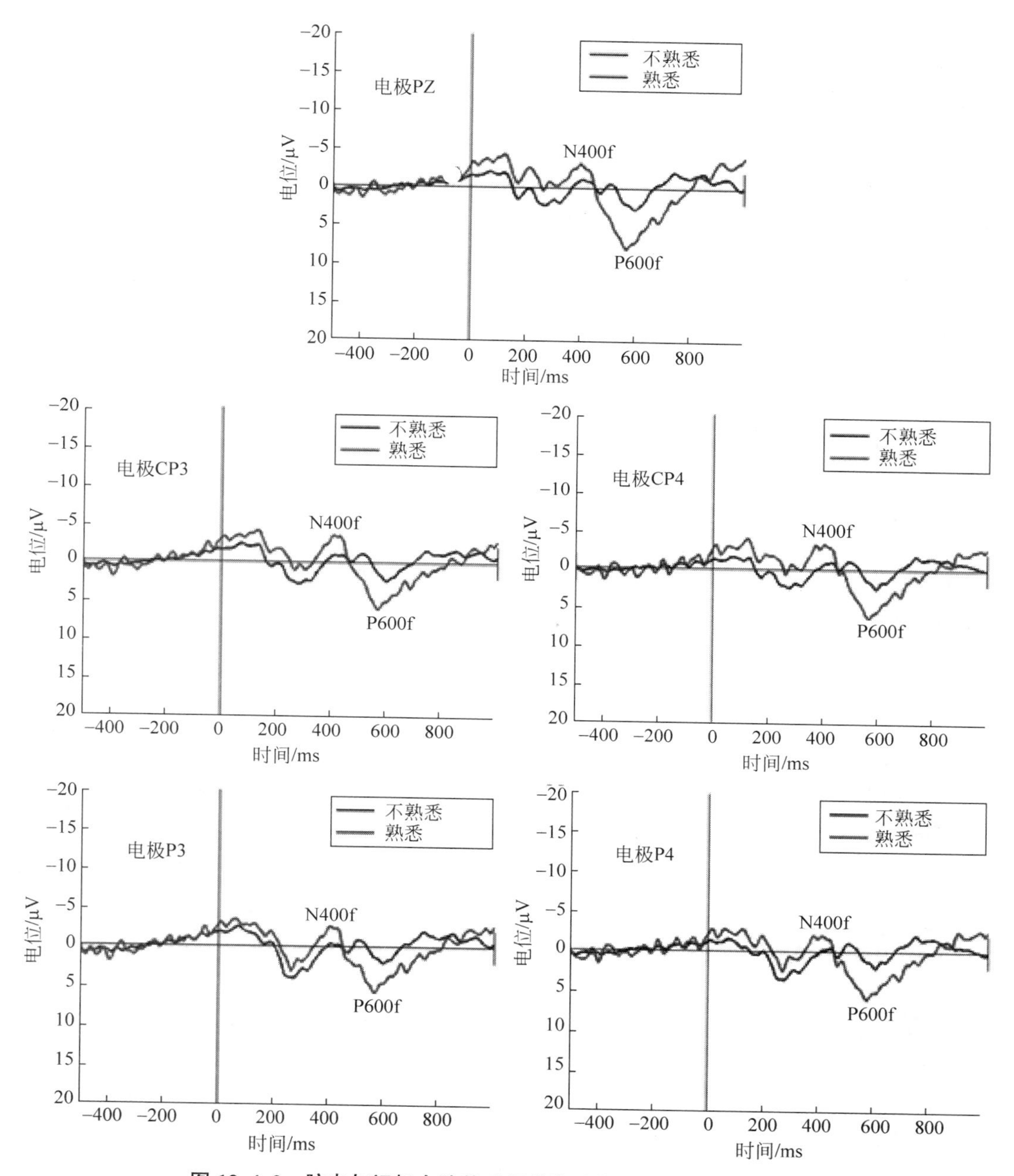

图 12.4.2　脑电与记忆人脸关系相关实验的几个电极的 ERP 信号

我们可以在图 12.4.2 中观测到，N400f(即出现在刺激呈现后 400ms 左右的一个负电位)和 P600f(即出现在刺激呈现后 600ms 左右的一个正电位)对“熟悉”人和“不熟悉”人的反应较为明显。通过进一步的处理，就可以训练出一个区分“熟悉”人和“不熟悉”人的两类信号的分类器。随后，我们利用人像重合技术，组合出一些近似于受试者熟悉的人脸图像，并混入不熟悉的人脸图像中，让受试者浏览包括熟悉人、熟悉人的相似人、不熟悉人的人脸图像，依据我们训练得到的分类器，分析脑电信号，找到熟悉人和熟悉人的相似人。具体的做法是，我们邀请了5名受试者进行测试，每人要浏览400张正面人脸图像，其中有一张是“熟悉”人，另有三四张是组合出来的近似于受试者熟悉的人脸图像，其余的是不熟悉人的人脸。组合近似于受试者熟悉的人脸图像，其做法是更换熟悉人的一两个部件。根据脑电测试，我们得到了如表12.4.1所示的熟悉人的脑电分类结果。

表 12.4.1　熟悉人的脑电分类结果

受试者编号	熟悉人类别的个数	受试者编号	熟悉人类别的个数
1	7	4	8
2	8	5	9
3	7		

表12.4.1所示分类结果是受试者浏览400张人脸图像的脑电分类结果。图12.4.3～图12.4.7分别给出了测试5名受试者获得的熟悉人的人脸图像，其中，熟悉人0是预先通过学习的。

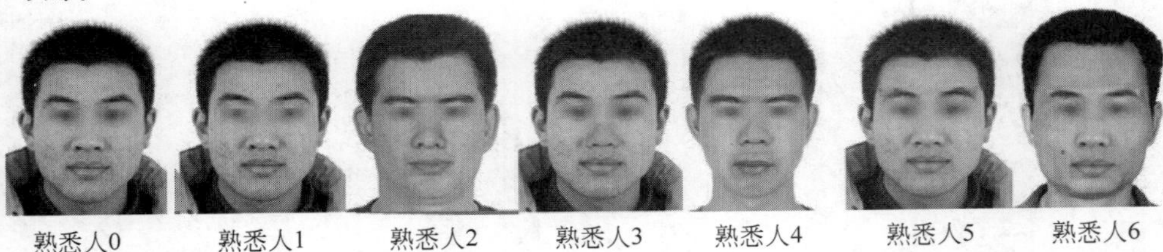

图 12.4.3　测试受试者1获得的熟悉人的人脸图像(眼部有虚化处理)

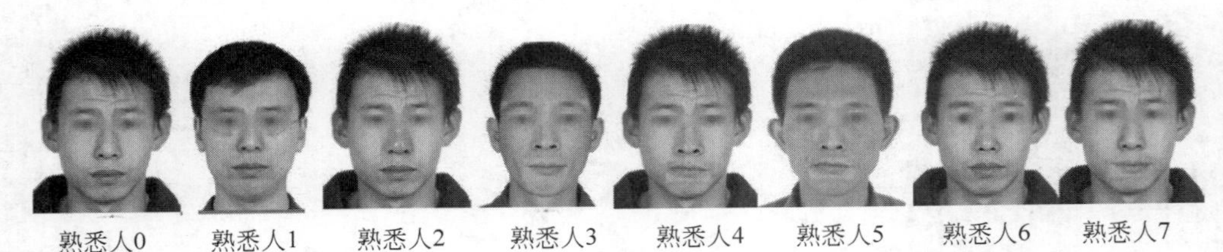

图 12.4.4　测试受试者2获得的熟悉人的人脸图像(眼部有虚化处理)

图 12.4.5　测试受试者3获得的熟悉人的人脸图像(眼部有虚化处理)

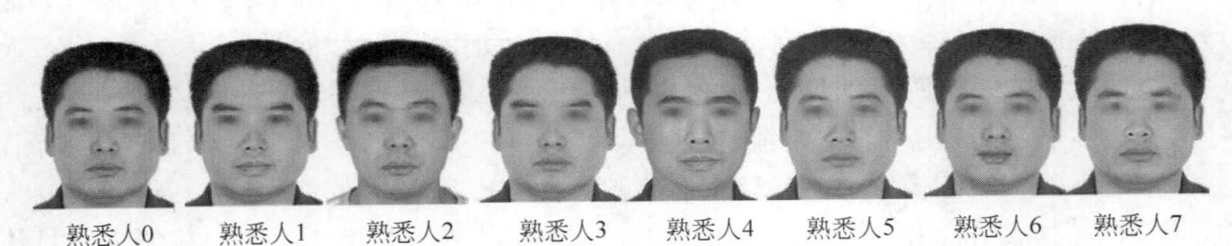

图 12.4.6　测试受试者4获得的熟悉人的人脸图像(眼部有虚化处理)

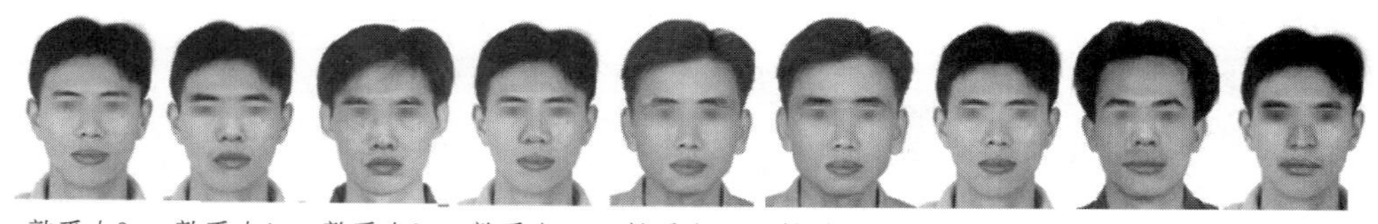

图 12.4.7　测试受试者 2 获得的熟悉人的人脸图像(眼部有虚化处理)

从实验结果来看,我们利用脑电信号区分出了受试者的熟悉人的人脸(即熟悉人 0)和与记忆人脸较为相似的重组人像。在选出来的人脸中,除了上述两类以外,还有别的人脸,我们把这一类人脸归为第三类人脸。直观上看来,第三类人脸与熟悉人的人脸也比较相似。当然,上述的实验还是初步的,如果大量实验能够给予证明,这也许是最重要的。

本书的工作是探索性的,要实现应用到刑侦工作的最终目的,还有很长的路要走。

习题 12

习题 12.1　总结人像组合系统的核心技术。

习题 12.2　对人像组合今后的发展,你的看法是什么?

第13章

超低分辨率人脸图像的重建

超低分辨率人脸图像的划分界限，目前还没有一个严格的定义。FRVT2006 国际测试，低分辨率人脸图像的瞳距为 75 像素，FRVT2014 国际测试，一组低分辨率人脸图像的平均瞳距为 45 像素。我国公共安全行业标准要求视频人脸图像满足的瞳距数不低于 30 像素。根据这一系列的低分辨率人脸图像的描述，我们可以将瞳距低于 30 像素的人脸图像，粗略划分为超低分辨率人脸图像。超低分辨率人脸图像的重建技术已经广泛用于公安办案工作，并已取得显著的应用成果，其中包括在我国最具影响力的周克华案中的成功应用。

在我国“平安中国”的建设中，视频监控得到了迅速发展，据不完全统计，截至 2012 年，全国已安装了 2300 万个监控摄像头。这些监控设备获得了大量视频图像数据，而这些数据中包含了一些与案件相关的重要信息，视频数据成为公安办案的主要信息来源。于是，在公安部门，继刑侦、技侦、网侦技术之后，又大力发展了图像侦察技术（简称为图侦）。

视频监控存在一个难题，即人脸图像尺寸太小。针对这种情况，图像侦察需要解决下列问题：

(1) 监控中涉案目标人的人脸图像清晰化；

(2) 识别监控中涉案目标人的真实身份；

(3) 掌握监控中涉案目标人的运动轨迹。

图 13.0.1 给出了一个人脸分辨率低下的监控人脸图像实例。

监控中人脸图像过小的原因是多方面的，如摄像机的分辨率较低、摄像距离远等，即便提升了摄像机的分辨率，由于距离的原因，仍然存在人脸图像太小的问题。

提升监控中涉案目标人的人脸图像清晰度有两个作用，第一个是便于公安部门的人工排查，第二个是为了后续的应用人脸识别系统确定犯罪嫌疑人的身份。

显然，低分辨率人脸图像的重建与识别，既是一个科学问题，也是一个重要的应用问题。

图 13.0.1 人脸分辨率低下的监控人脸图像实例

13.1 低分辨率人脸图像重建的基本方法

低分辨率人脸图像的重建应着重研究以下三方面的问题：

（1）低分辨率人脸图像的归一化方法；

（2）低分辨率人脸图像的重建方法；

（3）低分辨率人脸图像重建像的识别方法。

采用超分辨率技术可以将单幅或者多幅低分辨率人脸图像重建出高分辨率人脸图像。低分辨率人脸图像重建的基本方法一般分为三类：

（1）基于插值的重建方法；

（2）基于多帧图像的重建方法；

（3）基于学习的重建方法。

基于插值的重建方法示意图如图 13.1.1 所示。

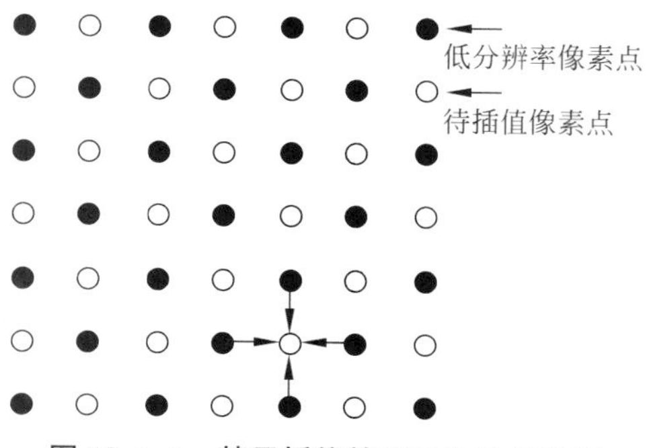

图 13.1.1 基于插值的重建方法示意图

基于插值的重建方法虽然具有算法简单、计算速度快等优点，但由于没有考虑图像边缘等因素，导致插值图像边缘模糊或者出现锯齿现象，不能很好地恢复图像细节，其直接应用效果不明显。

基于多帧图像的重建方法示意图如图 13.1.2 所示。

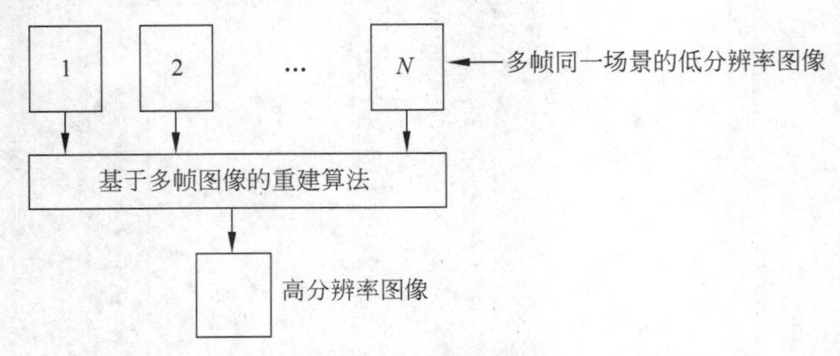

图 13.1.2 基于序列图像的重建方法示意图

基于多帧图像的重建方法利用多帧的低分辨率图像之间类似而又相异的信息以及图像的先验统计知识，采用相应算法生成高分辨率的图像。目前，基于变帧图像的重建算法主要分为空域算法和频域算法。空域算法具有很强的包含空域先验约束的能力，这样在超分辨率重建过程中会产生带宽外推。频域算法利用连续频谱和离散频谱之间的关系，以及图像空间域的全局平移参数与图像频域上的对应关系来复原原始高分辨率图像的频谱。基于多帧图像的重建方法适于处理全局平移运动和线性空间不变的场景。该方法最大的难点在于图像的配准，而配准的精度会严重地影响重建图像的质量。

基于学习的超分辨率技术最早由 Freeman 等于 1999 年提出，采用马尔可夫网络建模来描述低分辨率块和高分辨率块的关系；卡耐基-梅隆实验室的 Baker 等于同年提出了“幻想脸”。后来许多学者也提出了许多卓有建树的重建方法。

基于学习的重建方法示意图如图 13.1.3 所示。

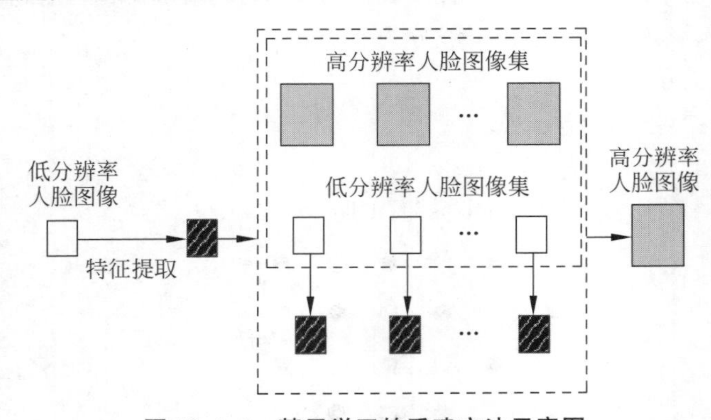

图 13.1.3 基于学习的重建方法示意图

在图 13.1.3 所示的基于学习的超分辨率重建算法中，主要包括以下步骤：

(1) 建立训练库。

① 建立一定数量的且经过几何尺寸归一化处理后的高分辨率人脸图像集；

② 将①所述的高分辨率人脸图像按照某种规则进行下采样构成低分辨率人脸图像集。

(2) 提取训练库中的低分辨率人脸图像的特征。

(3) 使用前两步提取的特征建立学习模型。

(4) 对待重建的低分辨率的人脸图像进行几何尺寸归一化处理。

(5) 使用学习模型获得高分辨率人脸图像。

在上述步骤①中,所选择的高分辨率人脸图像具有图像的来源一致性,即图像来源于同一类图像采集设备,如取自第二代身份证的高清晰度的人脸图像。当然,也可以取自摄像机拍摄的高清晰度人脸图像。根据不同的需要可以建立多类型的训练库。在上述步骤②中,需要建立多个不同尺度的低分辨率人脸图像集,比如 64×48、32×24、16×12 等不同尺寸的低分辨率人脸图像集,以适应实际场景的需要。在上述步骤(4)中,重建获得的高分辨率人脸图像的尺寸也是可选择的,一般选择为 128×96、256×192 或 512×384。随着人脸识别技术的发展,64×48 的人脸图像逐渐也成为人脸识别的适用范围。

涉案人脸的图像过小,会影响公安的办案工作。人脸的图像尺寸与摄像机的拍摄距离有关,如何衡量人脸的图像大小,这就需要对人脸的图像尺寸进行科学的描述。这里,我们引入了人脸分辨率的概念。为了说明人脸分辨率,先引入眼睛中心的概念。

眼睛中心(Eye Center),是指在人脸图像中,眼睛的瞳孔中心点或同眼内外两眼角连线的中点。

眼睛中心的定位,是人脸定位的一项最基本也是最重要的工作。在实际应用中,既有采用眼睛的瞳孔中心作为眼睛中心的,也有采用同眼的两眼角连线的中点作为眼睛中心的。由于瞳孔具有一定的面积,精确确定其中心点还是有困难的,看似些微的偏差,也会对人脸识别率带来不利的影响。相比之下,眼角的定位,从技术层面上来说,难度相对小一些。在进行以瞳孔中心点为眼睛中心的定位训练时,首先要进行瞳孔中心的人工标注(或自动定位加人工标注),人工标注的偏差难以克服,而眼角的人工标注准确性比较高。还有一种考虑,那就是眼睛的张开和闭合会影响瞳孔的成像,这也对瞳孔中心的定位产生影响。因此,在人脸识别的研究中,更多的人选择以相同眼睛的两眼角连线的中点作为眼睛中心。曾有新闻报道,说 A 在睡觉时被别人用 A 的手机偷拍了 A 自己的人脸图像,从而被盗刷了万元人民币。显然,该人脸识别系统一定是采用了眼角定位的方法。

人脸分辨率(Face Resolution),是指单位尺寸人脸图像像素数,通常用两眼间距来表示。人脸分辨率,实际是人或人脸识别系统对人脸图像中不同大小人脸的分辨能力。

瞳距,是指人脸图像中两眼的瞳孔中心点的距离。显然,人脸分辨率可以用瞳距来表示,也可以用左眼的两眼角连线的中点与右眼的两眼角连线的中点的距离来表示。

值得指出的是,人脸两眼眼睛中心之间的距离不仅与摄像机的拍摄距离有关,也与人的姿态有关。随着人脸水平转动角的变化,人脸两眼眼睛中心之间的距离也将发生变化。显然,在摄像机的拍摄距离确定以后,正面时人脸两眼眼睛中心之间的距离最大。

显然,两眼的眼睛中心的距离越高,人脸图像越清晰,人或机器更易于分辨。在应用中,我们最关心的是最低人脸分辨率的指标,因为该指标表征了人脸识别系统识别小尺寸人脸图像的能力。

值得指出的是,人脸图像中两眼的瞳孔中心点的距离还与人脸图像的尺寸缩放有关,这就存在原始的人脸图像与缩放的人脸图像人脸分辨率的差别。针对这种情况,我们以原始人脸分辨力和缩放人脸分辨力进行区别。缩放的自由度较大,原始的人脸分辨率确定性较高。

为了便于后续的论述,我们以瞳距代指两眼的眼睛中心的距离。

由于瞳距小于30像素的超低分辨率人脸图像的尺寸变化范围较大，难以用一个尺度来适应大范围的超低分辨率人脸图像的重建。为此，我们将超低分辨率人脸图像划分为5个等级，分别是：

(1) 64×48；

(2) 32×24；

(3) 16×12；

(4) 8×6；

(5) 3×4。

在实际应用中，我们将输入的低分辨率人脸图像的尺寸归一化为16×12、32×24、64×48中的一个级别。应该说，实际场景的人脸分辨率越小，重建的难度也越大。

13.2 低分辨率人脸图像重建的性能指标

对于超分辨率人脸重建的性能评价，有主观评价和客观评价。主观评价，是人为地评价其视觉效果，评价重建的图像与真实的高分辨率人脸"像不像"。目前最常用的几个客观评价指标包括峰值信噪比(PSNR)、结构相似度(SSIM)、特征相似度(FSIM)。由于在实际应用中，需要识别超低分辨率人脸的真实身份，因此，需要利用重建得到的高分辨率人脸图像去寻找目标人。所以重建人脸图像的人脸识别率也成为衡量人脸超低分辨率重建算法的一个重要的客观评价指标。

1. 峰值信噪比(PSNR)

PSNR由超低分辨率重建图像R与真实的高分辨率图像H之间的均方误差(MSE)转换得到

$$\mathrm{MSE}=\frac{1}{n}\sum_{i=1}^{n}(R_i-H_i)^2 \tag{13.2.1}$$

式中，R_i、H_i，$i=1,2,\cdots,n$为图像的每一个像素，n为图像的像素个数。

$$\mathrm{PSNR}=10\times\lg\left(\frac{255^2}{\mathrm{MSE}}\right) \tag{13.2.2}$$

PSNR的单位为dB。PSNR值越大，表示超低分辨率重建图像R与真实的高分辨率图像H之间的像素均方误差越小。

2. 结构相似度(SSIM)

SSIM是一个比较两幅图像X、Y之间亮度、对比度和结构相似程度的综合性度量指标：

$$\mathrm{SSIM}(X,Y)=\frac{1}{M}\sum_{j=1}^{M}\mathrm{SSIM}_{\_\mathrm{window}}(x_j,y_j) \tag{13.2.3}$$

$$\mathrm{SSIM}_{\_\mathrm{window}}(x,y)=\frac{(2\mu_x\mu_y+255^2\times K_1^2)(2\sigma_{xy}+255^2\times K_2^2)}{(\mu_x^2+\mu_y^2+255^2\times K_1^2)(\sigma_x^2+\sigma_y^2+255^2\times K_2^2)} \tag{13.2.4}$$

式中，$K_1=0.01$；$K_2=0.03$。

$$\mu_x = \sum_{i=1}^{N} w_i x_i \tag{13.2.5}$$

$$\mu_y = \sum_{i=1}^{N} w_i y_i \tag{13.2.6}$$

$$\sigma_x = \left(\sum_{i=1}^{N} w_i (x_i - \mu_x)^2 \right)^{1/2} \tag{13.2.7}$$

$$\sigma_y = \left(\sum_{i=1}^{N} w_i (y_i - \mu_y)^2 \right)^{1/2} \tag{13.2.8}$$

$$\sigma_{xy} = \sum_{i=1}^{N} w_i (x_i - \mu_x)(y_i - \mu_y) \tag{13.2.9}$$

$w_i, i=1,2,\cdots,N$，通常设为标准差为 1.5，窗口大小为 11×11 的高斯权重系数；x_j, y_j，$j=1,2\cdots,M$ 为超低分辨率重建图像 X 与真实的高分辨率图像 Y 对应窗口的小块，M 为小块的个数。结构相似度(SSIM)的值越大表明越相似，最大为 1。

3. 特征相似度(FSIM)

FSIM 是一个比较两幅图像 X、Y 低层视觉特征相似性的度量指标。所比较的低层视觉特征主要为相位一致(Phase Congruency，PC)以及梯度幅度(Gradient Magnitude，GM)一致。

对于图像 X、Y 位置 i 处的像素，相位一致(PC)的相似性度量采用如下公式：

$$S_{\mathrm{PC}}(i) = \frac{2\mathrm{PC}_X(i) \cdot \mathrm{PC}_Y(i) + T_1}{\mathrm{PC}_X^2(i) + \mathrm{PC}_Y^2(i) + T_1} \tag{13.2.10}$$

式中，$T_1 = 0.85$。

梯度幅度(GM)的相似性度量采用如下公式：

$$S_G(i) = \frac{2G_X(i) \cdot G_Y(i) + T_2}{G_X^2(i) + G_Y^2(i) + T_2} \tag{13.2.11}$$

式中，$T_2 = 160$。

图像 X、Y 位置 i 处的特征相似度定义为

$$S_L(i) = [S_{\mathrm{PC}}(i)]^{\alpha} \cdot [S_G(i)]^{\beta} \tag{13.2.12}$$

其中，α、β 用来控制上述两个特征的相对重要性，通常均设置为 1。

图像 X 与图像 Y 之间整幅图像的特征相似度(FSIM)定义为

$$\mathrm{FSIM} = \frac{\sum_{i\in\Omega} S_L(i) \cdot \mathrm{PC}_{\max}(i)}{\sum_{i\in\Omega} \mathrm{PC}_{\max}(i)} \tag{13.2.13}$$

其中

$$\mathrm{PC}_{\max}(i) = \max(\mathrm{PC}_X(i), \mathrm{PC}_Y(i)) \tag{13.2.14}$$

式中，Ω 为整幅图像的空间域。

特征相似度(FSIM)的值越大表明越相似，最大为 1。

鉴于内容重叠方面的考虑，有关超低分辨率人脸重建像的人脸识别的相关问题将在 14 章进行论述。

13.3 超低分辨率人脸图像的尺寸归一化方法

超低分辨率人脸图像的尺寸归一化是十分重要的。我们提出了基于人脸三点(两眼中心点和下颌点)定位的超低分辨率人脸图像的归一化方法。该方法包括:

(1) 对原始的超低分辨率人脸图像进行裁剪。

人工确定原始超低分辨率人脸图像左上角的一点并记录其平面坐标(m_1,n_1);人工确定原始超低分辨率人脸图像右下角的一点并记录其平面坐标(m_2,n_2)。裁剪出由(m_1,n_1)、(m_1,n_2)、(m_2,n_1)、(m_2,n_2)4点确定的图像区域,该区域包含原始超低分辨率人脸图像。

(2) 对步骤(1)裁剪的图像进行放大,放大倍率为K,放大后图像的高度为L。

$$L=K\times(n_2-n_1) \tag{13.3.1}$$

通常L取值小于1024。

(3) 对放大的超低分辨率人脸图像采用基于人脸三点定位的方法进行归一化,得到一幅待重建的人脸图像。

① 在放大后的超低分辨率人脸图像上确定左眼中心点A的坐标(x_{11},y_{11})、右眼中心点B的坐标位置(x_{21},y_{21}),通过A、B两点做直线L_1,并确定下颌点C_0坐标(x_{01},y_{01})。按放大倍率K将三点的坐标对应至原裁剪图像坐标,分别为(x_1,y_1)、(x_2,y_2)、(x_3,y_3)。

② 计算直线L_1和水平线的夹角α,采用式(12.2.1)计算夹角α。

③ 对该人脸图像进行旋转角度为α的旋转处理,得到人脸图像2;旋转表达式采用式(12.2.2)。

④ 在人脸图像2上计算确定出左眼球上一点C的坐标位置(x_3,y_3)、右眼球上的一点D的坐标位置(x_4,y_4),通过C、D两点做直线L_2。确定出人脸图像2的下颌点E的坐标位置(x_5,y_5)。

⑤ 规定几何尺寸归一化的人脸图像的几何尺寸的数值,其中宽度的尺寸为W,高度的尺寸为H;规定颌下线上任何一点到两眼连线的垂直距离的标准值为H_0,到图像下边框的垂直距离的标准值为H_1,两眼连线到图像上边框的垂直距离的标准值为H_2。

⑥ 求出E点到直线L_2的垂直距离h_y,并计算图像缩系数$K=h_y/H_0$。

$$h_y=y_5-\frac{y_3+y_4}{2} \tag{13.3.2}$$

⑦ 对人脸图像2按照放缩系数K进行放大或缩小处理,得到满足标准距离H_0的人脸图像3。

⑧ 在人脸图像3上确定出左眼球上一点M的坐标位置(x_6,y_6)、右眼球上一点N的坐标位置(x_7,y_7),以及下颌点P的纵坐标y_8位置;$y_8=\text{MidPoint}.y+H_0$。

⑨ 对人脸图像3进行裁剪得到标准的归一化人脸图像4,裁去人脸图像3中x坐标小于$(x_6+x_7)/2-W/2$、大于$(x_6+x_7)/2+W/2$的部分,以及y坐标小于(y_7-H_2)、大于(y_8+H_1)的部分;如果裁剪后图像的宽度小于W或者高度小于H,则采用插值的方法,将宽度补到W或者高度补到H。归一化图像的大小取值是按照实际场景的人脸分辨率,就近归一化为16×12、32×24或64×48级别中的一级。

实际场景的人脸图像，是以人的瞳距作为人脸分辨率来表示的。根据实际场景的人的瞳距来划分其属于超低分辨率的人脸图像归一化的等级，是超分辨率人脸图像重建需要解决的一个重要问题。

中国的古代画论“三停五眼”给出了人脸的基本结构（见图13.3.1）。当然，这种描述具有平均的意义。根据“三停五眼”的画论，可以推算出两眼距离与五眼宽度的比值 k 约为4/10。我们实测了一些样本，如人脸图像 A，测得两眼距离为103像素，五眼距离为234像素，比值约为0.4；人脸图像 B，测得两眼距离为115像素，五眼距离为250像素，比值约为0.46，接近0.4，但这种推算还需要更多、更准确的数据验证。

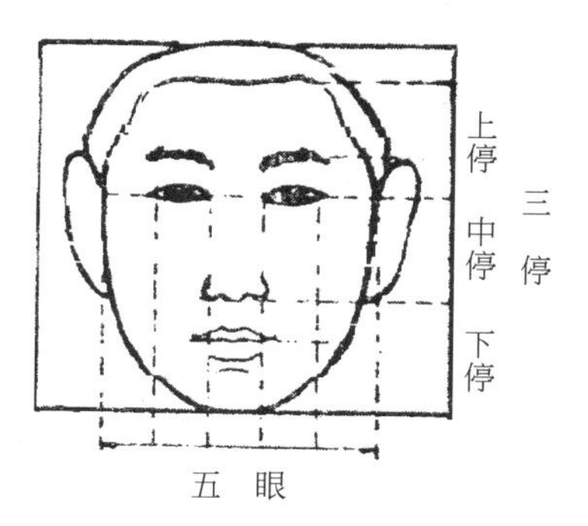

图13.3.1 “三停五眼”示意图

人脸关键点（包括眼睛中心点）的定位是人脸识别必不可少的基本环节，也就是说，在人脸识别过程中，眼睛中心点的位置是确定的，瞳距也是已知的。根据“三停五眼”画论，在给定瞳距 X_0 的条件下，我们来估计人脸图像的尺寸。

X 为五眼的距离，取两眼距离与五眼宽度之比 k 为4/10，则

$$X=\frac{10}{4}\times X_0 \tag{13.3.3}$$

人脸图像宽高比取为3∶4，则

$$Y=\frac{4}{3}\times X=\frac{10}{3}X_0 \tag{13.3.4}$$

若 $X_0=5$，则人脸图像约为12×16（取 $k=0.45$，则为11×14）；

若 $X_0=10$，则人脸图像约为25×33（取 $k=0.45$，则为22×29）；

若 $X_0=15$，则人脸图像约为37×49（取 $k=0.45$，则为33×44）；

若 $X_0=20$，则人脸图像约为50×66（取 $k=0.45$，则为44×58）；

若 $X_0=25$，则人脸图像约为62×83（取 $k=0.45$，则为55×73）；

若 $X_0=30$，则人脸图像约为75×100（取 $k=0.45$，则为66×88）。

实际归一化的人脸图像与“三停五眼”图像相比，裁剪时增加了下颌边。在本书12章的图12.2.4中给定了一种人脸图像几何归一化360×480的具体参数，从下颌到图像的下边沿，Y 方向增加了28行，增加的比例为28/480=5.8%。照此比例，修正 X_0 对应人脸图像尺寸的计算，x、y 均乘以系数105.8%，则

若 $X_0=5$，则人脸图像约为13×17；

若 $X_0=10$，则人脸图像约为26×34；

若 $X_0=15$，则人脸图像约为39×51；

若 $X_0=20$，则人脸图像约为52×69；

若 $X_0=25$，则人脸图像约为65×87；

若 $X_0=30$，则人脸图像约为79×105。

在超低分辨率人脸图像重建算法中，我们将待重建的人脸图像进行归类，即归类到48×64、24×32、12×16中的一类。根据式(13.3.3)和105.8%的系数，得到瞳距 X_0 的表

达式：

$$X_0 = \frac{4X}{10 \times 1.058} \tag{13.3.5}$$

当超低分辨率人脸图像的尺寸为 48×64 时，$X_0 \approx 18$；

当超低分辨率人脸图像的尺寸为 24×32 时，$X_0 \approx 9$；

当超低分辨率人脸图像的尺寸为 12×16 时，$X_0 \approx 5$。

图 13.3.2 给出了超低分辨率人脸图像的瞳距与人脸图像尺寸的对应关系。

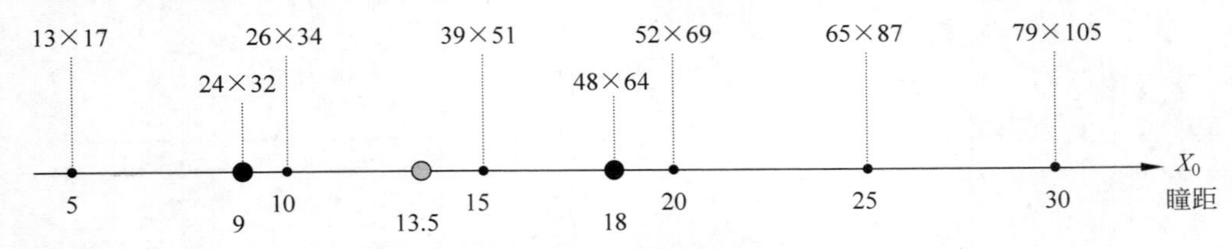

图 13.3.2 瞳距与人脸图像尺寸的对应关系

值得指出的是，图 13.3.2 给出的对应关系，其计算依据之一是第 12 章图 12.7 中给定的一种人脸图像几何归一化 360×480 的具体参数。还要强调一点，“三停五眼”画论的人脸比例估计、人脸图像宽高比取为 3∶4，这些数值仅仅是粗略的估计，其结果存在一定的误差。

在图 13.3.2 中，超低分辨率人脸图像 24×32 对应的瞳距 $X_0=9$；超低分辨率人脸图像 48×64 对应的瞳距 $X_0=18$。其中点为 13.5，取 14 为中点。也就是说，待重建的超低分辨率人脸图像的瞳距大于或等于 14 像素，则将待重建的超低分辨率人脸图像归一化到 48×64，再进行重建。待重建的超低分辨率人脸图像的瞳距小于 14 像素的，我们均将其待归一化到 24×32。

人的瞳距是有差异的，我们可以统计出一定规模的人脸瞳距直方图。首先，按照第 12 章图 12.2.4 中给定的具体参数要求将人脸图像归一化为 360×480，再统计出瞳距的直方图。图 13.3.3 给出了 360×480 人脸图像的瞳距分布直方图。

我们在重建时，会将待重建的低分辨率人脸图像归一化成 16×12、32×24 或 64×48 的人脸图像。因此，将 480×360 的人脸瞳距分布分别对应到 16×12、32×24 和 64×48 的人脸瞳距分布，得到的 64×48 人脸图像的瞳距分布分别为 12、13、14、15、16、17、18；32×24 的人脸图像的瞳距分布分别为 6、7、8、9；16×12 的人脸图像的瞳距分布分别为 3、4。其中，64×48 人脸图像的瞳距处于 12、18 像素的数量非常少，而更多地集中在 14、15、16 像素。

待重建的超低分辨率人脸图像的归一化是十分困难的，困难在于人脸关键点的准确定位。有时，实际场景的人脸图像极小，目前的技术水平还达不到自动定位的水平。显然，自动定位加人工调整的方法是行之有效的。为了便于自动定位加人工调整，我们先采用人脸检测技术检测出人脸图像区域，继而裁剪出人脸图像，再对裁剪出的人脸图像进行图像放大。图像放大方法有很多，我们采用了通用的超分辨率重建的方法来完成图像放大的工作。

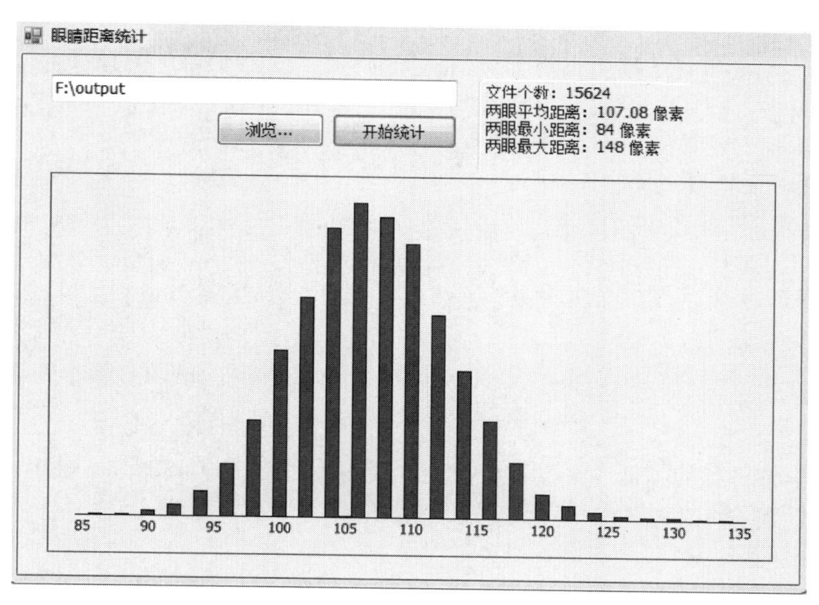

图 13.3.3　480×360 人脸图像的瞳距分布直方图

13.4　基于低频分量的超分辨率人脸图像的重建方法

我们采用小波分解的技术来进行超低分辨率人脸图像的重建。具体做法包括：

1. 生成训练集

首先采用三点归一化方法将训练库中的图像变为 512×384 的标准高分辨率人脸图像。对 512×384 的高分辨率图像下采样生成各分辨率样本：32,64,128,256,512。再对其用 9-7 滤波器组进行拉普拉斯金字塔分解提取高频分量并保存，作为高分辨率图像小波系数样本。接下来对 32,64,128,256 样本进行最邻近插值与双三次线性插值，取两者平均，提取其高频分量并保存，作为超低分辨率图像小波系数样本。

特别地，32×24 样本有两组，一组为较清晰图像，另一组为较模糊图像，以适应不同的待重建图像。

2. 图像去噪与模糊度的估计

对 32×24 图像进行拉普拉斯金字塔分解，计算出所有高频系数绝对值的中位数 σ 作为噪声标准差估计值，根据经典的图像去噪算法将 $\lambda\sigma$ 作为阈值进行去噪，λ 为经验系数。由于图像分辨率很小，λ 取值过大会导致细节丢失严重从而影响超分辨效果，因此这里取 $\lambda=0.1$。其次，计算模糊度系数 $u=\frac{\Sigma_h}{\Sigma_i}$，$\Sigma_h$ 为高频系数绝对值之和，Σ_i 为原始图像像素值之和。若 $u<0.05$，则学习时采用较模糊的 32×24 样本，否则采用较清晰的 32×24 样本。

3. 通过 LLE 学习得到高分辨率图像

采用每次放大 2 倍的方式，即 32 到 64，64 到 128，128 到 256，256 到 512。每步学习方法基本相同，因此只介绍 32 到 64 的方法即可。

首先将去噪后的原始图像直接作为 64×48 高分辨率的低频系数，这样可以最大限度地保持光照和低频分量，而高频系数通过 LLE 方法学习得到。

令 y_{LR} 为超低分辨率图像高频系数组成的向量，$x_{LR}(i)$ 为第 i 个超低分辨率样本高频系数组成的向量，取前 k 个与 y_{LR} 均方误差最小的样本，计算如下极值问题：

$$W=\underset{w(i)}{\arg\min}\left\| y_{LR}-\sum_{i=1}^{k} w(i)x_{LR}(i)\right\|^2,\quad \sum_{i=1}^{k} w(i)=1 \tag{13.4.1}$$

令 $G=(y_{LR}\boldsymbol{l}^{T}-X)^{T}(y_{LR}\boldsymbol{l}^{T}-X)$，其中 X 的每列为 $x_{LR}(i)$，共 k 列，$\boldsymbol{l}$ 为元素皆为 1 的向量。则可得到此极值问题的解为 $W=\frac{G^{-1}\boldsymbol{l}}{\boldsymbol{l}^{T}G^{-1}\boldsymbol{l}}$，于是可计算出学习得到的 64×48 图像的高频系数为 $y_{HR}=\sum_{i=1}^{k} w(i)x_{HR}(i)$，其中 $x_{HR}(i)$ 为 $x_{LR}(i)$ 对应的高分辨率样本的高频系数向量。

学习完毕将得到的高低频系数进行反变换便得出最终 64×48 超分辨图像，以此步骤持续进行则可得到 128、256、512 大小的超高分辨图像。

4. 分块重叠方法

若直接对整个图像学习则效果会很差，因此有必要采取分块方法，即用 $m\times n$ 的小块分别学习，再将学习结果拼接成完整图像。为保持图像平滑性，每个小块可适当重叠，重叠部分取所有参与小块的均值作为最终结果，这样便可得到超分辨重建的结果。

5. 光照处理

由于实际图像与样本的光照条件不同，因此可能导致学习结果有较大偏差，有必要对高频系数做一定的光照处理。

学习前先计算下式：

$$\varepsilon=\sqrt{\frac{\sum_{i=1}^{N}\sum_{j=1}^{mn} x_{LR}^{2}(i)}{\sum_{j=1}^{mn} y_{LR}^{2}}} \tag{13.4.2}$$

式中，N 为样本总数；m 与 n 为块大小；ε 可视为实际图像与样本的光照偏差值。那么将学习公式改写为

$$W=\underset{w(i)}{\arg\min}\left\| \varepsilon y_{LR}-\sum_{i=1}^{k} w(i)x_{LR}(i)\right\|^2 \text{ 与 } y_{HR}=\frac{\sum_{i=1}^{k} w(i)x_{HR}(i)}{\varepsilon} \tag{13.4.3}$$

如此则可消除样本的光照影响，得到更加符合实际的图像。

另外，频率越高，受光照的影响越小，因此 ε 的计算也有所不同，上面只是针对 32 到 64 的放大，64 到 128 采用 $\varepsilon=\left(\frac{\sum_{i=1}^{N}\sum_{j=1}^{mn} x_{LR}^{2}(i)}{\sum_{j=1}^{mn} y_{LR}^{2}}\right)^{\frac{1}{4}}$，128 到 256 采用 $\varepsilon=\left(\frac{\sum_{i=1}^{N}\sum_{j=1}^{mn} x_{LR}^{2}(i)}{\sum_{j=1}^{mn} y_{LR}^{2}}\right)^{\frac{1}{8}}$，而 256 到 512 则不做此种光照处理。

我们采用了基于人脸三点（双眼和下颌）的超低分辨率人脸图像定位方法，显然，超低分辨率人脸图像重建的效果十分依赖于人脸三点定位的准确性。由于超低分辨率人脸图像过

小，准确定位异常困难。因此，我们采用了扰动的重建方法，即在预先确定下颌点的基础上，上下左右各偏移一个像素，形成了5张待重建的归一化图像，对5张归一化图像都进行重建，最后再选择其中的一张作为最终的重建结果。当然，眼睛定位也可以采用扰动的方法处理。

13.5　超分辨率人脸图像重建的多级多类训练集的生成方法

基于学习的超分辨率重建方法，需要生成训练集。可以选择视频图像生成训练集，也可以选择第二代身份证清晰的人脸图像生成训练集。选择了图像来源以后，还可以按性别生成训练集。用来训练的图像数量，我们曾做过一个实验，初步的结论是在600张左右。增加训练图像的数量，重建性能提高甚微而计算复杂度增加较大。为了适应不同分辨率的待重建图像的应用，我们提出了按照瞳距生成多级多类的训练集的方法。

我们在重建时，会将待重建的低分辨率人脸图像归一化成16×12、32×24或64×48的人脸图像。因此，我们将480×360的人脸瞳距分布分别对应到16×12、32×24和64×48的人脸瞳距分布，得到的64×48人脸图像的瞳距分布分别为12、13、14、15、16、17、18；32×24的人脸图像的瞳距分布分别为6、7、8、9；16×12的人脸图像的瞳距分布分别为3、4。其中，64×48人脸图像的瞳距处于12、18像素的数量非常少，而更多地集中在14、15、16像素。

下面给出生成多级多类训练集的方法。

本方法是依据人脸瞳距开展的。

基于人脸瞳距的低分辨率人脸图像重建的训练集生成方法包括用于训练集生成的分级人脸图像的形成方法、按照人脸的瞳距对分级人脸图像进行分类的方法、多级多类训练集的生成方法以及基于人脸瞳距的超分辨率人脸图像重建的多级多类训练集的应用方法。

1. *用于训练集生成的分级人脸图像的形成方法*

(1) 由M张清晰的正面人脸图像构成训练集的原始人脸图像，并对该原始人脸图像采用人脸三点定位归一化技术(发明专利号：ZL 2005 1 0067692.X)进行人脸图像的尺寸归一化，形成512×384点阵的归一化人脸图像，并获得每张512×384点阵的归一化人脸图像的瞳距。

(2) 由步骤(1)形成的512×384点阵的归一化人脸图像进行8×8的下采样，形成图像尺寸为64×48的分级人脸图像；对步骤(1)形成的512×384点阵的归一化人脸图像进行16×16的下采样，形成图像尺寸为32×24的分级人脸图像；对步骤(1)形成的512×384点阵的归一化人脸图像进行32×32的下采样，形成图像尺寸16×12的分级人脸图像。

2. *按照人脸图像的瞳距分别对3个级别的分级人脸图像进行分类的方法*

(1) 在图像尺寸为64×48的分级人脸图像中，将人脸图像瞳距为12的人脸图像归类为48-12类；将人脸图像的瞳距为13的人脸图像归类为48-13类；将人脸图像的瞳距为14的人脸图像归类为48-14类；将人脸图像瞳距为15的人脸图像归类为48-15类；将人脸图像瞳距为16的人脸图像归类为48-16类；将人脸图像瞳距为17的人脸图像归类为48-17类；将人脸图像瞳距为18的人脸图像归类为48-18类。

(2) 在图像尺寸为 32×24 的分级人脸图像中,将人脸图像瞳距为 6 的人脸图像归类为 32-6 类;将人脸图像的瞳距为 7 的人脸图像归类为 32-7 类;将人脸图像的瞳距为 8 的人脸图像归类为 32-8 类;将人脸图像瞳距为 9 的人脸图像归类为 32-9 类。

(3) 在图像尺寸为 16×12 的分级人脸图像中,将人脸图像瞳距为 3 的人脸图像归类为 16-3 类;将人脸图像的瞳距为 4 的人脸图像归类为 16-4 类。

3. 多级多类训练集的生成方法

(1) 在图像尺寸为 64×48 的分级人脸图像中,用瞳距为 12 的人脸图像,采用发明专利"利用超分辨率重建技术制作小尺寸人脸图像重建像的方法"(专利号:ZL 2012 1 0435373.2)给出的训练集的生成方法,生成 64-12 训练集;用瞳距为 13 的人脸图像,采用发明专利 ZL 2012 1 0435373.2 给出的训练集的生成方法,生成 64-13 训练集;用瞳距为 14 的人脸图像,采用发明专利 ZL 2012 1 0435373.2 给出的训练集的生成方法,生成 64-14 训练集;用瞳距为 15 的人脸图像,采用发明专利 ZL 2012 1 0435373.2 给出的训练集的生成方法,生成 64-15 训练集;用瞳距为 16 的人脸图像,采用发明专利 ZL 2012 1 0435373.2 给出的训练集的生成方法,生成 64-16 训练集;用瞳距为 17 的人脸图像,采用发明专利 ZL 2012 1 0435373.2 给出的训练集的生成方法,生成 64-17 训练集;用瞳距为 18 的人脸图像,采用发明专利 ZL 2012 1 0435373.2 给出的训练集的生成方法,生成 64-18 训练集。

(2) 在图像尺寸为 32×24 的分级人脸图像中,用瞳距为 6 的人脸图像,采用发明专利 ZL 2012 1 0435373.2 给出的训练集的生成方法,生成 32-6 训练集;用瞳距为 7 的人脸图像,采用发明专利 ZL 2012 1 0435373.2 给出的训练集的生成方法,生成 32-7 训练集;用瞳距为 8 的人脸图像,采用发明专利 ZL 2012 1 0435373.2 给出的训练集的生成方法,生成 32-8 训练集;用瞳距为 9 的人脸图像,采用发明专利 ZL 2012 1 0435373.2 给出的训练集的生成方法,生成 32-9 训练集。

(3) 在图像尺寸为 16×12 的分级人脸图像中,用瞳距为 3 的人脸图像,采用发明专利 ZL 2012 1 0435373.2 给出的训练集的生成方法,生成 16-3 训练集;用瞳距为 4 的人脸图像,采用发明专利 ZL 2012 1 0435373.2 给出的训练集的生成方法,生成 16-4 训练集。

13.6 超分辨率人脸图像重建的多级多类训练集的应用方法

(1) 对属于 64×48 级的待重建的原始低分辨率人脸图像,采用发明专利"利用超分辨率重建技术制作小尺寸人脸图像重建像的方法"(专利号:ZL 2012 1 0435373.2)给出的低分辨率人脸图像的归一化方法,当归一化后的低分辨率人脸图像的瞳距 $D_0=12$ 时,选用 64-12 训练集进行重建;当归一化后的低分辨率人脸图像的瞳距 $D_0=13$ 时,选用 64-13 训练集进行重建;当归一化后的低分辨率人脸图像的瞳距 $D_0=14$ 时,选用 64-14 训练集进行重建;当归一化后的低分辨率人脸图像的瞳距 $D_0=15$ 时,选用 64-15 训练集进行重建;当归一化后的低分辨率人脸图像的瞳距 $D_0=16$ 时,选用 64-16 训练集进行重建;当归一化后的低分辨率人脸图像的瞳距 $D_0=17$ 时,选用 64-17 训练集进行重建;当归一化后的低分辨率人脸图像的瞳距 $D_0=18$ 时,选用 64-18 训练集进行重建。

(2) 对属于 32×24 级的待重建的原始低分辨率人脸图像,采用发明专利 ZL 2012 1

0435373.2 给出的低分辨率人脸图像的归一化方法，当归一化后的低分辨率人脸图像的瞳距 $D_0=6$ 时，选用 32-6 训练集进行重建；当归一化后的低分辨率人脸图像的瞳距 $D_0=7$ 时，选用 32-7 训练集进行重建；当归一化后的低分辨率人脸图像的瞳距 $D_0=8$ 时，选用 32-8 训练集进行重建；当归一化后的低分辨率人脸图像的瞳距 $D_0=9$ 时，选用 32-9 训练集进行重建。

（3）对属于 16×12 级的待重建的原始低分辨率人脸图像，采用发明专利 ZL 2012 1 0435373.2 给出的低分辨率人脸图像的归一化方法，当归一化后的低分辨率人脸图像的瞳距 $D_0=3$ 时，选用 16-3 训练集进行重建；当归一化后的低分辨率人脸图像的瞳距 $D_0=4$ 时，选用 16-4 训练集进行重建。

13.7　超低分辨率人脸图像重建的意象人脸图像的形成方法

对超低分辨率人脸图像采用超分辨率重建技术，希望能重构出"接近真实的"高分辨率的人脸图像。但是，由于实际场景千差万别，人的姿态表情各异，人脸分辨率也有所不同，也存在一些劣质的超低分辨率人脸图像，致使超分辨率人脸图像重建的效果较差。图 13.7.1 给出了劣质超低分辨率人脸图像的超分辨率重建效果。

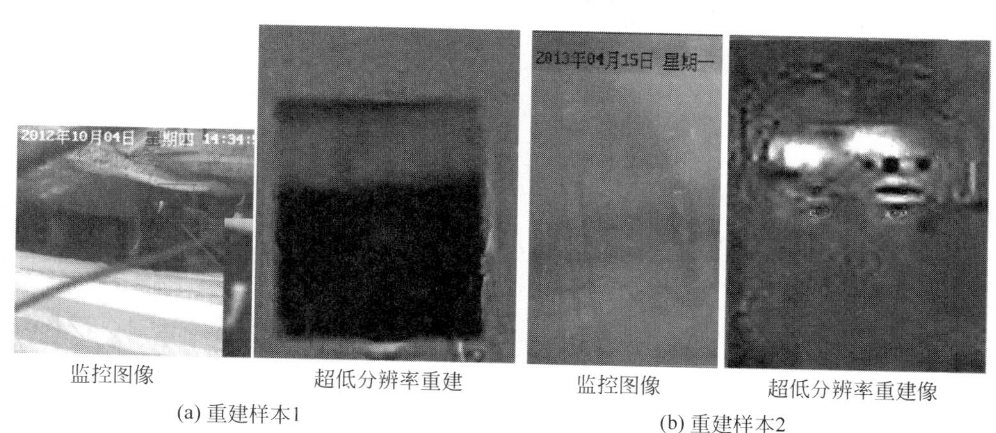

图 13.7.1　劣质超低分辨率人脸图像的超分辨率重建示例

超分辨率重建技术的目的是获得"接近目标人的"高分辨率的人脸重建像，并利用该重建像的人脸特征，识别出与低分辨率人脸相对应的目标人。这是依据"总会有人与你长得相像(包括局部相像)"的原理，用该重建像的人脸特征，去搜索和超低分辨率人脸相对应的目标人的最像人脸(包括局部最像)。用超分辨率重建算法获得的超低分辨率人脸的重建像，是依赖于客观的人脸图像信息，具有客观性。因而重建像具有与目标人相似的一些信息，包括该人脸的几何结构和部分纹理信息。利用超分辨率重建技术，获得与目标人相似的重建像，再借助人脸识别技术，人工获得比超低分辨率重建的人脸更相似的主观相像人脸(依靠人类天生具有的识别人的能力)。这种主观相像人脸，称为意象人脸。

首先，以超分辨率重建像进行人脸识别，获得 N 个相似人脸(人工辨别)，再仔细斟酌，挑选出主观最相似人脸，进而参考重建像对主观最相似人脸进行修正，最终形成与重建像对应的意象人脸。R_0 是超分辨率重建像与目标人的相似度，R_1 表示意象人脸和目标人人脸的特征相似度。显然，$R_1>R_0$。意象人脸在可视性上具有明显的优点，在人脸识别的识别率上也有大幅度的提升。

形成意象人脸所依据的原理是“重建像与目标人之间具有几何结构的一致性”的原理。具体来说，几何尺寸归一化的重建像和目标人的几何尺寸归一化的人脸图像之间，具有几何结构的一致性。这种一致性，包括人脸部件等高、等宽的特性。值得指出的是，这种几何结构的一致性是在姿态一致的前提下才具有的。目前我们将姿态限制在正面。当然，如果扩展算法，也可以将姿态扩展到多姿态。

综上所述，意象人脸的形成，包含以下 3 个步骤：

(1) 人脸超分辨；

(2) 识别相似人脸；

(3) 修改相似人脸。

采用人脸超分辨技术(超分辨率重建或深度学习技术)，形成超低分辨率人脸的重建像；根据“总会有人与你长得相像”的原理，应用人脸识别技术，形成相似人脸；根据“重建像和目标人之间具有几何结构的一致性”的原理，应用人像组合，修改相似人脸，形成意象人脸。

图 13.7.2 给出了超低分辨率人脸图像的意象人脸的形成框图。

图 13.7.2 超低分辨率人脸图像的意象图像的形成框图

超低分辨率人脸图像重建像的人脸识别成功因素取决于超分辨率人脸图像重建的准确性和修正得到意象人脸的准确性。

下面以一个案件为例，介绍意象人脸的制作方法。

图 13.7.3 给出了监控中的超低分辨率的人脸图像及超分辨率人脸图像重建的结果。

(a) 监控图像　　(b) 超分辨率人脸图像重建像

图 13.7.3 超分辨率人脸图像重建实例

图 13.7.4 给出了意象人脸 1 的形成过程。

首先，利用超分辨率重建像在人脸识别数据库中查找相似人。查找相似人时，可以先挑

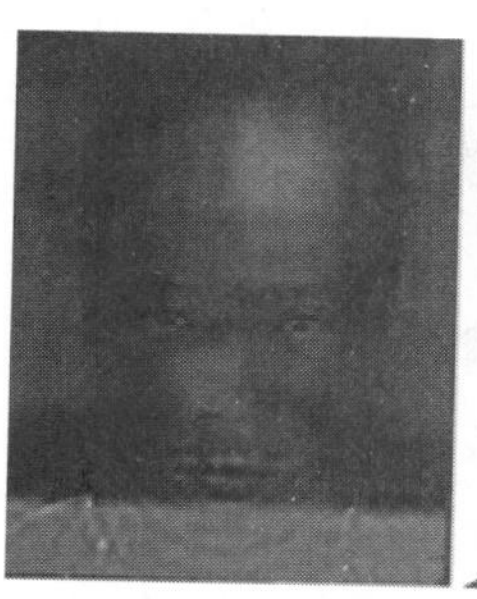

(a) 超分辨率人脸重建

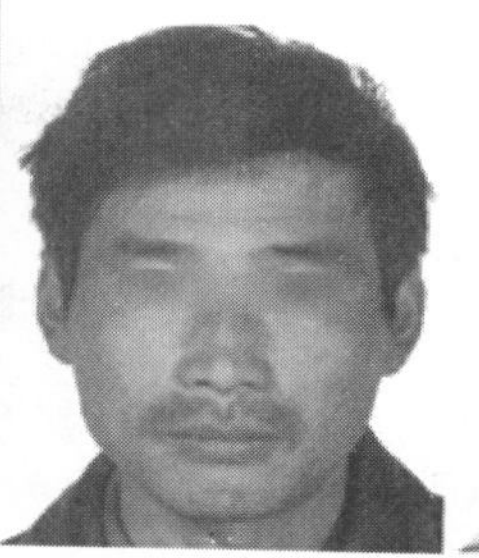

(b) 识别寻找相似人

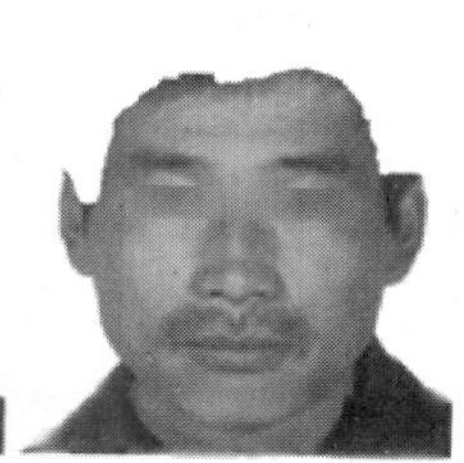

(c) 换下巴、去头发

(d) 意象人脸1
加头发、调比例

图 13.7.4　意象人脸 1 的形成过程(部分眼部有虚化处理)

选多名再仔细进行筛选,最终确定更相似的人。这一过程利用了"总会有人与你长得很像(包括局部很像)"的原理。随后,再对相似的人脸图像进行修改,形成意象人脸 1 的图像。这一过程利用了"重建像与目标人的人脸具有几何特征的一致性"原理。

在本例中,以意象人脸 1 再去人脸识别数据库中去查找相似人,同样经过了一系列修改,形成了意象人脸 2。图 13.7.5 给出了意象人脸 2 的形成过程。

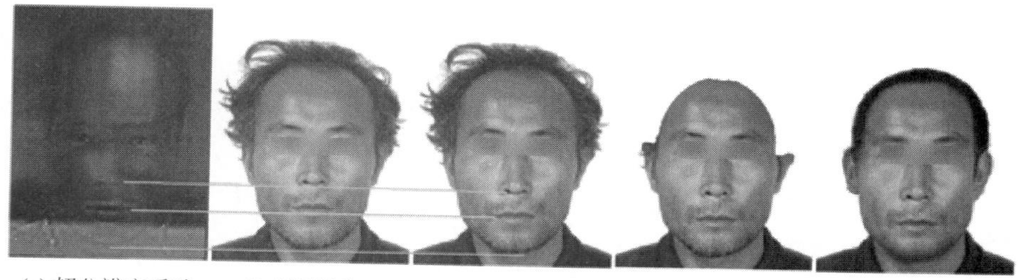

(a) 超分辨率重建　(b) 识别相似人　(c) 比例调整　(d) 去头发　(d) 加头发和耳朵

图 13.7.5　意象人脸 2 的形成过程(部分眼部有虚化处理)

图 13.7.6 给出了重建像的综合处理结果。

(a) 监控图像

(b) 意象人脸1

(c) 意象人脸2

图 13.7.6　重建像的综合处理结果

本案例介绍的意象人脸制作方法可以扩展为逐次逼近方法。用意象人 1 再识别,对所识别的相似人修改,形成意象人 2。多次重复,直到满意为止。一些成功佐证,这里不再赘述。

值得指出的是,意象人脸的形成应用了多种技术,也包括应用人像组合技术。1992 年,我们研制成功人像组合系统，到今天已经走过了 20 多年的历程。目前人像组合应用的现状是：技术相对陈旧，人为因素较多，办案成功率偏低。显然，随着技术的发展，人像组合也面临着巨大的挑战。用现有的人像组合技术去画视频监控里中超低分辨率的人脸图像，面对的问题也会很多，如人脸部件不清楚、人脸五官比例掌握不准确、人脸图像的纹理难以模拟等。虽有如此多的困难，但公安战线的一些专家却在挑战这些困难时，创造了一些奇迹。图 13.7.7 给出了章莹颖绑架案的模拟像制作的实例。

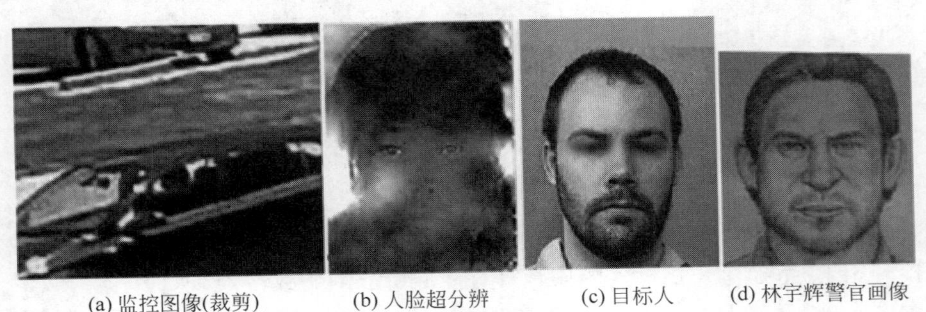

(a) 监控图像(裁剪)　(b) 人脸超分辨　(c) 目标人　(d) 林宇辉警官画像

图 13.7.7　章莹颖绑架案的模拟像制作(部分眼部有虚化处理)

山东省公安厅林宇辉警官的模拟画像与目标人非常神似，特别是眼眉部分。我们也尝试应用人脸超分辨技术进行重建。从图 13.7.7 中可以看到，人脸超分辨重建像也反映了目标人的一些特点。

13.8　超低分辨率人脸图像的重建系统

超低分辨率人脸图像的重建系统框图如图 13.8.1 所示。

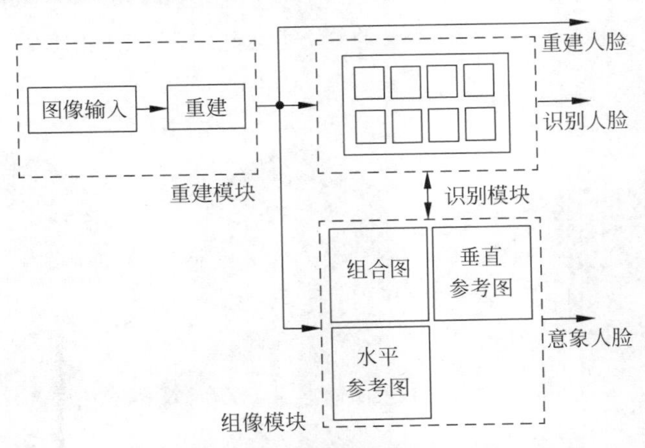

图 13.8.1　超低分辨率人脸图像的重建系统框图

系统由重建模块、组像模块、识别模块组成。输入的是超低分辨率人脸图像，首先采用超分辨率重建获得重建像，继而进行人脸识别。浏览识别输出的相似度序列，寻找目标人。对于条件较差的超低分辨率人脸图像，主要的任务是形成意象人脸。在浏览识别输出的相似度序列时，人工寻找相似人脸，再进入组像环节。组像时，将超分辨率重建获得的重建像作为水平参考像和垂直参考像,而将超分辨率重建像作为组合像,利用重建像和目标人的人脸部件具有等高、等宽的特性,对超分辨率重建像进行调整,形成意象人脸。值得指出的是,由于受摄像机视角以及焦距等因素的影响,等高、等宽特性会产生一定的变化,但大致是相等的。如果以已知人到现场进行验证,再进行等高、等宽调整,其结果将会更加准确。

系统输出包括重建人脸、识别人脸和意象人脸。输出结果的多样性,既考虑到可视性问题,也考虑到识别问题,有利于实际应用。值得强调的是,输出结果的多样性还包括输出多张意象人脸,在有目击证人的情况时,由目击证人进行人工挑选,选中和目标人更相似的意象人脸,将会提高识别的准确性。当然,这里应用的人脸识别,是指辨识的人脸识别,是1对多的人脸识别。超分辨率人脸图像重建框图如图13.8.2所示。

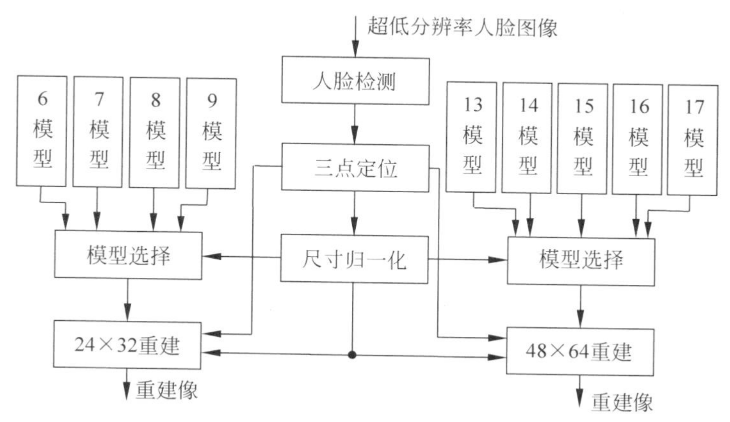

图 13.8.2 超分辨率人脸图像重建框图

在图13.8.2中,对输入的图像首先进行人脸检测,对于检测到的人脸进行质量判断,剔除不符合条件的人脸。如果场景中存在多个人脸,则手工确定所要重建的人脸。对选中的人脸图像进行三点定位。在该环节中,获得超低分辨率人脸的瞳距,进而选择归一化的尺寸(归一化为24×32或48×64)。超低分辨率人脸归一化后,根据归一化后的超低分辨率人脸图像的瞳距选择重建的模型,再进行对应的超分辨率重建。重建模型中,由于在48×64的人脸图像中,瞳距为12、18的很少,所以将12的合并到13、18的合并到17。图13.8.3为超分辨率人脸图像重建的部分功能示意图。

(a) 监控图像的人脸检测　(b) 超低分辨率人脸图像放大　(c) 人脸的三点定位

图 13.8.3 超分辨率人脸图像重建的部分功能示意图

鉴于实际场景的图像质量千差万别，所以在超分辨率人脸图像重建软件中，增加了图像平滑、灰度拉伸等图像处理功能。同时，在定位环节增加了再定位功能。当目测感觉重建效果差时，则可选择重新定位，以改善重建效果。

系统中人脸识别的特点在于，采用了部件的人脸识别方法。由于在实际场景中，人脸图像会受到各种各样的干扰，不同程度地影响了重建的效果。而重建像的某些部件可能和目标人更加相像，因此，采用部件的人脸识别，有时会出现意想不到的效果。应用中，人脸识别数据库不宜过大。重建像的识别数据库应适当小一些。建议在 20 万人左右，大数据量可以用建分库来解决。人工查看可浏览前 400 名，浏览图像数量过多会引起人眼疲劳。

系统中的人像组合，除了进行等高、等宽的调整外，还可以进行很多其他操作，比如更换发型、更换部件、增添眼镜等。

对于实际场景的超低分辨率人脸重建像的识别率测试，可以按 10 万或 20 万人脸识别数据库进行。10 万人脸识别数据库，统计其前 100 名的查中率；20 万人脸识别数据库，统计其前 300 名的查中率。数据库中人脸的属性，对低分辨率人脸重建像的识别率会产生一定的影响。一般来说，同质的识别率高。如果可能，可以建一个视频数据库，再建一个第二代身份证数据库。视频图像的重建像先查视频库，以视频库中的相像者，再去查第二代身份证库，识别率将会有所提高。当然，这些都是经验之谈。

超低分辨率人脸图像的重建系统具有多项发明专利，具有鲜明的创新特点，包括：

- 将超分辨率人脸图像重建、智能人像组合、多部件的人脸识别技术巧妙地融合为一套低分辨人脸图像重建与识别系统；
- 超低分辨率人脸图像的三点定位方法；
- 按瞳距分级的超分辨率人脸图像重建方法；
- 按瞳距训练与重建的超分辨率人脸图像重建方法；
- 扰动的超分辨率人脸图像重建方法；
- 依据超低分辨率人脸图像的重建像与目标人的人脸具有几何特征一致性的原理形成意象人脸的方法；
- 人像组合的自动建库、自动组合功能；
- 基于人脸部件的超低分辨率人脸重建像的人脸识别方法。

13.9 超低分辨率人脸图像重建的应用

超低分辨率人脸图像重建技术包括超分辨率人脸图像重建、人像组合和人脸识别等技术。超低分辨率人脸图像重建的成功应用是由多方面的因素决定的，一个案件的侦破，历经千辛万苦，而重建技术只是一个工具，仅仅是协助公安办案而已。下面我们列出了一些协助公安办案的实例，希望对应用超低分辨率人脸图像重建技术的工作提供一些参考。

案犯周克华曾被 2012 中国法治蓝皮书位列十大人物之首。迄今为止，周克华案仍是新中国成立以来影响最大的一起恶性案件。8 年间，案犯周克华罪行累累。

- 2004 年 4 月 22 日中午 12 点，周克华在重庆江北区红旗河沟的工商银行外枪杀某公司出纳员赵峥和会计周光容；
- 2005 年 5 月 16 日上午 9 点 30 分，周克华在重庆沙坪坝汉渝路枪杀一对从银行出来的夫妇并抢走现金 17 万元；

- 2009 年 3 月 19 日晚 7 点 42 分，周克华枪杀成都军区驻渝部队十七团营房门口的哨兵，抢走自动步枪一支；
- 2009 年 10 月 14 日下午两点，周克华在长沙南郊公园枪杀李成寿；
- 2009 年 12 月 4 日，周克华在长沙铁道学院西门外的农业银行门口，打死一名取钱者，抢走现金 4.5 万元；
- 2010 年 10 月 25 日，周克华在长沙树木岭立交桥下的一平房门口，枪杀环诚经贸公司经理；
- 2012 年 1 月 6 日 9 时 54 分，周克华在南京东门街 2 号的中国农业银行门口，枪杀江苏某建筑公司某员工，抢走现金 19.99 万元；
- 2012 年 8 月 10 日上午 9 点 34 分，周克华在重庆市沙坪坝区凤鸣山康居苑中国银行储蓄所门前，抢走现金 7.5 万元；2004 年 4 月 22 日中午 12 点，周克华在重庆江北区红旗河沟的工商银行外枪杀某公司出纳员赵峥和会计周光容。

为了尽快侦破上述案件，据不完全统计，公安部门曾出动约 4 万警力，117 条武警搜索犬，419 辆巡查车辆，设立 289 个武装检查站，对重点地区清查 7.9 万次。南京市民发现周克华在栖霞区兴卫山的居住处和重庆市民发现周克华在超市的行踪，都为破获周克华案提供了帮助。最后，重庆民警周瑨、王晓渝在 2012 年 8 月 14 日凌晨和周克华枪战，击毙周克华。在案件的侦破过程中，也应用了诸如 DNA、人脸图像重建与人脸识别、手机侦察、视频分析等多种高新技术。

周克华案 1：重庆"3·19"枪杀哨兵案

在 2009 年发生的重庆"3·19"枪杀哨兵案中，周克华是伪装作案，但警方寻找到了如图 13.9.1(a)所示的周克华踩点时的无伪装人脸图像。可惜的是，该图人脸图像的尺寸约为 3×4(不包括头发和耳朵区域)，人脸分辨率过低了。为了便于破案，警方曾让一名民警站在与案犯周克华大致相同的位置，获得了如图 13.9.1(b)所示的图像。

(a) 重庆"3·19"案嫌疑人踩点监控图像　(b) 民警实地模拟监控图像

图 13.9.1　重庆"3·19"枪杀哨兵案的嫌疑人踩点图像和警察模拟图像

对图 13.9.1(b)的超低分辨率人脸图像，应用超分辨率人脸图像重建、人脸识别、人像组合技术，形成了意象人脸。图 13.9.2 给出了对图 13.9.1(b)的处理结果。

图 13.9.2 给出了超分辨率重建像和意象人脸。用意象人脸在 20 万人脸识别数据库中进行人脸识别，现场模拟的民警排在第 153 名。

(a) 视频截图　　(b) 人脸超分辨重建　　(c) 意象人脸

图 13.9.2　图 13.9.1(b)的处理结果

对于图 13.9.1(a)给出的周克华踩点图像，我们先采用超分辨率人脸重建技术进行重建，最后，烟台市公安局的警官采用人像组合技术，完成了对周克华模拟像的制作。我们于 2009 年 4 月将这张周克华模拟像提交给重庆公安局，重庆公安局创建了容量为 800 万人第二代身份证数据库的人脸识别系统，进行人脸识别。可惜的是，周克华没有办理第二代身份证，在重庆第二代身份证数据库中没有找出周克华的信息。同时，也没能将周克华因贩卖枪支而在昆明入狱的照片纳入比对数据库，由此错失破案良机。

图 13.9.3 给出了我们收集到的周克华模拟像。

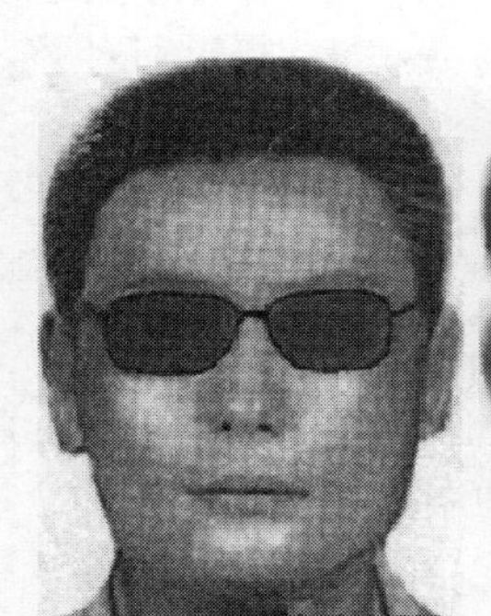

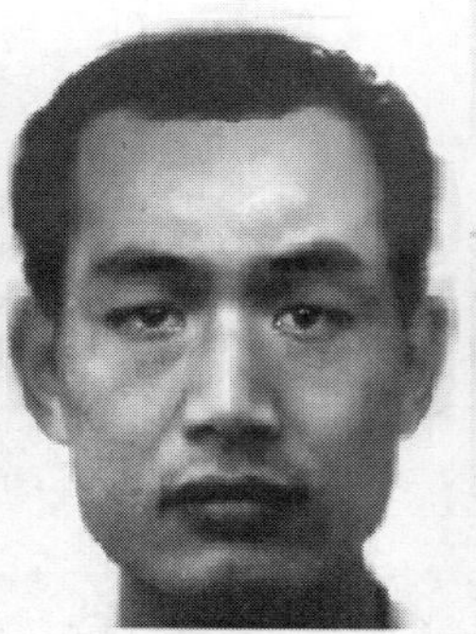

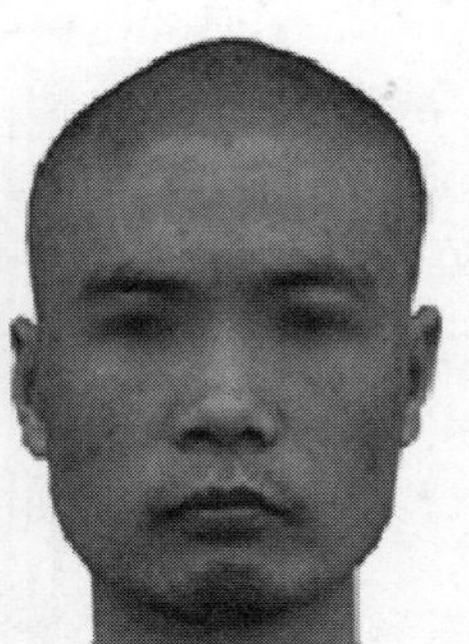

(a) 长沙警方模拟像(2009年长沙“12·4案”)　　(b) 重庆警方模拟像(2009年重庆“3·19案”)　　(c) 重庆江北公安分局发布的模拟像(2009年重庆“3·19案”)　　(d) 周克华(2005年昆明)

图 13.9.3　案犯周克华模拟像(部分眼部有虚化处理)

图 13.9.3(d)中的周克华像，是周克华因为贩枪，2005 年在云南入狱时的人脸图像。

对于重庆“3·19”枪击哨兵案，重庆江北公安局曾公开发布过案犯的重建像。只是周克华当时是伪装作案，现场的人脸图像难以清晰再现出满足识别条件的人脸图像。在沿途中找到的目击证人，也是记忆依稀，致使重庆江北公安分局公开发布的重建像信息量较少。据《南方周末》报道，公安部专案组组长说，长沙警方在 2009 年和 2010 年分别对周克华做过模拟画像。前一次画像上的周克华方脸，平头，戴着墨镜，与重庆警方在 2009 年的模拟画像极为相似。周克华“平头男”的绰号也正源于此。

周克华案告破后，我们做了一个实验，用我们提供的周克华模拟像，在 36 万数据库中进行人脸识别，排名第一的人相似度为 71.9%；排名第二的相似度为 71.7%；排名第三的就是周克华，相似度为 71.5%。这张重建像是非常成功的，对于约为 3×4 的人脸图像，这简直就是一个奇迹。

周克华案 2：南京"1·6"持枪抢劫杀人案

在 2012 年南京"1·6"持枪抢劫杀人案的侦破过程中，警方寻找到 2012 年 1 月 10 日周克华从超市购物出来的视频图像，对图像中的超低分辨率人脸图像进行了超分辨率的人脸重建，并根据重建像，将长沙警方发布的缺少下巴的嫌疑人像加上下巴，形成完整的嫌疑人像。图 13.9.4 给出了我们在南京公安局制作的周克华的重建像和添加下巴的完整像。

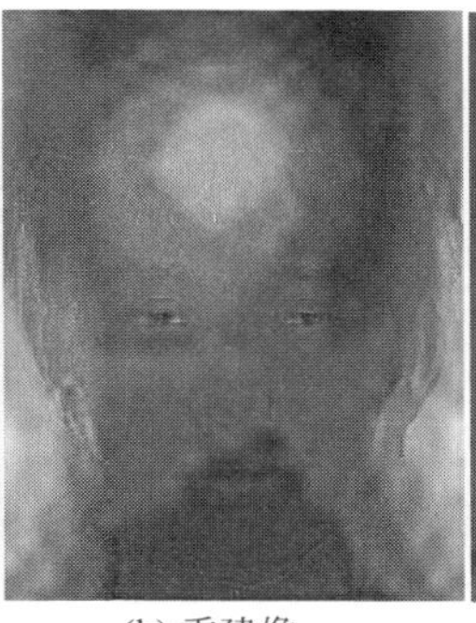
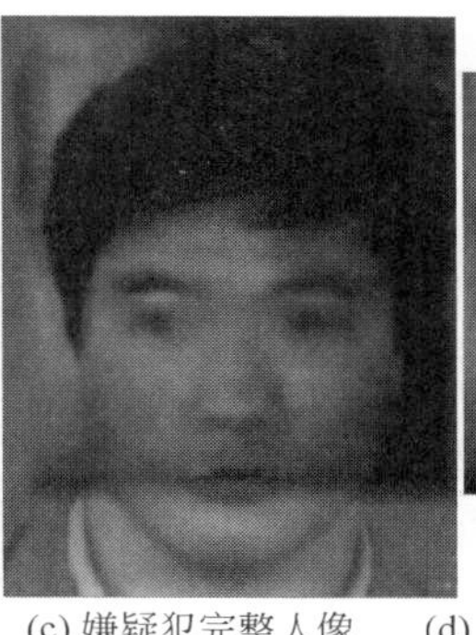
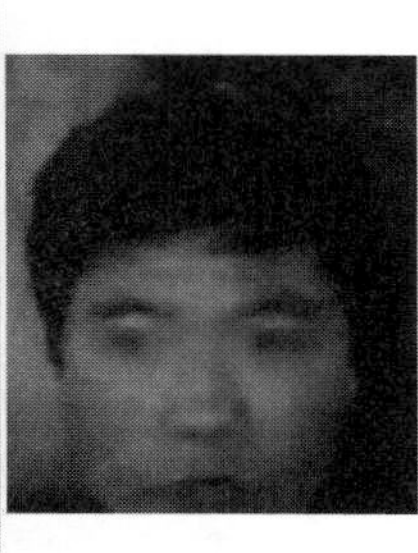

(a) 南京视频监控图像 (b) 重建像 (c) 嫌疑犯完整人像 (d) 长沙警方发布嫌疑人像

图 13.9.4 南京"1·6"持枪抢劫杀人案的超分辨率人脸重建像(部分眼部有虚化处理)

通过分析图 13.9.4 中的重建像和嫌疑人完整人像后，我们也得出了南京"1·6"案件和长沙系列案件作案系同一人的判断。事实证明，这一结论是正确的。

重庆市公安局物证鉴定中心主任白笙学在《警察技术》上曾撰文说，2012 年南京 1.6 案件和长沙周克华买早点视频综合研判，确定两案系同一人。南京警方从周克华在栖霞区农场山的遗留物中提取 DNA 样本，重庆警方提取周克华直系亲属的 DNA 样本，比对确定系列案件嫌疑人为周克华。

据《南方周末》报道，公安部专案组组长说，周克华撅着的嘴被技术人员剪掉，换上了入狱时照片的下巴部分。这些都是对周克华案的一些回顾。

下面给出了其他部分应用实例。

其他应用实例 1

图 13.9.5 给出了其他应用实例 1 的重建像。

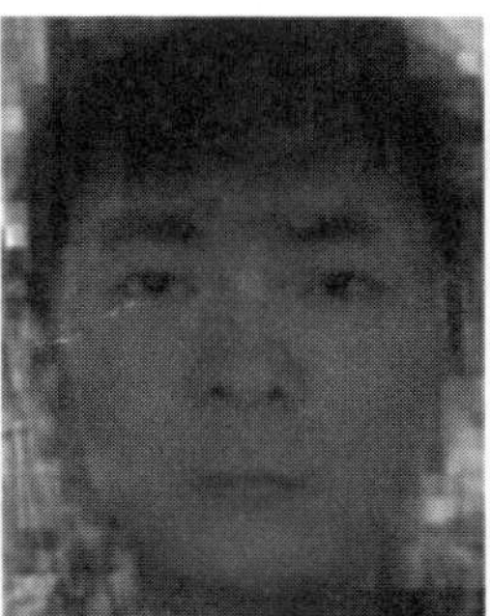

(a) 监控图像(人脸图像尺寸为4×6) (b) 重建像 (c) 犯罪嫌疑人

内蒙古准格尔旗2010年12月29日破获特大案件(央视2011-7-29播出)

图 13.9.5 其他应用实例 1 的重建像(部分眼部有虚化处理)

图 13.9.5 涉及一个命案，在案发现场，既没发现指纹，也没提取到案犯的 DNA，但警方还是在视频监控中找到了案犯的视频图像。对图 13.9.5(a)超低分辨率人脸图像，我们进行超低分辨率人脸重建，并将重建像提供给警方，干警通过查找案发前后宾馆的住宿情况，发现有一人和重建像相似，通过警方进一步侦查，最终锁定犯罪嫌疑人，此案告破。

其他应用实例 2

图 13.9.6 给出了其他应用实例 2 的重建像。

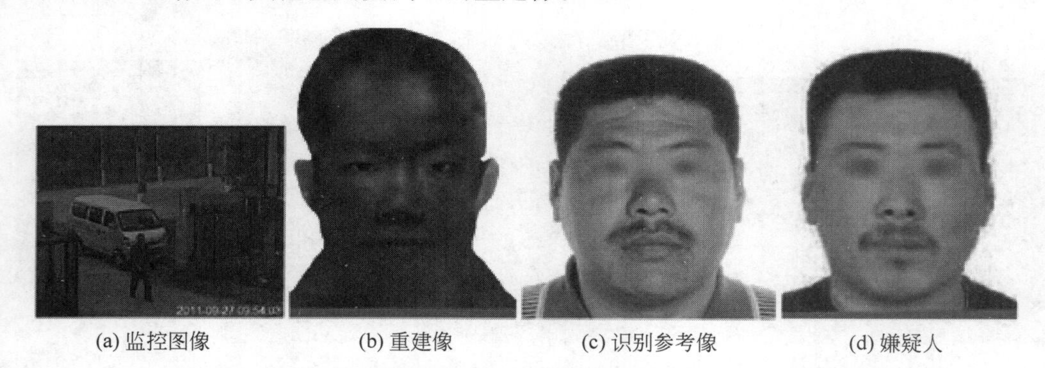

(a) 监控图像　(b) 重建像　(c) 识别参考像　(d) 嫌疑人

图 13.9.6　其他应用实例 2 的重建像(部分眼部有虚化处理)

某公安局提供了如图 13.9.6(b)所示的监控图像，我们提供了重建像和近 20 张由重建像直接识别的识别参考像，经目击证人辨认，指出其中一张识别参考像很像犯罪嫌疑人。事后，我们将犯罪嫌疑人录入 30 万人的数据库中，用目击证人指认的那张识别参考像去识别，犯罪嫌疑人排在第 2 名。

据干警告诉我们，该案犯还抢劫过张家口金店。我们有幸找到张家口金店抢劫案的犯罪嫌疑人的模拟画像，作为学术探讨，我们将画像专家的模拟画像也展示出来(见图 13.9.7)。

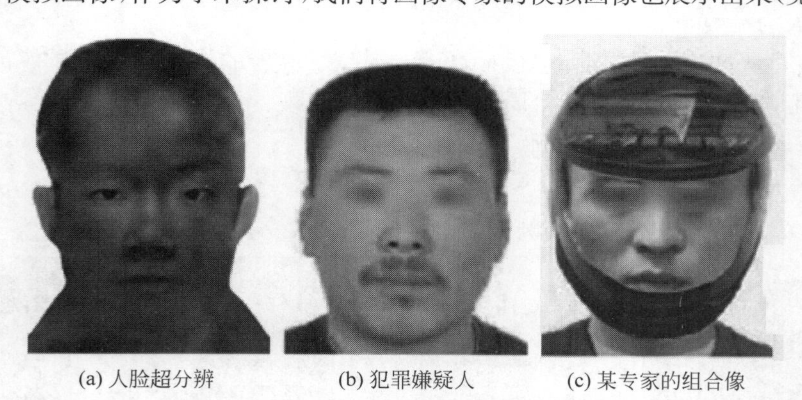

(a) 人脸超分辨　(b) 犯罪嫌疑人　(c) 某专家的组合像

图 13.9.7　张家口、天津蓟县金店连环抢劫案犯罪嫌疑人的不同重建像(部分眼部有虚化处理)

从张家口金店抢劫案的视频资料中也找到犯罪嫌疑人的图像，但质量太差(还戴有头盔)。画像专家给出的犯罪嫌疑人的组合像，效果还是非常不错的。

还有许多成功破案实例，这里不再赘述。值得指出的是，这些大案要案的成功破获，我们提供的资料仅仅是作为一种办案的参考，这些案件的成功侦破，还是靠一线干警的聪明才智和辛劳。

笔者还为一些案件做过一些工作，至今不知案件破获情况，也无法验证重建的效果。图 13.9.8 给出了一个未经证实的人脸超分辨应用实例。

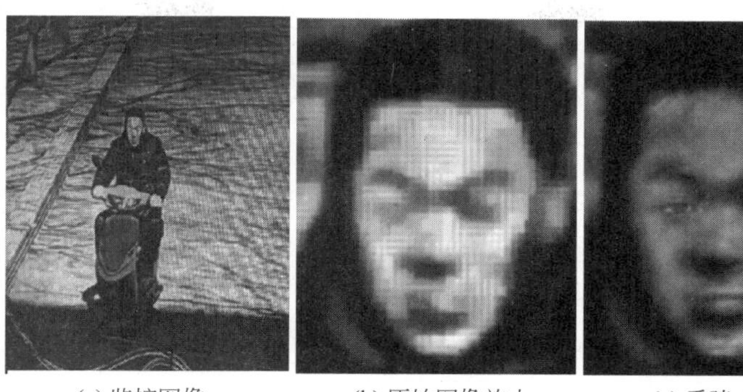

(a) 监控图像 (b) 原始图像放大 (c) 重建人脸

图 13.9.8 超低分辨率人脸图像重建应用实例

13.10 人脸超分辨技术的发展

技术是在不断发展进步的，自 2010 年的公安部重点攻关项目验收之后，我们就一直坚持研究，并取得了一些新的研究成果，包括利用神经网络的人脸超分辨的方法。人脸超分辨技术，前期主要以超分辨率重建的传统方法为主。随着深度学习的发展，也产生了深度学习的人脸超分辨方法。其中，既有使用 CNN 网络的，也有应用 GAN 网络的。基于深度学习的人脸超分辨技术，目前也逐渐开始走向实际应用。图 13.10.1 给出了一个使用 CNN 网络人脸超分辨的实例。

(a) 原生人脸图像(瞳距=12像素)

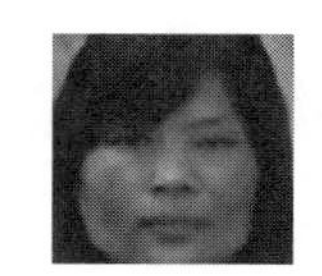

(b) 人脸超分辨图像(15万人库中排第一名)

图 13.10.1 应用 CNN 网络的人脸超分辨实例

图 13.10.1 给出的原生人脸图像，经人脸检测、人脸关键点定位，确定为低的人脸分辨率图像(瞳距=12 像素)，应用 CNN 网络的人脸超分辨程序进行重建，得到 112×112 的人脸图像[图 13.10.1(a)]，继而进行深度学习人脸识别，在 15 万人的特征库中，目标人处于第一名。这种流程是全自动的流程，也是动态的低分辨率人脸图像的识别流程，其中包含了对人脸分辨率的判别，也就是对两眼中心距离的判别。当两眼中心的距离大于或等于确定的阈值时，则直接进入人脸识别；而小于确定的阈值，就进行 CNN 网络的人脸超分辨重建，继而用重建像进行人脸识别。这样做，扩展了人脸分辨率的适应范围。值得指出的是，人脸关键点的自动定位能力是至关重要的。一般来说，人脸检测的能力强于人脸关键点的自动定位能力。要实现低人脸分辨率的自动人脸识别，就要解决低人脸分辨率的人脸关键点自动定位问题。在视频图像中，仍有一些人脸图像难以达到全自动的定位。因此，人机交互还是需要的。可以采用本章介绍的人脸超分辨、人脸识别、人像组合综合运用的架构，进行人机交互处理。对于那些涉及超低人脸分辨率的人脸图像，深度学习的人脸超分辨、深度学习的人脸识别、人像组合的综合应用，一定具有实际应用价值。

可以说，深度学习的人脸超分辨技术仍处在发展之中，本章所介绍的某些技术仍可能会带来某些性能的提升，目前我们也在探索中。

在这里，笔者想说的是，在深度学习大放异彩时，不要一概排斥、否定所有的传统方法。研究、学习以往的研究成果，并在探讨新技术、新方法时，合理地汲取早期的某些技术，这也可能是一种成功之道。在本书中，读者也会找到一些佐证。

习题 13

习题 13.1 对于图 13.7.7 所示章莹颖绑架案的模拟像制作，要想取得更好的结果，你的建议是什么？

习题 13.2 本章介绍的超低分辨率人脸图像重建方法的理论依据是什么？

第14章

人脸识别技术

14.1 生物特征识别概述

利用传感器采集的生物数据，称为生物样本（Biometric Sample），简称样本（Sample），如人脸图像。广泛应用的生物特征识别（Biometric Recognition）的样本具有以下特征：

- 样本具有普遍性；
- 样本具有唯一性；
- 样本具有稳定性；
- 样本具有采集性。

样本具有普遍性，是指样本人人都有，如人脸、指纹、虹膜等。而像文身、痣、伤疤这些样本，虽然普遍性较差，但作为辅助的特征，仍然可用于生物特征识别。为了加以区别，业界将这一类称为软生物特征或辅助生物特征，其对应的样本，称为软生物特征样本或辅助生物特征样本。

样本具有唯一性，是指样本人人不同。以指纹为例，几乎没有两枚指纹具有完全相同的特征；至于人脸，几乎也没有两张人脸具有完全相同的特征。即使是双胞胎，也是有区别的，只是目前的人脸识别还达不到精准区分的程度。

样本具有稳定性，以指纹为例，从出生起，除非受到严重的外伤或疾病影响，每个人的指纹特征都终生不变。人脸随年龄的变化而变化，在稳定性方面要差一些。在一些场合，要求提供近照，这是指半年之内的标准照。可以说，对于半年之内的标准照，人脸识别率基本不存在问题。随着人脸识别技术的进展，大年龄跨度的准确率也越来越高。

样本具有采集性，是指利用传感器可以方便地采集到该样本。人脸、指纹，由于其外在的特点而易于采集；指静脉、掌静脉，由于其内在的特点，则需要较复杂的传感器予以采集。有遮挡的文身、痣、伤疤不易采集。曾有公司宣称其具有高识别率的骨骼人脸识别。我们先不去评论骨骼人脸识别的识别率高低，仅就骨骼人脸图像的采集方式而言，就存在用 X 光来采集骨骼人脸图像的安全问题。如果不用 X 光采集骨骼人脸图像，而仅依靠可见光人脸图像来提取内在的骨骼特征，其准确性也将大打折扣。

生物特征(Biometric Feature),是从生物样本中获取的用于识别的数字组合或标签,简称特征。生物特征包括生理特征和行为特征。生理特征包括人脸、指纹、虹膜、指静脉、掌静脉等特征,行为特征包括声纹、签名、步态、笔迹等特征。依靠某种算法,从生物样本中提取该样本的生物特征,形成生物特征数据,也称为生物特征模板,简称模板。

生物特征识别,是利用不同人的生物特征差异进行人的身份识别的过程。生物特征识别的种类较多,图 14.1.1 为生物特征识别类别的示意图。

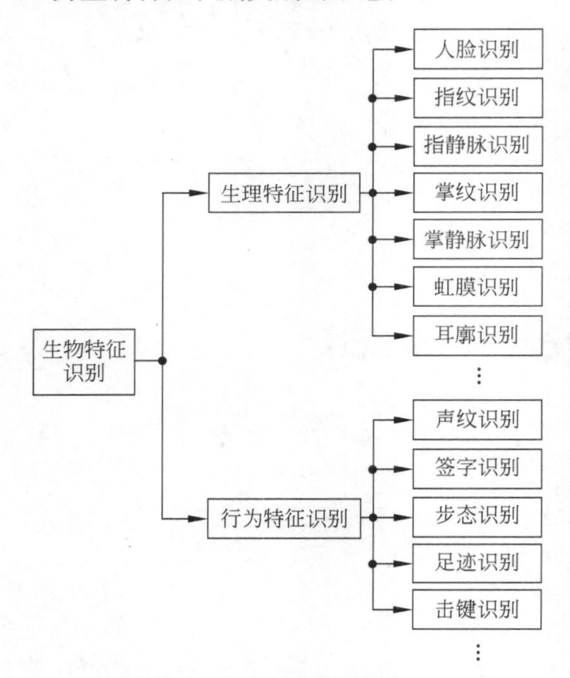

图 14.1.1 生物特征识别类别的示意图

图 14.1.1 列出的多种生物特征识别技术,其技术成熟度不尽相同,应用的广泛性也有差异,有的仍处在研究阶段。应该指出的是,建立生物特征识别技术的应用准则是非常重要的,其准则至少应包括:

- 生物特征识别的应用须具备应用的有效性;
- 生物特征识别的应用不能伤害人体的健康;
- 生物特征识别的应用不践踏人类的公知伦理;
- 生物特征识别的应用须具备生物数据和生物关联数据的安全性;
- 生物特征识别的应用须具有防伪能力。

生物特征识别的应用须具备应用的有效性,是指生物特征识别的性能指标应满足应用的具体需求,既要求具有高的识别率、也要求相应的识别速度。各应用部门应建立准入门槛,对那些粗制滥造的不满足应用要求的生物特征识别系统,应加以限制。

生物特征识别的应用不能伤害人体的健康,既包括短期应用,也包括长期应用所带来的对人体的安全性问题。前面讲的骨骼人脸识别,如果用 X 光采集骨骼人脸图像,就必须施加防护措施,以保障人体安全。近红外人脸识别,要求近红外光的强度一定要限制在人体安全范围之内。特别要考虑的是,长期应用对瞳孔产生的影响。

生物特征识别的应用不践踏人类的公知伦理，是指生物特征识别的应用不能侵犯个人的肖像权和隐私权以及其他相关公知伦理。

生物特征识别的应用须具备生物数据（Biometric Data）及生物关联数据（Biometric Sample Associated Data）的安全性，这是生物特征识别应用凸显出来的重大问题。生物数据分为原生生物数据（Original Biometric Data）和派生生物数据（Derived Biometric Data）。原生生物数据是使用采集设备获取或生成工具形成的未经修改的生物样本。派生生物数据是对原生生物数据处理形成的、与原生生物数据不同的生物数据。生物关联数据是指与生物数据所对应的个体信息，包含但不限于身份数据、活动轨迹数据和档案数据。以人脸识别为例，人脸数据（Face Data）指包含人脸信息的数据，分为原生人脸数据（Original Face Data）和派生人脸数据（Derived Face Data）。原生人脸数据是使用采集设备获取的或生成工具形成的未经修改的人脸图像，包含但不限于动态人脸图像、静态人脸图像和合成人脸图像。这里指的合成人脸图像，如组合人像、卡通人像。派生人脸数据是指对原生人脸数据处理形成的、与原生人脸数据不同的人脸数据，包含但不限于人脸关键点、人脸几何归一化图像和人脸特征数据。人脸关联数据（Face Associated Data）是指与人脸数据所对应的人的信息，包含但不限于身份数据、活动轨迹数据和档案数据。如果生物数据及生物关联数据发生捆绑式的泄露，其后果不仅仅是侵犯肖像权和隐私权，还会出现诸如财产安全、人身安全、企事业单位安全等一系列重大问题。

生物特征识别的应用须具有防伪能力，这是生物特征识别系统本身需具备的一种防呈现攻击（Presentation Attack）的能力。呈现攻击是通过将假体呈现在采集设备前，达到干扰生物特征识别系统识别结果的目的。在无人值守的应用场合，这种防呈现攻击能力尤其重要。如面具、照片、视频人脸等，易于对人脸识别系统产生攻击。活体检测是防伪的一种有效技术。常见活体检测方式如图 14.1.2 所示。

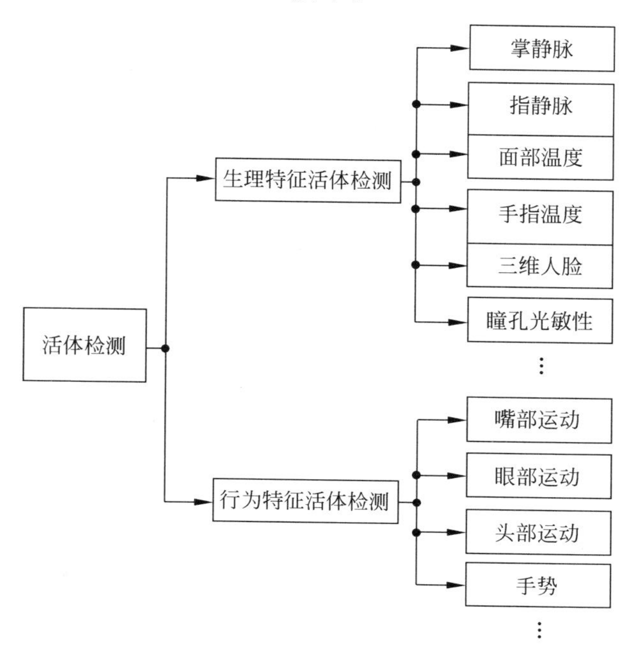

图 14.1.2　常见的活体检测方式

我们常看到的，在人脸识别应用中，有语音提示，让被识别者说话、摇头等，就是一种活体检测手段。

特别指出的是，生物特征识别应用的安全性问题，既包括生物数据及关联数据的安全、生物特征识别系统本身防呈现攻击的安全，还包括人体健康的安全。

生物特征识别，包含生物特征辨认和生物特征确认及其综合的识别。生物特征辨认，是用一个输入的生物特征与库中的每一个生物特征进行比对，以确定该输入的生物特征所对应的未知人身份，属于一对多的生物特征识别。生物特征确认，是利用生物特征识别技术检验用户是否为其所声称的身份的过程，属于一对一的生物特征识别。

图 14.1.3 给出了生物特征识别系统的逻辑框图。

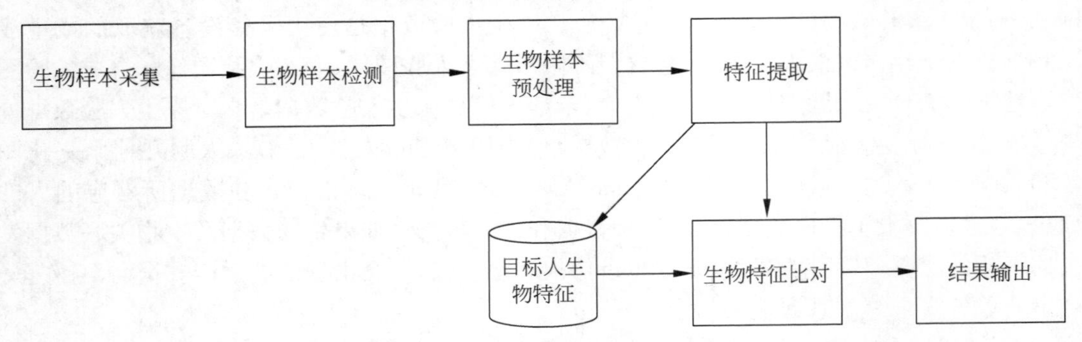

图 14.1.3 生物特征识别系统的逻辑框图

生物特征识别系统的设计与应用一般包括以下 3 个环节：

(1) 注册。采集已知人的个人信息与生物特征样本、提取其特征并存储特征与个人信息。

(2) 识别。通过传感器采集未知人的生物特征样本、抽取其特征并与注册的已知人的生物特征进行比对，识别其身份。

(3) 模型训练。在模型训练阶段，将大量的某类生物特征样本进行标签性的分类，既做到一人多个样本，又做到多个人。人的个数往往是大量的，形成一个大数据的标签数据。再对这些数据进行配准等处理，继而利用深度学习网络进行训练，得到该类生物特征识别的模型。

生物特征识别的主要性能指标包括：

• 错误接受率(False Acceptance Rate，FAR)

在生物特征确认识别中，将来自冒充者的测试样本误认作真实人的比率，也称为认假率。

$$\text{错误接受率} = \frac{\text{被系统接受的冒充者测试样本数}}{\text{总的冒充者测试样本数}} \times 100\% \qquad (14.1.1)$$

• 错误拒绝率(False Rejection Rate，FRR)

在生物特征确认识别中，将来自真实人的测试样本误认作冒充者拒绝的比率，也称为拒真率。

$$\text{错误拒绝率} = \frac{\text{被系统拒绝的真实人测试样本数}}{\text{总的真实人测试样本数}} \times 100\% \qquad (14.1.2)$$

• 首选识别率(Top 1 Identification Rate)

在生物特征辨认识别中,来自真实人的测试样本处于第一名的比率。

$$\text{首选识别率}=\frac{\text{正确辨认结果处于第一位的样本数}}{\text{总的测试样本数}}\times 100\% \tag{14.1.3}$$

• 前 N 识别率(Top N Identification Rate)

在生物特征辨认识别中,来自真实人的测试样本处于前 N 名的比率。

$$\text{前 } N \text{ 识别率}=\frac{\text{正确辨认结果处于前 } N \text{ 名的样本数}}{\text{总的测试样本数}}\times 100\% \tag{14.1.4}$$

式中,N 为正的自然数。

在国际测试中,FAR 也称 FMR(False Match Rate),FRR 也称 FNMR(False Non-match Rate)。

生物特征识别技术的应用是十分广泛的,在公共安全领域和金融行业的应用则更为显著。人脸识别、指纹识别、虹膜识别等生物特征识别已经广泛应用于公安部门的多项业务工作,而指纹、指静脉、人脸、声纹识别等生物特征识别则广泛应用于金融行业的业务工作。表 14.1.1 给出了生物特征识别技术在金融行业的应用场景。

表 14.1.1　生物特征识别技术在金融行业的应用场景

应用场景分类	应用场景	主要应用的生物特征识别技术
内控管理	柜员签到、签退、业务授权	指纹识别
	数据中心、金库门禁	指纹、虹膜、指静脉、人脸识别
	贵金属、尾箱押运	指纹、指静脉识别
客户服务	柜面交易	人脸、指静脉识别
	自助设备	ATM机：人脸、虹膜、指静脉 智能柜台：人脸、指纹、指静脉
	手机银行	登录：人脸、指纹、虹膜识别 远程开户：人脸、声纹识别 转账支付：人脸、声纹、指纹识别
	电话银行	登录：声纹识别
	客户识别	VIP、要客、黑名单：人脸识别
	保险箱业务	指纹识别
	互联网金融	登录：人脸、指纹、声纹识别 远程开户：人脸、声纹识别 转账支付：人脸、指纹识别

当然,表 14.1.1 给出了生物特征识别技术在金融行业的应用场景只是一个初步的展示,还没有给出多种模态的应用,而多模态如“人脸+”的生物特征识别技术应用,将在识别率、安全性等方面带来性能提升。

14.2 人脸识别概述

利用人脸进行人的身份识别的过程，称为人脸识别(Face Recognition)。人脸识别通常分为3类：辨认(Identification)、确认(Verification)和关注名单识别(Watch List)。

辨认型人脸识别是用一个输入的人脸特征与库中的每一个人脸特征进行比对，以确定该输入的人脸特征所对应的未知人身份。辨认型人脸识别属于一对一的人脸识别。

关注名单型人脸识别是判别一个未知身份的待测人脸样本是否在关注名单上。如果判断待测人脸样本在关注名单上，则将确定该待测人脸样本的身份。关注名单型人脸识别属于一对多的人脸识别。

确认型人脸识别(也称为验证型人脸识别)是通过人脸检验待识别人否为其所提交的身份的过程，属于一对一的人脸识别。对于未知身份的X，其提交的身份为A，将X的人脸特征与身份为A的人脸特征进行比对，判断其是否为同一人。

人脸识别技术是生物特征识别诸多技术中的一种，具有自然性、隐秘性、后验性、实名性、人体安全性等显著特点，包括：

(1) 适合人群广泛，不同于指纹有3%左右的人群因为难以提取指纹特征而不能进行身份识别。

(2) 识别方式包括配合、非配合，具有非接触性和隐秘性。

(3) 应用的广泛性。除了视频监控，摄像头还是许多智能设备的标配，如手机、笔记本电脑都配有摄像头，非常有利于获取人脸图像。

(4) 人脸五官结构利于人脸图像配准，人脸图像来源极为丰富，这些特点有利于实现基于深度学习的人脸识别。

(5) 人脸图像进入国家法定证件，有利于实现实名的同一身份认证，大大扩展了行业应用。特别是与网络身份证结合之后，"刷脸"技术未来的应用空间将更为广泛。

(6) 由于人类先天具有识别人的功能，致使在机器自动进行人脸识别后，再由人工进行核验，形成双重保险。这种人工的后验性，在实际中可以取得更好的应用效果。

(7) 人脸特征属于体外特征，识别过程自然，对被识别人来说，接受程度较高。值得一提的是，在应用其他生物特征识别时，被识别者的人脸图像常常需要保留备案。若施加人脸识别，既实现了多模态的生物特征识别，提高了识别率，也是"顺手牵羊""举手之劳"之举。

(8) 不接触的识别方式，以及所需光源主要是可见光，对人身不存在任何安全隐患。

当然，人脸识别的难点也很突出，包括：

(1) 光照。因环境的差异，人脸上的光照变化如背光、高光、侧光等，都会对人脸识别带来一定的影响。

(2) 姿态。极端的情况下，只看到一个侧脸，就难以进行人脸识别了。目前的人脸识别技术，基本都基于两眼的位置来进行人脸图像配准。当水平转动角大于45°时，人脸图像通常只有一只眼睛，致使人脸图像不能正常配准。一般来说，水平等于转动角大于45°时，采用目前的人脸识别算法，会对识别率产生严重的影响。

(3) 表情。夸张的表情会对识别率产生不利影响。

(4) 年龄。人脸随年龄变化而变化，其变老模式因人而异，虽然业界进行了多年的研究，但至今仍未得到一个唯一的变老模式。有的证件照要求半年的近照，也就是说，半年的近照，人脸图像基本不变，或者说，对识别率不产生影响。当前，对年龄变化的人脸识别率虽然有了极大的提升，但对于年龄差大于10年的人脸，其识别率还是有所下降的。

（5）遮挡、化妆与整容。发生遮挡的原因是多方面的，有主观的，也有客观的。遮挡的范围也有所不同，有戴墨镜的，而雾霾天气戴口罩则成为常态。化妆也会使人脸发生变化，但一般性的化妆对人脸识别率的影响不大，而极端的化妆则另当别论了。整容对原来的人脸带来变化，但是一般性的整容对人脸识别率的影响也不大。北京电视台曾播出一位整容专家的极端整容效果，并现场进行人脸识别。当然，这只是一次挑战人脸识别的实验。当时应用传统人脸识别方法，用整容后的人脸图像，在30万人脸特征数据库中进行人脸识别，目标人排在第29名。

（6）双胞胎。即使是双胞胎，人脸也是有区别的，只是现有的人脸识别技术还达不到统计意义上的准确区分程度。

（7）人脸分辨率。这是人和人脸识别系统对不同大小人脸的分辨能力。人脸分辨率过低，对人脸识别率会产生不利影响。在视频监控的人脸识别中，这个问题比较突出。

（8）易受攻击。被识别的人脸图像的形式具有多样化的特点。以往的照片、视频以及面膜，都会成为假冒的人脸图像。显然，人脸识别的防伪，在非配合的人脸识别中，成为必不可少的功能。

当前，人脸识别技术突飞猛进，上述的问题在很大程度上得到了解决。

人脸识别技术发展迅速，经历了萌芽期、起步期、发展期、成熟期和规模应用期。萌芽期大致处于20世纪60年代，代表作是1965年Chan和Bledsoe设计的人脸识别系统。起步期大致处于20世纪90年代，代表作是1991年美国MIT的Turk和Pentland提出的著名的特征脸(Eigenface)人脸识别方法。该方法识别率虽然不高，但却是一种在人脸识别技术的发展上具有里程碑式意义的人脸识别方法。发展期是从2001年开始，标志事件是美国“9·11”恐怖袭击事件，人脸识别技术成为研究与应用的热点。局部成熟期从2006年开始，标志事件是FRVT2006、MBE2010国际测试。在错误接受率FAR为0.1%时，FRVT2006测试的最好成绩是：正确识别率为99%；MBE2010测试的最好成绩是：正确识别率为99.7%。规模应用期从2008年开始，标志事件是人脸识别技术成功应用于2008北京奥运会，上百套人脸识别系统应用于奥运会场馆。特别地，2012年起，我国各地公安部门集中进行户籍查重，纷纷建立起基于第二代居民身份证(以下简称为第二代身份证)人脸图像的海量人脸识别系统，把我国的人脸识别技术应用推向新的高点，这是我国在人脸识别的应用上出现的第一次大的高潮，致使人脸识别技术的应用大爆发，进入到黄金发展时期。《MIT技术评论》将深度学习评为2013年十大突破性技术之首，深度学习也被称为是人工智能的突破性进展。LeNet是早期的卷积网络。AlexNet卷积网络在2012年ImageNet竞赛中取得最好成绩。VGGNe卷积网络在2014年ImageNet竞赛中取得第二。ResNet卷积网络在2015年ImageNet竞赛中取得分类和检测的最好成绩。在2014年的CVPR国际学术会议上，香港中文大学、Facebook、Face++等单位通过深度学习方法，在LFW测试集上取得了97%以上的人脸识别率。继而，许多公司、研究所、大学利用深度学习，在LFW人脸测试集上达到了非常高的人脸识别率。深度学习人脸识别技术标志着人脸识别技术进入到成熟期阶段，人脸识别的应用也从公共安全领域向金融等行业发展，这是我国在人脸识别的应用上出现的第二次大的高潮。这一次应用高潮具有技术显著进展的特点。人脸识别技术的发展速度之快、应用面之广、影响力之大，在众多生物特征识别技术中脱颖而出。人脸识别爆发式应用在我国迅猛呈现，甚至延伸到国外。媒体惊呼，现在已进入了刷脸时代。

人脸识别技术和应用的发展促进了人脸识别相关标准的发展。美国2004年出台了国家标准《人脸识别数据交换规范》。我国人脸识别相关标准的制定起步较晚，但发展较快。2007年9月11日全国安全防范报警系统标准化技术委员会人体生物特征识别应用分技术委员会成立，我国公共安全领域的生物特征识别相关标准进入大发展阶段。

表14.2.1列出了我国公共安全领域已发布的人脸识别相关的部分标准。

表14.2.1 我国公共安全领域已发布的人脸识别的部分相关标准

标准编号	标准名称	第一起草单位
GA/T 893—2010	安防生物特征识别应用术语	清华大学
GA/T 922.2—2011	安防人脸识别应用系统　第2部分　人脸图像数据	公安部第一研究所
GA/T 1093—2013	出入口控制人脸识别系统技术要求	中国科学院自动化研究所
GA/T 1126—2013	近红外人脸识别设备技术要求	中国科学院自动化研究所
GA/T 1212—2014	安防人脸识别应用　防假体攻击测试方法	中国科学院自动化研究所
GB/T 1488—2015	安防视频监控人脸识别技术要求	公安部第一研究所
GA/T 1344—2016	安防人脸识别应用　视频人脸图像提取要求	上海银晨智能识别科技有限公司
GA/T 1324—2017	安全防范　人脸识别应用　静态人脸图像采集规范	广州像素数据技术股份有限公司
GA/T 1325—2017	安全防范　人脸识别应用　视频图像采集规范	公安部第一研究所
GA/T 1326—2017	安防人脸识别应用　程序接口规范	清华大学
GA/T 1470—2018	安全防范　人脸识别应用　分类	中国科学院自动化研究所

GA/T 893—2010《安防生物特征识别应用术语》属于基础性标准。该标准是由国内生物特征识别领域内的专家学者、著名公司以及管理应用部门共同起草制定，理论性、应用性、创新性强。该标准既包括生物特征识别通用术语和人脸、指纹、声纹、虹膜等多种模态的生物特征识别的专用术语，还包括了其他生物特征识别、多生物特征识别、生物特征识别应用安全术语。因此，该标准对生物特征识别的研究与应用都具有重要的指导意义。该标准已在我国公共安全领域广泛应用，并且已被众多已发布的标准所引用。

在公共安全行业标准GA/T 893—2010《安防生物特征识别应用术语》的基础上，清华大学提出《公共安全人体生物特征识别应用术语》国家标准的起草项目申请。国家标准委于2017年批准《公共安全人体生物特征识别应用术语》国家标准起草项目立项。项目编号为20171818-T-312，清华大学为负责起草单位。目前，该项目处在起草过程中的报批稿阶段。

14.3 人脸识别算法

人脸识别算法的种类很多，深度学习人脸识别算法出现以后，常把前期的人脸识别算法称为传统的人脸识别方法，以示区别。所谓的传统人脸识别方法也五花八门，特征脸的方法具有一定的代表性。特征脸的方法是通过主成分分析(PCA)将人脸图像投影到一个低维"特征空间"，使得信息损失最少，并在该"特征空间"上进行人脸分类。这种方法用人脸图像整体特征来表述人脸，从而保留了大量的分类信息。后来，许多学者对特征脸的方法进行了各种改进，部件 PCA 的方法就是其中的一种。除了特征脸的方法以外，又出现了 LBP、弹性匹配、PCANet、流形学习、稀疏表示等人脸识别算法。光照、姿态、表情、年龄等因素的影响会直接影响人脸识别率。在单人单张人脸的条件下，根据最佳二维人脸的思想，产生了许多人脸校正的算法，比如姿态人脸的正面化、不同表情的人脸中性化等算法，以此获得与标准人脸更接近的人脸，以消除多种因素对人脸识别率的影响。

近年来，基于单人多张的人脸识别算法蓬勃发展起来，特别是基于深度学习的人脸识别方法取得了惊人的发展。

深度学习人脸识别的三要素包括：

（1）大量的标签数据；

（2）超强的计算能力；

（3）深度网络模型。

得益于互联网与社交网络的发展，研究人员可获取海量的人脸图像，由此形成了大量的人脸标签数据。GPU 提供了超强的计算能力。在与算法改进的共同作用下，基于深度学习的人脸识别技术取得了飞速的发展，短短一年内，Facebook、香港中文大学、旷世科技等机构陆续在 LFW 数据集上取得 99%以上的准确率，超过效果最好的传统方法。随着研究的深入，基于深度学习的人脸识别方法不断取得优异的结果，目前 LFW 数据集的最高识别率已经达到 99.85%。

14.3.1　部件 PCA 人脸识别

人脸部件具有显著的人脸特征。我们在 PCA 的基础上形成了 MMP-PCA 人脸识别方法（Multimodal Part Face Recognition Method Based on Principal Component Analysis）。

首先，将人脸图像分为如图 14.3.1 所示的 5 种人脸部件：裸脸、眼睛＋眉毛、眼睛、鼻子、嘴巴。

用 $n\times N$ 矩阵表示 N 个人脸矢量，n 为人脸图像像素数，N 为训练人脸的数量，则

$$\boldsymbol{C}=\frac{1}{N}\boldsymbol{X}\boldsymbol{X}^{\mathrm{T}}\quad \boldsymbol{X}=(\boldsymbol{X}_1,\boldsymbol{X}_2,\cdots,\boldsymbol{X}_N) \tag{14.3.1}$$

式中

$$\boldsymbol{X}_k=(x_{1k},x_{2k},\cdots,x_{nk}),\quad k=(1,2,\cdots,N)$$

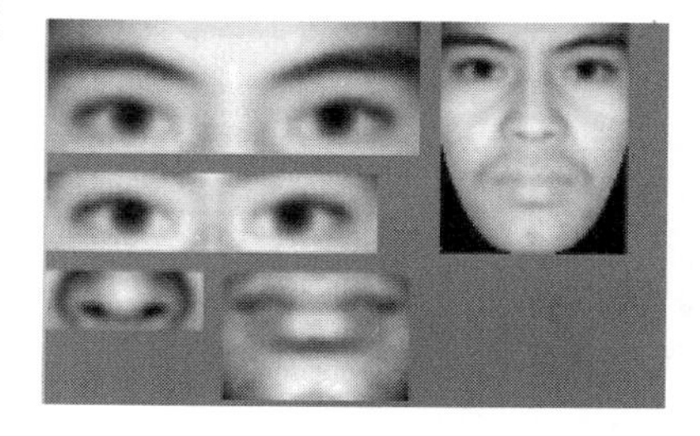

图 14.3.1　人脸部件示意图

在计算 $\boldsymbol{C}$ 的特征向量和特征值中，由于计算 $\boldsymbol{X}\boldsymbol{X}^{\mathrm{T}}$ 的维数很大（n^2 维），而采用奇异值分解，改为计算 $\boldsymbol{X}^{\mathrm{T}}\boldsymbol{X}$，这样可间接获得 $\boldsymbol{C}$ 的特征向量和特征值，而计算 $\boldsymbol{X}^{\mathrm{T}}\boldsymbol{X}$ 后则变为 N^2 维，$\boldsymbol{X}\boldsymbol{X}^{\mathrm{T}}$ 与 $\boldsymbol{X}^{\mathrm{T}}\boldsymbol{X}$ 特征向量的关系满足

$$\boldsymbol{u}_k=\frac{1}{\lambda_k}\times\boldsymbol{\varphi}_k \tag{14.3.2}$$

式中，$\boldsymbol{u}_k$ 为 $\boldsymbol{X}\boldsymbol{X}^{\mathrm{T}}$ 的特征向量；$\boldsymbol{\varphi}_k$ 为 $\boldsymbol{X}^{\mathrm{T}}\boldsymbol{X}$ 的特征向量；λ_k 既是 $\boldsymbol{X}\boldsymbol{X}^{\mathrm{T}}$ 的特征值，同时也是 $\boldsymbol{X}^{\mathrm{T}}\boldsymbol{X}$ 的特征值。对于矩阵 $\boldsymbol{R}$，存在一个 $\boldsymbol{\Phi}$ 矩阵，使得下式成立：

$$\boldsymbol{R}\times\boldsymbol{\Phi}=\boldsymbol{\Phi}\times\boldsymbol{\Lambda} \tag{14.3.3}$$

式中，$\boldsymbol{\Lambda}$ 包含了矩阵 $\boldsymbol{R}$ 的特征值：

$$\boldsymbol{\Lambda}=\mathrm{diag}(\lambda_1,\lambda_2,\cdots,\lambda_N)$$

式(14.3.4)表示成 N 个等式：

$$\boldsymbol{R}\times\boldsymbol{\varphi}_k=\lambda_k\times\boldsymbol{\varphi}_k,\quad k=1,2,\cdots,N \tag{14.3.4}$$

式中，特征值 λ_k 可通过下式求得

$$|\boldsymbol{R}-\lambda_k\times\boldsymbol{I}|=0 \tag{14.3.5}$$

把求得的 λ_k 数值按照从大到小的顺序进行排序，取出前 D 个最大的特征值并保留与之相对应的 D 个特征向量 $\boldsymbol{\varphi}_k$。由式(14.3.2)算出矩阵 $\boldsymbol{C}$ 的特征向量 $\boldsymbol{u}_k$。

矩阵 $\boldsymbol{C}$ 分别为从训练集人脸中分离出裸脸、眼睛＋眉毛、眼睛、鼻子、嘴巴，通过式(14.3.1)～式(14.3.5)的运算，分别形成特征脸、特征(眼睛＋眉毛)、特征眼睛、特征鼻子、特征嘴巴。

在人脸识别过程中，首先要建立一个包含已知人脸的裸脸、眼睛＋眉毛、眼睛、鼻子、嘴巴投影特征值的数据库。

已知人脸的裸脸、眼睛＋眉毛、眼睛、鼻子、嘴巴的投影特征值可通过下式求得

$$\boldsymbol{B}_i=\boldsymbol{u}_{ki}^{\mathrm{T}}\times\boldsymbol{q}_i\quad\begin{cases}k=1,2,\cdots,D\\ i=1,2,3,4,5\end{cases} \tag{14.3.6}$$

式中，$\boldsymbol{q}_i$ 分别为已知人脸的裸脸、眼睛＋眉毛、眼睛、鼻子、嘴巴图像；$\boldsymbol{u}_{ki}$ 分别为从训练集人脸中得到的特征脸、特征(眼睛＋眉毛)、特征眼睛、特征鼻子、特征嘴巴。

采用式(14.3.7)计算待识别人脸特征与已知人脸特征的相似度：

$$R=\sqrt{1-\frac{\|\boldsymbol{A}-\boldsymbol{B}\|}{\|\boldsymbol{A}\|+\|\boldsymbol{B}\|}} \tag{14.3.7}$$

式中，$\boldsymbol{A}$ 为待识别人脸的特征；$\boldsymbol{B}$ 为数据库中已知人脸特征。

在部件 PCA 识别中，不仅可以利用单独一个部件进行识别，还可以用几个部件进行加权融合的识别，识别方法更为灵活。5 个部件能够形成不同组合的识别模式，最多的识别模式数为 K。

$$K=\mathrm{C}_5^1+\mathrm{C}_5^2+\mathrm{C}_5^3+\mathrm{C}_5^4+\mathrm{C}_5^5=31$$

二维 Gabor 函数具有与人类大脑皮层简单细胞的二维反射区相同的特性，Gabor 特征对于光照、表情等的变化不敏感，与基于灰度特征的识别方法相比，基于 Gabor 特征的人脸识别方法在光照、表情变化中具有更好的鲁棒性。根据 MMP-PCA 的人脸识别思路，我们提出了基于 Gabor 特征的多部件人脸识别算法(MMP-GF)。

采用五尺度八方向的 Gabor 滤波器组，将人脸归一化图像依次与滤波器组的各个滤波器卷积(5 尺度对应的卷积核尺寸：1 尺度为 11×11，2 尺度为 15×15，3 尺度为 21×21，4 尺度为 31×31，5 尺度为 41×41)，由此提取整个脸部的 Gabor 特征，并将整个脸部 Gabor 特征进行分割，得到与 MMP-PCA 对应的各个部件的 Gabor 特征(见图 14.3.2)。

在部件 PCA 特征和部件 Gabor 特征基础之上，我们形成了多部件多特征的融合人脸识别方法(MMP-GGF)。第一步，在特征层上，部件 PCA 特征与 Gabor 特征相融合，形成了融合的裸脸、眼睛＋眉毛、眼睛、鼻子、嘴巴特征。第二步，在决策层上，对 5 种融合的特征进行决策融合，形成多部件多特征的人脸识别。

我们采用两个测试集对前述的 3 种人脸识别算法进行性能测试。

测试集 1：

应用 FERET 人脸数据，包含 14,051 幅多姿态、不同光照、不同表情和不同年龄的彩色人脸图像，所有样本尺寸均为 512×768 像素，两眼中心之间的平均距离大约为 120 像素。测试集 fb 包含 992 人的 992 张表情变化图像，与目标集 fa 中人脸图像同期采集；测试集 dup1 和 dup2 都是年龄变化的测试集，dup1 包含 736 张图像，与目标集 fa 的时间间隔不定；测试集 dup2 是测试集 dup1 的子集，包含 228 张图像，与目标集 fa 的最短时间间隔为 540 天。

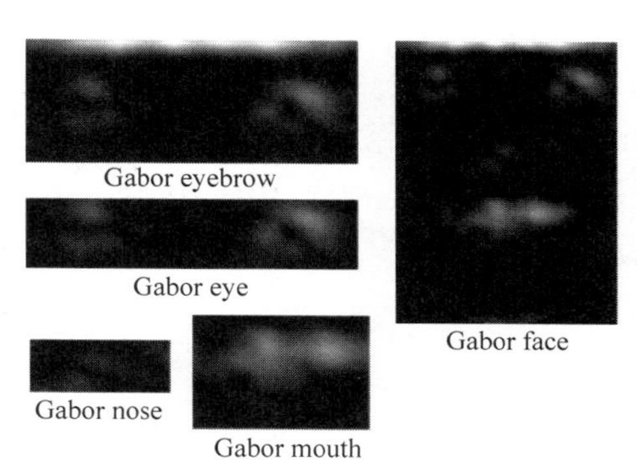

图 14.3.2　部件 Gabor 特征示例

测试集 2：

测试集 2 包括 594 人的视频人脸图像的测试集和对应的第二代身份证（卡内）人脸图像（人脸图像尺寸为 102×126 像素）的目标集。由于周围环境的变化，使得图像的光照、姿态等并不理想，但这些视频人脸图像也符合实际应用，因此我们仍然使用了 CCD 摄像机采集的人脸图像进行测试。该类图像两眼之间的平均距离大约为 45 像素。

表 14.3.1 和表 14.3.2 分别给出 MMP-PCA、MMP-GF、MMP-GGF 人脸识别算法的识别性能。

表 14.3.1　测试集 1 的识别性能

测　试　集	算　　法	FAR=0.1%时的 GAR	FAR=1%时的 GAR
fb	MMP-PCA	92.44%	97.58%
	MMP-GF	96.07%	99.19%
	MMP-GGF	98.88%	99.80%
dup1	MMP-PCA	64.54%	79.62%
	MMP-GF	70.38%	85.60%
	MMP-GGF	74.32%	86.96%
dup2	MMP-PCA	54.82%	73.25%
	MMP-GF	60.53%	82.02%
	MMP-GGF	66.67%	83.77%

表 14.3.2　测试集 2 的识别性能

算　法　1	FAR=0.1%时的 GAR	FAR=1%时的 GAR
MMP-PCA	62.96%	84.18%
MMP-GF	63.30%	85.02%
MMP-GGF	80.81%	94.61%

从识别结果来看，MMP-GGF 算法取得了更高的识别率，特别是对测试集 2 的测试结果，融合后的识别率超过 10%（FAR=0.1%时）。

图 14.3.3 和图 14.3.4 给出测试集 1、2 上 5 个部件单独识别和整体融合识别的 ROC 曲线。从图中可以看出 5 个部件的单独识别，裸脸的混合特征识别效果最好，其次是眼眉和

眼睛。FERET 库中 fb 测试集的嘴巴混合特征的识别效果最差，这主要是由于 fb 测试集是人脸表情变化的测试集，人脸图像变化较多的部分体现在嘴巴上。其他两个测试子集以及测试集 2 中的人脸多数是中性表情，因此嘴巴的识别效果要好于鼻子的效果。总体来讲，对于各个部件来说，裸脸、眼眉、眼睛的鲁棒性要好于其他两个部件；而 5 个部件融合的识别效果要好于任何一个部件独立识别的效果。

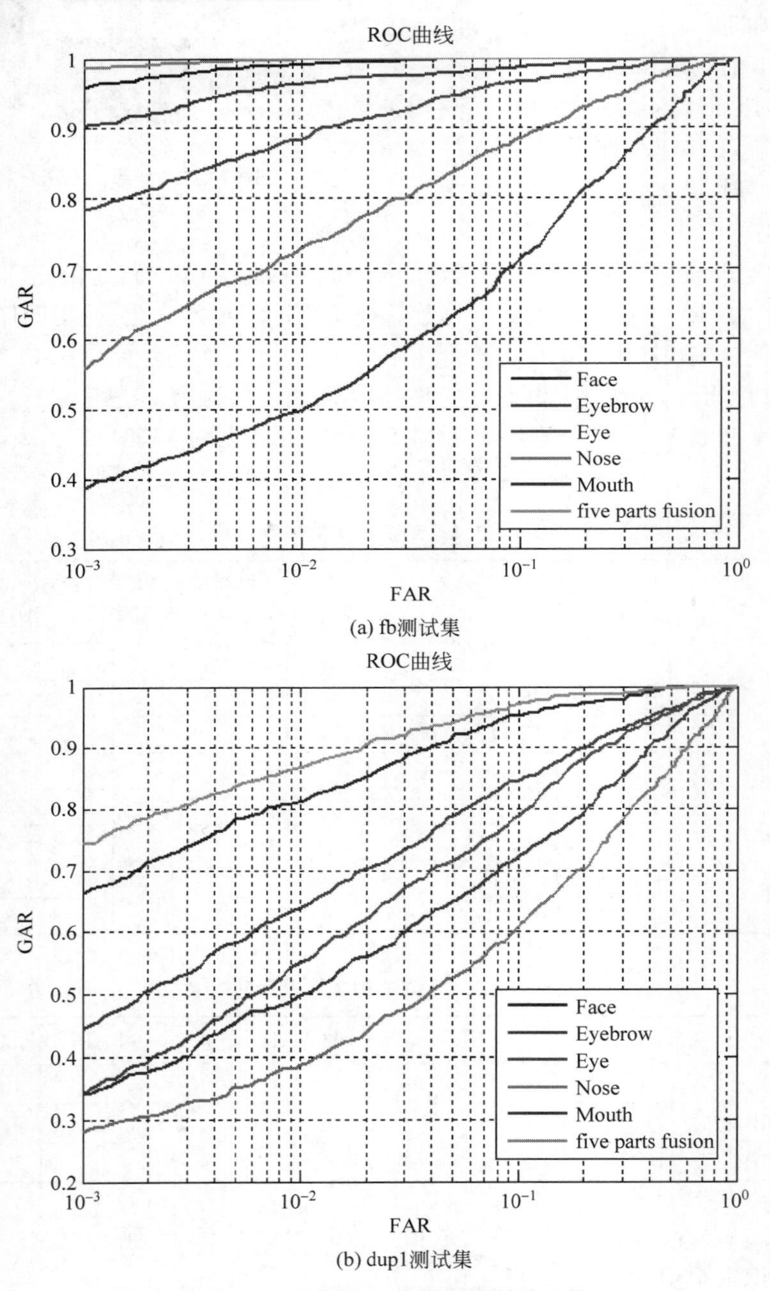

(a) fb测试集

(b) dup1测试集

图 14.3.3　测试集 1 部件识别性能比较

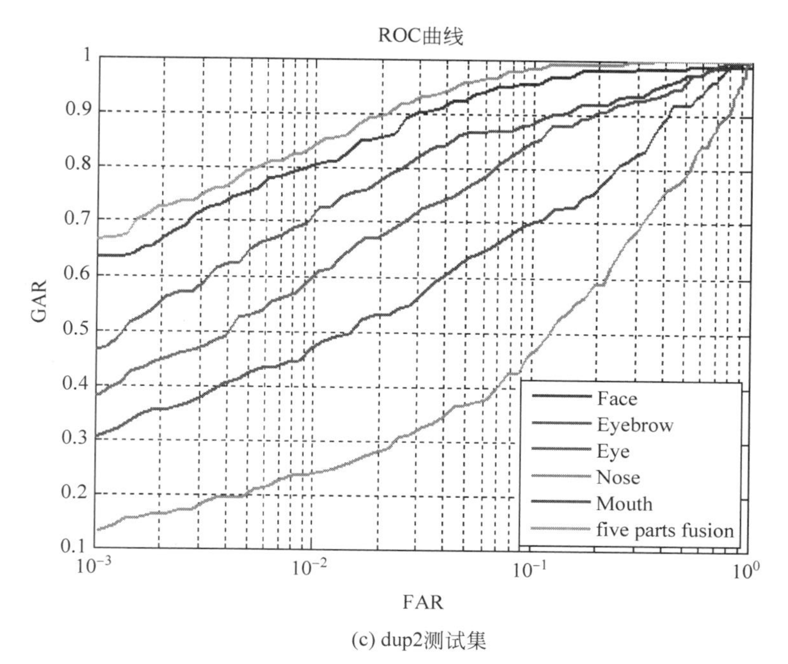

(c) dup2测试集

图 14.3.3 （续）

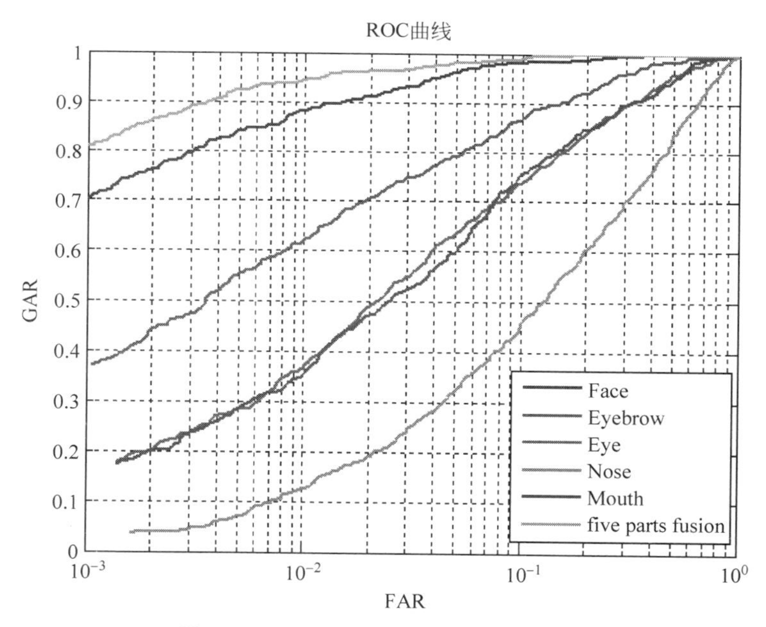

图 14.3.4 测试集 2 部件识别性能比较

值得指出的是，基于部件的人脸识别在人像组合形成的模拟像的识别中取得了较好的应用效果。原因在于人像组合形成的模拟像与目标人之间还是有较大的差距，但局部相似的可能性更大。这样，利用人脸单部件或人脸不同组合部件进行识别，有时可以取得意想不到的效果。

14.3.2 深度学习人脸识别

用深度学习方法提取人脸特征并进行人脸识别，称为深度学习人脸识别。

深度学习人脸识别方法主要是应用卷积神经网络来提取人脸特征，再进行人脸特征比对，实现对人的身份识别。

卷积神经网络(Convolutional Neural Networks，CNN)是一种非全连接的神经网络结构，包含两种特殊的结构层：卷积层和池化层(也称特征提取层和特征映射层)。在深度学习的计算中，卷积表示两组离散数据在对应点相乘后求和的结果。卷积层的作用是对上层生成的特征图进行多次卷积，完成抽取特征的任务。池化是将人工神经网络中某层输出的特征进行特定处理，实现特征降维的操作。

每个卷积层都会紧跟1个次抽样层。输入数据经过卷积后进入高维空间，即卷积层进行了升维映射。如果不断地进行升维会导致维数灾难，因此需要进行池化操作。池化的作用是将人工神经网络中某层输出的特征进行特定处理，实现特征降维的操作。池化后得到的概要统计特征不仅具有低得多的维度，同时还可以降低过拟合的可能性。

卷积层的每一个平面都抽取了前一层某一方面的特征，使用该卷积层上每个节点作为特征探测器共同提取前一层的特定特征。每经过一次卷积就进行一次到特征空间的映射，并进行重构。卷积层的输出作为下一层的输入。CNN 网络结构的示意图如图 14.3.5 所示。

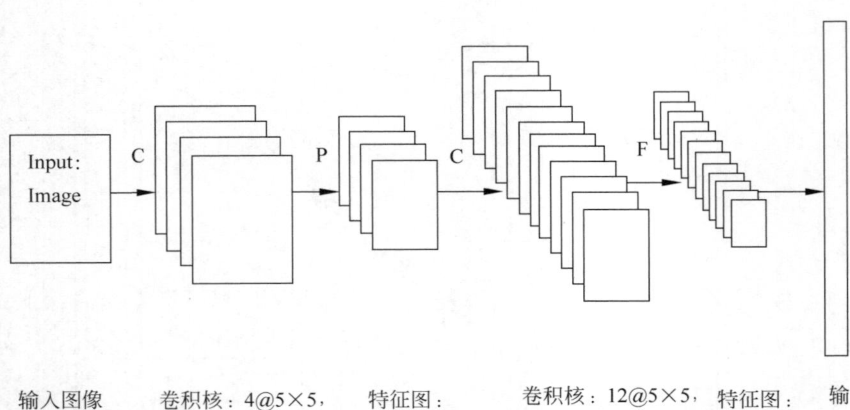

图 14.3.5 CNN 结构示意图

C—卷积；P—池化；F—全连接

图 14.3.5 中，“卷积核：4@5×5”表示该卷积层里作 4 次卷积的 4 个不同的 5×5 卷积核。“特征图：4@24×24”表示该卷积层里作 4 次卷积后得到的 4 幅特征图。类似的标定，这里就不再赘述了。

在实际应用中往往使用更多层的卷积，多层卷积的目的是一层卷积学到的特征往往是局部的，层数越高学到的特征就越抽象越全局化。目前，上百层的 CNN 结构也屡见不鲜。

顺便提及一下，这里所说的卷积，是二维卷积。在深度学习的计算中，卷积表示两组离散数据在对应点相乘后求和的结果。

深度学习人脸识别方法和传统人脸识别方法(如 PCA 方法)相比,区别之处在人脸特征的提取方法上。深度学习人脸识别方法是应用卷积神经网络来提取人脸特征,在提取特征之前,首先要进行模型训练,这是一项决定人脸识别率的极其重要的工作。

模型训练,即采用大量的标签人脸数据,运用卷积网络进行模型训练。

卷积网络有很多种,比如 VGGNet、ResNet、DenseNet 、MobileNet。相比之下,VGGNet 网络层数越多,越难收敛,现在已经很少使用。ResNet 在 VGGNet 基础上增加层与层之间的连接,这样能够使梯度一直存在,参数会一直更新到收敛。使用 ResNet 能够做到上千层,也是目前使用最多的网络。DenseNet 增加了较多的层与层之间的连接,但是其计算量很大,存储的中间参数也很多,有限的计算资源和存储很难训练出较深的网络。使用单块 Titan X 的 GPU,最多只能训练十几层网络,所以使用较少。MobileNet 是一个轻量化的网络,该网络可以做得很深,而且计算量不大(大量的 1×1 卷积),但是效果略差。

模型训练需要建立由大量的标签人脸数据组成的人脸训练集,这种训练集必须由一人多张且多人的人脸图像组成。至于人脸训练集的人脸图像总量的最小值是多少,目前业界尚无定论,但从目前公开的人脸训练集的数量来看,最小值约为 50 万,而取得更好识别率的人脸训练集的数据量,则大大超过 50 万。当然,建立一个好的人脸训练集,不仅要求人脸数据量,还需要考虑人脸图像的普遍性,即姿态、光照、年龄等方面的因素,以提高人脸识别的普适性。

一些单位曾提供了公开的人脸数据集,极大地促进了深度学习人脸识别算法的模型训练。这些人脸数据集包括:

(1) CASIA webface 人脸数据集。中国科学院自动化研究所李子青团队;10 575 个人,494 414 张人脸图像(应用方需签订使用协议)。

(2) MS-Celeb-1M 人脸数据集。微软公司;99 892 个人,8 456 240 张人脸图像,网址:https://www.msceleb.org/download/aligned。

(3) CelebA 人脸数据集。商汤科技;10 177 个人,202 599 张人脸图像;网址:http://mmlab.ie.cuhk.edu.hk/projects/CelebA.html。

(4) VGGface 人脸数据集。VGG;2622 个人,2.6M 张人脸图像;网址:http://www.robots.ox.ac.uk/～vgg/data/vgg_face2/。

在这些公开的人脸数据集中,有的还给出了人脸关键点的位置坐标。这里用到的人脸关键点,包括左眼中心点、右眼中心点、鼻尖点、左嘴角点、右嘴角点。

模型训练所采用的人脸数据集的人脸图像,是原始人脸图像经过人脸配准处理以后的归一化人脸图像,而这些关键点的位置坐标数据则是人脸配准的依据。至于人脸图像归一化的处理技术,则在本章后续部分给予介绍。

在深度学习人脸识别算法的研究中,需要运用深度学习框架平台,这种框架平台把深度学习的许多关键环节如反向传播、激活函数、卷积进行了封装,便于使用者进行深度学习研究与开发。这些框架平台包括 Caffe、TensorFlow、PyTorch。其中,Caffe 框架平台出现较早,目前已经停止更新,支持的网络也较少。TensorFlow 平台是目前使用较多的框架平台,该平台先定义图,再运行,其已定义的图则不再改变,目前也部分支持动图。PyTorch 框架平台支持动图,调试方便,目前,被越来越多的人使用。

与部件 PCA 的人脸识别方法类似,采用多模型的深度学习人脸识别方法,可以有效地提高人脸识别率。我们在前期做过一个简单的实验。把一张配准的人脸图像，按照一定的规则进行裁剪，形成5张图像，即人脸原图、人脸左边裁剪图、人脸右边裁剪图、人脸上边裁剪图和人脸下边裁剪图。每张图的尺寸均为112×96。图14.3.6给出了人脸左边裁剪图和人脸上边裁剪图的示例。

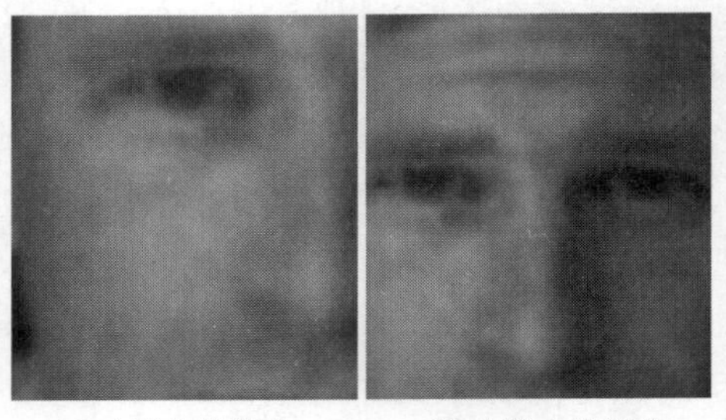

(a) 人脸左边部分　　(b) 人脸上边部分

图14.3.6　人脸左边裁剪图和人脸上边裁剪图的示例

把一个配准好的训练集的人脸图像分别进行裁剪处理形成5个训练集，进行训练形成5个模型。在LFW库上进行测试，得到5个单模型识别和相互融合识别的人脸识别率。实验结果表明，融合识别率确有提升。当然，形成单模型的训练人脸图像不尽相同，有位置变化、缩放变化、左右翻转以及灰度、彩色等变化，在训练时，原人脸图像模型经过网络参数调优，其他部分人脸图像的模型训练也应进行单独调优，以取得更高的识别率。

值得指出的是，多模型的深度学习人脸识别在提高识别率的同时，也增加了计算复杂度。

在人脸识别应用中，对识别率有较大影响的包括光照、姿态、年龄、墨镜、口罩、人脸分辨率。上述的人脸数据集对解决光照、姿态等问题还是有效的，目前也有一些年龄的公开人脸数据集，这样就可以就人脸年龄问题进行专门训练。

墨镜问题、口罩问题，是无法获得完整人脸信息的人脸识别问题，也可以说是属于遮挡人脸问题。墨镜、口罩问题的共同特点是遮挡部位和人脸关键点的位置有关，这对于解决墨镜、口罩遮挡问题提供了便利条件。那些能看到瞳孔的戴浅色墨镜的人脸图像，对现在的深度学习人脸识别算法的识别率影响不大，由此不必另做戴墨镜的人脸识别专用算法；而对于那种看不到瞳孔的戴深色墨镜的人脸图像，则需要另外设计适应深色墨镜的人脸识别算法。对于口罩问题，确实需要另行设计适应戴口罩的人脸识别算法。对于这两类情况，可以采用多Patch方式人脸识别，其基本方法如下：

(1) 对人脸进行分块，分别对无口罩块、无墨镜块进行训练得到对应网络参数模型；

(2) 利用神经网络训练口罩区域、墨镜区域分类模型；

(3) 利用口罩区域、墨镜区域分类模型，判断人脸图像是否存在口罩、墨镜；

(4) 当存在口罩、墨镜时，则使用未被遮挡的块对应的网络参数模型进行识别。

我们采用的多Patch方式人脸识别方法，其前提是先进行人脸检测和人脸图像尺寸归一化处理。对那些人脸图像尺寸归一化后的人脸图像进行Patch方式人脸识别。

值得指出的是，在墨镜、口罩的影响下，人脸关键点的准确定位会受到影响，这样会对尺寸归一化后的人脸图像产生影响。由于大数据条件下的人脸定位训练，即便存在墨镜、口罩的影响，从总体来说其定位点位置的偏差还是不大。

对尺寸归一化后的人脸图像进行有无墨镜、口罩的辨别，这是利用神经网络训练遮挡区域分类模型来完成的，当确定遮挡为墨镜遮挡时，使用去墨镜区域的训练模型完成人脸识别；当确定遮挡为口罩遮挡时，使用去口罩区域的训练模型完成人脸识别。这里不难看到，本方法需要进行去口罩、去墨镜区域的图像块裁剪。图14.3.7给出了去口罩、

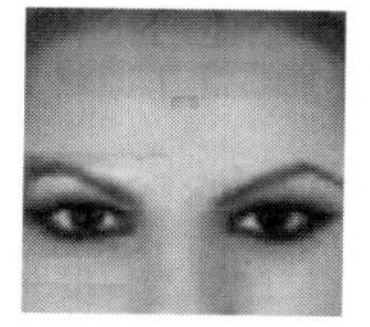
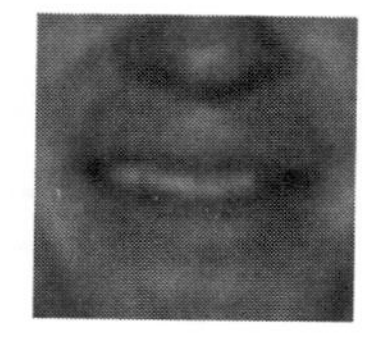

(a) 去口罩区域　(b) 去墨镜区域

图 14.3.7　去口罩区域、去墨镜的图像块裁剪示意图

去墨镜区域的图像块裁剪示意图。依靠左眼中心点、右眼中心点的位置进行去墨镜区域的图像块裁剪，依靠左嘴角点、右嘴角点的位置进行去口罩区域的图像块裁剪。

采用去口罩区域的裁剪图像去训练模型，形成去口罩的深度学习人脸识别算法。其在 LFW 测试集上，正确识别率大于 98%；采用去墨镜区域的裁剪图像去训练模型，形成去墨镜的深度学习人脸识别算法，其在 LFW 测试集上，正确识别率大于 95%。当然，这种实验还有进一步提升的空间。可以说，采用的多 Patch 方式人脸识别方法，可以在一定程度上规避口罩、墨镜对识别带来的负面影响。

双胞胎问题，是一个对人脸识别性能的挑战性问题。我们说，双胞胎人脸一定有差异。人脸识别能否准确区分，现在仍不能盖棺定论为否定。如果有足够多的双胞胎人脸图像，经过科学的训练，也可以提高双胞胎的识别率。

这里，我们看到了在人脸识别中多模型的应用以及墨镜、口罩问题、年龄问题的解决方案。在视频人脸识别中解决上述问题，必将耗费大量的运行时间，这对人脸识别系统的计算能力提出了更高的要求。

人脸识别率是人脸识别性能最主要的指标。做人脸识别算法研究的研究人员总是要反复进行算法测试，进而改进算法以期得到高的识别率。

在人脸识别性能的测试上，国际上有显著影响力的人脸识别算法测试主要有两种：FRVT(Face Recognition Vendor Test)和 LFW。其中，FRVT 是由美国国土安全部资助美国国家标准与技术研究院(NIST)组织的封闭式测试，LFW 是由美国马萨诸塞大学阿姆斯特分校维护的开放式测试。

FRVT 至今已连续举办了 FRVT2000、FRVT2002、FRVT2006、MBE2010 和 FRVT2013、FRVT ongoing(2018)六届评测，这是当今最具权威性、全面性的人脸识别算法测试。FRVT 评测在对知名的人脸识别算法的性能进行比较的同时会根据评测结果全面总结当时人脸识别技术发展情况。

FRVT2002 包含高计算强度(HCInt)测试与中等计算强度(MCInt)测试两类，前者使用由美国领事局签证处提供的来自 37 437 人的 12 万幅图像作为数据集进行测试，后者使用来自不同场景、时间跨度不超过 3 年的图像作为数据集进行测试。测试结果表明，相较于 FRVT2000，受控环境下的人脸识别性能获得较大的提升，但在非受控环境，识别性能进展不大；在人脸确认测试中性能最好的算法在 FAR＝0.001 的情况下可以取得 FRR＝20% 的成绩；辨认人脸识别性能受数据库规模影响，数据库规模每扩大一倍识别率下降 2%～3%。

FRVT2006 评测于 2006 年举办，该测试共有来自 10 个国家的 22 个研究机构参与。测试结果表明，相较于 FRVT2002，人脸识别算法获得了较大的进步，在同数据集中人脸识别算法的错误率下降了一个数量级，人脸确认测试中性能最好的算法在 FAR 为 0.1%的情况下可以取得 FRR＝1%的成绩；在非受控环境，特别是复杂光照环境下，人脸识别的准确率也取得了较大的提升。

2010 年，NIST 举办了 MBE(Multiple-Biometric Evaluation)人脸识别评测，该评测共 10 家研究机构参与。MBE 首次将测试数据库规模提升至百万级，该数据库包含 180 余万张采集自罪犯以及签证的时间跨度不超过 10 年的照片。在 MBE 测试中，日本 NEC 公司疑似采用深度学习方法的算法取得了最好的效果。在包含 160 万张人脸照片的 mugshot 数据集中取得 92%的准确率，在包含 180 万张人脸图像的 visa 数据集中取得 95%准确率，人脸识别算法性能获得较大的提升。

2012 年，NIST 举办了 FRVT2013 评测。该评测是一次综合人脸图像识别测试，在辨认识别、确认识别之外还增加了性别估计、年龄估计、姿势估计等测试项目。在 NIST 发布的辨认类人脸识别算法性能报告 NISTIR 8009 中表明，当时最好的人脸识别算法在规模为 160 万的 mugshot 数据集中进行辨认识别，当 FPIR 为 0.002 时 FNIR 可以达到 0.052，首选识别率可以达到 97.1%。

2017 年 2 月，NIST 展开了最新一期人脸识别算法测试 FRVT ongoing。2018 年 4 月 3 日，NIST 公布了最新一期 FRVT ongoing 确认类人脸识别算法的性能评估报告 frvt_report_2018_04_03。该报告表明，在 visa 证件照数据集中当 FMR=0.0001%，最好算法的 FNMR=2.5%；在 mugshot 数据集中当 FMR=0.01%，最好算法的 FNMR 为 1.7%，在户外数据集中当 FMR 为 0.01%，最好算法的 FNMR 为 27.1%。其中值得注意的是，在 visa 证件照数据集中，当 FMR=时，最好的算法可以将 FNMR 控制在 5%左右。可以说在受控环境下，人脸识别问题已经基本得到解决。表 14.3.3 给出了 2019 年 7 月 31 日 FRVT 发布的部分评测结果。

表 14.3.3 FRVT 部分评测结果

(a)

测试集	参评单位	国籍	排名	FNMR(FMR=0.000 01)
visa	依图	中国	1	0.0012
	Ever AI Paravision	美国	2	0.0026
	vocord	俄罗斯	3	0.0027
mugshot	visionlabs	俄罗斯	1	0.0036
	Ever AI Paravision	美国	1	0.0036
	visionlabs	俄罗斯	3	0.0041

(b)

测试集	参评单位	国籍	排名	FNMR(FMR=0.0001)
wild	海康威视	中国	1	0.027
	facesoft	英国	1	0.027
	ntechlab	美国	3	0.028

表 14.3.3(a)中，FMR=0.000 01；而在表 14.3.3(b)中，FMR=0.0001。

在 LFW 测试集上，不断有研究单位去测试其人脸识别算法的识别率，最高识别率不断被刷新。截至 2019 年 7 月，在 LFW 测试集上最好的人脸识别算法可以取得 99.87%的成绩。

早在 2008 年，公安部第一研究所举办了千万级人脸识别的测试。现在，公安部第一研究所、第三研究所都在进行人脸识别性能指标的测试，有力地促进了人脸识别的应用。

本章介绍了部件 PCA 人脸识别方法和深度学习人脸识别方法。时至今日，部件 PCA 方法仍然应用在超分辨率人脸图像的识别中，也就是说，虽然深度学习的人脸识别取得了非凡的进展，但并不意味着就一定否定了所有的早期算法。当然，人脸识别算法仍需发展，也会出现诸如部件深度学习人脸识别算法。

近年来，由于深度学习的人脸关键点定位方法的发展，从而实现了类似于图 14.4.3 所示的人脸多个关键点的准确定位，进而推动了深度学习三维人脸识别方法的发展。深度学习三维人脸识别有利于解决姿态问题和防伪问题，但计算复杂度也随之而提升。

14.4　人脸识别系统

14.4.1　人脸识别系统的基本结构

人脸识别系统基本结构如图 14.4.1 所示。

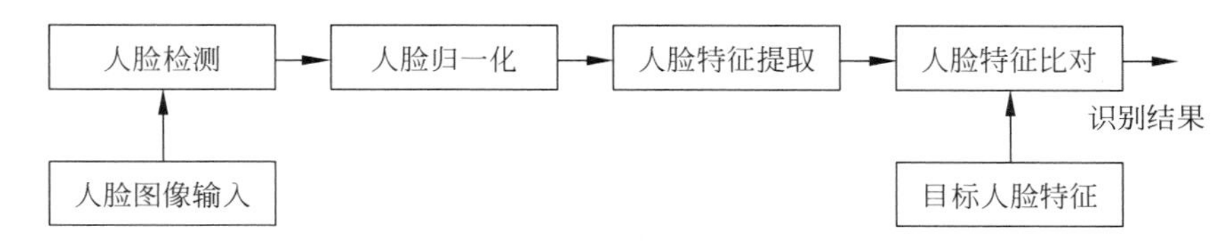

图 14.4.1　人脸识别系统基本结构

人脸图像输入有多种形式，即使是摄像机输入，也有原码的和压缩编码的。很多 IP 摄像机，都具有多种压缩格式，如 H.264、H.265 等，人脸识别系统再进行解码，以获取原码图像。用第二代居民身份证阅读器作为输入，读到的是经过压缩编码的人脸图像，经过特殊的解码，恢复第二代身份证制证时的人脸图像。在网络应用中，也有多种图像形式。

人脸检测算法很多，一般来讲，人脸检测能够检测到尺寸为 10×10 以上的人脸图像。然而，目前的人脸识别系统，大都识别不了尺寸在 20×20 以下的人脸图像。当然，还有一些其他的制约因素，如大角度、夸张表情等，人脸识别系统对输入的人脸图像会有一定的要求。因此，对检测到的人脸图像需要进行质量判断，剔除那些不符合该系统要求的人脸图像。广义来讲，人脸检测的功能不仅仅是检测有无人脸，还可增添防伪功能。人脸识别的安全性是极为重要的，这种安全性的要求是多方面的，包括被识别人的信息安全、被识别人被假冒的安全问题，比如说照片、视频、面膜等，都会对人脸识别系统带来攻击。

人脸归一化模块的“归一化”一词，从严格的意义上讲，可以包含姿态矫正、光照校正、表情中性化等最佳二维人脸的处理思想。但这里指的是人脸图像尺寸的归一化处理。人脸图像尺寸归一化是人脸识别中必不可少的环节。输入图像有大有小，建库的人脸图像和待识别的人脸图像，都需要有配准意义上的尺寸一致性。有的系统采用两点（两眼中心点）来进行人脸图像尺寸归一化，有的系统采用三点（如两眼中心、下颌）来进行人脸图像尺寸归一化，现在的系统大都采用五点（两眼中心、两嘴角、鼻中）来进行人脸图像尺寸归一化。图 14.4.2 为不同人脸图像尺寸归一化的人脸关键点位置示意图。

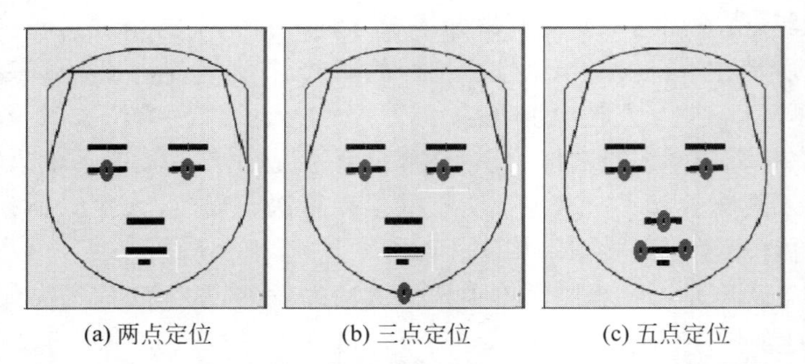

(a) 两点定位　(b) 三点定位　(c) 五点定位

图 14.4.2　用于人脸图像尺寸归一化的人脸关键点位置示意图

采用两点(两眼中心点)定位进行人脸图像尺寸归一化,通常是将尺寸归一化的人脸图像的两眼中心点置于水平而且眼睛中心的距离为固定值,如 120 像素。由此进行人脸图像裁剪,形成固定尺寸的归一化的人脸图像(如 480×360)。采用三点定位(如两眼中心、下颌点)进行人脸图像尺寸归一化,通常是将尺寸归一化的人脸图像的两眼中心点置于水平,而且下颌点到眼睛两中心点连线的距离为固定值,如 200 像素。由此进行人脸图像裁剪,形成固定尺寸的归一化的人脸图像(如 480×360)。采用五点定位(两眼中心、两嘴角、鼻中点)进行人脸图像尺寸归一化,通常是将尺寸归一化的人脸图像的两眼中心点置于水平,再利用最小二乘法计算实际五点坐标与标准五点坐标的变换矩阵,通过旋转、缩放人脸图像使实际五点坐标与标准五点坐标总体偏差最小。

从目前的效果来看,利用五点定位,人脸图像尺寸归一化的效果更好,即识别率越高。两点定位比三点定位(两眼和下颌)的效果要好,原因在于两点定位的准确性要高于三点定位的准确性。下颌点的准确定位就太难了,况且还存在双下颌点的问题。毋庸置疑,人脸关键点定位的准确性是至关重要的,它将严重地影响人脸识别率。

在深度学习算法面世以前,有许多人脸关键点定位的算法,其中也包括应用 ASM、AAM 算法。当前,基于深度学习的人脸关键点定位(或结合原有方法)取得了更好的定位效果。所以,再进行 5 个关键点的标注中,先运行 5 个关键点的自动定位程序,人工再进行查验纠偏。这种方法既可以保证标注的准确性,又能提高标注的效率。

人脸特征提取模块。目前主流的人脸特征提取方法是采用深度学习方法来提取人脸特征。从一张人脸图像中提取的人脸特征数据,其数据量一般都比传统算法提取的人脸特征数据量要小,大约在几 KB 或更小的量级,便于用硬件来实现人脸比对。

人脸比对模块。人脸比对是对人脸特征数据进行比较的过程,常采用欧氏距离、余弦距离来计算两个特征的相似度。在辨识型人脸识别系统里,比对的结果按照相似度的降序输出;在确认型人脸识别系统里,大于或等于相似度阈值(Similarity Threshold)的比对结果为确认,小于相似度阈值的比对结果为拒绝;在关注名单型人脸识别系统里,大于或等于相似度阈值的比对结果为报警。

在公安部门的应用中,图文混查是一个重要的功能。这是一种人脸特征加人脸关联信息的混合识别,也属于核验的一种方式,这样可以大幅度提高查中的概率。这些人脸关联信息也属于公安部门的基本信息,对于案件侦破可以发挥重要的作用。近年来,在关注名单型人脸识别系统中常采用活动轨迹人脸关联信息,以此来提升视频监控人脸识别率。

14.4.2 辨识型人脸识别系统

辨识型人脸识别系统主要解决两大问题，一个是识别率问题；另一个是大数据问题。

首选识别率、前 N 识别率是考核辨识人脸识别系统识别率的主要指标，但这些指标一定要明确指出目标人特征数据库的容量及目标人样本组成的具体情况。在算法确定的情况下，首选识别率、前 N 识别率随着目标人特征数据库的容量的增加而呈现下降。至于下降的准确规律，目前笔者还没有见到很翔实的数据予以证明。但是，首选识别率、前 N 识别率随着目标人特征数据库的容量增加而呈现下降的趋势，这确实是事实。目标人样本组成的具体情况则是多种多样的。在公安部门广泛应用的辨识人脸识别系统，目标人特征数据库的目标人样本主要是第二代身份证人脸图像和重点人脸图像。

我国是人口大国，因此目标人特征数据库的数据容量偏大，百万级的称为大型人脸识别系统，千万级以上的称为海量人脸识别系统。我国产生大型人脸识别系统的时间是在 2005 年。2005 年 1 月，清华大学研制成功"人脸识别系统"并通过公安部科技成果鉴定，该系统的数据库容量为 256 万。我国产生海量人脸识别系统的时间是在 2008 年。2008 年 1 月清华大学在国内首次建成千万级人脸识别应用系统，并通过部级验收。2012 年左右，由广东博雅公司在国内建成亿级人脸识别系统。在辨识人脸识别系统中，数据容量大带来的问题不仅是识别率的问题，还有系统的计算速度问题。

清华大学研制成功的 TH2005 人脸识别系统，其系统结构如图 14.4.3 所示。

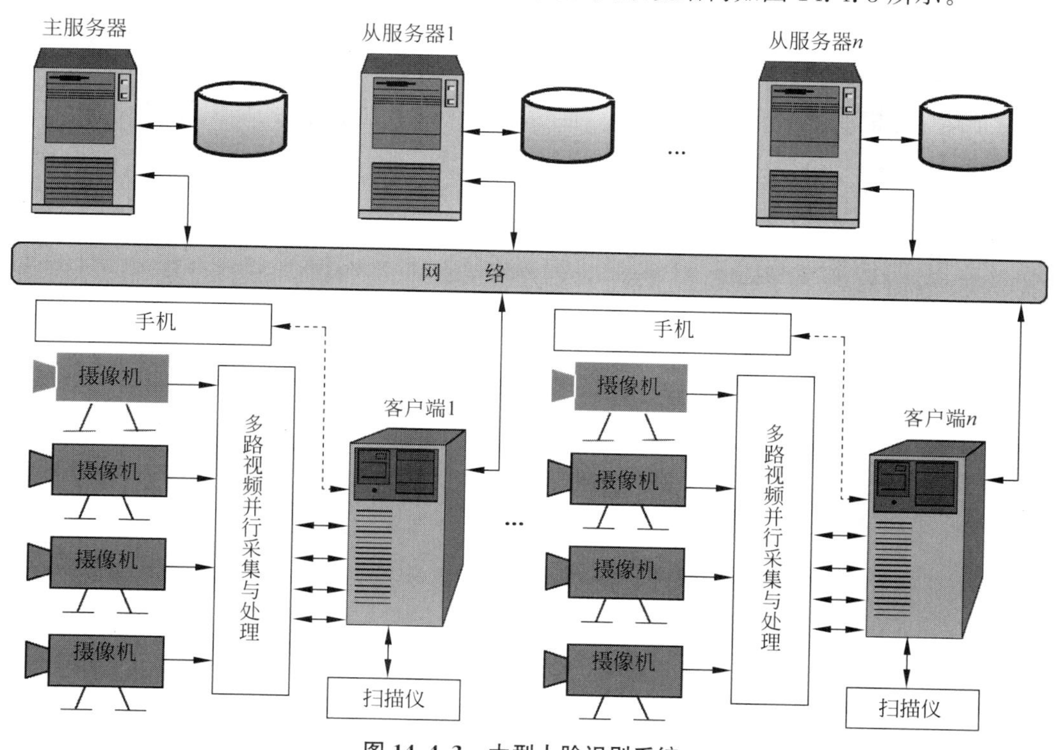

图 14.4.3 大型人脸识别系统

人脸图像的输入设备包括摄像机、扫描仪、手机。既可实现单独的人脸图像识别，也可实现人脸图像加文字条件的混合识别。系统应用了内存计算技术，把人脸特征预存于内存中，在内存实现了耗时的相似度计算。这一点十分重要，如果选择硬盘计算，直接利用硬盘的特征数据进行大数据的相似度计算，其速度之慢的程度让人难以想象。除此之外，为了进一步提高计算速度，该系统既还采用了计算机的 MMX/SSE 技术和集群计算机技术。在应用集群计算机技术中，采用了如图 14.4.4 所示的集群计算机的人脸特征比对的方法。

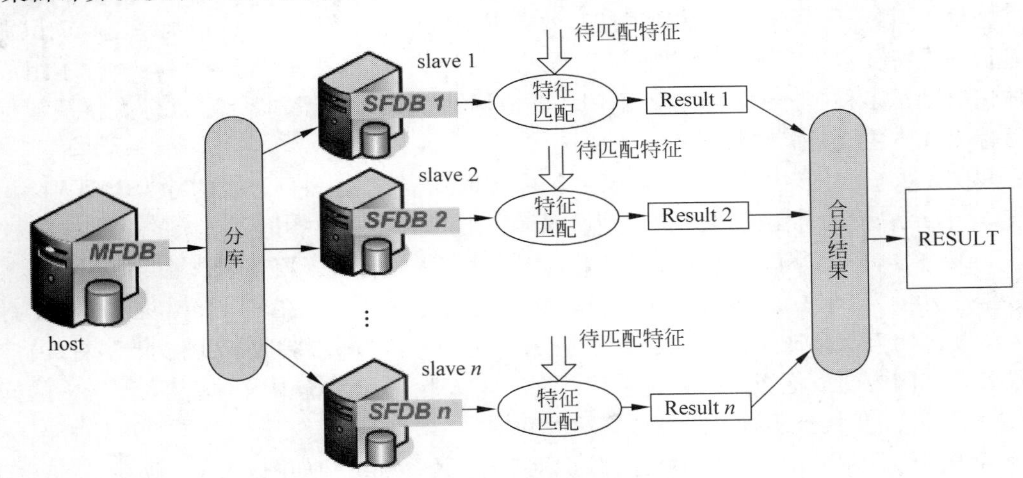

图 14.4.4 集群计算机分库的人脸特征比对

应用集群计算机的基本要求是计算量要大大于网络通信量。5 台从服务器每台比对 50 万人的特征，考虑到主服务器还要完成多种工作，所以 1 台主服务器只比对 16 万人的特征。人脸识别系统启动时，均把 256 万人的人脸特征预存于主、从服务器的内存中。比对时，待匹配的人脸特征同时与主、从服务器内存中的人脸特征进行比对，得到相似度数值，再由主、从服务器按相似度大小进行排序，最后送出前 N 名结果。这种方式，网上传输的数据很少，完全满足集群计算机应用的基本要求。图 14.4.5 给出了我们应用集群计算机的加速比。

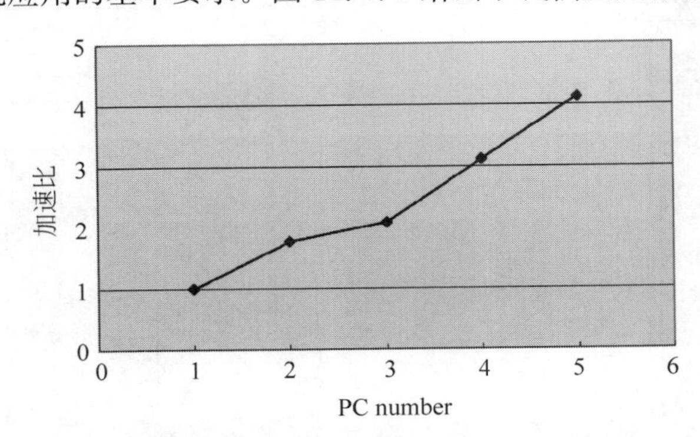

图 14.4.5 TH2005 人脸识别系统从服务器的加速比

显然，应用集群计算机技术可以明显提升辨识识别系统的识别速度。面对海量数据的应用，我们还需要寻求更多的并行处理技术。图 14.4.6 为人脸特征比对的环节数据量的示意图。

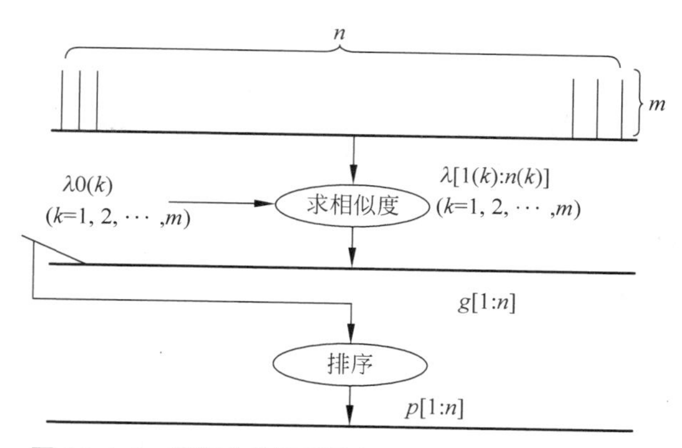

图 14.4.6 辨识人脸识别特征比对环节数据量示意图

辨识人脸识别特征比对环节包括相似度计算。在图 14.4.6 中,待识别人脸的特征数据为 λ_0,λ_0 由 m 个(如 $m=2048$)单精度的数据组成。特征库存有 n 个(如 $n=500\ 000$)特征数据。采用式(14.3.7)计算待识别人脸的特征和特征库中每一个特征的相似度,然后对得到的相似度进行排序。显然,计算相似度比排序更为耗时。

MMX/SSE 技术是 Intel 公司 1997 年推出的一种基于内存计算的单指令多数据的并行处理技术,TH2005 人脸识别系统采用 MMX/SSE 技术来进行基于内存的特征相似度计算。MMX/SSE 技术的加速比为 R_{MMX},集群计算机的加速比为 R_{cluster},则系统的加速比为

$$R=R_{\mathrm{MMX}}\times R_{\mathrm{cluster}} \tag{14.3.8}$$

显然,这种多技术的方法对处理速度的提升达到了乘法效率提升的高度。

TH2005 人脸识别系统利用内存计算技术、MMX/SSE 和集群计算机,达到了 256 万/s 的识别速度。

利用集群计算机、算法优化、多线程等技术,大大提高了辨识型人脸识别系统的识别速度。在我国,当前辨识型人脸识别系统已经达到了每秒上亿人比对的识别速度。

查重(Duplicate Check),是通过辨识人脸识别来确定是否存在同一人被注册为不同身份的过程。

利用查重来解决户籍中一个人具有多个身份的具体问题,是公安部门在户籍管理中的一项重要工作,也是人脸识别的一个非常成功的应用。查重包含自查重和当前人查重。自查重是判断人脸特征库中是否存在同一人被注册为不同人的过程,用于对历史库的核查;当前人查重是在注册过程中判断该注册对象是否已经存在于特征库中,用于对新入库的核查。顾名思义,自查重是在一个已有的人脸特征库里进行自查,看库中是否存在一人具有多个身份。如果该特征库有 M 人,首先将编号为 1 的人脸特征数据与其他编号($M-1$ 个)的人脸特征数据逐个进行比对,通过预设的相似度阈值,判断比对的两个特征是否为同一人的人脸特征。随即将编号为 2 的人脸特征与其他编号($M-2$ 个)的人脸特征数据逐个进行比对,通过预设的相似度阈值,判断比对的两个特征是否为同一人的人脸特征。以此规律进行 $M-1$ 次比对,核查完全库。例如,某市公安局对全市 6 123 812 张第二代身份证的人脸图像进行人脸识别,共查出 12 314 对重复户口,查出 8 名网上逃犯。该公安局也因查重成绩突出,受到多方表彰。2012 年左右,全国公安机关大规模部署人脸识别系统,并限期完成本单位的查重工作,由此形成了人脸识别应用的新高潮。

值得指出的是，随着硬件技术的发展，诸如亿级人脸识别系统采用集群计算机系统架构，可能会发生变化。在海量级人脸识别系统中，集群硬件板卡有可能替代集群计算机，由此带来成本、功耗、体积等方面的改善。至于集群硬件板卡的具体方案，图 10.1.3 给出的基于邻域存储体的二维计算的集群系统结构，也可以成为一种备选方案。

14.4.3 确认型人脸识别系统

当前，确认型人脸识别的应用十分广泛。基于第二代身份证的确认型人脸识别是一种实名身份确认，广泛应用于银行、轨道交通、机场、旅店等场所。第二代身份证是我国的法定证件，内置芯片中存有实名的人脸图像。进行实名的确认型人脸识别时，持证人将第二代身份证置于第二代身份证阅读器上，确认型人脸识别系统读出第二代身份证内置芯片中的人脸图像，再由摄像机拍摄持证人的达到质量要求的人脸图像，系统则依据这两张人脸图像，判断当前的持证人是否为其所提交的第二代身份证所确定的人。第二代身份证在制证时，为了节省存储空间，将标准人脸图像压缩为 1KB 的人脸图像，再存入内置的芯片中。由于所存的是一种高倍压缩的人脸图像，对人脸识别带来了严重影响。早期的人脸识别算法，几经努力，也仅达到 81%的正确识别率(错误接受率为 0.1%)。显然，这种识别指标远远达不到实际应用的要求。实名的确认型人脸识别的这种广泛应用，得益于深度学习人脸识别的高识别率。现在，利用第二代身份证内置人脸图像进行实名身份认证，正确识别率已超过了 98%(错误接受率为 0.1%)。基于第二代身份证的确认型人脸识别的系统框架如图 14.4.7 所示。

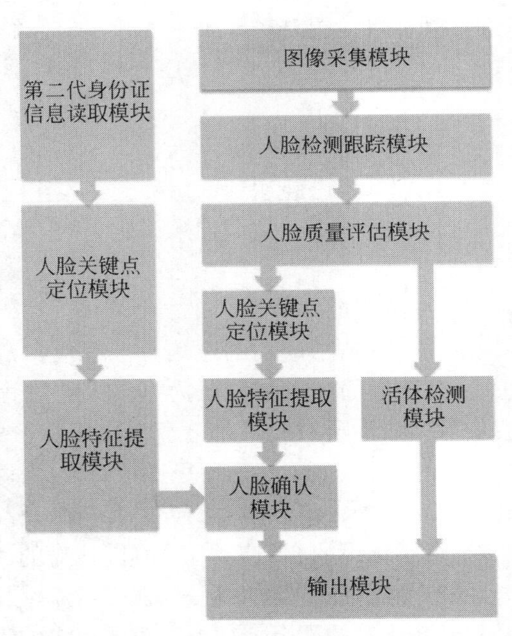

图 14.4.7 基于第二代身份证的人脸识别的系统框架

利用第二代身份证内置人脸图像进行实名身份认证，系统的运行时间较长。原因在于系统要对持证人的人脸图像和第二代身份证内置的人脸图像都要进行全套处理，包括人脸关键点定位、特征提取等处理，相比其他预先提取人脸特征的认证型人脸识别应用，自然是耗时多一些。

除了基于第二代身份证的人脸识别的应用之外，刷脸支付也在金融行业里强势兴起。金融行业对安全性的要求非常高，因此要求人脸识别具有很高的识别率。要达到很高的识别率，就必须保证被识别的人脸图像质量。显然，不要求人脸图像质量的刷脸支付，其安全性是无法保证的。除要求人脸图像质量之外，还需配有一些其他措施，以达到身份核验的目的。摇头、说话也是一些安全性的举措；多模态如人脸识别加声纹识别既能提升识别率，也能提升系统的防伪能力。

在2008年北京奥运会中，北京奥组委对奥运会开幕式、闭幕式入场进行实名制管理。开幕式、闭幕式入场券持有者需预先提交个人近照，在入场验票时通过RFID技术读入入场券编号，再利用人脸识别技术进行实名身份认证。北京奥运会的人脸识别应用，是奥运史上首次将人脸识别技术作为人员身份识别的智能化手段引入其安保工作，被誉为人脸识别技术在华发展的里程碑。北京奥运会应用的人脸识别系统，属于有人值守的确认型人脸识别系统。图14.4.8为2008年北京奥运会利用人脸识别技术进行身份认证的场景。

图14.4.8 2008年北京奥运会利用人脸识别技术进行身份认证的场景

前面介绍了查重，这里介绍公安部门应用的查异工作。

查异(non-identity check)，是通过确认型人脸识别，对声称与已注册的人为同一人的人进行同一性验证的过程。

查异最早用于第二代身份证的办证工作中。例如，某人在申请办第二代身份证时，公安部门则将申请人的当前人脸图像与办理第一代居民身份证的人脸图像进行确认型人脸识别，判断其是否为同一人。如果确定为同一人，则进入制证流程，否则，进入人工核验流程。在实际应用中，也会出现这样的情况，某人来申办第二代身份证，却被告知已办过第二代身份证了。申办人确实没办过，于是要求复查。该公安部门在刚装备的人脸识别系统上进行人脸特征比对工作，识别结果是申办人的人脸图像和其声称身份的第一代居民身份证的人脸图像确认为同一人的人脸图像，而早期办完第二代身份证的人脸图像和当前申办人声称身份的第一代居民身份证的人脸图像确认为不同人的人脸图像。随后该公安部门进一步进行了核验更正。

14.4.4 关注名单型人脸识别系统

关注名单的名单包括白名单和黑名单。白名单的人脸识别主要用于企事业单位、居民住宅小区的出入口控制，而黑名单的人脸识别则主要用于公共安全领域，协助公安部门进行追逃等工作。

关注名单型人脸识别以下简称为名单型人脸识别。

一般来说，在三类人脸识别中，名单型人脸识别的难度最大。名单型人脸识别难在非配合的人脸识别。其中，姿态、光照问题最为突出。一些在 LFW 库上取得 99%以上识别率的人脸识别算法，在实际场景中应用，其识别率则大打折扣。究其原因，普遍的看法是算法训练的样本数量和样本覆盖性不够以及网络的深度不够。训练样本的覆盖性包括训练的人脸图像在姿态、光照等变化方面具有多样性，覆盖性好的训练样本数量越多，学到数据分布的概率就越大，也就能达到更好的识别效果。因此，不断调整训练数据(包括样本数量、样本覆盖性)，反复训练、反复测试，达到更好的识别率。即便这样，目前也难以达到配合型的识别率。在应用中，最成功的名单型人脸识别应用是通道式的应用，其主要原因是姿态、光照条件较好。

名单型人脸识别的另一个问题是人脸分辨率的问题。人脸分辨率是指在单位尺寸上获取的人脸的图像像素数，通常用两眼间距来表示。由于摄像机拍摄人脸的距离远近以及拍摄人脸的摄像机本身分辨率高低的因素，致使拍摄到的图像中存在不同大小的人脸。这都对人脸分辨率产生影响，进而对人脸识别产生影响。有的人脸识别系统曾声称，两眼间距大于 30 像素的人脸能识别，30 像素以下的人脸不进行识别。也就是说，该系统标称的人脸分辨率大于 30 像素。显然，人脸识别系统对人脸图像中不同大小人脸的识别能力，一定是人脸识别系统的一个重要指标，这一点业界将逐步达成共识。

两眼间距为 5 个像素的小尺寸人脸能识别吗？目前许多人脸识别系统都难以达到这样的识别能力。显然，人脸分辨率是一个具有挑战性的问题。

由于需求的存在，一些单位开始研究解决人脸分辨率问题的算法。有的采用神经网络训练，试图达到人脸分辨率大于 20 像素的识别能力。另一条思路是运用人脸超分辨技术，将人脸分辨率低的人脸图像重建为分辨率高的人脸图像，再用深度学习人脸识别算法进行人脸识别。这一方法，预计能实现人脸分辨率大于 10 像素的识别能力。当然，这种识别能力是由明确的识别率来表示的。也就是说，在名单型人脸识别系统中，其识别性能除了漏报率、虚报率、关注名单检出率指标之外，还将存在人脸分辨率的指标。

海量人脸识别的特点是人脸特征库大，上亿人的人脸特征数据，而且应用中还有并发数的要求，致使设备规模庞大。名单型人脸识别也存在规模庞大的问题，其原因在于摄像机数量多。许多地方是以市级城市来部署人脸识别系统的，一个市的监控摄像机数量至少上万。对名单型人脸识别来说，这个规模十分庞大。不计成本，实现上万路的名单型人脸识别并非难事。但是，有多少城市的财政能支持？所以说，降低费用是名单型人脸识别推广应用的重要因素。

近年来，名单型人脸识别出现硬件化的趋势。早期，一些公司研制人脸识别摄像机，面临的一个主要问题是添加硬件带来的功耗问题。最早成功的可能是杭州海康威视数字技术股份公司，用嵌入式 GPU、DSP、ARM 等芯片，实现了摄像机的实时人脸识别。名单库为 5 万人。在 2019 年，华为采用其子公司海思的芯片，实现了摄像机的实时人脸识别，其名单库为 30 万人。一般来说，30 万人的名单库是能够满足基本应用要求的。深圳云天励飞技术有限公司也推出了人脸识别芯片。当然，还有其他单位在用人工智能芯片来做人脸识别，这里就不再列举了。

在传统摄像机内增添硬件，构成具有人脸识别功能的 AI 摄像机。这种技术路线还是很有创意的，能胜任实际场景的应用。目前的问题是，在全国各地已安装好上千万的监控摄像机，大量是高清的。让应用单位将已安装好的摄像机淘汰了，再来安装 AI 摄像机，这会让应用单位顾虑重重，经费、时间等都是大问题。在这种情况下，不动原有摄像机，利用原有的视频信号，加装人脸识别硬件系统，这也不失为是一种可行的解决方案。

用人工智能芯片来做人脸识别，还要注意一些问题。

采用人工智能芯片，一定具有速度、功耗、成本的优势。但要注意人脸识别率问题。由于是芯片，不可避免地存在数据精度问题，是双精(64bit)、单精(32bit)还是半精(16bit)，等等。如果是低精度的，则会对识别率产生不利的影响。另外，由于深度学习人脸识别算法是不断变化的，因此硬件也需要适应算法的更新，也就是说，人工智能硬件需要具有软件定义的能力，形成软件定义的人工智能硬件系统。

这里想提一下，一些人工智能芯片是需要使用外部的 DRAM 芯片的。如果该芯片需要和外部的 DRAM 进行数据传输，那么在人工智能芯片和外部 DRAM 之间的数据传输中，如果存在冯・诺依曼瓶颈，其运行速度将会受到较大影响。这也是用人工智能芯片实现人脸识别所需要注意的问题。

二维流计算可以用于人脸识别。图 14.4.9 为基于二维流计算的名单型人脸识别的示意图。

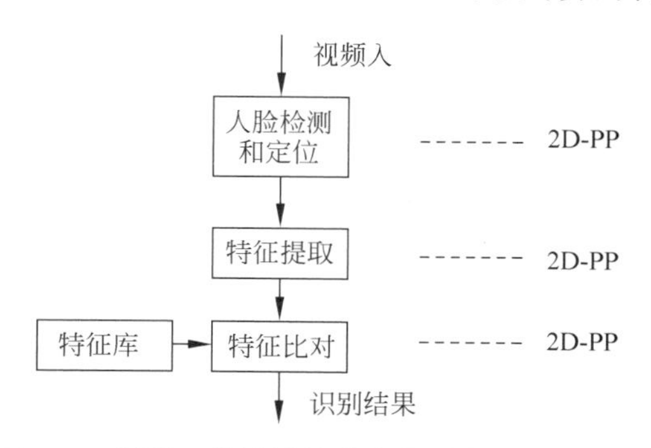

图 14.4.9 基于二维流计算的名单型人脸识别的示意图

在人脸检测定位、特征提取、特征比对环节，都可以应用二维流水处理技术。由于克服了冯・诺依曼瓶颈，系统可以达到更高的处理速度。也由于克服了冯・诺依曼瓶颈，就可以增大芯片外部的 DRAM 容量，因此特征库的容量也可随之扩大。在实际应用中，还可以将人脸检测定位环节交给 CPU 去实现，其他相对耗时的交由硬件完成。这种架构，利于实现多路名单型人脸识别。

图 14.4.9 所示的方案，还只是笔者的纸上谈兵，也可以说是努力的方向吧。

14.4.5 综合型人脸识别系统

在实际应用中，应用的类型多种多样。特别是在一个部门里，也可能需要多种类型的人脸识别。因此，需要进行整合，高效地形成一个综合的人脸识别系统。比如在一个市级公安局，既需要辨认型人脸识别，来完成户籍查重、刑事案件侦破等工作，还需要名单型人脸识别，用于追逃方面的工作。图 14.4.10 为一个综合型警用人脸识别系统的结构图。

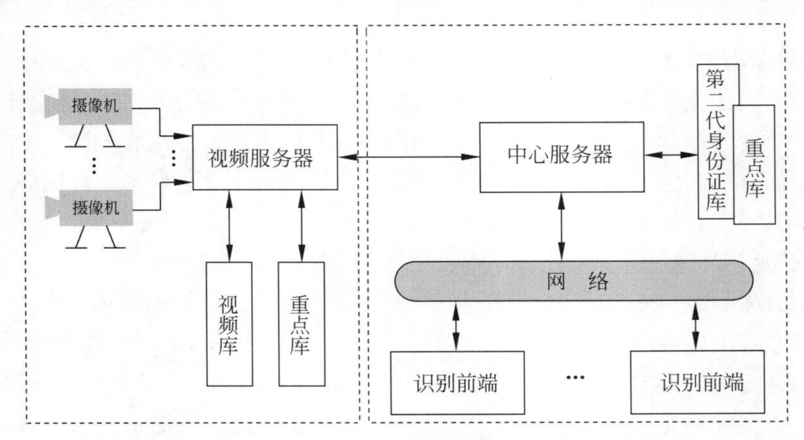

图 14.4.10 一个综合型警用人脸识别系统的结构图

图 14.4.10 的右边部分，可以看作一个辨识人脸识别；左边部分，可以看作一个名单型人脸识别。在名单型人脸识别结构中，除了设立重点库以外，还增加了视频库。为什么增加视频库？理由是同源的人脸识别率高，即视频对视频比视频对照片的识别率高。平时，视频会拍摄到大量的人脸图像，将图像质量高的视频人脸存入视频库中，同时还与第二代身份证库、重点库进行比对，如能比中，便可以确定其身份，进而在视频库中给以标注。在应用时，视频人脸先与视频库中的人脸进行比对，会明显提高关注名单检出率的指标。当然，也可以将比中的视频人脸合在第二代身份证库、重点库中予以应用。

在机场也会出现多种类型的人脸识别应用的情况。图 14.4.11 为机场人脸识别应用的示意图。

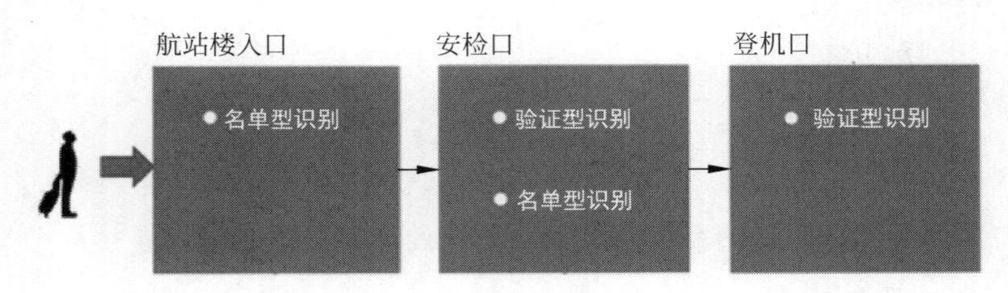

图 14.4.11 机场人脸识别应用的示意图

在航站楼入口，应用名单型人脸识别，查找重点人或不受欢迎的人。在安检口，既用验证型人脸识别，还应用名单型人脸识别。验证型人脸识别用于查找冒名乘机人员，继航站楼入口之后，再次应用名单型人脸识别，是因为安检口的环境条件比航站楼入口的环境条件好很多，即安检口的关注名单检出率会更高。在登机口，应用验证型人脸识别，可以防止错误登机，即 A 应去往 M 地，B 应去 N 地。如果 A、B 互换登机牌，A 持 B 的登机牌去了 N 地，这就是错误登机。

综合型人脸识别的应用场景还有很多,比如银行等,这里就不再赘述了。

综合型人脸识别系统是一个复杂的系统,需要精心设计,既要考虑高效,还要考虑成本等方面的诸多因素。

这里顺便提一下,综合型人脸识别系统通常应用于一个部门(如银行、机场、学校),这些部门应用人脸识别,不要仅仅强调公共安全的目的,还应有益于该单位的业务。如学校应用人脸识别,既有益于公共安全,还有益于提升教学质量。银行应用人脸识别,既有益于公共安全,又有益于金库安全、信贷安全等。只有更多地提升应用部门的业务能力,业务部门对人脸识别的应用积极性才会进一步提升。

14.4.6 人脸识别的程序接口

人脸识别系统是一个复杂的系统,涉及的功能较多,常常是由多位研发人员共同研发完成。在研发过程中,为了便于程序之间的调用,常常将一些功能模块封装为同类接口的库函数,以便其他程序调用。另外,算法升级,在系统中要进行同类算法的替换,也需要封装为同类的库函数。这些都需要规范程序接口。这仅仅是研发单位内部对程序接口的要求。

对人脸识别用户来说,人脸识别程序接口的规范化也是非常重要的。我们经常看到,一个人脸识别的应用单位,看到另一款的人脸识别系统比自己现在用的人脸识别系统性能更加优越,便淘汰了现有的人脸识别系统,而改装另一款人脸识别系统。这种现象称为翻牌,这是许多人脸识别商家喜欢做的事情。当然,这种翻牌,纯粹是正常的商业行为,毋庸置疑。在指纹应用方面,也存在类似的事情。一个公安局应用早期某公司的指纹识别系统,当指纹容量超过 20 万枚时,该系统崩溃了。为了扩大指纹库容量,该公安局换用了别的公司的指纹识别系统,以后又换了另一家的指纹识别系统。如此大的经济开销,只能用指纹识别系统的应用效果来解释了。不过,笔者也曾想,当时如果给该公司一个机会,来解决指纹容量问题,该公司是否也可以解决这个问题。这可能是杞人忧天了。

这里存在一种可能,就是能不能不进行“翻牌”而只做局部升级?举例来讲,A 公司的特征提取算法好,某人脸识别系统应用单位仅用 A 公司的特征提取模块来替换现用系统的特征提取模块。这样做的结果将大大节省系统成本。要实现这一目的,就需要制订统一的程序接口规范。

清华大学为第一起草单位起草的《安全防范 人脸识别应用 程序接口规范》行业标准(标准编号:GA/T 1326—2017)于 2017 年 10 月 8 日由中华人民共和国公安部发布,并于 2017 年 12 月 1 日起实施。该标准由来自全国 17 个单位的 25 名专家共同起草,历时三年,也经历了讨论稿、送审稿、报批稿三稿两审环节。该标准不仅具有创新性,还具有很强的应用价值。该标准一经发布,人脸识别厂商反响强烈,纷纷索要标准文本,让标准在本单位落地。一些其他模态的生物特征识别程序接口规范的起草制订也以此为参考。相关部门正在推动标准落地,《安全防范 人脸识别应用 程序接口规范》将逐步成为统一的人脸识别系统的接口标准。在人脸识别大发展的时代,人脸识别程序接口规范将发挥重要作用。

应用程序接口由人脸采集、人脸识别算法、人脸识别应用服务三部分组成。接口函数可用 C 语言进行描述,接口函数采用动态链接库形式发布。应用程序接口总体框图如图 14.4.12 所示。

人脸采集接口用规范调用人脸采集设备的函数,人脸识别算法接口用于规范调用人脸

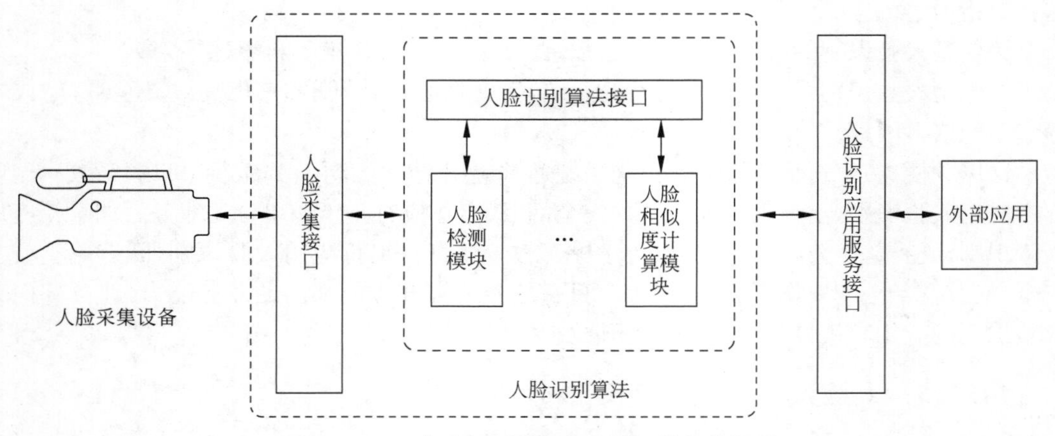

图 14.4.12　人脸识别应用程序接口的总体框图

识别各算法模块的函数，人脸识别应用服务接口用于规范对外部应用提供人脸识别服务的方法。从图 14.4.12 可以看出，人脸识别系统外部连接人脸采集设备和外部应用，其接口可统称为人脸识别系统外部接口，而人脸识别算法接口，则可统称为人脸识别系统内部接口。

图 14.4.13 为人脸识别系统算法模块调用流程。

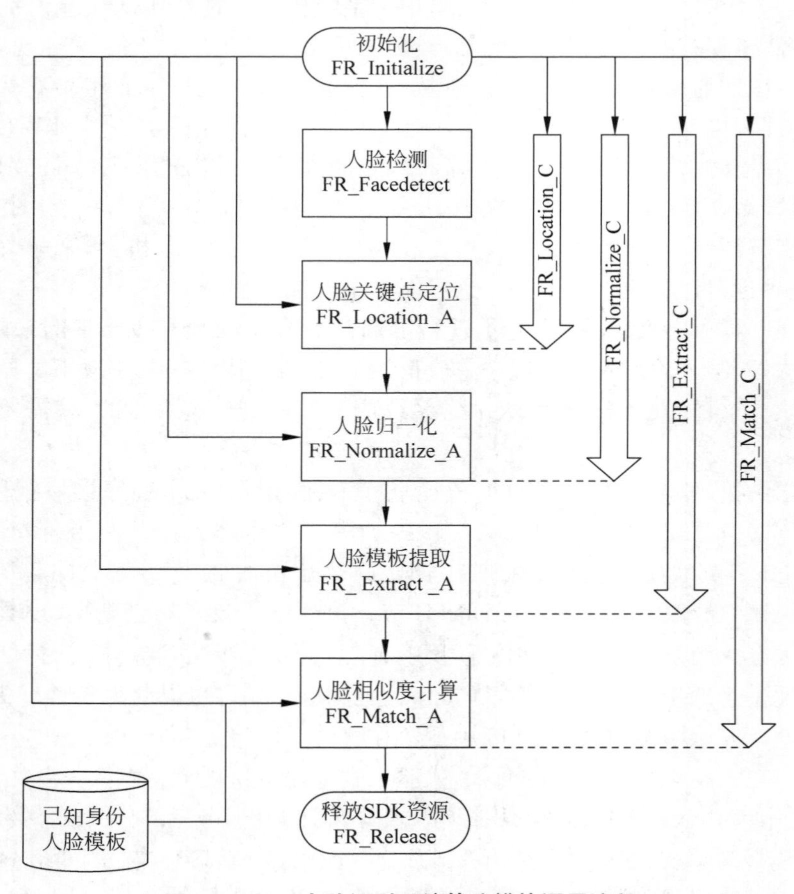

图 14.4.13　人脸识别系统算法模块调用流程

图 14.4.13 所示的算法模块调用流程是一个很有特色的算法模块调用流程，算法调用既可以按照逐个功能进行封装调用，也可以按照功能流程进行组合功能的封装调用。

按照逐个功能进行封装调用，这些功能包括对输入的人脸图像进行人脸检测、对检测到的人脸进行关键点定位、依靠关键点进行人脸图像归一化、对归一化的人脸图像提取特征、输入的人脸特征与数据库中已知身份的人脸模板进行相似度计算。

按照功能流程进行组合功能的封装调用。如图 14.4.13 所示，将人脸检测、人脸关键点定位封装为一个库函数，当输入的是一张人脸图像，就可以直接获得人脸关键点数据；当输入的既包括一张人脸图像，也有该人脸的关键点数据，就可以直接进入脸图像归一化数据。照此办理，就可以实现按需调用。

14.5 人脸识别技术的展望

时至今日，人脸识别的识别率已达到了相当高的水平，在公开测试的部分测试集里，甚至已达到 100%。而在 LFW 测试集上，目前仍未达到 99.9%的水平。人脸识别率是否已达到天花板？在今后相当长的一段时间内，挑战仍然是实际场景的人脸识别率问题。除了光照、姿态、年龄的传统问题外，人脸分辨率问题将因视频人脸识别而变得非常突出。不仅如此，人脸分辨率指标还可能成为人脸识别商家面临的一项竞标的指标。值得指出的是，当前应用的深度学习人脸识别的方法，仍存在新的理论创新的前景。迁移学习方法、网络结构搜索、无监督学习等，目前许多学者仍在进行深入研究，作为人工智能典型应用的人脸识别技术，也在今后相当长的一段时间内，继续成为科学研究的重要方向。

在人脸识别的应用中，多模态融合也是一个重要的发展方向。在努力研究人脸识别自身识别率提升算法的同时，在应用上可以研究多模态融合的识别方法。多模态融合的方法既能有效提升识别率，还能在防伪方面弥补人脸识别在这方面存在的缺陷。另外，在视频人脸识别中，增加视频结构化描述的方法，也可以有效地提升人脸识别率。

当下的人脸识别应用，强调人脸图像的质量还是有必要的，好的人脸图像质量等于好的人脸识别率，大抵如此。

三维人脸识别会继续发展。其中，既要解决识别率问题，还要解决计算复杂度问题。

AI 芯片应用于人脸识别是今后的一个重要发展方向。AI 芯片的重要性毋庸置疑，但提高到“人工智能就是芯片”的高度，还是欠妥。人工智能包含人工智能软件和人工智能硬件。没有软件的硬件只是裸机，这也算是通识吧。

目前国内外的研究现状是解决年龄、人脸分辨率、复杂场景、墨镜、口罩等问题，以期提高人脸识别的适应性。在系统层面上，人脸识别系统仍以“CPU+GPU”为主流架构，也开始出现应用人工智能芯片进行人脸识别的研究与具体应用。下一步，人脸识别技术的发展趋势将是应用人工智能软硬件结合的系统架构。人工智能软硬件的结合将是人脸识别技术下一阶段的技术突破点，这种结合，将使人脸识别的性能更加强大，系统的成本与功耗大幅下降，其应用也更加广泛。

当前，我国的人脸识别技术，无论是在识别率上，还是在应用上，都处于国际领先水平。我国在人脸识别的应用上，曾经出现两次大的高潮。第一次应用高潮是应用需求推动(户籍查重)，第二次应用高潮则具有技术进步的显著特点。那么，第三次应用高潮会不会具有人工智能软件与人工智能硬件相结合的特点,我们将拭目以待。

习题 14

习题 14.1　总结海量人脸识别系统的关键技术。

习题 14.2　人脸识别系统的算力问题目前越来越突出,为什么?

习题 14.3　列举有影响力的人脸识别应用。

结　束　语

本书主要是笔者科研工作的总结。在科研中,如何凝练科研方向,应该是每一个科研工作者面临的一个极为重要的问题。当然,科研方向的确立,也存在一个摸索的过程。总的来讲,研究课题的选择原则应该是符合国家重大需求,具有前瞻性,做到顶天立地。这里说的顶天立地,是指既具有高的学术水平,又具有广泛的应用价值。笔者参与和主持的主要科研项目如下。

- 1979 年:TS-79 小型通用数字图像图形处理系统(自主研发,参与)
- 1984 年:TS-84 微机图像图形处理系统(自主研发,参与)
- 1986 年:伽马相机图像处理系统(横向项目,参与)
- 1988 年:扇扫 B 超医疗诊断仪(横向项目,主持)
- 1989 年:GA 计算机人像组合系统(公安部项目,主持)
- 1990 年:模糊图像复原系统(北京市项目,主持)
- 1996 年:人像组合与人像识别综合系统(公安部项目,主持)
- 1999 年:智能监控报警系统(横向项目,主持)
- 1999 年:玻璃瓶缺陷在线检测系统(横向项目,主持)
- 2001 年:人脸识别查询技术 (国家"十五"攻关项目,主持)
- 2005 年:数字影像资料处理及检验技术(公安部重点攻关项目,主持)
- 2006 年:大邻域图像并行处理机的研究(国家自然科学基金项目,主持)
- 2008 年:公共安全行业标准《安防生物特征识别应用术语》的起草(全国安防标委会人体生物特征识别应用分技术委员会项目,主持)
- 2013 年:公共安全行业标准《安全防范 人脸识别应用 程序接口规范》的起草(全国安防标委会人体生物特征识别应用分技术委员会项目,主持)
- 2018 年:国家标准《公共安全人体生物特征识别应用术语》的起草(全国安防标委会人体生物特征识别应用分技术委员会项目,主持)

在这些科研工作的基础上,我们获得 14 项中国发明专利,获得 7 项省部级奖(不包括等效于省部级奖)。其中一等奖 1 项、二等奖 3 项、三等奖 3 项,平均获奖间隔约为 5 年。在 2000 年之前,科研项目有点散,其中有的项目还是非常有意义的。1988 年的扇扫 B 超医疗诊断仪的科研工作就很有成效,特别是在国内率先将示波管改变为显像管,具有很大的经济效益。1999 年的智能监控报警系统,是我国早期的智能监控应用系统,曾经应用于杭州玫瑰园住宅小区,其发展前景也非常乐观。鉴于有国家攻关项目,我们就放弃了智能监控方向的研究。在 2000 年以后,主要精力集中在人脸识别综合技术上,包括人脸识别、人脸超分辨、人像组合以及与人脸识别相关的标准制订。人脸识别综合技术,是国家项目、公安部重点攻关项目,符合国家重大需求,同时还具有广泛的应用价值。另一个科研方向,是在 2000 年以前的硬件基础之上,将硬件研究聚焦到基于邻域存储体的二维计算上。

这种科研方向的凝练,其结果就是专注。一个人的精力是有限的,对于众多的科研项目,需要合理的取舍。事无巨细、面面俱到,很容易陷入力不从心的境地,特别是在大学这种科研环境中，研究基础、研究经费、研究团队等，都将成为制约因素。

前瞻性(开创性、引领性)是凝练科研方向所必须要考虑的重要因素。

例如，我们研制的GA计算机人像组合系统(公安部项目)，1992年通过了科技成果鉴定，1993年由公安部组织推广，全国11个公安厅、局率先装备应用。1996年重庆市公安局的“西南人计算机人像组合系统”通过科技成果鉴定，1998年上海铁路公安局的“计算机模拟画像系统”通过科技成果鉴定，1998年刑警学院的《警星CCK-Ⅱ人像摹拟组合系统》通过科技成果鉴定。在这些单位研制人像组合技术的时候，我们已在研究人脸识别技术了。1999年，我们研制成功的人脸识别系统已经应用于新疆伊犁州公安局、烟台市公安局。2005年，我们研制成功国内首个大型人脸识别系统(256万人脸特征库)；2008年，我们在某单位建成国内首个千万级人脸识别应用系统。

再如，我们研究的人脸超分辨，2010年通过了公安部的项目验收，在国内率先应用于公安部门的办案工作。现在，人脸超分辨技术，已为许多案件的侦破提供了重要帮助。

再如，我们研究的基于邻域存储体的二维内存计算，其前身至少可以追溯到1997年，当年我们研制成功的NIPC-1型邻域图像并行计算机，应用了存储芯片的堆叠技术、分段裂变技术以及不完全轮换矩阵技术。特别是2008研制成功的NIPC-3型邻域图像并行计算机，达到了国际最好水平。现在，我们看到人工智能芯片中也应用了芯片堆叠等技术。可以说，我们的研究走在了正确的道路上。但是，由于我们在这一方向的执行力低下的原因，致使这项具有前瞻性的科研成果在落地方面迟迟不见成效。

在科学研究中，“树”的观念也是很重要的，这种“树”的观念，常常体现在所从事的科研工作在关联内容的扩展上，这里要特别强调“关联内容”的含义。笔者从事过诸如A/D、D/A、存储体、DSP、计算机接口以及图像处理算法的相关软硬件的具体研究工作，做硬件、编软件。在这里，“树”就是指图像处理系统。在这些研究工作的基础上，出版了《微机图像处理系统》著作，该书被专家誉为是国内唯一的一本全面介绍图像处理硬件方面的书籍。除此以外，在人脸识别综合技术方面的研究，也体现了“树”的观念，这里就不再赘述了。

本书从一个侧面展现了科技进步所带来的成果。图像1∶1采样，将46%的图像失真率降至0.4%；多周期嵌套的优先级控制电路，将计算机访问帧存的效率由8%提高到100%；集群计算机加MMX技术，实现了乘法效率的提升；邻域存储体中存储芯片的堆叠、分段裂变、不完全轮换矩阵的综合技术，实现了乘法效率的提升；人脸超分辨、人脸识别、人像组合的综合技术，成功地实现了极小的人脸重建，从而将貌似不可解的问题变为可能……

最近，笔者听到了一些有关“迷茫”方面的说法。在科研生涯中，笔者常有“下一步”的思考，在面对着人脸下颌点定位的准确性难题时，笔者也曾发出过“黔驴技穷”的感叹。这只是对科研方向的思考，是啃硬骨头的艰辛。路还在走，问题还在一个个地解决，新的技术也在不断涌现。香农定理、摩尔定律、奈奎斯特采样定理在科技领域中发挥了重要作用。但是，科技在不断向前发展，后浪推前浪。科研工作者在自身的科学研究基础之上，通过总结提高，一定会产生更多的理论和方法。例如，在数据的存取中，我们采用邻域存储体技术，来应对冯·诺依曼瓶颈的问题；而清华大学精密仪器系的课题组则在天机芯片中采用存算一体技术，不需要外挂DDR缓存，异曲同工。

对于未来的发展，笔者更期待人工智能的发展，期待人工智能软件与人工智能硬件的融合发展，从而推动我国各行各业的发展，也推动图像处理技术的发展。

参考文献

[1] 苏光大. 微机图像处理系统[M]. 北京：清华大学出版社，2000.

[2] 苏光大. 图像并行处理技术[M]. 北京：清华大学出版社，2002.

[3] 苏光大. 物体的边界跟踪和周长面积的确定[C]//全国第三届模式识别与机器智能学术会议论文集，1983，4：1-8.

[4] 苏光大. 链码结构的边界填充[J]. 计算机研究与发展，1987，24(9)：61-64.

[5] 苏光大，丁晓青. 高效率的图像帧存[C]//全国第六届模式识别与机器智能学术会议论文集，1987，10：41-44.

[6] 苏光大. 图像帧存的计算机映射[J]. 电信科学，1988，4(1)：28-32.

[7] 苏光大，丁晓青. 感兴趣区的图像放大[J]. 微计算机应用，1989，10(3)：2-6.

[8] 苏光大，田西平. 灰度全窗口的硬件技术[J]. 计算机研究与发展，1990，27(2)：43-46.

[9] 杨海. 二值图像邻域处理机的研制[D]. 北京：清华大学，1992.

[10] 苏光大，田西平. 图像图形动态显示的硬件技术[J]. 计算机研究与发展，1992，29(7)：34-38.

[11] 左永荣. 图像邻域处理机的研制[D]. 北京：清华大学，1997.

[12] 严超，苏光大. 人脸特征的定位与提取[J]. 中国图象图形学报，1998，3(5)：375-379.

[13] 苏光大，左永荣. 邻域图像帧存储体的理论及其实现[J]. 电子学报，1999，27(2)：85-88.

[14] 苏光大. 实时中值滤波器的实现[J]. 电视技术，1999(5)：25-27.

[15] 谢炳龙. 基于特征的人像综合查询系统[D]. 北京：清华大学，1999.

[16] 苏光大. 邻域图像处理机中新型的功能流水线结构[J]. 电子学报，2000，28(8)：122-125.

[17] 刘晓冬，苏光大，周全，等. 一种可视化智能户外监控系统[J]. 中国图象图形学报，2000，5(12)：1024-1029.

[18] 苏光大，刘敏，彭浩. 一种新型的微机线阵 B 超诊断系统[J]. 中国图象图形学报，2000，5(3)：221-225.

[19] 苏光大. 邻域图像处理机中新型的功能流水线结构[J]. 电子学报，2000，28(8)：120-123.

[20] 苏光大. 边界跟踪并行处理的新方法[J]. 电视技术，2000(4)：27-30.

[21] 张翠平，苏光大. 人脸识别技术综述[J]. 中国图象图形学报，2000，5(11)：885-894.

[22] Su G D，Zhang C P，Ding R，et al. MMP-PCA face recognition method . ELECTRONICS LETTERS，2002，38(25)：1654-1656.

[23] 王俊艳. 玻璃瓶缺陷在线检测算法研究[D]. 北京：清华大学，2001.

[24] 杜成. 单张多姿态人脸图像识别算法研究[D]. 北京：清华大学，2005.

[25] 王俊艳. 人脸识别中年龄问题的研究[D]. 北京：清华大学，2006.

[26] 陈博亚. 大邻域图像处理系统的研制[D]. 北京：清华大学，2006.

[27] 孟凯. 大型人脸识别系统的研制[D]. 北京：清华大学，2006.

[28] 李匆聪. 多姿态人脸合成及识别方法研究[D]. 北京：清华大学，2007.

[29] Xiang Y，Su G D. Multi-parts and Multi-feature Fusion in Face Verification[C]//2008 IEEE Computer Society Conference on Computer Vision and Pattern Recognition，CVPR'2008.

[30] 相燕. 多特征人脸识别算法的研究[D]. 北京：清华大学，2008.

[31] Guangda Su，Jiongxin Liu，Yan Shang，et al. Theory and application of image neighborhood parallel processing[C]//IEEE 16th International Conference on Image Processing（ICIP2009），Cairo，Egypt，2313-2316.

[32] 刘炯鑫. 三维人脸重建于网格模型编辑的研究[D]. 北京：清华大学，2009.
[33] 任小龙，苏光大，相燕. 使用第二代身份证的人脸识别身份证系统[J]. 智能系统学报，2009，4(3)：213-217.
[34] 贲圣兰. 基于小样本数据库的人脸图像年龄估计与模拟研究[D]. 北京：清华大学，2010.
[35] 中华人民共和国公共安全行业标准《安防生物特征识别应用术语》. 标准编号：GA/T 893—2010. 北京：中国标准出版社，2011.
[36] 王莉. 超低分辨率人脸图像高速重建方法[D]. 北京：清华大学，2011.
[37] 王晶. 不同光照不同姿态下人脸识别方法研究[D]. 北京：清华大学，2013.
[38] 刘京. 人脸图像超分辨率重建的算法研究[D]. 北京：清华大学，2013.
[39] 马森. 记忆人脸重建方法探讨. 清华大学综合论文训练，2015.
[40] 中华人民共和国公共安全行业标准《安全防范 人脸识别应用程序接口规范》，标准编号：GA/T 1326—2017. 北京：中国标准出版社，2018.
[41] Turk M，Pentland A，Face Recognition Using Eigenfaces[C]//Proc. of IEEE Conf. on CVPR，1991，586-591.
[42] 朱伯春，国澄明，王兆华. 双片 TMS320C40 并行实时图像处理系统[J]. 通信学报，1998，19(1)：39-44.
[43] 奥芬 R J. 图象的并行处理技术[M]. 许耀昌，等译. 北京：科学出版社，1989.
[44] 罗申菲尔特 A，卡尔 AC C. 数字图象处理[M]. 余英林，徐原能，白延隆，等译. 北京：人民邮电出版社，1982.

图书资源支持

感谢您一直以来对清华大学出版社图书的支持和爱护。为了配合本书的使用，本书提供配套的资源，有需求的读者请扫描下方的“书圈”微信公众号二维码，在图书专区下载，也可以拨打电话或发送电子邮件咨询。

如果您在使用本书的过程中遇到了什么问题，或者有相关图书出版计划，也请您发邮件告诉我们，以便我们更好地为您服务。

我们的联系方式：

地　　址：北京市海淀区双清路学研大厦 A 座 701

邮　　编：100084

电　　话：010-83470236　010-83470237

资源下载：http://www.tup.com.cn

客服邮箱：2301891038@qq.com

QQ：2301891038（请写明您的单位和姓名）

科技传播・新书资讯

电子电气科技荟

资料下载・样书申请

书圈

用微信扫一扫右边的二维码，即可关注清华大学出版社公众号。